动物疫病监测技术手册

徐百万　主编

中国农业出版社

图书在版编目（CIP）数据

动物疫病监测技术手册 / 徐百万主编．—北京：中国农业出版社，2010.8

ISBN 978-7-109-14870-3

Ⅰ.①动…　Ⅱ.①徐…　Ⅲ.①兽疫-防治-技术手册
Ⅳ.①S851－62

中国版本图书馆 CIP 数据核字（2010）第 151261 号

中国农业出版社出版
（北京市朝阳区农展馆北路 2 号）
（邮政编码 100125）
责任编辑　黄向阳　刘　玮

中国农业出版社印刷厂印刷　　新华书店北京发行所发行
2010 年 10 月第 1 版　　2013 年 6 月北京第 2 次印刷

开本：787mm×1092mm　1/16　　印张：29
字数：702 千字　　印数：3 001～6 000 册
定价：58.00 元

主　编　徐百万

副主编　李秀峰　田克恭

编　者　（以姓氏笔画为序）

王传彬　田克恭　付　雯　兰邹然　曲　萍
朱长光　刘广红　刘光辉　刘兴国　关育芳
杜　建　李　扬　李玉文　李秀峰　杨汉春
杨得胜　邴国霞　吴志明　吴波平　吴佳俊
陈　静　张　杰　张　倩　张进林　张志凌
宋　琰　宋念华　范运峰　赵　婷　洪　光
顾小雪　倪建强　徐百万　曹　波　曹　振
阎若潜　梁全顺　董昕欣　韩　雪　遇秀玲
翟新验

序

动物疫病监测工作是兽医工作的重要组成部分。科学规范开展动物疫病监测，对掌握动物疫病分布状况，揭示动物疫病发生、流行规律，评价动物疫病防控效果，及时准确做出动物疫情预警预报，具有十分重要的意义。

动物疫病监测作为预防、控制、净化、消灭动物疫病的重要技术措施，越来越受到广泛重视。通过对动物疫病连续监测、系统观察、综合分析，为制定并实施全国或区域动物疫病控制计划和消灭计划提供科学依据，为制定或调整动物疫病防控策略提供科学依据，为评价动物疫病防控效果提供科学依据，为兽医主管部门对重大动物疫情及时做出预警预报提供科学依据。

近年来，全国兽医体制改革工作不断深化，国家及省、市、县建立了动物疫病预防控制机构，国家在地方建立了304个动物疫情测报站，在边境地区建立了146个动物疫情监测站，为开展动物疫病监测工作提供了体系保障。《中华人民共和国动物防疫法》规定“动物疫病预防控制机构应当按照国务院兽医主管部门的规定，对动物疫病的发生、流行等情况进行监测”，为开展动物疫病监测工作提供了法律保障。

各级动物疫病预防控制机构作为实施动物疫病诊断、检测、监测工作的主体，对切实履行国家法律赋予的职责负有重大责任。为了科学规范地开展动物疫病监测工作，中国动物疫病预防控制中心组织有关人员编写了这本《动物疫病监测技术手册》。我相信该手册对指导各级动物疫病预防控制机构科学规范地开展动物疫病监测工作必将发挥积极的作用。

2009年12月

前　言

动物疫病监测工作是动物防疫工作的重要组成部分，在整个兽医工作中具有突出的地位，发挥着举足轻重的作用。该项工作不仅事关重大动物疫病的防控，事关公共卫生安全及畜牧业发展，而且也关系到广大消费者的切身利益。近几年来，动物疫病，尤其是高致病性禽流感、高致病性猪蓝耳病等重大动物疫情日益受到广泛关注，随着《中华人民共和国动物防疫法》的修订，以及我国加入世界动物卫生组织（OIE)，对动物疫病监测工作也提出了更新、更高、更严格的要求。

为提高各级动物疫病预防控制机构监测技术人员整体技能水平和素质，促进动物疫病监测工作规范化、制度化、标准化，为科学预警、科学防控提供技术支持，中国动物疫病预防控制中心组织专家编写了这本《动物疫病监测技术手册》。

本手册对动物疫病监测基本知识、监测数据处理、监测结果应用、动物疫病监测采样技术、实验室检测技术、主要动物疫病实验室检测方法、动物疫病监测保障体系等，进行了详细叙述。本手册还收录了部分动物疫病实验室方法（国家标准、行业标准）。

本手册主要供各级动物疫病预防控制机构从事动物疫病监测技术人员的学习和培训，也可供相关领域的实验室人员参考使用。本手册在编写过程中得到多方面的支持和帮助，农业部兽医局副局长、中国动物疫病预防控制中心主任张仲秋同志亲自为本手册作序，在此一并表示感谢。

由于编者水平所限，不足之处在所难免，恳请读者批评指正。

编　者

2009年12月

目　　录

第一章 概 论

疫病监测是流行病学规范管理的一个重要组成部分，是在一定的时间段或规定的周期内，对某种动物疫病的发生、发展、流行、分布及相关因素进行系统的流行病学调查，并利用法定认可的方法，对采集的样本进行疫病检测，以掌握该疫病发生、发展和流行的趋势和规律，实现疫情的早期预测并指导制订科学的防疫政策，最大限度地缩小疫情发生的范围，减少由此造成的损失。实现疫病监测的关键环节是疫病病例的报告制，在信息化高度发展的今天，疫病报告也更为迅速、有序和高效，特别是互联网的出现，使全球疫病报告监测趋向一体化。一些国际性组织，如世界卫生组织、世界动物卫生组织，以及国内组织，如疫病预防控制中心，不仅规范了各种疫病的报告制度，并对一些重要疫病设为法定报告疫病，使疫病在发生后可迅速得以通报，保证了疫情的早发现、早报告和早处置，成为动物疫病防控的重要保障。

第一节 概 述

一、概 念

广义的疫病监测是指为政策管理提供技术支持、为监督执法实施技术监督、为经济建设提供技术服务的一种手段。狭义的监测是指调查动物群体中某种疫病或病原的流行情况。

动物疫病监测（surveillance of animal diseases）是动物、动物产品质量的重要保障，由法定的机构和人员按国家规定的动物防疫标准，依照法定的检验程序、方法和标准，对动物、动物产品及有关物品进行定期或不定期的检查和检测，并依据监测结果进行处理的一种措施。

对高致病性禽流感、口蹄疫、高致病性猪蓝耳病等重要动物疫病，动物疫病预防控制机构规定为必须申报的疫病，以切实掌握疫情动态、发展趋势和流行规律，及时发现疫情隐患，提高重大动物疫情预警预报能力。同时，疫病监测也是正确评价疫病预防控制效果，保证动物、动物产品的卫生质量，依法实行动物卫生质量认可或达标鉴定的一项行政措施。对某种动物疫病的监测包括对其发病类型、发展变化的系统、完整、连续的调查和分析，进而概括出疫病的流行趋势，为疫病防治对策的制定提供数据。

动物疫病监测具有下述特点和要求：①动物疫病监测主体必须是指定的动物疫病预防控制机构，属动物防疫行政管理范畴。②监测主体必须有相应的设施、设备和合格的检验技术人员。③监测主要靠技术手段来实现。④监测必须以相应的国家或行业动物卫生标准为依据，按法定的检验方法和操作规程进行。⑤实质是质量认可或达标鉴定工作。

二、动物疫病监测系统

动物疫病监测作为动物疫病防控重要的基础性工作，具有早期发现动物疫情并及时采取针对性防控措施的特点，受到各级人民政府的高度重视。目前，已有多种动物疫病的监测被纳入到政府职责范围和工作日程。而建立科学、合理的动物疫病监测系统，已成为各级兽医部门的首要任务。

（一）动物疫病监测系统的组成

我国动物疫病监测系统由中央、省、市、县四级组成。具体由国家、省、市、县动物疫病预防控制机构、国家动物疫情测报站、边境动物疫情监测站，以及国家指定的相关动物疫病诊断实验室所组成。

在实施过程中，为了达到某种动物疫病特定的防控目标，对其进行有组织、有计划地监测时，可形成一个完整的动物疫病监测系统。标准的动物疫病监测系统通常由动物疫病监测中心、诊断实验室和分布各地的监测点等组成。其结构如图 1－1 所示。

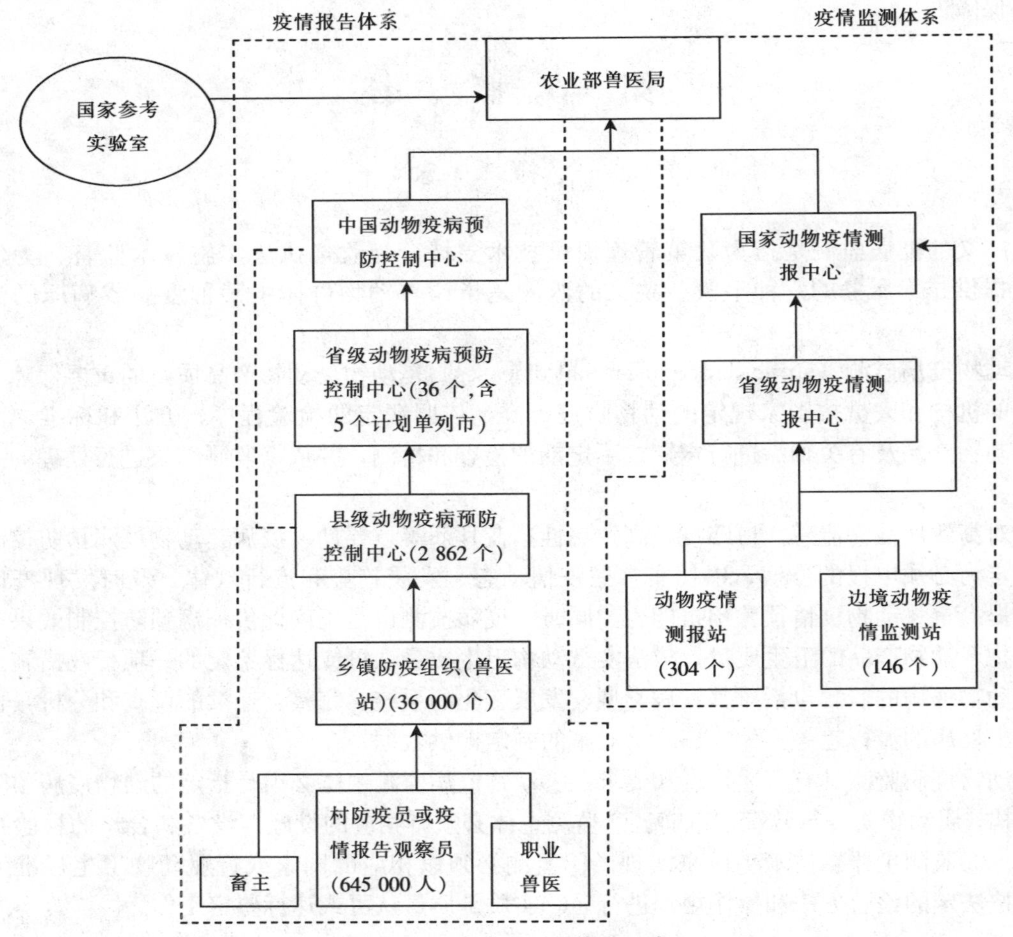

图 1－1　疫病监测系统的组成

（二）监测系统的评价

对监测系统的质量、作用、费用及效益应定期进行评价，以进一步改进监测系统。评价监测系统的质量主要从灵敏性、代表性、及时性、简单性、灵活性等方面进行。

1. 灵敏性是指监测系统识别动物疫病相关问题的能力，如监测系统报告的疫病病例占实际发病病例的比例，以及预测疫病暴发或流行的能力。

2. 及时性是指监测系统对疫情及时准确的发现和判定，主要参考指标是发现疫病发生或流行到有关部门接到报告并做出反应的间隔时间，及时性对疫病的早期监测尤为重要。

3. 代表性是指监测系统描述的动物疫病流行情况能在多大程度上反映监测范围内动物疫病流行的真实情况。

4. 简单性是指监测系统的监测资料容易收集，监测手段和方法容易操作，监测运行程序容易执行等特性。

5. 灵活性是指监测系统及其操作程序能够对新出现的问题及技术要求等做出反应并适应其变化的特性。

三、动物疫病监测的意义

动物疫病监测是动物疫病控制工作的重要组成部分，可为国家制定动物疫病预防控制规划和疫病预警提供科学依据，同时对动物保健咨询以及输出动物及其产品无害状态的保证等具有非常重要的意义。

（一）动物疫病监测是掌握动物疫病分布特征和发展趋势的重要方法

通过对动物疫病连续、系统地观察、检验和资料分析，确定动物主要疫病的分布特征和发展变化趋势，有助于动物疫病预防控制规划的制定，特别是对于外来疫病的监测是及时发现外来疫病并采取预警措施的重要保障。通过动物疫病监测还可确定疫病的致病机理及其影响因素，预测动物疫病的流行趋势。

（二）动物疫病监测是掌握动物群体特性和影响疫病流行因素的重要手段

动物的群体特性对动物疫病的发生和流行有着重要影响，如动物年龄、性别、品种、生理状态和遗传特征等群体特性。此外，动物的销售流通方式、饲养方式（家养/野生）、动物的用途（使役、产肉、产乳、产蛋或宠物）、管理情况以及预防措施等也与疫病的发生和流行直接相关。通过对动物群体特性和影响疫病流行社会因素的了解，有助于确定传染源、传播途径以及传播范围，从而预测疫病的危害程度并制定合理的防控措施。

（三）动物疫病监测是评价疫病预防控制措施实施效果、制定科学免疫程序的重要依据

由于监测是连续、系统的观察，因此，能够为疫病预防控制策略制定和防控措施实施效果的评价过程提供最直接、最可靠的依据。

通过对动物疫病免疫效果（抗体）的评估监测，可以科学地评价免疫的成败。同时，

以免疫监测数据为依据，实施适时免疫，在实施免疫时要根据抗体监测结果来制定科学的免疫程序，确定最佳免疫时间，也可以保证免疫获得最佳的效果。通过对动物疫病抗体的监测，可有效避免在动物机体特异性抗体处于高水平时接种疫苗，造成人为削弱疫苗对动物免疫保护的效果；同时也可避免在动物机体特异性抗体降至保护水平以下时进行免疫，造成人为的免疫空白期，从而诱发疫情。此外，对某一特定地区疫病的流行情况，所饲养动物群的种类、生产情况、母源抗体等方面的调查研究，将有助于制定出适合本地区特点的免疫程序，并可视具体情况进行调整，免疫后要实施免疫效果的跟踪监测，确保免疫到位、有效。

（四）动物疫病监测是国家调整动物疫病防控策略、计划和制定动物疫病根除方案的基础

通过监测可以掌握动物疫病的流行特点、分布规律以及控制措施实施效果等信息，从而为国家制定动物疫病防控策略和疫病根除计划提供科学依据。对一些重大的人畜共患疫病如布鲁氏菌病、结核病等，以及一些无苗可防、无药可治的慢性动物疫病如马鼻疽、山羊关节炎脑炎等，疫病监测可以及时发现并淘汰病畜，达到净化根除的目的，这是这些疫病最为有效的控制措施。

动物疫病监测是动物疫病防治工作中最重要的环节，是动物疫病预防、控制直至根除的基础性工作。只有通过长期、连续、可靠的监测，才能及时准确地掌握动物疫病的发生状况和流行趋势，才能有效地实施国家动物疫病控制、根除计划，才能为动物疫病区域化管理（建立无疫区）提供有力的数据支持。部分发达国家在对一些重大动物疫病实施根除计划时，除严格控制输入性动物疫病风险外，在本国动物疫病监测和净化工作方面投入了大量经费和技术、人力资源，通过执行国家疫病监测计划，达到监视和根除疫病的目标。在疫病根除之前的不同阶段，监测是减少疫病流行的重要保障，其实质意义就是逐步净化和消灭疫病。而在宣布某种疫病根除成功后的阶段，监测的实质意义则是监视和验证疫病消灭的状况，以维持地区的净化状态。

（五）动物疫病监测能尽早发现疫病，及时扑灭疫情

疫病的常规监测有助于疫病发生时的早期发现，防止疫区范围的扩大，减小造成的社会影响和经济损失，同时为疫病防控争得时间。而当发生重大动物疫情时，对受威胁区及时进行疫情监测，可以随时掌握疫情动态，做到早发现、早预防、早控制、早扑灭。解除疫情封锁时，也要通过监测，确认无疫后方可解除。

（六）动物疫病监测是保证动物产品质量的重要措施之一

长期的实践证明，动物产品质量的提高与动物健康状况以及疫病控制策略有着直接的关系，通过有效的动物疫病监测不仅对动物疫病控制具有科学的指导作用，而且对动物养殖全过程也能进行全方位的监控，以提高动物产品的质量。

对动物及动物产品的常规抽样监测是保证动物产品卫生质量，确保消费者能吃上放心肉、喝上放心奶的重要措施，特别是像奶牛结核病、牛羊布鲁氏菌病等呈隐性发病的疫病，临床不易发现，只有通过疫病的常规监测，方可及时发现、处理病害动物及其产品，达到保

护人畜健康之目的。

（七）动物疫病监测有利于提高生产经营者的市场竞争力

通过疫病监测，确认生产经营者所饲养经营的动物及动物产品达到健康合格标准或无公害食品、绿色食品标准的要求，无疑会提高其产品的知名度，得到消费者的认可，增强产品的市场竞争力，增加经济效益。

（八）动物疫病监测有利于动物及动物产品的国际贸易

我国已加入WTO，动物及动物产品的国际贸易日益频繁，而复杂多变的动物疫病和国际上种种贸易壁垒给我国的养殖业的国际竞争带来了严峻考验，强化动物疫病监测，适应世贸动物卫生规则，是我国迫在眉睫的艰巨任务。

四、动物疫病监测的历史和发展趋势

早在20世纪初，一些国家，如英国、美国等就已经引入了疫病监测的概念，并制定了法定传染病报告制。系统的动物疫病监测工作最早是从20世纪60年代末开始在英国开展的，70年代以后，许多国家开始广泛开展监测工作，观察传染病疫情动态，以后又将监测内容扩展到非传染性疾病。

（一）国外动物疫病监测的历史

英国动物疫病监测是由VIDA（Veterinary Investigation Date Analysis，VIDA）动物疫病监测系统负责实施的，该系统建立于1967年，于1975年进行更新并建立了相应的数据库，收集并处理各个兽医调查中心提交的疫病诊断报告，分析每月各种动物疫病的发病情况。几十年来，VIDA显示出良好的动物疫病监测功能。2005年，英国建立了动物疫病监测P4实验室，进一步加强了疫病监测的能力。

澳大利亚动物疫病监测是由国家动物卫生信息系统（National Animal Health Information System，NAHIS）总体协调负责实施的，该系统下设国家虫媒病毒监测系统、无传染性海绵状脑病认证监测系统、无牛结核病认证监测系统、牛布鲁氏菌病监测系统、猪健康监测系统、全国野生动物监测系统、国家哨兵蜂箱监测项目、国家家畜身份标识系统等多个机构，分别负责相应疫病的监测和数据处理。

美国动物疫病监测是由美国农业部动植物卫生监督署（Animal & Plant Health Inspection Service，APHIS）下设的国家动物卫生监测中心（National Center for Animal Health Surveillance，NCAHS）负责实施的，NCAHS核心部门是兽医服务国家监测室（National Surveillance Unit，NSU），负责协调各种动物卫生监测项目活动，于1983年开始建立，下设有国家动物卫生监测系统（National Animal Health Surveillance System，NAHSS）、国家动物卫生监视系统（National Animal Health Monitoring System，NAHMS）、国家动物卫生报告系统（National Animal Health Reporting System，NAHRS）等机构。

加拿大动物卫生监测网络（Canadian Animal Health Surveillance Network，CAHSN）是一个涉及联邦政府、省和大学动物卫生诊断实验室的动物疫病监测系统，建立于2004年，具有以下功能：一是作为全国针对重大动物疫病的预警系统；二是在国家和省级级别上建立了重大动物疫病诊断实验室协作网络；三是作为一个联系联邦和省级相关机构以及卫生部门和动物卫生部门的一个信息共享机制。

法国在动物疫病监测方面建立了两个小规模动物疫病监测系统，一是狂犬病监测系统，建立于1968年，监视此病在法国的传播流行情况；二是RENESA禽病监测系统，监视禽支原体疾病和沙门氏菌病，目的是评价相关疫病控制措施的实施效果。

（二）我国动物疫病监测的历史

我国动物疫病监测工作的历史，大致可以分为三个阶段。

第一阶段：动物疫病监测工作的萌芽期（1978年以前）。这一时期，主要是被动的收集数据，以传染病疫情报告系统为主。我国法定传染病疫情报告及反馈系统建于1950年，是最重要、最基本的传染病宏观监测系统。传染病发生后，基层动物疫病防疫机构按照程序，首先报告给上一级动物疫病防疫机构，然后逐级报告，直至上报给农业部，进行汇总。70年代后期，西方国家动物疫病监测的概念和方式开始传入我国。

第二阶段：动物疫病监测工作的发展期（1978—2003年）。这一时期，监测的内容逐渐增多，除传染病的疫情报告之外，还包括饲养动物相关资料的收集和分析，动物疫病监测信息报告的定期编制等。1979年，我国首先在北京市开展动物传染病的监测试点工作。试点工作之后，1980年，按照自愿的原则，在全国选定了70个动物疫病监测点，建立了长期综合动物疫病监测系统，开展了以传染病为主的动物疫病监测工作。1986年，为了查清我国主要畜禽疫病的流行情况、危害程度，农业部组织开展全国畜禽疫病普查，下达《畜禽疫病普查方案》。2000年年初，农业部根据世界动物卫生组织（OIE）《国际动物卫生法典》规定，制定了“牛海绵状脑病（bovine spongiform encephalopathy，BSE）监测方案”，开始在全国实施BSE监测计划。自2001年起，我国又相继制定了牛瘟、牛肺疫和小反刍兽疫等疫病的监测计划。2003年农业部办公厅《关于开展重点动物疫病调查的通知》（农办牧［2003］14号），要求对马传染性贫血、马鼻疽、布鲁氏菌病、结核病、炭疽病、狂犬病进行定期常规性调查，对猪附红细胞体病、猪圆环病毒病、猪繁殖与呼吸综合征进行抽样调查。在这一阶段，动物疫病诊断与监测工作相辅相成是国家动物防疫工作水平的重要标志。

第三阶段：动物疫病监测工作的完善与规范期（2004年以后）。2004年高致病性禽流感疫情暴发流行后，社会各界对于动物疫病预防控制工作的重要性有了更深一步的认识，农业部依据联合国粮农组织（FAO）指导原则发布实施了《高致病性禽流感监测计划（试行）》，对发生疫情的地区、候鸟栖息地、水网密布地区、边境地区进行重点监测。抽样地点包括种禽场、蛋鸡场、肉鸡场和水禽场，同时考虑免疫禽场和非免疫禽场的比例。对疫情发生地区的活禽交易市场和养猪场，野禽迁徙路线上的野禽栖息地，水网密集区域（点）的水禽场定期进行监测和流行病学调查。对结核病、布鲁氏菌病、马鼻疽、马传染性贫血等我国规定的二类动物疫病，各地动物防疫部门严格按照农业部制定的防治技术规范，采取加强监测、净化等措施，有效控制此类动物疫病的发生和流行。加大牲畜血吸虫病查治和疫情监测力度，强化牲畜传染源管理，及时掌握了疫情流行情况。2004年以来，我国对动物疫病的监测频次和数量逐年增加，全国每年新增检测样品10万多份，以2007年为例，全国动物疫情测报站共对16.1万个场户的2.3亿头（只）畜禽进行了流行病学调查，对12.3万个场户进行了实验室抽样监测，监测疫病种类涉及口蹄疫、禽流感、猪瘟、鸡新城疫、布鲁氏菌病、牛结核病、伪狂犬病、马传染性贫血、马鼻疽，共计检测各种畜禽样品402万份。在这一阶段，随着我国动物疫病监测系统不断完善，动物疫病监测工作的能力发生了质的飞跃，监测工作正走向更加完善、规范和科学。

（三）我国动物疫病监测的发展趋势

随着社会经济与科学技术的不断发展，动物疫病监测体系如何进一步得以完善和发展，是动物疫病预防控制工作面临的重要课题。为了适应动物饲养集约化程度提高的疫病监测需求，结合信息技术的发展，我国动物疫病监测系统在建立了一个即时报告的基础信息平台后，应当由分散向集中，由单病种监测向综合监测发展，逐步建立成为一个集多种监测功能于一体的综合信息监测系统，以更好地收集、分析、反馈和发布疫情信息。

1. 由单病种监测向综合监测发展　目前，我国动物疫病监测多以单病种监测为主。而利用已建立的基础信息平台，实现多种疫病的监测，使单病种监测系统发展为综合监测系统，将是动物疫病监测的发展趋势之一。理由有三条：第一，虽然单病种监测对于某一病种而言，是最为适合的监测方式，而且，根据需要还可以增加对这一病种监测的一些新的内容。但是，如果针对每一病种都建立一个动物疫病监测系统，则会形成非常庞大的信息监测队伍与组织机构，给动物疫病预防控制工作带来沉重的负担。第二，动物疫病的发生有其可循的规律性和周期性，具体到某种疫病不可能随时随地发生。因此，针对每一种疫病的单病种监测系统会导致个案信息的收集人员在相当长的时间内空闲，同时也导致了所使用设备的闲置，造成资源浪费。第三，针对单病种的监测系统，会使收集到的信息相互分离，不利于疫病所有信息的综合分析，直接影响疫情的宏观防控。正是基于上述理由，我们预测，未来的动物疫病监测发展趋势应当是由单病种监测向综合监测发展。

2. 由分散监测向集中监测发展　动物疫病监测系统最为主要的一项功能的是收集数据，并对收集的数据进行分析，这就要求数据在收集时有一个统一的标准。无论是定性资料还是定量资料，如果不按照统一标准收集数据，就失去了比较的意义。而为保证标准的数据收集，就需要制定动物疫病监测数据报告的相应规范。目前，普遍建立的单病种监测信息系统，使得各动物疫病监测机构相对独立，部门之间缺少沟通，独立作战的情况广泛存在。如果能将各疫病监测机构的工作统一起来，形成一支综合力量，按照统一的规范标准，形成疫病监测报告数据，同时兼顾各种疫病自身的特点，综合分析所收集的数据，那么动物疫病监测将会发挥更大的作用，更具指导意义。所以，动物疫病监测未来的发展趋势将会由分散监测发展为集中监测。

3. 由被动监测向主动监测发展　疫情发生后，各级兽医机构根据诊断的结果层层上报主管机构，这只是被动收集信息的一种形式。要做好动物疫病监测工作，就必须主动收集一些与动物疫病发生相关的信息。对可能发生的动物疫病提出预防控制措施，采取类似于预报天气、预报森林火险等的形式，主动收集影响动物疫病发生的相关信息，以及对这些信息的分析，对未来可能发生的疫情进行预测，并提前做好防范准备，减少动物疫病对动物及人类健康造成的危害。所以，主动收集信息，分析信息，在未来会变得越来越重要。同时，在主动监测的基础上，建立预测预警系统，并及时向公众公布监测预警信息。

4. 由简单的数据收集向数据综合分析发展 动物疫病监测系统不能简单的只具有收集数据信息的功能，更重要的是将收集到的信息进行科学分析，阐明数字代表的含义，供相关政策的制定者和有关人员参阅。所以，详细的数据分析、通俗的语言表达，是数据采集后的重要后续工作，是动物疫病监测工作中非常重要的环节。

5. 监测技术向简便快速、高通量方向发展 各种新型诊断技术，如荧光聚合酶链式扩增技术（Real-time PCR）、量子点、磁纳米、茎环介导核酸常温扩增技术的建立和广泛应用，使疫病监测更为快速、简便、敏感、特异。同时，基因芯片、蛋白质芯片、生物传感器等高通量的新型诊断技术的研究和应用，也使监测技术和诊断试剂向着自动化和高通量的方向快速发展。这些方法的发展，也使得区分疫苗免疫动物与野毒感染动物的鉴别诊断技术和区分多病原感染的多重诊断技术成为疫病监测的一个重要组成部分，更为真实地反映疫病流行状况。

第二节　监测的原理和分类

一、基本原理

（一）病原学监测的基本原理

病原学检测技术主要有细菌的分离与鉴定、病毒的分离与鉴定、分子生物学技术、抗原检测技术等。

利用分子生物学技术，不仅可检测动物疫病病原的核酸，建立动物疫病特异性快速诊断方法，而且可用于病原基因变异与遗传进化的分析，及时准确了解动物疫病分子流行病学动态，为疫病防治提供分子理论分析依据。分子生物学检测技术主要有聚合酶链反应（PCR）、核酸探针杂交技术、基因序列分析等。

PCR技术是常用的病原学检测方法，其基本原理是在病原核酸模板、引物和4种脱氧核糖核苷酸存在下，依赖于DNA聚合酶的酶促合成反应使特定的DNA区段得到了迅速大量的扩增，通过对扩增产物的检测实现对病原核酸的分析。PCR的主要步骤有：首先是模板DNA的变性，双链DNA分子在临近沸点的温度下变性成为两条单链DNA分子；然后是模板DNA与引物的退火（复性），变性后的单链模板DNA，在温度降低至合适温度时，引物与模板DNA单链的互补序列配对结合；最后是引物的延伸，引物结合物在DNA聚合酶的作用下，以单链DNA为模板并利用反应混合物中的4种脱氧核苷三磷酸合成新生的DNA互补链。在PCR扩增过程中，新合成的DNA链的起点是由加入在反应混合物中的一对寡核苷酸引物在模板DNA链两端的退火位点决定的。在为每一条链均提供一段寡核苷酸引物的情况下，双链DNA模板变性产生的两条单链DNA分别作为合成新生互补链的模板，指导合成新的双链DNA。由于在PCR反应中所选用的一对引物，是按照与扩增区段两端序列彼此互补的原则设计的，因此，每一条新生链的合成都是从引物的退火结合位点开始，按$5' \rightarrow 3'$的方向延伸，这样在每一条新合成的DNA链上都仍然具有引物结合位点，反应混合物经过再次加热使新、旧两条链分开，并加入下轮的反应循环，即引物杂交、DNA合成和链的分离。随着循环次数的递增，新合成的双链 DNA 呈指数增加进而成为主要的模板。因此，PCR 扩增产物的大小受到所加两段 引物 5′末端的限定，其最终产物序列是介于两段引物 5′末端之间的区域。PCR 反应的最终扩增产物是经过若干次循环之后，反应混合物中所含有的双链 DNA 分子，精确的讲是指扩增 DNA 片段的拷贝数，理论上的值应是 2n，其中 n 代表扩增循环的次数。DNA 扩增产物最后通过电泳分离或荧光检测等分析是否含有目的 DNA 片段，扩增阳性，即可判定被检样品含有相应疫病病原的核酸片段，表明畜禽已被待检疫病感染。

（二）血清学监测的基本原理

血清学诊断是畜禽传染病实验室诊断的一种重要检测方法，是在体外进行的抗原抗体反应，其基本原理就是利用抗原与抗体的特异性结合反应的特性，利用已知抗体或抗原来检测未知抗原或抗体，从而完成动物疫病的血清学检测、流行病学调查及免疫抗体监测。免疫血清学技术是建立在抗原抗体特异性反应基础上的检测技术，按其反应性质的不同可分为凝集性反应（如凝集试验和沉淀试验）、标记抗体技术（包括荧光抗体、酶标抗体、放射性标记抗体等）、补体参与的反应（如补体结合试验、免疫黏附血凝试验等）、中和试验（如病毒中和试验和毒素中和试验）等。

酶联免疫吸附试验（ELISA）是应用最广、发展最快的一项实验技术，是根据抗原抗体反应的特异性和酶催化反应的高敏感性而建立起来的免疫检测技术。其基本过程是将抗原（或抗体）吸附于固相载体，在载体上进行免疫酶反应，底物显色后应用分光光度计或酶标仪判定结果。ELISA 试验方法根据其性质的不同又分为间接法、夹心法、双夹心法、竞争法等。ELISA 具有灵敏度高、特异性强、快速、简便、重复性好、安全、适合大批量标准化检测等特点。

二、分　　类

（一）临床监测

临床检查是疫病监测的最重要方式之一，现场人员通过定期对动物群进行系统检查，发现异常时进一步调查原因，若出现外来病、新发生的疫病和法定的一、二类疫病时应及时按规定进行疫病报告。

规模化养殖场通过对疫病流行状况和防制对策效果等有关资料的收集与整理，可发现疫病流行变化的趋势及影响疫病发生、流行和分布的因素，适时制定和改进防疫措施。而通过对环境、疫病、动物群等方面长期系统的监测、统计和分析，可对场内疫病的流行进行预测，以提前做好应对准备。

（二）病原学监测

根据疫病流行现状，世界动物卫生组织（OIE）和我国农业部等兽医机构的具体要求，应用各种病原学检测方法，重点检测某些具有重大影响的法定一、二类动物疫病病原体，这是疫病监测工作的重要内容。

由于全国性疫病监测涉及面广，可使用的监测资源有限，所以进行病原检测时应注意以下几项内容：

1. 检测的对象和样品应有代表性。

2. 可采集畜禽场、市场或屠宰场中的动物样品进行检验。

3. 可通过有组织、有计划地设立哨兵动物进行疫病监测和分析。

4. 及时收集兽医诊断实验室的检测结果。

5. 可对保存的样品进行追踪调查。

6. 经常性地分析兽医诊断实验室的检验记录，以降低或防止疫病监测工作的盲目和被动状态。

（三）血清学监测

血清学检测是通过血清流行病学的方法，研究机体内特定病原血清抗体出现和分布的规律性，以阐明所监测疫病在动物群中的分布及其原因。由于血清学检测具有敏感、特异、简便和安全等特点，因此在疫病监测过程中具有以下几方面的作用。

1. 查明动物群中疫病，包括一些以隐性感染为主的疫病的流行状况。

2. 根据不同地区动物群某种疫病的抗体水平及其分布，推测疫病过去和现在的流行和分布状态。

3. 根据疫苗接种前后抗体滴度的变化，正确评价免疫的效果。

4. 根据发病初期和康复期动物血清抗体水平的升高幅度，对疫病进行确诊。

5. 根据系统、连续的抗体检测，推测疫病流行的动态变化，为疫病预测或防制对策的制定提供依据。

规模化养殖场实行抗体水平的连续检测对评价疫苗免疫的效果、制定合理的免疫程序、发现动物群中隐性感染者以及评估疫病防治效果等都具有重要的意义。

（四）动物群体特性和疫病流行影响因素的调查

包括动物种类、品种、年龄、性别、生理状态和遗传特性，家养/野生、用途（使役、产肉、产乳、产蛋或宠物）、管理和饲养情况以及预防措施等的调查。此外，还包括对动物的销售和流通方式，人们的生活习惯、风俗、文化、科技水平和兽医法律法规的贯彻执行情况等的调查。

（五）哨兵动物在疫病监测中的应用

哨兵动物是指为了查明某一特定环境中某传染因子的存在状况，有意识地在该环境中暴露的易感动物。哨兵动物在疫病监测中的作用主要表现为以下几个方面。

1. 评价疫病根除或环境消毒的效果。

2. 用做某种疫病病原体采集的活诱饵。

3. 结合其他方法对疫病进行确诊。

当哨兵动物被引入到一个国家、地区或养殖场时，由于在新的环境条件下机体缺乏特异性的免疫力，故发病率和死亡率会明显升高，病原体的富集作用也比较强。自然来源的野生动物和人工标记的养殖动物均可作为哨兵动物使用。

第三节 监测的程序

动物疫病监测程序包括任务下达，监测方案的制订，流行病学调查，样品采集，实验室检验以及资料的收集、整理和分析，疫情信息的表达、解释和发送等。

一、任务下达

为切实掌握高致病性禽流感、口蹄疫、高致病性猪蓝耳病等重大动物疫病流行规律和疫情动态，及时发现疫情隐患，提高重大动物疫情预警预报能力，按照国家监测与地方监测相结合、集中监测和日常监测相结合的原则，国家和地方各级兽医主管部门根据需要下达相应监测任务。

中国动物疫病预防控制中心具体负责组织实施全国动物疫病监测工作，及时汇总分析全国疫情监测结果，向各省、自治区、直辖市及计划单列市兽医主管部门下达监测任务；各省（自治区、直辖市）兽医主管部门依据国家下达的监测任务，结合当地实际情况，制定本辖区内具体监测实施方案，由省级动物疫病预防控制机构负责组织实施，并向本辖区内省辖市及扩权县兽医主管部门下达监测任务。国家动物疫情测报站和边境动物疫情监测站根据《国家动物疫情测报体系管理规范（试行）》规定，做好相应区域内动物疫情监测工作。

二、监测方案的制订

各级兽医主管部门根据下达的监测任务制订合理的监测方案，由各级动物疫病预防控制机构负责组织实施。监测方案一般包括确定监测性质、明确监测目的、确定临床流行病学调查的主要内容及临床样品采集的原则等内容。

（一）确定监测性质

明确对动物是进行感染监测还是健康监测。感染监测是指对携带或感染病原微生物的动物进行确诊和调查；健康监测是指动物免疫抗体的检测，以确定其抗感染保护状态，为制定合理的免疫程序提供依据。

（二）明确监测目的

这可分为两种情况，一是根据临床症状和流行病学资料可以基本确定要检测的动物疫病病种及所要采用的检测方法；二是在临床症状复杂的情况下，不能确定要检测的病种，需要对病原进行逐一确诊或排除后方可针对确诊的疫病实施监测。

（三）确定临床流行病学调查的主要内容

临床流行病学调查的主要包括临床基本情况，有无疫病发生，如果发生疫病其临床症状的特征、发病及死亡情况如何，疫病发生、传播、流行的特点和规律等方面内容。

(四) 确定临床检测样品的采集

采样时机、采样的品种与数量、样品是否有代表性等都将影响监测结果的客观性和准确性。

三、流行病学调查

流行病学调查是掌握动物疫病流行规律和疫情动态，及时发现疫情隐患，分析评估疫病风险，进行疫情预警预报的重要方法，对于发现防控工作中存在的问题，提高重大动物疫情防控能力具有非常重要的意义。流行病学所搜集的资料不仅包括动物疫病的群体现象，还包括那些与动物疫病群体现象产生有关的各方面资料。其资料大致可以包括以下几种来源：①个案调查；②暴发疫情调查；③发病报告；④死亡登记及死因调查；⑤致病因子的分离鉴定；⑥动物免疫水平调查；⑦防疫措施执行情况及效果观察；⑧环境中的自然因素、社会因素及其他与之有关的流行病学调查等。

流行病学调查可被用于：

(1) 了解疫病特点（如临床症状、潜伏期、感染种群）和疫病暴发特点（如来源、疫病发作形式、地理分布）。

(2) 鉴别与疫病发生有关系的风险因素（如年龄、生产状况、品种、饲养管理模式等）。

(3) 为计划和实施高度传染性疫病（HCD）的控制措施提供资料。

(4) 评价控制措施执行的效果，并根据具体情况进行调整。

四、样品采集

采集检测样品是动物疫病监测工作的重要内容。

(一) 确定采样原则

一是以畜群为基本采样单位按样品随机采样原则采样，同时兼顾样品的平衡性和代表性。二是样本大小的确定，它取决于所监测疫病的流行程度及样本的可信限（在流行病学工作中，95%是标准的可信限）。在大于1 000的畜群中，可采用下述公式确定样本的大小：

$$n=\frac{\log(1-t)}{\log(1-d/N)}$$

式中：N 为总牲畜数，n 为样本数，t 为估计发病的牲畜百分比，d 为可信限。

(二) 确定样品的处理方式

临床常采集的样品种类主要有血液样品、组织样品、粪便样品、皮肤样品、生殖道样品、分泌物和渗出液样品等。根据样品和检测目的的不同，对样品的处理方式也有所不同。

五、实验室检测

根据监测方案要求，样品采集后要尽快送相关实验室进行检测。

（一）常用实验室检测技术

1. 组织病理学检测技术 主要包括常规病理学检测技术、免疫病理学检测技术和分子病理学检测技术等。通过对染病组织进行切片观察和免疫组织化学染色，开展对动物疫病病原的特异性诊断工作。

2. 病原学检测技术 运用微生物培养技术，开展动物病毒、细菌、寄生虫等致病性微生物的分离、培养和鉴定工作。

3. 分子生物学检测技术 针对动物疫病病原核酸的检测方法，广泛应用于动物疫病特异性快速诊断和病原基因的变异与进化分析，有助于及时准确掌握动物疫病分子流行病学动态，为疫病防治提供分子理论分析依据。

4. 血清学检测技术 依据免疫学中抗原抗体特异性反应的原理，建立的抗原或抗体检测技术，广泛应用于动物疫病的血清学检测、流行病学调查及免疫后的抗体监测。

（二）确定合适的检测技术

为保证检测结果的真实可靠，针对不同的动物疫病，所选用的诊断技术也有所不同，需要考虑的要求有很多，通常是按下列顺序确定最适的检测方法：

1. 国家或行业标准规定的技术方法。
2. 行业主管部门规定的技术方法。
3. 国际通用的技术方法。
4. 经确认可靠并经用户认可的新研究方法。
5. 有标准或合格证书的诊断试剂。

同时，在监测的程序中还应包含动物疫病资料的收集、整理和分析，疫情信息的表达、解释和发送，这部分内容在下一章单独介绍。

第四节 监测布局

动物疫病监测工作是一项系统工程，为保证动物疫病监测工作科学、合理、有序、有效实施，必须事先制定科学、具体、完善的动物疫病监测方案，对监测的动物疫病病种、监测目标群体的选择、监测的时间频次、监测样本的比例数量等进行科学合理的布局。根据监测目的要求，动物疫病监测布局要遵循定点、定时、定量的原则。所谓定点就是常规的动物疫病监测要在相对固定的点或区域内进行，这个点或区域在动物流行病学方面、畜禽养殖分布方面、地理环境和气候条件方面要有代表性，并与某种动物疫病的流行特点有密切联系。通过对监测点的监测就能够掌握地区、省，甚至整个国家的动物疫病发生、流行情况、风险情况和防控效果，而对监测点连续多年的持续监测，将有助于研究某一地区某种动物疫病的发生、发展规律，分析动物疫病的防控效果，从而开展动物疫情风险评估和预警预报工作，为制定动物疫病防控计划和防控政策提供指导和科学依据。所谓定时就是指动物疫病监测工作要根据动物疫病的流行季节和特点、畜禽的生产周期变化、动物疫病防治工作的总体安排等因素确定动物疫病监测的最佳时间和频次，不同地区、不同病种，其监测的时间和频次也应该有所不同，只有监测的时间科学合理，才能保证监测的结果真实客观地反映动物疫病的发生、发展情况和动物疫病的防控状况。所谓定量是指监测的样本数量要达到满足生物学统计分析和反映动物疫病发生情况及动物免疫状况的基本监测数量，监测数量不能太小也不能太大，监测数量太小，容易出现以偏概全，导致得出不准确甚至错误的监测结果，监测数量太大也会造成人力物力资源的浪费。本节下面的部分将详细介绍监测点、监测时间、监测频度和监测数量确定的基本要求。

一、监 测 点

（一）选定原则

监测点的选择布局对整个动物疫病监测工作十分重要，只有科学规范和紧密结合实际地选择监测点，才能得到正确、具有指导意义的监测结果。选择监测点遵循的主要原则有以下几个方面：首先要在畜禽的养殖模式上具有代表性，主要选择监测动物养殖密集区，既要选择规模饲养场户，也要选择农村散养户；其次，在养殖地域上要具有代表性，既选择农区，也要选择牧区和半农半牧区，既有平原地区，也要有丘陵、山区和水网地区；最后，监测点的选择还应重点考虑与动物疫病发生、传播有密切关系的各种因素，如畜禽交易市场、屠宰加工场所、交通要道等与某种动物疫病发生和传播有密切关系的动物密集活动区。为保证动物疫病监测结果的连续性和便于分析处理，监测点确定后要在一定时间内保持稳定，并根据动物疫病形势的变化和监测工作中发现的问题进行适当调整。

（二）确定数量

监测点数量的确定要考虑当地畜禽养殖规模、养殖密度和地理分布等因素，既要达到满足统计分析的基本要求，又要保证通过对监测点的监测能客观地反映出当地动物疫病发生、发展和免疫的总体状况，监测点数量的确定还要根据监测目的的不同区别对待。

以动物疫情预警预报和风险评估为目的的监测，应以县为单位确定某县为某种动物疫病的监测县，然后在监测县内确定若干个监测点。在监测县，首先，要确定该县10%易感动物的规模饲养场为该种动物疫病监测点，至少确定4个（不足4个的全部确定，种畜禽场要有一定比例）；之后，确定易感动物重点养殖的4个乡镇，每乡镇选取一个村为监测点；最后，还应确定该易感动物的活畜禽交易市场和屠宰场为监测点。高致病性禽流感、牲畜口蹄疫、高致病性猪蓝耳病、猪瘟、鸡新城疫等重大动物疫病的监测每省应至少设立20个县为监测县，至少设立200个监测点。地方流行性动物疫病的监测要把疫区县和疫情高风险县确定为监测县，并按上述方法确定监测县的监测点及其数量。

以检疫净化为目的的监测要把所有种用乳用易感动物和主要易感动物群体纳入监测范围，如布鲁氏菌病、牛结核病的检疫监测，要把所有存栏种牛奶牛纳入监测对象。紧急监测要把疫区和受威胁区内的所有易感动物养殖场和养殖村作为监测点。

二、监测时间

动物疫病监测的时间应根据动物疫病的流行时间、危害程度、潜伏期、流行特点、监测目的、免疫实施情况、人力财力承受能力等因素合理安排。以了解动物疫病发生分布的状况、掌握动物病原微生物感染或污染情况为主要目的的监测应该安排在动物疫病高发季节和畜禽调运频繁季节，一般在春秋季节进行监测；以评估动物免疫效果为主要目的的监测，根据免疫时期的不同，监测的时间也有所不同，采取春秋季节集中免疫的畜禽应该在集中免疫结束后3周进行监测，采取按免疫规程分散实施免疫的饲养场等应进行每月监测；以检疫净化动物疫病为主要目的的监测应每年至少2次，且安排在气温适宜、防疫任务相对较轻的季节；为扑灭动物疫情进行的紧急监测，应在疫情确诊后立即进行，紧急监测的具体要求按动物疫病防治技术规范的相关规定执行。

三、监测频度

动物疫病监测要按年度确定每种动物疫病的监测频度，以便合理安排全年监测工作计划，保证监测工作质量，发挥人力和设备的最大效能。

主要动物疫病监测频度参考：

高致病性禽流感、牲畜口蹄疫、猪瘟、鸡新城疫、高致病性猪蓝耳病的监测要同时进行病原学监测和血清学监测，每季度进行一次集中监测，平时应开展日常监测，发现可疑病例，随时采样监测，发生疫情时要开展紧急监测。

牛羊布鲁氏菌病和牛结核病：每年进行两次监测，具体监测时间由各地根据实际情况安排，发现可疑病例，随时采样监测。

血吸虫病：每年4～5月、9～10月各监测一次。

狂犬病：主要进行病原监测，春夏季节安排一次集中监测，全年开展日常监测。狂犬病免疫监测，在开展犬、猫狂犬病免疫工作一个月后进行免疫抗体监测，每年开展一次集中免疫监测，集中免疫监测在10月底前完成。

小反刍兽疫：高风险地区夏秋季节安排一次集中监测，全年开展日常监测，

马传染性贫血、马鼻疽、炭疽、疯牛病、禽白血病：每年进行一次监测。

鸡白痢：每年进行2次监测。

四、监测数量

（一）采样比例和数量

动物疫病监测应根据所要监测的动物群体的大小、监测目的的不同和监测能力情况等因素确定监测样本采样比例和数量，首先要确定监测点的数量或监测范围，再确定每个监测点或监测范围内的抽样比例和数量，抽样应按有关办法随机抽取，抽样比例还要根据动物群体的大小进行调整，群体越大抽样比例应该越低，同时每批次监测数量要符合生物统计学规定的最小样本数量。进行免疫抗体监测，禽类每个监测点至少采集30份血清样本，家畜至少采集20份血清样本，动物群体较大时要按比例增加采样数量，家禽一般按0.1%～0.5%采样，家畜按0.5%～1.5%采样；进行病原学监测要根据动物群体大小、推测的动物疫病感染率等因素确定采样数量，每个监测点至少采集20份样本，具体采样数量参照第四章（动

物疫病监测的采样技术）第一节（采样的一般原则与采样方法）表1的方法计算；进行检疫净化时要对主要监测对象逐头（只）检测。

（二）主要监测项目的采样比例和数量

1. 家禽的监测采样 以疫情预警预报、免疫效果评估为目的进行的高致病性禽流感、鸡新城疫等禽类疫病的病原学监测和免疫抗体监测，应按监测点布局有关要求设立监测点，每个监测点至少随机抽取30份检测样本，监测点为规模饲养场的要按其饲养规模大小适当增加采样数量，存栏2万只以下的饲养场抽样30份，存栏数2万只以上的饲养场按存栏的0.15%比例抽样，最多采样100份。高致病性禽流感的监测还要适当采集死鸟和野鸟栖息地粪便样品、猪的样品以及貂、貉、虎等人工饲养的野生动物样品，进行病原学监测。

2. 家畜的监测采样 以疫情预警预报、免疫效果评估为目的进行的牲畜口蹄疫、猪瘟、高致病性猪蓝耳病等家畜疫病的病原学监测和免疫抗体监测，按有关要求设立监测点，每个监测点至少随机抽取20份检测样本，监测点为规模饲养场的要按其饲养规模大小适当增加采样数量，养猪场存栏2 000头以下的饲养场抽样20份，存栏数2 000头以上的养猪场按存栏的1%比例抽样，最多采样50份。牛羊饲养场存栏1 000头（只）以下的饲养场抽样20份，存栏数1 000头（只）以上的饲养场按存栏的2%比例抽样，最多每场采样50份。

3. 检疫净化监测采样 以检疫净化为目的的监测，要将种畜禽场和重点畜群全部纳入监测范围，逐头（只）进行检测。如布鲁氏菌病和牛结核病的检疫净化，要对所有种用乳用易感动物进行逐头（只）检测，对老疫区和高风险区的其他用途易感动物按2%～5%的比例抽样检测。鸡白痢、禽白血病检疫净化要将种禽场全部纳入监测范围，对全部种禽进行检测净化。

对已经控制或已经消灭的动物疫病和存在发生风险的外来动物疫病，为了解这些疫病的防控现状和发生的动态，需要对这些动物疫病进行定期监测。如马传染性贫血的检疫净化，应以县为单位，近3年检出阳性畜的县，对存栏马属动物全部检疫一次，其他县按存栏5%比例抽检，至少检测100匹份，存栏不足100匹的全检；马鼻疽的检疫净化，应以县为单位，近3年检出阳性畜的县，对存栏马全部检疫一次，其他县按存栏2%比例抽检，至少检测50匹份，存栏不足50匹的全检，对引进的马匹全部进行检测。

第二章　监测数据处理

第一节　概　　述

监测数据有狭义监测数据和广义监测数据之分。狭义监测数据是指实验室监测的数据；广义监测数据包括采用流行病学调查、临床诊断和采样检测等方法所获得的数据。由于监测数据是采用相同的监测方法连续观察所获得的，具有代表性和可比性，因而可以从多个角度对数据进行分析。为了便于理解和应用，本节按收集数据的方法、内容，对数据进行整理及统计指标的计算，监测数据三间分布的特征性分析和监测数据的反馈等方面分别予以介绍。

监测数据处理是指对监测数据收集、整理、分析、反馈的过程，以确保监测的科学、准确。监测数据如果没有经过处理，就只是一些杂乱无章、无法理解的数据。监测数据处理的目的是通过长期、连续的观察，系统收集疫情及各种相关数据资料，并对所收集的数据进行处理、分析，将信息上报和反馈，为监测结果分析与应用提供科学依据，以便揭示动物疫病的发生、发展的趋势。此外，在暴发疫病的调查中可以验证病因假设，及时采取干预措施并评价其效果。也就是说，通过对监测数据的处理可以掌握主要传染病的地区分布、时间分布、畜禽群间分布规律，为制定防控措施和评价防控效果，以及评估疫病风险和预警预报提供科学依据。

监测数据的处理首先需要进行分类。监测数据的分类与监测的分类有直接关系，目前主要是根据监测类型、目的以及所获得数据处理情况来进行划分。

一、根据监测类型分类

根据监测数据类型对监测数据进行分类，可分为主动监测数据和被动监测数据。

1. 主动监测数据　根据特殊需要，上级单位亲自调查收集数据，或者要求下级单位尽力去收集某方面的数据，称为主动监测数据。我国动物疫病预防控制机构开展动物疫病流行病学调查，以及按照农业部动物疫病监测方案要求对主要动物疫病进行监测收集的数据为主动监测数据。

2. 被动监测数据　下级单位常规向上级机构报告监测数据，而上级单位被动接受的监测数据，称为被动监测数据。各国常规法定动物传染病报告数据属于被动监测数据。

二、根据监测目的分类

根据监测目的对监测数据进行分类，可分为：抽查监测数据、委托监测数据、仲裁监测数据、进口监测数据和自检数据。

1. 抽查监测数据 是依据各级兽医主管部门或动物疫病预防控制机构的计划安排，由动物疫病预防控制机构的人员到动物生产企业、经营企业或饲养户的现场，直接随机抽取样品，现场封样，填写样品采样单后，交动物疫病预防控制机构检测，所获得的数据称为抽查监测数据。

2. 委托监测数据 是由委托方以委托书、协议书或合同书的形式向动物疫病预防控制机构或其他动物疫病检测机构申请检测，样品由委托方提供。动物疫病预防控制机构或其他动物疫病检测机构根据委托方申请的检测项目，按检测标准实施检测，所获得的数据称为委托监测数据。

3. 仲裁监测数据 是指被抽检方或者委托方对检测报告书中的检测结论持有异议，由农业部认可或指定的具有仲裁资格的上级动物疫病预防控制机构或其他动物疫病检测机构再次检测，所获得的数据称为仲裁监测数据。仲裁监测数据一般为确诊数据。

4. 进口监测数据 是指对从国外进口的动物或动物产品由进出口检验检疫局所进行检测，所获得的数据称为进口监测数据。

5. 自检数据 是指动物生产企业、经营企业内部实验室依照检测标准自行检测，所获得的数据称为自检数据。自检数据只供企业内部参考。

三、根据监测数据处理情况分类

根据监测数据处理情况，可分为基础监测数据和二次监测数据。

1. 基础监测数据 直接来自提供者及源头而未经过归纳整理的监测数据。如开展动物疫病流行病学调查、实验室诊断、检测而直接提供的原始数据都属于基础监测数据。

2. 二次监测数据 对基础监测数据进行归纳整理的数据。监测数据往往要经过归纳整理，才能对监测结果进行分析与应用，也就是说在实际应用中的大部分监测数据是属于二次监测数据。

第二节 动物疫病监测数据的收集

动物疫病监测数据的收集是整理、分析和反馈的基础，是保证监测系统进行准确、及时的疫情报告的基本条件。监测数据不全面、不准确往往造成了监测数据整理分析的无效性和决策支持的失败。监测数据收集是一项复杂的工作，要确定目标，限定一个高质量收集范围，否则收集到的东西将有失精当。

一、数据收集的方法

由于畜禽饲养方式、饲养数量、饲养水平的差异以及经济条件和实验室能力的不同，不同国家、不同阶段采取的监测数据收集模式也有所不同。我国动物疫病监测数据收集模式，是以实验室采样检测为基础、流行病学抽样调查为主体、其他临床诊断为补充的数据收集模式。无论是主动监测数据还是被动监测数据，数据收集的方法基本相同，主要有问卷调查法、直接观察法、采访法、样本检测法、法定收集法。

（一）问卷调查法

最常见于流行病学调查中，是收集数据的一种重要工具，调查成功的关键在于问卷的设计。

1. 问卷有效性原则

切题：问卷要围绕一个主题目标。

完整：包含所有需要涉及的信息。

准确：应答者应如实客观回答所涉及的信息。

2. 问卷方法　访谈者可以填写问卷，特别是当应答者不识字时；也可以由应答者本人来填写。

3. 问卷设计

问卷的介绍：指明资助的组织，解释调查的目的，说明访谈者可能持续的时间，并向应答者保证他们的回答是严格保密的。

问卷的长度：尽可能简明并锁定问卷的目标，同时要验证假设，尽量收集调查者感兴趣的额外信息。

逻辑：问题之间应该有相应的逻辑关系。

4. 问卷问题的类型

开放型：不提供选项，因此可能的回答是多样的，多用于态度、表现的判断，这种类型的问题不建议用于产生假设的调查。

填空型：不提供选项，要求简短的回答，被用于获取简单的应答者态度、日期或数量等数据。

（二）直接观察法

调查者通过现场观察、临床检查或其他特殊检查进行某种事实的记录，其优点是所得资料准确性高，但工作量往往很大。

（三）采访法

可通过调查者本人或培训一批调查员进行采访调查。用该方法可以调查得较为详细，准确性也较高，其成功的关键是调查者的认真负责和与被调查者的密切合作。

（四）样本检测法

根据需要收集的数据、地理位置、数据样本大小等设计抽样方案，采集样本进行实验室检测得到数据。这是目前我国采用的最主要的方法。

（五）法定收集法

根据法律法规、规章规定，提出法定报告病种和要求，由各级动物疫病预防控制机构收集上报，目前上报的监测数据有周监测数据、月监测数据、半年监测数据和全年监测数据。

二、数据收集的内容

全面、系统的监测资料数据应包括该项疫病的临床症状、发病情况、传播媒介、病原、免疫状况、环境因素等方面。

（一）临床症状的资料数据

不同动物疫病引起的临床症状有所不同，有些疫病表现有典型的特征性临床症状。如高致病性禽流感的典型临床症状是：

（1）发病急、病程短、死亡快，急性死亡病例有时未见明显病变。

（2）脚鳞出血呈暗紫红色，脚趾肿胀。

（3）鸡冠出血或发绀、头部和脸部水肿。

（4）鸭鹅等水禽可见神经紊乱和腹泻症状。

（5）有时可见角膜炎症状，严重时导致失明。

此外，有些疫病在剖检时可观察到典型的特征性病理变化，仍然以高致病性禽流感的典型病理变化为例：

（1）肌肉和其他组织器官广泛性严重出血。

（2）消化道、呼吸道黏膜广泛充血、出血；腺胃黏液增多，刮开可见腺胃乳头出血、腺胃和肌胃交界处黏膜可见带状出血。

（3）输卵管中部可见乳白色分泌物或凝块；卵泡充血、出血、萎缩、破裂，有的可见“卵黄性腹膜炎”。

（4）脑部出现坏死灶、血管周围淋巴细胞管套、神经胶质灶、血管增生等病变；胰腺和心肌组织局灶性坏死。

（二）发病资料数据

所监测的发病资料数据主要包括动物疫病引起群体发病的数量和病死数据。其中包括群体发病的背景资料及各项指标，如发病中疑似病例的数据，发病轻重的数据，经过实验室确诊的数据等。

（三）传播媒介资料数据

部分动物疫病必须通过生物媒介才能进行传播，如乙型脑炎通过蚊子传播，血吸虫通过钉螺传播，对传播媒介资料数据的收集，是对监测数据正确分析评价的重要基础。

（四）病原资料数据

病原学资料数据是传染病监测中最为重要的数据，是分析、解释动物疫病流行的原因、趋势，确立防控措施的技术支持，并通过临床应用效果的评估（对比），判定控制策略、措施的应用效果，最终判定疫病控制效果。因此，在动物疫病监测中都十分重视病原监测数据的收集。

病原学监测数据包括：

1. 实验室监测数据。

2. 监测点筛查数据，通过临床诊断指标、病例诊断指标筛查的数据。

（五）免疫方面的资料数据

免疫的资料数据主要包括免疫情况、抗体检测数据等。免疫的资料数据是监测数据分析评估的重要组成部分，在流行病学研究中有着重要意义。其主要作用有：

1. 查明疫病在动物群体中的流行情况。特别对一些隐性感染为主的疫病流行情况，如流行性乙型脑炎、弓形虫病、猪细小病毒感染必须用血清流行病学的方法进行调查。

2. 探讨某些疫病的地理分布。

3. 检查疫（菌）苗的免疫效果。

4. 开展病因研究。

5. 疫情预测和疫病调查。

（六）环境监测数据

养殖场环境调查数据往往是流行病学调查的一个重要内容，对环境开展监测可以为疫病流行情况、风险评估提供科学依据。环境监测数据内容包括：

1. 本地及周边地区疫情因素　养殖地区及周边地区过去、目前的疫情状况。

2. 饲养管理因素　主要包括养殖场规模、养殖密度、饲养管理方式、畜禽散养和混养等直接影响疫病发生流行的因素，同时一些综合性管理措施如养殖场舍与居民住宅区的隔离、控制养殖场人员和物品的流动、环境消毒以及畜禽粪便的无害化处理等也是环境监测的重要内容。

3. 气象因素　环境中的温度、湿度、风力、日照时间等与疫病病原的存活时间、传播范围和传播速度直接相关，因此也是环境监测的重要内容。

如含有口蹄疫病毒粒子的气溶胶随着空气流动可以在一天内扩散到 8km 以外，造成疫病的大范围传播。温度是影响病毒存活时间和感染力的重要因素，如高致病性禽流感病毒所处的环境温度越低，病毒存活时间越长，但由于处在低活性状态，细胞内复制能力受限，其感染力与致病力也相对较低；随着病毒所处环境温度的升高，病毒存活时间缩短，传播的时间与机会也相对减少。日照时间与辐射强度也直接影响病原的存活时间，高致病性禽流感病毒对紫外线非常敏感，阳光直射下 40～48h 即失去感染性。

4. 候鸟分布与迁徙等因素　某一地区候鸟的分布与活动范围，途经该地区的迁徙候鸟的品种、数量及迁徙路线，家禽与候鸟的直接或间接接触情况等是直接影响疫病流行范围和扩散速度的重要因素，也是环境监测的重要方面。如家禽和野生禽类直接或间接接触是导致高致病性禽流感发生与传播的重要诱因，可从养禽场与候鸟栖息地距离、是否封闭式养殖、有无共用水域等方面对禽流感发生的风险进行综合评估。

5. 生态环境方面因素　地区的生态环境，如水系分布、气流变化、昆虫等传播媒介的种类和分布等是影响病原流行的因素，也是疫病环境监测收集的重要资料。

水系的分布情况：水系是各种动物特别是候鸟重要的活动范围，通过污染的水源，病原可发生间接传播。如带毒候鸟在迁徙沿途通过排泄物污染水源及土壤，就可能造成高致病性禽流感的发生与传播。

昆虫等传播媒介的分布情况：昆虫是一些传染病的传播媒介，如蝇类等吸血昆虫可传播布鲁氏菌，库蠓可传播蓝舌病，蚊子可传播马传染性贫血，微小牛蜱可传播牛巴贝斯焦虫病。了解该地区是否存在蚊子、库蠓、微小牛蜱等吸血昆虫及其分布状况，为虫媒疫病的调查及流行情况的分析提供依据。

6. 交通贸易因素 受污染的车辆、工具和人员的交通流动是疫病远距离传播的重要因素，而经营动物屠宰、贸易的地区也是疫病潜在的重要疫源地。对交通贸易的监测是疫病流行病学分析的重要方面。

贸易的规模、数量与频密程度是疫病发生、传播的限制性因素：活禽活畜交易可使畜禽跨地区流动，而畜禽交易市场很有可能是各种病毒扩散的中心场所。

贸易市场的检疫力度：活禽活畜上市之前没有良好的病毒检疫与监测环节，会导致病畜病禽进入市场流通。

贸易市场的卫生状况与消毒情况：贸易市场普遍卫生条件差，畜禽排泄物未及时清理与消毒，可使交易市场成为疫源地，污染的运输工具及笼具等成为机械性传播媒介。

（七）现场流行病学资料数据

包括动物群体特征、临床和所暴露的危险因素等资料。必要的临床资料对于疫病的临床诊断十分重要，而发病谱、疫病的严重程度、疫病转归等临床资料也十分有用。对时间、地区和动物种群分布相关资料的收集，不仅可用于判断疫病的特征，而且可评价组间的一致性，如病例对照研究中病例组和对照组之间、队列研究中暴露组和非暴露组之间的一致性等，还有助于提出病因假设。

（八）突发动物疫情流行病学资料数据

开展突发动物疫情流行病学调查的目的是为了核实疫情、界定疫情性质、分析疫情动态、制定控制措施。

1. 突发动物疫情流行病学调查的内容包括：

（1）基本情况。

（2）疫情动态。

（3）疫情性质。

（4）控制效果评估及制定措施。

2. 调查方法

（1）现场调查　确定疫情的真实性及疫情动态，控制效果的初步评估。主要内容包括：

①核实疫情及临床定性（临床诊断）：临床特征，疫点分布范围及数量；各疫点间的相关性；发病、死亡数量统计及疫情流行阶段的判定；暴露畜禽分布、数量。

②原因分析和成因调查：防疫屏障、养殖水平、免疫状况、发病过程、疫病史、疫源及污染源，气候变化、人员、物品流动、河流、道路等相关因子的调查。

③扩散风险调查：病死动物、物品、人员、交通工具等因素。

④采取的措施及效果：发病、死亡数量的变化、周围有无新的疫点。

⑤样品采集：采集病料和血清样品进行实验室检测。

（2）风险区域调查

①疫情排查：有无疑似畜（禽）群，有无病死禽及临床特征、流行病学特点，发病点与疫点相关性调查。

②易感性调查：免疫情况（疫苗种类、生产厂家、免疫时间及次数、免疫密度、免疫质量等）。

③扩散风险分析：病死畜（禽）及产品有无流入或路过；高风险人员是否有接触史等。

④随机采取样品及血样进行检测。

⑤采取的措施及效果。

（九）其他数据资料

部分重大动物疫病及人畜共患传染病由于涉及公共卫生问题，发生后会对社会、经济造成重大影响，因此对这些疫病的监测还应考虑社会因素、经济因素及自然因素等背景资料。

第三节　监测数据的整理

监测调查的数据在进行统计分析前必须进行必要的整理，主要包括：数据资料的逻辑核对、数据的录入、数据的归类分组和数据的质量控制，以确保分析数据的科学、准确。

一、数据的逻辑核对和录入

通过各种来源获得的监测数据，通常要核对后输入计算机进行整理、分析。即使是利用手工统计监测数据，也应该对每张调查表、上报报表或实验汇总表进行审查。对调查表的审查可与资料的录入同时进行，前提是所用的录入软件能对录入的资料进行质量控制，建议使用 Epidata 统计分析软件进行录入。收集数据的检查包括以下几个方面：

（一）数据的完整性

检查调查表和原始记录是否有遗漏和重复的内容，各项目有关资料是否齐全。

（二）数据的准确性

检查所有调查项目、检测数据是否准确无误。

（三）数据的逻辑核对

所谓逻辑核对是计算机对调查表中两个相关变量进行比较，对其一致性进行核对。

在进行资料整理时，应及时发现和纠正数据错误。在现场调查阶段，由于工作量大时间紧，很容易遗漏和误报数据，在资料整理时就需要对其进行核对和修正，否则待到计算结果并得出结论后，再返回来寻找错误，往往很难发现错误，从而导致错误的结论。

二、数据的分组归类

由于收集的数据多数是以个案形式收集的，对这些原始数据复核后，还要对其进行分组归类、汇总，按统计分析的要求形成各种报表，以揭示疫病的本质和规律。所谓分组，是根据各项目的特征，将同质的数据并在一起，使数据系统化，便于统计分析，以显示内部的规律性。

（一）质量分组

按数据的性质或类型分组，如疫病分类、病因分类、种和品种分类、性别和年龄分类。

（二）数量分组

在质量分组的基础上，再按变量值的大小来分组。如疫病发病率、抗体滴度高低等。数量分组的多少取决于数据的性质和数据的多少。数量分组便于进行数据对比。

目前，中国动物疫病预防控制机构监测系统内统一使用动物疫病监测报表，便于数据的归类和分组，各类监测报表有月报表、半年/全年监测报表，各种疫病监测数据又按照不同品种、免疫效果监测和病原监测等不同监测内容进行分类，确保了监测数据进行分析的质量。

三、数据的质量控制

监测数据不但是各种疫病的分布特征和变化趋势的详细记载，而且将作为动物疫病防控策略和措施制定的重要依据，提高监测数据的科学性和准确性，将直接影响监测工作的成效。因此，对监测数据必须进行质量控制。

（一）方法和标准的统一

为了提高监测数据的质量，保证数据的可比性，便于下一步的统计分析，各种监测数据的统计工作必须规范化，按统一的标准实施，即使是最基本的现场流行病学调查资料也要按上述要求来收集。如病例的发病情况、数据的归类、填表的要求等都会因标准、要求不统一或工作人员理解不一致，而造成各种各样的差异。方法和标准的统一是需要经过人员严格的审查和监督逐步达到的。

（二）原始登记表的质量控制

对上报的原始登记表监测数据进行一次复查。复查可以是全部复查，这在调查数据不多时采用，也可以采用随机抽样的方法来确定复查的对象。无论采用哪一种方法，复查后都必须统计差错率或符合率，差错率的统计可以针对某一项或几个主要项目，也可以针对整张表格。一张表中只要有一个项目出错，这张表格就算是错误。

$$错表率=\frac{复查表数}{差错表数}\times 100\% \quad (2-1)$$

$$总错项率=\frac{差错项总数}{总复查项目数}\times100\% \quad (2-2)$$

$$某项错项率=\frac{某项错表率}{复查表数}\times100\% \quad (2-3)$$

（三）汇总表数据的质量控制

（1）汇总表数据的核对　行列核对数据的核对，在汇总表的底行或最后一列往往是合计、累计、总计等。在每张汇总表填写完时，即可利用这些合计项做质量检查。

（2）各汇总表数据一致性的检查　汇总表的数据有相互关联性。前表与后表中同一行内容的数值应该一致，不应有矛盾。

（3）数据合理性的判断　所谓合理与否指的是与该地区、该监测点往年该病的数据相比较而言。一般对传染病来说，假如有足够证据的流行或暴发发生过，那么某月或某年该病的病原监测数据与往年相比会有较大的不同。反之，如果没有证据表明发生过疫病的流行或暴发，病原监测的数据应该与往年相接近，否则就应从病例的诊断、分类、汇总等过程中寻找原因。

（四）汇总表的质量控制

各汇总表中的数据必须经严格审查后才能用作统计分析。每种报表的质量控制方法与表的性质有关，可以用数据的一致性及行、列合计数核对来控制其质量。

四、数据的统计整理

对数量型数据的统计分析必须计算统计指标以进一步开展分析。数量型数据的统计整理是描述性分析的重要依据。通过数据统计整理，使其条理化、系统化，以了解数据的数量特征和分布规律。

（一）数值变量数据的统计整理

对数值变量数据主要通过编制频数分布表及频数分布图来了解数据的分布类型和分布特征。在数据的分布特征中，用均数、几何均数、百分位数及中位数描述数据的集中趋势；而用极差、四分位数间距、方差和标准差描述数据的离散程度。

（二）分类变量数据的统计整理

对于分类变量的数据，常用比、构成比、率等相对数指标来描述。在用相对数指标进行数据的统计分析时，应当注意相对数的使用条件，对比时应注意数据的可比性，做到观察对象同质，时间相近，研究方法相同，以及地区、民族等客观条件一致，其他影响因素在各组的内部构成应相近。

当所比较的数据内部构成不同时，应当使用标准化法调整内部构成的差异后才能进行比较。标准化的率的计算实际上是一加权平均，标准化的目的是为了进行合理的比较，其使用价值仅限于相互比较时判明孰大孰小的相对关系，并不反映具体的实际水平。因此，要反映实际情况，则需用未标化前的率。

第四节　监测数据的分析

监测数据分析是指从所收集的众多监测数据中，选择合理的统计学指标，采用相应的统计分析方法，从中得出有价值的结论。

一、分析软件

目前国内外疫病监测的数据分析软件或系统主要有：SAS 系统、SPSS 系统、Epi Info 统计分析软件。

（一）SAS 系统

SAS（Statistical Analysis System）是一个模块化、集成化的大型应用软件系统。它由数十个专用模块构成，功能包括数据访问、数据储存及管理、应用开发、图形处理、数据分析、报告编制、运筹学方法、计量经济学与预测等。

SAS 系统在动物疫病监测数据分析上的运用主要有以下几个方面。

1. 统计描述（statistical description）

（1）流行病学“三间分布”（计数资料）。

（2）连续变量的描述分析（计量资料）。

（3）有序变量的描述分析（等级资料）。

2. 统计推断（statistical inference）

（1）计数资料的统计推断。

（2）计量资料的统计推断。

（3）分层资料的比较与推断。

（4）病例聚集性的分析与推断。

3. 常见 3 种四格表的区别与分析

（1）独立样本比率比较分析。

（2）病例对照研究分析。

（3）实验方法或筛查资料分析。

（二）SPSS 系统

SPSS 的全称是：Statistical Program for Social Sciences，即社会科学统计程序。SPSS 是目前世界上公认的最普遍、最强大的三大统计分析软件（SPSS、SAS 和 BMDP）之一。SPSS 具有数据管理、统计分析、趋势研究、制表绘图、文字处理等功能。SPSS 统计软件采用电子表格的方式输入与管理数据，能方便地从其他数据库中读入数据（如 Dbase，Excel，Lotus 等）。它的统计过程包括描述性统计、平均值比较、相关分析、回归分析、聚类分析、数据简化、生存分析、多重响应等几大类，每类中又下含同类多种统计过程，比如回归分析中又分线性回归分析、非线性回归分析、曲线估计等多个统计过程，而且每个过程中允许用户选择不同的方法及参数进行统计分析，因此除可以实现常规的各种统计外，还可用来做一些不常用的分析处理。

（三）Epi Info流行病学分析软件

Epi Info是由美国疾病预防控制中心（CDC）专门为公共卫生领域工作人员开发的流行病学统计分析软件。与其他统计软件相比，该软件最大的特点是具有强大的数据管理功能以及专门针对流行病学量身定做的统计分析功能。Epi Info软件的统计分析功能主要应用于数据的分析，包括数据的分层分析、求均数及总体均值的比较（t检验），总体率或构成比的比较（χ^2检验），同时还可以应用于流行病学配对设计资料分析。该软件的另一个重要功能是绘制统计图，可绘制包括直方图、条图、二维散点图、水平条图、线图、饼图、面积图、平滑曲线图等19种统计图形。此外，Epi Info软件还可以利用地理信息系统绘制流行病学地图，将某种疫病的发病率、患病率、死亡率等以乡镇或县为单位，根据指标的大小分级，采用不同的线条或颜色描绘在地图上，有助于分析该疫病的地域分布特征。

动物疫病监测数据的处理分析，是在对动物疫病历史发生资料的整理和数据分析的基础上，利用统计学原理，归纳获得疫病发生与环境变化之间的规律性，建立起合理的统计分析模型，并根据当前疫病与环境因子的情况，来预报未来疫病可能发生的状况。对数据进行统计分析，必须全面系统地收集调查资料，并选择其中有关的部分，进行处理分析，才能在实际中加以应用。在数据处理和统计分析中，选择恰当的相关软件进行统计分析，是疫病监测工作顺利完成的重要帮手。在实际应用中还可以用Microsoft Office Excel来整理、保存数据资料。Microsoft Office Excel是一种使用简便、信息明了的数据统计工具，普通计算机安装的办公管理软件（Office）就包含有该程序。因此，我们推荐使用Excel来处理监测工作中的数据。

使用SAS、SPSS、Epi Info统计分析软件作为监测数据统计分析的工具，首先需要对上述软件进行系统的培训学习，熟悉软件的使用方法、基本功能，掌握软件的统计分析功能、统计分析思路、统计量的判断准则以及相应的解决方案，对统计分析软件的熟练应用有助于对监测数据的科学分析及应用，从而得到科学的研究结论。这里不作具体的介绍，详细的应用可以参阅相关的应用教程。

二、描述性分析

目前，对监测数据的分析方法很多，主要包括描述性分析、趋势性分析、干预性分析、统计推断分析。其中趋势性分析、干预性分析、统计推断分析在本书第三章“监测结果的应用”中会作详细描述，这里则着重介绍描述性分析。所谓描述性分析是指通过收集常规记录资料和调查资料来描述疫病发生的时间、地点以及动物群体的分布特征，把疫病的真实情况展现出来，然后提出关于致病因素的假设。在数据资料分析之前，必须制定分析原则，它是资料分析的重要环节之一，为资料分析提供纲领和指南，对资料分析将起到促进作用。

（一）资料分析原则的制定过程

在资料分析原则的制定过程中，确定变量十分重要，包括重要的暴露因素和疫病结果的变量、其他已知的危险因素、可能影响分析结果的因素和研究者特别关注的因素等。如果调查表内容较少，也许所有变量都很重要，应对每一个变量作描述性统计和应答频率分析，这是熟悉资料的绝好机会。还要确定哪些最大，哪些最小，每个变量的平均取值是多少，变量有无缺失值等。

资料整理表的设计是制定分析原则的重要一步。整理表包括频数分布表和四格表等，这些表已经提供了资料整理的框架，甚至已标明了表目，只是缺少表中数据，这些数据将在资料分析过程中填充。根据分析计划，通常要草拟出一系列的资料整理表，可按逻辑顺序或由简单（描述流行病学）到复杂（分析流行病学）的次序排列。整理表通常表明分析指标，如OR值和统计量 χ^2 值。整理表的类型和项目排列要由报告或论文中将要显示的表格来确定，在资料分析过程中通常需要以下两种整理表：

整理表一：临床资料，如临床症状和体征，实验确诊的百分比，发病或死亡的百分比等。

整理表二：描述流行病学资料，如病例的三间分布等。在时间分布方面，通常绘制直方图或流行曲线。在地区分布方面，常用标点地图、散点图等。在动物种群分布方面，常用构成比图来描述研究对象的年龄、品种、性别等分布特征。

（二）关于疫病的三间分布的描述

1. 关于疫病的时间分布 无论是传染病还是非传染病，其发生频率均随时间的推移而不断变化，流行形式通常由散发到流行，直至消灭。对疫病时间分布和变化的描述，有助于判断传染病疫情的发展动态，探索病因不明的疫病。

疫病时间分布的表现形式可以分为短期趋向、周期趋向和长期趋向。

短期趋向是典型的流行，由突发事件造成宿主与寄生物或其他致病因子的平衡被破坏，在一定范围的动物群体中短时间内某种疫病的发病突然增多，远超过平时的发病率，经过一定时间的流行后又平息下去。共同来源暴发和增殖流行都属于短期趋向。

周期趋向是指疫病发生水平存在规则的周期性波动，它与易感宿主密度和传染性病原体密度的变化有关系。其中季节性趋向是主要的周期趋向。季节性趋向可以分为发病的严格季节性和发病的季节性升高两种。某些传染病的发生有着严格的季节性，病例只集中在一年中的少数几个月份出现，其他月份通常不会出现病例，主要见于虫媒传染病，如乙型脑炎。但多数疫病一年四季均可发生，只在一定季节内发病率明显高于其他季节，如猪传染性胃肠炎在冬季比夏季更常见，其主要原因是夏季阳光紫外线强，气温高，病毒存活的时间很短，阻碍了病毒的传播。

长期趋向是在几年、几十年、甚至几百年的时间内疫病发生的变化，又称长期变异。疫病的长期趋向通常是向逐步减少的方向发生，这与疫病防治措施的实施有关，例如随着世界各国动物疫病防控水平和力度的不断提高，猪瘟、新城疫等多种烈性传染病多年来一直呈下降趋向。在发达国家，疫病防治水平相对较高，与传染病的抗争历史更长，多种传染病现在已被彻底根除，如美国和日本已消灭13种疫病，丹麦已消灭了18种疫病。

在进行疫病时间分布描述时，统计图可以最直观地表述疫病的周期趋向，主要包括线图和柱状图两种形式。时间可以是周、旬、月，也可以是某一特定时间段（如图2-1～图2-3所示）。

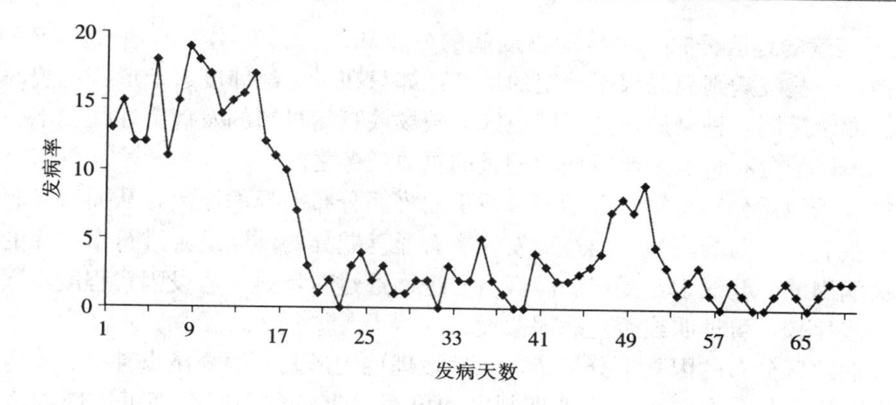

图 2-1　某段时间发病率变化的线图

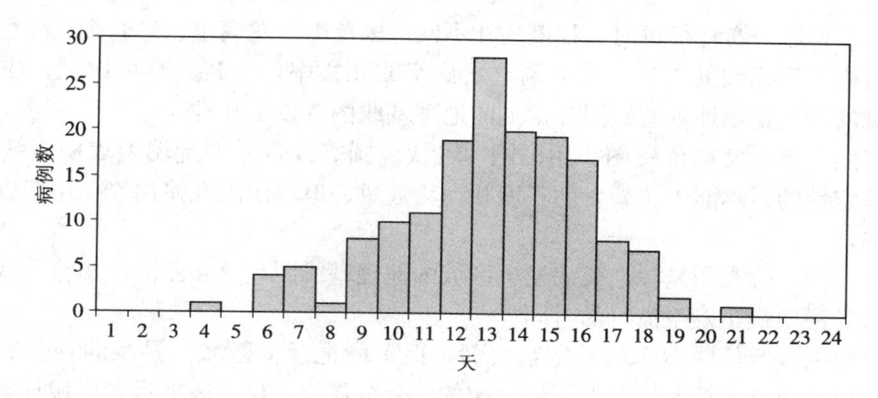

图 2-2　按时间和病例数的流行柱状图

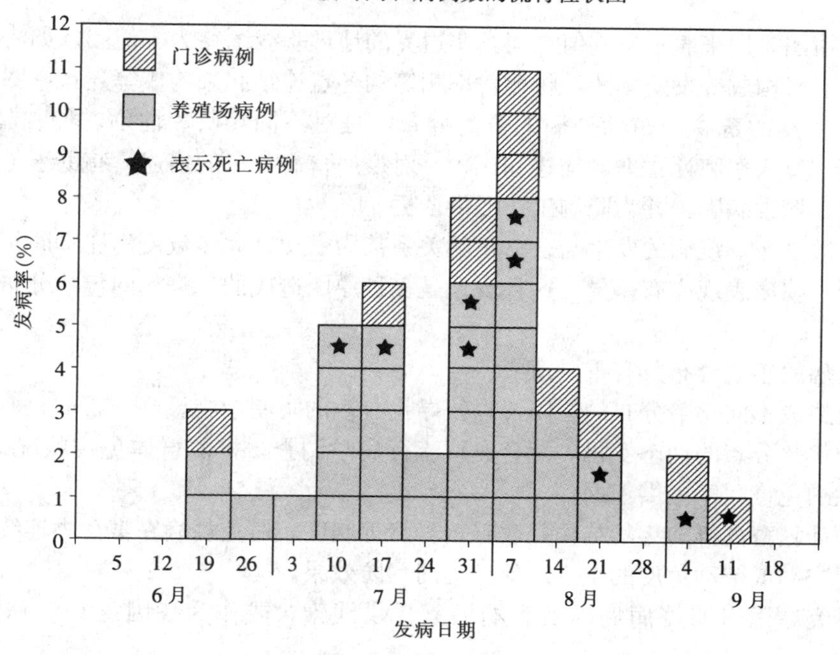

图 2-3　按发病率和时间的流行柱状图

2. 关于疫病的地区分布 多数动物疫病的分布和流行具有明显的地区性。一些疫病呈全球性传播，一些疫病则只局限于特定的地区，如只在一定经纬度或地形、地貌的条件下存在的疫病。即使是同一种疫病，在不同地区养殖场或自然村镇的发病率往往也不一致。研究疫病在不同地区的分布特点是流行病学调查的重要任务之一。

研究疫病的地区分布特征，有助于查找引起疫病分布差异的原因，从而指导制定防制对策。对于一些病因不明的疫病，通过对发病率有显著差异的不同地区进行多方面的比较，可以获得有关病因的一些线索，提出病因假设，进而通过对暴露于假设因素程度不同地区的发病率作进一步比较，可证明或否定病因假设。

影响疫病地区分布的因素十分复杂，自然地理地貌形态、媒介昆虫种类、特定疫病的中间宿主和贮存宿主的分布、畜牧业管理制度和兽医卫生条件等因素都可以影响疫病的地区分布。

研究疫病地区分布特征可对某种疫病在不同地区范围的发病率、患病率和死亡率进行比较，比较时应采用标化的方法，计算调整发病率或死亡率，使其具有可比性。描述地区分布，更直观的方法是用地理基线图，常见的地理基线图有以下几种：

（1）点图 点图又称位置图。用圆圈、方块、圆点或符号在地图上表明疫病暴发的位置。点图是定性的，不能表明暴发的程度和动物数量。但点图配合使用箭头可用以表示疫病传播的方向。

（2）分布图 分布图是标出疫病发生区域的地理基线图。分布图除指出流行区域的地理位置，一般还注明最早发生流行的时间。

（3）区值图 区值图展示的是定量资料，但不同记录值区域分界线的划分通常有随意性，不能用以代表高发病区域和低发病区域的实际分界线，仅代表展示各区域计算平均值的行政分界线。

（4）等值图 用来表示不同值之间真实边界的地理基线图称为等值图。如将发病率相等的各点连结起来构成等发病率图，将死亡率相等的各点连结起来构成等死亡率图。

3. 关于疫病的畜禽分布 疫病的畜禽分布，是对不同年龄、性别、种和品种的畜禽，进行发病率、患病率和死亡率的描述和比较。对疫病畜禽分布的描述，有助于了解影响疫病分布的因素，探索病因，并为防制工作提供依据。

（1）年龄分布 疫病的发生与畜禽年龄关系甚为密切，大多数疫病在不同年龄组畜禽的发病率不同，临床表现亦有差异。这种现象是多种原因造成的。疫病的年龄分布是诊断的重要依据。

研究疫病的年龄分布具有重要意义：

①分析造成不同年龄分布的原因，以便寻找有效的防制措施。

②根据年龄分布的动态变化，配合血清流行病学调查。推测群体免疫状况的变化趋势，为制定合理的免疫程序提供依据。

③合理计划畜禽群的年龄结构并改善饲养管理制度，避免疫病在畜禽中连续传播。

④确定主动或被动免疫的重点对象，提高预防效果。

⑤为研究原因未明疫病病因及影响因素提供线索，或作为病因已知疫病的诊断依据之一。

⑥帮助分析某些疫病的传播途径，如垂直传播、水平传播等。

研究年龄分布的方法有两种：

①年龄分组分析：由于很多疫病在不同年龄组的发病率、患病率和死亡率不同，高发年龄组分布差异较大，因此，在具体比较不同群体疫病频率时，应对年龄进行标化，或以同一年龄组进行比较，这样就可以知道，一个地区在一定时间内，什么年龄组易患某病。否则重要的流行病学特征就可能被笼统的数据所掩盖。不同疫病的年龄分布各不相同，因此年龄专率在比较分析中有很重要的意义。

②横或纵的观察：在描述疫病的年龄分布时可进行横断面观察，就是对一定时期（如某年或更短时间内）的群体疫病现状进行分析。描述传染病的年龄分布时，对畜禽暴露于致病因子至发病的间隔时间较短的疫病，其年龄分布的描述，一般能反映出致病因子与年龄的关系。

但在描述畜禽暴露于致病因子至发病的间隔时间不易确定，或相隔很长，或致病因子在不同时期有变化的年龄分布时，需进行纵的观察。将同一年出生的动物作为一个队列，分析不同队列在不同年龄时的发病情况，从而检查致病因子与年龄的关系，这种方法称为出生队列分析。在兽医流行病学中纵的观察一般仅用于乳牛、马、狗等生命周期较长的动物。

（2）性别分布　很多疫病常表现出性别分布的差异，其影响因素复杂，有些与动物内在因素有关，有些与外在因素有关。在描述疫病的性别分布时，应比较雄性和雌性（或不同年龄组的雄性、雌性）的发病率、患病率或死亡率。

（3）种和品种分布　畜禽的种和品种对不同的传染性病原体的敏感性和应答反应也有差异。如口蹄疫只感染偶蹄兽而不感染单蹄兽，而禽类从不发生炭疽。当一个种或品种动物被放入一个新的生态系中时，容易引发新的疫病。这是因为当地种或品种的动物与所存在的病原体处于良好的平衡状态，临床上不会引起明显的表现，但外来种或品种的动物与这些病原体缺乏平衡关系，是病原体的易感动物，就可能产生临床病变。如当欧洲品种的绵羊引入南非时发生了蓝舌病疫情，而本地绵羊对蓝舌病则不产生临床表现。很多疫病与动物特定的品系或品种有联系，通常认为是遗传性因素造成的，当纯系动物的发病率高于杂交种时就可能是遗传因素的影响。疫病也可能在遗传上有关系的动物品种中同时存在。此外，特定品种的动物发生某病的危险性在不同地区可能有较大差异，其原因是动物不同的遗传库或不同的环境和饲养管理方法造成的。

（三）利用三间分布原理进行疫病的描述性分析

在完成分析原则制定，资料整理表设计以及图表数据统计的基础上，对疫病进行描述性分析。描述性分析主要围绕三个基本问题展开，即患病的畜禽有什么特征（包括品种、日龄、性别、用途等），在什么地方感染该种疫病，在什么时间发生该疫病，这三个问题构成了描述流行病学的基本内容。如某种传染病在不同月份，不同地区，不同畜禽品种的发病率，不同疫病每年引起不同畜禽的死亡率等，都是采用的描述性分析，特别是长期的疫病监测工作，描述性分析是最常用、最易懂的流行病学分析方法。

描述性分析可以为动物疫控机构和动物防疫工作人员提供有价值的信息，以充分利用有限的防控资源，制定有效的疫病预防措施和宣传计划。此外，描述性分析还可以为疫病发生发展的诱因提供重要线索，形成病因的有关假设。

描述性分析可按以下步骤进行：

检查与核对原始资料，对原始资料的准确性、完整性等进行检查。

按统计技术与流行病学需要来整理原始资料，如分组列表等计算有关指标，如各种率与比等。

应用流行病学的原理与方法，利用 SPSS、SAS 等统计分析软件，分析、解释疫病或现象的规律性，提出有关致病因素的假设。先对该疫病的临床特征、发病区域、发病率、死亡情况及实验室检测等情况进行描述，而后根据疫病的地区分布、时间分布、品种分布，利用图、表、数据及收集资料进行描述。可以根据疫病发生的区域进行比较，也可以与全国情况进行比较；或者根据不同时间段进行比较，如按日、周、月比较；针对特定的地区、时间、品种也可以按照三间分布的原理进行分析；重点对实验室检测数据及发病严重或发病率、死亡率较高的病例开展分析。必要时利用 EpiData、Excel 等软件建立数据库，使用 Epi Info、SPSS、SAS 软件进行分析：

1. 传染病发病与死亡的频率分析 以 2006 年全国动物疫病监测系统数据为例，一类、二类传染病共报告病例 38 254 例，死亡 19 798 例，监测数 423 892 032 例。

$$\text{报告发病率（/10 万）}=\frac{\text{报告发病数}}{\text{同年监测数}}\times 10\text{万} \quad (2-4)$$

$$\text{报告死亡率（/10 万）}=\frac{\text{报告死亡数}}{\text{同年监测数}}\times 10\text{万} \quad (2-5)$$

$$\text{病死率}=\frac{\text{死亡数}}{\text{发病数}}\times 100\% \quad (2-6)$$

$$\text{某病发病构成比}=\frac{\text{某病发病数}}{\text{发病总数}}\times 100\% \quad (2-7)$$

故 2006 年一、二类传染病报告发病率为 9.02/10 万，报告死亡率为 4.67/10 万，报告病死率为 51.75%。如果从发病构成看，新城疫、猪瘟占一、二类传染病发病总数的 92%，排在疫病发生的第一、二位，表明新城疫、猪瘟是威胁我国畜禽健康的主要传染病。

如将 2006 年监测数据按规模场、散养户加以比较发现，规模场一、二类传染病报告发病率、报告死亡率、报告病死率分别为 3.71/10 万、2.40/10 万、64.89%；散养户分别为 18.9/10 万、18.85/10 万、46.98%。与规模场相比，散养畜禽由于防疫薄弱，饲养管理不规范，报告发病率和报告死亡率明显高于规模场，但病死率低于规模场，这主要是由于散养畜禽饲养量小、饲养密度低，统计的传染病病死率也较低，同时也反映散养畜禽的病例存在漏报、未及时诊断和诊治水平低等综合表现。

2. 传染病病原分析 所有的传染病均由特定的病原体引起，但并不是所有的病原体都会引起发病，疫病是否发生，还要受畜禽品种状态和体外环境因素的影响。对疫病的病原学分析结果是对根据疫病频率分布提出的致病假设实验室水平的证实。病原学研究和分析为防制和最终消灭传染病提供了可能。目前，许多地区的传染病报告基本上还依赖于临床诊断的结果，其准确性受到很大影响。为核实、提高传染病报告质量，同时掌握病原体的演变情况，采取针对性防制措施，在提高现有实验室条件的基础上，开展病原学监测是十分重要的。

现以某省 2004—2005 年对部分猪场主要疫病的病原学调查为例，说明病原学监测的重要性。采集了 3 个设区市 142 个猪场的发病猪群 762 份病料样品，进行 PCR 病原学检测，结果检出的主要疫病有猪瘟 168 份，占样品总数的 22.0%；猪蓝耳病 144 份，占样品总数的18.9%；猪伪狂犬病156份，占样品总数的20.5%；猪圆环病毒2型病378份，占样品总数的49.6%。

从疫病的主要种类看，3个设区市主要猪病有猪瘟、猪蓝耳病、猪圆环病毒2型病、伪狂犬病；而日本乙型脑炎、猪流感只是在部分养猪场检出，细小病毒病在检测样品中的病原学阳性率高、分布广泛，但并没有带来严重的临床问题。呼吸道疾病综合征普遍存在，病因复杂，除上述病因外，细菌、支原体等其他微生物并发感染也十分常见。

疫病区域分布特征表明，猪瘟、猪蓝耳病、猪圆环病毒2型病、伪狂犬病感染具有普遍性，临床症状、病原学检测等方面各市没有明显差异，只是流行强度和损失程度的区别；对猪细小病毒病、日本乙型脑炎、猪流感的病原监测分析，具有地区性分布特征。

疫病的种群分布特征表明，规模养殖场以生产性能下降为主的临床表现比较常见，疫病暴发、流行引起某阶段猪大批死亡的现象并不多见。以呼吸道症状为特征的疫病比较普遍。对于规模化养殖场或散养户，疫病发生、流行引起的以死亡为特征的现象比较普遍，而且这种现象与防疫设施、免疫措施健全与否密切相关。

开展疫病的病原学监测，及时掌握疫病流行的种类以及疫病区域分布和种群分布特征，有利于疫病的防控工作。

3. 传染病血清学分析　血清学分析可用于了解某种传染病的畜禽感染及免疫情况，为制定针对性的防制对策提供依据，例如，为了解猪伪狂犬病的免疫水平，根据2006年全国动物疫病监测统计，全国24个省93个测报站对猪伪狂犬病开展实验室监测，共计监测231个规模场、297个散养户，检测免疫猪血清样品1.191 8万份，非免疫猪血清样品9 535份。

检测结果表明，93个监测点猪伪狂犬病免疫合格率为64.82%，其中规模场和散养户分别为70.63%和54.38%，非免疫猪伪狂犬病抗体阳性率整体为11.49%，其中规模场、散养户分别为20.37%、8.10%，说明规模场的免疫工作比散养户好，今后要加强散养户猪伪狂犬病的免疫工作，同时规模场未免疫猪感染狂犬病的阳性率要高于散养户，对未免疫的规模场要加强免疫。

第五节　监测数据信息的反馈

一、监测数据反馈的目的、意义和作用

监测数据及分析结果反馈的目的是要使各级动物疫病预防控制机构了解和掌握各种传染病引起畜禽的发病、死亡及畜禽免疫效果等情况，认清各种疫病流行的现状，把握目前的薄弱环节和今后的工作重点，做到胸中有数。因此，监测数据及分析结果及时反馈的意义在于：它是把疫病监测系统的活动统一起来，把系统中的各个成员（上至农业部疫控中心及各省、县疫控机构，下至各监测点）联系在一起，以实现科学防控的一种手段，如果信息没有及时反馈与沟通，就无法了解和获得疫病监测工作的开展情况及存在的问题，也就无法作出科学决策。

首先，监测数据及分析结果等信息反馈给各级动物疫控机构，可使有关人员及时了解基本疫情的状况、性质和程度，据此调整防控政策，更好地发挥各级动物防疫基础设施的作用。我国监测系统近年来提供的数据表明，动物传染病的发病率相当高，严重危害了养殖业

的健康发展。因此，动物疫病防控工作的战略重点仍然是传染病，监测数据及分析结果等信息为这一决策提供了依据。各地根据本地区情况的不同，确定本地区的防控重点、长期目标、短期任务等，这些决策均以监测数据及分析结果等信息为依据。

二是监测数据及分析结果等信息反馈是向制订和实施疫病防控的有关人员提供分析后的信息，揭示影响疫病流行的主要因素，评价采取干预措施的效果。

三是监测数据及分析结果等信息反馈可使广大养殖户了解本地区疫病发生情况，促使养殖户接受并支持国家强制免疫等政策，主动参与国家开展的各项动物疫病防控活动。

四是监测数据及分析结果等信息反馈还可为疫病预警预报提供依据。通过长期的监测，收集有关信息，利用对大量、连续的资料分析，掌握疫病的发生、发展过程及影响因素，加深对疫病的认识，运用现有的科学技术来预测疫病流行的严重程度、发展趋势，为疫病防控服务。

二、监测数据信息反馈的内容和对象

监测数据及分析结果等信息反馈的内容和对象即反馈什么信息及向谁反馈。应该说，凡是监测系统的监测内容均属于信息反馈的内容。另外，监测工作中遇到的问题、面临的困难，解决这些问题的措施及效果的评价，工作中的经验教训及上级对下级的指导等也是信息反馈的内容，而监测系统的信息报告给谁，则因信息的性质而异。

（一）原始资料

各监测点将原始资料收集后，报告于上一级的动物疫病预防控制机构，或开展疫病监测的机构将监测的原始数据汇总后上报到市级动物疫病预防控制机构，并逐级上报省级直至中国动物疫病预防控制中心或国家动物卫生和流行病学研究中心。

（二）分析结果

各级动物疫病预防控制机构将监测数据资料进行汇总分析后，概括形成表格、图像等格式的结果，并写出报告。所分析的结果逐级上报至国家动物疫病预防控制机构及有关部门，同时反馈至各级动物疫控机构及各监测点。各省疫控机构还应将本省的资料分析结果反馈给省内各级兽医行政部门及所属监测点。

（三）其他信息

其他信息包括对某种疫病开展的专题调查，对动物疫病的现状调查是由信息源（发出信息者）到接受信息者的传递，后者应将监测数据及分析结果反馈给前者。

三、监测数据信息反馈的原则

（一）及时性

是指监测数据信息反馈的速度要快。信息如果不能及时提供给管理决策部门即疫病监测系统的实施机构，信息就会失去其使用价值。目前，我国的动物疫病监测系统还不具备每周发布监测信息的条件，常规传染病的报告一般是一月一次。各监测点应按要求，每月及时报告动物疫情监测的有关数据。

（二）准确性

一是指按照相应的标准，诊断动物传染病并处理疫情。二是指实事求是地反映疫情，既不扩大也不缩小，更不能掩盖问题。有了可靠的原始数据，才能从中分析加工出准确的信息，以保证决策管理部门能作出正确的判断，进行科学决策。疫病监测部门的实施人员要充分认识到问题的存在及严重性，并采取相应措施加以解决。根据不真实甚至错误的数据产生的假信息必然作出错误的判断，带来错误的决策，以至造成不必要的损失。所以，假信息的反馈将比无信息反馈带来更大的损失。

（三）适用性

针对不同的监测数据信息反馈对象，提供不同的信息，可使沟通对象避免接触一些重复、无关的信息，尽快明了他们所关心的问题，采取相应的行动。不同的对象将从不同的角度出发对待传递的信息，兽医行政部门感兴趣的主要是疫情的状况，以及干预措施采取后的效果。疫情监测系统的工作人员不但要了解疫情的状况，更重要的是通过对原始数据的分析，发现监测系统运转中存在的问题；针对某些环节，采取切实可行的具体措施以提高监测系统的数据质量；确定影响疫情的主要因素，采取干预措施并加以评价。

（四）全面性

对监测数据信息反馈对象感兴趣的问题提供适用、详尽的信息，使反馈对象对问题有一个完整全面的认识。同时避免向反馈对象提供繁杂的无关紧要的信息。总之，信息反馈应根据不同的对象努力做到及时、准确、适用、全面的传递，使其为各级监测人员提供有用的信息。

四、监测数据信息反馈的形式

监测数据信息反馈的形式有许多种，只要能做到及时、准确、适用和全面，任何形式的信息传递都可采用。但每一种信息的反馈形式都有其优缺点，所以在实际工作中应根据工作的具体要求利用多种形式达到信息反馈与交流的目的。监测数据信息反馈的形式有以下几种：

（一）报表

目前，疫病监测的大量信息传递，通常通过报表来完成。报表按时间的不同分为月报表、半年和全年报表，其中月报表用于反映一个区（县）、一个省（自治区、直辖市）及全国当月疫病的发病、死亡情况，月报表的最大优点是形式简单、反馈及时、提供信息全面。报表能做简单的对比分析，为专门调查提供依据。

（二）专题报告

专题报告是针对某一特定的问题进行的准确、全面的调查报告。因为专题调查有较完整的设计，从而能提供的信息更详细。专题报告是信息沟通很重要的一个形式，特别是作出重大决策之前，更需要专题调查来了解某一问题的现状、严重程度、决策的可行性和决策实施后的效果。没有这些较为准确、全面的信息沟通，作出正确的决策是不可能的。但专题报告往往需要一定的时间和经费来完成。

（三）简报、通信、专刊（辑）

定期或不定期地发行疫病监测简报或通信是信息反馈的另一种形式，简报、通信所包含的信息量不大，但涉及面广，反馈速度快，是一种良好的信息反馈形式。疫病监测的任何信息都可用简报或通信的形式进行交流。有时为了就某些指定的问题进行深入探讨，往往需要发行专刊或专辑。专刊（辑）涉及的问题专一，信息集中、详细，便于有关的专业人员查询。

（四）会议交流

每年的全国疫病监测统计会议和其他会议也是监测信息反馈的一种形式。这种形式具有灵活，信息反馈快等优点。通过会议交流可以相互直接交流，相互启发，产生新的工作意见。尤其是一些重大的国际会议，往往可以了解有关工作的先进水平及动态，找出差距，从而统一思想，明确今后的工作方向，对疫情监测具有深远的影响。

（五）咨询

就某问题向有关专家请教或探讨，这种形式的信息反馈快且深入细致。咨询可以通过电话方式，也可以是面对面的交谈。

随着科学技术的发展，尤其是网络技术的发展，信息沟通和反馈的方式越来越多。如邮件、互联网等，大大提高了信息交流与反馈的效率，各级监测人员可根据工作需要及现有条件灵活掌握。

第三章 监测结果的应用

第一节 概 述

监测结果的应用是监测工作的最终目的，也是目前工作中较为薄弱的环节，可以说，很多地方的疫情监测只是对监测数据的简单数理统计和分析，水平还停留在只是对某一种或一组样品现有特性分析的层面上，没有上升到对地域、时空层面的疫病预警预报和风险评估。随着我国畜牧业的发展及动物疫病疫情的日益复杂，利用已有的监测数据，及时开展动物疫病的预警预报、风险评估，具有十分重要的作用和意义。

动物疫病防控从微观上看是人—动物疫病的博弈问题，但从整体上看是人—动物疫病博弈在防—控—治—管四个环节中的协调问题，动物疫病防控中的时效问题、经济学问题、流行病学问题、组织与技术协调问题等都与防—控—治—管四个环节中的协调有关，各环节协调的核心是信息协调，而信息协调的根本是完整、及时、高效的监测体系及预警预报系统。所以，动物疫病预警预报关键技术的研究，是新防疫形势下有效控制疫病必须解决的问题。

我国历史上疫病预警预报最早的记载是师道南（1736年）在《天愚集·鼠死行》一文中描述的在鼠大批死亡后随之发生的人死亡的现象。从鼠死亡的现象预警预报人间鼠疫的流行，这种建立在对客观事物初步、直接观察基础上的预警预报是现代疫病预警预报的雏形，随着社会的进步和科学的发展，人们对疾病流行逐渐有了量的概念，能够更准确地描述疾病的流行规律并把它应用到预警预报。如Farr对英国猪疫流行的预警预报，1865年英国发生猪疫，每月均有大批猪死亡，来势凶猛，发展迅速，Farr根据猪疫流行的数据计算了前几个月的增减比例和这些比例之间的递减率，发现增加的比例呈现逐月递减的趋势，因而推测下一个月的新患猪无明显增减，以后即逐月减少，不久即将趋于停止。结果实际情况与他的推测基本相符。随着疫情监测的日益完善，研究者逐步建立起了若干统计学模型和数学模型用于预警预报，能够更准确地描述疫病的流行规律并把它应用到预警预报中去，目前也已发展到利用动力学模型的研究阶段。构建动物疫病预警预报系统主要包括几大功能模块，其中结合GIS系统来构建预警预报系统是当前最热门的研究。GIS是地理信息系统，通过它可以直观地显示动物疫病的分布范围、传播走势等，可以提供风险分析决策，在建立动物疫病预警预报系统方面有着广泛的应用前景。

动物疫病预警预报主要依托动物疫情普查、监测和流行病学分析等技术手段，根据疫病的发生、发展规律及影响因素，用分析判断、数学模型等方法对流行发生的可能性及其强度进行定性或定量的估计，并对疫病发展趋势作出应急方案和疫情警示提出相应对策。对动物疫病进行预警预报，需要监测和预警预报技术的支持，根据监测的结果对疫病进行警示，提出相应对策，完成预警预报工作。动物疫病预警预报的目的是为决策系统提供制定决策所必需的预测信息，以便使决策更加准确和正确。根据不同的数据类型，预警预报选用的方法也有所不同，预警预报方法选择的正确与否，直接关系到预警预报效果的好坏，根据不同的角度，经常采取的分类方法也有所不同。按预警预报、风险评估的时限长短可以分为短期预警预报（月、季、半年、一年）、中期预警预报（1～3 年）、长期预警预报（3 年以上）；按预警预报的性质可以分为定性预警预报、定量预警预报；按预警预报的范围可以分为宏观预警预报和微观预警预报。

动物疫病风险是在特定条件和时期内人们在进行动物及动物产品交易过程中病虫害传入并造成危害的可能性。OIE 将之定义为“在一定时期内发生并对进口国动物或人类健康造成危害的可能性程度”。因此，动物疫病风险问题，不仅涉及动物病原性质、环境和气候条件，而且与养殖模式、饲养管理、动物易感性、动物群体抗体水平、动物疫病流行历史及周围疫情动态等定量、半定量和非定量监测数据，以及社会经济因素、意识观念、政策体制等息息相关，是一个复杂的多维现象。动物疫病风险评估是对动物与动物产品在生产经营及有关活动中，感染或扩散致病性微生物的可能性进行的一种分析、估计和预测。实际上就是对动物卫生状况和疫病发展趋势所做的分析、估计和预测。《动物防疫法》第十二条规定，“国务院兽医主管部门对动物疫病状况进行风险评估，根据评估结果制定相应的动物疫病预防、控制措施”。一般而言，这里指的动物疫病风险评估有两类，一类是针对一定地域内的某个群体在特定时间内疫情发生的可能性进行评估；另一类是针对本地域没有的动物疫病，判断通过各种可能引入疫病的活动将疫病引入的风险。评估的目的和对象不一样，监测的对象及指标也应不同。

第二节　流行病学调查结果的应用

动物疫病流行病学调查是对动物群体中的疫病进行调查研究，收集、分析和解释资料，并进行生物学推理，以确定病因、阐明分布规律，制定防治对策并评价其效果，以达到预防、控制和消灭动物疫病的目的。流行病学调查是任何疫情状态下都应采取的基本措施，其目的是追溯疫源和追踪疫区外流的可疑传染源，以期查清和切断疫源并吸取经验教训，消除可疑的新疫源，防止疫情扩散。

一、掌握动物疫病基本情况

一方面通过现场访问、问卷调查、查阅诊疗资料或疫病报告记录等方式，对一定区域内主要动物疫病发生的历史情况进行全面了解。包括：①曾发生动物疫病的种类、发病率、死亡率、发病时间、分布状况、采取的防治措施和疫病控制消除情况；②发病动物的品种、性别、年龄、营养、免疫等情况；③动物疫病发生期间的季节、气候、地理特点、畜牧制度、饲养管理等环境条件。很多动物疫病都有区域性、季节性等流行特点，了解本地区疫病流行情况的历史，对于当地主要动物疫病发展趋势的判定和重要动物疫病的净化有非常重要的指导意义。另一方面通过现场调查、抽样监测、送样检测等方法，对目前存在的或可能存在的主要动物疫病进行重点调查，了解它们的分布和流行情况。经过长期对一定区域内某些动物疫病的流行病学调查，收集整理相关数据资料，就可以构建该地区动物疫病信息数据库，就可以对当地主要疫病的发生发展规律进行全面、系统的分析和研究，为制定动物疫病防治措施，进行重大动物疫病的预警预报、风险评估提供科学依据。

二、为动物疫病追溯提供线索

对于已知疫病来说，疫病的诊断难度不大，但查找疫病的最初来源则相对困难，因为疫病传播的过程中存在许多不确定的因素，需要综合分析、仔细排除才能确定疫源。例如，某养鸭场发生了疑似禽流感疫情，在实验室诊断的基础上，结合临床症状和病理变化就能判定发生的疫情是禽流感，这有一套严格的诊断程序和判定标准。但是要确定本次疫情的疫源地和发生的原因则无章可循，病原可能由受感染的鸭、野鸟或者其他动物的进入而传入，也可能是养鸭场的环境受到了病原污染，在疫病传入时鸭场免疫不到位则可能是疫病发生的直接诱因。对疫病来源和发生原因的分析有赖于流行病学调查的作用，对疫病流行的“三环节”（传染源、传播途径、易感动物）、“两因素”（自然因素、社会因素）仔细分析，一一排查，从而确定最有可能的传染来源和传播途径。确定传染来源后，才可以通过追踪调查，进一步查找疫源的其他可能去向，揭示隐藏在疫情“冰山”的水下部分，进而采取合理的预防和控制措施，最大限度地降低疫病传播的风险。

三、了解疫病的“三间分布”规律

疫病的“三间分布”是疫病在时间、空间和动物群体的分布规律，是将流行病学调查资料、实验室检查结果等资料按时间、地区、动物群体等不同特征分组，分别计算其感染率、发病率、死亡率等，然后通过分析了解疫病的“三间分布”规律。

1. 时间分布规律　掌握动物疫病的时间分布可以分析疫病是短期出现还是长期流行，是季节性发生还是周期性存在，进而针对不同时间分布的疫病采取相应的防治措施。

2. 地区分布规律　不同动物疫病的地区分布特征也有明显差异，有些疫病遍及全球，有些则局限于某些国家或地区，还有些仅发生于一定的地形、地貌条件下，而且就是同一种疫病在同一个地区不同条件的养殖场或自然村镇的发病情况也常常不一致。因此，掌握疫病的空间分布规律对于查找疫病发生的原因和制定防治措施具有非常重要的参考价值。

3. 动物群体分布规律　动物疫病的群体分布通常包括年龄分布、性别分布和品种分布等。掌握疫病的动物群体分布规律可以确定不同年龄阶段、性别和品种的动物对某种疫病的易感性，从而针对易感性强的动物进行重点防治，这对于防治人类未知的一些动物疫病非常重要。

四、对影响动物疫病流行的自然因素和社会因素进行分析

对疫病流行有影响的自然因素主要包括气候、气温、湿度、日照、雨量、地形、地理环境等，如气候变化可以引起动物机体抵抗力下降，对疫病的易感性增强；又如夏季气温上升，在吸血昆虫滋生的地区，媒介昆虫蚊类的活动增强，流行性乙型脑炎病例相应增多。此外，当传染源包含有野生动物时，自然因素的影响更为显著。影响动物疫病流行的社会因素主要包括社会制度、民风民俗、饲养管理情况和地区的经济、文化、科学技术水平以及贯彻执行动物疫病防疫法律法规的情况等。它们既可能成为促使动物疫病广泛流行的因素，也可

以成为有效控制和消灭疫病流行的关键。例如，某些养殖者缺乏基本的防疫知识和道德标准，将自己养殖场的病死畜禽随意丢弃，甚至低价“处理”给不法商贩，从而造成人为的疫情扩散，给疫病防治工作增加了难度。

五、对动物疫病流行进行趋势性分析

疫病流行的趋势性分析是对疫病发生或死亡情况做时间上的纵向观察，运用自身对照的方式，每隔一定时间作前后对比，借此观察疫病的动态变化和发展趋势，从中分析这种变化与某种因素之间的关系。在各种因素的影响作用下，疫病的频率在时间上不断变动，因此在分析流行病学各项指标时，时间是必须考虑的因素，离开时间的前提就无法判断各项指标的意义。趋势性分析的意义在于，通过对疫病情况长期的纵向观察，有利于探索致病因素并对疫病的发生作出预警预报、风险评估，使各级决策部门提前做好防控准备，这对于传染病的防控尤为重要。

许多传染病的流行具有周期性，即每隔一定时间发生一次较大的流行或高发。以牛流行热为例，从流行病史调查资料看，每隔 3～5 年发生一次小流行，10 年左右一次大流行。此外，许多呼吸道和消化道传染病有着明显的季节性，只在每年特定的季节发生。这些规律只有通过较长时间的纵向观察才能掌握。现以猪瘟为例说明对传染病周期性的分析过程。猪瘟是危害我国养猪业最为严重的传染病之一，对 2007 年我国兽医公报的猪瘟发病数和死亡数进行汇总，并绘制曲线图，可以观察到该年度我国猪瘟发病、死亡的变化趋势（图 3－1）。图中显示，1～12 月份中，4 月份猪瘟发病数最多，其余月份发病数变化不大，死亡数全年各月份相似，表明猪瘟在我国发病和死亡每月变化平稳，季节性不明显。

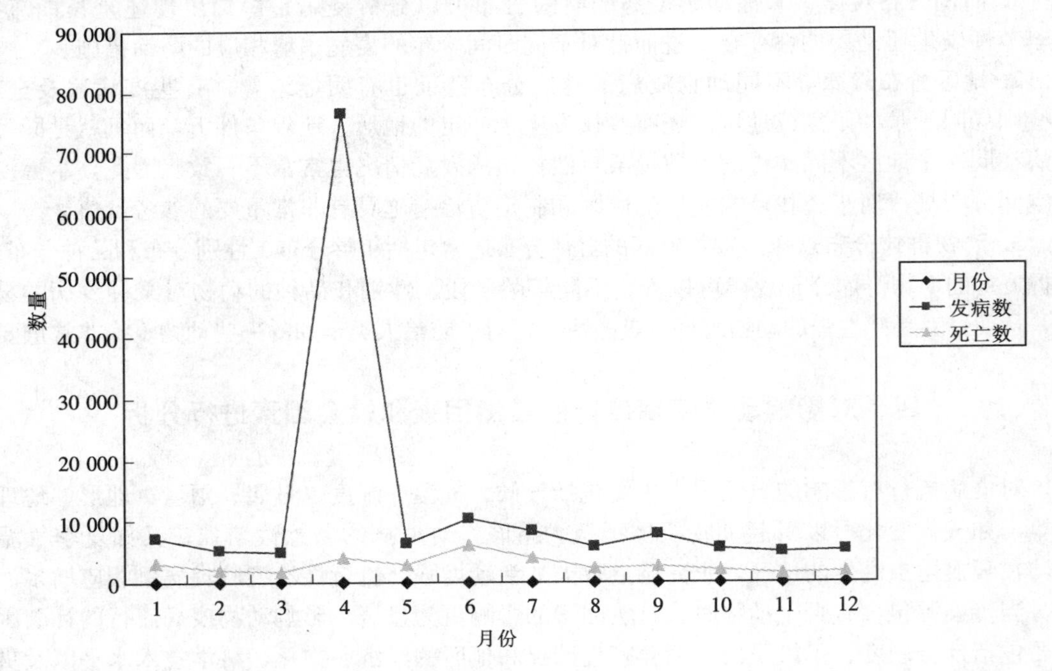

图 3－1　2007 年我国猪瘟发病、死亡变化曲线图

趋势性分析主要对疫病通过纵向观察分析其流行发展的趋势，进而为发现病因提供线索，并指导防控策略，评价干预措施的有效性和可行性，同时为动物疫病的预警预报、风险评估提供参考数据。

第三节 抗体监测结果的应用

在兽医学领域内，通过对血清中疫病特异性抗体的测定可以证实畜禽现在和过去是否受到传染性病原体的感染。抗体测定是检查疫病感染最有效、最经济的方法，对疫病预警预报、风险评估具有重大的意义。抗体检测可以用于客观反映畜禽的抗体水平和免疫效果，指导畜禽场合理科学免疫，避免因疫苗质量问题而导致的免疫失败。另外，发病畜禽场也可通过抗体检测分析来指导畜禽的紧急免疫，并用以检查免疫效果，以免盲目重复接种。

一、为免疫程序的调整提供依据

动物在其生长周期中要接种多种疫病的疫苗，由于动物对于不同传染病的易感日龄有所不同，且不同疫苗间又存在着相互干扰，加之每一种疫苗接种后其抗体消长规律的不同，这就要求养殖场制定适合本场情况的免疫程序。科学合理的免疫程序应以最合适的初免日龄，最少的接种次数，最合理的针次间隔时间，使疫苗充分发挥应有的免疫效果，达到预防和控制相应疫病的目的。免疫程序的制定要充分考虑母源抗体和残余抗体、免疫时间、免疫方法、免疫次数、疫苗种类和当地疫病流行情况等因素。选择恰当的时机进行首次免疫和再次免疫是确保免疫效果的重要基础，动物母源抗体水平的高低决定了首次免疫的时间，上次免疫残留抗体水平决定了再次免疫的时间，应选择达到合格的最低抗体滴度的时间作为再次免疫的时间。所以，监控抗体的消长状况，选择恰当的免疫时机，制定适合本场的免疫程序对于疫病的防控是非常重要的。

从抗体监测结果来看，一般情况下，如果对幼畜禽首次免疫时母源抗体水平仍然很高，说明制定的免疫程序中幼畜禽首次免疫时间过早，应推迟首免时间；如果对幼畜禽首次免疫时母源抗体已经完全消失一定时间，说明制定的免疫程序幼畜禽首次免疫时间过迟，应考虑提前首免时间。母源抗体是把双刃剑，在为幼畜禽提供保护力的同时，又会干扰幼畜禽接种疫苗的主动免疫反应，动物越小，则母源抗体效价越高，对疫苗免疫的干扰就越大，所以过早进行疫苗免疫难以保证免疫效果。以鸡新城疫为例，正常免疫的种鸡，所产生的雏鸡母源抗体水平下降至 4log2 时，大约是 10 日龄，所以提倡新城疫首免时间为 10 日龄左右。此外，对仔猪和牛犊口蹄疫母源抗体的研究结果表明，其半衰期均为 21～23d，仔猪的持续期约为 2 个月，而牛犊大约为 3～5 个月。再如，对猪瘟的研究表明，仔猪出生后的 3～10d 内猪瘟母源抗体维持在较高水平，保护率都是 93.3%；第 20 天时的抗体水平比第 10 天明显降低；到第 30 天时，抗体水平进一步降低，保护率也降到 80.0%，在各种抗体检测系统的评价标准中，80.0%的保护率常常是最低保护的临界值，因此在不进行超前免疫时，30 日龄可能是理想的首免日期。疫病免疫中要特别注意的是，不同病种或同一病种不同动物的母源抗体消长规律存在不同，此外还与抗体检测方法、畜禽的自身情况有关，应针对不同动物不同病种分别进行评价，不能一概而论。

从抗体监测结果来看，一般情况下，如果畜禽再次免疫时抗体水平仍然很高，即保护率远超过最低保护的临界值，说明再次免疫间隔时间可以适当延长；如果畜禽再次免疫时抗体水平已经很低，即保护率远低于最低保护的临界值，说明再次免疫间隔时间要适当缩短。达到最低保护临界值时的抗体水平要通过临床攻毒试验来确定，并与病种、畜禽种类有关。如鸡新城疫免疫，根据攻毒试验，当 HI 滴度在 4log2 时，鸡的保护率为 50%左右，在 4log2 以上时，保护率达到 90%～100%，在 4log2 以下时，非免疫鸡群保护率仅为 9%，免疫鸡群为 43%。

二、为动物疫病发生风险评估提供依据

（一）通过 IgM 抗体监测结果分析对动物疫病的发生进行预警预报和风险评估

虽然通常情况下的抗体检测，多是针对血清中 IgG 的检查，但检测血清中的 IgM 可以更好地为动物疫病发生的预警预报、风险评估提供依据。IgM 是初次免疫应答反应时最早出现的免疫球蛋白，其后才出现 IgG。当 IgG 出现后，IgM 的合成即受到抑制。IgM 在体内主要分布在血管内，是血管内抗感染的主要免疫球蛋白，尤其是在病原体感染的早期。由于 IgM 出现较 IgG 早，因而在临床上 IgM 抗体的出现，可以作为某些传染病早期诊断或近期感染的指征。同时，IgM 也是在生物进化过程中出现最早的免疫球蛋白分子，即在个体发育过程中最早出现，在胚胎晚期就已经能合成。如猪胚胎在 72 日龄时即可产生抗细小病毒抗体，所以检测新生幼畜的脐带血或血液中是否存在特异性 IgM，即可表明胎儿在宫内是否已感染细小病毒。

（二）通过对自然感染产生抗体的监测结果分析对动物疫病发生进行预警预报和风险评估

对于已经免疫的动物群，由于种种原因，常常存在免疫不确定的动物，在暴露于野毒时又会感染发病，此时用常规试剂，不能区分免疫和自然感染产生的抗体，抗体检测结果呈阳性的，不能作为野毒感染确诊的依据。要获得有诊断价值的抗体检测结果，一是使用能够鉴别疫苗接种和自然感染的试剂，如针对口蹄疫病毒非结构蛋白的抗体（也叫感染抗体）检测试剂，对于检测结果阳性的动物，并采集食道-咽部分泌物（OP 液）进行 RT－PCR 复检仍为阳性的，可以证实过去曾经感染或现在处于感染状态，口蹄疫疫情的暴发和流行几率大。口蹄疫的非结构蛋白是衣壳蛋白外、由病毒编码但不参加病毒衣壳组成的蛋白，多数与病毒的复制和装配有关，自然感染动物可产生针对病毒非结构蛋白的抗体，但疫苗免疫的动物不产生该类抗体。对感染抗体的检测无法确定病毒的血清型，检测出任何非结构蛋白（如 3A、3B、2B、2C、3ABC）的抗体都可认为是感染抗体，其中对 3ABC 抗体的检测被认为是最可靠鉴别感染与免疫动物的一项指标，感染动物 3ABC 抗体的持续时间较长，感染口蹄疫的牛最早可于 3～4d 检测出 3ABC 抗体，抗体持续期通常在 9 个月以上，少数可长达 2 年。由于我国采取了偶蹄动物的口蹄疫灭活苗强制免疫措施，反复接种灭活疫苗的动物往往也会产生非结构蛋白抗体，因此，对于检测结果阳性的，要采集 OP 液进行 RT－PCR 复检，以确定

动物是否发生自然感染。

（三）通过对不同时间抗体监测结果的分析对动物疫病发生进行预警预报和风险评估

依据对同一动物群血清不同时间的两次抗体检测，特别对于毒力不强，临床症状不明显的病原，需要依据抗体变化的幅度作出初步诊断，同时可通过对一定数量同群健康动物的血清进行抗体检测，比较发病和健康动物血清抗体水平的平均差异，结合临床症状、流行病学作出初步诊断。目前，在国内大多数集约化经营的畜禽场，血清学检测已经得到普遍使用。因实行恒定的疫苗接种，所以动物群体的抗体始终维持在一定水平。如果抗体水平低于抵抗感染水平，则提示应进行再次免疫；如果抗体水平超过正常免疫所能达到的水平，则提示可能存在强毒感染，应采取适当措施予以控制。如在新城疫的免疫过程中，弱毒活苗免疫后HI效价一般在1∶64左右，油佐剂灭活苗免疫后抗体水平较高，一般在1∶2 048左右，而强毒感染后抗体效价很高，常在1∶8 192以上。因此，对于一些传染病的暴发调查，通常采集发病前或发病初期的血清和康复期的血清，比较它们的抗体水平，如康复期血清滴度升高4倍以上，应怀疑野毒感染，并予以密切关注，加强常规消毒，必要时进行隔离观察，辅以病原检测，即可确诊。但对于急性病例，早期诊断会受到限制。如应用补体结合试验诊断猪日本乙型脑炎时，只有发病早期和恢复期（病后2～3周以上）双份血清的抗体效价对比，才有诊断价值。对不同时期抗体效价的对比分析有利于搞清楚引起动物疫病暴发的直接原因和间接原因，同时提示需要采取一定的措施查找病因，为疫病的暴发进行预警预报和风险评估。

（四）通过对未免疫动物抗体监测结果分析对动物疫病发生进行预警预报和风险评估

对于未实施免疫的动物或病程较长的病例，病程中后期抗体检测阳性，结合临床症状、流行病学资料、剖检病变，可以作出初步诊断，对抗体水平检测在动物疫病诊断中有较高的价值。病程急性经过的病例，采用抗体检测结果诊断在理论和实践上都受到较大的局限，即病原学检测结果和血清特异性抗体检测结果的一致性较差。分析原因是急性经过的病例，动物从发病到死亡时间较短，动物体对病原产生的抗体量很低，当抗体滴度低于试剂检测的灵敏度时，就检测不到抗体，进而导致作出错误的诊断，因此在应用抗体检测结果分析疫情的实践中，必须引起重视。抗体检测阴性而临床症状明显的病例，需要通过其他方法进一步诊断，避免误诊造成损失。同时，感染畜禽的某些疫病（如猪繁殖与呼吸综合征）会对猪体的免疫器官造成损害，降低机体的免疫应答能力，从而只产生少量或不产生抗体。对这类动物疫病而言，能检测到病原体，但可能检测不到抗体，如果仅从抗体阳性进行疫病判断，往往出现误诊。因而在实际工作中应当引起注意。总之，对重大动物疫病的早期预警预报和风险评估，必须采用血清学检测和病原学检测相结合的方式进行。

在进行动物疫病风险评估时，欧美等发达国家越来越重视哨兵动物的应用。在特定区域或动物群体中/旁饲养未感染特定病原、非免疫的易感动物，通过定期抗体检测和临床观察，反映该地域或群体中动物疫情动态及新引进动物的健康水平，反映特定动物疫病的危险度和洁净度。这在我国很值得参考和借鉴，尤其对于无动物疫病区的建设，哨兵动物的使用将有助于更直接、有效、快捷地了解特定疫病的流行和发展动态，确保无动物疫病区的可持续建设。

三、为动物疫病流行情况评估提供依据

根据畜禽群体抗体水平的适时分析，不仅可以推测过去和现在疫病的流行情况，而且可以对未来一段时间内疫病的发生进行预警预报和风险评估。如牛结核病、布鲁氏菌病、鸡白痢、禽白血病等传染病，血清学阳性反应者与带菌者或带毒者之间存在不同程度的关联。根据畜禽的密度、易感动物的比例、病原体的生物学特点、发病机制等，可以预警预报、风险评估在不进行控制的条件下，未来一段时间内疫病的流行水平、趋势和几率。同时对畜禽群中各种抗体的监测，可摸清各种疫病的流行情况。特别对一些以隐性感染为主的疫病的流行情况，如猪乙型脑炎，弓形虫病，猪细小病毒感染等，必须通过检测抗体进行调查，以确定动物是否感染疫病。我国地域辽阔，各地自然地理环境差异明显，很多疫病的分布带有明显的地区性。根据不同地区畜禽群体中某种疫病抗体的分布情况，可以推测该病现在和过去流行的地理分布情况，对制定有效的防制对策具有十分重要的指导意义，同时可为动物疫病预警预报、风险评估体系提供有效的基础数据。

四、为动物免疫质量的评价提供依据

重大动物疫病的强制免疫是在群体水平上的免疫接种，注重提高的是动物群整体的免疫保护水平。因为，对于重大动物疫病来说，即使仅有一头（只）动物发病，畜禽群中其他易感动物也必须全部扑杀，造成的损失与全群发病一样，因此对畜禽群中所有易感动物都要进行免疫。在防疫实践中，一个畜禽群中经常出现几头动物因生理状态等原因不能按时同批接种疫苗，在这种情况下，对其他可接种疫苗的健康动物进行免疫同样具有重要意义，这是因为免疫后的动物易感性和传染性降低了，当接种疫苗后畜禽群中免疫密度增加时，群体中动物个体被感染的几率就相应减少，从而使得群体的保护率提高，即产生了群体免疫力。一般来说，群体中免疫动物的比例越高，免疫的频次越高，群体免疫力也越高。因此，为了保证全群获得较好的群体免疫力，要尽量提高畜禽群的免疫密度，这也是我国提出对重大动物疫病强制免疫要做到“应免尽免，不留空当”的理论依据。

血清抗体的监测是目前田间对免疫质量进行评价或对疫情进行预警预报和风险评估的常用方法。畜禽群抗体合格率、抗体滴度均匀度（离散度）、抗体维持时间是免疫质量评价的重要内容，但由于抗体水平的高低与疫苗种类、动物机体本身和免疫程序等多种因素有关，而且不同的抗体检测方法、同一方法不同实验室都可能得出不同的结果，因此很难有统一的被广泛接受的保护性抗体水平标准。此外，对免疫质量的评价或疫情的预警预报和风险评估基本是针对群体，对个体而言其意义不大。我国目前采用群体免疫抗体合格率作为评估免疫质量的主要指标。

如果群体免疫抗体监测合格率高，一般情况下，表明群体免疫力强，免疫质量好，群体处于疫病感染和暴发的低风险期，疫病暴发和流行的几率小；而群体免疫抗体合格率低，群体免疫力低，免疫质量差，群体则处于疫病感染和暴发的高风险期，疫病暴发和流行的几率较大。在实践中，要注意在大面积集中免疫结束后进行有效免疫抗体的检测，评估免疫动物群体免疫抗体合格率。同时，注重每月定期的抗体检测，对群体抗体动态变化、维持时间进

行分析；注重检测样品的质量，抽检应有代表性，采取随机抽样和有代表、有重点的针对性抽样相结合的方式，对一定数量的免疫动物血清进行检测，之后对检测结果进行分析评估，并及时通知监测区域所属疫病控制机构。对整体免疫合格率不到70%的地区要进一步调查、分析影响免疫质量的因素和免疫失败的原因，及时安排具体、准确且有针对性的疫苗，督促其实施补免措施，确保免疫效果。

抗体滴度均匀度（离散度）也是衡量免疫质量的一个重要指标。抗体滴度监测结果均匀度越小，表明畜禽的整体免疫水平越整齐，预示畜禽群的群体免疫力越高，群体抵抗疫病的能力越强，免疫质量越好；反之抗体滴度均匀度大，表明整体免疫水平不齐，免疫力低，抵抗疫病的能力弱，免疫质量差。同样，抗体维持时间与免疫质量密切相关，一般情况下，抗体维持时间越长，表明免疫质量越好；抗体维持时间越短，表明免疫质量越差。

但是，仅从抗体监测结果来评价疫苗质量也有一定的局限性，有时要综合应用其他检测手段来评判。高水平的抗体并不意味着足够的保护。原因有四：一是多血清型的存在。多种病原如副猪嗜血杆菌具有多血清型，且交叉保护力弱，针对一种血清型的高水平抗体，不一定能有效抵抗其他血清型病原的攻击。二是检测到的抗体可能和保护性无相关性。如用ELISA诊断试剂盒检测高致病性猪蓝耳病免疫抗体时，血清呈现明显的抗体阳性，但该抗体的水平与疫苗的保护率无相关性。三是抗体依赖性增强作用。对一些疫病而言，一定水平的抗体不但不会保护宿主免受病原攻击，反而会促进病毒感染，增强病毒的复制力。如在蓝耳病病毒中加入PRRSV抗体后给胎猪注射，病毒的复制比单独注射病毒显著增强，这或许也解释了为什么PRRSV主要引起母猪的妊娠后期流产。四是病毒的变异。如经典的IBD疫苗所诱导的高水平抗体不能保护IBD变异株的攻毒。又如，禽流感病毒极易发生突变和重组，其疫苗虽然能很好地抵御与疫苗毒相近的毒株攻击，但对遗传关系较远毒株的抵抗力却未知。如我国华北地区出现的禽流感病毒Re-4株，家禽在免疫了Re-1株后，针对Re-1株的抗体效价虽然合格，禽群依然发病。而对感染的病毒分离测序后发现，病毒已经发生了变异，导致原有Re-1疫苗产生的抗体不足以保护变异株的攻击，因此病毒的变异成为当前评价禽流感疫苗有效性不可忽视的因素。总之，在对疫病抗体保护效果进行评价时应充分考虑上述四个方面的因素，国家相关职能部门必须准确掌握当前动物疫病的流行动态，尤其加强隐性感染、持续感染毒（菌）株的分型、基因组衍化及毒力漂移等的监测和研究；规模场应密切配合国家职能部门，了解本地域动物疫病流行情况，制定合理的免疫程序对症免疫，确保疫苗免疫抗体具有良好的保护力。此外，免疫保护效果与抗体维持时间、动物前期的免疫基础、流行毒株种类、动物种类都有关系。

第四节　病原学监测结果的应用

动物疫病的传播过程有三个基本的环节，即传染源、传播途径和易感动物，缺少其中的任何环节都会阻断疫病的传播，而影响这三个基本环节发生的因素也就成为影响疫病传播的因素，充分掌握疫病传播的影响因素，即可从根本上控制和消灭疫病的传播。对动物疫病的病原学监测使疫病的防控（如接种疫苗）和最终消灭成为可能。目前，许多地方动物传染病的诊断还依赖于临床诊断，病例报告的准确性显著偏低。为核实、提高传染病的报告质量，同时掌握病原体的演变情况，以采取针对性防治措施，在当前实验室检测能力显著提高的条件下，开展病原学监测是十分重要的。

病原检测可以直接确诊动物疫病，尤其对隐性感染的疫病，病原检测可进一步查明疫病的感染谱，揭示感染和致病的关系，为动物疫病的控制提供直接的技术支持；同时，病原检测阳性率的高低，是疫病发生的一个重要的预警预报和风险评估指标，而对免疫畜禽群体的病原检测，还可以作为评价疫苗免疫效果的重要指标。同时，病原学的研究结果最终将从实验室水平证实根据疫病频率分布提出的致病假设。

动物疫病预警预报、风险评估是根据动物疫病的发生、发展规律及影响因素，用分析判断、数学模型等方法对流行发生的可能性及其强度进行定性或定量估计，是在当前对疫病的未来趋势进行研究的方法，是制定预防和控制疫病的长远或近期对策的前提。传播动力学认为疫病控制的目的是通过降低传播潜能（即基本繁殖率）和传播速率（即传播能量）达到控制传播并最终阻断传播。用数学模型评价控制措施就是确定各项措施的作用点，并通过模型的运算（特别是计算机的模拟运算），从理论上量化预警预报、风险评估各项控制措施的效应。特别是数学模型提供了定量评价预警预报、风险评估所采取的每一项措施对整个传播影响的可能性。疫病传播动力学主要运用数学模型定量地研究疫病流行的动态过程，用数学语言来模拟疫病传播的过程，以便从理论上揭示疫病流行的特征，对疫病的发生和发展进行预警预报、风险评估。从理论上讲，只要建立了传染病传播动力学模型，就可以通过计算机和电子表格方法计算出模型各个状态变量在某个时刻的值。

在对动物疫病进行定量预警预报、风险评估时就可用到传播动力学法，即人工模拟某一疫点，在疫点内放置一定数量的感染动物，在特定条件下，测定疫点外不同距离，不同方位，不同时间空气中的病毒含量，根据所测得的数据，结合易感动物的感染剂量，对疫点外不同距离处可能发生的疫情做风险评估。在整个模拟过程中，需要对各个采样点在不同时间内进行病原学监测，同时需要充分考虑动物种群的生活特性，疫病的发生及在动物种群内的传播、流行规律，以及与之有关的社会等因素，建立起能反映传播动力学特性的数学模型，通过对模型动力学性态的定性、定量分析和数值模拟，来显示疫病的发展过程，将病原的空间定位、空间信息管理、空间信息分析技术和通信技术进行有机整合，可以有效地帮助疫病控制机构完成疫情定位、疫情分析、绘制疫情地图、现场工作情况实时采集传送、显示各类卫生机构分布图、紧急调度和路径优化等任务，从而揭示其流行规律，预警预报、风险评估其变化发展趋势，分析疫病流行的原因和关键因素，寻求对其预防和控制的最优策略，为制定防制决策提供理论基础和数据依据。该过程所提供的数据能很好地从疫病的传播机理方面反映流行规律，能使人们了解流行过程中的一些全局性动态，为疫病的预警预报、风险评估提供可靠的数据基础。

对禽流感病毒而言，由于病毒具有感染宿主多样性的特点，不仅可感染家禽和野禽，也可感染猪、马、人以及鲸等多种哺乳类动物。水禽在感染一些亚型流感病毒后不发病，不表现出临床症状。对这些动物进行病原学监测，可以提供人和动物公共卫生的相关信息。通过病原学监测，可以反映出流感病毒在禽类中的流行现状和暴发情况，在疫病预警预报、风险评估中的作用就显得更为突出。

第五节　应用实例

以口蹄疫的监测结果在风险评估中的应用为例说明监测结果的实际应用。口蹄疫被列入我国一类传染病，也是OIE规定的对动物贸易、养殖具有重大危害的动物传染病。口蹄疫的风险评估对于规模养殖场、非疫区乃至全国，都具有重要意义。目前，针对口蹄疫的风险评估，OIE有比较完善的体系。在我国，对口蹄疫的早期临床诊断和定期对发生、流行、分布及相关因素系统的调查，以及病原学和血清抗体的监测，有助于及早发现口蹄疫发生的风险隐患，以把握该疫病的发生情况和发展趋势，从而及时采取相关预防控制措施，防制口蹄疫的发生。

第一，通过临床观察结果评估疫病感染风险。如果发现任何一头牛表现有呆立流涎，以及唇部、蹄部出现水疱等临床症状，表明牛场发生口蹄疫的风险大，要立即采集其血清和O－P液，进行FMDV 3ABC抗体检测和RT－PCR病原核酸检测；如果牛场所有牛只均没有出现呆立流涎，以及唇部、蹄部水疱等临床症状，表明牛场发生口蹄疫的风险小。

第二，通过免疫抗体监测结果评估疫病发生风险。采用液相阻断酶联免疫吸附试验、中和试验或正向间接血凝试验（IHA）检测口蹄疫免疫抗体水平，如果群体免疫抗体合格率达到85%以上（国家目前不分规模场与散养户，均要求达70%以上），表明免疫抗体合格，群体免疫力强，免疫质量好，疫病发生风险小；如果群体免疫抗体合格率达不到70%，表明免疫抗体不合格，群体免疫力差，免疫质量差，疫病发生风险大。对于不合格的，应立即查找原因，并尽快实施补免。

第三，通过自然感染抗体监测结果评估口蹄疫发生风险。进行FMDV 3ABC抗体检测，如果检测到3ABC抗体阳性的，立即采集血清样品对应动物的食道-咽部分泌物（O－P液），采用RT－PCR方法进行病原核酸检测，结果为阳性的，表明牛场过去发生了感染或现在正处于感染状态，疫病发生风险大，应按国家规定处理；相反3ABC抗体检测结果为阴性，表明牛场未发生感染，疫病风险小。

第四，通过对周围环境监测结果评估疫病感染风险。如果周围存在口蹄疫疫源或有带毒动物及动物产品流动的其他规模牛场，表明牛场发生口蹄疫的风险大，应适当提高采样频率，加大采样的样本数，并加强对输入性动物遗传物质、肉制品、奶制品、动物源性饲料等动物源性产品的控制和管理，彻底杜绝口蹄疫的引入；如果周围不存在口蹄疫疫源，也没有带毒动物及动物产品流动的其他规模牛场，表明牛场感染口蹄疫风险小。

第六节　监测结果与疫情处理、疫病净化

随着市场经济的发展，疫病种类的增加，动物及动物产品流动速度的加快，重大动物疫病对我国畜牧业造成的损失越来越大。如高致病性禽流感出现短短的数年间，在我国就造成了严重的经济损失，有些地方甚至给养禽业造成了毁灭性的打击。同时，在世界范围内疫苗的广泛应用，改变了经典病毒的致病性，如同教科书中描述的典型的临床病例正在减少，相应的“综合征”的发生率则显著增加。这些综合征产生了“非典型的”临床疫病形式，在现场观察时，这些“非典型的”临床疫病形式很可能与典型疫病相混淆。

动物疫病监测工作是一个国家动物防疫工作水平的重要标志，加强动物疫病监测，是实现“预防为主”方针的基础，也是降低动物发病率和死亡率，并逐渐净化动物疫病，使我国动物疫病防治工作适应当前全球经济一体化和国际动物及产品市场贸易的要求。我国在《动物防疫法》、《重大动物疫情应急条例》等法律、法规、规章中都对疫病监测工作作了明确的要求和规定，并且每年都会根据实际情况制定主要动物疫病的监测方案。动物疫病监测结果直接反映了疫病在动物群中的感染和发病情况，对监测结果进行统计和分析，可以掌握动物疫病的流行规律和疫情动态，指导控制扑灭动物疫情，达到逐步净化动物疫病的目的。

一、监测结果与疫情处理

动物疫病监测工作贯穿疫情处理的全过程，对早期发现疫情、确认疫情、紧急免疫、疫源追踪、病畜扑杀等多个疫情处置措施的实施都具有不可替代的指导意义。

（一）日常监测发现疫情

疫情处理的关键在于早发现、早报告。通过布设动物疫情监测点，构建疫病监测网络体系，开展主要动物疫病的日常监测，可以及早发现动物疫情或者疑似动物疫情，从而为阻止疫情蔓延，在最小范围内控制和扑灭疫情争取时间。疫病监测的方法通常包括流行病学调查、临床诊断、病理学检查、病原学检测、血清学检测等。疫情的监测是针对动物总体，范围大，数量多，通常无法采集所有样本进行实验室诊断，现在较常采用的是临床观察与随机抽样检测相结合的监测方法，其发现早期疫情的途径主要有三种：一是养殖场（户）动物群体出现某些共有的异常症状，特别是出现发病急、传播迅速、死亡率高等异常状况时，由当地动物防疫员或养殖者报告当地畜牧兽医主管部门或相关机构。二是在非养殖区或流通环节发现病死畜禽尸体或其产品，通过群众举报或动物卫生监督人员检疫，发现可疑疫情。三是动物疫病预防控制机构和动物疫情测报站通过定期抽样，进行主要动物疫病的病原学监测，发现可能存在的病原隐性感染。

（二）病原监测确认疫情

为了及时、有效地预防、控制和扑灭突发重大动物疫情，2005年以来，我国各地各级人民政府都相继制订了《突发重大动物疫情应急预案》，而是否启动应急预案的关键就在于疫情的确认，即明确疫情是不是由病原引起的，是由哪种病原引起的，从而根据疫病病种和疫病发生的范围和危害程度启动相应级别的重大动物疫情应急预案，并制定相应的疫情处理措施。疫情的确认首先必须确定是否发生了疫病或存在疫病的感染。由于受到新病原出现、病原变异、病原隐性感染、多病原混合感染或并发感染等因素的影响，近十几年来动物疫病的临床症状越来越复杂，通过疫病的特异性临床症状或病理变化已很难作出确诊。目前，动物疫病的确诊一般需要结合流行病学调查、临床症状、病理变化、病原学或血清学检测结果进行综合判断，而且绝大多数动物疫病的确诊都有赖于病原诊断技术。

病原诊断主要是指对细菌、病毒等病原微生物的分离鉴定，但是随着科学技术的发展，目前病原检测技术日趋多样化，通过血清学、分子生物学等方法足以证明病原存在于动物体内，从而确诊病原的感染。目前，我国较常使用的病原诊断方法主要有以下几种：①病原分离与鉴定。根据病原微生物对生存、生长条件的不同要求，有目的地对其进行分离和培养，采用特异性的鉴定方法确定是否存在某种预测的病原，能直观、准确确定病原是否存在。②分子生物学技术（PCR、RT－PCR等）。通过各种分子生物学技术检测动物细胞中是否存在特定病毒、病菌的核酸，从而确诊疫病，该方法具有特异、敏感、检出率高、快速、简便、重复性好、易自动化等突出优点，目前应用非常广泛。③荧光抗体染色法。将不影响抗体活性的荧光色素标记在抗体上，与其相应的抗原相结合后，在荧光显微镜下呈现一种特异性荧光反应。该方法快速、特异，可用于检测扁桃体等组织样品以及细胞培养中的病毒抗原。④中和试验。中和试验是以测定病毒对宿主细胞的毒力为基础，它不仅能鉴定病毒的种型，用于病毒抗原分析，还可用于中和抗体效价滴定。⑤变态反应。通过接种外源性抗原，引起动物机体出现强烈的免疫反应，形成明显的组织损害和机能紊乱，表现出各种特征性的免疫病理反应，从而确定动物体内某种特异性病原的存在。⑥胶体金免疫检测技术。利用胶体金颗粒标记抗体，进行抗原的检测或定位分析，该方法是20世纪80年代发展起来的一项新技术。

但是，值得注意的是，疫病的确诊和疫情的确认不是同一回事，疫病的确诊只是针对所检测的样本个体作出的结论，而疫情的确认则是对某个区域内或者多个区域大量动物发生相同疫病时作出的结论。另外，重大动物疫病的确诊机构是国家认定的具有疫病确诊资质的实验室，而疫情的确认则必须根据疫情的类型由各级人民政府兽医行政主管部门进行。

（三）紧急监测指导疫情处置

当确认发生重大动物疫情时，需要对疫点、疫区和受威胁区易感动物进行紧急监测，确定疫病感染范围，同时要对发病或死亡动物及密切接触动物群进行病原学检测和流行病学调查，追溯疫病源头，发现可能存在的疫情隐患，判断疫病发展趋势，为制定有效的疫情扑灭措施提供科学依据。

1. 追踪疫源　兽医技术人员对发病养殖场（户）的发病情况、周边地理地貌、野生动物分布、近期易感动物、产品、人员流动情况等开展进一步的了解，并采集病料样品进行实验室检测，分析传染来源、传播途径以及影响疫情控制和扑灭的环境和生态因素，为可能出现的疫情扩散或公共卫生危害提供预警预报，为制定疫情处置措施提供科学依据。如对病原传播过程中可能污染的区域进行消毒，对可能受疫病威胁的动物进行紧急免疫或隔离等。

2. 动物扑杀　扑杀措施是解决危害严重的重大动物疫情的最直接、最彻底、最有效的手段，但同时大规模扑杀动物也会造成重大的经济损失，严重影响当地的畜牧业发展。因此，扑杀决策的制定必须是谨慎的，必须要有严谨的科学依据。病原监测是确定动物感染情况的最直观、最准确的方法，通过监测，区分已感染群、疑似感染群和未感染群，采取有区别的处置措施，如对已感染动物群进行扑杀，对疑似感染群动物进行隔离、治疗和进一步监测，对未感染群进行紧急免疫，从而一方面保证彻底清除感染动物，另一方面尽量减少对非感染动物的误杀，降低经济损失，这一点对个体经济价值较大的动物（如牛、马等大动物以及种用动物等）非常有意义。当然，对于高致病性禽流感等传染性极强、危害性极大的重大动物疫病，必须严格按照有关应急预案的扑杀措施要求进行扑杀，避免因漏杀引起可能的疫情扩散。扑杀措施有利有弊，需要根据动物疫病的危害程度进行权衡取舍，而疫病监测结果对于扑杀措施的取舍具有重大的科学指导意义。

3. 紧急免疫 高致病性禽流感等部分动物疫情发生后，要在全面查清疫情的前提下对受威胁区所有易感动物进行强制性紧急免疫接种，免疫后一定时间要开展免疫效果监测，对免疫抗体不合格的及时加强免疫，建立起真正的免疫保护区。可见，疫病监测是评判紧急免疫效果，指导加强免疫的重要手段。

4. 解除封锁 根据我国《重大动物疫病应急条例》第四章第四十条规定，疫区封锁的解除必须是自疫区内最后一头（只）发病动物及其同群动物处理完毕起，经过一个潜伏期以上的监测，未出现新的病例的，彻底消毒后，经上一级动物防疫监督机构验收合格，才能由原发布封锁令的人民政府宣布解除封锁，撤销疫区。因此，疫区封锁的解除同样需要以动物疫病监测结果为依据。

由此可见，从疫情处置开始到疫情扑灭，始终是以疫病监测的结果为依据，引导下一步的行动计划，从而保持行动的科学性。

（四）病原监测阳性畜禽的处理原则

原则上，病原监测结果为阳性的动物应坚决予以淘汰并做无害化处理，即任一携带病原的动物都具有导致该疫病在动物群体中暴发和流行的风险。但是综合考虑疫病危害程度、动物个体的经济或科研价值、养殖者的经济承受能力等因素，在实际工作中对于不同病原的监测阳性动物所采取的处理措施往往不同。归纳目前我国兽医行政管理部门的有关规定，动物疫病病原监测阳性结果的动物处理大致包括以下三种情况：

1. 扑杀及无害化处理 高致病性禽流感、口蹄疫、布鲁氏菌病、牛结核病、狂犬病、马传染性贫血、马鼻疽、小反刍兽疫等重大动物疫病或人畜共患病的病原监测结果为阳性的动物，必须进行扑杀和无害化处理，其中高致病性禽流感和口蹄疫在必要时可对同群动物进行扑杀和无害化处理。当所监测疫病已表现出临床症状，构成疫情时，则应按照相应的动物疫情应急预案进行处置。

2. 净化 猪瘟、鸡新城疫和高致病性猪蓝耳病病原监测为阳性的动物，要求对其所在的饲养场采取疫病净化措施。

3. 治疗 对于血吸虫病及其他对于人或动物危害较小的疫病可以先采取治疗方法进行处理，然后根据治疗的效果确定进一步的处置措施。另外，农业部为了确实掌握一些重点动物疫病病原监测结果的准确性和及时了解各地疫情，对于高致病性禽流感、口蹄疫、狂犬病、小反刍兽疫等重大动物疫病，要求将阳性样品送国家相关参考实验室进行复检，其中高致病性禽流感、口蹄疫、小反刍兽疫的阳性监测情况还要以快报的形式上报农业部。

二、监测结果与疫病净化

（一）疫病净化基本概念

纵观动物疫病防治技术的发展过程，世界畜牧业发达国家动物疫病防治技术大体上经历了从动物疫病个体诊断治疗到使用疫苗进行群体免疫，再到对动物疫病进行检疫净化的过程。我国的动物疫病防治技术与世界畜牧业发达国家存在较大的差距，大多数动物疫病的防治仍采取以疫苗免疫接种为主的方法，这一现状已经远远不能适应我国目前畜牧业产业化、规模化、集约化发展的需要，由于动物疫病导致的饲养成本的增加、药物残留等问题使我国动物和动物产品在进入 WTO 后市场竞争中处于不利地位。加强对一些重点动物疫病，特别是世界动物卫生组织规定的 A 类和 B 类动物疫病的净化已经成为我国动物疫病防控工作的新要求。

疫病净化是指在特定区域或场所对某种或某些重点动物疫病实施的有计划的消灭过程，达到该范围内个体不发病和无感染状态。这个“特定区域”是人为确定的一个固定范围，可以是一个养殖场、一个自然区域、一个行政区划，也可以是一个国家。

从一个国家对动物疫病净化的过程来看，疫病净化通常具有区域性、长期性、反复性、经济性和政府行为的特点。

（1）区域性　因为受到多种主观和客观因素的影响，要想短时间、大范围净化某种动物疫病，其难度很大，而且目前人类还不具备在全世界范围内主动净化某种动物疫病的条件，因此我们所说的疫病净化是针对某个特定区域的，在国际贸易中通常是以国家为单位。当然，在一个国家内部，也可以根据各个地区的实际情况，在一定的区域对特定的动物疫病实现净化，我国从 2001 年开始进行的无规定动物疫病区建设就是如此。事实上，无论是 OIE 的《国际动物卫生法典》，还是 WTO—SPS 协议，都承认并推荐地理环境复杂的国家实施动物疫病区域化认证制度，并要求各国承认无疫区和轻度流行区的概念，所以在有疫病国家建立经过 OIE 认可的无疫病区，也是促进有疫病国家动物和动物产品国际贸易的重要途径。

（2）长期性　动物疫病的净化过程一般需要经历长达数年甚至数十年的时间，如美国于 1988 年制定了全国伪狂犬病根除计划，经过 15 年的努力，于 2002 年才实现目标。而澳大利亚从 20 世纪 70 年代启动对牛布鲁氏菌病和结核病的净化计划，到 1992 年 11 月才向世界宣布该病被成功消灭，先后历时 22 年。

（3）反复性　疫病净化受到多种因素的影响，如输入性病例可以导致疫病重新感染流行，病毒变异能导致疫病重现，洪水、地质灾害等不可抗自然因素造成的环境突变等都能导致疫病重新复燃和流行，近年来一些疯牛病无疫国家重新出现了疯牛病病例就是疫病反复的典型案例。因此，疫病净化是个反复的过程，有时需要经过多次的净化和重复的认证。

（4）经济性　疫病净化需要投入大量人力、物力和财力，因此制定某种动物疫病的净化措施之前必须充分考虑其经济成本和社会效益。除某些对公共卫生安全和畜牧业生产危害特别严重的动物疫病或人畜共患病外，疫病净化所需成本原则上不应高于因疫病造成的经济损失，否则得不偿失。

（5）政府行为　并非所有的动物疫病都需要进行净化，这不现实也没有必要，但有些重大动物疫病对公共卫生安全和畜牧业发展危害巨大，仅凭农业部门和养殖者无法进行有效控制和净化，这就需要政府主导，多个部门共同参与，从而构成了一种政府行为。如我国以前的“血防办”、高致病性禽流感防治指挥部和现在的重大动植物疫情防治指挥部等都是政府设立的防治重大动物疫病的指挥机构。

（二）疫病净化的影响因素

影响疫病净化的因素很多，自然因素、社会因素、病原自身特性等都会直接或间接影响疫病净化的有效实施，这里只简要讨论在目前的监测工作中存在的一些问题对疫病净化的影响情况。

1. 检测方法 疫病净化过程中的监测工作主要以实验室检测为主，随着科技的进步和发展，动物疫病检测方法日益多样化，同一种动物疫病可以采用不同的方法进行检测，但不同的检测方法敏感性和准确度存在差异。另外，我国的诊断试剂市场目前还不规范，不同厂家的诊断试剂良莠不齐，同种检测方法的结果也存在不一致的情况。

2. 监测方案 疫病净化虽然有一个基本的程序，但并没有统一的监测方案，对于不同动物品种、不同病种，其净化过程中监测的样本数量和比例、间隔时间、监测次数等不尽相同，而且目前没有统一的评判标准判断哪种方法更科学。因此，不同国家、地区或者养殖场要根据自身实际情况制定监测方案，不合理的监测方案可能导致净化的前功尽弃。

3. 监测人员 监测人员是监测工作的实际执行者，是决定监测数据准确性和真实性的最关键因素。绝大多数养殖场户不具备自己监测动物疫病的能力，必须依托具有疫病监测能力的机构进行，目前具备疫病监测能力的机构主要为各级动物疫病预防控制机构、科研和教育院所以及少数企业的实验室，这些机构的数量相对于广大养殖场户来说明显不足，而且设备和人员也非常有限，无法同时承担大批养殖场户的疫病净化监测任务。

4. 监测费用 监测工作通常要使用实验室的一些专用仪器设备和诊断试剂，而目前这些设备和试剂都相对较贵，直接增加了疫病监测的成本，在疫病净化费用中所占的比例巨大，这也是许多养殖场户望而却步的主要原因之一。

（三）监测与疫病净化的过程

疫病净化需要一个较长的周期，对于商品动物群体（如商品猪、肉禽、肉牛等）而言，其生长周期较短，可能还没有实现疫病净化就已经进入了消费市场，因此疫病净化的关键必须从源头开始，即通过种源进行动物疫病净化。疫病净化措施因疫病种类、动物品种以及进行疫病净化地区的实际情况不同有很大差异，但从世界各国疫病净化的实施情况来看，通常包括以下几个基本过程：疫病普查（对感染群清群）—目标群监测（逐步建立无感染群）—持续监测（保持无感染群）—疫病净化。在疫病净化过程中，还要辅助采取封闭管理、环境改造、定期消毒、严格检疫、及时隔离等措施，消灭环境中的目标病原，减少动物的感染几率。

1. 疫病普查 疫病普查是在一定时间内对一定范围内的动物群体中每一个体所作的调查或检查，它实际上就是流行病学调查工作的一项重要内容。调查者直接调查区内所有动物，并记录观察结果，对符合所普查的目标疫病症状特点的动物进行仔细的个体检查（包括实验室诊断），并进行详细记录。在目标群体的样本数量不是特别大的情况下，最好能对目标群体的所有动物进行一次实验室诊断，可以准确掌握所普查的疫病在整个目标群体中的感染情况，从而对感染群及时清群。如果暂时不具备进行全群实验室诊断的条件，则可以随机抽取一定数量的样本进行检测。疫病普查的主要目的就是全面掌握所普查疫病在目标群中的感染情况，查找出发病个体或感染个体，为感染群清群提供科学依据。

2. 目标群监测 经过一次感染群清群远远不足以实现疫病净化的目标。由于饲养环境中可能存在着目标病原的污染，部分处于感染初期的动物也可能没有通过疫病普查所发现，因此对进行疫病净化的目标群还要进行多次的监测和淘汰。目标群监测主要采用实验室监测方法，通常是以血清学监测为主，首先对目标群中一定数量的动物样本进行抽样监测，淘汰监测结果为阳性的动物个体，然后对阳性个体的同栏或同群动物进行全群监测和密切观察，掌握疫病的横向传播情况，及时清除隐性感染个体。在进行目标群反复监测和淘汰的同时，必须加强对新引进动物的检疫和隔离观察，改善环境卫生条件，定期对饲养场进行严格消毒，彻底切断疫病感染途径，才能实现真正的净化。

3. 持续监测　要达到疫病净化的标准，最关键的指标就是保持一段较长时间的无发病和无感染状态，这就需要进行持续的疫病监测。这个无疫和无感染时间段各个国家标准不一，我国一般要求达到2年以上。持续监测也是以实验室监测为主，监测的动物种类、数量和进行监测的试验方法都应符合国家制定的相关标准，以便统一评价。

（四）监测净化的应用实例

以通过监测对猪瘟进行净化为例。

第一步，通过监测查清全场各类猪群的猪瘟免疫抗体水平及带毒猪情况。猪瘟监测以荧光抗体法（HCFA）检查带毒猪为依据，即采取死猪或可疑病猪的扁桃体（有专用采样器）作冰冻切片，应用猪瘟荧光抗体诊断液（由中国兽药监察所生产），阳性有特异荧光。可采用猪瘟弱毒单抗酶联诊断及猪瘟荧光抗体法（HCFA）对猪群进行普查，据此了解猪瘟免疫注射后的效果，以便更好地调整免疫程序、疫苗厂家、苗种和剂量等技术操作，同时还能够找出猪瘟强毒抗体阳性猪是否就是猪瘟野毒带毒猪。

第二步，净化种猪群。对HCFA阳性的种公母猪和后备种猪全部立即淘汰，所有临近配种阶段的后备母猪和公猪，都要先净化、再配种，严厉实施种猪群净化计划，清除病源，阻断垂直传播的途径，使其猪群繁殖的后代猪瘟数自然减少。

第三步，定期监测，制定合理的猪瘟免疫程序。制定合理、有效的免疫程序是提高群体免疫水平的保证，根据监测和临床实践，对于猪瘟流行非常时期或非典型猪瘟存在的猪场，建议对免疫母猪所产仔猪：首免在乳前免疫，每个1.5～2头份，在50～70日龄进行二免，每个4～5头份。对本场制定的免疫程序进行一次完整的抗体跟踪监测，以掌握该免疫程序的抗体消长规律，并制作标准的抗体消长规律曲线图。

第四步，对其他疫病的协同防治。规模化养猪场中，除可能出现猪瘟感染外，还经常可能出现一种或多种其他疫病（如猪伪狂犬病、猪细小病毒病及PRRS等）的同时或先后感染，这些疫病的感染对猪瘟疫苗的免疫效果均有一定程度的影响，可使猪瘟的免疫应答能力下降。因此，必须同时开展蓝耳病、圆环病毒病、伪狂犬病、附红细胞体病及气喘病的监测，有针对性地采取相应防控措施。

第五步，全方位推进生物安全措施。实行早期隔离断奶技术（MEW）和早期药物断奶技术，制定定期消毒制度、免疫与疫病监测计划，对育肥猪舍实行全进全出计划。

通过监测，按照以上五个步骤，先从净化种猪入手，建立无猪瘟的健康种猪群，繁育出无猪瘟的后代生猪，最后达到消灭净化猪瘟的目标。

第四章　动物疫病监测的采样技术

在动物疫病监测中，采样方法、采样部位、采样数量和样品保存质量直接决定监测结果的准确性和结论的科学性。因此，对采样人员采样的方法、技术都有特定的要求。本章节主要介绍有关样本的采集、送检和保存等方面的基本原则。

第一节　采样的一般原则与采样方法

一、采样的一般原则

1. 凡是血液凝固不良、天然孔流血的病、死动物，应耳尖采血涂片，首先排除炭疽，炭疽病死的动物严禁剖检。

2. 采样时必须无菌，而且避免样本的交叉感染。解剖时应从胸腔到腹腔，先采实质脏器且尽量保证无菌操作，避免外源性污染，最后采集腔肠等易造成污染的组织器官及内容物。

3. 采取的样品必须有代表性，采取的脏器组织应为病变明显的部位。取材时应根据不同疫病或检验目的，采其相应血样、活体组织、脏器、肠内容物、分泌物、排泄物或其他材料。肉眼难以判定病因时，应全面系统采集病料。

4. 病料最好在使用治疗药物前采取，用药后会影响病料中病原微生物的检出。死亡动物的内脏病料采取，最迟不超过死后 6h（尤其在夏季），否则尸体腐败，难以采到合格的病料。

5. 血液样品在采集前一般禁食 8h。采集血样时，应根据采样对象、检验目的及所需血量确定采血方法与采血部位。

6. 采样时应考虑动物福利和环境的影响，防止污染环境和疫病传播，做好环境消毒和废弃物的处理，同时做好个人防护，预防人畜共患病感染。

二、采样的种类和时间

采样前，必须考虑检测目的，根据检验项目和要求的不同，选择适当的样本和采样时机。

1. 当疫病诊断时，采集病死动物的有病变的脏器组织、血清和抗凝血。采集样品的大小、数量要满足诊断的需要，以及必要的复检和留样备份。

（1）一般情况下，对于采集的常规病料应满足诊断的需要，同时有临床症状需要做病原分离的，样品必须在疫病的初发期或症状典型时采样，病死的动物，应立即采样。

（2）采集血液样品时，如果是用于病毒检验样品，在动物发病初体温升高期间采集；对于没有症状的带毒动物，一般在进入隔离场后7d以前采样；用于免疫动物血清学诊断时，需采集双份血清，监测比较抗体效价变化的，第一份血清采于发病初期并作冻结保存，第二份血清采于第一份血清后3～4周，双份血清同时送实验室检测。

（3）用于寄生虫检验样品，因不同的血液寄生虫在血液中出现的时机及部位各不相同，因此，需要根据各种血液寄生虫的特点，取相应时机及部位的血制成血涂片和抗凝血，送实验室检测。

2. 当进行免疫效果监测时，一般动物免疫后14～20d，随机抽检。

3. 当进行疫情监测或流行病学调查时，根据区域内养殖场户数量和分布，按一定比例随机抽取养殖场户名单，然后每个养殖场户按估算的感染率，计算采样数量，随机采取。

三、采样数量

1. 诊断时，应采集不少于1～5只（头）病死动物的有病变的器官组织和不少于此数量的血清和抗凝血。

2. 免疫效果监测时，监测数按照存栏万只以下的畜禽场1%，存栏万只以上的畜禽场0.5%的比例进行采样，但每次监测数量不少于30份。

3. 疫情监测或流行病学调查时采集血清、各种拭子、体液、粪尿或皮毛样品等，采样数量可根据动物年龄、季节、周边疫情情况估算其感染率，然后计算应采样品数量。

表4-1　在一个感染群中检测到1个或更多的阳性有95%的可信度时的样品数量

采样数量 群的大小	流行百分率（%）											
	50	40	30	25	2	15	10	5	2	1	0.5	0.1
20	4	6	7	9	10	12	16	19	20	20	20	20
30	4	6	8	9	11	14	19	26	30	30	30	30
40	5	6	8	10	12	15	21	31	40	40	40	40
50	5	6	8	10	12	16	22	35	46	50	50	50
60	5	6	8	10	12	16	23	38	55	60	60	60
70	5	6	8	10	13	17	24	40	62	70	70	70
80	5	6	8	10	13	17	24	42	68	79	80	80
90	5	6	8	10	13	17	25	43	73	87	90	90
100	5	6	9	10	13	17	25	45	78	96	100	100
150	5	6	9	11	13	18	27	49	95	130	148	150
200	5	6	9	11	13	18	27	51	105	155	190	200
500	5	6	9	11	14	19	28	56	129	225	349	500
1 000	5	6	9	11	14	19	29	57	138	258	450	950
5 000	5	6	9	11	14	19	29	59	147	290	564	2 253
10 000	5	6	9	11	14	19	29	59	148	294	581	2 588
∞	5	6	9	11	14	19	29	59	149	299	596	2 995

注：流行百分率：发病动物数与全群动物数的百分比。

群的大小：全群动物数。

采样数量：抽检动物样品数量。

4. 当种群疫病净化时，要根据所制定的疫病监测净化方案，按照方案确定的采样次数和采样日期，逐头采样。

第二节　采样器械物品的准备

一、器　　械

1. 采样箱、保温箱或保温瓶、解剖刀、剪刀、镊子、酒精灯、酒精棉、碘酒棉、注射器及针头等。

2. 样品容器包括小瓶、平皿、离心管及易封口样品袋、塑料包装袋等。

3. 试管架、玻片、铝盒、瓶塞、无菌棉拭子、胶布、封口膜、封条、冰袋等。

注意： 采样刀剪等器具和样品容器必须无菌。

二、采样记录用品

不干胶标签、签字笔、记号笔、采样单和采样登记表等。

三、保 存 液

阿氏液（Alsever's）、30％甘油盐水缓冲液、肉汤、PBS液、双抗。

四、人员防护用具

口罩、防护镜、一次性手套、乳胶手套、防护服、防护帽、胶靴等。

第三节　血液样品的采集方法及技术要求

采集动物血液是样本采集的重要项目之一。采血过程中应严格保持无菌操作。采血前后，应对采血部位进行消毒，采血完毕后用干棉球按压止血。在采血、分离血清过程中，应避免溶血。下面介绍几种常用的动物主要采血方法。

一、禽的采血方法

1. 雏鸡心脏采血　左手抓鸡，术者手持采血针，平行颈椎从胸腔前口插入回抽见有回血时，即把针芯向外拉，使血液流入采血针。

2. 成年禽心脏采血　成年禽只采血可取侧卧或仰卧保定。

（1）侧卧保定采血　助手抓住禽两翅及两腿，右侧卧保定，在触及心搏动明显处，或胸骨脊前端至背部下凹处连线的1/2处消毒，垂直或稍向前方刺入2～3cm，回抽见有回血时，即把针芯向外拉使血液流入采血针。

（2）仰卧保定采血　胸骨朝上，用手指压禽嗉囊，露出胸前口，用装有长针头的注射器，将针头沿其锁骨俯角刺入，顺着体中线方向水平穿行，直到刺入心脏。

3. 翅静脉采血　在翅下静脉处消毒，手持采血针，从无血管处向翅静脉丛刺入，见有血液回流，即把针芯向外拉使血液流入采血针。

也可保定禽只，使翅膀展开，露出腋窝部，用消毒棉消毒。拇指压近心端，待血管怒张后，用装有细针头的注射器，由翼根向翅方向平行刺入静脉，放松对近心端的按压，缓慢抽取血液。采血完毕用棉球按压止血。

二、猪的采血方法

1. 耳缘静脉采血　站立保定，助手用力在耳根捏压静脉的近心端，手指轻弹后，用酒精棉球反复涂擦耳静脉使血管怒张。沿血管刺入，见有血液回流，缓慢抽取所需量血液或接入真空采血管。用棉球按压止血。

2. 前腔静脉采血

（1）站立保定　保定器保定让猪头仰起，露出右腋窝，从右侧向心脏方向刺入，回抽见有回血时，即把针芯向外拉使血液流入采血针。

（2）仰卧保定　把前肢向后方拉直，选取胸骨端与耳基部的连线上胸骨端旁开2cm的凹陷处，消毒。一般用装有20号针头的注射器向后内方与地面呈60°角刺入2～3cm，当进入约2cm时可一边刺入一边回抽针管内芯；刺入血管时即可见血进入针管内，采血完毕，局部消毒。

三、牛、羊的采血方法

1. 牛、羊颈静脉采血　将动物保定，稍抬头颈，于颈静脉沟上1/3与中1/3交界部剪毛消毒，一手拇指按压采血部位下方颈静脉沟血管，促使颈静脉怒张，另一手执针头，与皮肤呈45°角，由下向上方刺入，血液顺器壁流入容器内，防止气泡产生。待血量达到要求后，拔下针头，用消毒棉球按压针眼，轻按止血。

2. 牛尾静脉采血　固定动物，使牛尾往上翘，手离尾根部约30cm。在离尾根10cm左右中点凹陷处，先用酒精棉球消毒，然后将采血针针头垂直刺入（约1cm深）。针头触及尾骨后再退出1mm进行抽血。采血结束，消毒并按压止血。

3. 乳房静脉采血　奶牛、奶山羊可选乳房静脉采血，奶牛腹部可看到明显隆起的乳房静脉，消毒后在静脉隆起处，针头向后肢方向快速刺入，见有血液回流，缓慢抽取所需量血液或接入真空采血管。

四、其他动物血液采集方法

1. 家兔和豚鼠采血　心脏部位约在胸前由下向上数第三与第四肋骨间，用手触摸心脏搏动最强部位，剪毛消毒，将注射器针头由此部位垂直刺入心脏，家兔略有颤动，表明针头已穿入心脏，然后轻轻地抽取，如有回血，表明已插入心腔内，即可抽血；如无回血，可将针头退回一些，重新插入心腔内，若有回血，按压心脏，缓慢抽取所需血量。

2. 小鼠采血 可以先麻醉，一般取其仰卧姿势，在其锁骨与剑突连线的中点沿胸骨左边缘进针 5mm 左右，边刺入边抽吸，即可采血。也可进行尾静脉采血，固定动物并露出鼠尾。将尾部浸在 45℃左右的温水中数分钟，使尾部血管充盈。再将尾擦干，用锐器（刀或剪刀）割去尾尖 0.3～0.5cm，让血液自由滴入盛器或用血红蛋白吸管吸取。采血结束，伤口消毒并按压止血。大量采血时采用眼球摘除法采血。若需反复采血可采用毛细血管眼内眦采血法或断尾采血法。

五、血液样品的制备

常规血液制备可分为两类，即抗凝血和非抗凝血。

1. 抗凝血 常用作细菌或病毒检验样品。

采血前，预先在真空采血管或其他容器内按每 10mL 血液加入 0.1%肝素 1mL 或 EDTA 20mg。采集的血液立即与抗凝剂充分混合，防止凝固，但要轻轻混匀以免溶血。也可将血液放入装有玻璃珠的灭菌瓶内，振荡脱纤维蛋白。采集的血液经密封后贴上标签，立即冷藏送实验室。必要时，可在血液中按每毫升加入青霉素和链霉素各 500～1 000IU，以抑制血源性或采血过程中污染的细菌。

2. 非抗凝血（血清） 即不加抗凝剂的血液，等血液凝固后析出血清一般用作血清学监测试验。血清分离方法：血液在室温下倾斜放置 2～4h（防止暴晒），待血液凝固自然析出血清，或用无菌剥离针剥离血凝块，将试管放在装有 25～37℃温水的杯内或 37℃温箱内 1h，待大部分血清析出后取出血清，必要时经 1 500～2 000r/min 离心 5min，分离血清。将血清移到另外的小塑料离心管中，盖紧盖子，封口，贴标签，4℃冷藏。必须长期保存时，将血清置于－20℃冷冻。

3. 血片 采取末梢血液、静脉血或心血。取一滴血液样品，滴在已消毒的载玻片上，另取一片载玻片作推片，将推片自血滴左侧向右移动，当血滴均匀地附着在两片之间后再将推片向左平稳地推移（两片成 30～45°夹角），推出均匀的血膜，火焰固定后置于载玻片盒或载玻片架中。

第四节　动物活体样品的采集及技术要求

一、家禽活体的样品采集

1. 家禽咽喉拭子和泄殖腔拭子采集方法 取无菌棉签，插入鸡喉头内或泄殖腔转动 3 圈，取出，插入离心管中（事先加入 1mL 含青霉素、链霉素各 3 000IU，pH 为 7.2 的 PBS），剪去露出部分，盖紧瓶盖，做好标记。

2. 羽毛采集方法 拔取受检鸡含羽髓丰满的翅羽或身上其他部位大羽，将含有羽髓的羽根部分按编号分别剪下收集于小试管内，于每管内滴加蒸馏水 2～3 滴（羽髓丰满时也可不加），用玻璃棒将羽根挤压于试管底，使羽髓浸出液流至管口，用滴管将其吸出。

二、猪活体的样品采集

1. 扁桃体采取方法 从活体采取扁桃体样品时，应使用专用扁桃体采集器：先用开口器开口，可以看到突起的扁桃体，把采样钩放在扁桃体上，快速扣动扳机取出扁桃体放离心管中，冷藏送检。

2. 鼻腔拭子、咽拭子采集方法 应用灭菌的棉拭子采集鼻腔、咽喉的分泌物，蘸取分泌物后，立即将拭子浸入保存液中，密封低温保存。常用的保存液有含抗生素的 PBS 保存液（pH7.4）、灭菌肉汤（pH7.2～7.4）或 30%甘油盐水缓冲液。若准备将待检标本接种组织培养，则应保存于含 0.5%乳蛋白水解液中。一般每支拭子需保存液 1mL。

三、牛、羊活体的样品采集

1. 牛、羊 O-P 液（咽食道分泌物）**的采集方法** 被检动物在采样前禁食（可饮少量水）12h，以免胃内容物反流污染 O-P 液。采样探杯在使用前应在装有 0.2%柠檬酸或 1%～2%氢氧化钠溶液的塑料桶中浸泡 5 分钟，再用与动物体温一致的清水冲洗后使用，每采完一头动物，探杯要重复进行消毒并充分清洗。采样时动物应站立保定，将探杯随吞咽动作送入食道上部 10～15cm 处，轻轻来回抽动 2～3 次，然后将探杯拉出。取出 8～10mL O-P 液，倒入含有等量细胞培养液（0.5%水解乳蛋白-Earle 液）或磷酸缓冲液（0.04mol/L，pH7.4）的灭菌广口瓶中，充分摇匀加盖封口，放冷藏箱及时送检，未能及时送检应置于－30℃冷冻保存。

2. 胃液及瘤胃内容物采集

（1）胃液采集 对于大动物，胃液可用多孔胃管抽取。将胃管送入胃内，其外露端接在吸引器的负压瓶上，加负压后，胃液即可自动流出。

（2）瘤胃内容物采集 对活体动物，可以在反刍动物反刍时，当食团从食道逆入口腔时，立即开口拉住舌头，另一只手深入口腔即可取出少量的瘤胃内容物。

四、其他样品的采集

（一）粪便

1. 用于病毒检验 分离病毒的粪便必须新鲜。少量采集时，以灭菌的棉拭子从直肠深处或泄殖腔黏膜上蘸取粪便，并立即投入灭菌的试管内密封，或在试管内加入少量 pH7.4 的保护液再密封。须采集较多量的粪便时，可将动物肛门周围消毒后，用器械或用戴上胶手套的手伸入直肠内取粪便，也可用压舌板插入直肠，轻轻用力下压，刺激排粪，收集粪便。所收集的粪便装入灭菌容器内，经密封并贴上标签，立即冷藏或冷冻送实验室。

2. 用于细菌检验 最好是在动物使用抗菌药物之前，从直肠或泄殖腔内采集新鲜粪便。采样方法与供病毒检验的方法相同。粪便样品较少时，可投入无菌缓冲盐水或肉汤试管内；较多量的粪便则可装入灭菌容器内，贴上标签后冷藏送实验室。

3. 用于寄生虫检验 粪便样品应选自新排出的粪便或直接从直肠内采得，以保持虫体或虫体节片及虫卵的固有形态。一般寄生虫检验所用粪便量较多，需采取 5～19g 新鲜粪便，大家畜一般不少于 60g，并应从粪便的内外各层采取。粪便样品以冷藏不冻结状态保存。

（二）生殖道

生殖道样品主要包括动物流产排出的胎儿、死胎、胎盘、阴道分泌物、阴道冲洗液、阴茎包皮冲洗液、精液、受精卵等。生殖道样品采集方法如下：

1. 流产胎儿及胎盘 可按采集组织样品的方法，无菌采集有病变组织和血液。或将流产后的整个胎儿，用塑料薄膜、油布或数层不透水的油纸包紧，装入冷藏箱，放入冰袋，即送实验室。

2. 精液 用人工方法采集，并避免加入防腐剂。

3. 阴道、阴茎包皮分泌物 可用棉拭子从深部取样，采取后立即放入盛有灭菌肉汤等保存液的试管内，冷藏送检。亦可将阴茎包皮外周、阴户周围消毒后，以灭菌缓冲液或汉克氏液冲洗阴道、阴茎包皮，收集冲洗液。

（三）皮肤

活动物的病变皮肤如有新鲜的水疱皮、结节、痂皮等可直接剪取 3～5g；活动物的寄生虫病如疥螨、痒螨等，在患病皮肤与健康皮肤交界处，以凸刃小刀与皮肤表面垂直，刮取皮屑，直到皮肤轻度出血，接取皮屑供检验。

（四）脓汁

做病原菌检验的，应在未进行药物治疗前采取。采集已破口脓灶脓汁，宜用棉拭子蘸取；未破口脓灶，用注射器抽取脓汁。

（五）尿液样品

动物排尿时，用洁净容器直接接取。也可使用塑料袋，固定在雌畜外阴部或雄畜的阴茎下接取尿液。采取尿液，宜早晨进行。也可以用导管导尿或膀胱穿刺采集。

（六）关节及胸腹腔积液的采集

1. 皮下水肿液和关节囊（腔）渗出液用注射器从积液处抽取。

2. 胸腔渗出液在牛右侧第五肋间或左侧第六肋间用注射器刺入抽取，马在右侧第六肋间或左侧第七肋间刺入抽取。

3. 腹腔积液采集。牛腹腔积液，在最后肋骨的后缘右侧腹壁作垂线，再由膝盖骨向前引一水平线，两线交点至膝盖骨的点为穿刺部位，用注射器抽取；马的腹腔积液穿刺抽取部位只能在左腹侧。

（七）乳汁

乳房先用消毒药水洗净（取乳者的手亦应事先消毒），并把乳房附近的毛刷湿，最初所挤的3～4把乳汁弃去，然后再采集10mL左右乳汁于灭菌试管中。进行血清学检验的乳汁不应冻结、加热或强烈震动。

（八）脊髓液

使用特制的专用穿刺针，或用长的封闭针头（将针头稍磨钝，并配以合适的针芯）。采样前，术部及用具均按常规消毒。

1. 颈椎穿刺法 穿刺点为环枢孔。动物应站立或横卧保定，使其头部向前下方屈曲，术部经剪毛消毒，穿刺针与皮肤面垂直，缓慢刺入。将针体刺入蛛网膜下腔，立即拔出针芯，脑脊髓液自动流出或点滴状流出，盛入消毒容器内。大型动物颈部穿刺一次采集量35～70mL。

2. 腰椎穿刺法 穿刺部位为腰荐孔。动物应站立保定，术部剪毛消毒后，用专用的穿刺针刺入，当刺入蛛网膜下腔时，即有脑脊髓液滴状滴出或用消毒注射器抽取，盛入消毒容器内。大型动物腰椎穿刺一次采集量15～30mL。

第五节 病死畜禽的解剖与病变组织脏器的采集

采取病料时，应根据临床症状或对大体剖检的初步诊断，有选择地采取剖检病变典型的脏器组织和内容物。如肉眼难以判定时，可全面采取病料。

采样原则：病变的脏器组织，要采集病变和健康组织交界处，先采实质脏器，如心、肝、脾、肺、肾，后采集腔肠等脏器组织，如胃、肠、膀胱等。

一、小家畜或家禽活体及尸体的储藏运输

将病死畜禽或将病畜禽致死后，装入密封塑料袋内，再保存于有冰袋的冷藏箱内，及时送往实验室。

二、实质脏器的采取

先采集小的实质脏器如脾、肾、淋巴结，小的实质器官可以完整地采取。大的实质脏器如心、肝、肺等，采集有病变的部分，要采集病变和健康组织交界处。

（一）用于病理组织学检验的组织样品

这类样品必须保持新鲜。样品应包括病灶及临近正常组织的交界部位。若同一组织有不同的病变，应分别各取一块。切取组织样品的刀具应十分锋利，取材后立即放入10倍于组织块的10%福尔马林溶液中固定。组织块切成1～2cm^2（检查狂犬病则需要较大的组织块）大小，厚度不超过0.5cm。组织块切忌挤压、刮摸和水洗。如作冷冻切片用，则将组织块放在0～4℃容器中，尽快送实验室检验。

（二）用于病原分离的组织样品

用于微生物学检验的病料应新鲜，并尽可能减少污染。

1. 用于细菌分离样品的采集 首先以烧红的刀片烧烙组织表面，在烧烙部位刺一孔，用灭菌后的铂金耳伸入孔内，取少量组织作涂片镜检或划线接种于适宜的培养基上。如遇尸体已经腐败，某些疫病的致病菌仍可在长骨、肋骨等部位增殖，因此可从骨髓中分离细菌。采集的所有组织应分别放入灭菌容器内或灭菌塑料袋内，贴上标签，立即冷藏运送到实验室。必要时也可以作暂时冻结处理，但冻结时间不宜过长。

2. 用于病毒分离样品的采集 制备方法同病毒检验，必须采用无菌技术采集，可用一套已消毒的器械切取所需脏器组织块，每取一个组织块，应用火焰消毒剪镊等取样器械，组织块应分别放入灭菌容器内并立即密封，贴上标签，注明日期、组织或动物名称，注意防止组织间相互污染。将采取的样品放入冷藏容器立即送实验室。如果运送时间较长，可作冻结状态，也可以将组织块浸泡在 pH7.4 乳汉氏液或磷酸缓冲肉汤保护液内，并按每毫升保护液加入青霉素、链霉素各 1 000IU，然后放入冷藏瓶内送实验室。

三、畜禽肠管及肠内容物样品的采集与制备

肠管的采集：用线扎紧病变明显处（约 5～10cm）的两端，自扎线外侧剪断，把该段肠管置于灭菌容器中，冷藏送检。

肠管内容物的采集：选择肠道病变明显部位，取内容物，用灭菌生理盐水轻轻冲洗；也可烧烙肠壁表面，用吸管扎穿肠壁，从肠腔内吸取内容物，将肠内容物放入盛有灭菌的30%甘油盐水缓冲保存液中送检。

四、眼睛样品采集

眼结膜表面用拭子轻轻擦拭后，放在灭菌的 30%甘油盐水缓冲保存液中，也可采取病变组织碎屑，置载玻片上，供显微镜检查。

五、皮肤样品采集

1. 皮肤采集 采集扑杀或死后的动物皮肤样品，用灭菌器械取病变部位及与之交界的小部分健康皮肤（大约 10cm×10cm），保存于 30%的甘油缓冲液中，或 10%饱和盐水溶液中；活动物的病变皮肤如有新鲜的水疱皮、结节、痂皮等可直接剪取 3～5g；活动物的寄生虫病如疥螨、痒螨等，在患病皮肤与健康皮肤交界处，以凸刃小刀与皮肤表面垂直，刮取皮屑、直到皮肤轻度出血，接取皮屑供检验。

2. 动物皮肤样品制备方法 病原检验样品的制备方法：剪取的供病原学检验的皮肤样品应放入灭菌容器内，加适量 pH7.4 的 50%甘油磷酸盐缓冲液（A4），可加适量抗生素，加盖密封后，尽快冷冻保存。

组织学检验样品制备方法：剪取的作组织学检验的皮肤样品应立即投入固定液内固定保存。

寄生虫检验样品制备方法：供寄生虫检验的皮肤样品可放入有盖容器内。

六、骨样品采集

需要完整的骨标本时，应将附着的肌肉和韧带等全部剔除，表面撒上食盐，然后包入浸过5%石炭酸溶液的纱布中，装入不漏水的容器内保存。

七、脑样品采集

全脑做病毒检查，可将脑浸入30%甘油盐水液中或将整个头部割下，以浸过消毒液的纱布包裹，置于不漏水的容器内保存。

牛、羊海绵状脑病采样的组织：采样时先打开颅骨，取脑干延髓的脑闩区域，需冰冻保存（-70℃，无条件则-20℃保存）；其余大脑、小脑、脑干组织采集后立即置于10%福尔马林中，越快越好。尽量取全脑组织，包括大脑、小脑和脑干。注意脑组织需在动物死亡后尽快采集。或在枕骨大孔处用剪刀剪开脑硬膜，目的是便于插入采样勺。然后用一个手指伸入枕骨大孔中，沿着延脑（延髓）转一周，目的是切断延脑与头骨之间相连的神经和血管，以便于脑组织顺利挖出。从延脑腹侧（也即勺子从枕骨大孔的上面进入）将采样勺插入枕骨大孔中，插入时采样勺要紧贴枕骨大孔的腔壁，以免损坏延脑组织。采样勺插入的深度约为5～7cm（采羊脑时插入深度约为4cm），然后向上一扳勺子手柄，同时往外抠出脑组织和勺子，延脑便可完整取出。注意：尽量保护好延脑“三叉口”处（脑闩部）组织的完整性。

作狂犬病的尼格里氏体检查的脑组织：取样应较大，一部分供在载玻片上作触片用，另一部分供固定，用Zenker氏固定液固定（重铬酸钾36g、氯化高汞54g、氯化钠60g、冰醋酸50mL、蒸馏水950mL）。作其他包含体检查的组织用氯化高汞甲醛固定液（氯化高汞饱和水溶液9份、甲醛溶液1份）。

为监测环境卫生或调查疫病，也可从遗弃物、通风管、下水道、孵化厂或屠宰场采集自然样品。将固体平面培养基暴露静置于空气中，可采集空气中的微生物。

第六节　样品的记录、保存、包装和运送

一、采样记录

采样同时，填写采样单，包括场名、畜种、日龄、联系人、电话、规模、采样数量、样品名称、编号、免疫情况、临床表现等（结合疫情监测上报系统填写）。

采样单应用钢笔或签字笔逐项填写（一式三份），样品标签和封条应用签字笔填写，保温容器外封条应用钢笔或签字笔填写，小塑料离心管上可用记号笔做标记。应将采样单和病史资料装在塑料包装袋中，并随样品送实验室。样品信息至少应包括以下内容：

1. 畜主姓名和畜禽场地址。
2. 畜禽（农）场里饲养动物品种及数量。
3. 被感染动物或易感动物种类及数量。

4. 首发病例和继发病例的发病日期。

5. 感染动物在畜禽群中的分布情况。

6. 死亡动物数、出现临床症状的动物数量及年龄。

7. 临床症状及其持续时间，包括口腔、眼睛和腿部情况，产奶或产蛋记录，死亡情况和时间，免疫和用药情况等。

8. 饲养类型和标准，包括饲料、饲养管理模式等。

9. 送检样品清单和说明，包括病料种类、保存方法等。

10. 动物治疗史。

11. 要求做何种试验或监测。

12. 送检者的姓名、地址、邮编和电话。

13. 送检日期。

14. 采样人和被采样单位签章。

如表 4－2：

表 4－2　动物疫病样品采样登记表

动物种类		样品名称	
采样数量		样品编号	
采样单位		采样日期	
采样地点	省　　县（市、区）　　乡（镇）　　村		
被采样场/户名			
联系人		联系电话	
采样方式	□总体随机　□分层随机　□系统随机　□整群　□分散　□其他		
养殖规模	□规模场，养殖数量：　　□散养，养殖数量：		
动物养殖状况（包括饲养管理、卫生、自然及人工屏障等）			
临床症状及病史			
被采动物免疫状况（包括动物免疫疫病种类、时间、疫苗类型、来源等）			
被采样单位签	本次采样始终在本人陪同下完成，记录经核准无误，同意按期寄送。 经手人：　　（签章） 年　月　日	采样人签	本次采样严格按照要求及相关国家标准进行，并作记录如上。 经手人：　　（签章） 年　月　日
样品保存及运输条件			
备注			

注：“备注”中可填写交易市场或屠宰场采样的动物来自何处等信息。

二、样品包装要求

装载样品的容器可选择玻璃的或塑料的，可以是瓶式、试管式或袋式。容器必须完整无损，密封不渗漏液体。装供病原学检验样品的容器，用前彻底清洁干净，必要时经清洁液浸泡，冲洗干净后以干热或高压灭菌后烘干。如选用塑料容器，能耐高压的经高压灭菌，不能耐高压的经环氧乙烷熏蒸消毒或紫外线距离 20cm 直射 2h 灭菌后使用。根据检验样品性状及检验目的的不同选择不同的容器，一个容器装量不可过多，尤其液态样品不可超过容量的80%，以防冻结时容器破裂。装入样品后必须加盖，然后用胶布或封箱胶带固封，如是液态样品，在胶布或封箱胶带外还须用熔化的石蜡加封，以防止外泄。如果选用塑料袋，则应用两层袋，分别用线结扎袋口，防止液体漏出或入水污染样品。

每个样品应单独包装，在样品袋或平皿外粘贴标签，标签应注明样品名称、样品编号、采样日期等。装拭子样品的小塑料离心管应放在特定塑料盒内。血清样品装于小瓶时应用铝盒盛放，盒内加填塞物避免小瓶晃动，若装于小塑料离心管中，则应置于塑料盒内。包装袋、塑料盒及铝盒应贴封条，封条上应有采样人签章，并注明贴封日期，标注放置方向。

三、样品的保存

病料正确的保存方法，是病料保持新鲜或接近新鲜状态的根本保证，是保证监测结果准确无误的重要条件。

（一）血清学检验材料的保存

一般情况下，病料采取后应尽快送检，如远距离送检，可在血清中加入青霉素、链霉素防腐。除了做细胞培养和试验用的血清外，其他血清还可加 0.08%叠氮钠、0.5%石炭酸生理盐水等防腐剂。另外，还应避免高温和阳光直晒，同时严防容器破损。

（二）微生物检验材料的保存

1. 液体病料 如黏液、渗出物、胆汁、血液等，最好收集在灭菌的小试管或青霉素瓶中，密封后用纸或棉花包裹，装入较大的容器中，再装瓶（或盒）送检。

用棉拭蘸取的鼻液、脓汁、粪便等病料，应将每支棉拭剪断或烧断，投入灭菌试管内，立即密封管口，包装送检。

2. 实质脏器 在短时间内（夏季不超过 20h，冬季不超过 2d）能送到检验单位的，可将病料的容器放在装有冰块的保温瓶内送检。短时间不能送到的，供细菌检查的，放于灭菌液体石蜡或灭菌的 30%甘油生理盐水中保存；供病毒检查的，放于灭菌的 50%甘油生理盐水中保存。

（三）病理组织检验材料的保存

采取的病料通常使用 10%福尔马林固定保存。冬季为防止冰冻可用 90%酒精，固定液用量要以浸没固定材料为适宜。如用 10%福尔马林溶液固定组织时，经 24h 应重新换液一次。神经系统组织（脑、脊髓）需固定于10%中性福尔马林溶液中，其配制方法是在福尔马林液的总容积中加5%～10%碳酸镁用PBS配制即可。在寒冷季节，为了避免病料冻结，在运送前，可将预先用福尔马林固定过的病料置于含有30%～50%甘油的10%福尔马林溶液中。

（四）毒物中毒检验材料的保存

检样采取后，内脏、肌肉、血液可合装一清洁容器内，胃内容物与呕吐物合装一容器内，粪、尿、水、饲料等应分别装瓶，瓶上要贴有标签，注明病料名称及保存方法等。然后严密包装，在短时间内应尽快送实验室检验或派专人送指定单位检验。

四、样品的运送

所采集的样品以最快最直接的途径送往实验室。如果样品能在采集后24h内送抵实验室，则可放在4℃左右的容器中运送。只有在24h内不能将样品送往实验室并不致影响检验结果的情况下，才可把样品冷冻，并以此状态运送。根据试验需要决定送往实验室的样品是否放在保存液中运送。

要避免样品泄漏。装在试管或广口瓶中的病料密封后装在冰瓶中运送，防止试管和容器倾倒。如需寄送，则用带螺口的瓶子装样品，并用胶带或石蜡封口。将装样品的并有识别标志的瓶子放到更大的具有坚实外壳的容器内，并垫上足够的缓冲材料。空运时，将其放到飞机的加压舱内。

制成的涂片、触片、玻片上注明号码，并另附说明。玻片固定后用硫酸纸隔离包装后用绳固定，再用纸包好，或放在玻片盒内在保证不被压碎的条件下运送。

所有样品都要贴上详细标签。各种样品送实验室后，应按有关规定冷藏或冷冻保存。必须长期保存的样品应置超低温冷冻（－70℃或以下）保存，避免反复冻融。

附录A　待检样品保存液的配制

1. 阿氏液（Alsever's）

葡萄糖	2.05g
柠檬酸钠（$Na_3C_6H_5O_7 \cdot 2H_2O$）	0.80g
柠檬酸	0.055g
氯化钠	0.42g

加蒸馏水至100mL，溶解后调pH7.6后分装，70kPa 15min灭菌，冷却后4℃冰箱中保存备用。

2. 30%甘油盐水缓冲液

甘油	30mL
氯化钠（NaCl）	4.2g
磷酸二氢钾（KH_2PO_4）	1.0g
磷酸氢二钾（K_2HPO_4）	3.1g
0.02%酚红	1.5mL

蒸馏水（或无离子水）加100mL，加热溶化，校正pH7.6，100kPa 15min灭菌，冷却

后4℃冰箱中保存备用。

3. 肉汤

牛肉膏　3.5g

蛋白胨　10g

氯化钠　5g

充分混合后，加热溶解，校正pH为7.2～7.4，用流通蒸汽加热30min，滤纸过滤，分装于试管或烧瓶中，以100kPa 20min灭菌，冷却后4℃冰箱中保存备用。

4. pH7.4的等渗磷酸盐缓冲液（PBS）

氯化钠（NaCl）　8.0g

磷酸二氢钾（KH_2PO_4）　0.2g

磷酸氢二钠（$Na_2HPO_4 \cdot 12H_2O$）　2.9g

氯化钾（KCl）　0.2g

将上列试剂按次序加入定量容器中，加适量蒸馏水溶解后，再定容至1 000mL，调pH至7.4，高压消毒灭菌112kPa 20min，冷却后，保存于4℃冰箱中备用。

5. 棉拭子用抗生素PBS（病毒保存液）

取上述PBS液，按要求加入下列抗生素：喉气管拭子用PBS液中，加入青霉素（2 000IU/mL）、链霉素（2mg/mL）、丁胺卡那霉素（1 000IU/mL）、制霉菌素（1 000IU/mL）。

粪便和泄殖腔拭子所用PBS中抗生素浓度应提高5倍。加入抗生素后应调pH至7.4。采样前分装小塑料离心管，每管中加PBS1.0mL，采粪便时在青霉素瓶中加PBS 0.1～1.5mL，采样前冷冻保存。

表4-3　主要动物疫病诊断监测时采样部位

疫病名称	样品采集部位
禽流感 新城疫	鼻、咽、气管分泌物，肝，脾，肾，脑，肠管及肠内容物，粪便，泄殖腔拭子
家禽支原体病	鼻、咽、气管分泌物，肝，气管黏膜
鸡病毒性关节炎	水肿的腱鞘，胫跗关节，脾，胫股关节的滑液
鸡传染性喉气管炎	鼻、气管分泌物，气管黏膜
鸡传染性支气管炎	肺，气管黏膜
鸡传染性法氏囊病	法氏囊，肾，脾
禽伤寒	全血，粪便，肝，脾，胆囊
禽痘	水疱皮，水疱液
马立克氏病	全血，皮肤，皮屑，羽毛尖，脾
禽白血病	全血，病变组织
鸡白痢	全血，粪便，肝，脾
鸭病毒性肝炎	全血，肝
鸭瘟	全血，鼻、咽分泌物，粪便，病变组织
牛海绵状脑病	脑

（续）

疫病名称	样品采集部位
牛传染性鼻气管炎	全血，眼、鼻、气管分泌物，气管黏膜，肺淋巴结，流产胎儿，胎盘
牛病毒性腹泻-黏膜病	全血，粪便，肠黏膜，淋巴结，耳部皮肤
牛流行热	全血，脾，肝，肺
绵羊痘和山羊痘	全血，新鲜病变组织及水疱液，淋巴结
山羊关节炎/脑炎	关节液，关节软骨，滑膜细胞
犬瘟热	实质器官，分泌物
兔病毒性出血症	全血，肝、肾，肺
猪瘟	急性病例首选项扁桃体，此外还应采集脾脏、肾脏、淋巴结
伪狂犬病	采集病猪或未断奶死亡仔猪的脑组织（大脑、中脑，脑桥或延髓）以及扁桃体；对隐性感染猪主要采集病毒比较富集的三叉神经节
猪繁殖与呼吸综合征	采集病猪或疑似病猪的肺脏、脾脏、淋巴结；对新鲜死胎、弱仔以及哺乳仔猪还应加采血液、扁桃体等
猪圆环病毒病	主要采集病猪尤其是断奶仔猪的肺脏和淋巴结等
猪细小病毒病	采集出产母猪的流产胎儿、死胎、木乃伊胎及弱仔的脑、肾、睾丸、肺、肝等；母猪的胎盘、阴道分泌物等
猪流行性乙型脑炎	子宫内膜，流产胎儿的大脑，发病种猪的睾丸
猪流感	主要采集急性发病猪的鼻拭子、气管或支气管拭子、肝、脾等
猪传染性胸膜肺炎	主要采集病死猪的肺脏，急性死亡猪应该采集心血、胸水以及鼻腔中的血色分泌物等
猪传染性胃肠炎	粪便，小肠及内容物
猪传染性脑脊髓炎	脑，脊髓，唾液，粪便
猪流行性腹泻	粪便，小肠及内容物
猪密螺旋体痢疾	粪便，病变肠段及内容物
细小病毒病	牛：肠黏膜，局部淋巴结；犬：小肠及内容物，粪便
布鲁氏菌病	流产胎儿，胎盘，乳汁，精液
巴氏杆菌病	全血（涂片），肝，肾，脾，肺
副结核病	粪便，直肠黏膜，肠系膜淋巴结
结核病	乳汁，痰液，粪便，尿，病灶分泌物，病变组织
类鼻疽	鼻、咽、气管分泌物，胸腔淋巴结化脓灶，肺，肝，脾
水疱性口炎	全血，水疱皮，水疱液，病变淋巴结
炭疽	全血（涂片），脾，耳部皮肤
狂犬病	唾液，脑
衣原体病	阴道、子宫分泌物，流产胎儿，胎盘，粪，乳汁
其他疫病	尽可能采集病原比较富集的组织脏器，胸水，腹水及分泌物等

第七节　动物采样和运输过程的生物安全

采样中的生物安全关系到兽医工作人员的身体健康、环境的保护和疫病的控制。其主要意义是：一是减少或消除兽医工作人员采样过程中受到感染的可能性。在采样接触的动物或样品有可能带有人畜共患病病原，如牛羊布鲁氏菌、狂犬病病毒等，对工作人员的健康构成威胁。如果没有个人防护知识、必要的防护措施和良好的操作技术规范，很可能造成人员的感染。二是采样过程中的废弃物的无害化处理，对于保护环境安全，防止疫病扩散具有重要意义。

一、采样生物安全隐患与预防措施

在兽医科研和诊断检测工作中，样品采集是不可缺少的一个重要部分。

（一）采样生物安全隐患

1. 活体采样时动物的活动可能造成工作人员伤害，如抓咬伤工作人员。

2. 在采样过程中因操作不当，由使用的器材设备等引起的机械性损伤，如刀片割破、针头刺伤等。

3. 患病动物，特别是隐性感染的动物在采样过程中，工作人员和其他有关人员可能吸入这些动物排出的气溶胶，造成人员感染，同时这些动物在采样过程中排出的病原也可能对环境构成污染。

4. 病死动物所携带病原的复杂性、未知性，解剖采样过程中可能会对工作人员构成威胁，对环境造成污染（污水、血液）。

（二）采样的生物安全措施

为了保护工作人员、协助人员以及周边居民免于受到感染，严谨的操作技术规范是必不可少的。

1. 重大动物疫病在没有获得允许的情况下禁止采样，特别是怀疑炭疽时首先采耳尖血涂片检查，确诊后禁止剖检。

2. 采样人员必须是兽医技术人员。具备动物传染病感染、传播流行与预防的相关知识，熟练掌握各种动物的保定技术和采样技术。

3. 采样协助人员培训　当相关工作人员在与动物接触时，应该学会避免不必要的风险，工作人员应根据其工作地点具有的风险性接受相应的培训，了解采样的动物可能带有的疫病与人畜共患病，以及可能的感染与传播方式。同时，掌握工作过程中出现的异常情况处置措施，以及个人卫生和其他方面的知识。

4. 操作规范　采样生物安全是建立在接受过生物安全培训的技术人员，在认真履行安全准则，规范操作的基础上的。

（1）健康采样时遵守出入养殖场（户）的隔离消毒措施，防止通过采样人员的活动造成疫病传播，由于各养殖场动物的免疫、抵抗力不同，可能在一个场表现为隐性带毒的病原，一旦人为带入另一个养殖场，则可能引起动物感染发病和流行。因此，出入养殖场必须更换隔离服和手套并做好胶靴消毒。如果是发病场更应严格。

(2) 进入养殖场，首先观察动物是否健康，如果动物发生某些疫病，可能产生对人的攻击行为，如狂犬病、疯牛病等，此时应更加注意。

(3) 尽可能使用物理限制设备保定动物，既保证人的安全，也保证样品的质量。

(4) 做好采样器械的消毒，避免样品的交叉污染。

(5) 确保动物的保定，做好人员防护，防止出现针刺伤风险。

(6) 尖锐物品处理，注射用针头、刀片一旦使用完毕，必须立刻投入尖锐物品箱内以待处理。

(7) 病死动物要在隔离区（下铺塑料布）或实验室剖检、采样，采样后的动物尸体、废弃物等进行烧毁或深埋等无害化处理。

(8) 采样结束，采样人员需更衣消毒，对采样的环境进行清洁消毒。

（三）采样过程中的人员防护

采样人员进入现场采样时应穿戴全套的个人防护装备：防护服、防护帽、口罩、乳胶手套、胶靴等。野外采样，准备消毒的采样器械，对动物做好保定，防止动物可能产生对人的攻击行为；病死动物在隔离区（下铺塑料布）剖检。

通过伤口、黏膜、皮肤传染的疾病如炭疽、毒素中毒等，在采样时必须戴面罩和护目镜。通过粪便传播的高度传染的传染病如霍乱、肠伤寒等，采样人员要穿戴防护服和手套，防蝇灭蝇，采样完毕要洗手，严禁在疫区吃、喝、抽烟等行为。

如果怀疑是人畜共患病，最好在生物安全柜内进行，野外则应佩戴面罩和护目镜。工作完毕，脱掉个人防护装备，连同动物尸体、废弃物进行烧毁或深埋等无害化处理。工作人员需更衣消毒。

二、样品保存、运输过程中的生物安全

（一）动物样品的分类

动物样品包括动物分泌物、血液、排泄物、器官组织、渗出液等。农业部第 503 号公告《高致病性动物病原微生物菌（毒）种或者样本运输包装规范》规定要在此类物品包装上贴有相关标志。国际航空运输协会特别指出此类物品不包括感染的活体动物。

列入国际航空运输协会危险品管理条例的诊断样品分类如下：已知含有或有理由怀疑含有风险级别 2、3 或 4 的病原物品和极低可能含有风险级别 4 病原的物品。此类物品在联合国 2814 号条例（感染人的病原）或者联合国 2900 号条例（感染动物的病原）都有详细说明。用于此类病原初步诊断或确诊的样品属于此级别（PI602）。

（二）样品的包装安全

包装要求有三项基本原则：①确保样品的包装容器不被损坏，同时不会渗漏。②即使在容器破碎的情况下，确保样品不会漏出。③贴标签（说明何种物品）。

包装：国际运输航空协会要求感染性物品、诊断材料、生物制品都要按照危险物品管理条例中的特别说明进行包装。包装条例主要有 P1650 和 P1602。其中规定必须三层包装、贴标签和文字说明。

（1）三层包装　三层包装在国际运输航空协会的危险物品管理条例都有说明。物品包装的第一层容器要保证防水、防漏和密封性良好。吸水材料缠绕容器（运送固体类物品除外），以防止容器破碎后液体的扩散。美国邮政管理局规定容器必须留有足够的空间（液体扩散的空间），确保在 55℃时，容器不会被液体装满。

第二层包装应是能将第一层容器装入的坚固、防水和防漏的容器。可能在第二层包装中不止包装一个第一层容器（依据包装量的有关规定）。美国邮政管理局要求在第一层周围放有快速吸水性材料，运输部也要求在每个第一层容器都缠绕吸水性材料。而公共卫生署只要求在包装材料每件容积超过 50mL 时使用吸水材料。

在第二层外面还应有一层包装。最外面的包装要坚固，一般要求使用皱褶的纤维板、木板或者强度与其类似的材料。美国邮政管理局要求最外层包装必须使用纤维板或者运输部规定的材料。此外，还要求对包装做一些测试，比如运输过程中是否会有内容物的外泄和包装所起保护作用的降低。

国际运输航空协会要求外包装坚固，使用纤维板、木板或铁制材料。

（2）基本的防漏包装　此种类型的包装是为了防漏、防震，防止压力的变化和其他在运输中常见的事故，以免对样品产生不利影响。主要遵循的原则就是上述的三层包装原则。

（3）特殊的包装需要

冰：包装时使用冰作冷冻剂，一定要采取防渗漏措施。

干冰：使用干冰作冷冻剂，必须将干冰放入第二层容器内，第二层容器必须用防震材料进行固定，以免干冰挥发后发生松动。美国邮政管理局和运输部要求外包装必须使用透气材料，以便干冰挥发。

液氮：包装必须耐受极低的温度并且有可以运输液氮的文件证明。

具体包装要求可参照农业部第 503 号公告《高致病性动物病原微生物菌（毒）种或者样本运输包装规范》。

（三）运输高致病性动物病原微生物菌（毒）种或样本的安全

1. 运输目的、用途和接受单位符合规定。

2. 运输容器符合规定。

3. 印有生物危险标识、警告用语和提示用语。

4. 原则上通过陆路运输，水路也可；紧急情况下，可以通过民用航空运输。

5. 经过省级以上兽医主管部门批准。省内的由省级批准；跨省或运往国外的，省级初审后，由农业部批准。

6. 应当有不少于 2 人的专人护送，并采取防护措施。

7. 发生被盗、被抢、丢失、泄露的，立即采取控制措施，在 2h 内向有关部门报告。

第五章　实验室检测技术

第一节　病原分离培养与鉴定

一、细菌分离培养与鉴定

（一）分离培养

在细菌学检验中，细菌的分离培养是重要的基本技术之一。从混杂微生物中获得单一菌株纯培养的方法称为分离。

众所周知，自然界的细菌总是以杂居的方式存在，如土壤、水、空气和临床病料等都分布着种类繁多的细菌。我们如何将这些杂居分门别类，单独分析，这就需要将这些带菌的材料中混杂的细菌，经过稀释，使其分散成单个存在的菌体，在固体培养基平板上，长成肉眼可见并具有一定特征的菌落。

这些菌落被分离出来，然后进行纯培养。所谓纯培养即在一个培养物中，所有的细菌都是由一个细菌分裂繁殖而产生的后代。分离培养的目的在于从被检材料中，或者从众多杂菌共存的样本中分离出纯的病原菌。

1. 常用的分离方法　常用的分离方法有稀释法和划线法。

（1）稀释法

①菌悬液的制备：如果用于分离的样品是水样液体则不需此过程，即可直接作为菌悬液。固体样品，则需制备菌悬液。具体做法是：称取样品 1g，放入盛有 99mL 无菌水的三角瓶中，震荡 5min 充分摇均，使细菌分散。这样将样品稀释成为 10^{-2} 菌悬液。

②稀释：按 10 倍系列稀释法把制备好的 10^{-2} 菌悬液稀释到 10^{-8}（液体样品稀释到 10^{-6}）。具体操作如下：

取 6 支装有 9mL 无菌水的试管，从 10^{-3}～10^{-8} 编好号（液体样品从 10^{-1}～10^{-6}）。用无菌移液管从 10^{-2} 菌悬液中吸取 1mL，放入编号 10^{-3} 的试管中（无菌操作），用手轻压移液管上的橡皮头吸吹三次（吸入时一次比一次液面高），目的是将移液管中的菌悬液全部洗下并混匀，制成 10^{-3} 菌液。用同一支移液管吸 1mL 10^{-3} 的菌液，放入编号 10^{-4} 试管中混匀，重复以上操作制成 10^{-4} 菌液。依此类推，直到第六管即编号 10^{-8} 的试管，制成不同稀释度的菌液。

③接种：准备好经灭菌的、温度为 45～50℃ 的牛肉膏蛋白胨培养基适量；经灭菌的培养皿（直径 9cm）9 套，分别标上 10^{-6}，10^{-7}，10^{-8}（每个稀释度 3 套），即做三个重复。

用经灭菌的移液管吸取 1mL 菌液，倒入相应编号的培养皿中，然后倒入培养基 15mL（温度不能太高或太低，太高易把菌烫死，太低则易凝固）。倒入后立即轻轻摇动培养皿，使培养基与菌液充分混匀，水平静置待其冷却，凝固后即制成平板。注意在培养基冷却过程中不能摇动培养皿，否则培养基表面会凹凸不平。上述过程要保证无菌操作。

④培养观察：将制作的平板放入 30～37℃的恒温箱中培养 1～2d。通过培养，可见平板上长出各种形态不同的菌落。选择所需要的单个菌落，接种到斜面培养基上进一步培养后，进行镜检，如无杂菌，即成为纯种；如有杂菌，可再稀释分离，直到纯种。

（2）平板划线法　这是分离纯化菌种最常用的方法。主要依据是，在用接种环连续画线的移动过程中，混杂的细菌将得以分散直至形成单一的细菌，经过培养，每一细菌繁殖形成单个菌落。

制作平板的方法同稀释法，但是必须提前倒好，充分冷却后方可使用；并且表面必须光滑，厚薄均匀；培养基用量要比稀释法厚一些，每皿约 20mL 左右。使用接种环蘸取待分离的混杂菌液（或固体培养基上的菌体少许），然后在平板表面一侧作第一次平行划线（无菌操作），划线占培养皿总面积的 1/3 即可。第一次划线完成后，左手把平板转动 70°角，进行第二次划线。第二次划线是用接种环划过第一次划线部分，即是把第一次划在平板上的菌液作为菌源，划线方法与面积同第一次。然后再转动 70°角，灼烧接种环后做第三次划线。划线时注意不要把培养基划破，最后一次平行划线不要与第一次划线相接，否则达不到分离的目的。

划线完毕后，将平板倒置于恒温箱中培养，待长出菌落后进行观察（注意菌落的形状、大小、颜色、边缘、表面结构、透明度等性状），确定是否获得纯种细菌，方法同稀释法。

2. 需氧性细菌分离培养法

（1）平板划线分离法　划线分离主要有连续划线法（图 5－1）和分区划线法（图 5－2）两种。划线法操作示意见图 5－3。

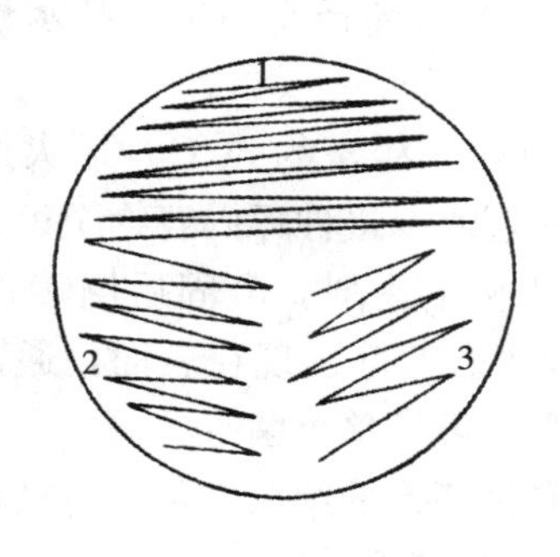

图 5－1　连续划线法

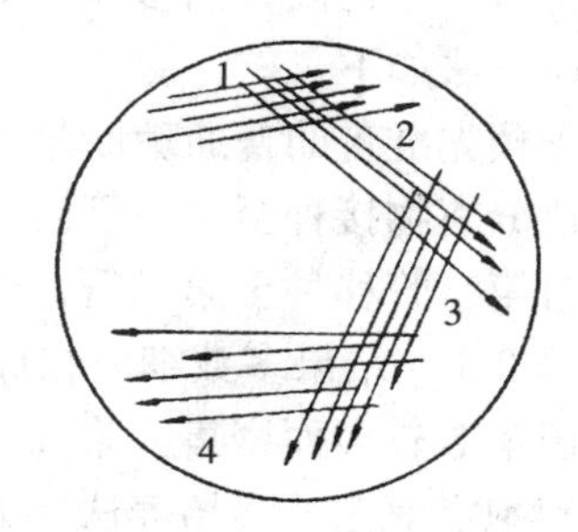

图 5－2　分区划线法

①连续划线法：以无菌操作用接种环直接取平板上待分离纯化的菌落。将菌种点种在平板边缘一处，取出接种环，烧去多余菌体。将接种环再次通过稍打开皿盖的缝隙伸入平板，在平板边缘空白处接触一下使接种环冷却，然后从接种细菌的部位在平板上自左向右轻轻划线，划线时平板面与接种环面成 30°～40°角，以手腕力量在平板表面轻巧滑动划线，接种环不要嵌入培养基内划破培养基，线条要平直密集，充分利用平板表面积，注意勿使前后两条线重叠。划线完毕，关上皿盖。灼烧接种环，待冷却后放置接种架上。培养皿倒置于适宜的恒温箱内培养。培养后在划线平板上观察沿划线处长出的菌落形态，涂片镜检为纯种后再接种斜面。

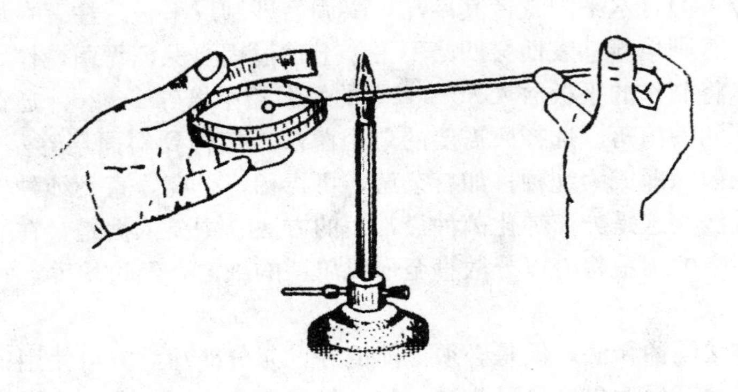

图 5-3　划线分离示意图

②分区划线法（四分区划线法）：取菌、接种、培养方法与“连续划线法”相似。分区划线法划线分离时平板分 4 个区，故又称四分区划线法。其中第 4 区是单菌落的主要分布区，故其划线面积应最大。为防止第 4 区内划线与 1、2、3 区线条相接触，应使 4 区线条与 1 区线条相平行，这样区与区间线条夹角最好保持 120°左右。先将接种环蘸取少量菌在平板上 1 区划 3～5 条平行线，取出接种环，左手关上皿盖，将平板转动 60°～70°。灼烧接种环，待在平板边缘上冷却后，再按以上方法以 1 区划线的菌体为菌源，由 1 区向 2 区作第二次平行划线。第二次划线完毕，同时再把平皿转动约 60°～70°，同样依次在 3、4 区划线。划线完毕，灼烧接种环，关上皿盖，倒置于 37℃恒温箱中培养 24h 后，在划线区观察单菌落。

（2）倾注平皿分离法　被检材料若含有两种或两种以上细菌时，可借助溶化的琼脂将细菌稀释，待琼脂冷凝后，分散的细菌就被固定在原地形成菌落。这样也能达到分得纯种的目的。根据材料中存在菌数的多少，倾注平皿前可将被检材料不稀释或用生理盐水作适当稀释。其具体方法如下：

取 3 支预先准备的普通琼脂培养基试管，水浴加热融化，冷至约 50℃，用火焰灭菌接种环钩取待分离物接种至第一管内，充分摇匀后，自第一管取一接种环内容物至第二管，以同样方法自第二管移种至第三管。然后分别倾注一个已灭菌的平皿，凝固后倒转置于 37℃温箱内培养 24h。结果多数细菌在琼脂内生长成菌落，仅少数菌落出现在表面，通常第一个平板内的菌落数较多而密集，第二、三个平板则逐渐减少，可见单个菌落。

（3）芽孢需氧菌分离培养法　如果被检材料中可疑有带芽孢的细菌，可先将被检材料加少量生理盐水或肉汤，置于 80℃水浴箱中维持 15～20min，或 85℃加热 10min，再进行培养。材料中若有带芽孢的细菌仍可存活而生长繁殖，不耐热的细菌繁殖体则被杀灭。

（4）利用化学药品的分离培养法

① 抑菌作用：有些药品对某些细菌有极强的抑制作用，而对另外一些细菌没有抑制作用，所以可利用这种特性进行细菌的分离，例如通常在培养基中加入结晶紫或青霉素等化学药品来抑制革兰氏阳性菌的生长，以分离得到革兰氏阴性菌。

② 杀菌作用：将病料如结核病料用 15%硫酸溶液处理，其他杂菌均被杀死，而结核杆菌因具有抗酸性而存活。

③ 鉴别作用：利用细菌对某种糖的分解能力，通过培养基中指示剂的变化来鉴别某种细菌。例如，远藤氏培养基可以用来鉴别大肠杆菌与沙门氏菌。

（5）实验动物分离法　被检病料中疑有某种病原菌存在，可将病料以无菌操作取出，放入灭菌乳钵或组织匀浆器内，加3～5倍量无菌生理盐水制成混悬液，吸取一定量混悬液注射（肌内、腹腔、皮下或静脉）入易感实验动物，待实验动物死后，取其脏器，常可分离到纯的病原菌。例如，疑有猪丹毒杆菌存在的病料，可注射于鸽体，鸽死后，再取其脾脏以分离猪丹毒杆菌，可得到纯培养。

（6）琼脂斜面分离法　取琼脂斜面3管，用接种环蘸取欲检病料少许（如为脏器，先将表面烧烙后，用灭菌解剖刀切开，以灭菌接种环由切口插入、转动、钩取组织），混合于第1管的凝集水中，再作斜面划线；然后抽出接种环，不经烧灼，继续在第2管、第3管斜面上作同样划线。划毕，置37℃温箱中培养。经此法分离培养后，第2管的菌落较第1管为少，第3管的菌落更少，如此较易得到单个菌落，达到纯培养之目的。

（7）琼脂平板涂布分离法　被检病料如血液、腹水等，可用灭菌毛细吸管或吸管吸取1～2滴置于平板中央，用灭菌的L形玻棒作均匀涂布。如估计细菌数很多，可直接用火焰灭菌的接种环钩菌，并做分区划线。如为脏器病料，可先作成乳悬液再行涂布；或取其一小块，用镊子夹住，表面烧烙后，用灭菌刀切开，以其切面直接进行涂布，此法适用于含菌量较少的病料的细菌分离。

（8）营养肉汤分离法　当组织病料中含病原菌少，或有抗菌药残留时，用上述琼脂斜面或平板分离法可能无菌落长出，这时可以无菌操作剪取一小块病料直接投入肉汤，经37℃培养，在肉汤中长出细菌后，再用琼脂斜面或琼脂平板分离。

3. 厌氧性细菌分离培养法　细菌接种后，直接放在恒温箱内培养，可以使需氧菌与兼性厌氧菌生长繁殖；但对厌氧菌，则需将培养环境或培养基中的氧气除去，或将氧化型物质还原，降低其氧化还原电势，才能生长繁殖。在有氧的环境下，培养基的氧化还原电势较高，不适于厌氧菌的生长。为使培养基降低电势，降低培养环境的氧分压是十分必要的。现有的厌氧培养法很多，主要有生物学法、化学法和物理学法，可根据各实验室的具体情况而选用。

（1）生物学方法　培养基中含有植物组织（马铃薯、燕麦、发芽谷物等）或动物组织（新鲜动物组织小片，或加热的肌肉、心脑等），因组织的呼吸作用，以及组织中可氧化物质的氧化而消耗氧气（肌肉、脑磷脂中不饱和脂肪酸的氧化，碎肉培养基的应用），造成厌氧环境，利于厌氧性细菌的生长繁殖。同时，组织中所含的还原性化合物（谷胱甘肽）也可使氧化-还原电势下降。

此外，将厌氧菌与需氧菌共同培养在同一环境中，则环境中的氧被需氧菌消耗，造成厌氧环境，也有利于厌氧菌的生长繁殖。

①动物组织及其他物质加入法：在液体培养基内加入肝脏、肾脏等动物脏器，因其中半胱氨酸的- SH基极不稳定，为强还原剂，可以消耗环境中的氧，从而创造厌氧条件，因此可利用此培养基进行厌氧培养，在培养之前将肝片肉汤加热，以驱出空气，冷却，然后接种培养。

②共栖培养法：将厌氧菌与需氧菌共同培养在同一个平皿内，利用需氧菌的生长繁殖将氧气消耗后，造成厌氧环境利于厌氧菌生长。其具体方法是将培养皿的一半接种消耗氧气能力极强的需氧菌如灵杆菌、大肠杆菌、枯草杆菌等。另一半接种厌氧菌，接种后将平皿倒扣在一块玻璃板上，并用石蜡密封，置37℃恒温箱中培养2～3d，即可观察到需氧菌和厌氧菌

的先后生长。

(2) 化学方法 利用还原能力强的化学物质，将环境或培养基内的氧气消耗，或还原氧化型物质，降低氧化-还原电势。

①焦性没食子酸法：焦性没食子酸在碱性溶液内能大量吸收氧而造成厌氧环境，有利于厌氧菌的生长繁殖。通常 $100cm^3$ 空间用焦性没食子酸 1g 及 10%氢氧化钠或氢氧化钾 10mL。具体方法有下列几种：

平板培养法：将厌氧菌划线接种于适宜的琼脂平板，取一小团直径约 2cm 的脱脂棉，置于平皿盖的内面中央，其上滴加 0.5mL 10%氢氧化钠溶液；在靠近脱脂棉的一侧放置 0.5g 焦性没食子酸，暂勿使两者接触。立即将已接种的平板覆盖于平皿盖上，迅速用融化的石蜡密封平皿四周。封毕，轻轻摇动平皿，使被氢氧化钠溶液浸湿的脱脂棉与焦性没食子酸接触，然后置 37℃ 恒温箱中培养 24～48h 后，取出观察。

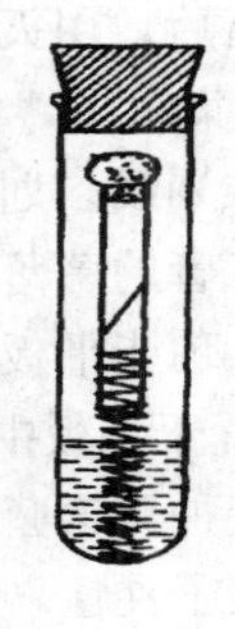

图 5-4 Buchner 氏厌氧培养法

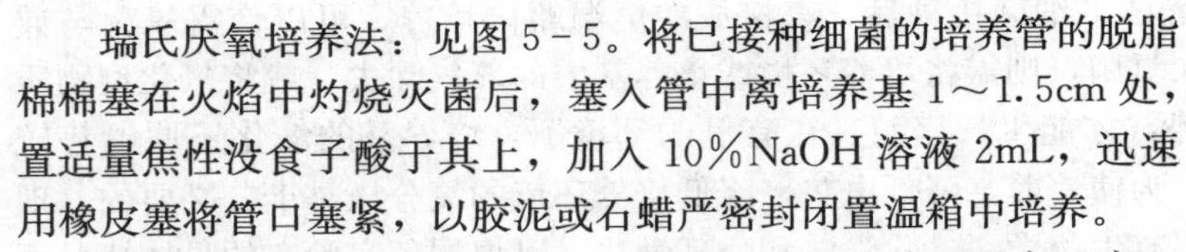

Buchner 氏试管法：见图 5-4。取一大试管，在管底放焦性没食子酸 0.5g 及玻璃珠数个或放一螺旋状铅丝。将已接种的培养管放入大试管中，迅速加入 2%NaOH 溶液 0.5mL，立即将试管口用橡皮塞塞紧，必要时周围用石蜡密封。37℃培养 24～48h 后观察。

瑞氏厌氧培养法：见图 5-5。将已接种细菌的培养管的脱脂棉棉塞在火焰中灼烧灭菌后，塞入管中离培养基 1～1.5cm 处，置适量焦性没食子酸于其上，加入 10%NaOH 溶液 2mL，迅速用橡皮塞将管口塞紧，以胶泥或石蜡严密封闭置温箱中培养。

图 5-5 瑞氏厌氧培养法

史氏厌氧培养法：用图 5-6 所示的厌氧培养皿，在皿底一边置焦性没食子酸，另一边置 NaOH 溶液，将已接种的平皿翻盖于皿上，并将接合处用胶泥或石蜡密封，然后摇动底部，使氢氧化钠与焦性没食子酸混合，置温箱中培养。

平皿厌氧培养法：置一片有小圆孔的金属板于两平皿之间，上面的平皿接种细菌，下面的平皿盛焦性没食子酸及氢氧化钠溶液，用胶泥封闭后置温箱中培养（图 5-7）。

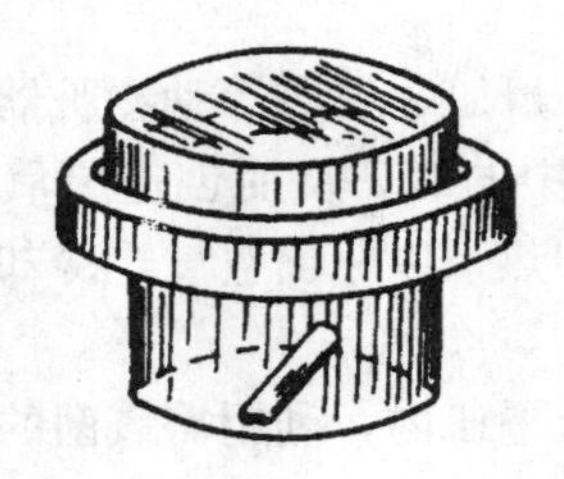

图 5-6 史氏厌氧培养法

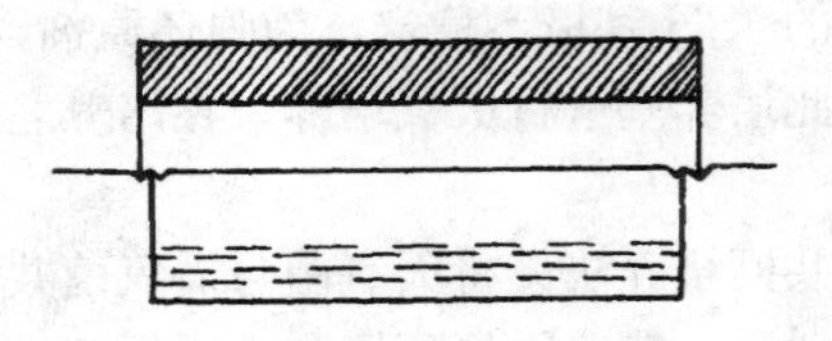

图 5-7 平皿厌氧培养法

玻罐或干燥器法：置适量焦性没食子酸于一干燥器或玻罐的隔板下面，将培养皿或试管置于隔板上，并在玻罐内置美蓝指示剂一管，从罐侧加入氢氧化钠溶液于罐底，将焦性没食子酸用纸或纱布包好，用线系住，暂勿与氢氧化钠接触，等一切准备好后，将线放下，使焦性没食子酸落入氢氧化钠溶液中，立即将盖盖好，密封，置温箱中培养。

② 李伏夫氏厌氧培养法：此法是利用连二亚硫酸钠（Sodium hyerosulphite）和碳酸钠以吸收空气中的氧气，释放二氧化碳造成厌氧环境。其反应式如下：

$$Na_2S_2O_4 + Na_2CO_3 + O_2 \rightarrow Na_2SO_4 + Na_2SO_3 + CO_2$$

取一有盖的玻璃罐，罐底垫一薄层棉花，将接种好的平皿重叠正放于罐内（如是液体培养基，则直立于罐内），最上端保留可容纳1～2个平皿的空间（视玻罐的体积而定），按玻罐的体积每1 000cm³空间用连二亚硫酸钠及碳酸钠各30g，在纸上混匀后，盛于上面的空平皿中，加水少许使混合物潮湿，但不可过湿，以免罐内水分过多。若用无盖玻罐，可将平皿重叠正放在浅底容器上，以无盖玻罐置于皿上，罐口周围用胶泥或水银封闭，如图5－8所示。

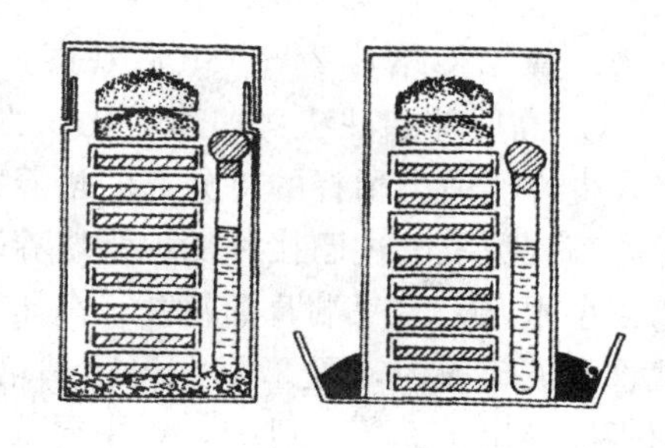

图5－8　李伏夫氏厌氧培养法

③ 硫乙醇酸钠法：硫乙醇酸钠是一种还原剂，加入培养基中，能除去其中的氧或还原氧化型物质，促使厌氧菌生长。其他可用的还原剂包括葡萄糖、维生素C及半胱氨酸等。

液体培养基法：将细菌接入含0.1%的硫乙醇酸钠液体培养基中，并加入美蓝溶液作为氧化还原的指示剂，37℃培养24～48h后观察，在无氧条件下，美蓝被还原成无色。

固体培养基法：利用特殊构造的Brewer氏培养皿，可使厌氧菌在培养基表面生长而形成孤立的菌落。具体方法如下：先将Brewer氏培养皿干热灭菌，将溶化冷却至50℃左右的硫乙醇酸钠固体培养基倾入皿内。待琼脂冷凝后，将厌氧菌接种于培养基的中央部分。盖上皿盖，使皿盖内缘与培养基外围部分相互紧密接触（图5－9）。此时皿盖与培养基中央部分空隙间的氧气被硫乙醇酸钠还原，美蓝指示剂逐渐褪色，而外缘部分，因与大气相通，仍呈蓝色。将Brewer氏培养皿于37℃恒温箱内24～48h后观察。

（3）物理学方法　利用加热、密封、抽气等物理方法，以驱除或隔绝环境及培养基中的氧气，造成厌氧环境，有利于厌氧菌的生长繁殖。

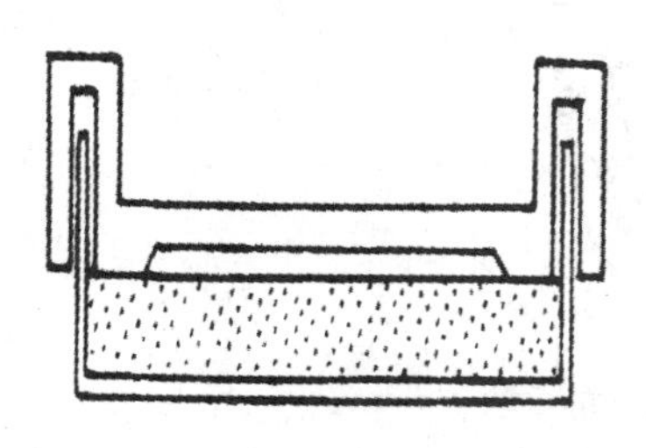

图5－9　Brewer氏培养皿

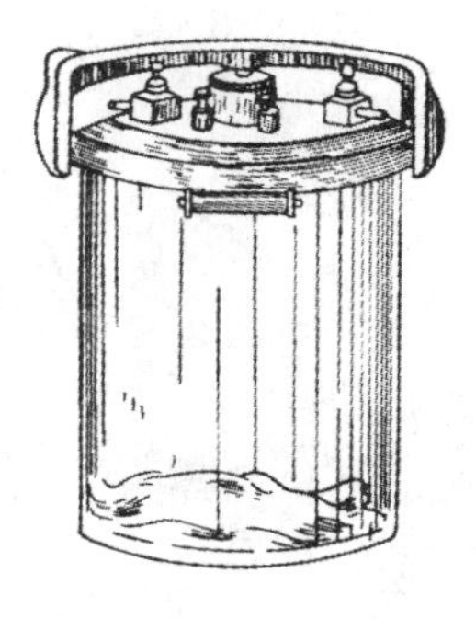

图5－10　Mclgtosh－Fildes二氏厌氧罐

①厌氧罐法：常用的厌氧罐有 Brewer 氏罐、Brown 氏罐和 Mclgtosh - Fildes 二氏罐（图 5 - 10）。将接种好的厌氧菌培养皿依次放于厌氧罐中，先抽去部分空气，代以氢气至大气压。通电，使罐中残存的氧与氢经受铂或钯的催化而化合成水，使罐内氧气全部消失。将整个厌氧罐放入温箱培养。

②真空干燥器法：将接种好的平皿或试管放入真空干燥器中，开动抽气机，抽至高度真空后，替代以氢、氮或二氧化碳气体。将整个干燥器放进孵育箱中培养。

③ 加热密封法：将液体培养基放在阿诺氏锅内加热 10min，驱除溶解液体中的空气，取出，迅速置于冷水中冷却。接种厌氧菌后，在培养基液面覆盖一层 0.5cm 的无菌凡士林石蜡。置 37℃培养 24～48h 后观察。

④ 高层琼脂柱法：加热融化一管适合分离厌氧菌用的琼脂培养基，待冷至 50℃左右，接入少许经适当稀释的待分离的培养物或含菌材料，充分摇振均匀。在琼脂凝固前，迅速以无菌滴管吸取上述已接种的琼脂培养基，注入准备好的玻璃管内（长约 15 cm，一端塞小胶塞或小木塞，另一端塞棉花塞，高压灭菌备用），装至 4/5 左右之处，塞好棉花塞，放在大试管或玻璃筒内，置 37℃恒温箱中培养。长出菌落后，拔去胶塞和棉花塞，以无菌玻棒将琼脂柱推出于无菌平皿中，再用灭菌接种环钩取独立菌落作厌氧纯培养。

4. 兼性厌氧菌的分离培养方法（二氧化碳培养法） 在细菌培养中，有少数细菌（如牛型布鲁氏菌）在含有 5%～10%二氧化碳的环境下才能生长。最简单的二氧化碳培养法是烛缸法：将接种细菌的培养基置玻璃干燥器或其他可以密闭的玻璃缸内，在其内点燃一小段蜡烛，加上盖（盖边涂上凡士林以防漏气），约 1min 左右蜡烛自然熄灭，此时缸内氧气已被消耗，缸内所含二氧化碳约 5%～10%。注意蜡烛勿太长，而且不宜靠近缸壁，以免因局部玻璃过热而破裂。也可用化学物质作用生成二氧化碳气体如碳酸氢钠与硫酸钠或碳酸氢钠与硫酸。

（二）细菌的钩菌、移植和纯培养

将划线分离培养 37℃24h 的平板从温箱中取出，挑取单个菌落，经涂片、染色镜检，证明不含杂菌，此时用接种环挑取单个菌落，移植于琼脂斜面培养，所得培养物即为纯培养物，再作其他各项试验检查和致病性试验等。具体操作方法如下：

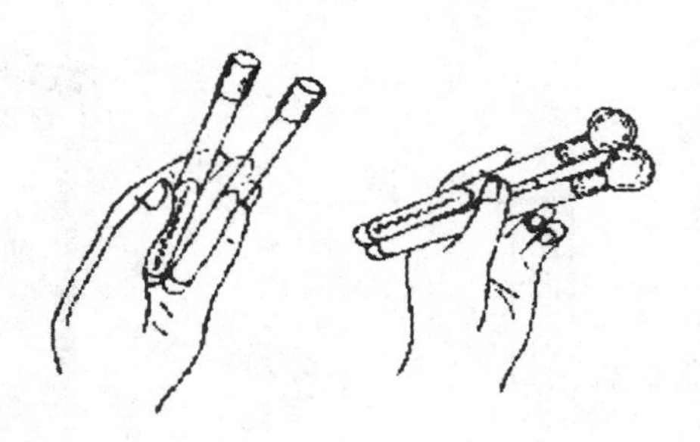

图 5 - 11　斜面接种时试管的拿法

1. 细菌的钓菌和移植

（1）接种环移植法　两试管斜面移植时，左手斜持菌种管和新鲜空白琼脂斜面各一管，使管口互相并齐，稍上斜，管底握于手中，松动两管棉塞，以便接种时容易拔出（图 5-11)。右手食指和拇指执接种环，烧灼接种环，以右手小指扭开一管的棉塞，无名指扭开第二管的棉塞。棉塞头向掌心内，将试管口通过酒精灯火焰灭菌，待冷却后将接种环插入菌种管中，钩取细菌少许，取出接种环立即接种在新鲜空白琼脂斜面上，不要碰及管壁，直达斜面底部。从斜面底部开始划曲线或直线，向上至斜面顶端为止，管口通过火焰灭菌后，塞好棉塞。接种完毕，将接种环烧灼灭菌后放下接种环。用蜡笔在试管上标明细菌名称和接种日期，置 37℃温箱中培养。斜面接种无菌操作过程如图 5-12 所示。

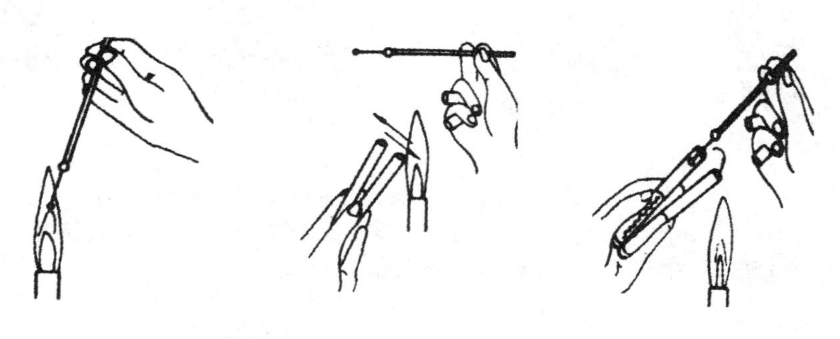

图 5-12　斜面接种无菌操作程序

(2) 吸管或注射器移植法　欲移植定量的液体培养物或表面有液体石蜡的厌氧菌培养物，可以利用吸管或注射器移植，其操作方法是以无菌吸管或无菌注射器吸取培养物，代替接种环进行移植。

(3) 接种针穿刺培养　明胶穿刺和琼脂柱穿刺方法基本上与纯培养接种相同，不同的是用接种针挑取菌落，垂直刺入培养基中。要从培养基表面的中部一直刺入管底，然后按原方向退出即可。

2. 纯培养

斜面接种：将分离到的单个菌落，挑取，接种于斜面培养基上。

液体接种：将分离到的单个菌落，挑取，接种于液体培养基上。

平板接种：将分离到的单个菌落划线、涂布于平板培养基上。

穿刺接种：分离到的单个菌落穿刺于半固体培养基内（用于厌氧性细菌接种或为鉴定细菌时观察生理性能用）。

（三）细菌培养性状的检查

1. 细菌在固体培养基上的生长表现

(1) 琼脂平皿上的生长表现　细菌于固体培养基表面生长繁殖，形成单个肉眼可见的细菌集落群体，称为菌落。各种细菌的菌落，按其特征的不同，可以在一定程度上鉴别某种细菌。如葡萄球菌在琼脂平皿上，由于产生色素的不同，形成各种颜色的圆形而突起的菌落；炭疽杆菌形成扁平干燥、边缘不整齐的火焰状菌落，用放大镜观察时，呈卷发样构造；肠道杆菌属的细菌，形成圆形、湿润、黏稠、扁平、大小不等的菌落；巴氏杆菌和猪丹毒杆菌，形成细小露珠状菌落。观察菌落的方法除肉眼外，还可用放大镜，必要时也可用低倍显微镜进行检查（图 5-13，图 5-14)。观察的主要内容有以下几个方面：

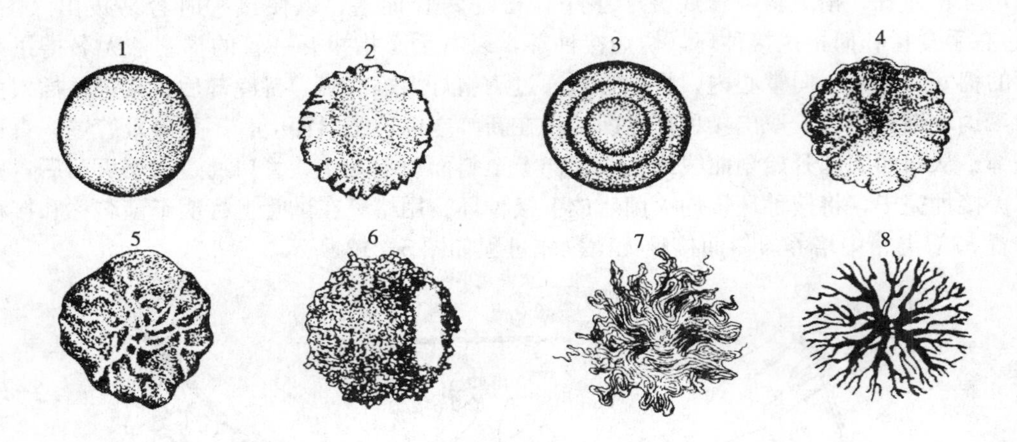

图 5-13 菌落的形状、边缘和表面构造

1. 圆形、边缘整齐、表面光滑 2. 圆形、锯齿状边缘、表面较不光滑 3. 圆形、边缘整齐、表面有同心圆 4. 圆形、叶状边缘、表面有放射状皱褶 5. 不规则形、波浪状边缘、表面有不规则皱纹 6. 圆形、边缘残缺不全、表面呈颗粒状 7. 毛状 8. 根状

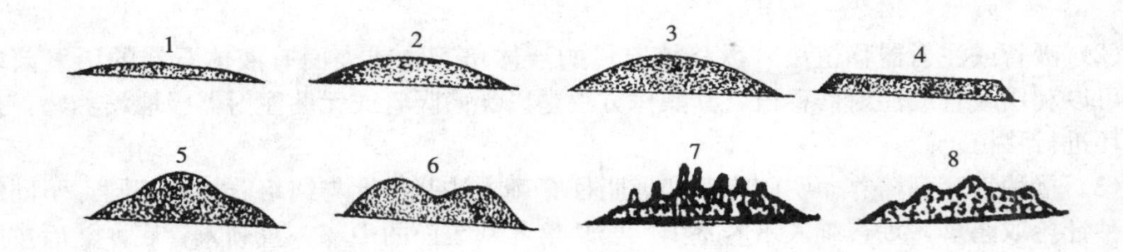

图 5-14 菌落的隆起度

1. 扁平状 2. 低隆起 3. 隆起 4. 台状 5. 纽扣状 6. 脐状 7. 乳头状 8. 褶皱凸面

大小：菌落的大小，规定用毫米（mm）表示，一般不足 1mm 者为露滴状菌落；1～2mm 者为小菌落；2～4mm 者为中等大菌落；4～6mm 或更大者称为大菌落或巨大菌落。

形状：菌落的外形有圆形、不规则形、根足形、葡萄叶形。

边缘：菌落边缘有整齐、锯齿状、网状、树叶状、虫蚀状、放射状等。

表面性状：观察其是否平滑、粗糙、皱襞状、旋涡状、荷包蛋状，甚至有子菌落等。

隆起度：表面有隆起、轻度隆起、中央隆起，也有陷凹或堤状者。

颜色及透明度：菌落有无色、灰白色，有的能产生各种色素；菌落是否有光泽，其透明度可分为透明、半透明及不透明。

硬度：黏液状、膜状、干燥或湿润等。

溶血情况：若是鲜血琼脂平皿，应看其是否溶血、溶血情况怎样。

（2）琼脂斜面上的生长表现（图 5-15） 将各种细菌分别以接种针直线接种于琼脂斜面上（自底部向上划一直线），培养后观察其生长表现。

（3）琼脂柱穿刺培养的生长表现 将各种细菌分别以接种针穿刺接种于琼脂柱中，培养后观察其生长表现，如图 5-16 所示。

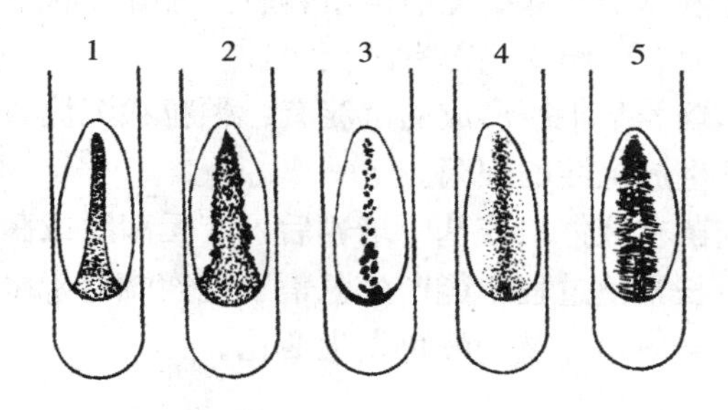

图 5-15　琼脂斜面直线接种培养的菌落表现

1. 线状　2. 棘状　3. 珠状　4. 扩散状　5. 根状

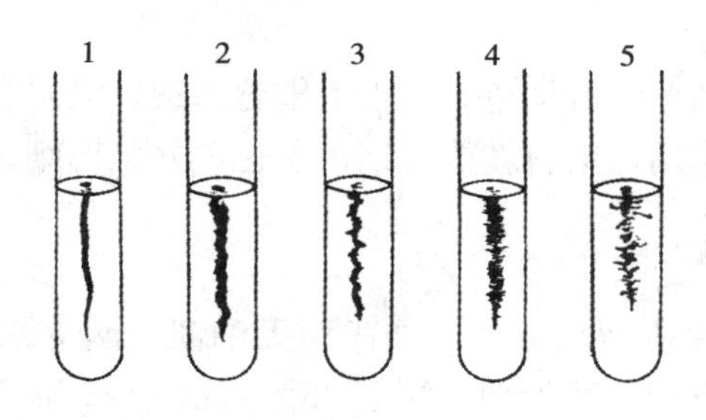

图 5-16　琼脂柱穿刺培养的菌落表现

1. 线状　2. 棘状　3. 珠状　4. 绒毛状　5. 根状

2. 细菌在明胶柱穿刺培养中的生长表现　取大肠杆菌、枯草杆菌和其他细菌分别以接种针穿刺接种于明胶柱，置22℃温箱中培养后观察其液化与否和液化的情况，不同细菌对明胶柱的液化作用各不相同，其形式如图 5-17 所示。

3. 细菌在液体培养基中的生长表现　将马腺疫链球菌、绿脓杆菌、葡萄球菌、大肠杆菌、炭疽杆菌等分别接种于肉汤中，培养后观察其生长情况，主要观察其混浊度、沉淀物、菌膜、菌环和颜色等（如图 5-18 所示）。

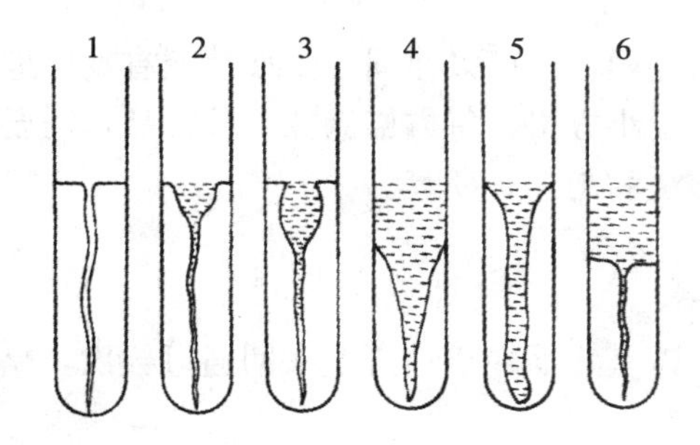

图 5-17　细菌明胶柱穿刺培养生长表现

1. 不液化　2. 火山口状　3. 芜菁状　4. 漏斗状　5. 囊状　6. 层状

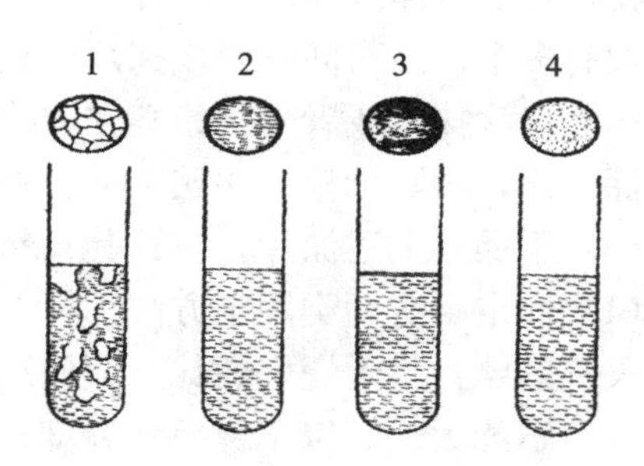

图 5-18　细菌在肉汤中生长表现

1. 絮状　2. 环状　3. 厚膜状　4. 均匀状

混浊度：细菌接种在液体培养基中经适当培养后其表现性状不同，有均匀混浊，轻度混浊或培养基保持透明（表面有菌膜或底部有沉淀物）。

沉淀物：细菌在液体培养基中所形成的沉淀有：颗粒状沉淀、黏稠沉淀、絮状沉淀、小块状沉淀。另外，还有不生成沉淀的细菌。

表面性状：主要是细菌在液体培养基中培养后，有无菌膜或菌环形成等。

颜色：有的细菌在生长繁殖过程中能产生色素，色素能溶于水，所以细菌在液体培养基中培养后，所产生的色素会使培养基的颜色发生变化。

（四）细菌抹片的制备及染色

细菌细胞微小，无色而半透明，原样直接在普通光学显微镜下观察，只能大致见到其外貌；制成抹片和染色后，则能较清楚地显示其形态和构造，也可以根据不同的染色反应，作为鉴别细菌的一种依据。

常应用各种染料来对细菌进行染色。由于毛细管渗透、吸附和吸收等物理作用，以及离子交换，酸碱亲和等化学作用，染料就能使细菌着色，并且因细菌细胞的结构和化学成分不同，表现出不同的染色反应。

1. 细菌抹片的制备

（1）玻片准备　载玻片应清晰透明，洁净而无油渍，滴上水后，能均匀展开，附着性好。如有残余油迹，可按下列方法处理：滴上95%酒精2～3滴，用洁净纱布揩擦，然后在酒精灯上轻轻拖过几次；若仍未能去除油渍，可再滴1～2滴冰醋酸，用纱布擦净，再在酒精灯上轻轻通过。

（2）抹片　所用材料情况不同，抹片方法亦有差异。

液体材料：液体材料如液体培养物、血液、渗出液、乳汁等，可直接用灭菌接种环取一环材料于玻片的中央均匀地涂成适当大小的薄层。

非液体材料：如为菌落、脓、粪便等，则应先用灭菌接种环取少量生理盐水或蒸馏水，置于玻片中央，然后再用灭菌接种环取少量材料，在液滴中混合，均匀涂布成适当大小的薄层。

组织脏器材料：先用镊子夹持局部。然后以灭菌或洁净剪刀取一小块，夹出后将其新鲜切面在玻片上压印或涂成一薄片。

如有多个样品需同时制成抹片，只要染色方法相同，亦可以在同一张玻片上有秩序地排好，作多点涂抹，或者先用蜡笔在玻片上划分成若干小方格，每方格涂抹一种样品，需要保留的标本片，应贴标签，注明菌名、材料、染色方法和制片日期等。

（3）干燥　上述涂片，应让其自然干燥。

（4）固定　有两类固定方法。

火焰固定：将干燥好的抹片，使涂抹面向上，以其背面在酒精灯上来回通过数次，略作加热（但不能太热，以不烫手背为度）进行固定。

化学固定：血液、组织、脏器等抹片要作姬姆萨染色，不用火焰固定，而应用甲醇固定，可将已干燥的抹片浸入甲醇中2～3min，取出晾干；或者在抹片上滴加数滴甲醇使其作用2～3min后，自然挥发干燥。抹片如进行瑞氏染色，则不必先作固定。染料中含有甲醇，可以达到固定的目的。抹片固定的目的有如下几点：

a. 除去抹片的水分，涂抹材料能很好地黏附在玻片上，以免水洗时易被冲掉。

b. 使抹片易于着色或更好着色，因为死的蛋白质比活的蛋白质着色力较强。

c. 可能杀死抹片中的微生物。必须注意，在抹片固定过程中，实际上并不能保证杀死全部细菌，也不能完全避免在染色水洗时不将部分抹片冲脱。因此，在制备烈性病原菌，特别是带芽孢的病原菌染色抹片时，应严格慎重处理染色用过的残液和抹片，以免引起病原的散播。

固定好的抹片，即可进行各种方法的染色。

2. 染色方法　常用的细菌染色方法主要有两种：

（1）简单染色法　只应用一种染料进行染色的方法，如美蓝染色法。

（2）复染色法　应用两种或两种以上的染料或再加媒染料进行染色的方法。染色时，有些是将染料分别先后使用，有些则同时混合使用，染色后不同的细菌和物体，或者细菌构造的不同部分可以呈现不同颜色，有鉴别细菌的作用。又可称为鉴别染色，如革兰氏染色法、抗酸性染色法、瑞特氏染色法和姬姆萨染色法等。

①美蓝染色法

A. 染液配制：美蓝0.3g、95%乙醇30mL、0.01%氢氧化钾溶液100mL。将美蓝溶解于乙醇中，然后与氢氧化钾溶液混合。

B. 染色法：抹片在火焰上固定后，加染液于玻片上，染色3～5min。水洗、吸干、镜检。

C. 用途：一是用以检查细菌形态的特征。如组织抹片中棒状杆菌的着色情况和组织染色片中巴氏杆菌的两极性。二是将配好的吕氏美蓝染色液倾入大瓶中，松松加以棉塞，每日振荡数分钟，时常以蒸馏水补足失去的水分，经过长时间的保存即可获得多色性美蓝液。该染色液可染出细菌的荚膜，染色后荚膜呈红色，菌体呈蓝色，不过染色的时间稍长，约需3～5min（或更长）。

②瑞氏染色法

A. 染液配制：瑞氏染色剂粉0.1g、白甘油1.0mL、中性甲醇60.0mL。置染料于一个干净的乳钵中，加甘油研磨至完全细末，再加入甲醇使其溶解，溶解后盛于棕色瓶中1周，过滤于中性的棕色瓶中，保存于暗处，该染色剂保存时间愈久，染色的色泽愈鲜艳。

B. 染色法：涂片任其自然干燥；加染色液约1mL于涂片上，染色1min，使标本被染液中甲醇所固定；再加上与染色液等量的磷酸盐缓冲液或蒸馏水（或自来水）用口吹气，使染色液与蒸馏水充分混合，并防止染料的沉淀，经5min左右，使表面显金属的闪光；冲洗、吸干、镜检。

C. 用途：可作为血液涂片的良好染色剂；染组织涂片，用于观察巴氏杆菌的两极着色性。

注：磷酸二氢钾缓冲液：磷酸二氢钾6.63g、无水磷酸纳2.56g、蒸馏水100mL。

③姬姆萨氏染色法

A. 染液配制：取姬姆萨氏染色剂粉末0.6g，加入甘油50mL，置于55～60℃温度中1.5～2h后，加入甲醇50mL，静置一日以上，过滤后即可应用。

B. 染色法：加姬姆萨氏染色液10滴于10mL蒸馏水中，配成稀释的溶液，所用蒸馏水必须为中性或微碱性（必要时可加1%碳酸钠液一滴于水中，使其变为微碱性）。抹片任其自然干燥，浸于盛有甲醇的玻缸中或滴加甲醇数滴于玻片上固定3～5min；而后将玻片浸入盛有染色液的染色缸中，染色30min或者染色数小时至24h，过夜亦可；水洗、吸干、镜检。

C. 用途：是血液涂片的良好染色法，对血液内寄生虫的检验以及血细胞分类检验的结果均佳。对检查细菌形态特征效果很好。

④革兰氏染色法

A. 革兰氏液的配制

a. 龙胆紫原液：龙胆紫粉末5g，加95%酒精100mL。

b. 石炭酸龙胆紫液：龙胆紫原液10mL、5%石炭酸液90mL，混合，滤过后备用。

c. 碘溶液（鲁格氏液）：碘片1g、碘化钾2g、蒸馏水300mL。先将碘化钾2g加水30mL使其溶解，再将研碎的碘片1g加入，完全溶解后再加足量的蒸馏水，使全量为300mL。

d. 脱色液：95%酒精。

e. 稀释复红：其配置步骤如下：第一步为碱性复红原液：碱性复红粉末10g，加95%酒精100mL。第二步为石炭酸复红液：碱性复红原液10mL，与5%石炭酸液90mL，混合，放置过夜后滤过，贮褐色瓶中备用。第三步为稀释石炭酸复红液：石炭酸复红液10mL、蒸馏水90mL，混合后，即为稀释复红。

B. 染色方法：在已干燥、固定好的抹片上，滴加龙胆紫染色液，经1～2min，水洗。

加革兰氏碘溶液于抹片上媒染，作用1～3min，水洗。

加95%酒精于抹片上脱色，约30s至1min，水洗。

加稀释复红10～30s钟，水洗。

吸干、镜检。革兰氏阳性菌呈蓝紫色，革兰氏阴性菌呈红色。

在进行各种染色时都应注意，当抹片滴上染色液后，不可直接将剩余染液倾去，应采用滴加水的方法将染液洗去，然后进行下一步骤，以免发生沉渣黏附，影响染色效果。

（五）生化特性试验

细菌和其他生物的代谢过程基本相似，都有分解代谢和合成代谢，而这些代谢过程也都是在菌体内的酶系统的催化下完成的，细菌在生命活动过程中，产生各种不同的分解和合成产物，因此，可借检查细菌在生命活动过程中所产生的特征性物质及变化来鉴别细菌。进行生化性状检查，必须用纯培养菌进行，不然容易出现错误的结果。生化性状检查的项目很多，应当根据诊断的需要适当选择。现将较常用的生化性状检查法分述如下。

1. 尿素酶（Urease）**试验** 有些细菌能产生尿素酶，将尿素分解、产生2个分子的氨，使培养基变为碱性，加入酚红呈粉红色。尿素酶不是诱导酶，因为不论底物尿素是否存在，细菌均能合成此酶。其活性最适pH为7.0。

试验方法：挑取18～24h待试菌培养物大量接种于液体培养基管中，摇匀，于36±1℃培养10、60和120min，分别观察结果。或涂布并穿刺接种于琼脂斜面，不要到达底部，留底部作变色对照。培养2、4和24h分别观察结果，如阴性应继续培养至4d，作最终判定，变为粉红色为阳性。

2. 氧化酶（Oxidase）**试验** 氧化酶亦即细胞色素氧化酶，为细胞色素呼吸酶系统的终末呼吸酶。氧化酶先使细胞色素C氧化，然后此氧化型细胞色素C再对苯二胺氧化，产生颜色反应。

试验方法：在琼脂斜面培养物上或血琼脂平板菌落上滴加试剂1～2滴，阳性者Kovacs氏试剂呈粉红色—深紫色，Ewing氏改进试剂呈蓝色。阴性者无颜色改变。应在数分钟内判定试验结果。

注意事项：盐酸二甲基对苯二胺溶液容易氧化，溶液应装在棕色瓶中，并在冰箱内保存，如溶液变为红褐色，即不宜使用。铁、镍铬丝等金属可催化二甲基对苯二胺呈红色反应，若用它来挑取菌苔，会出现假阳性，故必须用白金丝或玻璃棒（或牙签）来挑取菌苔。在滤纸上滴加试剂，以刚刚打湿滤纸为宜，如滤纸过湿，会妨碍空气与菌苔接触，从而延长了反应时间，造成假阴性。

3. 过氧化氢酶测定 过氧化氢酶又称接触酶，能催化过氧化氢分解水和氧。

试剂：3%～10%过氧化氢（H_2O_2）。

菌种培养：将测试菌种接种于合适的培养基斜面上，适温培养18～24h。

试验方法：取一干净的载玻片，在上面滴1滴3%～10%的H_2O_2，挑取1环培养18～24h的菌苔，在H_2O_2溶液中涂抹，若有气泡（氧气）出现，则为过氧化氢酶阳性，无气泡者为阴性。也可将过氧化氢溶液直接加入斜面上，观察气泡的产生。

注意事项：过氧化氢酶是一种以正铁血红素作为辅基的酶，所以测试菌所生长的培养基不可含有血红素或红细胞。

4. 甲基红（Methyl Red）**试验** 肠杆菌科各菌属都能发酵葡萄糖，在分解葡萄糖过程中产生丙酮酸。在进一步的分解中，由于糖代谢的途径不同，可产生乳酸、琥珀酸、醋酸和甲酸等大量酸性产物，可使培养基pH下降至4.5以下，使甲基红指示剂变红。

试验方法：挑取新的待试纯培养物少许，接种于通用培养基，培养于36±1℃或30℃（以30℃较好）3～5d，从第2天起，每日取培养液1mL，加甲基红指示剂1～2滴，阳性呈鲜红色，弱阳性呈淡红色，阴性为黄色。迄至发现阳性或至第5d仍为阴性，即可判定结果。

甲基红为酸性指示剂，pH范围为4.4～6.0，pK为5.0。故在pH5.0以下，随酸度而增强黄色，在pH5.0以上，则随碱度而增强黄色，在pH5.0或上下接近时，可能变色不够明显，此时应延长培养时间，重复试验。

5. V-P试验 某些细菌在葡萄糖蛋白胨水培养基中能分解葡萄糖产生丙酮酸，丙酮酸缩合，脱羧成乙酰甲基甲醇，后者在强碱环境下，被空气中的氧氧化为二乙酰，二乙酰与蛋白胨中的胍基生成红色化合物，称V-P（+）反应。

试验方法：主要有3种。

一是O'Meara氏法：将试验菌接种于通用培养基，于36±1℃培养48h，培养液1mL加O'Meara试剂（加有0.3%肌酸Creatine或肌酸酐Creatinine的40%氢氧化钠水溶液）1mL，摇动试管1～2min，静置于室温或36±1℃恒温箱，若4h内不呈现伊红，即判定为阴性。亦有主张在48～50℃水浴放置2h后判定结果者。

二是Barritt氏法：将试验菌接种于通用培养基，于36±1℃培养4d，培养液2.5mL先加入5% α-萘酚（α-na-phthol）纯酒精溶液0.6mL，再加40%氢氧化钾水溶液0.2mL，摇动2～5min，阳性菌常立即呈现红色，若无红色出现，静置于室温或36±1℃恒温箱，如2h内仍不显现红色，可判定为阴性。

三是快速法：将0.5%肌酸溶液2滴放于小试管中、挑取产酸反应的三糖铁琼脂斜面培养物一接种环，乳化接种于其中，加入5% α-萘酚3滴，40%氢氧化钠水溶液2滴，振动后放置5min，判定结果。不产酸的培养物不能使用。

本试验一般用于肠杆菌科各菌属的鉴别。在用于芽胞杆菌和葡萄球菌等其他细菌时，通用培养基中的磷酸盐可阻碍乙酰甲基醇的产生，故应省去或以氯化钠代替。

6. 含碳化合物的利用 细菌能否利用某些含碳化合物作为碳源，反映该菌是否具有代谢这种化合物的有关酶系，因而可作为鉴定的一项依据。测定的基础培养基配方有很多，因种而异。现介绍一种合成的基础培养基，有些细菌还可适当补加各种维生素。培养基可制成液体，分装试管，也可制成固体平板。可用于测定的底物种类很多，有单糖、双糖、糖醇、脂肪酸、羟基酸及其他有机酸、醇、各种氨基酸类胺类以及碳氢化合物等。糖的含量一般为1%，醇类酚类等的含量一般为0.1%～0.2%，氨基酸的含量一般为0.5%。因碳氢化合物不溶于水，可在液体培养基中振荡培养，或加入到45℃的固体培养基中，振荡后立即倒成平板。有些底物不宜用高压灭菌，可用过滤法灭菌后加入已灭菌的基础培养基中，某些醇类和酚类不必灭菌。

接种和观察结果：菌种最好做成悬液，避免带入少量碳源干扰试验结果。平板培养用接种环点种，液体培养则用直针接种。每一测定菌必须接种未加碳水化合物的空白基础培养基作对照。

适温培养2、5、7d后观察，凡测定菌在有碳水化合物的培养基中的生长量，明显超过空白培养基者为阳性，否则为阴性。假若两种培养基上生长情况差别不明显，可在同一培养基上连续移种3次，如差别仍不明显则以阴性论。

7. 葡萄糖的氧化发酵试验 在细菌鉴定中，糖类发酵产酸是一项重要依据。细菌对糖类的利用有两种类型：一种是从糖类发酵产酸，不需要以分子氧作为最终受氢体，称发酵型产酸；另一种则以分子氧作为最终受氢体，称氧化型产酸。前者包括的菌种类型为多数。氧化型产酸量较少，所产生的酸常常被培养基中的蛋白胨分解时所产生的胺所中和，而不表现产酸。为此，Hugh和Leifson提出一种含有低有机氮的培养基，用以鉴定细菌从糖类产酸是属氧化型产酸还是发酵型产酸。这一试验广泛用于细菌鉴定。一般用葡萄糖作为糖类代表。也可利用这一基础培养基来测定细菌从其他糖类或醇类产酸的能力。

（1）接种　以18～24h的幼龄菌种，穿刺接种在上述培养基中，每株菌接4管，其中2管用油封盖（凡士林：液体石蜡为1∶1，混合后灭菌，0.5～1cm厚），以隔绝空气为闭管。另2管不封油，为开管，同时还要有不接种的闭管作对照。适温培养1、2、4、7d观察结果。

（2）结果观察　氧化型产酸——仅开管产酸，氧化作用弱的菌株往往先在上部产碱(1～2d)，后来才稍变酸。发酵型产酸则开管及闭管均产酸，如产气，则在琼脂柱内产生气泡。

8. 糖或醇类发酵试验 不同微生物分解利用糖类的能力有很大差异，或能利用或不能利用，能利用者，或产气或不产气。这些均可用指示剂及发酵管检验。

试验方法：以无菌操作，用接种针或环移取纯培养物少许，接种于发酵液体培养基管，若为半固体培养基，则用接种针作穿刺接种。接种后，置36±1.0℃培养，每天观察结果，检视培养基颜色有无改变（产酸），小管中有无气泡，微小气泡亦为产气阳性，若为半固体培养基，则检视沿穿刺线和管壁及管底有无微小气泡，有时还可看出接种菌有无动力，若有动力，培养物可呈弥散生长。

本试验主要是检查细菌对各种糖、醇和糖苷等的发酵能力，从而进行各种细菌的鉴别，因而每次试验，常需同时接种多管。一般常用的指示剂为酚红、溴甲酚紫，溴百里蓝和An-drade指示剂。

注：对于糖醇类发酵现在一般用糖、醇类细菌微量生化鉴定管测定，在36℃ 18～24h即可出结果。

9. 硝酸盐（Nitrate）**还原试验**　有些细菌具有还原硝酸盐的能力，可将硝酸盐还原为亚硝酸盐、氨或氮气等。亚硝酸盐的存在可用硝酸试剂检验。

试验方法：临试前将试剂的A（磺胺酸冰醋酸溶液）和B（α-萘胺乙醇溶液）试液各0.2mL等量混合、取混合试剂约0.1mL，加入液体培养物或琼脂斜面培养物表面，立即或于10min内呈现红色即为试验阳性，若无红色出现则为阴性。

用α-萘胺进行试验时，阳性红色消退很快，故加入后应立即判定结果。进行试验时必须有未接种的培养基管作为阴性对照。α-萘胺具有致癌性，故使用时应加注意。

10. 靛基质（Imdole）**试验**　某些细菌能分解蛋白胨中的色氨酸，生成吲哚。吲哚的存在可用显色反应表现出来。吲哚与对二甲基氨基苯醛结合，形成玫瑰吲哚，为红色化合物。

试验方法：将待试纯培养物小量接种于试验培养基管，于36±1℃培养24h时后，取约2mL培养液，加入Kovacs氏试剂2～3滴，轻摇试管，呈红色为阳性，或先加少量乙醚或二甲苯，摇动试管以提取和浓缩靛基质，待其浮于培养液表面后，再沿试管壁徐缓加入Kovacs氏试剂数滴，在接触面呈红色，即为阳性。

试验证明靛基质试剂可与17种不同的靛基质化合物作用而产生阳性反应，若先用二甲苯或乙醚等进行提取，再加试剂，则只有靛基质或5-甲基靛基质在溶剂中呈现红色，因而结果更为可靠。

11. 三糖铁（TSI）**琼脂试验**

试验方法：以接种针挑取待试菌可疑菌落或纯培养物，穿刺接种并涂布于斜面，置(36±1)℃培养18～24h，观察结果。

本试验可同时观察乳糖和蔗糖发酵产酸或产酸产气（变黄），产生硫化氢（变黑）。葡萄糖被分解产酸可使斜面先变黄，但因量少，生成的少量酸因接触空气而氧化，加之细菌利用培养基中的含氮物质，生成碱性产物，故使斜面后来又变红，底部由于是在厌氧状态下，酸类不被氧化，所以仍保持黄色。

12. 氨基酸脱羧酶的测定　有些细菌含有氨基酸脱羧酶，使羧基释出，生成胺类和二氧化碳。此反应在偏酸的条件下进行。当培养基含胺类时呈碱性反应，使指示剂变色。

接种与观察结果：用幼龄培养液作为菌种，直接接种。接种后封油，对照管与测定管同时接种封油。肠杆菌科的细菌于37℃培养4d观察。当指示剂呈紫色或带红色调的紫色者为阳性，呈黄色者为阴性。对照管应呈黄色反应。

13. 硫化氢（H_2S）**试验**　有些细菌可分解培养基中含硫氨基酸或含硫化合物，而产生硫化氢气体，硫化氢遇铅盐或低铁盐可生成黑色沉淀物。

试验方法：在含有硫代硫酸钠等指示剂的培养基中，沿管壁穿刺接种，于36±1℃培养24～28h，培养基呈黑色为阳性。阴性应继续培养至6d。也可用醋酸铅纸条法：将待试菌接种于一般营养肉汤，再将醋酸铅纸条悬挂于培养基上空，以不会被溅湿为适度；用管塞压住置（36±1）℃培养1～6d。纸条变黑为阳性。

14. 柠檬酸盐或丙酸盐的利用 某些细菌能利用柠檬酸盐或丙酸盐作为碳源，利用磷酸胺作为氮源，将柠檬酸分解为二氧化碳，则培养基中由于有游离钠离子存在而呈碱性。

接种与观察结果：取幼龄菌种接种于斜面上，适温培养3～7d，培养基呈碱性（蓝色）者为阳性反应，不变者则为阴性。

15. 利用丙二酸盐试验 丙二酸盐是三羧酸循环中琥珀酸脱氢酶的抑制剂。能否利用丙二酸盐，也是细菌的一个鉴别特征。

许多微生物代谢有三羧酸循环，而琥珀酸脱氢是三羧酸循环的一个环节，丙二酸与琥珀酸竞争琥珀酸脱氢酶，由于丙二酸不被分解，所以琥珀酸脱氢酶被占据，不能被释放出来催化琥珀酸脱氢反应，抑制了三羧酸循环。

接种和观察结果：用幼龄菌种接种测定培养基和空白培养基，于适温培养1～2d，观察培养基变色情况。

如测定培养基生长并变蓝色，表示可利用丙二酸盐，为阳性结果。反之，如测定培养基未变色，而空白对照培养基生长，则为阴性，即不利用丙二酸盐。

16. 葡萄糖酸盐的氧化 假单胞菌属和肠道杆菌科的细菌，可氧化葡萄糖酸为2-酮基葡萄糖酸。葡萄糖酸无还原性基团，氧化后形成酮基，则可将斐林氏试剂的呈蓝色的铜盐还原为砖红色的Cu_2O沉淀。

试验方法：用pH7.2的磷酸缓冲液配制成含1%葡萄糖酸盐（可用葡萄糖酸钠或葡萄糖酸钙）的溶液。分装试管，每管2mL。刮取适温培养18～24h的菌苔至2mL葡萄糖酸盐溶液中制成浓的菌悬液，置30℃过夜，然后每管加入0.5mL斐林试剂，放在沸水浴中加热10min，试管中液体由蓝色变为黄绿、绿橙色或出现红色沉淀者为阳性反应，如溶液不变色者为阴性。

17. 硫化氢-靛基质-动力（SIM）琼脂试验

试验方法：以接种针挑取菌落或纯培养物穿刺接种约1/2深度，置36±1℃培养18～24h，观察结果。培养物呈现黑色为硫化氢阳性，混浊或沿穿刺线向外生长为有动力，然后加Kovacs氏试剂数滴于培养表面，静置10min，若试剂呈红色为靛基质阳性。培养基未接种的下部，可作为对照。

本试验用于肠杆菌科细菌初步生化筛选，与三糖铁琼脂等联合使用可显著提高筛选功效。

18. β-半乳糖苷酶（ONPG）的测定 本试验应用于肠杆菌科的鉴定。

测定步骤：将测定菌接种于TSI斜面上，培养于37℃18h（或其他最适温度）。挑取1大环菌苔入约0.25mL的生理盐水中制成菌悬液，每管加1滴甲苯，摇匀（有助于酶的释放），于37℃放置5min。

在菌悬液中加入0.25mL 0.75mol/L ONPG，测定管置于37℃水浴培养。经30min及1、2、3、……24h进行观察，如有黄色者则为阳性。

19. 耐盐性试验 本试验是观察渗透压对细菌生长的影响。由于不同菌类耐盐性不同，故常以此作为鉴别特征。一般可根据不同种类的菌株，选择其适合生长的培养基，在其中加入不同量的NaCl，接种后观察其生长与否，以判断其耐盐性。

以肉汤培养液根据鉴定需要，配成不同浓度的NaCl，如2%、3.5%、5%、7%、10%

等。培养基要求十分澄清，接种时应采用幼龄菌液，直针接种，适温培养 3～7d，与未接种的对照管对比，目测生长情况。

20. 卵磷脂酶的测定　菌体如存在有卵磷脂酶，就能使卵磷脂分解生成脂肪和水溶性的磷酸胆碱。

接种与观察结果：将测试菌的菌液，环接在有卵黄的试管和不加卵黄的对照管中，适温培养 1d、3d 或 5d 观察。假若与对照管相比较，在卵黄胰胨液中或表面，形成白色沉淀者，则为阳性反应，表示卵磷脂被分解，生成脂肪和水溶性的磷酸胆碱，说明有卵磷脂酶存在。

另一种方法：以无菌操作取出卵黄，放入灭菌的三角瓶中，加相当于等量的生理盐水摇匀后，取 10mL 卵黄液加入到溶化的约 50～55℃的 200mL 肉汁胨琼脂培养基中，混合均匀后倒入培养皿，制成卵黄平板，过夜后即可使用。

接种与观察结果：将测试菌点接在卵黄平板上，每皿可分散点接 4～5 株菌（芽孢杆菌以点接 1～2 株菌为宜），以不影响结果观察为度，如测试厌氧菌，则须在上面加盖无菌的盖玻片。每株菌至少重复点接两皿，适温培养 1～2d 观察。在菌落周围形成乳白色混浊环，表示卵磷脂被分解，生成脂肪，说明该菌株有卵磷脂酶存在。

21. 石蕊牛奶的反应　牛奶中主要含有乳糖和酪蛋白，在牛奶中加入石蕊可作为酸碱指示剂和氧化还原指示剂。石蕊在中性时呈淡紫色，酸性时呈粉红色，碱性呈蓝色，还原时则自上而下地褪色变白。

细菌对牛奶的作用有一下几种：

产酸——细菌发酵乳糖产酸，使石蕊变红。

产碱——细菌分解酪蛋白产生碱性物质，使石蕊变蓝。

胨化——细菌产生蛋白酶，使酪蛋白分解，故牛奶变得比较澄清。

酸凝固——细菌发酵乳糖产酸，使石蕊变化，当酸度很高时，可使牛奶凝固。

凝乳酶凝固——有些细菌能产生凝乳酶，使牛奶中的酪蛋白凝固，此时石蕊常呈蓝色或不变色。

还原——细菌生长旺盛，使培养基氧化还原电位降低，因此石蕊还原褪色。

接种与观察结果：接种待测菌株，适温培养 3、5、7d 或 14d，按上述特征观察和记录牛奶产酸、产碱、凝固或胨化等反应。

22. 酪素水解试验（酪蛋白水解）

牛奶平板的制备：取 5g 脱脂奶粉加入 50mL 蒸馏水中（或用 50mL 脱脂牛奶），另称 1.5g 琼脂溶于 50mL 蒸馏水中，将两液分开灭菌。待冷至 45～50℃时，将两液混匀倒平板，即成牛奶平板。将平板倒置过夜，使表面水分干燥，然后将菌种点接在平板上，每皿可点接 3～5 株菌。适温培养 1、3、5d，记录菌落周围和下面酪素是否已被分解而呈透明。

配制该培养基时，切勿将牛奶和琼脂混合灭菌，以防牛奶凝固。

23. 酪氨酸水解　将 L-酪氨酸 0.5g 悬浮于 10mL 蒸馏水中，55kPa 20min 灭菌，然后与 100mL 无菌的营养肉汤琼脂混合，倾倒平板，待凝固后，将测试菌接种于平皿上，培养 7～14d，记录酪氨酸结晶是否被水解而变透明。

24. 苯丙氨酸脱氨试验　某些细菌（如变形杆菌）具有苯丙氨酸脱氨酶，能将苯丙氨酸氧化脱氨，形成苯丙酮酸，苯丙酮酸遇到三氯化铁呈蓝绿色。本试验用于肠杆菌科和某些芽孢杆菌属的鉴定。

接种与观察结果：将菌种接种于该培养基斜面上，适温培养 3～7d（某些芽孢杆菌需培养 21d）。取 10% $FeCl_3$ 水溶液 4～5 滴，滴加在生长菌苔的斜面上，当斜面和试剂液面处呈蓝绿色时为阳性反应，表示从苯丙氨酸形成苯丙酮酸。

25. 产糊精结晶试验 某些需氧芽孢杆菌能产生淀粉酶，使淀粉水解为糊精。该反应仅用于区别多黏芽孢菌、浸麻芽孢菌和环状芽孢菌的培养物。在大试管中（200mm×20mm）装碾过的小麦（或燕麦）0.5g，$CaCO_3$ 0.2g，蒸馏水 10mL，灭菌后接种，35℃培养 3、5 和 7d 后，取 1 滴卢哥尔氏碘液混匀，干燥后，用显微镜观察有暗褐色或蓝色的六角形结晶的糊精，假若大量形成，则排列为扇形或针状。

26. 从甘油产生二羟基丙酮 本试验主要是用于区分醋酸单胞菌属和假单胞菌属以及某些芽孢杆菌的鉴定。生酮反应是由相应的多元醇的脱氢酶的作用，此反应就是测定这些脱氢酶的存在与否。

接种与观察结果：融化三角瓶中的培养基，倒成平板，凝固后在平板上划短线接种，适温培养 10d，在平板上倒入斐林试剂 A、B 混合液，以覆盖菌落为度，2h 内检查，若在菌落周围出现红色晕者为阳性反应。为了能掌握这一试验，可接种多黏芽孢杆菌作阳性对照。

27. 厌氧硝酸盐产气 在厌氧情况下，有些好氧细菌，能以硝酸盐代替分子氧作为受氢体，进行厌氧呼吸，将硝酸盐还原为气态氮，即为土壤中的反硝化作用。某些芽孢杆菌、假单胞菌及产碱菌等属的细菌具有此反应。

接种封油：以斜面菌种用接种环接种后，用凡士林油（凡士林和液体石蜡为 1∶1）封管，封油的高度约 1cm。必须同时接种不含有硝酸钾的肉汁胨培养液作对照。

观察结果：培养 2～7d，观察在含有硝酸钾的培养基中有否生长和产生气泡。如有气泡产生，表示反硝化作用产生氮气，为阳性反应。但如不含硝酸钾的对照培养基也产生气泡，则只能按可疑或阴性处理。

28. 马尿酸盐水解试验 用于弯曲菌属的检验。用试管分装马尿酸盐水解培养基，每管 0.4mL，冻存备用。将琼脂平板上培养过夜的生长物接种于 1% 马尿酸溶液中，振摇后置 37℃ 水浴中放置 2h 。每管加入 0.5mL 茚三酮试剂（将 3.5g 茚三酮溶于 100mL 1∶1 丙酮和丁醇中），室温下放置 2h，出现紫色者为阳性反应。

29. 对叠氮化钠的抗性 本试验用于高温芽孢杆菌的测定。

接种和观察结果：取 1 环幼龄菌液，接种于含叠氮化钠的培养基中，同时接种营养肉汤作为对照。45℃培养 7～14d 观察生长情况。

30. 氰化钾试验 氰化钾（KCN）是呼吸链末端抑制剂。能否在含有氰化钾的培养基中生长，是鉴别肠杆菌科各属常用的特征之一。

接种和观察结果：用幼龄菌种接种于加氰化钾的测定培养基和未加氰化钾的空白培养基中，适温培养 1～2d，观察生长情况。

能在测定培养基上生长者，表示氰化钾对测定菌无毒害作用，为阳性。若在测定培养基和空白培养基上均不生长，表示空白培养基的营养成分不适于测定菌的生长，必须选用其他合适的培养基。而测定菌在空白培养基上能生长，在含氰化钾的测定培养基上不生长，为阴性结果。

应该注意：氰化钾是剧毒药品，操作时必须小心。培养基用毕，每管加几粒硫酸亚铁和 0.5mL 20% KOH 以解毒，然后清洗。

31. 对溶菌酶抗性的测定　在100mL三角瓶中，放入60～65mL无菌0.01mol/L HCl，在其中加入0.1g溶菌酶，瓶上塞无菌棉花，在小火上煮沸20min后，冷到室温，加无菌0.01mol/L HCl补足到100mL。取1mL溶菌酶溶液与99mL无菌的肉汤培养液混合，分装无菌试管，每管2.5mL，在含有0.001%溶菌酶肉汤管子及无溶菌酶的营养肉汤对照管中，各接种1环菌液，适温培养5～7d，记录两管的生长情况。

32. 在pH5.7营养肉汤上的生长　本试验应用于芽孢杆菌属中种的鉴定。

接种和观察结果：取菌液一环，接种于pH 5.7营养肉汤培养基中，同时接种普通肉汤液（pH 7.2）作对照。适温培养1～3d后观察生长情况。

该培养液要求十分澄清，pH必须准确，最好用pH计调测。

33. 需氧性试验　若在培养基中加入还原剂，如巯基醋酸钠和甲醛次硫酸钠等，以除去培养基中的氧气或氧化型物质，使厌氧菌能在有氧情况下生长。

接种与观察结果：用1小环（外径1.5mm的接种环）的肉汤菌液，穿刺接种到上述培养基中，必须穿刺到管底。30℃培养，3～7d，每天观察结果。如细菌在琼脂柱表面上生长者为好氧菌，如沿着穿刺线上生长者为厌氧菌或兼性厌氧菌。

34. 明胶（Gelatin）**液化试验**　有些细菌具有明胶酶（亦称类蛋白水解酶），能将明胶先水解为多肽，又进一步水解为氨基酸，失去凝胶性质而液化。

试验方法：挑取18～24h待试菌培养物，以较大量穿刺接种于明胶高层约2/3深度或点种于平板培养基。于20～22℃培养7～14d。明胶高层亦可培养于36±1℃。每天观察结果，若因培养温度高而使明胶本身液化时应不加摇动、静置冰箱中待其凝固后、再观察其是否被细菌液化，如确被液化，即为试验阳性。平板试验结果的观察为在培养基平板点种的菌落上滴加试剂，若为阳性，10～20min后，菌落周围应出现清晰带环。否则为阴性。

35. 淀粉水解试验　某些细菌可以产生分解淀粉的酶，把淀粉水解为麦芽糖或葡萄糖。淀粉水解后，遇碘不再变蓝色。

试验方法：以18～24h的纯培养物，涂布接种于淀粉琼脂斜面或平板（一个平板可分区接种，试验数种培养物）或直接移种于淀粉肉汤中，于36±1℃培养24～48h，或于20℃培养5d。然后将碘试剂直接滴浸于培养基表面，若为液体培养物，则加数滴碘试剂于试管中。立即检视结果，阳性反应（淀粉被分解）为琼脂培养基呈深蓝色，菌落或培养物周围出现无色透明环，或肉汤颜色无变化。阴性反应则无透明环或肉汤呈深蓝色。

淀粉水解系逐步进行的过程，因而试验结果与菌种产生淀粉酶的能力、培养时间、培养基含有的淀粉量和pH等均有一定关系。培养基pH必须为中性或微酸性。淀粉琼脂平板不宜保存于冰箱，因而以临用时制备为妥。

36. 生长温度的测定　细菌生长的最高、最适和最低温度，常常是某些细菌鉴定的特征之一。测定细菌的生长温度，要求培养液十分清晰（如普通肉汤培养液），并采用液体菌种直针接种（不用接种环接种）。放置于恒温水浴培养。指示温度计应放在同样的试管和培养基内，在指定温度下培养2～5d，观察生长情况。在接近0℃的低温培养，则观察时间可延长至7～10d，甚至30d。

观察记录结果：目测生长情况，与未接种的空白培养基对比，注意混浊度、沉淀物和悬浮物等项，并分级记录如下：

①“+”：表示生长良好；与对照管相比，可清楚地判定是混浊的。

②“±”：表示生长差；与对照管相比，只有在某一观察角度时方能看到明显的混浊。

③“—”：表示不生长；在适宜的角度下观察，与对照无差异。

总之，培养5d，能生长者均按生长计，否则按不生长计，凡培养5d仍属可疑者或不生长者必须重测，在重测时，可能出现有时生长，有时不生长的不稳定现象，这可能有两种原因：一种是水浴温度不稳定，培养时温度波动大；另一种原因可能是所测定的温度，恰好是测定菌的临界生长温度，在这种情况下，可用提高1℃或降低1℃的办法试测之。

必须注意，当测定的试管较多时，不可将试管捆成一捆浸于水浴中，这样捆着的试管内外温度不一致，易出现误差。最好用特制试管架放试管，所用温度计应用标准温度计标定过。

37. 形成芽孢的培养基 形成芽孢是芽孢杆菌的关键性特征，但不是所有的芽孢杆菌都能在任何条件下形成芽孢。在鉴定细菌时，为了确定是否属芽孢菌，需要对那些在一般条件下不形成芽孢的细菌，采用生孢子培养基，来确定是否能形成芽孢。

38. O/129的敏感性试验 O/129即2，4-二氨基-6，7-二异丙醇喋啶，为弧菌抑制剂。该试验用于弧菌属、气单胞菌属和假单胞菌属的鉴定。

取2，4-二氨基-6，7-二异丙醇喋啶150mg，溶于10mL 1∶1的乙醇∶二乙基乙醚中。把6mm大小的滤纸片浸入该溶液后取出，在空气中晾干，然后放在带菌的半固体培养基上做扩散敏感试验。

39. 肉渣消化试验

原理：肉渣消化试验是测定细菌对蛋白质的另一种分解力。某些梭菌在生长过程中可将肉渣消化，使庖肉培养基呈黑色烂泥状，这一现象有助于和其他梭菌的鉴别。

方法：将被检菌接种于庖肉培养基内，37℃培养数日，观察培养基内肉渣有无变化。

结果：肉渣被消化呈黑色烂泥状为阳性，如肉毒梭菌等。

（六）细菌计数

除了对细菌进行培养观察外，有时还要调查各种样品中的细菌数量。如对水污染程度的调查、水质标准的调查及食品卫生的检查等。细菌的计数方法一般有显微计数法和菌落平板计数法。

1. 显微计数法 利用血细胞计数器在显微镜下直接计数，是常用的计数方法。血细胞计数器是一块特制的载玻片，载玻片上有四条槽而构成三个平台。中间的平台较宽，而且被一短横槽隔成两半，两个半边上各刻有一个方格网。每个方格网分成9个大格，中央的大格是计数室。

计数室的刻度有两种：一种是由25大格组成，每个大格又分成16个小格，25×16=400小格；另一种是由16大格组成，每个大格又分成25个小格，16×25=400小格。两种的总体积均为0.1mm^3。

计数方法：25×16的计数器，显微镜下数左上、右上、左下、右下和中央共5个大格，即5×16=80小方格的细菌数。若80小格的细菌数为A，则每毫升菌液的含菌量=A×400/80×10×1 000=50 000A；16×25的计数器，显微镜下数左上、右上、左下、右下共4个大格，即4×25=100个小格的细菌数。若100小格的总菌数为A，则每毫升菌液的含菌量=A×400/100×10×1 000=40 000A。

2. 平板菌落计数法　因为每个活的细菌在平板上繁殖都能形成一个菌落，即平板上的菌落数应等于接入平板的活菌数。如果待测的样品细菌稀少（如自来水），则可以直接接种到培养基，制成平板。但许多样品细菌的密度都很大，为使计数准确，首先应将待测样品稀释成不同稀释度的菌液，再取一定稀释度、一定量的菌液，接种到培养皿中，制成平板。经培养后，统计菌落数目，即可计算出样品中的含菌数。具体操作同稀释分离方法。

计数时，按下列公式计算：

每毫升菌液的活菌数＝同一稀释度 3 次重复的菌落平均数×稀释倍数。

（七）细菌的系统鉴定技术

鉴定一个细菌，尽可能用一个菌落做全部鉴定试验。如果一个菌落不够，应考虑采用纯培养，即挑取单个菌落接种于斜面培养基，经过培养即可获得大量纯培养物。

鉴定细菌的试验项目及方法很多，对一种细菌的鉴定也不需要做所有的试验。所以，对于不同来源的标本，了解应该鉴定哪些细菌以及鉴定到何种程度，选择哪些必要的试验项目，对正确地完成细菌鉴定工作是十分必要的。一般情况下只需鉴定到细菌的种，必要时再进一步鉴定。

《伯杰氏细菌鉴定手册》是目前进行细菌分类、鉴定最重要的参考书，其特点是描述非常详细，包括对细菌各个属种的特征及进行鉴定所需做的试验的具体方法。

第九版《伯杰氏细菌鉴定手册》设立 35 个群，将古细菌部改编为 5 个群。全书描写了约 500 个属，划分为四大类：第一类为具细胞壁的革兰氏阴性真细菌；第二类为具细胞壁的革兰氏阳性真细菌；第三类为无细胞壁的真细菌；第四类为古细菌。

细菌的系统鉴定包括：

1. 生物化学鉴定　如上所述。

2. 数字编码鉴定　编码是将所得生化反应模式转化成数学模式，可以把某一细菌的全部生化反应结果转化成数字，经查阅检索手册又可将该数字转化成细菌名称。编码的原则是：鉴定细菌的各种微量生化反应管组成系列试剂，将生化项目排序并依次进行分组，每组中的每个试验都有其一个数值代码。试验阳性时结果用其数值代码表示，试验阴性时结果则用 0 表示，将每组中各试验结果加起来得一总值，这样按顺序各组总值组成的数码组合，即为检索编码。查编码手册，该编码所对应的细菌名称即为鉴定结果。

3. 血清学鉴定　血清学反应是指相应的抗原与抗体在体外一定条件下作用，可出现肉眼可见的沉淀、凝集现象。血清学鉴定是指用已知抗体来鉴定未知抗原，主要用于疾病的病原菌的诊断和血型鉴定。常用的抗体可分为诊断血清、分群血清、分型血清、因子血清等。

血清学反应的一般特点：

①抗原抗体的结合具有特异性，当有共同抗原抗体存在时，会出现交叉反应。

②抗原抗体的结合是分子表面的结合，这种结合虽相当稳定，但是可逆的。

③抗原抗体的结合是按一定比例进行的，只有比例适当时，才能出现可见反应。

④血清学反应大体分为两个阶段进行，但其间无严格界限。第一阶段为抗原抗体特异性结合阶段，反应速度很快，只需几秒至几分钟反应即可完毕，但不出现肉眼可见现象。第二阶段为抗原抗体反应的可见阶段，表现为凝集、沉淀、补体结合反应等。反应速度慢，需几分钟、几十分钟以至更长时间。而且，在第二阶段反应中，电解质、pH、温度等环境因素

的变化，都直接影响血清学反应的结果。

二、病毒分离培养与鉴定

病毒缺乏部分细胞器、又没有完整的酶系统，不能独立进行代谢活动，这就导致它不能在没有生命的培养液中生长。所以，试验动物、鸡胚以及体外培养的组织和细胞成为病毒分离培养的基本工具。应用最早的是试验动物和鸡胚病毒培养法，但是随着细胞培养的广泛应用，前两者病毒培养方法逐渐被后者所代替，但是至今还有一些病毒的分离鉴定还离不开试验动物和鸡胚。例如，在禽类病毒和流感、副流感等病毒的分离培养，鸡胚还具有很高的应用价值。

1. 细胞与组织培养技术 细胞与组织培养方法，随着培养的细胞和组织的种类以及培养的目的不同而不同。细胞培养，常使用单层培养法和悬浮培养法。组织培养，包括组织块培养和器官培养。

（1）细胞培养 自1949年脊髓灰质炎病毒在非神经细胞内培养成功并引起细胞病变以来，随着细胞培养技术的发展，已有数百种动物病毒在细胞培养上获得成功。细胞培养与试验动物和鸡胚相比，能提供大量生物性状稳定的细胞群体，降低了外界因素的影响，使试验结果更加准确。在实践中常用的细胞类型可分为原代细胞、二倍体细胞株和传代细胞系三大类，其中原代细胞对病毒最为敏感，由此可将病毒分离分为原代细胞培养、二倍体细胞株培养和传代细胞系培养。而从细胞培养方式的不同，可以分为静置培养、转瓶培养和悬浮培养等，其中静置单层细胞培养最为常用。

原代细胞培养：将动物组织器官或胚胎，经过碎化、消化分散成单个细胞后进行的培养，称为原代细胞培养。原代细胞培养具有很多优点，首先组织和细胞刚刚分离，生物学特性未发生很大改变，仍具有二倍体遗传特性，最接近和反映体内生长特性，对病毒比较敏感，适合病毒的分离、培养。原代细胞培养是获取细胞的主要手段，但原代培养的组织由多种细胞成分组成，比较复杂，即使生长出同一类型细胞如成纤维细胞或上皮样细胞，细胞间也存在很大差异。如果供体不同，即使组织类型、部位相同，个体差异也可以在细胞上反映出来。因而原代培养细胞部分生物学特性尚不稳定，如要做较为严格的对比性试验研究，还需要对细胞进行短期传代后进行。

二倍体细胞株培养：将长成单层的原代细胞培养物，再进行消化分散成单个细胞后继续培养，以及随后的连续传代培养可以保持原来的二倍体形态，称为二倍体细胞株培养。二倍体细胞广泛用于人类病毒病的诊断、药物筛选和疫苗制造，特别是人用疫苗生产，大多使用二倍体细胞。二倍体细胞株的建立特别困难，特别是从第3代到7、8代是最不稳定时期，细胞很容易丧失贴壁、增殖能力而死亡，这就要求在原代细胞培养时尽量选取新生的动物和动物胚胎，并立即培养，同时筛选最适合的细胞生长液配方、最合适的消化、传代程序。在继代过程中，每隔8～10代，就应该对细胞的染色体组型进行检查，看是否还保持二倍体状态。经过几代传代后，将仍保持二倍体状态的生长良好的继代细胞冻存于液氮中备用。

传代细胞系培养：传代细胞系大多数来自人和动物的肿瘤组织，部分来自发生突变的正常细胞，它们丧失和改变了原细胞固有的特性，变成了能长期在体外培养传代的异倍体癌变细胞。传代细胞系容易培养、繁殖快速、对营养条件不苛求，不仅能无限传代，而且其中很多细胞系对病毒敏感，可以用作病毒的分离培养，特别是一些传代细胞系能在悬浮条件下培养，适合病毒抗原的大规模生产。但是，在长期的传代过程中，很多细胞系容易受到病毒和支原体的污染，从而影响试验的科学性和精确性。

单层细胞培养是研究病毒生物学特性及病毒与细胞相互作用的合适模型，使用该方法不仅可以获得大量高效价的病毒液，而且其需要的设备条件和操作方法也比较简单，因此该方法已是当前该领域内应用最广泛的一种细胞培养技术。

悬浮细胞培养：悬浮细胞培养技术是大规模生产多种生物制品的重要方法，多年来很多国家和研究机构投入大量的资金和人力，研究不同悬浮状态下大量培养细胞的方法和设备，并取得了很大的进展。一般来说，活细胞都有可能在悬浮状态下生长，但在实际情况下，原代细胞和二倍体继代细胞都难以在悬浮状态下生长，只有少数细胞或者是同一株细胞中的某些细胞可以适应悬浮培养。在培养过程中，由于细胞生长旺盛，其细胞密度明显高于单层细胞培养，因此需要添加充足的营养成分和氧气。为了避免细胞沉淀，培养液必须处于快速的搅拌状态下，以便细胞随时处于悬浮状态。

（2）组织培养　组织培养是病毒学研究和实践应用最为广泛的手段，以前指动物或植物组织小块的体外培养，现在泛指体外的组织、器官和细胞培养。

组织块培养：组织块培养是 20 世纪 20 年代开始应用的最早的组织培养方法，现在已经很少用，只是某些慢病毒和难于在单层细胞内生长的病毒的分离培养上使用。组织块培养有固定培养和悬浮培养两种。

器官培养：培养的器官组织基本上能保持原来固有的特性，适合某些特殊病毒的分离，这些病毒使用正常的细胞培养是分离不出来的，经器官培养分离的病毒，可以逐渐过渡到单层细胞内生长繁殖。

2. 鸡胚培养技术　鸡胚培养法是用来培养某些对鸡胚敏感的动物病毒的一种培养方法，此方法可用以进行多种病毒的分离、培养，毒力的测定，中和试验以及抗原和疫苗的制备等。鸡胚培养的优点在于可以选择不同日龄的鸡胚和合适的接种途径，病毒容易增殖，相比试验动物而言，其来源容易，设备和操作简单易行。但是在使用鸡胚时，要注意胚内可能已经存在的细菌和病毒污染，特别是垂直传播的病毒。同时，胚胎中还存在母源抗体，影响相应病毒的繁殖。为避免上述情况的发生，最好选取 SPF 鸡胚进行病毒分离。病毒分离常主要采用绒毛尿囊膜接种、尿囊腔接种、卵黄囊接种和羊膜腔接种等四种方法进行接种。

（1）绒毛尿囊膜接种　该方法主要用于痘病毒和疱疹病毒的分离和鉴定，这些病毒在鸡胚绒毛尿囊膜上形成痘斑或病斑。使用孵育 10～12 日龄的鸡胚，在照蛋器下找出气室与胚胎略近气室端的绒毛尿囊膜发育良好的部位。用碘酒消毒该部位，并用磨壳器或齿钻在卵壳上磨开一三角形或正方形的小窗，不可弄破下面的壳膜。在气室顶端钻一小孔。用小镊子轻轻揭去所开小窗处的卵壳，露出壳下的壳膜，在壳膜上滴一滴生理盐水，用针尖小心地划破壳膜，但注意切勿伤及紧贴在下面的绒毛尿囊膜，此时生理盐水自破口处流至绒毛尿囊膜，以利于两膜分离。用针尖刺破气室小孔处的壳膜，再用橡皮乳头吸出气室内的空气，使绒毛尿囊膜下陷而形成人工气室。用注射器通过窗口的壳膜窗孔滴 2～3 滴病毒液于绒毛尿囊膜上。最后，用透明胶纸封住卵窗，或用玻璃纸盖于卵窗上，周围涂以熔化的石蜡密封，同时气室中央的小孔也用石蜡密封。然后将接种过的鸡胚放置于孵卵箱中，保持卵窗向上。

(2) 尿囊腔接种　该方法主要用于正黏病毒和副黏病毒，例如流感病毒和新城疫病毒的分离和增殖，也是制备马脑炎病毒疫苗的常用接种途径。选用孵育10～11日龄的鸡胚，在照蛋器上照视，用铅笔画出气室与胚胎位置，在气室接近胚胎处涂抹碘酊和酒精进行消毒后，用钢锥穿一小孔。然后将注射器针头经绒毛尿囊膜刺入尿囊腔，注入需接种的病毒液。最后用石蜡封孔后于孵卵器中进行孵育。

(3) 卵黄囊接种　主要用于虫媒披膜病毒以及鹦鹉热衣原体和立克次氏体等的分离和增殖。选用孵育6～8日龄的鸡胚，用铅笔画出气室与胚胎位置，用碘酊和酒精消毒气室端后，用钢锥穿一小孔，然后将注射器针头沿气室端小孔刺入约3cm，将病毒液接种于卵黄囊内，最后用石蜡封孔后于孵卵器中进行孵育。

(4) 羊膜腔接种　该方法主要用于正黏病毒和副黏病毒的分离和增殖。在病料的初次分离时，羊膜腔接种的方法比尿囊腔接种更为敏感，但该方法操作比较困难，也容易导致鸡胚死亡。将孵育11～12日龄的鸡胚照视，画出气室范围。用碘酒消毒气室部位的蛋壳，在中央开一个直径1.2cm的圆孔，注意勿划破壳膜。用灭菌镊子揭去蛋壳和壳膜，并滴加灭菌液体石蜡一滴于下层壳膜上，使其透明，以便观察。然后用灭菌尖头镊子，刺穿下层壳膜和绒毛尿囊膜没有血管的地方，并夹住羊膜使其成为伞状，使用无斜削尖端的钝头注射器将病毒液接种到羊膜腔内。最后用石蜡封孔后于孵卵器中进行孵育。

接种病毒后的鸡胚，一般放置在37℃孵育，但是也有少数病毒例如流感病毒放置在33～35℃下培养。除接种马脑炎病毒以外，在24h内死亡的鸡胚均视为非特异性死亡而废弃。在试验中，除常用鸡胚以外，有时也使用鸭胚、鹅胚、火鸡胚等进行病毒的分离、鉴定、弱毒株的培育和疫苗制造。

3. 实验动物　长期以来，实验动物在病毒的分离和增殖、病毒抗原的制造和相关疫苗的研发等方面都起到了重要的作用。最初实验动物使用比较多的是啮齿类小动物和哺乳类大动物，现在又扩展到运用禽类、非人灵长类、鱼类、线虫类、昆虫类等动物。不但实验动物的种类增多，而且对应某个品系培育出了多个品种和一些特殊品种。

但是随着研究的深入，发现实验动物经常自身带有病毒，常常混淆实验结果，并给病毒疫苗的生产带来严重的潜在威胁。为了克服这个缺陷，目前对实验动物的净化程度要求越来越高，目前我国将实验动物按微生物等级分为四级，一级动物是普通动物，要求不携带主要人兽共患病原和动物烈性传染病的病原。二级动物是清洁动物，该级动物除一级动物应排除的病原外，还要求不携带对动物危害大和对科学研究干扰大的病原。三级动物是无特殊病原体动物或称SPF（specific pathogen free）动物，该级动物除一、二级动物应排除的病原外，还要求不携带主要潜在感染或条件致病和对科学试验干扰大的病原。国际上公认这类动物可适用于全部科研试验，是国际标准级别的试验动物。四级动物是无菌动物，指不能检出一切生命体的动物。主要用于某些特殊试验的研究。

虽然目前实验动物在病毒学试验中的比重正在逐步下降，但是乳鼠、鸡胚等试验动物还是分离某些虫媒披膜病毒、科萨奇病毒、呼肠孤病毒和流感病毒等病毒的主要工具，为了保证试验的准确性和可靠性，就得加强对实验动物清洁程度的要求。目前，在病毒学领域内，实验动物的应用主要侧重于：病毒分离，并借助感染范围试验鉴定病毒；病毒培养，制造抗原和疫苗；测定各毒株之间的抗原关系；制备免疫血清和单克隆抗体；用作病毒感染的试验研究，包括病毒毒力测定，建立病毒病动物模型等。

三、寄生虫检测技术

病原体检查是寄生虫病最可靠的诊断方法，只要能够发现粪便中的虫卵或是组织内不同阶段的虫体，便可确诊。检测获得的虫体，应尽快鉴定，并做好登记工作，其项目应包括：动物种类、性别、年龄、解剖编号、虫体寄生部位、初步鉴定结果、虫体数量等，以备日后参考。在观察鉴定之前，吸虫、绦虫节片和某些原虫需经染色后制片；线虫、节肢动物和个别原虫一般不需染色就可制片；另外，有的虫体如需观察其内部构造，需要做组织切片。虫体分类鉴定须参照有关寄生虫分类、形态描述及专著，要求尽量鉴定到种，各种寄生虫名称应同时使用中文名和拉丁文学名。

常规寄生虫学检测技术包括：粪便寄生虫学检查、血液及分泌物寄生虫检查、体表寄生虫学检查、寄生虫学剖检技术、寄生虫学动物接种技术和寄生虫免疫学诊断技术。

（一）粪便寄生虫学检查

粪便检查是寄生虫病生前诊断的最基本、最常用的方法。许多寄生虫，特别是寄生于消化道的虫体，其虫卵、卵囊或幼虫均可通过粪便排出体外，通过检查粪便，可以确定是否感染寄生虫和寄生虫的种类及感染强度。

1. 粪样采集　必须采取动物的新鲜粪便，采取量最少 100g，要保证粪便的内外层都被采集到。

2. 肉眼观察　肉眼观察粪便的理化性状，同时观察有无虫体、卵和体节等。

3. 直接涂片法　取 50％甘油水溶液或普通水 1～2 滴放于载玻片上，取黄豆大小的被检粪块与之混匀，剔除粗粪渣，加上盖玻片镜检（先用低倍后高倍，每次检查应从粪便的多个部位采样观察，以提高检出率）。此法最为简便，但检出率不高。

4. 虫卵漂浮法　常采用饱和盐水漂浮法检测线虫卵、绦虫卵和球虫卵囊等。该方法的原理是采用相对密度比虫卵大的溶液，使虫卵浮集于液体的表面，形成一层虫卵液膜，然后蘸取此液膜，进行镜检。常用的漂浮液还有亚硫酸钠饱和液、硫酸镁饱和液、硝酸钠饱和液、硝酸铵饱和液等。检查相对密度较大的虫卵，如棘头虫虫卵等时，需用硫酸镁、硫代硫酸钠以及硫酸锌等饱和溶液。

5. 虫卵沉淀法　可采用自然沉淀法和离心沉淀法。寄生虫虫卵的相对密度比水大，可自然沉于水底。因此，可利用自然沉淀的方法，将虫卵集中于水底便于检查。沉淀法多用于相对密度较大的虫卵如吸虫卵和棘头虫卵的检查。离心沉淀法可加快虫卵的沉降速度。取一定量的粪便捣碎后放在容器内，加清水搅匀后，经 40～60 孔铜筛滤去大块物质，让其自然沉淀或离心沉淀后将上清倒掉，再加清水搅匀，再沉淀，如此反复进行 2～3 次，至上清液清亮为止。倒掉上清液至约为沉淀物 1/2 的容量，将沉淀与上清混匀，吸取少量于载玻片上，加盖玻片镜检。

另外，还可采取幼虫培养法、幼虫分离法和毛蚴孵化法等方法分离粪便中的寄生虫幼虫，进行确诊。

（二）血液及分泌物寄生虫学检查

1. 血液寄生虫检查 血液的涂片与染色：将采出的血滴于载玻片的一端，按常规推制成血片，用姬姆萨或瑞氏染色法染色后观察。

鲜血压滴的观察：将一滴生理盐水置于载玻片上，滴上一滴被检血液后充分混匀，再盖上盖玻片，静置片刻后镜检。该方法主要是检查血液中虫体的运动性。

虫体浓集法：当血液中虫体较少时，需先进行集虫，再制片检查。采病畜抗凝血离心去除大部分红细胞，而后将含有少量红细胞、白细胞和虫体的上层血浆移入另一离心管中，离心沉淀，取沉淀物制成抹片，染色检查。此法适用于伊氏锥虫和梨形虫的检查。对于血液中的微丝蚴，需采血置于离心管中，加入5%醋酸溶液以溶血，待溶血完成后，离心并吸取沉淀检查。

2. 鼻腔和气管分泌物寄生虫检查 肺丝虫的虫卵或幼虫、肺吸虫的虫卵均可出现在气管分泌物中，但由于采集较麻烦，所以只有在难以做鉴别诊断时，或是需要证实在粪便中的虫卵或幼虫确系属于呼吸道寄生虫时才进行。用棉拭取鼻腔和气管分泌排泄物，将采集的黏液涂于载玻片上镜检。

3. 生殖道寄生虫检查

病料采集：采集用的器皿和冲洗液应加热使接近体温。采集母畜阴道分泌的透明黏液，以直接自阴道内采取为好，建议用一根玻璃管，在距一端10cm处，弯成150°角，使用时将管的“短臂”插入被检畜的阴道，另一端接橡皮管并抽吸，少量阴道黏液即可吸入管内。取出玻管，两端塞以棉球，带回实验室检查。采集阴道黏膜刮取物时，先用阴道扩张器扩张阴道，再用长柄锐匙在其黏膜有炎症的部位刮取，刮时稍用力，使刮取物微带血液。收集公牛包皮冲洗液，将接近体温的生理盐水用针筒注入包皮腔100～150mL，用手指将包皮口捏紧，用另一手按摩包皮后部，而后放松手指，将液体收集到广口瓶中待查。采集尿道刮取物时，用消毒的长柄锐匙插入尿道内刮取病料。

检查方法：病料采集后应尽快进行检查，将收集到的病料立即放于载玻片上，并防止材料干燥。对浓稠的样品，检查前用生理盐水稀释，羊水或包皮洗涤物则最好先离心沉淀后制片检查。未染色的标本主要检查活动的虫体，也可将标本固定，用姬姆萨染色或苏木素染液染色后检查。主要用于牛胎儿毛滴虫和马媾疫锥虫的检查。

（三）体表寄生虫学检查

寄生于动物体表的寄生虫主要有蜱、螨和虱等。可采用肉眼观察和显微镜观察相结合的方法。蜱寄生于动物体表，个体较大，通过肉眼即可发现，螨个体较小，常需刮取皮屑镜检。

1. 螨虫检查

（1）疥痒螨的检查

病料采集：疥痒螨的检查需选择患病皮肤与健康皮肤交界处刮取，刮取前先剪毛，将刀消毒，使刀刃与皮肤表面垂直，刮取皮屑，直到皮肤轻微出血。为了防止皮屑被风吹走，可在刀刃上蘸一些甘油或甘油与水的混合液，刮取后将刮取的病料置于试管内，带回检查。

检查方法包括以下几种：

显微镜检查法　取干燥皮屑放于培养皿或黑纸上，用白炽灯照射或轻微加热(30～40℃)，然后收集从皮屑中爬出的黄白色针尖大小的点状物镜检。或者将皮屑置于玻片上，滴加煤油，用另一张玻片覆盖之后进行挤压（使病料分开），分开玻片，用显微镜观察。

虫体浓集法　取较多病料，置于试管中，加 10%氢氧化钠溶液浸泡过夜（如急需检查可在酒精灯上煮数分钟)，使皮屑溶解，虫体自皮屑中分离出来。自然沉淀或离心处理后吸取沉淀检查。

温水检查法　将病料浸入 40～45°C 的温水中，置温箱内 1～2h，取出倒入培养皿，显微镜观察。活螨在温热的作用下，由皮屑内爬出，集结成团，沉于水底部。

（2）蠕形螨的检查　蠕形螨寄生在毛囊内，检查时先在动物四肢的外侧和腹部两侧、背部、眼眶四周、颊部和鼻部的皮肤上触摸是否有砂粒样或黄豆大的结节。如有，用小刀切开挤压，看到有脓性分泌物或淡黄色干酪样团块时，则可将其挑在载玻片上，滴加生理盐水 1～2 滴，均匀涂成薄片，上覆盖玻片，镜检。

2. 虱和其他吸血节肢动物寄生虫检查　此类寄生虫在动物的腋窝、鼠蹊、乳房或趾间及耳后等部位寄生较多。可手持镊子进行仔细检查，采到虫体后放入有塞的瓶中或浸泡于 70%酒精中。注意从体表分离蜱时，切勿用力过猛。应将其假头与皮肤垂直，轻轻往外拉，以免口器折断在皮肤内，引起炎症。

（四）寄生虫学剖检技术

对死亡或患病动物进行寄生虫学剖检，发现动物体内寄生虫，是确定寄生虫病病原、了解感染强度、观察病理变化、检查药物疗效、进行流行病学调查以及研究寄生虫区系分布等的重要手段，更是群体寄生虫病的最精确诊断技术之一。收集剖检动物的全部寄生虫标本并进行鉴定和计数，对寄生虫病的诊断和了解寄生虫的流行情况有重要意义。

剖检时，首先制作血片，染色检查，观察血液中有无寄生虫。同时仔细检查体表有无外寄生虫，并收集。之后剥皮，观察皮下组织中有无虫体寄生。接着剖开颅腔和胸腹腔，取出各种组织器官，按照系统详细检查。

消化器官：取下肝脏和胰脏，再将食道、胃、小肠、大肠和盲肠分别双重结扎后分离。剖开各段消化器官，分别检查有无虫体寄生。肝脏和胰脏用剪刀沿胆管或胰管剪开，检查有无虫体；然后撕成小块，用手挤压，反复淘洗，最后查沉淀物。也可用幼虫分离法对撕碎组织中的虫体进行分离。如果器官内容物中的虫体很多，短期内无法找完时，可将沉渣加 3%福尔马林液保存。

呼吸器官：剪开鼻腔、喉、气管、支气管，寻找虫体，将分泌物和刮下物涂于玻片上镜检。肺组织按肝、胰处理方法进行检查。

泌尿器官：切开肾脏，检查肾盂，并刮取黏膜进行检查，取肾实质切成薄片，压片镜检。切开输尿管、膀胱、尿道，检查黏膜及黏膜下有无包囊，收集尿液，观察沉渣。

生殖器官：切开并刮取黏膜，压片检查；或取生殖道分泌物涂片染色后油镜检查。

血液循环器官：剖开心脏，观察心室和心肌，用生理盐水反复沉淀内容物。大血管按心脏的处理方法进行检查。注意观察肠系膜静脉和门静脉血管。

肌肉组织：对唇、颊、舌和膈角及全身有代表性肌肉进行肉眼观察。当发现囊泡或小白点状、线状可疑物时，应剪下压片镜检。

其他器官组织：检查脑脊液时，先肉眼检查有无多头蚴，再切成薄片，压片镜检。剖开眼睛，将前房水收集于皿中，用洗净法沉淀后，放大镜下检查，并从眼睑的内面和结膜取得刮下物镜检；对胸腹腔液用离心沉淀法处理后检查沉渣，或将腹水在载玻片上抹片，以瑞氏液或姬姆萨染液染色后检查弓形虫的滋养体。另外，注意观察腹腔脏器、网膜及肠系膜表面及腹腔内有无寄生虫。体表淋巴结检查，可取淋巴结穿刺物于载玻片上，制成抹片，固定，染色，镜检。有些原虫可在动物体内不同组织内寄生，一般可取小块组织，以其切面在载玻片上做成抹片、触片，或将小块组织固定后制成组织切片，染色检查。

（五）寄生虫学动物接种技术

有些原虫在病畜体内用上述方法不易查到，为了确诊常采用动物接种试验，以病料接种实验动物，经实验动物增殖后就比较容易发现。接种用的病料、被接种的动物种类和接种途径依照寄生虫的种类不同而异。虽然动物接种试验对于检测某些血液或组织寄生虫引起的感染很敏感，如伊氏锥虫、马媾疫锥虫、胎儿毛滴虫和弓形虫。但对于大多数诊断实验室来说这种方法的应用有很大的局限性。

（六）寄生虫免疫学诊断技术

越来越多的免疫学方法被应用于寄生虫病的诊断和流行病学调查，目前用于寄生虫病免疫诊断的主要有间接血凝试验、免疫荧光技术和免疫酶技术等，这些方法可检测血清中的寄生虫抗体或血中的循环抗原。为了提高寄生虫免疫检测在临床诊断中的价值，大量研究集中于如何提高检测率及排除检测的干扰因素上，使免疫诊断方法趋向于更特异、更敏感、更准确、更简便。虽然目前寄生虫病的免疫诊断仍不如病原诊断可靠，但对于一些只有剖检才能发现病原的寄生虫来讲，如猪囊尾蚴病、旋毛虫病等，免疫学诊断仍是较有效的方法。此外，在寄生虫病的流行病学调查中，免疫学方法也有较大的优越性。

另外，分子生物学技术已应用于寄生虫病的诊断和流行病学调查，包括核酸探针技术和PCR技术，这些技术为探索寄生虫亚种和虫株鉴别、虫株标准化，提供了更可靠的手段。

第二节　检测技术

总体而言，动物疫病的检测技术包括基于抗原抗体反应的免疫学技术和以检测病原微生物核酸物质的分子生物学技术两大类。免疫学技术以检测抗原、抗体为目的，如血清中和试验、血清凝集试验、沉淀试验、免疫标记抗体技术等，此外基于迟发型变态反应的结核菌素试验也可用于一些动物疫病的诊断与检疫。分子生物学技术如聚合酶链式反应、反转录-聚合酶链式反应、基因序列测定、荧光定量PCR技术等，主要用于病原微生物核酸（DNA/RNA）的检测。本节主要介绍目前实验室常用于动物疫病诊断、检测和监测的免疫学技术和分子生物学技术。

一、中和试验

中和试验（Neutralization test）是基于病毒特异性抗体能中和病毒的感染性而建立的。

该技术主要用于动物病毒感染的血清学诊断、病毒分离株的鉴定、不同病毒株抗原关系分析、疫苗免疫效力的评价等，其特异性强、敏感性高。中和试验以病毒对宿主或细胞的毒力为基础，经在合适的细胞、鸡胚或试验动物上测定病毒的效价后再检测血清的中和能力。

中和试验有终点法和空斑减少法两种，前者又分为固定病毒稀释血清和固定血清稀释病毒两种方法。这里仅介绍试验室常用的终点法中和试验。

（一）原理

终点法中和试验（Endpoint neutralization test）是测定使病毒感染力减少至50%的血清稀释度（即中和效价）或血清的中和指数。将抗血清或待检血清与病毒混合，在适当条件下作用一定时间后，接种于敏感细胞、鸡胚或动物，检测混合液中病毒的感染力，计算血清的中和效价或中和指数。

（二）试验材料

1. 细胞或鸡胚、实验动物。
2. 病毒。
3. 待检血清。
4. 阳性血清。
5. 阴性血清。

（三）试验步骤

1. 固定病毒稀释血清法

（1）病毒效价测定　将病毒悬液作10倍递增稀释（10^{-1}、10^{-2}、10^{-3}……），取适宜稀释度，定量接种细胞、试验动物或鸡胚。由最高稀释度开始接种，每个稀释度接种4～6只（枚、管、瓶、孔），观察记录试验动物、鸡胚或细胞的死亡数或病变情况，计算各稀释度死亡或出现病变的试验动物（胚、细胞）的百分率。按Reed－Muench法、内插法或Karber法计算半数致死（感染）量（LD_{50}、ELD_{50}、ID_{50}、EID_{50}、$TCID_{50}$）。

计算公式为：$\log TCID_{50}$＝高于50%的病毒稀释度的对数＋距离比例×稀释系数的对数。

表5－1　病毒毒价测定试验示例（以$TCID_{50}$为例，接种量为0.1mL）

病毒稀释度	观察结果			累计结果		
	CPE数	无CPE数	CPE（%）	CPE数	无CPE数	CPE（%）
10^{-4}	6	0	100	13	0	100
10^{-5}	5	1	83	7	1	88
10^{-6}	2	4	33	2	5	29
10^{-7}	0	6	0	0	11	0

$$距离比例=\frac{高于50\%-50\%}{高于50\%-低于50\%}=\frac{88\%-50\%}{88\%-29\%}=0.64$$

10倍递增稀释的稀释系数的对数为−1。高于50%感染时（上例中为88%）病毒稀释度（10^{-5}）的对数值为−5。

$$\log TCID_{50} = -5 + 0.64 \times (-1) = -5.64$$

则：$TCID_{50} = 10^{-5.64}/0.1mL$。表示该病毒悬液作$10^{-5.64}$稀释后，每孔（瓶）细胞接种0.1mL，可以使50%的细胞产生细胞病变（CPE）。

（2）稀释病毒和血清　将确定效价后的病毒原液用培养液（如DMEM）稀释成每一单位剂量含200 $TCID_{50}$（或EID_{50}、LD_{50}）；将待检血清用10mol/L pH7.2～7.4的PBS液作倍比稀释（2^1、2^2、2^3……）。

（3）中和　将稀释后的病毒与倍比稀释的血清等量混合，置37℃感作1h。

（4）接种细胞、鸡胚或试验动物　每一稀释度接种3～6只（个、管、瓶、孔）试验动物（或鸡胚、细胞），每天观察记录每组动物（鸡胚）的存活数或死亡数、细胞病变孔数或瓶数。

（5）计算中和效价　按Reed－Muench法或Karber法计算其半数保护量（PD_{50}），即为该血清的中和效价。

表5－2　固定病毒稀释血清法中和试验示例

血清稀释度	死亡比例（CPE）	死亡数（CPE）	存活数（无CPE）	累计结果 死亡数（CPE）↓	累计结果 存活数（无CPE）↑	累计结果 死亡比例	累计结果 保护率（%）
1∶4（$10^{-0.6}$）	0/4	0	4	0	9	0/9	100
1∶16（$10^{-1.2}$）	1/4	1	3	1	5	1/6	83
1∶64（$10^{-1.8}$）	2/4	2	2	3	2	3/5	40
1∶256（$10^{-2.4}$）	4/4	4	0	7	0	7/7	0
1∶1 024（$10^{-3.0}$）	4/4	4	0	11	0	11/11	0

表中数据表明，PD_{50}介于$10^{-1.2}$和$10^{-1.8}$之间，按Reed－Muench法公式计算。

$$\text{距离比例}=\frac{\text{高于}50\%-50\%}{\text{高于}50\%-\text{低于}50\%}=\frac{83\%-50\%}{83\%-40\%}=0.77$$

稀释系数的对数为−0.6，高于50%保护时（上例中为83%）血清稀释度（$10^{-1.2}$）的对数值为1.2。

按公式：$\log PD_{50}$＝高于50%保护率的血清稀释度的对数＋距离比×稀释系数的对数＝$-1.2+0.77\times(-0.6)=-1.66$。

即该血清的中和效价为$10^{-1.66}$（1∶45.9），表明该血清在1∶45.9稀释时可保护50%的实验动物、胚或细胞免于死亡或感染或不出现CPE。

（6）结果判定　依据中和效价，可以判定待检血清中是否含有病毒的中和抗体（即阴、阳性）。不同疫病有不同的判定标准。一般而言，中和效价≥1∶2，待检血清即为阳性。可依据中和效价判定待检血清中的中和抗体水平。

2. 固定血清稀释病毒法

（1）稀释病毒　将病毒原液作10倍递增稀释（10^{-1}、10^{-2}、10^{-3}……），分装于两列无菌试管。

（2）中和　第一列加等量未经稀释的正常血清（对照组），第二列加等量未经稀释的待检血清（中和组），混合后置37℃感作1h。

（3）接种细胞、鸡胚或试验动物　每一稀释度接种3～6只（个、管、瓶、孔）实验动物（或鸡胚、细胞），每天观察记录每组动物（鸡胚）的存活数或死亡数、细胞病变孔数或瓶数。

（4）计算中和指数　按Reed－Muench法分别计算对照组和中和组的$TCID_{50}$（EID_{50}、LD_{50}），最后按公式计算中和指数。

$$中和指数＝中和组\ LD_{50}/对照组\ LD_{50}$$

表5－3　固定血清稀释病毒法中和试验示例

病毒稀释度	10^{-1}	10^{-2}	10^{-3}	10^{-4}	10^{-5}	10^{-6}	10^{-7}	LD_{50}	中和指数
对照组				4/4	3/4	1/4	0/4	$10^{-5.5}$	$10^{3.3}$＝1 995
试验组	4/4	2/4	1/4	0/4	0/4	0/4	0/4	$10^{-2.2}$	

$$中和指数＝\frac{试验组\ LD_{50}}{对照组\ LD_{50}}＝\frac{10^{-2.2}}{10^{-5.2}}＝10^{3.3}＝1\ 995$$

即该待检血清中和病毒的能力比正常血清大1 994倍。

（5）结果判定　依据中和指数，可对待检血清进行定性（阴、阳性）。通常待检血清的中和指数大于50者即可判为阳性，10～50为可疑，小于10为阴性。

（四）影响因素和注意事项

1. 中和试验特别是在鸡胚、细胞上进行的中和试验，严格要求无菌操作。目前，在细胞上进行的中和试验大都采用微量中和试验，即用24孔或96孔的细胞培养板。

2. 待检血清需要经灭菌和灭活处理。灭菌一般采用过滤方法除菌。因动物血清中含有多种蛋白质成分（如补体），对抗体中和病毒有辅助作用，为排除这些不耐热的非特异性反应因素，因此用于中和试验的血清一般须经56℃加热30min灭活处理。不同动物来源的血清，要求的处理温度有所不同。猪、牛、猴、猫及小鼠血清为60℃；水牛、狗及地鼠血清为62℃；马、兔血清为65℃；人和豚鼠血清为56℃。

3. 每天应对实验动物临床症状及死亡情况、鸡胚死亡情况、细胞病变（CPE）进行两次观察和记录。

4. 每次试验均应设置病毒对照、阳性血清对照、阴性血清对照、不接毒细胞、鸡胚或实验动物对照。

二、血凝与血凝抑制试验

（一）原理

血凝试验：某些病毒如鸡新城疫病毒、禽流感病毒、鸡产蛋下降综合征病毒、猪细小病毒等具有凝集某些哺乳类动物或禽类红细胞的特性，利用这一特性通过红细胞凝集试验可检测被检材料中是否有病毒存在，或测定病毒的滴度，依此特性建立的检测方法称为血凝试验（Haemagglutination assay，HA）。HA 有全量操作法和微量操作法两种，目前主要采用微量法。该方法可用于病毒的检测和初步鉴定、病毒血凝效价的测定等。

血凝抑制试验：病毒的红细胞凝集能被特异性的抗血清所抑制，依此特性建立的检测方法称为血凝抑制试验（Haemagglutination inhibition，HI）。血凝抑制试验可用于测定血清的抗体效价（血凝抑制效价），也可用已知的抗血清鉴定未知病毒。HI 试验有常量操作法和微量操作法两种，目前主要采用微量法。该方法可用于病毒感染诊断、病毒的鉴定、疫苗免疫效果的评价等。

（二）试验材料

以新城疫病病毒血凝试验及检测新城疫病毒抗体的血凝抑制试验为例。

1. 新城疫病毒液或被检样本（如鸡胚尿囊液）。

2. 0.5%鸡红细胞。

3. 灭菌的 10mol/L pH7.2 磷酸盐缓冲液（PBS）。

4. 96 孔 V 型微量反应板、微量移液器。

5. 微量振荡器、温箱。

6. 新城疫阳性血清。

（三）试验步骤

1. 血凝试验

（1）0.5%鸡红细胞悬液的制备　采集至少 3 只 SPF 鸡（如果无 SPF 鸡，采血鸡应使用常规鉴定无新城疫病毒抗体的非免疫鸡）的血液与等体积阿氏液混合，用 10mol/L pH7.2PBS 洗涤 3 次，每次均以 1 000r/min 离心 10min，洗涤离心后按红细胞压积用 PBS 配成 0.5%红细胞悬液，4℃保存备用。

（2）稀释病毒液或被检样本　用微量移液器向微量反应板中加入灭菌 PBS，每孔 50μL；用微量移液器取病毒液或被检样本 50μL 加于第 1 孔内，将吸头浸于样本中缓慢吸吹几次，使病毒与稀释液混合均匀，再吸取 50μL 混合液小心移至第 2 孔。如此连续稀释至第 11 孔，第 11 孔吸取 50μL 液体弃去。如此，病毒或待检样本的稀释倍数依次为 1∶2 至 1∶2 048。第 12 孔作为红细胞对照。操作术式见表 5-4。

（3）加入红细胞悬液　用微量移液器加 1%红细胞悬液，每孔 50μL。将微量反应板置微量振荡器上振荡混匀 1min，再置 37℃作用 15min 或室温（18～20℃）30～40min，或 4℃ 60min（若周围环境温度太高），待对照孔红细胞沉降后观察结果。

（4）结果判定　将反应板倾斜 45°，沉于管底的红细胞沿着倾斜面向下呈线状流动者为沉淀，表明红细胞未被或不完全被病毒凝集。如果孔底的红细胞铺平孔底，凝成均匀薄层，倾斜后红细胞不流动，说明红细胞被病毒凝集。以出现完全凝集的病毒或被检样本的最大稀释度为血凝价，即以 100%凝集（红细胞呈颗粒性伞状凝集沉于孔底）的病毒最大稀释度为该病毒血凝价（1 个凝集单位）。不凝集者红细胞沉于孔底呈点状。

2. 血凝抑制试验

（1）4 个单位病毒液的准备　依据经血凝试验确定的病毒抗原血凝价，将病毒原液稀释

表 5-4　鸡新城疫病毒血凝试验(HA)术式表(微量法,单位:μL)

孔号	1	2	3	4	5	6	7	8	9	10	11	12
病毒稀释度	1:2^1	1:2^2	1:2^3	1:2^4	1:2^5	1:2^6	1:2^7	1:2^8	1:2^9	1:2^{10}	1:2^{11}	红细胞对照
PBS	50	50	50	50	50	50	50	50	50	50	50	50
病毒液	50	50	50	50	50	50	50	25	50	50	50	弃去 50
0.5%红细胞悬液	50	50	50	50	50	50	50	50	50	50	50	50
置振荡器上混匀 1~2min,放 37℃静置 15 min 或室温(18~20℃)30~40min、或 4℃60 min												
判定结果	#	#	#	#	#	#	#	++	++	++	−	−

注:#表示 100%完全凝集;++表示部分凝集;—表示不凝集。

为含有 4 个单位病毒的工作液，供血凝抑制试验用。按下式计算出含 4 个血凝单位的抗原浓度：抗原应稀释倍数=血凝滴度/4，如病毒血凝滴度为 1 ∶ 160（此即一个血凝单位），4 个血凝单位则为 160/4=40 倍的稀释度，即取 1mL 病毒液加 39mL pH7.2 磷酸盐缓冲液。

（2）0.5%鸡红细胞悬液的制备　同 HA 试验。

（3）稀释血清　首先用微量移液器向微量反应板的第 1 孔至第 12 孔加入灭菌 PBS 50μL/孔，以微量移液器取被检血清 50μL 加至第 1 孔，吸头浸于液体中缓慢吸吹几次，使被检血清与稀释液混合均匀，再吸取 50μL 混合液小心移至第 2 孔。如此连续稀释至第 10 孔，被检血清稀释倍数依次为 1 ∶ 2 至 1 ∶ 1 024。每份血清样本稀释一排。反应板的第 11 和 12 孔分别加 25μL 4 单位病毒液和新城疫阳性血清，分别作为抗原对照和阳性血清对照。操作术式见表 5-5。

表 5-5　鸡新城疫病毒血凝抑制试验(HI)术式表(微量法,单位:μL)

孔号	1	2	3	4	5	6	7	8	9	10	11	12
被检血清稀释倍数	1:2^1	1:2^2	1:2^3	1:2^4	1:2^5	1:2^6	1:2^7	1:2^8	1:2^9	1:2^{10}	抗原对照	血清对照
PBS	50	50	50	50	50	50	50	50	50	50	50	50
被检血清	50	50	50	50	50	50	50	50	50	50	弃去 50	50
4 单位病毒液	50	50	50	50	50	50	50	50	50	50	50	50
置振荡器上振荡 1~2min,放 37℃作用 20 min												
0.5%红细胞悬液	50	50	50	50	50	50	50	50	50	50	50	50
置振荡器上混匀 1~2min,放 37℃静置 15 min												
判定结果	−	−	−	−	++	++	#	#	#	#	#	−

注:—表示不凝集;++表示部分凝集;#表示 100%完全凝集。

（4）加入病毒液　反应板的第 1 孔至第 10 孔再加入含有 4 个血凝单位的病毒液，每孔 50μL。

(5) 血凝抑制感作　将微量反应板置微量振荡器上振荡1～2min后，放37℃作用20min，或室温（20℃）下20min或4℃ 60min。

(6) 加入红细胞悬液　每孔再加入0.5%鸡红细胞悬液50μL，放微量振荡器上振荡1min混匀，置37℃ 15min，或静置室温（20℃）40min或4℃ 60min。待第11孔4单位病毒已凝集红细胞可观察结果。

(7) 结果判定　将反应板倾斜45°，沉于管底的红细胞沿着倾斜面向下呈线状流动者为沉淀，表明红细胞未被或不完全被病毒凝集；如果孔底的红细胞铺平孔底，凝集成均匀薄层，倾斜后红细胞不流动，说明红细胞被病毒凝集。在对照出现正确结果的情况下，能将4单位病毒凝集红细胞的作用完全抑制的血清最高稀释倍数，称为该血清的红细胞凝集抑制效价。用被检血清的稀释倍数或其以2为底的对数表示（如上例为1∶16，或表示为4log2）。

(四) 影响因素与注意事项

1. 红细胞的来源对血凝和血凝抑制试验的结果有一定影响。有些病毒的血凝谱很广，有些很窄，应依据病毒的血凝特性来选择适宜动物的红细胞。一般常用的有鸡、豚鼠、大鼠、鹅、绵羊、小鼠的红细胞以及人的O型血红细胞。供血动物还有个体差异，所以试验时最好用几只动物的混合血液。

2. 所用红细胞悬液的浓度会影响到血凝和血凝抑制试验结果，因此，每次试验所使用的红细胞的浓度尽可能保持一致。

3. 无菌采集抗凝血液后在4℃储存不能超过1周，否则引起溶血或反应减弱。若需储存较久，则抗凝剂必须改用阿氏液，以4∶1（4份阿氏液加1份血液）混匀后，在4℃可储存4周。

4. 反应温度对血凝和血凝抑制试验结果有一定的影响。有些病毒的血凝性在4℃最明显（如弹状病毒、细小病毒等），还有一些在4～37℃（如正黏病毒、副黏病毒）均可。

三、间接血凝和反向间接血凝试验

(一) 原理

将可溶性抗原（或抗体）吸附于一种与免疫无关的、具有一定大小的不溶性颗粒载体表面，此吸附抗原（或抗体）的载体颗粒与相应抗体（或抗原）结合，在有电解质存在的适宜条件下发生凝集反应，称为间接凝集试验。将可溶性抗原致敏于红细胞表面，用以检测相应抗体，称为间接血凝试验（Indirecthaemagglutination assay，IHA）；如将抗体致敏于红细胞表面，用以检测样本中相应抗原，称为反向间接血凝试验（Reverse passive haemagglutination assay，RPHA）。常用的载体红细胞为绵羊红细胞或人O型红细胞。间接血凝和反向间接血凝试验适用于抗体和各种可溶性抗原的检测，其特点是微量、快速、操作简便、无需特殊设备。

(二) 试验材料

1. 红细胞（绵羊红细胞或人O型红细胞）。

2. 96孔聚苯乙烯塑料V型反应板。

3. 已知抗原或待检抗原。

4. 待检血清、标准阳性血清与阴性血清。

5. 醛化剂（戊二醛）。

6. 0.2mol/L pH5.2醋酸盐缓冲液，0.11mol/L pH7.2 PBS。

7. 稀释液即含0.5%牛血清白蛋白（BSA）的10mol/L pH7.2 PBS。

8. 微量加样器、微量振荡器、温箱。

（三）试验步骤

1. 醛化绵羊红细胞（SRBC）的制备 无菌采集绵羊血，玻璃珠脱纤抗凝，沉集绵羊红细胞用10～20倍体积的0.11 mol/L pH7.2 PBS液洗涤4～6次，配成10%红细胞悬液，置4℃冰箱预冷至4℃。缓慢加入等量的1%戊二醛（用0.11 mol/L pH7.2 PBS配置）并继续摇动30～60min，然后用PBS洗涤5次，最后用PBS配成10%的悬液，加入0.01% NaN_3防腐，4℃冰箱保存备用。

2. 红细胞自凝性测定 取醛化红细胞0.1mL加稀释液0.9mL混匀。在96孔反应板上任选3孔，分别加入阴性血清、阳性血清、PBS液，然后加入稀释的红细胞悬液，混匀，置37℃下作用1～2h，3孔红细胞完全不凝集为合格。

3. 醛化SRBC的致敏

（1）用0.11 mol/L pH7.2 PBS将10%的醛化红细胞洗涤2次，每次以3 000r/min离心10min，最后用0.2mol/L pH5.2醋酸盐缓冲液配制成5%的悬液，置于37℃水浴中预热。

（2）用0.2 mol/L pH5.2醋酸盐缓冲液稀释抗原或抗体（最适浓度经预试验确定），置于37℃水浴中预热。

（3）在5%红细胞悬液中加入等体积的抗原或抗体溶液，混匀，置37℃水浴中作用30min，每隔5min振荡混匀一次。

（4）以3 000r/min离心10min，用稀释液将致敏红细胞洗涤3次，最后配成1%致敏红细胞悬液，备用。

4. 间接血凝试验

（1）用微量加样器在96孔V型反应板上每孔加入25μL稀释液。

（2）取25μL待检血清加入到第1孔，混合4～5次，取出25μL置入第2孔进行混匀。依次至第11孔，取出25μL弃掉。反应板的第12孔留作红细胞对照。同时设立阳性血清与阴性血清对照，作同样稀释。

（3）将反应板置于微量振荡器上振荡1min。

（4）每孔加入25μL抗原致敏红细胞，在微量振荡器上振荡均匀，置于室温或37℃反应45～60min，观察结果。

（5）结果判定 红细胞呈薄层凝集，布满整个孔底或边缘卷曲呈荷叶状为100%凝集，记录为“#”；红细胞呈薄层凝集，但面积较小，中心致密，边缘松散，即为50%凝集，记录为“++”；介于上述两者之间为75%凝聚，记录为“+++”；红细胞大部分集中于中央，周围有少量凝集为25%凝集，记录为“+”。红细胞沉底呈圆点状，周围光滑，无分散凝集为 0 凝集，记录为"—"。出现 50%凝集的血清的最高稀释度为该血清的间接血凝效价。

表 5－6　正向间接血凝试验程序及判定结果举例

单位：μL

孔号	1	2	3	4	5	6	7	8	9	10	11	12
被检血清稀释倍数	1：2^1	1：2^2	1：2^3	1：2^4	1：2^5	1：2^6	1：2^7	1：2^8	1：2^9	1：2^{10}	1：2^{11}	红细胞对照
稀释液	25	25	25	25	25	25	25	25	25	25	25	25
被检血清	25	25	25	25	25	25	25	25	25	25	25	弃去 25
致敏红细胞	25	25	25	25	25	25	25	25	25	25	25	25
置振荡器上振荡 1min，放室温（冬季放 35℃温箱）作用 2h												
判定结果	#	#	#	#	#	#	+++	++	+	—	—	—

注：表中所示被检血清的间接血凝效价为：1：256。

5. 反向间接血凝试验

（1）用微量加样器在 96 孔 V 型反应板上每孔加入 25μL 稀释液。

（2）取 25μL 待检抗原样本加入到第 1 孔，混合 4～5 次，取出 25μL 置入第 2 孔进行混匀。依次至第 11 孔，取出 25μL 弃掉。反应板的第 12 孔留作红细胞对照。同时设立抗原阳性与阴性样本对照，作同样稀释。

（3）将反应板置于微量振荡器上振荡 1min。

（4）每孔加入 25μL 抗体致敏红细胞，在微量振荡器上振荡均匀，置于室温或 37℃反应 1～2h，观察结果。

表 5－7　反向间接血凝试验程序及判定结果举例

单位：μL

孔号	1	2	3	4	5	6	7	8	9	10	11	12
被检抗原样本稀释倍数	1：2^1	1：2^2	1：2^3	1：2^4	1：2^5	1：2^6	1：2^7	1：2^8	1：2^9	1：2^{10}	1：2^{11}	红细胞对照
稀释液	25	25	25	25	25	25	25	25	25	25	25	25
被检抗原	25	25	25	25	25	25	25	25	25	25	25	弃去 25
致敏红细胞	25	25	25	25	25	25	25	25	25	25	25	25
置振荡器上振荡 1min，放室温（冬季放 37℃温箱）作用 1～2h												
判定结果	#	#	#	#	#	#	+++	++	+	—	—	—

表中所示被检抗原的间接血凝效价为：1：256。

（5）结果判定　红细胞呈薄层凝集，布满整个孔底或边缘卷曲呈荷叶状为 100%凝集，记录为"#"；红细胞呈薄层凝集，但面积较小，中心致密，边缘松散，即为 50%凝集，记录为“++”；介于上述两者之间为75%凝聚，记录为“+++”；红细胞大部分集中于中央，周围有少量凝集为25%凝集，记录为“+”。红细胞沉底呈圆点状，周围光滑，无分散凝集为0凝集，记录为“－”。出现50%凝集的抗原样本的最高稀释度为该抗原的间接血凝效价。

（四）影响因素与注意事项

1. 常用绵羊红细胞（SRBC）及人O型红细胞作为致敏抗原或抗体的载体。SRBC较易大量获取，固定和致敏红细胞稳定，血凝图谱清晰，但绵羊个体之间有差异，以固定一只采血为宜。此外，待测血清中有异嗜性抗体时易出现非特异性凝集，需事先以SRBC进行吸收。人O型红细胞很少出现非特异性凝集，采血后可立即使用，也可4份血加1份阿氏液（含8.0g/L枸橼酸钠，19.0g/L葡萄糖，4.2g/L NaCl）混匀后置4℃，1周内使用。

2. 新鲜红细胞用阿氏液保存于4℃，可供3周内使用，但用新鲜红细胞致敏后，保存时间短，而且不同动物个体和不同批次来源的红细胞均有差异，影响试验结果和分析。目前多采用醛化红细胞或鞣化红细胞。常见的醛化剂有甲醛、戊二醛和丙酮醛。醛化红细胞的性质稳定，不影响红细胞表面的吸附能力，重复性好，易标准化，并可较长期保存，醛化后4℃保存，有效期可至1年。

3. 红细胞醛化之前应充分洗涤，以除去红细胞表面残留易引起自凝血和浆蛋白及其他胶质。醛化时应尽量使红细胞稀释度低一些，以减少红细胞的凝集和变形。

4. 用于致敏红细胞的抗原或抗体（IgG）应进行纯化，要求抗原的纯度高、抗体的效价高。抗原或抗体的适宜致敏浓度应进行事先确定。

四、平板（玻片）凝集试验

（一）原理

细菌抗原与相应的抗体（血清）在玻片上混合后，在电解质参与下，抗原和抗体凝集成肉眼可见的凝集小块，称为平板（玻片）凝集试验（Plate agglutination test）。平板（玻片）凝集试验是一种定性试验，可用已知的抗血清检测未知菌，也可用已知的细菌抗原检测待检血清中的抗体。

（二）试验材料

1. 载玻片。
2. 0.85%灭菌生理盐水。
3. 已知诊断用的阳性血清或细菌抗原。
4. 待检细菌或待检血清。

（三）试验步骤

1. 取洁净载玻片1张，用接种环钩取已知诊断用阳性血清或细菌抗原，滴置于载玻片一端，另一端置灭菌生理盐水1滴作为对照。

2. 用接种环钩取被检细菌或血清少许，置灭菌生理盐水滴中搅拌混匀，再将接种环灭菌后冷却，钩取少许被检细菌或血清滴于阳性血清或细菌抗原中混匀。

3. 结果判断　在1～3min内，出现明显可见的凝集块，液体变为透明，对照仍均匀混浊，即为凝集反应阳性，说明被检菌或血清与已知阳性血清或细菌抗原是相对应的。

（四）影响因素与注意事项

1. 在大批血清样本的检测中，每块玻璃板所划格数应以容纳20头份血清为宜。血清份数亦不可过多，因为血清份数太多，会拖长每板的操作时间，观察结果延迟，影响结果判定。

2. 检测未知细菌时，须事先将已知的细菌抗原，用阴、阳性血清检查，证明其符合使用要求时方可应用。使用前1～2h应将细菌抗原置室温中，振荡混匀。

3. 平板（玻片）凝集试验应在室温（20℃）左右的条件下进行。因为温度过低，凝集较慢，且易凝固；温度过高，凝集较快，但不充分，混合液易干。如果环境温度过低，则可将玻片背面与手背轻轻摩擦或在酒精灯火焰上空掩几次，以提高反应温度，促进抗原抗体凝集。

4. 必须设立阴性对照，且阴性对照为阴性的前提下才能对样本进行判定。

5. 在试验结束后，玻片不可随意丢弃，应做消毒灭菌工作。

五、试管凝集试验

（一）原理

细菌抗原与其相应的抗体，在电解质参与下，抗原颗粒与抗体分子在试管内互相结合形成肉眼可见的凝集，即为试管凝集试验（Tube agglutination test）。该试验用于细菌性疾病的诊断与检测，通过测定血清中相应抗体的凝集效价而定量检测抗体。

（二）试验材料

1. 小试管（1cm×8cm）、试管架、恒温箱、吸管等。
2. 细菌凝集抗原。
3. 阳性血清、阴性血清。
4. 被检血清。
5. 无菌0.5%石炭酸生理盐水。

（三）试验步骤

1. 被检血清的稀释　每份血清准备小试管5支。第一管中加入2.3mL石炭酸生理盐水，第二、第三、四、五管各加入0.5mL。用1mL吸管取待检血清0.2mL，加入到第一管中，并混合均匀。混合的方法是，将该试管中混合液吸入吸管中，再沿管壁吹入原试管中，如此反复吸吹3～4次。混匀后，用吸管吸取混合液，向第二管中加0.5mL，并弃去1.5mL。再用同一吸管（或更换新吸管）将第二管的混合液采用前述方法混匀，并从中吸取

0.5mL 加入第三管混匀，如此稀释到第五管，第五管混匀后弃去 0.5mL。如此稀释后，从第一管到第五管，血清稀释度依次分别为 1∶12.5、1∶25、1∶50、1∶100 和 1∶200。操作术式见表 5－8。

2. 加入细菌凝集抗原　用含 0.5%石炭酸的生理盐水，将细菌凝集抗原原液作 20 倍稀释，然后每管加入抗原稀释液 0.5mL，振摇均匀。

3. 设对照　每次试验设立抗原对照、阳性血清和阴性血清对照。

4. 结果判定　全部试管于充分震荡后置 37℃温箱中 22～24h，判定并记录结果。

表 5－8　试管凝集反应术式

管号	1	2	3	4	5	6	7	8
血清稀释倍数	1∶12.5	1∶25	1∶50	1∶100	1∶200	抗原对照	阳性血清对照(1∶25)	阴性血清对照(1∶25)
0.5%石炭酸生理盐水	2.3	0.5	0.5	0.5	0.5	0.5		
被检血清	0.2	0.5 弃 1.5	0.5	0.5	0.5	弃 0.5	0.5*	0.5**
细菌凝集抗原	0.5	0.5	0.5	0.5	0.5	0.5	0.5	0.5

注：*为阳性血清　**为阴性血清。

根据各管中上层液体的透明度、抗原被凝集的程度及凝集块的形状，来判断凝集反应的强度。

＃ 液体完全透明，菌体完全凝集呈伞状沉于管底，振荡时，沉淀物呈片、块或颗粒状（100%菌体被凝集）。

＋＋＋ 液体基本透明（轻度混浊），75%菌体被凝集，沉于管底，振荡时情况如上。

＋＋ 液体不甚透明，管底有明显的凝集沉淀，振荡时有块状或小片絮状物（50%菌体被凝集）。

＋ 液体透明不明显或不透明，有不显著的沉淀或仅有沉淀的痕迹（25%菌体被凝集）。

－ 液体不透明，管底无凝集。有时管底中央有小圆点状沉淀，但立即散开呈均匀混浊。

以出现“＋＋”以上凝集现象的血清的最高稀释度为血清的凝集效价。

（四）影响因素与注意事项

1. 被检血清采集时应注意无菌操作，减少污染。被检血清必须新鲜，无明显的蛋白凝固，无溶血现象和腐败气味。

2. 在试管凝集反应中，抗原抗体的比例很重要，必须对此进行摸索和确定。若抗体比例过大，可出现假阴性现象，即前带现象。

3. 应注意区别由于交叉凝集出现的假阳性反应。

4. 若对照管不成立，则应进行重检。

六、补体结合试验

（一）原理

补体可与大多数抗原-抗体复合物结合而被激活，从而产生溶解细胞效应。可溶性抗原，如蛋白质、多糖、脂类、病毒等或者颗粒性抗原，与相应的抗体结合后，其抗原-抗体复合物可以结合补体，由于此过程不能肉眼观察，可以在体系中加入红细胞和溶血素，根据是否出现溶血反应来判定反应系统中是否存在相对应的抗原和抗体。此反应即为补体结合试验（Complement fixation test）。参与补体结合反应的抗体主要是IgG和IgM。

补体结合试验体系包括两个系统，第一为反应系统，又称溶菌系统，即已知抗原（或抗体）、被检血清（或抗原）和补体。第二系统为指示系统（亦称溶血系统），即溶血素、补体和绵羊红细胞，溶血素即抗绵羊红细胞抗体。补体常用豚鼠血清，它对红细胞具有较强的裂解能力。补体只能与抗原-抗体复合物结合并被激活产生溶血作用。因此，如果试验系统中的抗原和抗体是对应的，形成了免疫复合物，定量的补体就被结合，这时加入指示系统，由于缺乏游离补体，就不产生溶血，即为阳性反应。反之试验系中缺乏抗原或特异性抗体，不能形成免疫复合物，补体就游离于反应液中，被指示系统，即溶血素＋绵羊红细胞免疫复合物激活，而发生溶血，即阴性反应。为了测定阳性血清中抗体的效价，可将血清作系列稀释，其结果是由完全不溶血逐步达到完全溶血，发生50％溶血的血清最高稀释倍数为该血清的抗体效价。这里以检测抗体为例说明试验过程。

（二）试验材料

1. pH7.4巴比妥缓冲液（BBS）。

2. 2％SRBC。取新鲜脱纤维或Alsever液保存绵羊血，加数倍量的生理盐水混匀，2 000r/min离心10min，弃上清。如此洗涤2次，第3次用BBS洗涤后，取管底压积红细胞用BBS配成2％细胞悬液。为了使悬液浓度标准化，可取2％SRBC 0.2mL加BBS 4.8mL稀释25倍，用分光光度计于波长542nm处测定其透光率，要求达到40％。若有偏差，应进行校正。

3. 溶血素、补体（新鲜混合豚鼠血清）、待检血清、已知抗原、阳性血清、阴性血清等。

4. 离心机、试管、吸管、恒温水浴箱等。

（三）试验步骤

1. 预备试验

（1）溶血素滴定　先将溶血素适当稀释，再按表5－9将下列成分按次序加入各管中混匀。

表 5-9　溶血素滴定

单位：mL

试管号	溶血素（稀释度）	1∶30 补体血清	2%SRBC	巴比妥缓冲液		假定结果
1	0.1（1∶500）	0.2	0.1	0.2	放置37℃水浴30min	全溶血
2	0.1（1∶1 000）	0.2	0.1	0.2		全溶血
3	0.1（1∶2 000）	0.2	0.1	0.2		全溶血
4	0.1（1∶3 000）	0.2	0.1	0.2		全溶血
5	0.1（1∶4 000）	0.2	0.1	0.2		半溶血
6	0.1（1∶5 000）	0.2	0.1	0.2		微溶血
7	0.1（1∶5 000）	0.2	0.1	0.2		不溶血
8	0.1（1∶5 000）	0.2	0.1	0.2		不溶血

溶血素单位的计算：当补体用量固定时，以完全溶解一定量红细胞所需的最小量溶血素为 1 个单位。按表 5-9 的假定结果，1∶3 000 稀释度 0.1 mL 的溶血素为 1 个单位，正式试验时一般要求采用 2 个单位，即应用 1∶1 500 稀释度的溶血素 0.1 mL。

（2）补体滴定　将新鲜混合豚鼠血清 1∶30 稀释后，按表 5-10 将下列成分按次序加各管中混匀。加入抗原液的目的是观察其对补体和溶血系统的影响。

表 5-10　补体滴定

剂量单位：mL

试管号	1∶30 补体	巴比妥缓冲液	稀释抗原		2%SRBC	2 单位溶血素		假定结果
1	0.03	0.27	0.1	放置37℃水浴30min	0.1	0.1	放置37℃水浴30min	不溶血
2	0.04	0.26	0.1		0.1	0.1		不溶血
3	0.06	0.24	0.1		0.1	0.1		微溶血
4	0.08	0.22	0.1		0.1	0.1		半溶血
5	0.10	0.20	0.1		0.1	0.1		全溶血
6	0.12	0.18	0.1		0.1	0.1		全溶血
7	0.14	0.16	0.1		0.1	0.1		全溶血
8	0.16	0.14	0.1		0.1	0.1		全溶血

补体单位的计算：当溶血素用量固定时，以完全溶解一定量致敏红细胞所需的最小量溶血素为 1 个单位。按表 5-10 的假定结果，1 个单位的补体为 1∶30 稀释血清 0.1 mL，正式试验时一般要求采用 2 个单位，可根据所需的量（如 0.2 mL）计算补体的稀释度（X）。

$$2\times0.1:0.2=30:X$$

$$X=30$$

表示要使 0.2 mL 中含有 2 个单位补体，豚鼠血清应作 1∶30 稀释。

（3）抗原和抗体滴定　一般采用方阵滴定法。

①将 64 支试管按表 5-11 排列成纵向 8 列与横向 8 行的方阵。

②将抗原和抗体先经 56℃灭活 30min，再分别用 BBS 进行 1∶4～1∶256 的倍比稀释。

③按照表 5－11 在 1～7 列对应各管中加不同稀释度的抗原 0.1 mL，同时在 1～7 行对应管中加不同稀释度的抗体 0.1 mL，第八行和第八列均不加血清，以 BBS 代替作为对照。

④向每一管加入 2 单位的补体 0.2 mL，混匀，置 4℃ 16～18h，而后置 37℃ 水浴 60min。

⑤向每一管加入 2% SRBC 和 2 单位溶血素各 0.1mL，混匀后，再放置 37℃ 水浴 30min。

⑥效价判定：以“－”表示完全不溶血，以“＋”、“＋＋”、“＋＋＋”、“♯”分别表示从轻微溶血到完全溶血的不同程度。选择抗原和抗体都呈现完全溶血的最高稀释度作为 1 个单位。如表 5－11 所示结果，抗原 1∶64、抗体 1∶32 计为 1 个单位。正式试验时，抗原一般采用 2～4 个单位（即 1∶16～1∶32），抗体采用 4 个单位（即 1∶8）。

表 5－11 抗原和抗体方阵滴定结果

抗体/抗原	1∶4	1∶8	1∶16	1∶32	1∶64	1∶128	1∶256	抗原对照
1∶4	4＋	4＋	4＋	4＋	4＋	4＋	3＋	—
1∶8	4＋	4＋	4＋	4＋	4＋	3＋	2＋	—
1∶16	4＋	4＋	4＋	4＋	3＋	2＋	2＋	—
1∶32	4＋	4＋	4＋	4＋	3＋	2＋	＋	—
1∶64	4＋	4＋	4＋	4＋	2＋	＋	—	—
1∶128	4＋	2＋	＋	—	—	—	—	—
1∶256	3＋	＋	—	—	—	—	—	—
抗体对照		—	—	—	—	—	—	

2. 正式试验 先将待检血清作 1∶2～1∶256 倍比稀释，分别加入编号为 1～8 的试管，然后按照表 5－12 所示在各管中加入 2 个单位抗原、2 个单位补体、补充适量 BBS，将各管混匀进行孵育。同时设阳性对照（加入阳性血清）、阴性对照（加入阴性血清），以及血清对照、抗原对照、溶血素对照、SRBC 对照等 6 个对照管。

表 5－12 补体结合试验

剂量单位：mL

试管号	血清	2 单位抗原	巴比妥缓冲液	2 单位补体		2% SRBC	2 单位溶血素	
1～8（待检管）	0.1	0.1	—	0.2		0.1	0.1	
9（血清对照）	—	0.1	0.1	0.2		0.1	0.1	
10（阳性对照）	0.1	0.1	—	0.2		0.1	0.1	
11（阴性对照）	0.1	0.1	—	0.2		0.1	0.1	
12（抗原对照）	—	0.1	0.1	0.2	置 4℃冰箱 16～18h 后，置 37℃ 水浴 60 min	0.1	0.1	放置 37℃ 水浴 30min
13（溶血素对照）	—	—	0.2	0.2		0.1	0.1	
14（SRBC 对照）			0.5	—		0.1	—	
15（3U 补体）		0.1	—	0.3		0.1	0.1	
16（2U 补体）		0.1	0.1	0.2		0.1	0.1	
17（1U 补体）		0.1	0.2	0.1		0.1	0.1	

结果判定：应先观察对照管，除阳性对照和SRBC对照管完全不溶血以外，其他对照管应完全溶血，方可证明试验结果可靠，若有不溶血现象说明试剂或操作有误。在对照管结果与预期相符合的情况下，待检管呈现溶血现象时为阴性反应，不出现溶血现象时为阳性反应，并按以下标准判断溶血程度，以出现“＋＋”以上反应的血清的最高稀释度为抗体效价。

溶血程度判断标准：

“♯”：100％不溶血（不溶）；

“＋＋＋”：75％不溶血（微溶）；

“＋＋”：50％不溶血（中度溶血）；

“＋”：25％不溶血（大部分溶血）；

“－ ”：完全溶血。

（四）影响因素与注意事项

1. 补体结合试验操作繁琐，且需十分仔细，参与反应的各因子的量必须有恰当的比例，特别是补体和溶血素的用量。在正式试验前，必须准确测定溶血素效价、溶血系统补体价、溶菌系统补体价等，测定活性，以确定其用量。

2. 补体结合试验中某些血清等有非特异性结合补体的作用，称抗补体作用。引起抗补体作用的原因很多，如血清中变性的球蛋白及某种脂类、陈旧血清或被细菌污染的血清，器皿不干净，带有酸、碱等。因此，本试验要求血清等样本及诊断抗原、抗体应防止细菌污染。玻璃器皿必须洁净。如出现抗补体现象可采用增加补体用量、提高灭活温度和延长灭活时间等方法加以处理。

3. 操作应仔细准确。参与试验的各项已知成分必须预先滴定其效价，配制成规定浓度后使用，方能保证结果的可靠性。

4. 不同动物的血清、补体浓度差异很大，甚至同种动物中不同的个体也有差异。动物中以豚鼠的补体浓度最高，一般采血前停食12h，用干燥注射器自心脏采血，立即放于4℃冰箱，在2～3h内分离血清，小量分装后，－20℃冻结保存，冻干后可保存数年。要防止反复冻融，以免影响其活性。

5. 正式试验时应设立各种对照，包括补体对照、抗原对照、血清对照、稀释液对照等，判定结果时必须先保证各对照结果正确。

七、变态反应

（一）原理

迟发型变态反应（Delayed type hypersensitivity，DTH），即Ⅳ型变态反应，常用于一些疫病的诊断与检测。其原理为一些病原微生物（如结核杆菌）感染机体后，可诱导产生致敏T淋巴细胞，使机体处于致敏状态。当给感染动物皮内注射相同抗原（如结核菌素纯化蛋白衍生物PPD）时，注射部位就会形成以单核细胞浸润为主的炎症反应，甚至引起组织坏死。如结核病的变态反应（结核菌素试验）可用于结核病的诊断、检疫和检测。

（二）试验材料

1. 待检动物。
2. 提纯结核菌素（PPD）。
3. 注射器、卡尺。

（三）试验步骤

1. 用剪刀将注射部位（如颈部，通常在颈中部 1/3 处）的毛剪净，或用剃刀剃净，并用碘酒、酒精棉球消毒。
2. 用卡尺量取剪毛部位的皮肤厚度。
3. 在剪毛部位皮内注射 PPD 0.1mL。
4. 注射后 48～72h，观察局部皮肤反应，用卡尺量取注射部位的皮肤厚度。
5. 结果判定。结核菌素变态反应是用于牛结核病检疫的标准方法。依照我国《动物检疫操作规程》规定，牛颈部皮肤肿胀厚度≥4mm，则为阳性；如局部炎症反应不明显，皮肿胀厚度在 2～4mm 之间，为疑似；如无炎症反应，为阴性。凡判为疑似反应牛，30d 后复检一次，如仍为疑似，经 30～45d 再次复检，还为疑似则判定为阳性。

（四）影响因素与注意事项

1. 结核菌素试验的技术要求不高，但是工作量大，检出时间长，操作麻烦，许多因素如被检动物个体差异、注射剂量和 PPD 批号等都可以降低该方法的敏感性和特异性。
2. 本试验以皮肤厚度的增加来进行结果判定，存在一定的人员误差。
3. 本试验存在着一定的非特异性，如动物发生某些细菌或病毒的感染时，或者使用某些药物治疗及一些不明原因，可能会造成假阳性或假阴性。

八、环状沉淀试验

（一）原理

在一定的条件下，将可溶性抗原置于抗体（抗血清）之上，如二者相对应，则可在抗原、抗体两液接触界面形成乳白色的环状沉淀。环状沉淀试验（Ring precipitation test）主要是用已知的抗体检测未知的抗原，用于抗原的定性检测，如诊断炭疽的 Ascoli 试验等。

（二）试验材料

以炭疽抗原的检测为例。

1. 已知炭疽沉淀血清及炭疽标准抗原。
2. 待检炭疽沉淀抗原。
3. 试管（5mm×50mm）、滴管、移液管及 1mL 注射器。
4. 0.3%石炭酸生理盐水。
5. 剪刀、乳钵、水浴锅、中性石棉（滤纸）。

（三）试验步骤

1. 待检抗原的制备

（1）取可疑为炭疽而死的病畜的实质脏器 1g，在乳钵中研碎，加生理盐水 5～10mL，或取疑为炭疽病畜的血液、渗出液，加入 5～10 倍生理盐水混合后，用移液管移至试管内，置水浴锅煮沸 30～40min，冷却后用滤纸（中性石棉）过滤，得到清澈的液体，即为待检抗原。如滤液浑浊不透明可再次过滤。

（2）如病料是皮张、兽毛等，可采用冷浸法。将被检材料高压 121.3℃ 30min 灭活后，剪成小块并称重，加约 5 倍的 0.5%石炭酸生理盐水，室温或放置普通冰箱浸泡 18～24h，用滤纸（中性石棉）过滤。

2. 取试管（5mm×50mm）3 支置于试管架上，编号。用毛细滴管（或 1mL 注射器接 5 号针头代替）吸取炭疽沉淀素血清，加入编号 1、2、3 的反应管底部，每管约 0.5mL（达试管 1/3 高），勿使血清产生气泡或沾染上部管壁。

3. 取 1 号试管，用毛细滴管吸取被检抗原，将反应管略倾斜，沿管壁缓缓把被检抗原注加到沉淀素血清上，至达反应管 2/3 处，使两液接触处形成一整齐的界面（注意不要产生气泡，不可动摇），轻轻直立放置。在 2 号试管中如上法滴加炭疽标准抗原。在 3 号试管如上法滴加生理盐水，作为对照。

4. 将反应管放在试管架上静置数分钟，观察结果。如在被检抗原与抗血清液面交界处出现肉眼可见的白色沉淀带，即为阳性，反之为阴性。

（四）影响因素与注意事项

1. 待检抗原样本必须清澈，如不清澈，可离心，取上清液或冷藏后使脂类物质上浮，用吸管吸取底层的液体。

2. 抗原加入后，在 5～10min 内判定结果。1 号管内两液界面出现白色环状沉淀带，可判为阳性。加入炭疽标准抗原应出现乳白色沉淀环，为阳性对照，而加入生理盐水者，无沉淀环出现，为阴性对照。

3. 必须进行对照观察，以免出现假阳性。

4. 观察时将沉淀管平举眼前，如在小管后方衬以黑纸，使光线从斜上方射入两液面交界处，则能更清楚地看到沉淀环。

5. 采用环状沉淀反应，用以沉淀素效价滴定时，可将抗原做 100×、1 000×、2 000×、4 000×、8 000×等稀释，分别叠加于抗血清上，以出现环状沉淀的最大稀释倍数，即为该血清的沉淀效价。

九、琼脂双向单扩散试验

（一）原理

双向单扩散试验（Single diffusion in two dimension）又称辐射扩散或环状扩散试验。一般用已知抗体测定未知抗原（如鸡马立克氏病病毒抗原的检测），也可用于抗原的定量。

将一定量的抗体（抗血清）与加热融化的琼脂（用生理盐水配制）在56℃左右混合后，倾注于玻璃板或平皿上，使之成为厚度适当的凝胶板。待琼脂凝固后，在琼脂板上打孔并滴加待测抗原液，抗原在孔内辐射扩散，与凝胶中的相应抗体接触，当抗原和抗体的浓度比例适当时，就形成清晰的白色沉淀环。此白色沉淀环随扩散时间而扩大，直至平衡为止。沉淀环的大小（直径或面积）与抗原的浓度在一定范围内成正比，因此可用不同浓度的标准抗原制成标准曲线。未知抗原在同样条件下测得沉淀环的大小，然后从标准曲线上查得未知抗原的量。

（二）试验材料

1. 0.15mol/L pH7.2 PBS。

2. 1.2%琼脂（PBS配制，加入0.01%硫柳汞防腐）。

3. 抗血清。

4. 待检抗原。

5. 载玻片、打孔器、微量加样器、酒精灯、搪瓷盒等。

（三）试验步骤

1. 将1.2%琼脂融化，并置于56℃水浴中保温。

2. 将抗血清在56℃水浴中预热到56℃。

3. 在100mL琼脂中加入一定体积的抗血清（事先经预试验确定加入量），充分混匀。

4. 取3.5mL血清琼脂浇于玻片上，厚度为2～3mm，制成免疫琼脂板，冷却备用。

5. 用打孔器在每个琼脂板上等距打4个孔，小心挑出孔内琼脂，用酒精灯轻轻灼烧玻片另一面进行封底。

6. 用微量加样器向孔内滴加不同稀释度的已知浓度的标准抗原及待检抗原，每孔10μL。

7. 将已经加样的免疫琼脂板放湿盒内，置37℃温箱扩散24h后取出，观察并测定各孔的沉淀环直径。

8. 结果判定。如定性检测，观察到被检抗原孔出现肉眼可见的白色沉淀环即为阳性，反之为阴性。如若定量，可通过测定已知浓度抗原的各孔形成的沉淀环直径，以测得的沉淀环直径为横坐标，相应的抗原量为纵坐标，在半对数坐标纸上绘出标准曲线。待测抗原根据沉淀环直径大小，从标准曲线上求得其含量，再乘以稀释倍数，即得其实际含量，以mg/mL来表示。

（四）影响因素与注意事项

1. 制备免疫琼脂板时要掌握好温度。融化琼脂时一定要在水浴中进行，且要避免加热过程中水分蒸发致使溶液浓缩。为防止在长时间扩散过程中琼脂上有细菌污染生长，可在琼脂中加入0.01%的硫柳汞防腐。琼脂板制好后，一般不能立即打孔，需放在4℃冰箱中过夜后再使用，如此可保证所打孔的质量。

2. 在琼脂板制成后，不要急于打孔加样，而是在打孔后，在酒精灯上来回几次，以平皿不烫手面（微热即可）为宜，使琼脂板孔底与平皿底部结合牢固，这样加的样品就不会泄漏，避免出现模糊的沉淀环。

3. 如果琼脂板孔内表面干燥，琼脂含水量减少，琼脂浓度增大，形成凝胶分子筛孔径变小，扩散阻力增大，不利于物质扩散，沉淀线出现较晚。避免此种现象的发生，应采取琼脂板现制备现使用或打好孔后放冰箱短时间保存。无论在加样前还是在加样后，都要注意保持琼脂糖凝胶板的湿度，不能让水分蒸发造成凝胶板花斑或皱缩，甚至形成乳白色不透明凝胶状。琼脂扩散试验最后阶段应在湿盒内进行。

4. 扩散时间要掌握好。时间过短，观察不到沉淀线；时间过长，会出现已经形成的沉淀线解离或散开而出现假阴性。37℃感作比较容易出现沉淀线，但要根据供试样品具体选定，如对易于失效的病毒抗原等，可置室温或4℃时感作。

5. 沉淀环直径以毫米为单位。

十、琼脂双向双扩散试验

（一）原理

琼脂双向双扩散试验（Double diffusion in two dimension）是最常用的琼脂扩散试验，一般用于抗体或抗原的定性检测。可溶性抗原与相应的抗体（抗血清）在琼脂凝胶中各自向四周扩散，如果抗原和抗体相对应，则在二者比例适当处形成肉眼可见的白色沉淀线；反之，不会出现沉淀线。常用已知抗原检测未知的血清样本，也可用已知抗血清检测未知抗原样本。

（二）试验材料

1. 0.15mol/L pH7.2PBS。

2. 1.2%琼脂（PBS配制，加入0.01%硫柳汞防腐）。

3. 已知抗原或血清、待检血清或抗原。

4. 载玻片、打孔器、微量加样器、酒精灯、搪瓷盒等。

（三）试验步骤

1. 琼脂板的制备 用吸管吸取3.5mL加热融化的1.2%琼脂浇注于一块清洁的载玻片上，厚度2.5～3.0mm。

2. 打孔 待琼脂凝固后用打孔器打孔，孔距和孔径依不同疫病检测规程而定，一般孔径3～5mm，孔间距4～7mm。孔型多为梅花型，即中央1孔，周围6孔。用针头挑出孔内琼脂。将琼脂板无凝胶面在酒精灯火焰上轻轻灼烧，用手背感觉微烫即可。

3. 加入抗原和待检血清 用微量加样器在中央孔加入已知抗原，外周孔加入待检血清样本；如果检测抗原，可在中央孔加入抗血清，外周孔加入待检抗原样本；如果进行抗体效价测定，则中央孔加入已知抗原，外周孔加倍比稀释的血清，每个稀释度加1孔。加样时勿使样品外溢或在边缘残存小泡，以免影响扩散结果。检测抗体或抗原均应设立阴性、阳性对照。

4. 扩散 加样完毕后，将琼脂板放于湿盒内，保持一定的湿度，置37℃温箱中扩散

24～48h，观察结果。

5. 结果判定

（1）若凝胶中抗原、抗体是特异性的，则形成抗原抗体复合物，在中央孔与待检样本孔之间形成清晰的白色沉淀线，即为阳性。若在72h仍未出现沉淀线则为阴性。

（2）进行抗体检测时，可将已知抗原置中央孔，周围1、3、5孔加标准阳性血清，2、4、6孔分别加待检血清。待检孔与阳性孔出现的沉淀带完全融合者可判为阳性。待检血清无沉淀带或所出现的沉淀带与阳性对照沉淀带完全交叉者判为阴性。待检孔虽未出现沉淀带，但两阴性孔在接近待检孔时，两端均向内有所弯曲者判为弱阳性。仅一端有所弯曲，另一端仍为直线者，判为可疑，需重检。重检时可加大检样量。检样孔无沉底带，但两侧阳性孔的沉淀带在接近检样孔时变得模糊、消失，可能为待检血清中抗体浓度过大，致使沉淀带溶解，可将样品稀释后重检。

（3）检测抗血清的效价，以出现沉淀带的血清最高稀释倍数为该血清的琼扩效价。

（四）影响因素与注意事项

1. 温度对沉淀线的形成有影响，在一定范围内，温度越高扩散越快。通常反应在0～37℃下进行。在双向双扩散时，为了减少沉淀线变形并保持其清晰度，可在37℃下形成沉淀线，然后置于室温或冰箱（4℃）为佳。

2. 琼脂浓度对沉淀线形成速度有影响，一般来说，琼脂浓度越大，沉淀线出现越慢。

3. 参加扩散的抗原与抗体间的距离对沉淀线的形成有影响，抗原、抗体相距越远，沉淀线形成的越慢，孔间距离以等于或稍小于孔径为好，距离远影响反应速度。当然孔距过近，沉淀线的密度过大，容易发生融合，有碍沉淀线数目的确定。

4. 时间对沉淀线有影响，时间过短，沉淀线不能出现；时间过长，会使已形成的沉淀线解离或散开而出现假象。沉淀线形成一般观察72h，放置过久可能出现沉淀线重合消失。

5. 抗原、抗体的比例与沉淀线的位置、清晰度有关。如抗原过多，沉淀带向抗体孔偏移和增厚，反之亦然。可用不同稀释度的反应液试验后调节。

6. 不规则的沉淀线可能是加样过满溢出、孔型不规则，边缘开裂，孔底渗漏、孵育时没放平、扩散时琼脂变干燥、温度过高蛋白质变性或未加防腐剂导致细菌污染等所致。试验时必须设立对照并进行对照观察，以免出现假阳性。

7. 从不同浓度的抗原、抗体反应看，随着抗体浓度降低，检出抗原的敏感性也降低，反之，抗体浓度升高，检出抗原的敏感性也高；根据琼脂扩散试验原理，抗原和抗体浓度比例适当时，即可出现肉眼可见的沉淀线，但抗体浓度过高，不仅浪费，而且沉淀线可能偏移，以至影响结果判定。

十一、对流免疫电泳

（一）原理

在pH8.6的琼脂凝胶中，抗体球蛋白只带有微弱的负电荷，在电泳时，由于电渗作用的影响，抗体球蛋白不但不能抵抗电渗作用向正极移动，反而向负极倒退。而一般抗原蛋白质带负电荷，在电场中可以克服电渗向正极移动。在同一电场中，抗原抗体相对运动，两者相遇且比例适合时便形成肉眼可见的沉淀线。该试验由于抗原抗体分子在电场作用下定向运动，限制了自由扩散，增加了相应作用的抗原抗体的浓度，从而提高了敏感性，它较琼脂扩散敏感性高 10～16 倍，广泛用于疫病的快速诊断和病原的鉴定。该试验快速、操作简单，可用于抗原或抗体的快速检测。

（二）试验材料

1. 0.05 mol/L pH 8.6 的巴比妥缓冲液。

2. 1.2% 琼脂。

3. 已知抗原、阳性血清和待检血清、待检抗原。

4. 电泳仪、电泳槽、载玻片、微量加样器、打孔器等。

（三）试验步骤

1. 琼脂板的制备 以 pH8.6 离子强度 0.05mol/L 巴比妥缓冲液配成 1.2%琼脂凝胶板，取融化的琼脂 3.5mL，浇在玻片上制版，厚度 2～3mm。

2. 打孔 琼脂冷却后，打孔，每张玻片上可打成对的小孔 3 列，孔径 0.3～0.6cm，孔距 0.4～1.0cm。挑去孔内琼脂，封底。

3. 加样 一对孔中，一孔加已知（或待检）抗原，另一孔加待检（或已知）血清。同时设置阳性、阴性对照孔。

4. 电泳 将抗原孔置于负极端。将琼脂板置于电泳槽中，电泳槽内加入巴比妥缓冲液，加至电泳槽高度的 2/3 处，注意两槽内液面尽量水平。将 2～4 层纵向折叠的滤纸一端浸在缓冲液内，一端贴在琼脂板上，重叠 0.5～1.0cm（滤纸先用缓冲液浸湿，叠层中不应有气泡）。电压 4～6V/cm，或电流强度 2～6mA/cm，电泳时间 30～60min，观察结果。

5. 结果判定 断电后，将玻板置于灯光下，衬以黑色背景观察。阳性者则在抗原抗体孔之间形成一条清楚致密的白色沉淀线。如沉淀线不清晰，可把琼脂板放在湿盒中 37℃数小时或置电泳槽过夜再观察。

（四）影响因素与注意事项

1. 抗原抗体的浓度。当抗原抗体比例不适合时，均不能出现明显可见的沉淀线。所以除了应用高效价的血清外，每份待测样品均可做几个不同的稀释度来进行检测。

2. 特异性对照鉴定。为了排除假阳性反应，则在待检抗原孔的邻近并列一阳性抗原孔，若待检样品中的抗原与抗体所形成的沉淀线和阳性抗原抗体沉淀线完全融合时，则待检样品中所含的抗原为特异性抗原。

3. 适当的电渗作用在对流免疫电泳中是必要的。当琼脂质量差时，电渗作用太大，而使血清中的其他蛋白成分也泳向负极，造成非特异性反应。在某些情况，琼脂糖由于缺乏电渗作用而不能用于对流免疫电泳。

4. 当抗原抗体在同一介质中带同样电荷或迁徙相近时，则电泳时两者向着一个方向泳动。故不能用对流免疫电泳来检查。

5. 并不是所有的抗原分子都向正极移动，抗体球蛋白由于分子的不均一性，在电渗作用较小的琼脂糖凝胶板上电泳时，往往向点样孔两侧展开，因此用未知电泳特性的抗原进行电泳时，可用琼脂糖制板，并在板上打 3 列孔，将抗原置于中心孔，抗血清置于两侧孔。这样，如果抗原向负极泳动时，就可在负极一侧与抗血清相遇而出现沉淀带。

十二、免疫荧光技术

（一）原理

免疫荧光技术就是将不影响抗体活性的荧光素标记在抗体或抗原上，当标记物与相应抗原或抗体结合后，就会形成带有荧光素的复合物，在荧光显微镜下，由于受高频光源的照射，荧光素发出特异的荧光，这样就可以对相应的抗原或抗体进行检测。常用的免疫荧光抗体技术有直接法和间接法。直接免疫荧光法用已知的荧光素标记抗体检测相应抗原。如果标本中有相应抗原存在，就会形成抗原-荧光素标记抗体复合物，在荧光显微镜下就可见特异性荧光，反之无特异性荧光。此法的优点是简单、特异性高；缺点是每种抗原均需制备相应的特异性荧光抗体，且敏感性低于间接法。间接免疫荧光法用荧光素标记的抗抗体检测抗原或抗体。检测抗体时，先将待检抗体（一抗）加在制备好的含有已知抗原的标本上，再加入荧光素标记的抗抗体（二抗），如果待检样品中有相应抗体，就形成抗原-抗体-荧光素标记抗抗体复合物，并在荧光显微镜下显示特异荧光；与此相似，也可以用已知的阳性血清检测抗原。间接法敏感性高于直接法，而且标记一种二抗就可用于检测多种抗原或抗体，但其易产生非特异性荧光。下面以检测猪瘟病毒及抗体为例进行介绍。

（二）试验材料

1. 10mol/L pH7.4 PBS。
2. 猪瘟病毒高免血清（经 56℃水浴 30min 灭活）。
3. 异硫氰酸荧光素（FITC）标记的猪瘟病毒抗体。
4. 异硫氰酸荧光素（FITC）标记的兔抗猪 IgG（二抗）。
5. 待检病料、待检血清、阴性及阳性病料或血清对照。
6. 甘油缓冲液。
7. 荧光显微镜、载玻片、盖玻片、毛细吸管、玻片染色缸、温箱等。

（三）试验步骤

1. 制片　选无自发性荧光的适合载玻片或普通优质载玻片，洗净后浸泡于无水乙醇和乙醚等量混合液中，用时取出用绸布擦净。将待检病料制成涂片、印片、切片（冰冻切片或石蜡切片）。将制作的涂片、印片、切片，用冷丙酮或无水乙醇室温固定 10min。固定后的制片以冷 PBS 液浸泡冲洗，最后以蒸馏水冲洗。培养的细胞单层飞片或微量板可直接进行固定。

2. 染色

（1）直接染色法

①滴加 PBS 液于待检标本片上，10min 后弃去，使标本保持一定湿度。

②将固定好的标本置于湿盘中，滴加稀释至染色效价的 FITC 标记的猪瘟病毒抗体，以覆盖为度，37℃温箱孵育 30min。

③取出玻片，倾去存留的荧光抗体，先用 PBS 漂洗后，再按顺序过 PBS 液 3 缸浸泡，每缸 3min，其间不时振荡。

④用蒸馏水洗 1min，除去盐结晶。

⑤取出标本片，用滤纸条吸干标本四周残余的液体，但不使标本干燥。

⑥滴加甘油缓冲液 1 滴，以盖玻片封片。

⑦置荧光显微镜下观察。标本的特异性荧光强度，一般用“＋”表示。

⑧对照染色：应设立标本自发荧光对照（标本加 1 滴或 2 滴 PBS）、阳性样本对照和阴性样本对照。

（2）间接染色法检测抗原

①滴加 PBS 于待检标本片上，10min 后弃去，使标本保持一定湿度。

②将固定好的标本置于湿盘中，滴加已知的猪瘟病毒高免血清，以覆盖为度，37℃温箱孵育 30min。

③倾去存留的免疫血清，将标本浸入装 PBS 的玻片染缸，并依次过 PBS 液 3 缸浸泡，每缸 3min，其间不时振荡。

④用蒸馏水洗 1min，除去盐结晶。

⑤取出标本片，用滤纸条吸干标本四周残余的液体，但不使标本干燥。

⑥滴加 FITC 标记的兔抗猪 IgG 抗体，37℃温箱孵育 30min。

⑦充分洗涤标本片，用滤纸条吸干标本四周残余的液体，但不使标本干燥。

⑧滴加甘油缓冲液 1 滴、封片，置荧光显微镜下观察。

⑨对照染色：应设立标本自发荧光对照（标本加 1 滴或 2 滴 PBS）、荧光抗体对照（标本＋荧光抗体）、阳性样本对照和阴性样本对照。

（3）间接染色法检测抗体

①用已知的猪瘟病毒阳性组织涂片或印片，自然干燥，甲醇固定。

②将固定好的标本置于湿盘中，滴加经适当稀释的待检血清，37℃温箱孵育 30min。

③倾去存留的血清，将标本浸入装 PBS 的玻片染缸，并依次过 PBS 液 3 缸浸泡，每缸 3min，其间不时振荡。

④滴加 FITC 标记的兔抗猪抗体，37℃温箱孵育 30min。

⑤充分洗涤标本片，用滤纸条吸干标本四周残余的液体，但不使标本干燥。

⑥滴加甘油缓冲液 1 滴、封片，置荧光显微镜下观察。

⑦对照染色：应设立标本自发荧光对照（标本加 1 滴或 2 滴 PBS）、荧光抗体对照（标本＋荧光抗体）、阳性血清和阴性血清对照。

（4）结果判定　如检测样本可见特异性荧光，即为阳性。观察时，应将形态学特征和荧光强度相结合。进行病毒检测时，针对不同特性的病毒，应观察荧光所在部位，即有的病毒呈细胞质荧光，有的呈细胞核荧光，有的在细胞质和细胞核均可见荧光。荧光强度在一定程度上可反映抗原或抗体的含量。

荧光强度的表示方法如下：

＋＋＋～# 荧光闪亮；

++ 荧光明亮；

+ 荧光较弱，但可见；

± 极弱的可疑荧光。

— 无荧光。

在各种对照成立的前提下，待检样本特异性荧光染色强度达“++”以上，即可判定为阳性。

（四）影响因素与注意事项

1. 制作标本片时应尽量保持抗原的完整性，减少形态变化，力求抗原位置保持不变。同时，还必须使抗原-标记抗体复合物易于接收激发光源，以便良好地观察和记录。这就要求标本要相当薄，并要有适宜的固定处理方法。

2. 细菌培养物、感染动物的组织或血液、脓汁、粪便、尿沉渣等，可用涂片或压印片。组织学、细胞学和感染组织主要采用冰冻切片或低温石蜡切片。也可用生长在盖玻片上的单层细胞培养物做标本。细胞培养可直接在96孔细胞板培养，用无水乙醇固定制作标本，也可以用胰酶消化后做成涂片。细胞或原虫悬液可直接用荧光抗体染色后再转移至玻片上直接观察。

3. 标本的固定有两个目的：一是防止被检材料从玻片上脱落，二是消除抑制抗原抗体反应的因素（如脂肪）。检测细胞内抗原，用有机溶剂固定可增加细胞膜的通透性而有利于荧光抗体渗入。

4. 为了保证荧光染色的正确性，避免出现假阳性，进行免疫荧光检测时必须设置标本自发荧光对照、阳性对照与阴性对照。只有在对照成立时，才可对检测样本进行判定。

5. 对荧光素标记抗体的稀释，要保证抗体有一定的浓度。血清稀释度一般不应超过1∶20，抗体浓度过低会导致产生的荧光过弱，影响结果的观察。但抗体浓度过高，则容易产生非特异性荧光。

6. 染色的温度和时间需要根据不同的标本及抗原而变化。染色时间可以从10min到数小时，一般以30min为宜。染色温度多采用室温，但37℃可加强抗原抗体反应和染色效果。

7. 由于荧光素和抗体分子的稳定性都是相对的，因此，随着保存时间的延长，在各种条件影响下，荧光素标记的抗体可能变性解离，失去其应有的亮度和特异性。另外，一般标本在高压汞灯下照射时间超过3min，就有荧光减弱现象。因此，经荧光染色的标本最好在当天观察，随着时间的延长，荧光强度会逐渐下降。

十三、免疫酶技术

（一）原理

免疫酶技术是基于抗原抗体反应的特异性和酶催化反应的高敏感性，利用酶标记抗体，与组织或细胞中的相应抗原结合形成复合物，加入相应底物显色，通过显微镜观察，以检测标本中相应的抗原。常用的免疫酶标记染色技术有直接法和间接法。直接法是将酶直接标记特异性抗体，用于检测组织或细胞中的相应抗原；间接法是将酶标记抗抗体（第二抗体），既可用于检测组织或细胞中的相应抗原，也可用已知组织或细胞样本，检测血清中的相应抗体。

常用于标记的酶有辣根过氧化物酶、碱性磷酸酶等。目前已有一些商品化的酶标记抗体（或抗抗体），但很多情况下需要制备针对检测抗原的酶标记特异性抗体。

（二）试验材料

（1）抗体稀释液　10mol/L pH 7.2～7.4 PBS 缓冲液。

（2）PBST 洗涤缓冲液（pH 7.2～7.4）　PBS 缓冲液中加入 0.05%的吐温-20。

（3）二甲苯（分析纯）、梯度酒精（70%、80%、95%、100%，均为分析纯）、3% H_2O_2。

（4）辣根过氧化物酶标记的抗体（或单克隆抗体）、辣根过氧化物酶标记的抗抗体（如羊抗鼠 IgG）。

（5）待检组织、细胞培养的单层细胞盖片。

（6）阳性血清、阴性血清。

（7）DAB（3，3′二氨基联苯胺）显色液。以 0.05mol/L pH7.4～7.6 的 Tris-HCl 缓冲液配成 50～75mg/dL 溶液，并加少量（约 0.01%～0.03%）H_2O_2，混匀。

（8）4%多聚甲醛　用 0.1mol/L 磷酸盐缓冲液配制，二者比例 19∶81。

（9）树胶封片剂　中性树胶中加入些许二甲苯。

（10）10%正常山羊血清封闭液（与二抗动物同源的正常血清）。

（11）0.1% 胰蛋白酶。

（12）盖玻片和光学显微镜。

（三）试验步骤

1. 直接法

（1）检测样本制备　常用于免疫酶标记染色的样本有组织（可作成冷冻切片或低温石蜡切片、组织压印片、涂片）、细胞培养的单层细胞盖片等。

（2）样本的预处理　石蜡切片常规脱蜡及水化，冰冻切片或细胞涂片经冷丙酮固定 10min，PBST 液漂洗 3 次，每次 5min；将制片浸于 3% H_2O_2 中，室温处理 15～30min，PBST 洗涤 3 次，每次 3min，以消除内源酶（也可用 1%～3% H_2O_2 甲醇溶液处理单层细胞培养标本或组织涂片，低温条件下作用 10～15min，可同时起到固定和消除内源酶的作用）。

（3）0.1%胰蛋白酶　37℃消化 20min，PBST 洗涤 3 次，每次 3min。

（4）滴加 10%正常山羊血清封闭液，室温封闭 30min（也可用 10%卵蛋白作用 30min；用 0.05%吐温-20 和含 1%牛血清白蛋白的 PBS 对细胞培养标本进行预处理，同时可起到消除背景染色的效果）。

（5）倾去封闭液，滴加用 PBS 适当稀释的酶标特异性抗体 37℃孵育 2h 或 4℃过夜，PBST 洗涤 3 次，每次 3min。

（6）DAB 显色液显色，在显微镜下观察，及时用蒸馏水终止。

（7）苏木精复染 1min，盐酸酒精分色 7～10s，自来水蓝化 15min，经梯度酒精脱水和二甲苯透明后，经树胶封片，镜检。

(8) 设立阳性样本和阴性样本对照。

2. 间接法

(1) 按直接法进行样本的制备与预处理。

(2) 0.1% 胰蛋白酶 37℃消化 20min，PBST 洗涤 3 次，每次 3min。

(3) 滴加 10% 正常山羊血清封闭液，室温封闭 30min。

(4) 倾去封闭液，滴加适当稀释的特异性血清（一抗）或单克隆抗体（如果用于检测抗体，则加待检血清样本），37℃孵育 2h 或 4℃过夜，PBST 洗涤 3 次，每次 3min。

(5) 滴加适当稀释的辣根过氧化物酶标记的抗抗体，37℃或室温孵育 30min，PBST 洗涤 3 次，每次 3min。

(6) 用新配置的 DAB 显色液显色，在显微镜下观察，及时用蒸馏水终止。

(7) 苏木精复染 1min，盐酸酒精分色 7～10s，自来水蓝化 15min，经梯度酒精脱水和二甲苯透明后，经树胶封片，镜检。

(8) 设立阳性样本、阴性样本对照；检测血清时应设阳性血清和阴性血清对照。

3. 结果判定 样本显色后，组织或细胞中抗原所在部位可见特异性的呈色（如底物中供氢体为 DAB，则为深棕色；如用甲萘酚，则呈红色；用 4-氯-1-萘酚，则呈浅蓝色或蓝色），即为阳性，反之为阴性。

(四) 影响因素与注意事项

1. 组织离体后 30min 内应立即用 4% 缓冲多聚甲醛或 10%缓冲甲醛溶液固定，否则会影响结果的判定。

2. 试验前，应对一抗和酶标二抗的最佳工作浓度进行确定。

3. DAB 显色液应现用现配，并且避光显色。DAB 有潜在的致癌性，要小心操作。

4. 染色过程中，每次洗涤均要充分，但不可太剧烈，否则容易脱片。

十四、酶联免疫吸附试验

(一) 原理

酶联免疫吸附试验（Enzyme-linked immunosorbent assay，ELISA）是在固相载体（聚苯乙烯微量反应板、聚苯乙烯球珠）上进行的免疫酶染色。吸附于固相载体表面的抗原或抗体与被检标本中相应的抗体或抗原结合形成抗原抗体复合物，再加入酶标记的抗体（抗抗体），加入底物后，底物被酶催化成为有色产物，颜色反应的深浅与标本中相应抗原（抗体）的量呈正比，故可根据呈色的深浅进行定性或定量检测。ELISA 可用于检测抗体，也可用于检测抗原。依据检测目的不同，ELISA 有多种类型，常用的主要有间接法、夹心法与双夹心法、阻断 ELISA、液相阻断 ELISA、非结构蛋白抗体检测 ELISA 等。

(二) 试验材料

(1) 包被液 0.05mol/L pH9.6 碳酸钠缓冲液。

(2) 洗涤液 PBST（含 0.05%吐温-20 的 0.01mol/L pH7.4 PBS）。

（3）封闭液和血清样本或待检抗原样本稀释液　含 1%明胶，1%BSA，5%小牛血清，10%马血清和 10%羊血清等的 0.01mol/L pH7.4 PBS。

（4）显色液　四甲基联苯胺（TMB）+H_2O_2。

（5）终止液　2mol/L H_2SO_4。

（6）96 孔酶标反应板、酶联免疫检测仪、微量移液器、恒温箱。

（7）待检血清或抗原样本、阳性血清、阴性血清。

（三）试验步骤

1. 间接 ELISA　用于检测抗体，基本步骤是：用抗原包被酶标反应板、洗涤、加入待检血清样本、经孵育后洗涤、加入酶标记抗抗体（二抗）、再经孵育洗涤后、加底物显色、终止、测定、结果判定。

（1）抗原包被　将抗原按要求用包被液稀释，100μL/孔，4℃过夜（12～24h）。

（2）洗涤　甩干包被液，用洗涤液洗涤 3 次，250μL/孔，3min/次。

（3）封闭　加入封闭液，150μL/孔，37 ℃ 2h。甩干，同上洗涤。

（4）加样　血清样品按要求用稀释液稀释，100μL/孔，37 ℃ 30min 至 2h。甩干，同上洗涤。同时设立阳性血清对照和阴性血清对照。

（5）加酶标二抗　用稀释液将酶标二抗进行稀释（现用现配），100μL/孔，37℃ 30min 至 2h。甩干，同上洗涤。

（6）加底物溶液　每孔加入新配制的底物溶液，100μL/孔，37℃ 10～30min。

（7）加终止液　每孔加入 50μL 2mol/L H_2SO_4 终止反应。

（8）测定　用酶联检测仪测定各孔 OD_{450nm}。

2. 夹心法　又称双抗体法，是检测抗原最常用的方法之一。基本步骤是用特异性抗体包被酶标反应板，经洗涤后加入抗原待检样品，加入酶标记特异性抗体，再经孵育洗涤后，加底物显色、终止、测定、结果判定。

（1）包被　将特异性抗体（提纯 IgG 或单克隆抗体）按要求用包被液稀释，100μL/孔，4℃过夜（12～24h）。

（2）洗涤　甩干包被液，洗涤液洗涤 3 次 250μL/孔，3min/次。

（3）封闭　加入封闭液，150μL/孔，37℃ 2h。甩干，同上洗涤。

（4）加样　将待检样品按要求稀释，100μL/孔，37℃ 30min 至 2h。甩干，同上洗涤。同时设立阳性样本对照和阴性样本对照。

（5）加酶标记抗体　用稀释液把酶标记抗体（提纯 IgG 或酶标单克隆抗体）按要求进行稀释（现用现配）。100μL/孔，37℃ 30min 至 2h。甩干，同上洗涤。

（6）加底物溶液　每孔加入新配制的底物溶液，100μL/孔，37 ℃ 10～30min。

（7）加终止液　每孔加入 50μL 2mol/L H_2SO_4 终止反应。

（8）测定　用酶联检测仪测定各孔 OD_{450nm}。

3. 双夹心法　双夹心法首先是将针对待检抗原的特异性抗体 a 包被于酶标反应板，经洗涤后加入待检抗原样品，经孵育洗涤后再加入未标记的特异性抗体 b（与抗体 a 所不同种的动物制备的）。经孵育洗涤后，再加酶标记抗 b 的抗抗体，再经孵育洗涤后加底物显色进行测定。双夹心法的敏感性高于夹心法，同时避免标记特异性抗体，标记一种抗抗体，即可达到多种应用。

(1) 包被　将特异性抗体 a（提纯 IgG 或单克隆抗体）按要求用包被液稀释，100μL/孔，4℃过夜（12～24h）。

(2) 洗涤　甩干包被液，洗涤液洗涤 3 次 260μL/孔，3min/次。

(3) 封闭　加入封闭液，150μL/孔，37℃ 2h。甩干，同上洗涤。

(4) 加样　将待检样本按要求稀释，100μL/孔，37℃ 30min 至 2h。甩干，同上洗涤。同时设立阳性样本对照和阴性样本对照。

(5) 加特异性抗体 b　用稀释液把特异性抗体 b（提纯 IgG 或单克隆抗体）按要求进行稀释。100μL/孔，37℃ 30min 至 2h。甩干，同上洗涤。

(6) 加酶标记抗抗体　用抗体稀释液将酶标二抗进行稀释，100μL/孔，37℃ 30min 至 2h。甩干，同上洗涤。

(7) 加底物　每孔加入新配制的底物溶液，100μL/孔，37℃ 10～30min。

(8) 加终止液　每孔加入 50μL 2mol/L H_2SO_4 终止反应。

(9) 测定　自动酶联检测仪测定各孔 OD_{450nm}。

4. 阻断 ELISA　用于检测抗体。将已知的抗原包被于酶标反应板，孵育后洗去未吸附的抗原，随后加入被检血清，洗涤，加入酶标单克隆抗体，感作后再洗涤，加入底物显色、终止、测定。底物颜色的深浅与被检血清中抗体量成反比，即样品中抗体含量越高，与固相载体上抗原结合得越多，与抗原结合的酶标单克隆抗体越少，颜色反应就越浅。

(1) 包被　包被缓冲液将纯化的蛋白抗原稀释至 0.1～10μg/mL，在 96 孔酶标反应板中每孔加入 100μL，置 4℃冰箱过夜。

(2) 洗涤　甩去酶标反应板内的包被缓冲液，洗涤液洗涤 3 次，260μL/孔，3min/次。

(3) 封闭　加入封闭液，150μL/孔，37℃2h。甩干，同上洗涤。

(4) 加样　将待检样品用稀释液进行稀释（如 1∶50），加入酶标反应板中，100μL/孔，置 37℃温箱反应 30min～1h。同时设立阳性血清对照和阴性血清对照。

(5) 洗涤　甩干，同上洗涤。

(6) 阻断　用稀释液将 HRP 标记的单克隆抗体进行稀释（现用现配），100μL/孔，置 37℃温箱反应 30～45min。

(7) 洗涤　甩干，同上洗涤。

(8) 加底物　每孔加入新配制的底物溶液，100μL/孔，置 37℃温箱 10～30min。

(9) 加终止液　每孔加入 50μL 2mol/L H_2SO_4 终止反应。

(10) 测定　自动酶联检测仪测定各孔 OD_{450nm}。

5. 液相阻断 ELISA（LpB-ELISA）　该试验应用较少，主要用于口蹄疫病毒抗体的检测。基本试验材料有：捕获抗体：用 FMD 病毒 7 个血清型 146S 抗原的兔抗血清，将该血清用包被液稀释成最适浓度。抗原：用细胞培养增殖 FMD 毒株制备，并进行预滴定，以达到某一稀释度，加入等体积稀释剂后，滴定曲线上线大约 1.5，稀释剂为含 0.05%吐温-20、酚红指示剂的 PBS（PBST）。检测抗体：豚鼠抗 FMDV 146S 血清，预先用 NBS（正常牛血清）阻断，稀释剂为含 0.05%吐温-20、5%脱脂奶的 PBS（PBSTM）。将该检测抗体稀释成最适工作浓度。酶结合物：辣根过氧化物酶（HRP）标记的兔抗豚鼠 IgG，用 NBS 阻断，用 PBSTM 稀释成最适浓度。

（1）包被　ELISA 反应板每孔用 50μL 兔抗病毒血清包被，室温下置湿盒过夜。

（2）洗涤　用 PBST 液洗板 5 次，3min/次。

（3）加被检血清，在另一酶标板中加入 50μL 被检血清（每份血清重复做 2 次），2 倍连续稀释的起始为 1∶4。

（4）加抗原　向如上酶标板中加抗原，每孔内加入相应的同型病毒抗原 50μL 混合后置 4℃过夜，或在 37℃孵育 1h，加入抗原后使血清的起始稀释度为 1∶8。

（5）将 50μL 的血清/抗原混合物转移到兔血清包被的 ELISA 板中，置 37℃孵育 1h。

（6）用 PBST 液洗板 5 次，3min/次。

（7）每孔滴加 50μL 前一步使用的同型病毒抗原的豚鼠抗血清，置 37℃孵育 1h。

（8）洗涤同上，然后每孔加 50μL 酶结合物，置 37℃孵育 1h。

（9）洗涤同上，然后每孔加 50μL 含 0.05% H_2O_2（3%质量浓度）的邻苯二胺。

（10）加 50μL 1.25 mol/L 硫酸中止反应，15min 后，将板置于分光光度计上，在 492nm 波长条件下读取光吸收值。

（11）每次试验时，设立强阳性、弱阳性和 1∶32 牛标准血清以及没有血清的稀释剂抗原对照孔、阴性血清对照孔。

（12）结果判定　抗体滴度以 50%终滴度表示，即该稀释度 50%孔的抑制率大于抗原对照孔抑制率均数的 50%。滴度大于 1∶40 为阳性，滴度接近 1∶40 应用病毒中和试验重检。

6. 非结构蛋白抗体 ELISA　非结构蛋白是在病毒复制增殖过程中产生的，具有免疫原性，在病毒感染机体过程中，可诱导产生相应的抗体。而非结构蛋白在成熟的具有感染性的病毒粒子中不存在，灭活疫苗免疫动物也不产生针对非结构蛋白的抗体。因此，可以通过检测非结构蛋白抗体，达到区分野毒感染动物和灭活疫苗免疫动物的目的。如检测口蹄疫病毒非结构蛋白（3ABC）抗体的商品化 ELISA 试剂盒，可用于区分口蹄疫病毒感染动物和灭活疫苗免疫动物。这里介绍非结构蛋白抗体检测的间接 ELISA 。

（1）包被　包被缓冲液将纯化的重组非结构蛋白稀释至 0.1～10μg/mL，在 96 孔酶标反应板中每孔加 100μL，置 4℃冰箱过夜。

（2）洗涤　甩去酶标反应板内的包被缓冲液，洗涤液洗涤 3 次，260μL/孔，3min/次。

（3）封闭　加入封闭液，150μL/孔，37℃2h。甩干，同上洗涤。

（4）加样　将待检血清样品用稀释液进行稀释（1∶50），加入酶标反应板中，100μL/孔，置 37℃温箱反应 30～60min。同时设立阳性血清对照和阴性血清对照。

（5）洗涤　甩干，同上洗涤。

（6）加二抗　用稀释液将 HRP 标记的酶标二抗进行稀释（现用现配），100μL/孔，置 37℃温箱反应 30～45min。

（7）洗涤　甩干，同上洗涤。

（8）加底物　每孔加入新配制的底物溶液，100μL/孔，置 37℃温箱 10～30min。

（9）加终止液　每孔加入 50μL 2mol/L H_2SO_4 终止反应。

（10）测定　96 孔酶标板于酶联检测仪上测定各孔 OD_{450nm}值。

7. 结果判定　ELISA 试验结果用酶联检测仪测定样本的光密度（OD）值。所用波长随底物供氢体不同而异，如以 OPD 为供氢体，测定波长为 492nm，TMB 为 650nm（氰氟酸终止）或 450nm（硫酸终止）。结果有以下方法表示。

（1）计算阴、阳性阈值或临界值（cut off），以阳性“＋”与阴性“－”表示，对样本进行定性检测。临界值的确定因检测抗原、抗体的不同而有差异，常用的有：①一组阴性样本的吸收值之均值＋2 或 3 倍 SD（SD 为标准差）；②P/N 比值（样本的 OD 值与一组阴性样本 OD 值均值之比）；③S/P 比值（样本的 OD 值与阳性对照的比值）。实际检测时，样本的 OD 值大于临界值即为阳性，反之为阴性。目前，商品化的 ELISA 试剂盒都有相应的判定方法，应参照操作说明书进行。

（2）ELISA 效价的确定　将样本作倍比稀释，测定各稀释度的 OD 值，高于临界值的最大稀释度即仍出现阳性反应的最大稀释度，即为样本的 ELISA 滴度或效价。可以作出 OD 值与效价之间的关系，样本只需作一个稀释度即可推算出其效价，目前国外一些公司的 ELISA 试剂盒都配有相应的程序，使测定血清抗体效价更为简便。

（3）阻断率计算　在阻断 ELISA 中，应通过计算检测样本的阻断率来确定阴、阳性。以伪狂犬病病毒 gI 抗体检测为例说明如下：被检样本的平均值 OD_{450}（OD_{TEST}）、阳性对照的平均值（OD_{POS}）、阴性对照的平均值（OD_{NEG}），根据以下公式计算被检样本和阳性对照的阻断率：

$$阻断率=\frac{OD_{NEG}-OD_{TEST}}{OD_{NEG}}\times 100\%$$

阴性对照的平均 OD_{450} 应大于 0.50。阳性对照的阻断率应大于 50%，试验方能有效。如果被检样本的阻断率大于或等于 40%，该样本被判定为阳性。如果被检样本的阻断率小于或等于 30%，该样本被判定为阴性（无 PRV gp Ⅰ 抗体存在）。如果被检样本阻断率在 30%～40%之间，应在数日后再对该动物进行重检。

（四）影响因素与注意事项

1. 目前用于动物疫病检测（抗原、抗体）的 ELISA 方法均已试剂盒化和商品化，一般都不需要自行对抗原或抗体进行包被，操作时应严格按照说明书进行，各步反应时间应严格按说明书的要求执行。

2. 进行 ELISA 检测时，应严格设立阳性对照与阴性对照，待检样品应该设重复，以保证实验结果的准确性和可靠性。

3. 可用作 ELISA 测定的标本十分广泛，体液（如血清）、分泌物（唾液）和排泄物（如尿液、粪便）等均可作标本以测定其中某种抗体或抗原成分。有些标本可直接进行测定（如血清、尿液），有些则需经预处理（如粪便和某些分泌物）。

4. 大部分 ELISA 检测均以血清为标本。血清标本可按常规方法采集，应尽量避免溶血，否则可能会增加非特异性显色。血清标本宜在新鲜时检测。如有细菌污染，菌体中可能含有内源性 HRP，也会产生假阳性反应。如在冰箱中保存过久，其中的 IgG 可发生聚合，在间接法 ELISA 中可使本底加深。一般而言，在 5d 内测定的血清标本可放置于 4℃，超过 1 周测定的需低温冻存。冻结血清融解后，蛋白质局部浓缩，分布不均，应轻缓充分混匀，避免产生气泡，可上下颠倒混合，不要在混匀器上强烈振荡。混浊或有沉淀的血清标本应先离心或过滤，澄清后再检测。反复冻融会使抗体效价跌落，所以测抗体的血清标本如需保存作多次检测，宜少量分装冻存。保存血清自采集时就应注意无菌操作，必要时也可加入适量防腐剂。

5. 洗涤过程是 ELISA 检测中十分重要的一环。通过洗涤以清除残留在板孔中未能与固相抗原或抗体结合的物质，以及在反应过程中非特异性地吸附于固相载体的干扰物质，洗涤不充分会影响检测结果。

十五、斑点-酶联免疫吸附试验

（一）原理

斑点-酶联免疫吸附试验（Dot - ELISA）的原理及步骤与酶联免疫吸附试验（ELISA）基本相同。不同之处在于：一是将固相载体以硝酸纤维素滤膜、硝酸醋酸混合纤维素滤膜、重氮苄氧甲基化纸等固相化基质膜代替，用以吸附抗原或抗体；二是显色底物的供氢体为不溶性的。结果以在基质膜上出现有色斑点来判定。可采用直接法、间接法、双抗体法、双夹心法等，其中以直接法和间接法最常用。这里以间接法检测抗原为例进行介绍。

（二）试验材料

（1）辣根过氧化物酶标记的抗抗体。

（2）待检抗原样本。

（3）已知阳性血清（或单克隆抗体）、阳性抗原对照。

（4）硝酸纤维素膜。

（5）封闭液　含 5%小牛血清（或 0.5%BSA）的 10mol/L pH7.4 PBS。

（6）洗涤液　10mol/L pH7.4 PBST。

（7）显色液　DAB+ 3%H_2O_2。

（8）37℃温箱、微量移液器等。

（三）试验步骤

（1）将硝酸纤维素膜裁剪成膜条，并在同一张膜条上用铅笔划成 4mm×4mm 的小方格，将膜置蒸馏水中浸泡，取出置室温自然干燥。

（2）取一定量（5～10μL）的待检抗原样本（或用稀释液作一定稀释）滴加于硝酸纤维素膜的每格中央，每个样本滴加一格，置 37℃温箱中 20～30min，干燥。同时设阳性、阴性抗原对照。

（3）将硝酸纤维素膜置于封闭液中，37℃湿盒中封闭 10min。

（4）在洗涤液中洗涤 2 次，每次 3min，滤纸吸干。

（5）将硝酸纤维素膜置于一定稀释的阳性血清中，置 37℃湿盒中 30min。

（6）洗涤。

（7）滴加适当稀释的辣根过氧化物酶标记的抗抗体，置 37℃湿盒中 30min。

（8）洗涤。

（9）将硝酸纤维素膜置于新鲜配制的底物显色液中，37℃避光显色 5～10min。

（10）用蒸馏水洗涤硝酸纤维素膜，终止反应。

（11）结果判定在阴阳性对照成立的情况下，检测样本出现明显棕色斑点为阳性，无明显棕色斑点者为阴性。

十六、聚合酶链反应

（一）原理

聚合酶链反应（Polymerase chain reaction，PCR）是一种级联反复循环的DNA合成反应过程。一般由三个步骤组成：模板的热变性，寡核苷酸引物复性到单链靶序列上，以及由热稳定DNA聚合酶催化的复性引物引导的新生DNA链延伸聚合反应的过程。通常使用三个可调温度及时间：DNA变性温度及时间，在此温度下模板DNA的双链分开；退火温度及时间，这个温度可以根据DNA引物的长度和G+C含量计算出来，退火处理后，DNA引物互补结合到变性的DNA模板上；聚合酶延伸反应温度多为72℃，反应时间随被扩增片段的长度而定，一般每合成1 000碱基需要30～60s和一单位Taq DNA聚合酶。有时PCR使用双温循环，即92～94℃变性，68℃退火和延伸。理论上，每循环一次，模板DNA量扩大1倍，所以模板DNA的量是按2^n指数幂进行扩增的，n代表PCR循环次数。如模板DNA数为1，PCR循环25次后，模板数将增至2^{25}，即33554432，但在实际操作中，扩增效率往往低于理论值。这是因为DNA引物经多次循环后被消耗，在下一次循环时，没有足够浓度的引物与模板退火杂交。此外，多次高温处理后，Taq DNA聚合酶活性也会下降。即使这样，PCR也可在数小时之内对仅有的几个拷贝的基因放大数百万倍，使其在凝胶电泳后形成明显可见的DNA带。PCR反应能将皮克量级的起始待测模板扩增到微克水平。能从100万个细胞中检出一个靶细胞；在病毒的检测中，PCR的灵敏度可达3个PFU（空斑形成单位）；在细菌学中最小检出率为3个细菌。引物与模板的结合及引物链的延伸是遵循碱基配对原则的。聚合酶合成反应的忠实性及Taq DNA聚合酶耐高温性，使反应中模板与引物的结合（复性）可以在较高的温度下进行，结合的特异性大大增加，被扩增的靶基因片段也就能保持很高的正确度。再通过选择特异性和保守性高的靶基因区，其特异性程度就更高。

（二）试验材料

（1）待检样本　组织病料样品、病毒感染细胞、分离培养的菌液。

（2）病毒DNA提取试剂　1 mol/L pH 8.0 Tris-HCl；10 mol/L NaOH；0.5 mol/L EDTA pH 8.0；10% SDS；裂解缓冲液（20 mmol/L pH 8.0 Tris-HCl，20 mmol/L pH 8.0 EDTA，0.5% SDS）；10 mg/mL蛋白酶K；1mol/L pH 5.2醋酸盐缓冲液；pH 7.4磷酸缓冲盐溶液（PBS）；苯酚/氯仿/异戊醇（25∶24∶1）。

（3）Taq DNA聚合酶　10×反应缓冲液（200 mmol/L Tris-HCl，200 mmol/L KCl，15 mmol/L $MgCl_2$，pH8.4）；dNTP（2.5mmol/L each）；上下游引物10μmol/L；50×TAE；6×Loading buffer（0.25%溴酚蓝，40%蔗糖水溶液）；10mg/mL的EB溶液；1.0%琼脂糖凝胶。

（4）PCR仪、离心机、电泳仪、凝胶成像系统等。

（三）试验步骤

1. 细菌基因组DNA的提取　取300μL菌液于1.5mL离心管中，5 000r/min，离心

5min，弃上清，用 1mL 提取液（10mmol/L Tris - HCl pH7.5，10mmol/L EDTA，100mmol/L NaCl，0.5% SDS，0.3mg/mL 蛋白酶 K）重悬后 56℃放置 3h，用等体积苯酚/氯仿/异戊醇（25∶24∶1）抽提 2 次，氯仿抽提 1 次后，乙醇沉淀 DNA，70%乙醇洗涤 2 次，空气干燥后溶于无菌三蒸水中，－20℃保存备用。

2. 病毒 DNA 提取　取 300μL 研磨组织的上清液，加入等体积的裂解缓冲液及 10μL 的蛋白酶 K（10 mg/mL），50℃消化 2h，12 000r/min 离心 10min；将上清转移到一新的 1.5 mL 的 Eppendorf 管中，加入等体积的 Tris 饱和酚，充分振荡混匀，12 000r/min 离心 10min；取上层水相转入一新的 1.5mL Eppendorf 管中，加入等体积的酚∶氯仿∶异戊醇（25∶24∶1）混匀后，12 000r/min 离心 10min；用酚∶氯仿∶异戊醇（25∶24∶1）重复抽提一次；取上层水相转入一新的 1.5mL Eppendorf 管中，加入 1/10 体积的 3 mol/L 醋酸钠（pH 5.2）和 2 倍体积预冷的无水乙醇，在－20℃放置 1～2h 或室温放置 30min 以沉淀病毒 DNA；12 000r/min 离心 10min，弃去上清，用 70%乙醇洗涤沉淀，自然风干；用无菌三蒸水溶解沉淀，－20℃保存备用。

3. PCR 扩增　建立 50μL PCR 反应体系：

基因组 DNA 5 μL

Taq DNA 聚合酶 0.5μL（2.5U）

10×反应缓冲液 5μL

dNTP 4μL

上下游引物各 2μL

用三蒸水补充至 50 μL

混匀后，将 PCR 反应管置于 PCR 扩增仪上，按设置的程序进行扩增。反应程序为：94℃预变性 3min，94℃ 30 s、49～60℃ 30 s、72℃ 45s 至 2min，30 个循环后，72℃延伸 10min。扩增不同片段时，可对退火温度和延伸时间进行适当调整。

4. 电泳检测　扩增结束后，取 5μL 扩增产物加 1μL6×Loading buffer 混匀后于 1%琼脂糖凝胶中电泳。将凝胶置成像系统中观察，出现与预期大小相符的扩增条带即为阳性，无预期大小的扩增条带即为阴性。

（四）影响因素与注意事项

1. 关于 DNA 提取

（1）裂解液要预热，以抑制 DNase 加速蛋白变性，促进 DNA 溶解。酚一定要碱平衡。

（2）苯酚具有高度腐蚀性，飞溅到皮肤、黏膜和眼睛会造成损伤，因此应注意防护。

（3）氯仿易燃、易爆、易挥发，具有神经毒作用，操作时应注意防护。

（4）各操作步骤要轻柔，尽量减少 DNA 的人为降解。取各上清时，不应贪多，以防非核酸类成分干扰。

（5）异丙醇、乙醇、NaAc、KAc 等要预冷，以减少 DNA 的降解，促进 DNA 与蛋白等的分相及 DNA 沉淀。

（6）提取 DNA 过程中所用到的试剂和器材要通过高压烤干等办法进行无核酸酶化处理。所有试剂均用高压灭菌双蒸水配制。

2. 引物设计原则

（1）引物碱基G+C含量以40%～60%为宜，G+C太少扩增效果不佳，G+C过多易出现非特异条带。ATGC最好随机分布，避免5个以上的嘌呤或嘧啶核苷酸的成串排列。

（2）避免引物内部出现二级结构，避免两条引物间互补，特别是3′端的互补，否则会形成引物二聚体，产生非特异的扩增条带。

（3）引物3′端的碱基，特别是最末及倒数第二个碱基，应严格要求配对，以避免因末端碱基不配对而导致PCR失败。

（4）引物应与核酸序列数据库的其他序列无明显同源性，保证引物的特异性。

（5）每条引物的浓度0.1～1μmol或10～100pmol，以最低引物量产生所需要的结果为好，引物浓度偏高会引起错配和非特异性扩增，且可增加引物之间形成二聚体的机会。

3. 避免PCR中的污染

（1）PCR只需几个DNA分子作模板就可大量扩增，应注意防止反应体系被痕量DNA模板污染和交叉污染，这是造成假阳性最大的可能。假阳性结果往往来自痕量污染和交叉污染，尤其在待扩增靶序列浓度低的情况下，更有必要采取防备措施。

（2）DNA处理最好用硅烷化塑料管以防黏附在管壁上，所有缓冲液吸头、离心管等用前必须高压处理，常规消耗用品用后作一次性处理，避免反复使用造成污染。

（3）加样应在超净台内进行，操作前后紫外线灯消毒。超净台内设专供PCR用的微量离心机、一次性手套、整套移液器和其他必需品。

（4）移液品用一次性吸头和活塞的正向排液器，防止移液器基部污染。PCR操作应戴手套并勤于更换。

（5）PCR成套试剂，应小量分装，专一保存，防止它用。配制试剂用新器具，用后作一次性处理。试剂管用前先瞬时离心（10s），使液体沉于管底，减少污染手套与加样器的机会。

（6）最后加完模板DNA（包括在石蜡油后），马上盖好，混匀，瞬时离心（10s），使水相与有机相分开，同时让所有反应液均能集中于管底，而全部参与PCR反应。加入模板切忌喷雾污染，所有非即用管都应盖严。加模板DNA后应更换手套。

4. 设置对照　PCR检测应设置阳性和阴性对照。

十七、反转录-聚合酶链反应

（一）原理

反转录-聚合酶链式反应（Reverse transcription - polymerase chain reaction，RT-PCR）是一种从细胞RNA中高效灵敏地扩增cDNA序列的方法。RT-PCR使RNA检测的灵敏性提高了几个数量级，使一些极为微量RNA样品分析成为可能。通过提取组织或细胞中的RNA，以其中的mRNA作为模板，采用Oligo（dT）、随机引物或基因特异序列，利用反转录酶反转录成cDNA。再以cDNA为模板进行PCR扩增，而获得目的基因。RT-PCR主要用于RNA病毒的检测。

（二）试验材料

（1）RNA提取试剂　Trizol、氯仿、异丙醇、75%乙醇（用DEPC处理的水配制）。

（2）反转录试剂　引物、反转录酶、dNTPmix（含dATP、dCTP、dGTP、dTTP）、反转录缓冲液、RNasin。

（3）PCR试剂　引物、dNTPmix、DNA聚合酶、PCR缓冲液。

（4）待检样本　病理组织、病毒培养液等。

（5）PCR仪、离心机、电泳仪、凝胶成像系统等。

（三）试验步骤

1. RNA的提取　按Trizol LS Regent说明，用异硫氰酸胍-酚-氯仿一步法从病料组织或病毒细胞培养物中提取基因组RNA，具体步骤如下：

（1）变性　用250μL细胞或组织加750μL Trizol LS Regent，剧烈振荡2min，室温放置10min。加入250μL氯仿，剧烈振荡15s，室温放置10min后，4℃ 12 000*g*离心10min，将上层水相转入新的离心管。

（2）RNA沉淀和清洗　在水相中加入等体积的异丙醇，－20℃沉淀30min后，4℃ 12 000*g*离心10min，吸弃上清，加入75%乙醇（DEPC处理）1mL轻轻振摇后，4℃ 7 500 *g*离心5min。

（3）RNA溶解和保存　将沉淀自然风干后，溶于适量无核酸酶的水中立即进行反转录或贮存于－80℃备用。

2. 反转录　反转录合成cDNA第一链。目前试剂公司有多种cDNA第一链试剂盒出售，其原理基本相同，但操作步骤不一。以GIBICOL公司提供的SuperScript™ Preamplification System for First Strand cDNA Synthesis试剂盒为例。

提取总RNA溶于12.5μL无核酸酶的水中，在65℃水浴5min后，置于冰中急冷1min，以便消除二级结构。之后55℃或42℃反转录1h30min，然后95℃变性5min，冷却后即可作为PCR模板。cDNA合成方法为：总RNA12.5μL，加入各个扩增片段的下游引物20μmol/L 1μL、dNTP（10mmol/L each）1μL、RNasin 0.5μL（30U/μL）、AMV反转录酶1μL（10U/μL）及5×RT缓冲液4μL。

3. PCR扩增

建立50μL PCR反应体系：

5×PrimeSTAR™ Buffer	10μL
2.5mmol/L dNTPs	4μL
10μmol/L上下游引物各	1μL
PrimeSTAR™HS酶（2.5U/μL）	0.5μL
cDNA	5μL
双蒸水	加至50μL

反应程序如下：

使用PrimeSTAR™HS酶（5U/μL）扩增时的程序：

98℃ 1min，1个循环（预变性）；

98℃变性 10s，55℃左右退火 15s，72℃延伸 1min/kb，共 30 个循环；

72℃ 10min 1 个循环（延伸）。

4. 电泳检测 扩增结束后，取 5μL 扩增产物加 1μL6×Loading buffer 混匀后于 1%琼脂糖凝胶中电泳。将凝胶置成像系统中观察，出现与预期大小相符的扩增条带即为阳性，无预期大小的扩增条带即为阴性。

(四) 影响因素与注意事项

1. 关于反转录 用于反转录的反转录酶包括 Money 鼠白血病病毒（M-MLV）反转录酶、禽成髓细胞瘤病毒（AMV）反转录酶和 Thermus thermophilus、Thermus flavus 等嗜热微生物的热稳定性反转录酶等。Money 鼠白血病病毒（M-MLV）反转录酶具有强的聚合酶活性，RNA 酶 H 活性相对较弱，最适作用温度为 37℃；禽成髓细胞瘤病毒（AMV）反转录酶，有强的聚合酶活性和 RNA 酶 H 活性，最适作用温度为 42℃；Thermus thermophilus、Thermus flavus 等嗜热微生物的热稳定性反转录酶，在 Mn^{2+} 存在下，允许高温反转录 RNA，以消除 RNA 模板的二级结构；M-MLV 反转录酶的 RNaseh-突变体，商品名为 SuperScript 和 SuperScriptⅡ，此种酶较其他酶能更多将大部分的 RNA 转换成 cDNA，这一特性允许从含二级结构的、低温反转录很困难的 mRNA 模板合成较长 cDNA。

2. 合成 cDNA 引物

(1) 随机六聚体引物 当特定 mRNA 由于含有使反转录酶终止的序列而难于拷贝其全长序列时，可采用随机六聚体引物这一不特异的引物来拷贝全长 mRNA。用此种方法时，体系中所有 RNA 分子全部充当了 cDNA 第一链模板，PCR 引物在扩增过程中赋予所需要的特异性。通常用此引物合成的 cDNA 中 96%来源于 rRNA。

(2) Oligo（dT） 是一种对 mRNA 特异的方法。因绝大多数真核细胞 mRNA 具有 3′端 Poly（A+）尾，此引物与其配对，仅 mRNA 可被转录。由于 Poly（A+）RNA 仅占总 RNA 的 1%～4%，故此种引物合成的 cDNA 比随机六聚体作为引物和得到的 cDNA 在数量和复杂性方面均要小。

(3) 特异性引物 最特异的引发方法是用含目标 RNA 的互补序列的寡核苷酸作为引物，若 PCR 反应用两种特异性引物，第一条链的合成可由与 mRNA 3’端最靠近的配对引物起始。用此类引物仅产生所需要的 cDNA，导致更为特异的 PCR 扩增。

3. RNA 酶污染 在所有 RNA 试验中，最关键的因素是分离得到全长的 RNA。而试验失败的主要原因是核糖核酸酶（RNA 酶）的污染。由于 RNA 酶广泛存在而稳定，一般反应不需要辅助因子。因而 RNA 制剂中只要存在少量的 RNA 酶就会引起 RNA 在制备与分析过程中的降解，而所制备的 RNA 的纯度和完整性又可直接影响 RNA 分析的结果，所以 RNA 的制备与分析操作难度极大。在试验中，一方面要严格控制外源性 RNA 酶的污染；另一方面要最大限度地抑制内源性的 RNA 酶。RNA 酶可耐受多种处理而不被灭活，如煮沸、高压灭菌等。外源性的 RNA 酶存在于操作人员的手汗、唾液等，也可存在于灰尘中。在其他分子生物学试验中使用的 RNA 酶也会造成污染。这些外源性的 RNA 酶可污染器械、玻璃制品、塑料制品、电泳槽、研究人员的手及各种试剂。而各种组织和细胞中则含有大量内源性的 RNA 酶。可采用以下方法防止 RNA 酶污染：①所有的玻璃器皿均应在使用前于

180℃的高温下干烤6h或更长时间；②塑料器皿可用0.1% DEPC水浸泡或用氯仿冲洗（注意：有机玻璃器具因可被氯仿腐蚀，故不能使用）；③有机玻璃的电泳槽等，可先用去污剂洗涤，双蒸水冲洗，乙醇干燥，再浸泡在3% H_2O_2室温10min，然后用0.1% DEPC水冲洗，晾干；④配制的溶液应尽可能用0.1% DEPC，在37℃处理12h以上。然后用高压灭菌除去残留的DEPC。不能高压灭菌的试剂，应当用DEPC处理过的无菌双蒸水配制，然后经0.22μm滤膜过滤除菌；⑤操作人员戴一次性口罩、帽子、手套，试验过程中手套要勤换；⑥设置RNA操作专用实验室，所有器械等应为专用。

十八、实时荧光PCR技术

（一）原理

实时荧光PCR技术是近几年发展起来的一种新的DNA/RNA定量和定性技术。最先于1996年由美国Applied Biosystems公司研发推出，近年来，在动物疫病诊断与检测中的应用越来越普遍。在PCR反应体系中加入非特异性的荧光染料（如SYBR GREEN Ⅰ）或特异性的荧光探针（如TaqMan探针），通过实时监测荧光量的变化，获得不同样品达到一定的荧光信号（阈值）时所需的循环次数：CT值，然后将已知浓度标准品的CT值与其浓度的对数绘制标准曲线，即可准确定量样本中核酸的浓度。从而利用荧光信号的积累实时监测整个PCR过程，最后通过标准曲线即可实现对未知模板进行定量及定性分析。由于实时荧光PCR技术能够有效扩增低拷贝的靶片段DNA或RNA，不仅实现了对DNA模板的定量，而且具有灵敏度高、特异性和可靠性更强、能实现多重反应、自动化程度高、无污染性、具实时性和准确性等特点。

实时荧光PCR技术常用TaqMan探针法。其反应体系包括：一对PCR引物和一条探针。荧光标记的探针与扩增产物特异性地结合。探针的5′端标记有报告荧光基团(Reporter,R)，3′端或靠近3′端标记有荧光淬灭基团（Quencher，Q）。当探针完整时，报告基团发射的荧光能量通过荧光共振能量传递（FRET）被邻近的淬灭基团所吸收，不能发出荧光信号。但随着扩增反应的进行，具有5′外切酶活性的Taq酶在链延伸过程中遇到与模板结合的探针，会从5′端将探针水解为单核苷酸，使得报告基团远离淬灭基团，其能量不能被吸收，即产生荧光信号。随着扩增循环数的增加，释放出来的荧光基团不断积累，荧光强度与扩增产物的数量呈正比关系，有一个同步指数增长的过程。TaqMan探针的高信噪比非常有利于低浓度核酸物质的检测和定量。

荧光扩增曲线可以分为三个阶段：荧光背景信号阶段、荧光信号指数扩增阶段和平台期。在荧光背景信号阶段，扩增的荧光信号被荧光背景信号所掩盖，无法判断产物量的变化；在平台期扩增产物已不再呈指数级的增加。PCR的终产物量与起始模板之间没有线性关系，所以根据最终产物量不能计算出起始模板拷贝数。只有在荧光信号指数扩增阶段，PCR产物量的对数值与起始模板间存在线性关系，因此可以选择这个阶段进行定量分析。为了定量和比较的方便，在实时荧光定量PCR技术中引入了荧光阈值和CT值两个概念。荧光阈值是在荧光扩增曲线上人为设定的一个值，它可以设定在荧光信号指数扩增阶段的任意位置上，但一般将荧光阈值设置为3～15个循环荧光信号标准偏差的10倍。而每个反应管内的荧光信号到达设定的阈值时所经历的循环数被称为CT值（threshold value）。每个模板的CT值与该模板的起始拷贝数的对数存在线性关系，起始拷贝数越多，CT值越小。利用已知起始拷贝数的标准品可作出标准曲线，其中横坐标代表起始拷贝数的对数，纵坐标代表CT值。因此，只要测出未知样品的CT值，即可从标准曲线上计算出该样品的起始拷贝数。

CT值是以报告基团发出的荧光超过阈值线（与系统的背景荧光相关）的时间（用PCR的循环数测量）来计算的。CT值与加入的目的mRNA的水平有关，当加入的目的mRNA水平高时，报告荧光基团发出的荧光到达阈值线所需要的PCR循环数就越少，其CT值就低。

（二）试验材料

（1）RNA提取试剂、DNA提取试剂、反转录试剂。

（2）PCR试剂、TaqMan探针。

（3）待检样本　病理组织、病毒培养液等。

（4）荧光RT-PCR检测仪（如美国ABI公司的PE7700荧光定量PCR仪）、高速台式冷冻离心机、台式离心机、混匀器、冰箱、微量可调移液器及配套带滤芯吸头、Eppendorf管等。

（三）试验步骤

（1）样本DNA或RNA的制备。

（2）制备PCR或RT-PCR反应体系。

（3）在荧光RT-PCR管中加入中制备的DNA或RNA溶液各10μL，盖紧管盖，500r/min离心30s。

（4）离心后的PCR管放入荧光RT-PCR检测仪内。

循环条件设置：第一阶段，反转录42℃ 30min（如果检测RNA）；第二阶段，预变性92℃ 3min；第三阶段，92℃ 10s，45℃ 30s，72℃ 1min，5个循环；第四阶段，92℃ 10s，60℃ 30s，40个循环，在第四阶段每个循环的退火延伸时收集荧光。据收集的荧光曲线和CT值判定结果。

（5）结果判定　直接读取检测结果。阈值设定原则根据仪器噪声情况进行调整，以阈值线刚好超过正常阴性样品扩增曲线的最高点为准。阴性对照无CT值并且无扩增曲线。阳性对照的CT值应符合标准，并出现典型的扩增曲线。否则，此次试验视为无效。如果检测样本无CT值并且无扩增曲线，判定为阴性；若检测样本的CT值小于或等于标准规定值，且出现典型的扩增曲线，即为阳性。

（四）影响因素与注意事项

（1）在检测过程中，必须严防不同样品间的交叉污染。

（2）反应液分装时应避免产生气泡，上机前检查各反应管是否盖紧，以免荧光物质泄露污染仪器。

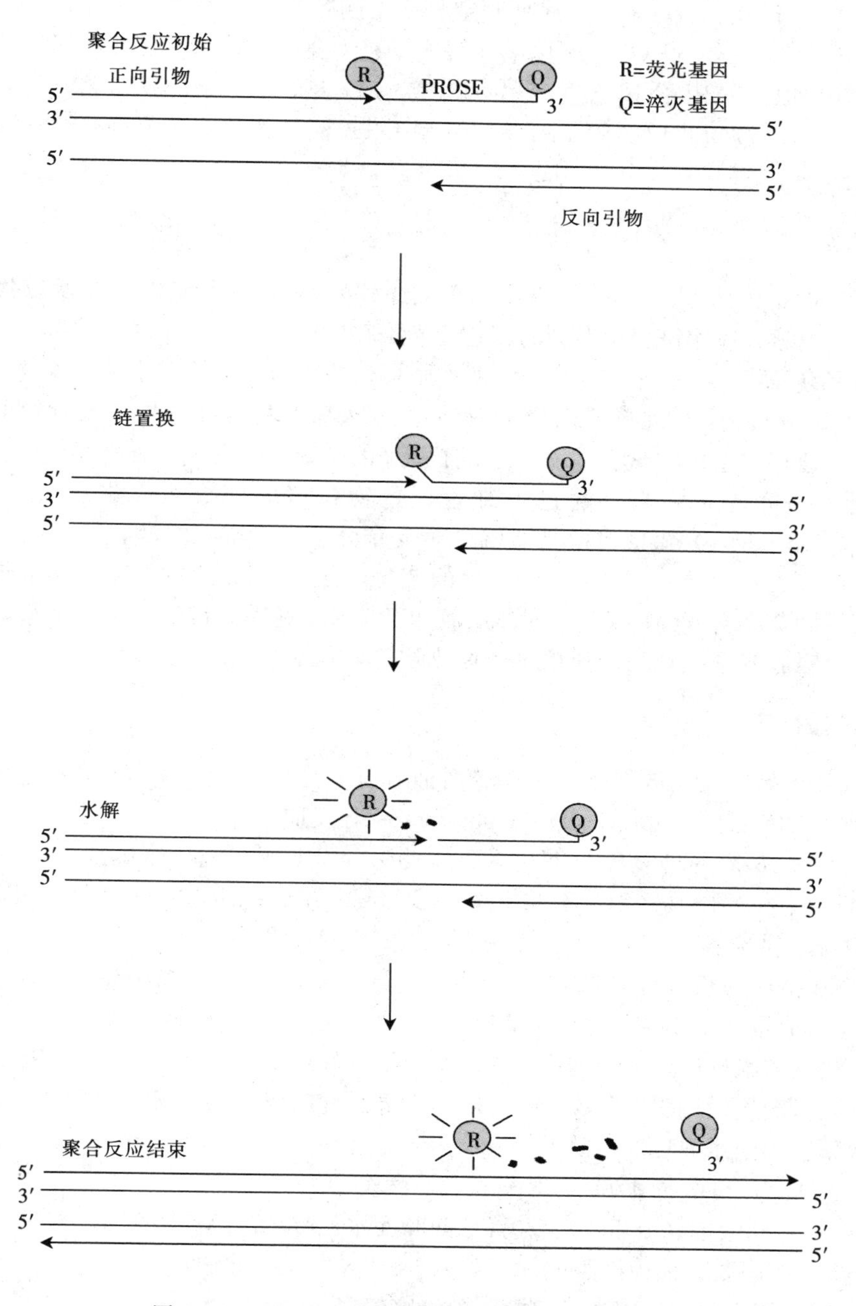

图 5-19　Taqman 荧光 PCR 检测的基本原理示意图

十九、核酸序列测定

核酸的碱基序列决定基因特性，DNA 序列分析是分子生物学重要的基本技术。在动物疫病诊断与检测中，序列分析成为病原确定以及分型与鉴定、分子流行病学调查、病原体系统进化分析必不可少的工具。DNA 序列测定分手工测序和自动测序。手工测序包括 Sanger 双脱氧链终止法和 Maxam－Gilbert 化学降解法。自动化测序已成为当今 DNA 序列分析的主流。美国 PE 以及 ABI 公司已生产出 373 型、377 型、310 型、3700 和 3100 型等多种 DNA 自动测序仪。这里将以 ABI PRISM310 型 DNA 测序仪的测序为例介绍核酸序列测定的原理和操作程序。

（一）原理

ABI PRISM310 型基因分析仪（即 DNA 测序仪），采用毛细管电泳技术取代传统的聚丙烯酰胺平板电泳，应用该公司专利的四色荧光染料标记的 ddNTP（标记终止物法），因此通过单引物 PCR 测序反应，生成的 PCR 产物则是相差 1 个碱基的 3′末端为 4 种不同荧光染料的单链 DNA 混合物，使得 4 种荧光染料的测序 PCR 产物可在一根毛细管内电泳，从而避免了泳道间迁移率差异的影响，大大提高了测序的精确度。由于分子大小不同，在毛细管电泳中的迁移率也不同，当其通过毛细管读数窗口段时，激光检测器窗口中的 CCD（charge－coupled device）摄影机检测器就可对荧光分子逐个进行检测，激发的荧光经光栅分光，以区分代表不同碱基信息的不同颜色的荧光，并在 CCD 摄影机上同步成像，分析软件可自动将不同荧光转变为 DNA 序列，从而达到 DNA 测序的目的。分析结果能以凝胶电泳图谱、荧光吸收峰图或碱基排列顺序等多种形式输出。

（二）试验材料

（1）BigDye 测序反应试剂盒　主要试剂是 BigDye Mix，内含 PE 专利四色荧光标记的 ddNTP 和普通 dNTP，AmpliTaq DNA polymerase，反应缓冲液等。

（2）pGEM－3Zf（＋）双链 DNA 对照模板 0.2g/L，试剂盒配套试剂。

（3）对照引物 M13（－21）TGTAAAACGACGGCCAGT，3.2μmol/L，即 3.2pmol/μL，试剂盒配套试剂。

（4）DNA 测序模板　可以是 PCR 产物、单链 DNA 和质粒 DNA 等。模板浓度应调整在 PCR 反应时取量 1μL 为宜。

（5）引物　需根据所要测定的 DNA 片段设计正向或反向引物，也可根据重组质粒中含通用引物序列情况用通用引物 M13，T7 和 SP6 等。配制成 3.2μmol/L，即 3.2pmol/μL。

（6）灭菌去离子水或三蒸水。

（7）0.2mL 或/和 0.5mL 的 PCR 管，盖、体分离。

（8）3mol/L 醋酸钠（pH5.2）、70％乙醇和无水乙醇、NaAc/乙醇混合液。

（9）POP6 测序胶、模板抑制试剂（TSR）、10×电泳缓冲液。

（10）ABI PRISM　310 型全自动 DNA 测序仪。

（11）ABI 2400 型或 9600 型 PCR 仪、台式冷冻高速离心机、台式高速离心机或袖珍离心机。

（三）试验步骤

1. PCR 测序反应

（1）取 0.2mL 的 PCR 管，将管插在颗粒冰中，按下述加入试剂。

所加试剂	测定模板管	标准对照管
BigDye Mix	1μL	1μL
待测的质粒 DNA	1μL	—
pGEM-3Zf（+）双链 DNA	—	1μL
待测 DNA 的正向引物	1μL	—
M13（—21）引物	—	1μL
灭菌去离子水	2μL	2μL

总反应体积 5μL，盖紧 PCR 管，用手指弹管混匀，稍离心。

（2）将 PCR 管置于 PCR 仪上进行扩增。98℃变性 2min 后进行 PCR 循环，PCR 循环参数为 96℃10s，50℃5s，60℃4min，25 个循环，扩增结束后设置 4℃保温。

2. 醋酸钠/乙醇法纯化 PCR 产物

（1）将混合物离心，将扩增产物转移到 1.5mL EP 管中。

（2）加入 25μL 醋酸钠/乙醇混合液，充分振荡，置冰上 10min 以沉淀 DNA。12 000r/min 于 4℃离心 30min，小心弃上清。

（3）加 70%（V/V）的乙醇 50μL 洗涤沉淀 2 次。12 000r/min 于 4℃离心 5min，小心弃上清和管壁的液珠，真空干燥沉淀 10～15min。

3. 电泳前测序 PCR 产物的处理

（1）加入 12μL 的 TSR 于离心管中，剧烈振荡，让其充分溶解 DNA 沉淀，稍离心。

（2）将溶液转移至盖、体分离的 0.2mL PCR 管中，稍离心。

（3）在 PCR 仪上进行热变性（95℃ 2min），冰中骤冷，待上机。

4. 上机操作　按仪器操作说明书安装毛细管，进行毛细管位置的校正，人工手动灌胶和建立运行的测序顺序文件。仪器将自动灌胶至毛细管，1.2kV 预电泳 5min，按编程次序自动进样，再预电泳（1.2kV，20min），在 7.5kV 下电泳 2h。电泳结束后仪器会自动清洗，灌胶，进下一样品，预电泳和电泳。每一个样品电泳总时间为 2.5h。电泳结束后仪器会自动分析或打印出彩色测序图谱。

5. 序列分析　仪器将自动进行序列分析，并可根据用户要求进行序列比较。如测序序列已知，可通过序列比较以星号标出差异碱基处，提高工作效率。测序完毕按仪器操作规程进行仪器清洗与保养。

（四）注意事项

1. ABI PRISM 310 基因分析仪是高档精密仪器，需专人操作、管理和维护。

2. 这里介绍的测序 PCR 反应的总体积是 5μL，而且未加矿物油覆盖，所以 PCR 管盖的密封性很重要，除加完试剂后盖紧 PCR 管盖外，最好选用 PE 公司的 PCR 管。如 PCR 结束后 PCR 液小于 4～4.5μL，则此 PCR 反应可能失败，不必进行纯化和上样。

3. 一个测序 PCR 反应使用的模板不同，需要的 DNA 量也就不同，PCR 产物测序所需模板的量较少，一般 PCR 产物需 30～90ng，单链 DNA 需 50～100ng，双链 DNA 需 200～500ng，DNA 的纯度一般是 A260nm/A280nm 为 1.6～2.0，最好用去离子水或三蒸水溶解 DNA，不用 TE 缓冲液溶解。PCR 产物推荐进行琼脂糖电泳后切胶纯化后再进行测序。PCR 引物应用去离子水或三蒸水配成 3.2pmol/μL 较好。

4. 这里介绍的测序试剂盒是BigDye荧光标记终止底物循环测序试剂盒，一般可测DNA长度为650bp左右。所介绍的仪器DNA测序精度为（98.5±0.5）%，仪器不能辨读的碱基N<2%，所需测定的长度超过了650bp，则需设计另外的引物。为保证测序更为准确，可设计反向引物对同一模板进行测序，相互印证。对于N碱基可进行人工核对，有时可以辨读出来。为提高测序的精确度，根据星号提示位置，可人工分析该处彩色图谱，对该处碱基作进一步核对。

第三节　主要动物疫病实验室检测

一、口蹄疫

（一）病原学检测方法

1. 病原分离鉴定

口蹄疫病毒分离培养：可以采用细胞培养或接种乳鼠方法，常用细胞为BHK-21和IB-RS-2传代细胞，乳鼠选用2～5日龄，具体按《口蹄疫诊断技术》（GB/T 18935—2003）规定的方法进行。用于口蹄疫诊断、确诊和O-P液查毒试验。该试验必须在具有防散毒的安全防护设施的实验室中进行。

病毒鉴定试验：可以采用的方法包括：补体结合试验［《口蹄疫诊断技术》(GB/T 18935—2003)］、间接夹心ELISA：［《OIE诊断试验和疫苗标准手册》2005年版］和（病毒）中和试验［《口蹄疫诊断技术》(GB/T 18935—2003)］，用于口蹄疫病毒的血清型鉴定。

2. 分子生物学检测

RT-PCR试验：按《口蹄疫诊断技术》（GB/T 18935—2003）规定的方法进行。用于口蹄疫诊断和监测，以及检测和鉴定是否为口蹄疫病毒，也可用于鉴定口蹄疫病毒的型。该方法已经成功用于检测猪组织、牛羊组织和O-P液、鼠组织、细胞等样品口蹄疫病毒的检测。可以扩增VP1的种保守区，用以鉴定FMD病毒；也可扩增VP1的型保守区，用以定型。其局限性在于试验条件要求较高，需要在操作比较规范的分子生物学实验室进行。

（二）血清学检测方法

1. 抗体检测

VIA琼脂扩散试验：按《口蹄疫诊断技术》（GB/T 18935—2003）规定的方法进行，用于监测口蹄疫病毒感染。该方法简便易行，但目前发现VIA琼脂扩散试验可以受到疫苗免疫抗体的影响而出现假阳性。

液相阻断ELISA（LB-ELISA）：按《口蹄疫诊断技术》（GB/T 18935—2003）规定的方法进行。该方法的检测结果与病毒中和试验有较好的平行性，能区分抗体针对的病毒血清型，可用于检测未接种疫苗群体的感染，也可检测抗体滴度，用于接种疫苗群体的免疫效果评价。

非结构蛋白3ABC抗体ELISA：用于监测口蹄疫病毒感染，不能区分血清型。该方法不受灭活疫苗免疫的影响，因而可以用于免疫群体中的感染检测。

中和试验：检测血清抗体水平的中和试验按《口蹄疫诊断技术》（GB/T 18935—2003）

规定的方法进行，用于评价疫苗免疫效力和动物免疫水平。该方法需要操作活毒，操作繁琐，必须在具有防散毒的安全防护设施的实验室中进行。

正向间接血凝试验：该方法是我国研制的农业行业标准，操作按《口蹄疫病毒抗体检测试验方法》（NY/SY 548—2005）进行，成功用于O型口蹄疫抗体水平的检测，能反映疫苗免疫抗体水平。该方法简便易行，适合基层单位使用。

2. 抗原检测　间接夹心ELISA：具体方法按《OIE诊断试验和疫苗标准手册》（2005年版），是目前OIE确定的国际贸易试验方法，具有血清型特异性，可以用于检测临床样品，也可以用于检测病毒分离物，特异性与补体结合试验相当，灵敏度更高，重复性好，4～6h即可获得结果。因此，该方法对于FMD的常规诊断和监测工作具有重要意义。

反向间接血凝试验：是我国研制的行业标准，用于口蹄疫病毒血清型的初步鉴定，适合作快速、现地检测。

免疫胶体金试纸：该方法是新近开发的快速检测方法，可以在短时间内得到检测结果，操作简便，特异性和敏感性高，适合在基层现地使用。

二、猪　　瘟

（一）病原学检测方法

1. 病原分离鉴定　按《猪瘟检疫技术规范》（GB 16551—1996）规定的方法，采集和处理病料，接种PK-15细胞进行病毒分离，采用免疫酶染色试验或直接免疫荧光抗体试验鉴定CSFV。病毒分离鉴定试验具备直接性、敏感性，但局限性在于繁琐、耗时、试验条件要求高，只能在指定的具备相应生物安全级别的实验室进行。

2. 兔体交叉免疫试验　按《猪瘟检疫技术规范》（GB 16551—1996）规定的方法，采集和处理病料，接种健康家兔进行兔体交叉免疫试验来检测CSFV。猪瘟强毒不引起家兔体温反应，但能使其产生免疫力，从而能抵抗猪瘟兔化弱毒的攻击。因此，可利用兔化毒攻击后是否出现体温反应作指标，以判定第一次接种的病料中是否含有猪瘟病毒。该方法特异性强，但局限性在于繁琐、耗时、试验条件要求高，只能在指定的具备相应生物安全级别的实验室进行。

3. 分子生物学检测　RT-PCR试验：按《猪瘟防治技术规范》规定的方法进行。RT-PCR方法通过检测病毒核酸而确定病毒存在，是一种特异、敏感、快速的方法。在RT-PCR扩增的特定基因片段的基础上，进行基因序列测定，将获得的基因信息与我国猪瘟分子流行病学数据库进行比较分析，可进一步鉴定流行毒株的基因型，从而追踪流行毒株的传播来源或预测预报新的流行毒株。其局限性在于试验条件要求较高，需要在操作比较规范的分子生物学实验室进行。

（二）血清学检测方法

1. 抗体检测

猪瘟病毒抗体阻断ELISA检测方法：按《猪瘟防治技术规范》规定的方法进行。本方法是用于检测猪血清或血浆中猪瘟病毒抗体的一种阻断ELISA方法，通过待测抗体和单克隆抗体与猪瘟病毒抗原的竞争结合，采用辣根过氧化物酶与底物的显色程度来进行判定。

荧光抗体病毒中和试验：按《猪瘟防治技术规范》规定的方法进行。本方法是国际贸易指定的猪瘟抗体检测方法。该试验是采用固定病毒稀释血清的方法。测定的结果表示待检血清中抗体的中和效价。

猪瘟中和试验：按《猪瘟防治技术规范》规定的方法进行。本试验采用固定抗原稀释血清的方法，利用家兔来检测猪体的抗体。

2. 抗原检测

猪瘟抗原双抗体夹心 ELISA 检测方法：按《猪瘟防治技术规范》规定的方法进行。本方法通过形成的多克隆抗体-样品-单克隆抗体夹心，并采用辣根过氧化物酶标记物检测，对外周血白细胞、全血、细胞培养物以及组织样本中的猪瘟病毒抗原进行检测的一种双抗体夹心 ELISA 方法。

三、高致病性猪蓝耳病

（一）病原学检测方法

1. 病原分离鉴定 按《猪繁殖与呼吸综合征诊断方法》（GB/T 18090—2000）规定的方法，采集和处理病料，接种猪原代肺泡巨噬细胞（PAM）或 MARC－145 细胞进行病毒分离；经传代后出现特异性细胞病变（CPE）为病毒分离阳性，对培养物用免疫过氧化物酶单层试验（IPMA）或者间接免疫荧光试验（IFA）进行最终判定。病毒分离鉴定试验是 OIE 规定的诊断的金标准，其敏感性高于其他现有的病原学检测方法。由此获得的病毒，可以作进一步的致病力试验、基因克隆和序列分析、分子流行病学分析等工作。其局限性在于繁琐、耗时、试验条件要求高，只能在指定的具备相应生物安全级别的实验室进行。

2. 分子生物学检测

RT－PCR 试验：OIE 标准性文件中提出可以采用 RT－PCR 方法检测猪繁殖与呼吸综合征病毒（PRRSV）。通过设计针对该病毒高度保守的 N 蛋白基因区的特异性引物，可以检测猪血清和组织中的 PRRSV。该方法操作简单，特异性强，对临床诊断样品的早期诊断和流行病学调查具有很强的实用价值，同时还可以避免散毒。由此获得的病毒基因扩增片段，可以作进一步的基因序列分析、分子流行病学分析等工作。其局限性在于试验条件、技术条件要求较高，需要在操作比较规范的分子生物学实验室进行。

荧光 RT－PCR 试验：根据高致病性 PRRSV 在 Nsp2 基因缺失的特点，采用荧光定量 PCR 的方法，设计建立的一种新快速检测高致病性 PRRSV 的方法。该试验重复性好、灵敏度高、操作简单、所需时间短、无污染，并能对 PCR 扩增产物进行实时动态检测，同时通过引物、探针和目标序列的特异性结合进一步提高检测的特异性，该方法广泛应用于病毒的快速检测。其局限性在于试验条件要求较高，需要在操作比较规范的分子生物学实验室进行。

（二）血清学检测方法

1. 抗体检测

免疫过氧化物酶单层试验（IPMA）：按《猪繁殖与呼吸综合征诊断方法》（GB/T 18090—

2000）规定的方法进行。该方法是最早建立检测 PRRS 抗体的方法，具较高的敏感性和特异性。缺点是有的猪血清易与对照巨噬细胞反应，引起背景着色，干扰对结果的判定，且结果不能自动显示，具一定的主观性；同时还需细胞培养和倒置显微镜，耗时、费事，大规模检测费用太高。

ELISA 试验：按《猪繁殖与呼吸综合征诊断方法》（GB/T 18090—2000）规定的方法进行，或按商品化试剂盒说明书进行。该方法快速灵敏，特异性和敏感度均高，操作简便，结果能自动显示。具有与 IPMA 相同的特异性，但敏感性更高。同时易于检测大批量血清样品，更加适合大规模 PRRS 血清学普查，但是本法不能用于 PRRS 免疫效果评估。

血清中和试验（SN）：按《猪繁殖与呼吸综合征诊断方法》（GB/T 18090—2000）规定的方法进行。SN 检测 PRRS 抗体特异性非常好，但中和抗体出现比较晚。SN 试验不如 IPMA、IFA、ELISA 敏感，因此不适宜于作早期诊断，而且该方法也需要细胞培养，工作量大，技术要求高，大多局限于实验室研究用。

2. 抗原检测

免疫酶试验方法：按《猪繁殖与呼吸综合征免疫酶试验方法》（NY/T 679—2003）规定方法进行。该方法可以检测猪血清中的猪繁殖与呼吸综合征病毒抗体和组织中的 PRRSV 抗原。该方法是检测 PRRS 应用最广泛、最可靠的方法之一。不但操作简单、灵敏度高、特异性强，而且结果清晰、稳定、重复性好。

免疫荧光抗体染色技术（IFA）：按《猪繁殖与呼吸综合征诊断方法》（GB/T 18090—2000）规定的方法进行。通过荧光显微镜观察，阳性细胞可见荧光出现在巨噬细胞胞浆内，可以直接用于检测猪肺组织、脾脏、扁桃体及淋巴中的抗原。IFA 方法具有同 IPMA 相同的特异性和敏感性，得到广泛应用。该方法的缺点也是需要进行细胞培养，结果不能自动显示，不能用于大规模监测；并且 IFA 与 IPMA 只能检测出与试验用 PRRSV 抗原性相近的 PRRSV 分离株。

四、禽流感和高致病性禽流感

（一）病原学检测方法

1. 病原分离鉴定　按《高致病性禽流感诊断技术》（GB/T 18936—2003）规定的方法，采集和处理病料，接种鸡胚进行病毒分离；采用 AGID 试验鉴定 A 型流感病毒；采用 HA - HI 试验鉴定病毒的 HA 亚型。病毒分离鉴定试验是 OIE 规定的禽流感诊断的金标准，其敏感性高于其他现有的病原学检测方法。由此获得的病毒，可以作进一步的致病力试验、基因序列分析、分子流行病学分析等工作。其局限性在于繁琐、耗时、试验条件要求高，只能在指定的具备相应生物安全级别的实验室进行。

2. 分子生物学检测

RT - PCR 试验：按《禽流感病毒 RT - PCR 试验方法》（NY/T 772—2004）规定的方法进行。RT - PCR 试验是目前应用最多的禽流感诊断病原学检测方法，其耗时相对较短，敏感性高于一般的 ELISA 等方法，低于病毒分离试验。由此获得的病毒基因扩增片段，可以作进一步的基因序列分析、分子流行病学分析等工作。其局限性在于试验条件要求较高，需要在操作比较规范的分子生物学实验室进行。

荧光RT－PCR试验：按《H5亚型禽流感病毒荧光RT－PCR检测方法》（GB/T 19438.2—2004）、《H7亚型禽流感病毒荧光RT－PCR检测方法》（GB/T 19438.3—2004）和《H9亚型禽流感病毒荧光RT－PCR检测方法》（GB/T 19438.4—2004）规定的方法进行。荧光RT－PCR试验耗时相对较短，不需要电流就可以实时观察到PCR结果，敏感性高于一般的RT－PCR等方法，低于病毒分离试验。其局限性在于试验条件要求较高，需要在操作比较规范的分子生物学实验室进行。

NASBA试验：按《H5亚型禽流感病毒NASBA检测方法》（GB/T 19439—2004）规定的方法进行。该方法耗时相对较短，敏感性高于一般的RT－PCR方法、低于病毒分离试验。其局限性在于试验条件要求较高，需要在操作比较规范的分子生物学实验室进行，目前尚未广泛应用。

（二）血清学检测方法

1. 抗体检测

AGID试验：按《高致病性禽流感诊断技术》（GB/T 18936—2003）规定的方法进行。该方法可以检出所有A型流感病毒抗体，不能区分亚型，敏感性较低，尤其是对水禽抗体敏感性低。该方法可以用于未接种疫苗禽群的诊断，但对于接种疫苗的群体，检出抗体的水平不能反映疫苗的免疫效果。

HI试验：按《高致病性禽流感诊断技术》（GB/T 18936—2003）规定的方法进行。该方法可以区分不同亚型的抗体，可以用于未接种疫苗禽群的检测。对于接种疫苗的群体，检出抗体的水平能间接反映疫苗的免疫效果。

ELISA试验：按《高致病性禽流感诊断技术》（GB/T 18936—2003）规定的方法进行，或按商品化试剂盒说明书进行。该方法可以检出所有A型流感病毒抗体，敏感性较高，但不能区分亚型。该方法可以用于未接种疫苗禽群的诊断，但对于接种疫苗的群体，检出抗体的水平不能反映疫苗的免疫效果。

2. 抗原检测

DOT－ELISA：按商品化试剂盒说明书进行。该方法基于单克隆抗体技术，可以在较短的时间内（40min内）检测出A型流感病毒。敏感性高于胶体金试纸条、低于RT－PCR试验，可用于组织病料的初步诊断检测。

胶体金试纸条：按商品化试剂盒说明书进行。该方法基于单克隆抗体技术，可以在较短的时间内（15min内）检测出A型流感病毒，或检测H5亚型禽流感病毒。该检测方法的敏感性较低，只能用于发病群体的初步诊断。

五、新城疫

（一）病原学检测方法

1. 病原分离鉴定　可以按《新城疫防治技术规范》、《新城疫检疫技术规范》（GB 16550—1996）或《出口家禽新城疫病毒检验方法》（SN/T 0764—1999）的方法，采集和处理病料，接种鸡胚进行病毒分离，分离的 NDV 通常采用 HA 和 HI 试验进行鉴定即可获得准确的结果。并可以按鸡胚平均死亡时间（MDT）和脑内致病指数测定（ICPI）的试验结果判定分离是毒株的毒力大小。病毒分离是鉴定 NDV 最为确切的方法，其敏感性高于其他现有的病原学检测方法。其局限性在于繁琐、耗时、试验条件要求高，只能在指定的具备相应生物安全级别的实验室进行。

2. 分子生物学检测

RT－PCR 试验：用常规 RT－PCR 方法检测 NDV 病毒具有快速、灵敏、特异、直观等特性，消除了常规血清学诊断方法中非特异性因素的干扰及敏感性问题，已成为临床上检测和诊断 NDV 的一个重要发展方向。目前实验室也成功开发出可以鉴别 NDV 的 RT－PCR 方法，还研制出了可以区分强弱毒株的 RT－PCR 方法。这些方法需要进一步的改进和完善。RT－PCR 局限性在于试验条件要求较高，需要在操作比较规范的分子生物学实验室进行。

荧光 RT－PCR 试验：按《新城疫病毒中强毒株检测方法荧光 RT－PCR 法》（SN/T 1686—2005）规定的方法进行。荧光 RT－PCR 试验耗时相对较短，敏感性高于一般的RT－PCR 方法，此外还可以同时区分出中强毒株。但对试验条件要求较高，需要在操作比较规范的分子生物学实验室进行。

（二）血清学检测方法

1. 抗体检测

HI/HA 试验：按照《出口家禽新城疫病毒检验方法》（SN/T 0764—1999）的方法进行。该方法可以判断 NDV 的抗体滴度，可以用于未接种疫苗禽群的诊断；对于接种疫苗的群体，检出抗体的水平能间接反映疫苗的免疫效果。

ELISA 试验：目前实验室已经研制出用于 NDV 抗体检测的 ELISA 试剂盒。该方法可以用于未接种疫苗禽群的诊断；对于接种疫苗的群体，检出抗体的水平不能反映疫苗的免疫效果。目前该方法对包被的抗原要求有较高的纯度，须采用梯度离心提纯的抗原，同时存在着酶结合物的特异性、阳性结果判定标准的确定等有待解决的问题。

2. 抗原检测

免疫荧光技术（IFA）：实验室已经开发出用于 NDV 抗原检测的 IFA 技术。可以直接对感染和野外病例鸡组织器官切片的 ND 抗原进行检测，是一种快速简便、直观、准确的诊断方法。但该方法需要荧光显微镜，设备昂贵。

免疫组织化学（IHC）：实验室已经开发出用于 NDV 抗原检测的 IHC 技术。该方法的优点是可以对携带抗原的细胞及组织的大体形态进行评价，提高判读的准确性；且颜色稳定，样本保存也较容易。但 IHC 操作比较烦琐，时间较长，且必须在试验过程中除去内源过氧化物酶对反应的干扰。

六、小反刍兽疫

（一）病原学检测方法

1. 病原分离鉴定　活体动物采集眼睑下结膜分泌物和鼻腔、颊部及直肠黏膜病料拭子。

尸体解剖时采集肠系膜和支气管淋巴结、脾和肠黏膜。样品处理后接种羊肾细胞或非洲绿猴肾细胞进行病毒分离，一般需要盲传2～3代。该方法是经典的病毒分离方法，但因该方法耗时、费用高以及需要专门的设施，其应用十分局限。在从事PPRV的分离时，应该充分注意生物安全，病毒分离只能在有关管理部门批准的情况下在相应级别的实验室进行。

2. 分子生物学检测 应用反转录-聚合酶链式反应（RT-PCR）检测病毒RNA，该方法快速、准确、高度敏感，在普通RT-PCR和荧光RT-PCR检测中，肺淋巴结的病毒含量最高，肠系膜次之，并能对PPRV和RPV进行鉴别。对临床诊断样品的早期诊断和流行病学调查具有很强的实用价值，还可以避免散毒。同时由此获得的病毒基因扩增片段，可以作进一步的基因序列分析、分子流行病学分析等工作。其局限性在于试验条件、技术条件要求较高，需要在操作比较规范的分子生物学实验室进行。

（二）血清学检测方法

1. 抗体检测

病毒中和试验：是国际贸易指定方法，该方法敏感、特异，但费时耗力、操作繁琐，不适合于大规模的临床检测。

竞争性酶联免疫吸附试验（c-ELISA）：OIE认可的PPR血清学检测试验。检测血清中抗PPRV抗体。该方法具有快速、高通量，而且有很高的敏感性和特异性，适用于大批量样品的检测，已逐渐成为小反刍兽疫血清学检测的首选方法。

间接酶联免疫吸附试验（ELISA）：以重组PPRV N蛋白为检测抗原的间接ELISA试剂盒，与c-ELISA具有良好的符合率，适合于PPR的流行病学调查及抗体监测工作。

2. 抗原检测

琼脂凝胶免疫扩散试验（AGID）：该方法简单、廉价，但敏感性低、且无法区分PPRV和牛瘟病毒（RPV）。

捕获酶联免疫吸附试验（ELISA）：OIE认可的PPR病原检测方法。该方法既特异又很敏感（每孔$10^{0.6}$ $TCID_{50}$ PPR病毒，每孔$10^{2.2}$ $TCID_{50}$ PRV均可检测到），可用于小反刍兽疫和牛瘟的病原学鉴别诊断，还可用于疫苗生产质量的监控。

对流免疫电泳（CIEP）：是检测病毒抗原最快的方法（1h内）。敏感性较AGID稍高，无法区分PPRV和RPV。

免疫酶组化染色法、荧光标记抗体染色法：应用酶标记的或荧光标记的抗PPRV单克隆抗体，能快速检测PPRV，并与RPV相鉴别，但由于特异性单抗很难获取，该方法应用较少。

七、狂犬病

（一）病原学检测方法

1. 内基氏小体检查 按《狂犬病诊断技术》（GB/T 18639—2002）规定的方法，采集和处理病料，制成压印片，经塞勒氏染色法或曼氏染色法染色后，在显微镜下观察是否存在狂犬病所特有的内基氏小体（即狂犬病包含体）。此方法的优点在于不需要昂贵的实验设备，病料固定后不需要低温保存。但由于此方法敏感性较低，可能产生5%～10%的假阴性结果，故应按照国标的要求，进行上述检查的同时还应进行免疫荧光试验和小鼠感染试验。

2. 小鼠和细胞培养物感染试验　按《狂犬病诊断技术》(GB/T 18639—2002) 规定的方法进行。此方法是检测细胞上的组织培养悬液或实验动物传染性。需指出的是，不论是小鼠还是细胞培养物感染试验，均应按照国标的要求结合内基氏小体检查和免疫荧光试验进行诊断。

3. 分子生物学检测

RT-PCR试验：RT-PCR试验在1990年首次报道用于检测鼠脑内狂犬病病毒，后来逐步应用于狂犬病诊断，主要分为两步：病毒RNA反转录为cDNA；cDNA的PCR扩增。引物一般选择在高度保守的N基因内，上游引物包含N基因的起始信号及密码子，下游引物包含有终止密码子，也有在其他基因区内设计引物的。根据被检样品PCR产物大小与设计引物间序列大小是否一致即可确诊，也可进一步测序确定。由于狂犬病生存期标本的来源比较困难以及标本内病毒含量较少，用常规的诊断技术比较困难，因此RT-PCR技术可提高对患病动物早期的诊断阳性率。但是此项诊断技术不适合作为常规诊断，仅可以在实验室环境的严格控制下进行。

（二）血清学检测方法

1. 抗体检测

小鼠中和试验（MNT)：将一定量预先滴定好的标准攻击病毒与待滴定的系列稀释血清孵育，试验中需设已知效价的参照血清。然后将病毒/血清混合物经脑内注射成年小鼠，计算死亡率和保护50%动物的血清稀释度，根据参照血清的效价计算待检血清的效价单位。此方法可定量检测狂犬病病毒中和抗体效价，是WHO狂犬病专家委员会推荐的标准检测方法。但因其耗时长，实验条件要求高，具有很大的局限性。

快速荧光斑点抑制试验（RFFIT)：将预先滴定、剂量固定、已适应细胞培养的标准攻击毒株（CVS-11)，与9倍系列稀释的待检血清37℃中和1h，试验中需设已知效价的参照血清，再加入敏感细胞悬液，如果血清中抗体量少或无，则未被中和的残余病毒感染细胞，经37℃ 5% CO_2 环境中培养24h，细胞单层用冷丙酮固定，加荧光标记的抗核衣壳抗体染色，即可出现荧光灶。如果血清中和抗体很多，将病毒完全中和，则无病毒感染细胞，荧光抗体染色为阴性。通过计算可得出待检血清中和抗体效价。此方法为国际贸易指定试验，可定量检测狂犬病病毒中和抗体效价，重复性好，且与MNT试验相比耗时短，但也因其对实验条件的较高要求而具有很大的局限性。

酶联免疫吸附试验（ELISA)：按商品化试剂盒说明书进行。针对狂犬病病毒IgG抗体的酶联免疫检测试剂盒，采用间接ELISA方法，以纯化狂犬病病毒抗原包被，配以抗犬IgG结合物等试剂，用于检测犬血清或血浆中的抗狂犬病病毒IgG抗体。此方法只需简单的实验设备，在短时间内即可得出结果，适合基层防疫机构用于犬的免疫效果监测和抗体水平调查。但由于此法检测的抗体为包含狂犬病病毒中和抗体在内的所有抗狂犬病病毒抗体，其检测的特异性受到一定限制。

2. 抗原检测

免疫荧光试验：按《狂犬病诊断技术》(GB/T 18639—2002) 规定的方法进行。免疫荧光试验（FAT）是 WHO 和 OIE 共同推荐的诊断狂犬病的常用方法，它可直接检测压印片，也能用于检测细胞培养物或被接种的小鼠的脑组织中狂犬病病毒是否存在。此方法的敏感性取决于样品（如动物种类和自溶程度）、狂犬病病毒类型和操作人员的熟练程度，可能会产生 2%～5%的假阴性结果，故也需要结合小鼠和细胞培养物感染试验进行诊断。

八、牛海绵状脑病

牛海绵状脑病（Bovine spongiform encephalopathy，BSE）的病原为朊毒体（Prion），本病潜伏期长，4～5 岁是 BSE 的发病高峰期，朊毒体感染牛后不刺激牛机体产生免疫反应，因此无法用免疫学方法检测到抗体。病牛出现临床症状以前，没有任何常规实验室诊断方法可以确诊。因此，诊断 BSE 只能依靠流行病学、临床症状、中枢神经系统的病理组织学变化等确诊。

目前还无法分离培养牛海绵状脑病病原。该病普遍认为是由宿主染色体基因编码的糖蛋白异构体所引起，因此不能使用核酸扩增技术。常见的检测方法是组织病理学诊断和免疫组织化学。

1. 组织病理学诊断 按照《牛海绵状脑病诊断技术》（GB/T 19180—2003）规定的方法进行。该方法是目前牛海绵状脑病的确诊方法之一。但此方法对技术人员的要求比较高，经验丰富的技术人员才能胜任，而对经验缺乏者，特别是当脑组织固定不良或发生自溶时，则很难做出判断。

2. 免疫组织化学 按照《牛海绵状脑病诊断技术》（GB/T 19180—2003）规定的方法进行。该方法也是目前牛海绵状脑病的确诊方法之一。该方法的原理是 PrP 蛋白经蛋白酶消化后仍保留一段 BSE 病原蛋白的核心片段，而正常的 PrP 则被蛋白酶完全消化，通过免疫学方法检测蛋白酶消化后 PrP 核心片段的存在，就可对 BSE 做出诊断。

3. 其他检测方法 除了组织病理学诊断和免疫组织化学方法外，欧盟等国家还采用了免疫印迹（WB）和酶联免疫吸附等技术（ELISA），前者的特异性较好，但电泳、转印等需经专门培训才能胜任，实验需要专门仪器，花费大，且样品处理过程会产生气溶胶，从而增加实验人员感染的危险性；后者操作简单，耗时短，但存在一定的假阳性率。它们一般都作为 IHC 和病理诊断的辅助手段。目前研究人员已经开发出可以从牛的尿液中检测到 BSE 相关蛋白的方法，但是该方法的准确性还没有一致认同，需要进一步的确定和完善。

九、炭　疽

炭疽的诊断目前主要依靠围绕病原分离鉴定的病原学检测方法。

1. 检验材料的采取 疑为因炭疽死亡的动物尸体，通常不做剖检，应先自末梢血管采血涂片镜检，作初步诊断。不进行剖检的尸体可作局部解剖，采取小块脾脏，然后将切口用浸透了浓漂白粉液的棉花或纱布堵塞，脾脏妥为包装后送检。

2. 镜检 取病畜濒死时或刚死亡动物的血液作涂片标本，最好用瑞氏染色法或姬姆萨染色法染色，牛羊炭疽经常见到数量很多的有荚膜炭疽杆菌单个或成对存在，偶有短链，菌端平切，荚膜呈深红紫色。猪炭疽要采取病变部淋巴结或渗出液涂片检查。

3. 培养检查 无菌采取病畜濒死期或刚死动物的病理材料，直接接种于普通琼脂平板及肉汤培养基，置37℃培养18～24h，检查有无炭疽杆菌生长。如果检查材料已经陈旧或污染时，可将血液或组织乳剂先放到肉汤中加温65～70℃经10h，杀死无芽孢的细菌，然后吸取0.8 mL接种于普通琼脂平板培养基上进行分离培养。检查生长的菌落，如有疑似炭疽的菌落，则应取得纯培养。为了鉴定分离的细菌为炭疽杆菌，必须接种各种培养基，观察菌体的形态、菌落的形态，并进行生化反应，同时接种试验动物观察菌体的致病能力。炭疽杆菌与伪炭疽杆菌有某些类似之处。

4. 生化鉴定 分解葡萄糖、麦芽糖、果糖、蔗糖和蕈糖，产酸不产气，其他生化如硫化氢、吲哚多为阴性。

5. 鉴别检测 炭疽芽孢杆菌有毒株与无毒株、类炭疽芽孢杆菌的鉴别方法见下表：

	炭疽芽孢杆菌		类炭疽芽孢杆菌
	有毒株	无毒株	
荚膜	+	−	−
动力	−	−	+
溶血	−	−	+
串珠试验	+	+	−
噬菌体裂解	+	+	−
碳酸氢钠琼脂平板	黏液型	粗糙型	粗糙型
青霉素抑制试验	不生长	不生长	生长
动物致病力	+	−	−

6. 串珠试验 炭疽杆菌在适当浓度青霉素溶液作用下，菌体肿大形成串珠，这种反应为炭疽杆菌所特有，因此可用此法将之与其他需氧芽孢杆菌相鉴别。将待检菌接种于含青霉素0.05～0.5IU/mL的培养基经37℃培养6h后，炭疽杆菌可发生形态变化，显微镜下见大而均匀的圆球状菌体呈成串样排列可判定为炭疽杆菌，类炭疽杆菌无此现象。

7. 炭疽杆菌荚膜荧光抗体染色

（1）抗炭疽杆菌沉淀素荧光抗体的制备 取生物制品厂生产的炭疽沉淀血清，或用炭疽杆菌免疫家兔制得抗血清，将硫酸铵沉淀法提纯所得球蛋白用异硫氰酸荧光素标记。

（2）以病死畜的血液或脾脏涂片，固定后滴加标记过的抗体，盖盖玻片，置室温或37℃染色30min，倾去荧光抗体液，在pH8的缓冲盐水中浸洗10min（中间换水1次），最后用蒸馏水轻轻冲洗，晾干。

（3）在荧光显微镜下检查，找到菌体周围有肥厚或较薄的发荧光的荚膜，菌体较暗或不被染色者可判为阳性。但发现不带荚膜而发均匀荧光的杆菌，则不能判为炭疽杆菌。

十、日本血吸虫病

（一）病原学检测方法

1. 直接涂片法 在玻片上滴加生理盐水，然后取火柴头大小的粪便涂抹均匀，加上盖玻片，镜检。此法简便，但效果较差，往往查不到牛粪中的虫卵。

2. 粪便毛蚴孵化法 按《家畜日本血吸虫病诊断技术》（GB/T 18640—2002）规定的方法进行。该法宜在春季、秋季或是夏季进行，冬季检出率不高。此方法和间接血凝试验可作为日本血吸虫病的首选检疫技术，可用于家畜血吸虫病检疫、诊断和流行病学调查。

3. 直肠黏膜检查法 取直肠黏膜一小块，置于两玻片间，制成压片镜检，然后根据虫卵的形态判别。

（二）血清学检测方法

抗体检测

间接血凝试验：按《家畜日本血吸虫病诊断技术》（GB/T 18640—2002）规定的方法进行。该方法用于血清学诊断，操作简便、省时、敏感性高、结果判定容易。除用于家畜血吸虫病的检疫、诊断和流行病学调查外，还可用于血吸虫病基本消灭和消灭地区的监测。

环卵沉淀反应（COPT）：将虫卵与待检血清共同孵育在37℃下，当卵内毛蚴分泌出的代谢产物与血清内的抗体相遇，在虫卵周围形成特殊的边缘整齐的透明物。该法有较高的敏感性和特异性，但是该方法操作较为繁琐，判定结果时间长，限制了该法的进一步推广。

ELISA 试验：按商品化试剂盒说明书进行。常规 ELISA 方法在抗原或抗体检测中敏感性高，特异性强。但也存在费时且成本高的局限性。除常规 ELISA 外，经过改进的快速 ELISA、dot-ELISA（多用于检测抗原）、全血快速 ELISA 等技术操作起来简便迅速，但是也存在成本高的局限性，不利于推广。

十一、鸡 白 痢

（一）病原学检测方法

按照《沙门氏菌病诊断技术》（NY/SY 568—2005）进行病原分离鉴定。无菌采集被检鸡的肝、脾、卵巢、输卵管等脏器组织适量，研磨后接种培养，观察菌落形状，配合生化及药敏试验可以诊断沙门氏菌病。本试验适用于各种日龄鸡的鸡白痢病原检测。

（二）血清学检测方法

全血平板凝集试验：按照《鸡伤寒和鸡白痢诊断技术》（NY/T 536—2002）规定操作。本试验是目前常用的鸡白痢血清学诊断方法，适用于成年鸡的鸡伤寒和鸡白痢的诊断。局限在于因鸡白痢沙门氏菌和鸡伤寒沙门氏菌具有相同的O抗原，因此确诊病原还应结合临床症状和流行病学。

十二、马 鼻 疽

马鼻疽（Glanders）的病情复杂，须根据临床、细菌学、变态反应、血清学及流行病学等进行综合诊断。但在大规模鼻疽检疫或对个别可疑鼻疽马诊断时，通常以临床检查和鼻疽菌素点眼为主，配合进行补体结合反应进行诊断。

（一）变态反应诊断

按照《马鼻疽诊断技术》（NY/T 557—2002）规定操作。变态反应诊断方法有鼻疽菌素点眼法、鼻疽菌素皮下注射法、鼻疽菌素眼睑皮内注射法，常用鼻疽菌素点眼法。

（二）补体结合反应试验

按照《马鼻疽诊断技术》（NY/T 557—2002）规定操作。该方法为较常用的辅助诊断方法，用于区分鼻疽阳性马属动物的类型，可检出大多数患畜。

十三、马传染性贫血

（一）病原学检测方法

按照《马传染性贫血防治技术规范》规定方法进行病原分离鉴定。将可疑马的血液接种健康马驹或接种于马白细胞培养物，观察马驹临床症状和检测抗体或观察细胞病变和检测抗原确诊。敏感性高于其他现有的病原学检测方法，但比较繁琐耗时，对试验室条件要求高。

（二）血清学检测方法

酶联免疫吸附试验（ELISA）检测抗体，按照《马传染性贫血间接 ELISA 技术规程》（GB/T 17494—1998）规定方法进行。本试验用于检测马匹血清中马传贫病毒抗体，敏感性和特异性都比较高，但无法区分野毒感染和疫苗感染。

琼脂扩散试验（AGID）检测抗体，按照《马传染性贫血琼脂凝胶免疫扩散试验方法》（NY/T 569—2002）规定方法操作。本试验操作简便、对试验条件要求不高，是国际贸易中的指定方法。本试验可以用于未接种疫苗马匹的确诊，但对于接种疫苗的个体，检出结果不能反应疫苗的免疫效果。

十四、布鲁氏菌病

（一）病原学检测方法

1. 显微镜检查　按《布鲁氏菌病防治技术规范》规定的方法进行。采集相应样品制成抹片，用柯兹罗夫斯基染色法染色，镜检，布鲁氏菌为红色球杆状小杆菌，而其他菌为蓝色。本方法方便快捷，直观明了，但如要确诊还需做进一步的实验室检验。

2. 病原分离鉴定　按《布鲁氏菌病防治技术规范》规定的方法进行。视病料新鲜程度和污染程度决定是直接接种培养基或是先接种豚鼠。其局限性在于繁琐、耗费时间较长、试验条件要求高，只能在指定的具备相应生物安全级别的实验室进行。

3. 分子生物学检测

PCR 试验：按照《动物布鲁氏菌病诊断技术》（NY/SY 537—2005）规定的方法进行。本实验方法针对动物血液、乳汁、分泌物中病原菌的检测，其耗时较短，敏感性较高。局限在于试验条件要求较高，需要在规范的分子实验室进行，且无法区分野毒感染和弱毒疫苗感染。

（二）血清学检测方法

虎红平板凝集试验（RBPT）：按照《动物布鲁氏菌病诊断技术》（GB/T 18646）规定的方法进行。本试验是我国目前检测布鲁氏菌病的常用血清学方法，用于检测血清抗体。局限在无法区分野毒感染和弱毒疫苗感染。

全乳环状试验（MRT）：按照《动物布鲁氏菌病诊断技术》（GB/T 18646）规定的方法进行。本试验适用于泌乳母牛布鲁氏菌病的初筛试验。

试管凝集试验：按照《动物布鲁氏菌病诊断技术》（GB/T 18646）规定的方法进行。本试验是我国目前检测布鲁氏菌病的常用血清学方法，用于检测血清抗体。不适合绵羊种布鲁氏菌病的诊断。

补体结合试验（CFT）：按照《动物布鲁氏菌病诊断技术》（GB/T 18646）规定的方法进行。本试验至今仍是布鲁氏菌病的重要诊断方法，是国际贸易指定用于牛、羊、绵羊附睾种布鲁氏菌病诊断的确诊试验。但是，本实验不适合作为猪的个体诊断，因为猪的补体会干扰豚鼠补体而使得补体结合试验的敏感性降低35%和49%。

ELISA试验：按照《动物布鲁氏菌病诊断技术》（NY/SY 537—2005）规定的方法进行。本试验较传统的试管凝集试验和补体结合反应敏感，并且特异性也高，用于多种动物血清中抗体检测，对来源于牛的血清，可以区分布鲁氏菌感染牛和布鲁氏菌19菌株免疫接种牛。

十五、结 核 病

（一）病原学检测方法

按《动物结核病诊断技术》（GB/T 18645－2002）或《OIE陆生动物诊断试验和疫苗手册》（2004第五版2.3.3）中规定的方法进行样品（痰、乳、尿、粪便和组织器官）的采集和集菌处理。

1. 显微镜检查 按《动物结核病诊断技术》（GB/T 18645—2002）中规定的方法进行涂片和抗酸染色（齐尼 Ziehl－Neelson染色法）、镜检。该方法价格低廉，操作简单，在牛场有一定的使用价值，但阳性率低。

2. 分离培养 按《动物结核病诊断技术》（GB/T 18645—2002）或《OIE陆生动物诊断试验和疫苗手册》（2004第五版2.3.3）中规定的方法进行细菌接种、分离培养，可根据特征性菌落和形态作出结核杆菌的初步诊断，但分离培养的细菌应测定其培养特性和生化特性。细菌培养获得的菌株可以做进一步的生化鉴定、分子生物学分析、致病力试验等工作。其局限性在于耗时长，需要10～30d，阳性检出率不高，且试验条件要求高，只能在具备相应生物安全级别的实验室进行。

3. 动物试验 按《动物结核病诊断技术》（GB/T 18645－2002）中规定方法进行。动物试验是确诊结核病的重要依据，如能与涂片镜检和分离培养同时进行，结果更为可靠。该方法可以鉴定牛型、禽型和人型结核分支杆菌，但试验操作繁琐、耗时，且试验条件要求高，只能在具备相应生物安全级别的实验室进行。

4. 分子生物学检测

PCR和荧光定量PCR试验：PCR已被广泛用于检测病人的疑似结核杆菌病的临床样品（主要是痰液），近来有一些商品化试剂盒和自行研制的方法已用于检测固定和新鲜组织中的动物结核杆菌病。PCR试验不仅可以直接检测样品，且广泛应用于起源鉴定（可买到成熟的商品化试剂盒，如Gen标记探针），但其局限性在于容易出现假阳性和假阴性，且商品化试剂盒和各科研部门研制的方法检测结果差异较大，目前尚未标准化，因此国内在牛结核病诊断中应用较少。

Spoligotyping试验：间隔寡核苷酸定型（Spoligotyping）是一种指纹图谱分析试验，可以区分不同株的牛型结核分支杆菌，且能够客观描述牛型结核分支杆菌的起源、传播和扩散方式。该试验可以区分属于牛型结核分支杆菌的每一个品种内部的不同菌株，能区分牛型结核分支杆菌和其他型结核分支杆菌。该方法对试验条件要求较高，仅适于规范的分子生物学实验室研究用。

（二）迟发性过敏反应试验

结核菌素皮内变态反应试验是检查结核病的标准方法，亦是OIE指定的国际贸易所采用的检测试验。目前主要使用纯化蛋白衍生物（PPD）作为结核菌素。

1. 牛型提纯结核菌素皮内变态反应试验　按《动物结核病诊断技术》（GB/T 18645—2002）或《OIE陆生动物诊断试验和疫苗手册》（2004第五版2.3.3）中规定的方法进行。此方法对技术要求不高，在基层较为实用，一些国家通过此方法鉴定阳性牛，消灭了结核病。其局限性在于敏感性和特异性较低，工作量大，耗时（需3d），且由于试验结果以皮肤厚度的增加数为准，易造成人为误差，牛个体差异也会对试验有影响。

2. 牛型提纯结核菌素和禽型提纯结核菌素皮内变态反应比较试验　按《动物结核病诊断技术》（GB/T 18645—2002）或《OIE陆生动物诊断试验和疫苗手册》（2004第五版2.3.3）中规定的方法进行。此方法是一种鉴别诊断试验，以区分特异性和非特异性变态反应，在欧盟国家广泛使用，并以议会指令64/432/EEC推荐。如果牛群有感染禽型结核菌或副结核菌病可疑时，应用此方法进行诊断。

3. 禽型提纯结核菌素皮内变态反应试验　按《动物结核病诊断技术》（GB/T 18645—2002）中规定的方法进行。此方法是最广泛使用于家禽的试验。

（三）血清学检测方法

1. 细胞免疫检测

淋巴细胞增生试验：此方法是测定全血样品中致敏淋巴细胞对结核菌素PPD抗原的细胞反应性，具有科学价值，但在常规诊断中并不采用，因为试验耗时，而且前期准备以及试验操作都比较复杂（需要较长的孵育期，并使用放射性核苷酸）。但可用于野生动物及动物园动物的检测。

γ-干扰素试验：按商品化试剂盒说明书进行。此方法是测定全血培养系统中淋巴因子（γ-干扰素）的释放。γ-干扰素的测定是利用夹心ELISA和单克隆抗体技术。此方法与结核菌素皮试相比，敏感性高，但特异性较低。此方法的优越性在于对于很难接触或接触有危险的动物，如有恶习的或其他牛科动物，只需抓捕一次动物，但其局限性是成本高，以及收集血样后试验必须在8h内进行，且仅适用于牛科动物，因而仅用于牛、水牛、绵羊、山羊等。

2. 抗体检测 用于检测结核抗体的ELISA试验，目前尚未标准化，在动物结核病的诊断上应用较少。结核病牛血清抗体IgG与正常水平差异显著，从理论上阐明了检出血清中抗体以诊断疾病的可能性。抗体阳性往往意味着病情正在恶化，正是危险的传染源，所以从这方面来看，血清学方法比PPD检测更重要。ELISA试验操作简单，可作为细胞免疫试验的补充，检测未免疫的牛或鹿。但局限性在于对牛的特异性和敏感性有限，由于牛分支杆菌与许多其他分支杆菌具有类属的抗原性，因此常出现假阳性。ELISA试验对鹿更敏感，也适于检测野生动物和动物园动物。

十六、猪水泡病

（一）病原学检测方法

1. 病原分离鉴定 按《猪水泡病诊断技术》（GB/T 19200—2003）规定的方法，采集新鲜水泡液或水泡皮，利用细胞分离或乳鼠分离得到病毒分离物；采用反向间接血凝试验（RIHA）对分离物进行猪水泡病与口蹄疫A、O、C、Asia-Ⅰ型的鉴别诊断。此诊断方法主要是以世界动物卫生组织（OIE）《陆生动物诊断试验和疫苗手册》为依据，并结合我国实际情况制定，其中猪水泡病RIHA试验是我国建立的方法，适用于大批样品筛选试验，包括产地检疫、疫情监测、流行病学调查和无本病健康猪群的建立。

2. 分子生物学检测

RT-PCR试验：主要根据基因库中SVDV高度保守的VP1基因序列，设计特异性引物，对从组织培养液和临床样品中提取的RNA进行检测。RT-PCR技术提高了诊断的敏感性，然而在RT-PCR技术中也存在一些问题，例如涉及的引物不能区别CVB5；存在与残渣样品中的Taq DNAy抑制剂会导致假阴性结果等。

实时荧光定量RT-PCR试验：鉴于RT-PCR试验对于猪水泡病进行诊断中存在的一些不足，近几年发展起来的实时荧光定量PCR将PCR与荧光检测相结合，克服了这些缺点，可对样品中的SVDV进行准确的定性和定量检测，具有敏感性高、特异性强、重复性好等优点，但因其成本较高，目前尚未广泛应用。

（二）血清学检测方法

1. 抗体检测

琼脂凝胶免疫扩散试验（AGID试验）：按《猪水泡病诊断技术》（GB/T 19200—2003）规定的方法进行。该方法可以检出猪水泡病病毒抗体，还可以与各型口蹄疫抗体进行鉴别诊断。但此方法敏感性较低，主要用于大批样品筛选试验。

病毒中和试验（VN）：按《猪水泡病诊断技术》（GB/T 19200—2003）规定的方法进行。该方法适用于诊断、进出口猪检疫及抗体水平的评估，是国际贸易中指定的标准试验方法，但它的缺点是需要组织培养设备，并需花费2～3d时间才能完成。

2. 抗原检测

间接夹心ELISA试验：此方法作为选择的检测SVD病毒抗原方法，已替代补体结合试验。用兔抗 SVDV 的抗血清（捕获血清）包被 ELISA 板，之后加入被检样品悬液，同时设对照孔。下一步是加豚鼠抗 SVD 病毒血清，随后加兔抗豚鼠血清辣根过氧化物酶结合物。在每步之间充分洗板，以除未结合的试剂。如果在加显色底物时出现颜色反应即表明是阳性反应。强阳性反应可用肉眼观察，也可用分光光度计在 492nm 波长条件下读取结果，光吸收值减去背景大于或等于 0.1 即表明阳性反应。此方法作为选择的检测 SVD 病毒抗原方法，已替代补体结合试验，但也要求样品中抗原的量足够多才可检出。

十七、伪狂犬病

（一）病原学检测方法

1. 病原分离鉴定　按《伪狂犬诊断技术》（GB/T　18641—2002）或《OIE 陆生动物诊断试验和疫苗手册》（2004 第五版 2.2.2）中规定的方法，采集和处理病料，接种仓鼠肾细胞（BHK_{21}）或猪肾细胞（PK－15）进行病毒分离，观察细胞病变。采用免疫荧光、免疫过氧化物酶或血清中和试验鉴定病毒。由此获得的病毒，可以作进一步的致病力试验、基因序列分析、分子流行病学分析等工作。其局限性在于繁琐、耗时、试验条件要求高。

2. 分子生物学检测

PCR 试验：按《伪狂犬诊断技术》（GB/T　18641—2002）中规定的方法进行。PCR 试验和病毒分离比，具有快速、灵敏的优点，可用于大批样品的检测。

荧光 PCR 试验：按商品化试剂盒说明书进行。荧光 PCR 试验耗时相对较短，敏感性高于一般的 RT－PCR 等方法，定量准确，检测速度快，可同时进行多通量的样品检测。

3. 动物接种　按《伪狂犬诊断技术》（GB/T　18641—2002）中规定的方法接种家兔。将待检样品接种家兔，24～48h 观察家兔的症状。出现注射部位奇痒、尖叫、口吐白沫等症状，家兔最终死亡，可判为阳性。

（二）血清学检测方法

1. 抗体检测

病毒中和试验：按《伪狂犬诊断技术》（GB/T　18641—2002）或《OIE 陆生动物诊断试验和疫苗手册》（2004 第五版 2.2.2）中规定的方法进行。此方法是国际贸易指定试验，特异性强，可用于口岸进出口检疫，非免疫动物的诊断，血清流行病学调查和免疫动物的抗体水平监测，是《OIE 陆生动物卫生法典》“全病毒诊断试验”要求的两种方法之一。其局限性在于不能区别疫苗接种和野毒感染产生的抗体，且由于此试验是建立在细胞培养的基础上，对试验条件要求高，操作繁琐，需要有一定技术的试验人员。

ELISA 试验：ELISA 方法也是国际贸易指定试验，对于检测灭活补体的血清，要比中和试验敏感性高。试验有 2 种：①gE－ELISA 试验。按《猪伪狂犬病免疫酶试验方法》（NY/T　678—2003）中规定的方法或商品化试剂盒说明书进行。此方法是针对目前国内外在防制伪狂犬病时多使用 PRV gE 基因缺失疫苗，通过检测血清中的 gE 抗体就能够特异性地检测出野毒株感染的动物和基因缺失疫苗免疫的动物，从而对感染动物作出诊断。此方法被用作一些国家猪伪狂犬病消除计划的正式判定试验。②gB－ELISA 试验。按《猪伪狂犬病抗体检测试验方法》（NY/SY 569—2005）中规定的方法或商品化试剂盒说明书进行。此方法无法区别疫苗接种和野毒感染产生的抗体，可用于非免疫动物的诊断，血清流行病学调查和免疫动物的抗体水平监测，也适用于实验室大批样品检查、产地检疫和无本病健康猪群的建立。

乳胶凝集试验：按《伪狂犬诊断技术》（GB/T 18641—2002）或《猪伪狂犬病抗体检测试验方法》（NY/SY 569—2005）中规定的方法进行。此方法简便快速，敏感性高，特异性强，适用于基层现场检测。

2. 抗原检测

免疫酶组织化学试验：按《猪伪狂犬病免疫酶试验方法》（NY/T 678—2003）中规定的方法进行。此方法能对组织中的病毒抗原定位，但试验条件要求较高，需在能够进行病理学技术操作的实验室中进行。

免疫荧光试验：取自然病例的病料做冰冻切片，用直接免疫荧光检查，于神经节细胞的胞浆及核内产生荧光。此方法在国外被大量用于临床样本的检查，几小时就可获得可靠结果，主要用于本病的快速诊断，但在国内由于缺少有效的荧光抗体，尚未广泛应用。

胶体金试纸条快速检测：按商品化试剂盒说明书进行。该方法也可检测血清中的 gE 抗体，因而与 gE - ELISA 试验有相同的优点，且可以在较短的时间内（15min 内）检测出病毒。但其局限性在于敏感性比 ELISA 试验低，只能用于发病群体的初步诊断。

十八、猪圆环病毒 2 型感染

（一）病原学检测方法

1. 病原分离鉴定 猪肾细胞（PK - 15）是猪圆环病毒 2 型（PCV2）病毒适应性细胞，主要用于 PCV2 病毒的培养和传代。分离过程中利用氨基葡萄糖短时间处理感染细胞，以促进病毒的增殖。由于 PCV 病毒在传代过程中不产生细胞病变（CPE），因此，通常以 PCR 技术来确定病毒的存在，免疫荧光技术也常常被应用于病毒的检测；电镜技术和超薄切片法用以观察 PCV 的病毒粒子。实验证明在病毒分离过程中，PCV 在 PK - 15 细胞上需要多代盲传才能有效增殖。该方法的局限性在于繁琐、耗时、试验条件要求高，只能在指定的具备相应生物安全级别的实验室进行。

2. 分子生物学检测 PCR 技术以其敏感、特异、快速、准确的优点成为目前病毒学诊断、分子生物学实验最常用的技术之一，它也是在 PCV 的病原检测和定型中最常用的技术。目前，国内外已经建立了多种检测 PCV1 与 PCV2 的 PCR 技术，包括常规、套式、复合和竞争 PCR，以及荧光定量 PCR。后者的耗时相对较短，敏感性高于常规 PCR 等方法。此外还可以对扩增片段作进一步的基因序列分析、分子流行病学分析等工作。其局限性在于试验条件要求较高，需要在操作比较规范的分子生物学实验室进行。目前还没有相关的技术规范和国家标准。

（二）血清学检测方法

PCV 抗体检测方法主要有如下 3 种：

间接免疫荧光技术：其特点是快速、特异、敏感，一般被用于猪场的血清学调查。Allan 等（1998）首先开发出 IFA 检测方法进行 PCV2 诊断，此后，许多学者也纷纷建立了 PCV2 的免疫荧光检测技术。

ELISA 试验：目前实验室已经开发出了间接 ELISA、竞争 ELISA 等 ELISA 方法，它们具有灵敏、快速的特点。其中 Nawagitgul 等（2002）报道了 2 种改良的间接 ELISA 方法：一种是以细胞培养的 PCV2 全病毒作为抗原，一种是 ORF2 重组反转录病毒表达产物作为包被抗原。这两种方法检测的结果一致，并且比免疫荧光更加敏感特异。目前已经有商品化的试剂盒用于大规模的抗体检测。

免疫组化试验：免疫组化技术适合于病毒抗原在组织培养和机体细胞内生长定位的观察。该方法的优点是可以对携带抗原的细胞及组织的大体形态进行评价，只需用普通显微镜在日光下即可进行观察，且颜色稳定，样本保存也较容易。但 IHC 操作比较烦琐，时间较长，且必须在试验过程中除去内源过氧化物酶对反应的干扰。Sorden 和 Staeble 等分别利用多抗和单抗进行 IHC 实验，都取得不错的效果。

十九、马立克氏病

（一）病原学检测方法

1. 病原分离鉴定 按《马立克氏病防治技术规范》中规定的方法进行病原的分离鉴定。可以应用来自病鸡全血的白细胞层或刚死亡鸡脾脏细胞作为 MDV 分离和诊断的材料，也可以用羽髓作为 MDV 分离和诊断的材料。后者所分离的病毒是非细胞性的，不常用。此方法可以用于 1 型和 2 型 MDV 的分离，也可以分离到 HVT。但由于 MD 疫苗毒 CVI988 或 HVT 均为活病毒，可能在细胞内长期存在，故仅通过分离到病毒并不能就此确诊为马立克氏病。病毒分离可作为诊断参考，更重要的作用是流行病学研究，如鉴别强毒、超强毒、研制相应的疫苗、制定防治措施等。

2. 分子生物学检测

PCR 试验：所有三种血清型 MDV 的基因组序列均已测定。据报道 PCR 可以用于鉴别一些致瘤性和非致瘤性 1 型 MDV 毒株，也可以用于鉴定 2 型和 3 型疫苗株。但是 PCR 用于检测潜伏感染组织的敏感性较低。应用各种引物进行的定量 PCR，可分析感染鸡组织中的病毒量，而且可以区分血液或羽囊中的 MDV 或 HVT，定量 PCR 正在成为 MD 诊断和流行病学研究必不可少的手段。但由于其对试验条件要求较高，不宜进行大规模的监测。

（二）血清学检测方法

MD 琼脂扩散试验检测技术（AGP）：按《鸡马立克氏病诊断技术》（GB/T 18643—2002）规定的方法进行。该方法既可以用于马立克氏病病毒抗原的检出，也可以用于马立克氏病病毒抗体的检出。除 AGP 试验外，MDV 感染的血清学证据还可以通过间接免疫荧光试验（IFA）、ELISA 实验和病毒中和试验等得到。但基于 MDV 三种血清型有共同的抗原成分的现实，目前还没有一种可靠的方法用于区分不同血清型 MDV 感染鸡汇总的抗体型特异性，因此血清学的检测结果对 MDV 的临床诊断仅具有参考价值。

（三）MD 的临床诊断方法

按《鸡马立克氏病诊断技术》（GB/T 18643—2002）规定的方法进行 MD 的临床综合诊断。通过特征性临床症状、特征性病理变化以及病理组织学变化对 MD、LL 和 RE 进行鉴别诊断，从而得到最终的诊断结果。此方法是目前诊断 MD 最可靠的方法，但不适宜用来做大规模的监测。

二十、传染性法氏囊病

（一）病原学检测方法

1. 病原分离鉴定 可以按《传染性法氏囊病防治技术规范》、《传染性囊病诊断技术》（GB/T 19167—2003）规定的方法，采集和处理病料，接种鸡胚进行病毒分离。鉴定分离出来的 IBDV 可与阳性血清在鸡胚或鸡胚成纤维细胞培养中做中和实验。病毒分离鉴定 IBDV 最为准确的方法，其敏感性高于其他现有的病原学检测方法。其局限性在于繁琐、耗时、试验条件要求高，只能在指定的具备相应生物安全级别的实验室进行。

2. 分子生物学检测 RT-PCR 方法是近年来用于 IBD 实验室病原学诊断的常用分子生物学方法之一，该方法具有快速、灵敏、特异、直观等特性，消除了常规血清学诊断方法中非特异性因素的干扰及敏感性问题。RT-PCR 局限性在于试验条件要求较高，需要在操作比较规范的分子生物学实验室进行。

（二）血清学检测方法

1. 抗体检测

琼脂扩散试验（AGID）：是《传染性法氏囊病防治技术规范》、《传染性囊病诊断技术》（GB/T 19167—2003）的规定方法。该方法可以判断 IBDV 的抗体滴度，可以用于未接种疫苗禽群的诊断；对于接种疫苗的群体，检出抗体的水平能间接反映疫苗的免疫效果。

病毒中和试验：是《传染性法氏囊病防治技术规范》、《传染性囊病诊断技术》（GB/T 19167—2003）规定的方法。该方法可以判断 IBDV 的抗体滴度，可以用于未接种疫苗禽群的诊断；对于接种疫苗的群体，检出抗体的水平能间接反映疫苗的免疫效果。比琼扩试验敏感，当抗体滴度过低或需要定量抗体时，该试验更有效。

ELISA 试验：早在 1980 年，Marquardt 等就建立了间接 ELISA 用来检测 IBDV 的血清抗体，该方法具有灵敏、快速的特点。目前已经有很多的商品化试剂盒上市，可以用于大规模的抗体检测。

2. 抗原检测

免疫荧光技术（IFA）：可按《传染性囊病诊断技术》（GB/T 19167—2003）规定的方法操作。该方法可以直接对感染和发病鸡的组织器官切片 IBDV 进行检测，是一种快速简便、直观、准确的诊断方法。但需要荧光显微镜，设备昂贵。

免疫组织化学（IHC）：实验室已经开发出用于 IBDV 抗原检测的 IHC 技术。该方法的优点是可以对携带抗原的细胞及组织的大体形态进行评价，提高判读的准确性；且颜色稳定，样本保存也较容易。但IHC操作比较烦琐，时间较长，且必须在试验过程中除去内源过氧化物酶对反应的干扰。

ELISA试验：目前实验室已经开发出了抗原捕获ELISA方法，具有灵敏、快速的特点。1992年LIN等用IBDV的重组蛋白制备的单克隆抗体和兔抗IBDV多抗血清作夹心ELISA捕捉囊组织中的IBDV抗原，此后许多学者研制出了各自的IBDV抗原检测方法，但它们还不成熟，还需要进一步的完善和改进。

二十一、产蛋下降综合征

（一）病原学检测方法

1. 病原分离鉴定 按《产蛋下降综合征诊断技术》（NY/T 551—2002）规定的方法，采集和处理病料，接种鸭胚进行病毒分离；分离物的鉴定使用红细胞凝集抑制试验（HI）。

2. 分子生物学检测 检测EDS-76病毒的核酸探针以及聚合酶链式反应（PCR）方法具有较高的敏感性和特异性，可应用于肛拭子、血液、蛋样、组织的检测，有报道称光敏生物素标记EDS-DNA探针最低可检出10pg的EDS-76病毒DNA，PCR方法则更为敏感，可检出2.5×10^{-2}pg EDS-76病毒DNA。

（二）血清学检测方法

1. 抗体检测 HI试验、酶联免疫吸附试验（ELISA）、琼脂扩散试验（AGP）、血清中和试验（SN）、免疫荧光试验（IFA）均可应用于EDS-76的抗体检测。HI法和IFA同样敏感，AGP法敏感性比IFA和HI法稍差一些。采用ELISA、AGP、HI对EDS-76病毒感染的检测结果比较证实，ELISA比AGP更为敏感，与HI结果相似，但ELISA可采用两种抗原包被，简化了与其他禽腺病毒感染的鉴别诊断。Piele（1985）利用HI、ELISA和AGP检测实验感染后的鸡血清和蛋黄中不同时间的EDS-76抗体，认为氯仿提取的蛋黄适合于HI、ELISA和AGP试验。

HI试验：按《产蛋下降综合征诊断技术》（NY/T 551—2002）规定的方法进行。该方法具有很高的特异性和敏感性，是诊断本病最常用的方法之一。B. N. 布鲁耶夫报道，鸡感染EDS-76后2～3周的新鲜血清HI滴度可达1∶1 280～1∶2 560。

AGP试验：可用来检测EDS-76抗原或抗体，但AGP没有HI敏感。抗原的制备可将种毒通过尿囊腔接种于13～14日龄鸭胚。接种后96h收集鸭胚尿囊液，经3 000r/min离心30min，取上清液，加入甲醛使最终浓度为0.2%，置38℃温箱中作用48h后以40 000r/min超离心2h，弃上清液，再取沉淀物，按原液量的1/20加入灭菌生理盐水，用注射器充分吹打溶解，再以3 000r/min离心20min，收集上清液；将沉淀再加少量灭菌生理盐水充分吹打离心。将每次离心的上清液混合在一起。用灭菌生理盐水补充到尿囊液的1/10量，作为琼扩抗原。试验时在含0.15mol/L NaCl的PBS（pH7.2）制备的1%琼脂上进行，按常规操作。EDS-76抗原与相应抗体在琼脂凝胶中相向扩散，在交接处形成肉眼可见的沉淀。Darbyshire用该方法在鸡感染后5d可全部检出抗体，2月后仍100%呈阳性反应。

2. 抗原检测 EDS-76的抗原检测方法包括HA-HI、AGP、斑点酶联免疫吸附试验

(Dot-ELISA)、双夹心 ELISA、IFA、病毒中和试验（VN)、胶体金技术等。有报道，Dot-ELISA 和双夹心 ELISA 敏感性高于 HA-HI，同时具有特异性强、重复性好、经济、方便、快速等优点，适合于大规模样本的检测。胶体金技术具有种特异性强，操作简单，耗时短等特点，目前尚无商品化的 EDS-76 抗原检测胶体金试纸，有研究者报道用纯化的 EDS-76 多抗制备的胶体金试纸，敏感性与 HA-HI 方法接近，阳性符合率达 89.8%。

二十二、禽白血病

（一）病原学检测方法

1. 病原分离鉴定 按《J-亚群禽白血病防治技术规范》中规定的方法，采集和处理病料，接种接种 1～7 日龄易感雏鸡或鸡胚的绒毛尿囊膜或卵黄囊内或 SPF 鸡的 C/O 表型（对所有亚群易感）和 C/E 表型（对 A，B，C，D 亚群易感）的鸡胚成纤维细胞（CEF）进行病毒分离。但由于禽白血病病毒不产生细胞病变，因此病毒的存在及亚群鉴定需用其他试验测定：间接免疫荧光（IFA)、PCR、抵抗力诱发因子（RIF）试验、补体结合试验、ELISA、非产毒细胞激活试验、表型混合试验（PM)。病毒分离鉴定试验是目前首选的方法，但病毒分离费时、昂贵，即使在最适宜条件下，从取样到出结果至少需要 10d。

2. 分子生物学检测

RT-PCR 试验：PCR 检测 ALV 的方法已经建立，并已实际应用，但目前尚未标准化。RT-PCR 方法灵敏性高，但价格昂贵，操作不易掌握，因此不适于现地应用推广，目前只适用于实验室。

（二）组织病理学检测方法

按《禽白血病/肉瘤群诊断技术》（NY/SY 559—2005）中规定的方法进行。此方法是传统的诊断方法，适用于观察动物感染禽白血病病毒后的肿瘤细胞形态，但注意要与鸡马立克氏病、网状内皮组织增殖病在形态学上进行鉴别诊断。其局限性在于耗时较长，对试验条件要求较高，需要在具有病理学诊断技术和经验的实验室进行。

（三）免疫学检测方法

1. 抗体检测

ELISA 试验：按《禽白血病/肉瘤群诊断技术》（NY/SY 559—2005）中规定的方法进行禽白血病 A 亚群、B 亚群抗体的检测；按《J-亚群禽白血病防治技术规范》中规定的方法进行鸡血清中 J-亚群禽白血病病毒抗体的检测；或按商品化试剂盒说明书进行。此方法简单、易操作，可以用于未接种疫苗禽群的诊断，或接种疫苗禽群的抗体监测。此方法检测的抗体具有亚群特异性。

血清中和试验：血清中和试验是测定鸡抗白血病亚群特异性抗体最敏感的一种方法。一个亚群中的白血病病毒只能被同亚群中的其他白血病病毒的抗体所中和，而不被其他亚群特异性抗体中和，这也是亚群的分类基础之一。试验时先将血清与参考毒株混合孵育，然后用易感雏鸡、鸡胚或 CEF 细胞培养物等多种方法定量测定混合物中未被中和的残留病毒。通常是用细胞培养物定量测定，通过细胞培养后病毒形成蚀斑的减少数定量，即蚀斑减少试验。其局限性在于此方法操作繁琐，对试验条件要求较高。

2. 抗原检测　目前，国内主要采用琼扩试验、补体结合试验和 ELISA 试验；国外主要采用补体结合试验、PM 试验和 ELISA 试验。

琼脂免疫扩散试验：按《鸡白血病检测方法琼脂免疫扩散试验》（SN/T 1172—2003）中规定的方法进行。此方法用已知鸽抗劳氏肉瘤病毒抗体，应用琼脂免疫扩散试验，检测鸡体内白血病病毒群特异性抗原，操作简便，适用于 5 日龄以上鸡的白血病的检疫、群体疫情监测以及流行病学调查。

ELISA 试验：按《禽白血病病毒 p27 抗原酶联免疫吸附试验》（NY/T 680—2003）中规定的方法检测鸡蛋蛋清以及鸡胚组织细胞培养物中的 ALV p27 蛋白抗原；按《禽白血病病毒 J-亚群诊断试剂盒》（CN1437023）的说明书，应用群特异性单克隆抗体制成夹心 ELISA 试剂盒，检测感染鸡血清、脏器及羽囊中抗原抗体复合物，判定是否感染 ALV-J。以上两种方法均可适用于大批样品的检测、筛选、淘汰阳性鸡。

补体结合试验：此试验用来测定待检材料感染的鸡胚成纤维细胞培养物内产生的群特异性抗原。

表型混合（PM）试验：当两种病毒在细胞内混合感染时，产生的病毒后代会带有两种亲代病毒的表型特点，但各自所具有的基因组不发生改变，这种现象称为表型混合。PM 试验是目前世界上检查淋巴细胞性白血病病毒比较常用的方法，主要用于 SPF 鸡群的建立和监测，但国内较少运用。

抵抗力诱发因子（RIF）试验：一般情况下，淋巴细胞性白血病病毒（LLV）在细胞培养物上不产生细胞病变，而 Rous 肉瘤病毒（RSV）可在细胞培养物上产生明显的细胞病变，但当细胞感染了 LLV 后，培养物就会对同一亚群的 RSV 的致病性呈现抵抗。RIF 试验可用于鉴定病毒亚群。

IFA 试验：利用单克隆抗体技术对组织触片或冰冻切片进行检测。此方法可以鉴定 ALV 的变异株，特异性高，可用于快速诊断。

二十三、鸭病毒性肠炎

（一）病原学检测方法

1. 病原分离鉴定　按《鸭病毒性肠炎防治技术规范》规定的方法，采集和处理病料，接种鸭胚分离病毒。初次分离病毒最好采用肝、脾、肾组织样品，除用鸭胚分离病毒外，也可用雏鸭和原代鸭胚成纤维细胞分离，其中采用雏鸭分离病毒敏感性最高，鸭胚次之，原代鸭胚成纤维细胞则有分离不成功的可能。根据 OIE 标准，分离得到的病毒可用中和试验证实，也可感染细胞培养物后采用免疫荧光证实。病毒分离可以为该病确诊，但其周期较长，试验条件要求高，只能在指定的具备相应生物安全级别的实验室进行。

2. 分子生物学检测

RT-PCR 试验：按《鸭病毒性肠炎防治技术规范》即 OIE 规定的方法进行。该方法耗时相对较短，敏感性较高，配合病毒分离可以对该病确诊。

（二）血清学检测方法

按 OIE 规定，血清学试验在临床诊断中几乎没有价值，可在研究中使用，但不被列为鸭病毒性肠炎的有效诊断方法。

二十四、马 流 感

（一）病原学检测方法

1. 病原分离鉴定 按《OIE 陆生动物诊断试验和疫苗手册》（2004 第五版 2.5.5）或《马流感防治技术规范》（试行）中规定的方法进行，从有急性呼吸道症状的病马中采集和处理病料，接种鸡胚或犬肾细胞（MDCK）进行病毒分离；采用 HA 试验鉴定分离病毒的血凝活性，采用 HI 试验鉴定病毒的 HA 亚型。病毒分离鉴定试验的敏感性高于其他现有的病原学检测方法。

2. 分子生物学检测 近年来，RT－PCR 试验和荧光 RT－PCR 试验已被应用于从临床样品中鉴定马流感病毒以及分子流行病学调查，但国内仍然没有相应的标准和规程。RT－PCR 试验耗时相对较短，敏感性高于一般的 ELISA 等方法，低于病毒分离试验。荧光 RT－PCR 试验敏感性高于一般的 RT－PCR 等方法。

（二）血清学检测方法

1. 抗体检测 通过检测患畜的急性期和恢复期双份血清，可对马流感作出诊断。

HI 试验：按《OIE 陆生动物诊断试验和疫苗手册》（2004 第五版 2.5.5）、《马流感防治技术规范》（试行）或《马流感血凝抑制试验操作规程》（SN/T 1687—2005）中规定的方法进行。该方法可以用于未接种疫苗马属动物的诊断，还可以鉴定不同亚型的病毒。对于接种疫苗的群体，可以通过检出抗体的水平间接反映疫苗的免疫效果。该方法操作简单，且 OIE 推荐不管病毒分离结果如何，都应作血清学试验。

SRH 试验（单向辐射溶血试验）：按《OIE 陆生动物诊断试验和疫苗手册》（2004 第五版 2.5.5）中规定的方法进行。该方法和 HI 试验一样是 OIE 推荐的诊断马流感的血清学方法，可以鉴定不同亚型的病毒，但在国内没有广泛应用。

2. 抗原检测

核蛋白单克隆抗体抗原捕获 ELISA 试验：按《OIE 陆生动物诊断试验和疫苗手册》（2004 第五版 2.5.5）规定的方法进行，试剂可从 OIE 参考实验室获取。此方法能快速提供诊断结果，给决策管理提供依据，但不能替代病毒分离，有助于在病料来源受限时为病毒分离选择样品。

二十五、牛 瘟

（一）病原学检测方法

1. 病原分离鉴定 活体采集全血分离白细胞组织或采集死亡动物的脾、肩前淋巴结或肠系膜淋巴结样品，样品处理后接种于绿猴肾细胞或牛肾细胞等其他继代细胞培养，待细胞出现 80%～90%空斑病变时收获。通过特异性的沉淀试验或单克隆抗体标记的免疫荧光方法进行鉴定。但因该方法耗时、费用高以及需要专门的设施，其应用十分局限。在从事 PPRV 的分离时，应该充分注意生物安全，病毒分离只能在有关管理部门批准的情况下在相应级别的实验室进行。

2. 分子生物学检测

RT－PCR 试验：RT－PCR 试验是 OIE 认可的一种牛瘟诊断方法。可以从动物的脾、淋巴结和扁桃体等组织细胞中提取 RNA，针对病毒的高保守区设计特异性引物进行 RT－PCR 检测。该方法耗时相对较短，有很强的敏感性。由此获得的病毒基因扩增片段，可以作进一步的基因序列分析、分子流行病学分析等工作。但是该方法需要在操作比较规范的分子生物学实验室进行。

（二）血清学检测方法

1. 抗体检测

竞争 ELISA 试验（C－ELISA）：是国际贸易指定试验。该方法适用于感染牛瘟病毒的任何品种动物血清抗体的检测。本实验依据是阳性被检血清和抗牛瘟病毒 H 蛋白单抗与牛瘟抗原竞争性结合。被检样品中存在抗体，将阻断单抗与牛瘟抗原结合。

病毒中和试验：按照 Plowright－Ferri 氏方法进行，本试验用于检测无牛瘟感染认证监测计划中的血清、疫苗试验的定量和野生动物血清样品，血清稀释度在 1∶2 能检出抗体则说明曾感染牛瘟病毒。

2. 抗原检测

AGID 试验：该方法采用牛或兔的高免血清作抗体沉淀抗原，能在田间条件下诊断牛瘟，由于它操作简便，费用低、检测速度快，且能在感染组织中限定性地检测出牛瘟抗原，因而该方法得到广泛的应用。但是它的敏感性低，不能检测微量抗原，不能对疾病的早期作出诊断。

免疫捕获 ELISA 试验：该方法可用于野外样品或组织培养样品或 PRR 病毒的快速特异性检测。本试验应用两种抗病毒的单克隆抗体，一种作为捕获抗体，一种作为标记生物素抗体，检测所捕获的病毒。这种方法可以检测 $10^{0.6}$ $TCID_{50}$个牛瘟病毒以及 $10^{2.2}$ $TCID_{50}$个小反刍兽疫病毒。

二十六、绵羊痘和山羊痘

（一）病原学检测方法

1. 病原鉴定　羊痘病毒可在绵羊、山羊、牛源的组织细胞上培养生长，但分离需培养 14d，需要一次或多次传代，故不适合于快速诊断。按《绵羊痘和山羊痘诊断技术》（NY/T　576—2002）规定的方法，利用透射电镜检查病羊组织悬液，观察山羊痘病毒粒子的典型形态，并结合临床剖检可快速诊断羊痘；取活体病料或死后剖检病料制作切片或直接触（压）片染色后可观察病毒包含体判断病因。

2. 分子生物学检测 按《绵羊痘和山羊痘防治技术规范》(NY/T 576—2002)规定的方法进行。PCR检测方法耗时相对较短，敏感性高于一般的ELISA等方法，低于病毒电镜观察与包含体检查，局限性在于试验条件要求较高，需要在操作比较规范的分子生物学实验室进行。

(二) 血清学检测方法

1. 抗体检测

中和试验：按《绵羊痘和山羊痘诊断技术规范》(NY/T 576—2002)规定的方法进行。中和试验是特异性最强的血清学试验，但羊痘感染后主要引起细胞介导的免疫，仅产生低水平的中和抗体，故中和试验敏感性不高。

Western印迹实验：利用羊痘病毒的p32抗原与待检血清反应。该方法有较好的敏感性和特异性，但是试验费用较贵、操作难度大，目前基本没有用于诊断。

AGID试验或免疫荧光实验：羊痘病毒与其他痘病毒存在抗体交叉反应，因此该方法特异性较低，容易出现假阳性。

2. 抗原检测 中和试验与AGID试验均可用于检测抗原。

二十七、蓝 舌 病

(一) 病原学检测方法

1. 病原分离鉴定 蓝舌病(Blue tongue，BT)病毒分离鉴定是国际贸易指定试验，可按《蓝舌病诊断技术》(GB/T 18636—2002)和《蓝舌病微量中和试验及病毒分离和鉴定方法》(GB/T 18089—2000)规定的方法进行。采集和处理病料后可以通过三种方式进行分离，即鸡胚分离、细胞培养分离和动物接种分离。其中绵羊接种是检测BTV活毒的标准试验，该方法虽有高度的敏感性，但需要较严格的隔离条件和较高的试验成本。鸡胚接种可采取10～12日龄鸡胚静脉接种，静脉接种与接种易感动物同样敏感，是分离病毒的首选方法，缺点是试验周期较长。细胞培养分离最常用，通过接种敏感细胞如仓鼠肾细胞，非洲绿猴肾细胞等。出现病变则收获病毒，若无病变，盲传2～3代。由此而获得的病毒，可以作进一步的致病力试验、基因序列分析、分子流行病学分析等工作。其局限性在于繁琐、耗时、试验条件要求高，只能在指定的具备相应生物安全级别的实验室进行。

2. 分子生物学检测

RT-PCR试验：是国际贸易指定试验。按其规定的方法进行操作。用PCR方法检测样本中的BTV，具有简便快捷，敏感性和特异性高于鸡胚接种和细胞培养的病毒分离检测方法。由此获得的病毒基因扩增片段，可以作进一步的基因序列分析、分子流行病学分析等工作。其局限性在于试验条件要求较高，需要在操作比较规范的分子生物学实验室进行。

多重PCR试验：由于该病毒的血清型较多，多重PCR的方法通过检测不同的核酸序列，可以一次性鉴定出病毒的多种血清型，无论是混合感染还是单纯感染。由此获得的病毒基因扩增片段，可以作进一步的基因序列分析、分子流行病学分析等工作。其局限性在于试验条件要求较高，需要在操作比较规范的分子生物学实验室进行，目前尚未广泛应用。

（二）血清学检测方法

1. 抗体检测

AGID试验：按《蓝舌病诊断技术》（GB/T 18636—2002）规定的方法进行。该方法简便、易行，不需要复杂实验设备，是最早得到广泛推广应用的抗体检测方法之一。也是世界动物卫生组织（OIE）推荐使用的方法。其缺点是特异性不足，与相关病毒如鹿流行性出血热（EHDV）病毒有交叉反应。在进行绵羊蓝舌病血清流行病学调查需要大批量检测血清样品时，该方法尤为适用。

竞争ELISA试验：按《蓝舌病诊断技术》（GB/T 18636—2002）规定的方法进行。被检血清中的抗体和单抗竞争性地与抗原结合，从而检测到BTV特异性的抗体，该检测方法检测蓝舌病病毒可以不和其他环状病毒发生交叉反应，是被OIE确定的BTV血清学诊断的首选方法。其缺点是需要的试剂难以获得。

病毒中和试验：按《蓝舌病微量中和试验及病毒分离和鉴定方法》（GB/T 18089—2000）规定的方法进行。该方法是实验室诊断中通用的方法，可以特异性地鉴定蓝舌病病毒的血清型，也能对新分离的BTV进行型鉴定或通过该方法鉴定血清中的中和抗体。但操作繁琐，检测时间较长。

补体结合试验：作为广泛使用的一种方法，已被免疫扩散试验取代，但是目前有些国家仍在使用。

2. 抗原检测

免疫酶染色DOT ELISA：按《蓝舌病诊断技术》（GB/T 18636—2002）规定的方法进行。该方法用于检测病毒抗原蛋白，可以检测到血液和组织中的抗原。该试验敏感性高。但分离病毒蛋白和制备分别针对它们的单抗，步骤繁琐、复杂，且不易保存，是此类方法的主要缺点。

抗原捕获酶联免疫吸附试验：按《蓝舌病诊断技术》（GB/T 18636—2002）规定的方法进行。病毒捕获ELISA属血清群特异性试验，该技术敏感性高，甚至能够在只有1%库蠓感染的混合液中检出BTV。

空斑及空斑抑制定型试验：按《蓝舌病诊断技术》（GB/T 18636—2002）规定的方法进行。该试验特异性高，可以直接观察。缺点是检测时间较长，需要几天甚至十几天时间，而且操作繁琐。

二十八、兔出血病

（一）病原学检测方法

1. 病原分离鉴定　目前，兔体接种是病毒分离、传代和病毒感染滴度测定的唯一方法，肝脏是病原鉴定最适合的器官；按《兔病毒性出血症防治技术规范》，取肝病料，超声波处理、高速离心，收集病毒，负染色后电镜观察，可根据病毒粒子形态进行诊断。该方法灵敏度好，但是需要一定的仪器设备，不适合基础实验室诊断检测。采用动物实验的方法也可对该病确诊，取病兔肝等组织悬液的离心上清接种青年兔，可成功复制该病，但此方法只能在指定的具备相应生物安全级别的实验室进行。

2. 分子生物学检测 可采用RT-PCR试验检测该病毒，按《兔病毒性出血症防治技术规范》规定的方法或按试剂盒说明书进行。其耗时相对较短，敏感性高于传统的HA、HI等方法。

（二）血清学检测方法

1. 抗体检测

HI试验：按《兔出血病血凝和血凝抑制试验方法》（NY/T 572—2002）规定的方法进行。由于除兔细小病毒外，尚无类似疾病的家兔病料能凝集人O型血红细胞，并且此凝集可被特异性抗体抑制，因此血凝抑制试验也可测定抗体效价，进行免疫检测。血凝试验的方法有玻片法、血凝板法、瓷板法，可根据不同情况选用。

ELISA试验：按商品化试剂盒说明书进行。该方法相对于HI试验具有较高的特异性与敏感性，但诊断试剂较贵，不适合推广应用。

2. 抗原检测

HA试验：按《兔出血病血凝和血凝抑制试验方法》（NY/T 572—2002）规定的方法进行。该方法实验快速、简单，成熟且易于推广，是确诊该病的良好方法。

二十九、猪链球菌病

（一）病原学检测方法

1. 病原分离鉴定 病原学诊断主要根据形态特征、培养特性、生化实验进行细菌学诊断。

采集病猪的耳静脉血、前腔静脉血、胸腹腔和关节腔渗出液或肝、脾等组织，组织触片或血液涂片染色观察以确定是否为革兰氏阳性的链球菌；该菌为需氧或兼性厌氧，在血液琼脂平板上接种，37℃培养24h，形成无色露珠状细小菌落、灰白色，菌落周围有溶血现象，镜检可见长短不一链状排列的细菌；可将分离菌进行生理生化鉴定，特性为不发酵菊糖、棉子糖；能发酵甘露醇、核糖、水杨苷、山梨醇、精氨酸。细菌学诊断与其他方法相比耗时、繁琐且只能在具备相应生物安全级别的实验室进行。

2. 分子生物学检测 国外有专家针对猪链球菌主要致病菌株建立了血清型特异性PCR鉴定方法，通过此方法可检测出1型、2型、1/2型、9型、14型；国内也有相关学者研究成功荧光PCR快速检测技术。总体来说，PCR法具有快速、敏感、特异的特点，但是其局限性在于试验条件要求较高，需要有条件的分子生物学实验室进行。

（二）血清学检测方法

1. 抗体检测

间接ELISA法：以链球菌荚膜多糖抗原包被酶标板，检测猪链球菌血清抗体。该方法简便、经济、快速，缺点在于利用该方法不能最后确诊。

环状沉淀实验：主要用于检查慢性型病猪、带菌猪或恢复猪，可在病猪感染2～3周后的6～13个月内检出抗体。

协同凝集试验：因为多数可以定型的菌株归属于1～8型和1/2型，所以可只用这些血清型相应的抗血清进行鉴定，缺点在于有些菌株与一种以上的抗血清有交叉反应。

2. 抗原检测　目前国内有报道利用自制荧光抗体进行免疫荧光实验，可在2～3h内对链球菌作出诊断，比直接镜检有更好的特异性和敏感性，缺点在于目前没有商品化试剂盒购买，且该实验需要一定条件的实验室仪器设备。

三十、禽霍乱

（一）病原学检测方法

按《禽霍乱（禽巴氏杆菌病）诊断技术》（NY/T 563—2002）规定的方法，采集和处理病料，接种培养基进行细菌分离。病原鉴定采用菌落涂片镜检、生化鉴定和动物接种试验。多杀性巴氏杆菌的鉴别需要进行的生化试验有糖发酵、酶生成及选择性代谢试验等。

（二）血清学检测方法

1. 抗体检测　按《禽霍乱（禽巴氏杆菌病）诊断技术》（NY/T 563—2002）规定，采用琼脂扩散试验来监测免疫效果和追溯性诊断。

凝集试验和被动血凝试验可用来检测禽血清中多杀性巴氏杆菌抗体，但是敏感性不高。ELISA方法一般只用来检测接种菌苗后禽的免疫应答能力，并不用于诊断，有商品化的抗体检测试剂盒。

2. 抗原检测　本病通过对病原菌的分离鉴定很容易确诊。血清学鉴定包括荚膜型血清分组和菌体血清定型。DNA指纹可以区别具有相同荚膜血清组合菌体血清型的多杀性巴氏杆菌。

三十一、牛传染性胸膜肺炎

（一）病原学检测方法

1. 病原分离鉴定　按《牛传染性胸膜肺炎（牛肺疫）诊断技术》（GB/T 18649—2002）规定的方法。采集和处理病料后接种适当的培养基进行病原体的分离和生化鉴定。进行病原体分离时，可能需要盲传2～3代。得到病原体是诊断方法中最有说服力的一种，由此而获得的病原体，可以作进一步的致病力试验、基因序列分析、分子流行病学分析等工作。其局限性在于CBPP病原体的分离和鉴定比较困难和耗费时间，而且试验条件要求高，只能在指定的具备相应生物安全级别的实验室进行。

2. 分子生物学检测　PCR试验方法可以在接到样品后较快时间内完成，是一种敏感、高度特异和易于操作的方法。已建立了专用于*M. mycoides*（丝状支原体）簇和MmmSC的特异引物并建立了PCR检测程序，由此获得的病原体基因扩增片段，可以作进一步的基因序列分析、分子流行病学分析等工作。

（二）血清学检测方法

1. 抗体检测

补体结合（CF）试验：按《牛传染性胸膜肺炎（牛肺疫）诊断技术》（GB/T 18649—2002）规定的方法进行。该方法适用于无疫证明，是国际贸易指定试验，实验操作比较困难，需要经过培训和具有经验的工作人员操作。该方法仅用于群体检测，对单独病例可能造成误导。

微量凝集试验：按《牛传染性胸膜肺炎（牛肺疫）诊断技术》（GB/T 18649—2002）规定的方法进行。该实验操作比较困难，需要经过培训和具有经验的工作人员操作。

竞争酶联免疫吸附试验（C－ELISA）：是国际贸易指定试验，由OIE的热带国家动物疫病诊断和控制协作中心建立的方法。该方法与补体结合试验相比有着同样的灵敏性和较高的敏感性。C－ELISA是群畜用试验，其操作比CF容易，但其检测效果尚未作全面评价。

2. 抗原检测

琼脂凝胶免疫扩散（AGID）试验：能够检测丝状支原体丝状亚种SC和患病动物血淋巴系统的循环半乳糖表面的特异性抗原。具体方法见附件1－2，该方法敏感性和特异性都较差，仅用于筛选检测。

免疫组织化学试验：用过氧化物酶-抗过氧化物酶方法来检测石蜡包埋肺病变组织切片，可检查丝状支原体亚种SC免疫反应部位。该试验只作为CBPP辅助诊断。

三十二、猪附红细胞体病

（一）病原学检测方法

1. 直接镜检 在急性发热期间进行病原的直接镜检效果最好。从病猪耳静脉采集少量血液滴于载玻片上，用等量生理盐水稀释，加盖玻片于高倍光学显微镜下观察。镜下在红细胞表面及血浆中可见附红细胞体呈球形、卵圆形、逗点状、网球拍形、杆状或颗粒状，游离于血浆中的附红细胞体作摇摆、扭转、翻滚等运动，并具有折光性。一个红细胞上可附着1～20个附红细胞体不等，一般以6～7个居多，被寄生的红细胞变形为锯齿状、星芒状或不规则形状。该方法的局限性在于只适用于急性发热期的猪。

2. 血液涂片检查 此方法对血液涂片制作和染色质量的要求较高，染色时要避免有杂质污染，较常用的染色方法有瑞氏染色、姬姆萨氏染色、瑞氏-姬姆萨氏混合染色和吖啶橙染色，有研究报道后两种方法效果较好。

瑞氏染色通常红细胞呈淡紫红色，附红细胞体呈天蓝色；姬姆萨氏染色通常红细胞呈淡红色，附红细胞体呈深红色；瑞氏-姬姆萨氏混合染色中，红细胞呈淡紫色，附红细胞体呈蓝紫色，附红细胞体与红细胞对比非常明显，很容易分辨；吖啶橙染色需要采用荧光显微镜进行观察，红细胞呈暗橙色，附红细胞体多为单体存在，在急性阶段，附红细胞体呈浅至深橘黄色，在慢性病例中，病原不易辨认，为淡黄色至浅绿色的小点状，吖啶橙染色时核仁和核碎片也可发出荧光，因此可能会出现假阳性。

3. 病原分离鉴定 在病原培养方面可以利用RPMI－1640和胎牛血清按比例混合并添

加肌酐作为体外培养猪附红细胞体的基础培养基，以无附红细胞体感染的兔红细胞泥作为培养寄生载体，置于体积分数为5%的二氧化碳的37℃生化恒温培养箱进行猪附红细胞的体外培养研究。

诊断性脾切除术被认为是诊断猪附红细胞体感染最确实的方法。切除可疑感染猪的脾脏或将疑为感染猪的血液输给切除脾脏的猪进行人工感染，3～20d急性发病（最多为20d），如在血液中发现病原可确定诊断。

4. 分子生物学检测

荧光PCR技术：在猪附红细胞体感染高峰期放血，分离猪附红细胞体，提取DNA进行荧光定量PCR。有报道已建立的猪附红细胞体TaqMan荧光定量PCR检测方法具有较高的敏感性、特异性和重复性，比普通PCR方法灵敏度高100倍。

PCR试验：按商品化试剂盒说明书进行。该方法敏感性高、特异性强，可用于流行病学调查和临床检查。

（二）血清学检测方法

1. 抗体检测　由于发病猪抗体滴度变化大常出现假阴性，所以抗体检测只适用于群体检测。报道使用的抗体检测方法有：间接血凝试验（IHA）、补体结合试验（CFT）或ELISA方法等。

IHA：该方法由Smith等（1975）研究成功，并将滴度>1∶40定为阳性，此方法灵敏度高，能检出补体结合反应转阴耐过猪。

CFT：病猪出现症状后1～7d呈阳性反应，与2～3周后即行转阴。本试验诊断急性病猪效果好，但不能检出耐过猪。

ELISA：比IHA更为敏感，但不适合小猪和公猪的诊断，也不适用于急性期诊断。

2. 抗原检测　国内已经建立了用单克隆抗体检测附红细胞体的间接免疫荧光试验方法，但是目前该方法没有形成标准。

三十三、猪囊尾蚴病

我国制定的猪囊尾蚴病的诊断标准主要是利用病原学与免疫学诊断相结合的诊断技术。OIE《陆生动物诊断试验和疫苗手册》中没有规定该病在国际贸易采用的诊断技术。

（一）病原分离鉴定

按《猪囊尾蚴病诊断技术》（GB/T 18644—2002）规定的方法进行，采集分离样品，采用压片镜检，观察囊尾蚴头节形态的方法确诊。由于本病病情轻时症状不明显，生前诊断较困难，检出率约为30%，一般只有宰后检验才能确诊。

（二）血清学检测方法

ELISA试验检测抗体，按《猪囊尾蚴病诊断技术》（GB/T 18644—2002）规定的方法进行，或按照商品化试剂盒说明书进行，该方法适用于感染猪的定性，也适用于免疫猪群抗体水平的评估，但该方法对检测自然感染少量的猪囊尾蚴并不敏感。

三十四、旋毛虫病

（一）病原学检测方法

1. 病原分离鉴定 方法为采集肌肉进行目检、压片镜检和集样消化。按《猪旋毛虫病诊断技术》（GB/T 18642—2002）规定的方法，对鲜肉、冻肉采取不同的采集和处理病料方法，进行目检、压片、镜检。按照规定的判定标准进行判定。集样消化法可以提高检出率，适用于大批量检查。

2. 分子生物学检测 应用分子生物学技术检测旋毛虫幼虫的DNA，在被检样品中只要含有一条旋毛幼虫即可被检出，是目前最为敏感的方法，尤其是在肉样中抗体阴性和旋毛虫幼虫含量非常低时具有重要价值。但是目前未将分子生物学技术用于肉品中旋毛虫检验。

（二）血清学检测方法

1. 抗体检测

环蚴沉淀试验（CLP）：将脱囊蚴与待检血清一起孵育，观察虫体天然孔周围是否出现泡沫样或颗粒状沉淀物。此法敏感性较高，特异性较好，可检出轻度感染和做早期诊断。

间接血凝抑制试验（IHA）：将旋毛虫可溶性抗原吸附于红细胞上，与相应的抗体发生凝集反应，该方法具有敏感性好，特异性强，操作简便等优点。

间接荧光抗体试验（IFA）：可以用虫体或带虫肌肉切片作为抗原，且制备的荧光标记抗体可以用于多种抗原、抗体系统的检测。但该方法需要配备荧光显微镜。

胶乳凝集试验（LAT）：将旋毛虫可溶性抗原吸附于聚苯乙烯胶乳颗粒表面，再与待检血清反应。该方法稳定可靠，易于操作，不需要特殊设备。有商品试剂盒，名称为：用于人畜旋毛虫病快速诊断的试剂及其制备方法，专利号：CN98104891.9。

酶联免疫吸附试验（ELISA）：是宰前诊断猪旋毛虫病的唯一最适合的方法，敏感性能达到100g组织中能检出一个幼虫感染。ELISA诊断旋毛虫病的特异性与实验中使用的抗原类别及性能直接相关。体外短期保存的肌旋毛幼虫的分泌性抗原是近来试验中最特异、最廉价的抗原来源。将旋毛虫抗原包被于固相载体，孵育后洗去未吸附的抗原，加入待检血清，经过洗涤、加入酶标二抗，底物显色等步骤，得到检测结果。现在有间接用ELISA、SPA-ELISA、Dot-ELISA等方法的检测试剂盒。

2. 抗原检测 主要检测的旋毛虫抗原为旋毛虫的排泄-分泌物抗原（ES抗原）。由于在血循环中抗原的半衰期短于抗体，抗原阳性表明肉中有活的旋毛虫存在，抗体阳性只能表明该动物曾感染过旋毛虫，故检测抗原优于检测抗体。

间接血凝实验：采血分离血清做间接血凝实验。灵敏性较高，能检出补反阴转后的耐过猪。

补体结合试验：病猪出现症状后1～7d呈阳性反应，于2～3周后即行转阴。本试验诊断急性病猪效果好，但不能检出耐过猪。

第六章 保障体系

动物疫病监测是我国应对动物传染病的重要措施，是我国兽医防疫机构掌握我国动物传染病流行现状、制定每年的防疫计划以及实施疫病净化的基础和保障。动物疫病监测体系的建立和实施不仅需要良好的监测设施、环境、方法等硬件条件，同时也需要一批经过培训的专业人员作为监测的具体负责人和实施者。只有形成一支懂技术、懂法规、训练有素的动物疫病监测队伍，才能完成监测体系的建立、数据的分析以及最终的监测结果的应用。

第一节 机构队伍

一、监测机构实验室工作人员配备

在监测机构的队伍组成上要配备懂技术、高学历的专业人士作为带头人，推荐省级监测机构队伍要以博士为带头人、市级监测机构队伍要以硕士为带头人、县级监测机构队伍要以学士为带头人，组建监测专业技术人员队伍，不断提高实验室的自主创新能力和技术支撑能力。

监测机构实验室应配备足够的各类专业技术人员，担负各项监测工作。专业技术人员应掌握兽医学基础知识，并在病毒学、微生物学、免疫学、细胞学、生物化学、分子生物学以及分析化学等诸学科方面学有专长。各类人员的比例应依监测工作具体任务而定。

实验室在管理方面，要根据省、市、县各级监测的具体要求，指定一名高级技术管理人员，负责监测技术工作的全面安排，监督按条款、法规和法定程序进行监测工作，对监测结果审查和审核，保证监测结果的准确性，在技术上参与管理策略和方法的讨论，工作上向行政首长负责。

实验室还要有一定比例熟悉法规、条款和监测程序和方法的监督人员。职责是主要负责督促监测的具体工作，按法定的程序和方法，评估监测结果，应由高级兽医师和有经验的兽医师担任，在技术方面向高级技术管理人员或实验室主任负责。

实验室还要有足够受过必要教育和技术训练的技术人员，从事各项监测检验的具体操作。被指派从事某项监测工作之前。这些工作人员应受到足够的专项训练，具备足够的工作经验和一定的分析能力。实验室还要配备维护人员，负责贵重仪器和设备的维护、校准和使用；负责实验室水、火、电的安全。

从长远看，省级实验室监测技术人员不少于30名；市级不少于20名；县级不少于10名。

二、对监测实验室工作人员的基本要求

1. 对实验室人员的道德规范要作明确规定 实验室独立履行监测检验工作，结果的判

定不受外界因素的干扰，如商业的、财政的或其他不利因素的影响。

2. 工作人员必须相对稳定 工作人员能有充分时间熟悉本部门的工作与性质，特别是对青年初级技术人员更是如此。

3. 具有高度安全意识 感染事故常由无知或好奇的行为引发，例如嗅探瓶内物或打开培养皿的盖子等操作就非常容易扩散病原菌造成感染。所有实验室工作人员均应接受技术人员的监督和指导，在进行实验时应穿戴工作服，并在工作完毕离开时脱下，同时应注意洗手和消毒的重要性。此外，重要实验室的清洁工作，应由技术人员分区负责。实验室中最好不设纸篓，要把所有废物倒入污物箱内统一进行无害化处理。

4. 预防感染事故的发生 对来访者包括仪器设备的维修人员，在没有实验室人员陪同的情况下，一律不准进入实验室。如果外来人员需要留在实验室工作，必须穿戴防护衣服并告诫勿触摸实验台上任何材料和设备，以防感染事故。所有这些人员，在离开实验室时均须洗手、消毒。

三、对实验室监测质量保障体系的要求

（一）组织管理

1. 成立由质量保证负责人、办公室主任、监测室主任和仪器管理人员组成的质量保证小组。质量保证负责人任组长，负责组织实验室的内部检查及质量认可，以确保质量保证体系的顺利实施。

2. 每个监测室设监测室负责人，负责监测室的全面工作，包括监测技术、实验安排、实验检查、监测结果的审定等。监测室负责人负责检查质量保证体系的贯彻执行情况，指出操作规程中的不足，减少操作失误，并对发现的问题及时采取纠正措施。

3. 监测室应定期进行内部检查，一般每年至少检查一次，以确认监测室是否符合质量保证体系的要求。

（二）人员素质

1. 监测室人员均应具有兽医专业大学本科以上学历，省级实验室人员不少于30人，其中博士2名以上，硕士10名以上；市级实验室不少于20人，其中研究生2名以上，本科生5名以上；县级实验室人员不少于10人，其中本科生4名以上。并经相关的培训和考核，持有上岗证。

2. 热心本职工作，有较强的责任心，敬业爱岗，遵守各项规章制度。

3. 有计划地参加专业学习和培训，不断提高技术水平。

（三）监督体系

1. 质量保证小组及主管副主任负责监督检查各监测室执行质量保证体系的情况。

2. 监督检查监测报告质量的情况。

3. 监督检查监测工作执行标准及操作规程情况。

4. 监督检查度量、计量管理制度的执行情况。

5. 监督检查各项规章制度的执行情况。

6. 组织对各类人员进行技术和业务抽查。

7. 负责《质量管理手册》的管理，并检查执行情况。

8. 负责处理对质量问题的申诉。

（四）工作环境

1. 实验室应明确卫生负责人，保持室内清洁卫生。

2. 实验室光线、照明应充足，有供暖设施及空调。冰柜、冰箱、实验用温箱、CO_2 培养箱等应保持 24h 不断电。

3. 实验室工作人员要严格遵守《实验室安全操作规定》，做好个人防护。

4. 办公区与监测区应分开；采取措施防止各实验室间的交叉污染及病原体的散播。

5. 当怀疑工作环境影响监测质量时，应记录当时的环境条件，并停止检测。对影响检测质量的区域应进行严格控制。

6. 外出采样和现场监测的环境应满足采样要求和现场监测的要求。

（五）监测方法

1. 监测方法应优先采用国家标准、行业标准、农业暂行检验技术规范、生物制品规程中规定的监测方法。

2. 下列情况之一，可采用非标准监测方法：

（1）监测项目无标准方法，或无法解决标准方法中关键设备或试剂，但有其他方法可替代的。

（2）有更简便的方法或准确度更高的方法。

3. 选用非标准方法的要求

（1）选用的非标准方法必须是较先进的，准确度高的或其他经典方法。

（2）选用的非标准方法与标准方法做过比较（或可引用书籍、刊物及公开发表的论文中的数据），证明其方法是可用的。

4. 采用非标准监测方法的程序

（1）拟采用的非标准监测方法先由监测人员写出申请报告（包括采用原因，采用方法的出处或依据，与标准方法对比的实验报告材料，具体监测方法等）。

（2）监测室主任审核同意后报办公室。

（3）总负责人签批后实行。

（4）试行一定时间后，应组织有关专家鉴定，通过后正式执行；并可向国家标准部门推荐此方法，修改原标准方法。

5. 采用非标准方法进行样品的仲裁诊断及出具检验报告时，须经畜牧兽医主管部门批准。

（六）标准物质的选定、使用和保管

1. 标准物质是指国家一、二级标样、标准试剂及有关标准分析方法规定的可用作配制标准溶液的化学试剂和物质。

2. 标准物质的选定应根据使用目的的不同进行选用，不得混淆或用其他物质代替。

3. 标准物质、标准溶液由专人负责配制和管理，定期检查，不得使用过期的标准物质和标准溶液。

4. 使用标准物质、标准溶液时必须登记，注明品名、数量、使用日期，必须按需要控制使用；剩余液不得倒回原装瓶。

5. 标准物质、标准溶液必须妥善保管，严防污染、损坏和变质，应根据其不同的理化性质放于避光、防潮、防冻、低温等条件下。

6. 标准物质的需用计划由各监测室提出，由办公室负责采购。

（七）样品的采集、保存和处理

1. 每个实验室应按“样品的采集、保存和处理方法”进行采样并登记。每份样品应有单独标识。收到的样品若有异常，应如实记录。

2. 保存样品应具有适宜的储存设施，以防样品变质或样品中的病原丢失。应明确监测后的保存时间。对于监测后的废弃样品应进行无害化处理。

（八）仪器设备

1. 实验室应具备样品采集、保存及监测工作所需的仪器。仪器规格应满足实验的要求。对贵重仪器或精密仪器应建立校正制度。

2. 贵重仪器应有操作说明书并应由指定人员进行操作。

3. 每件仪器应有编号。对每件仪器应填写仪器登记单。各监测室主任（负责人）保存本室的所有仪器登记单。

4. 对每件仪器应标明需要何种“维修保养”服务，包括由指定外部机构定期保养或实验室人员保养或不需要保养。由实验室人员进行的定期保养，应填写保养记录，并由保养人签字。由指定外部机构对仪器所做的维修保养，应让其填写维修保养情况，并签字，标明日期及下次保养日期。

5. 凡计量器具定期送法定计量部门进行检定，检定合格后方可投入使用，并设专人管理、保养、维修，以保证使用正常。

6. 自校的仪器设备须有检验规程，经专人校验合格后，方可投入使用。

7. 对于已不能正常使用的仪器应标明已坏，或者移出实验室。

（九）度量的可追踪性

1. 度量用实验仪器应有校正方法。校正用仪器和校正方法应由认证机构验证并签发证书。证书中应写明该仪器或方法可追踪到某一国际标准。

2. 如果校正用仪器不能追踪到某一国际标准，可用下列方法证实试验结果的准确性：参加实验室水平测试；应用适当参比材料，能证实该参比材料的特性；采用其他实验方法或校正方法验证。

3. 实验室应保存登记校正仪器用标准参比仪器和实验用标准参比材料，登记内容包括：材料的类型、来源、收到日期、失效期、认证实验记录、储存条件和储存位置。

4. 对于微生物参考株的保存应有保存方法，以保证其遗传稳定性。如参考毒（菌）株、传代细胞以及标准阳性血清和标准阴性血清等。

5. 实验室对参考材料的保存、运输、安全处置及使用应按规定的方法进行，以防止参考材料污染环境或变质。

（十）质量监测失误的防范及控制措施

1. 监测过程中发现样品丢失或受到人为损坏，使监测工作无法进行时，按《检测事故的报告制度》进行处理，室主任应立即报告办公室，经认定后发放备用样品或采取其他补救措施进行检测。

2. 监测过程中发现停水、停电或其他不可避免的自然事故使监测工作中断或影响到监测结果时，应立即切断电源、水源，停止监测，其检测数据作废，待水电恢复正常后，重新监测。

3. 监测仪器发生意外损坏时，应立即停机，报告室主任，监测数据作废，待仪器设备修复、校准合格后重新测试，事故责任按有关规定处理。

4. 监测过程中发生人身伤害事故，应立即抢救，该监测人员的监测数据无效；待事故调查分析工作结束，监测条件具备时，重新监测。

5. 监测过程中环境条件（如温度、湿度等）发生变化而难以达到要求时，应停止监测工作，其监测数据作废，待环境条件恢复正常后，重新监测。

6. 监测结果超差时，要对影响监测结果的有关因素，如监测方法、仪器设备精度、使用的药品、器材质量、检测环境条件、试样制备质量等进行核查，待查明原因后再决定监测数据的取舍。

7. 同批或同件样品测试结果相差过大，应立即用标准样品或标准物质进行对比测试，若结果不符合要求，采取有效措施重新监测，原监测数据作废。

（十一）监测报告

1、监测工作完成后，由完成人填写监测数据并签字。业务接待部汇总后编制监测报告，经监测室主任（负责人）审核签字后报主管领导。

2. 监测报告应按监测实验室统一的“动物疫病监测检验（监测）报告书”逐项填写。

3. 当发现监测结果有问题时，监测室主任应找出原因，并按有关规定立即采取纠正措施。

四、监测人员的培训与考核制度

1. 根据工作需要，有计划地安排监测人员进行国家计量法规、监测技术、质量管理、标准化管理、外语、计算机等方面理论和技术的培训。

2. 培训结束后，培训成绩记入个人档案。同时，培训人员应及时向单位以书面材料汇报培训情况，并有义务向其他人员传授所学知识，以帮助大家提高技术水平，培训资料交资料室保存。

3. 每年对全体人员进行在岗考核，只有考核合格的监测技术人员方可上岗；不合格经培训合格后，方可上岗；考核结果记入个人技术档案。

五、监测人员岗位责任制

（一）监测室职责

1. 按时完成下达的各类监测任务。
2. 开展有关监测新技术的研究与推广。
3. 编制监测工作实施细则、操作规程等。
4. 编制自校仪器设备的校验规程、操作规程。
5. 提出监测仪器设备的购置计划和仪器设备的维修、降级和报废报告；负责新添置仪器设备的验收和调试。

（二）监测室主任职责

1. 全面负责本室工作。
2. 提出本室工作计划，组织实施并定期总结。
3. 组织制定监测工作实施细则、操作规程。
4. 参与动物疫病监测新技术的研究、监测试剂新产品的开发和推广。
5. 保证本室仪器设备完好，提出本室仪器、药品试剂购置计划。
6. 及时向质量保证负责人报告本室出现的各类事故并提出处理意见。
7. 负责审核监测原始记录，对本室出具的监测数据负责。
8. 提出本室人员的业务培训计划。
9. 考核和检查本室人员的工作及任务完成情况。

（三）监测人员职责

1. 遵守中心的各项规章制度，认真完成监测任务，对所承担的监测项目结果负责。
2. 熟悉所用仪器设备的性能，严格执行操作规程，使用前后认真检查，并填写《仪器使用情况记录表》，负责所用仪器设备的保管、保养及自校工作，发现异常现象及时报告有关人员。
3. 认真详实地填写监测原始记录，任务完成后及时进行数据处理，并送有关人员进行校对和审核。
4. 及时了解国内外动物疫病监测新技术、新产品及发展趋势；掌握有关新方法与新技术。
5. 负责监测室的安全与环境卫生。

第二节　物资（试剂、器械）保障

一、省级动物疫病监测实验室仪器、试剂的配备

（一）建立现代化的动物疫情监测系统

省级动物疫病预防控制机构承担着全省动物疫病的监测、分析、诊断工作，负责指导和

协调全省突发动物疫病事件的应急反应行动。省级功能性实验室应配备二级生物安全柜、全自动细菌生化分析仪及其配套试剂、设备；全自动酶联免疫（ELISA）工作站、MicroBeta多功能液闪/发光分析仪；PCR仪、荧光定量PCR仪、核酸提取仪、DNA测序仪、核酸合成仪、氨基酸合成仪、紫外-可见光分光光度器等设备；流式细胞仪、石蜡包埋切片机、冷冻切片机、研究型生物学显微镜；超低温冰箱（柜）、透射电子显微镜，大、中、小型负压隔离器，孵化器、大容量高速冷冻离心机、大容量超速冷冻离心机、大容量全自动高压灭菌锅；荧光倒置高倍显微镜及其配套设备、温室、酵母发酵罐、生物发酵罐、转瓶机、超纯水仪、CO_2培养箱等仪器。

（二）建立高效便捷的现场诊断系统

建立省级动物疫病流动监测站，对动物疫情进行现场快速诊断，对于快速确诊动物疫病、及时采取防控措施、控制动物疫病的发生和流行等具有重要意义。省级动物疫病预防控制机构应配备动物疫病流动快速诊断检测车5台。根据检测功能，在流动检测车上主要配备以下仪器设备：细菌分离系统设备（恒温培养箱、二级生物安全柜、配套仪器器皿等）、血清学检测系统设备（酶标仪、洗板机、微量移液器、配套电脑以及凝集实验所用设备等）、病原学检测系统（PCR仪、电泳系统、凝胶成像系统、荧光定量PCR仪、配套电脑）、无害化处理系统设备（全自动高压灭菌锅）、公共设备（冰箱、离心机、电源、纯水仪等）。

（三）建立覆盖全省的动物疫情信息处理、预警预报和疫情追溯系统

借助现有工作资源，进一步扩充仪器设备，利用现代信息分析管理技术、计算机模拟技术、建模技术、风险分析技术、随机系统理论等信息分析技术，从不同角度、不同层次多方面对疫病的发生、发展及可能趋势进行分析、模拟和风险评估，提出在实际中可行、经济上合理的优化防控策略和方案。主要设备及仪器：计算机设备、软件的开发应用、疫情追溯系统所需要软硬件仪器及设备，人员培训所需要的设备等。

（四）省级实验室常用试剂种类

1. 常规试剂　乙醇、乙酸、十二烷基硫酸钠、氯化钠、曲拉通X-100、吐温-20、β-巯基乙醇、尿素、红细胞裂解液、DEPC处理水、IPTG溶液、4%多聚甲醛、ELISA底物液、酚、氯仿、异戊醇、乙酸钠、TRIS饱和酚、水饱和酚、加拿大树胶、中性树胶、葡萄糖、异丙醇、甲醇、甲醛、乙醚、石蜡油、胰蛋白胨、酵母粉、酵母提取物、琼脂粉、丙烯酰胺、过硫酸铵、硫酸铵、DTT、EDTA、甘油、EB、L-谷氨酰胺、氧化性谷胱甘肽、还原性谷胱甘肽、DMSF、硼酸、溴酚蓝、氯化钙、考马斯亮蓝、结晶紫、苏木素、姬姆萨色素、溶菌酶、聚乙二醇、氯化钾、乙酸钾、氢氧化钾、氢氧化钠、硝酸银、碳酸氢钠、碳酸氢钙、碘化钠、无水磷酸氢二钠、十二水磷酸二氢钠、盐酸、硫酸、高锰酸钾、生理盐水、PBS缓冲液、TAE溶液等。

2. 分子生物学试剂　琼脂糖、基因组DNA和RNA提取分离试剂盒、表面活性剂，去离子甲酰胺、细菌基因组DNA提取试剂盒、质粒DNA小量提取试剂盒、琼脂糖凝胶DNA小量回收试剂盒、DNA片段（PCR产物）小量纯化试剂盒、组织/细胞基因组DNA提取试剂盒（含蛋白酶K）、Taq-DNA聚合酶、2×Taq PCR MasterMix、dNTPs、Trizol、10×

PCR Reaction Buffer Ⅰ、10×PCR Reaction Buffer Ⅱ、$MgCl_2$、pBS－T 载体、pBS－T 载体连接试剂盒、JM109 感受态细胞、BL21（DE3）感受态细胞、DH5a 感受态细胞、实时荧光 PCR master mix、电泳试剂、限制性内切酶、DNA 及 RNA 修饰酶类、DNA 及 RNA 蛋白质 Marker、RNA 聚合酶、RNA 酶抑制剂、反转录酶、核酸酶等。

3. 细胞生物学试剂 DMSO、标准胎牛血清 FBS、胰酶、葡萄糖、RPMI1640 培养液、DMEM 培养液、HEPES 缓冲液、外周淋巴细胞培养液、Hank's 缓冲液、细胞冻存试剂盒、聚乙二醇细胞融合试剂盒、甲基纤维素细胞克隆试剂盒、蓝色荧光染色体核型分析试剂盒、细胞核染色试剂盒、细胞 β-半乳糖苷酶原位染色试剂盒等。

4. 培养基 基础培养基（含牛肉浸液和蛋白胨）、营养培养基（最常用的是血琼脂平板、巧克力血平板等）、鉴别培养基［例如糖发酵管、克氏双糖铁琼脂（KIA）、伊红-美蓝琼脂和动力-吲哚-尿素（MIU）培养基等］、选择培养基（例如培养肠道致病菌的 SS 琼脂）、特殊培养基（包括厌氧培养基和细菌 L 型培养基等，如庖肉培养基、巯基乙醇酸钠培养基等）。

5. 监测用试剂盒 禽流感 H5、H9 诊断试剂盒、新城疫诊断试剂盒、口蹄疫诊断试剂盒、猪圆环 2 型 ELISA 诊断试剂盒、狂犬病诊断试剂盒、猪瘟诊断试剂盒、猪蓝耳病诊断试剂盒、弓形虫诊断试剂盒、胸膜炎诊断试剂盒、衣原体诊断试剂盒等监测用试剂盒。

二、市级动物疫病监测实验室仪器、试剂的配备

（一）建立现代化动物疫情监测系统

市级动物疫病预防控制机构主要承担辖区内动物疫病的监测、分析、诊断等任务，指导和协调辖区内突发动物疫病事件的应急反应行动。市级实验室应配备生物安全二级安全柜、全自动细菌生化分析仪及其配套试剂、设备；全自动核酸提取仪、PCR 仪、凝胶成像系统及电泳系统、高速冷冻离心机、紫外-可见光分光光度器、石蜡包埋切片机、冷冻切片机、研究型生物学显微镜、负压隔离器、高速冷冻离心机、超速冷冻离心机、超纯水仪、细胞培养箱、荧光定量 PCR 仪等仪器设备。

通过不断完善市级动物疫病预防控制中心仪器配备，提高市级实验室监测诊断技术水平和工作效率，使其具备承担辖区内动物疫病监测、分析、诊断或确诊以及应对突发病的应急处置能力；使检测水平由原来的血清学检测水平提高到分子检测水平，为突发动物疫病事件的控制和处理提供有力的支持。

（二）建立移动式动物疫病现场快速监测、诊断系统

每个省辖市应配备流动检测车 1 台。在流动检测车上主要配备以下仪器设备：细菌分离系统设备（恒温培养箱、二级生物安全柜、配套仪器器皿等）、血清学检测系统设备（酶标仪、洗板机、微量移液器、配套电脑以及凝集实验所用设备等）、病原学检测系统（PCR 仪、电泳系统、凝胶成像系统、荧光定量 PCR 仪、配套电脑）、无害化处理系统设备（全自动高压灭菌锅）、公共设备（冰箱、离心机、电源、纯水仪等）。

（三）建立社会服务网络信息化平台

将各市养殖场（户）统一纳入疫病监测网络体系，对养殖场（户）进行集中管理和培训，定期通过信息平台将疫病防控信息发送到养殖场（户）。为养殖场（户）提供重大动物疫病检测和技术咨询服务。

（四）市级实验室常用试剂种类

1. 常规试剂　乙醇、乙酸、十二烷基硫酸钠、氯化钠、曲拉通 X-100、吐温-20、β-巯基乙醇、尿素、红细胞裂解液、DEPC 处理水、IPTG 溶液、4%多聚甲醛、ELISA 底物液、酚、氯仿、异戊醇、乙酸钠、TRIS 饱和酚、水饱和酚、加拿大树胶、中性树胶、葡萄糖、异丙醇、甲醇、甲醛、乙醚、石蜡油、胰蛋白胨、酵母粉、酵母提取物、琼脂粉、丙烯酰胺、过硫酸铵、硫酸铵、DTT、EDTA、甘油、EB、L-谷氨酰胺、氧化性谷胱甘肽、还原性谷胱甘肽、DMSF、硼酸、溴酚蓝、氯化钙、考马斯亮蓝、结晶紫、苏木素、姬姆萨色素、溶菌酶、聚乙二醇、氯化钾、乙酸钾、氢氧化钾、氢氧化钠、硝酸银、碳酸氢钠、碳酸氢钙、碘化钠、无水磷酸氢二钠、十二水磷酸二氢钠、盐酸、硫酸、高锰酸钾、生理盐水、PBS 缓冲液、TAE 溶液等。

2. 分子生物学试剂　琼脂糖、基因组 DNA 和 RNA 提取分离试剂盒、表面活性剂，去离子甲酰胺、细菌基因组 DNA 提取试剂盒、质粒 DNA 小量提取试剂盒、组织/细胞基因组 DNA 提取试剂盒（含蛋白酶 K）、Taq DNA 聚合酶、2×Taq PCR MasterMix、dNTPs、Trizol、10×PCR Reaction Buffer Ⅰ、10×PCR Reaction Buffer Ⅱ、$MgCl_2$、电泳试剂、DNA 及 RNA 蛋白质 Marker、RNA 聚合酶、RNA 酶抑制剂、反转录酶等。

3. 培养基　基础培养基（含牛肉浸液和蛋白胨）、营养培养基（最常用的是血琼脂平板、巧克力血平板等）、鉴别培养基［例如糖发酵管、克氏双糖铁琼脂（KIA）、伊红-美蓝琼脂和动力-吲哚-尿素（MIU）培养基等］、选择培养基（例如培养肠道致病菌的 SS 琼脂）、特殊培养基（包括厌氧培养基和细菌 L 型培养基等，如庖肉培养基、巯基乙醇酸钠培养基等）。

4. 监测用试剂盒　禽流感 H5、H9 诊断试剂盒、新城疫诊断试剂盒、口蹄疫诊断试剂盒、猪圆环 2 型 ELISA 诊断试剂盒、狂犬病诊断试剂盒、猪瘟诊断试剂盒、猪蓝耳病诊断试剂盒、弓形虫诊断试剂盒、胸膜炎诊断试剂盒、衣原体诊断试剂盒等监测用试剂盒。

三、县级动物疫病监测实验室仪器、试剂的配备

（一）建立动物疫病监测检测实验室

县级实验室应不仅能开展如 ELISA、血凝试验等血清学检测，还应能开展细菌性疫病、病毒性疫病的病原学诊断。应配备以下仪器设备：细菌分离鉴定系统设备（恒温培养箱、二级生物安全柜、显微镜、配套仪器器皿等）、血清学 ELISA 检测系统设备（酶标仪、自动洗板机、微量移液器、配套电脑以及凝集试验所用设备等）、病原学检测系统（PCR 仪、电泳系统、凝胶成像系统、生物安全柜、配套电脑等）、无害化处理系统设备（全自动高压灭菌

锅)、公共设备(冰箱、离心机、电源、纯水仪等)。

(二) 建立生物制品冷链系统

县级实验室要加强和完善生物制品的保存、运输设施,确保生物制品的科学、有效使用。需要配备的仪器设备有冷库、冷柜、冷藏车等。

(三) 县级实验室常用试剂种类

1. 常规试剂 乙醇、乙酸、十二烷基硫酸钠、氯化钠、曲拉通X-100、吐温-20、β-巯基乙醇、尿素、DEPC处理水、4%多聚甲醛、ELISA底物液、酚、氯仿、异戊醇、乙酸钠、TRIS饱和酚、水饱和酚、加拿大树胶、中性树胶、葡萄糖、异丙醇、甲醇、甲醛、乙醚、石蜡油、胰蛋白胨、酵母粉、酵母提取物、琼脂粉、丙烯酰胺、过硫酸铵、硫酸铵、EDTA、甘油、EB、硼酸、溴酚蓝、氯化钙、考马斯亮蓝、结晶紫、苏木素、姬姆萨色素、聚乙二醇、氯化钾、乙酸钾、氢氧化钾、氢氧化钠、硝酸银、碳酸氢钠、碳酸氢钙、碘化钠、无水磷酸氢二钠、十二水磷酸二氢钠、盐酸、硫酸、高锰酸钾、生理盐水、PBS缓冲液、TAE溶液等。

2. 培养基 基础培养基(含牛肉浸液和蛋白胨)、营养培养基(最常用的是血琼脂平板、巧克力血平板等)、鉴别培养基[如糖发酵管、克氏双糖铁琼脂(KIA)、伊红-美蓝琼脂和动力-吲哚-尿素(MIU)培养基等]、选择培养基(例如培养肠道致病菌的SS琼脂)、特殊培养基(包括厌氧培养基和细菌L型培养基等,如庖肉培养基、巯基乙醇酸钠培养基等)。

3. 监测用试剂盒 禽流感H5、H9诊断试剂盒、新城疫诊断试剂盒、口蹄疫诊断试剂盒、猪瘟诊断试剂盒、猪蓝耳病诊断试剂盒等监测用试剂盒。

第三节 实验室基础设施

动物疫病预防控制机构直接负责动物疫病的预防控制、预警信息的发布以及疫情的日常和定期监测,是我国动物卫生、公共卫生的重要保障。省、市、县级动物疫病预防控制中心根据职能分工应分别建设不同功能的实验室。实验室建设必须遵守国家有关法律法规,从本地动物疫病预防控制工作实际出发,正确处理好现状与发展、需要与可能的关系,坚持科学、合理、实用、节约的原则,根据畜禽数量、服务内容、疫病控制需要等因素,结合区域经济发展水平和动物疫病防控规划,在满足基本功能的同时,体现标准化、智能化、人性化、安全性的特点,适当考虑未来发展的需要,确定实验室建设规模。

一、省、市、县实验室应具备的基本功能

(一) 省级实验室

开展病理学、血清学、病原学、分子生物学检测;细菌、病毒、霉菌及其他国家许可的微生物培养分离鉴定;生物恐怖、中毒事件微生物培养分离鉴定;寄生虫的分离、培养、鉴

定。开展流行病学调查及分析预警；开展对市、县实验室的技术指导、咨询和培训。

（二）市级实验室

开展实验室病理解剖及血清学、病原学、分子生物学检测；细菌、霉菌及其他国家许可的微生物培养分离鉴定；寄生虫的分离、鉴定。开展流行病学调查及分析预警；开展对县级实验室的技术指导、咨询和培训。

（三）县级实验室

开展实验室病理解剖、血清学及三、四类病原微生物分离鉴定、细菌药物敏感性试验；寄生虫的分离、鉴定。开展流行病学调查及分析预警。开展动物疫病血清学、病原学样品的采集、处理。

各级兽医实验室检测能力应达到表 6－1 的要求。

表 6－1　各级兽医实验室检测能力要求

病原微生物分类		一类			二类			三类			四类			备注
监测项目分类 \ 实验室级别		省级	市级	县级	省级	市级	县级	省级	市级	县级	省级	市级	县级	
病理学	实验室病理解剖	√	√	√	√	√	√	√	√	√	√	√	√	
	组织病理切片				√			√			√			
	免疫组织化学染色				√			√			√			
血清学	HI、AGP、ELISA、乳胶凝集试验、胶体金试纸、试管凝集试验检测血清抗体	√	√		√	√	√	√	√		√	√	√	
	补体结合试验检测血清抗体	√			√			√			√	√		
	中和试验检测血清抗体				√			√			√			
	AGP、ELISA、胶体金试纸检测抗原	√			√			√	√	√	√	√	√	
病原学	免疫荧光试验检测抗原	√			√			√			√			
	病原分离鉴定（动物实验除外）				√			√	√	√	√	√	√	市县级：常见细菌
	细菌药物敏感性试验	√			√			√	√	√	√	√	√	
	病原接种动物试验	√						√			√			
分子生物学	PCR 试验	√			√			√	√		√	√		省市级：常见病毒
	基因序列分析	√			√			√			√			
备 注		在获得相应的高致病性动物病原微生物生物许可和批准后方可开展						实验室达到生物安全二级要求后方可开展						

二、省、市、县实验室布局要求及设备配置

（一）省级实验室

应达到生物安全防护三级实验室要求。

1. 实验室选址、设计和建造的要求

（1）实验室的选址、设计和建造应考虑对周围环境的影响。实验设施地点离开公共区，远离易燃、易爆物品的生产和贮存区，并远离污染源和高压线路。

（2）总面积不低于 1 850m^2。

（3）实验室分设 P3 实验室、分子生物学诊断室、细胞室、病毒室、细菌学检验室、血清学检验室、生理生化实验室、寄生虫室、病理组织学室、洗涤室、准备室、洁净物品存储室、标准溶液室、精密仪器室、标准血清和菌（毒）种保藏室、水处理及制备室、样品接收登记室、备份样品保存室、样品处理 1 室、样品处理 2 室、X 光室、临床和特殊诊断室、无害化处理室、实验动物房、动物防疫网络管理室（包括疫情信息资料室、疫情信息分析室、防疫网络传输室）、档案室、资料室、培训室、危险物品存储室等。同时，必须设容积不低于所有实验室日排水量的污水集中处理池。

2. 实验室设施和设备要求 实验室基础设施除要达到生物安全二级实验室要求外，还要满足以下要求：

（1）布局

①由清洁区、半污染区和污染区组成。污染区和半污染区之间应设缓冲间。必要时，半污染区和清洁区之间应设缓冲间。缓冲间的门应能自动关闭并互锁。

②在半污染区应设供紧急撤离用的安全门。

③污染区与半污染区之间、半污染区和清洁区之间应设置传递窗，传递窗双门不能同时处于开启状态，传递窗内应设物理消毒装置。

（2）围护结构

①实验室围护结构内表面应光滑、耐腐蚀、防水，以易于消毒清洁；所有缝隙应可靠密封，防震、防火。

②围护结构外围墙体应有适当的抗震和防火能力。

③天花板、地板、墙间的交角均为圆弧形且可靠密封。

④地面应防渗漏、无接缝、光洁、防滑。

⑤实验室内所有的门应可自动关闭；实验室出口应有在黑暗中可明确辨认的标识。

⑥外围结构不应有窗户；内设窗户应防破碎、防漏气及安全。

⑦所有出人口处应采用防止节肢动物和啮齿动物进入的设计。

（3）送排风系统

①应安装独立的送排风系统以控制实验室气流方向和压力梯度。应确保在使用实验室时气流由清洁区流向污染区，同时确保实验室空气只能通过高效过滤后经专用排风管道排出。

②送风口和排风口的布置应该是对面分布，上送下排，应使污染区和半污染区内的气流死角和涡流降至最低程度。

③送排风系统应为直排式，不得采用回风系统。

④由生物安全柜排出的经内部高效过滤的空气可通过系统的排风管直接排出。应确保生物安全柜与排风系统的压力平衡。

⑤实验室的送风应经初、中、高三级过滤，保证污染区的静态洁净度达到7级到8级。

⑥实验室的排风应经高效过滤后向空中排放。外S排风口应远离送风口并设置在主导风的下风向，应至少高出所在建筑2m，应有防雨、防鼠、防虫设计，但不应影响气体直接向上空排放。

⑦高效空气过滤器应安装在送风管道的末端和排风管道的前端。

⑧通风系统、高效空气过滤器的安装应牢固，符合气密性要求。高效过滤器在更换前应消毒，或采用可在气密袋中进行更换的过滤器，更换后应立即进行消毒或焚烧。每台高效过滤器安装、更换、维护后都应按照经确认的方法进行检测，运行后每年至少进行一次检测以确保其性能。

⑨在送风和排风总管处应安装气密型密闭阀，必要时可完全关闭以进行室内化学熏蒸消毒。

⑩应安装风机和生物安全柜启动自动联锁装置，确保实验室内不出现正压和确保生物安全柜内气流不倒流。排风机一备一用。

（4）环境参数

①相对室外大气压，污染区为－40Pa（名义值），并与生物安全柜等装置内气压保持安全合理压差。保持定向气流并保持各区之间气压差均匀。

②实验室内噪声水平应符合国家相关标准。

（5）特殊设备装置

①应有符合安全和工作要求的Ⅱ级或Ⅲ级生物安全柜，其安装位置应离开污染区入口和频繁走动区域。

②低温高速离心机或其他可能产生气溶胶的设备应置于负压罩或其他排风装置（通风橱、排气罩等）之中，应将其可能产生的气溶胶经高效过滤后排出。

③污染区内应设置不排蒸汽的高压蒸汽灭菌器或其他消毒装置。

④在实验室入口处的显著位置设置带报警功能的室内压力显示装置，显示污染区、半污染区的负压状况。当负压值偏离控制区间时应通过声、光等手段向实验室内外的人员发出警报。还应设置高效过滤器气流阻力的显示。

⑤应有备用电源以确保实验室工作期间有不间断的电力供应。

⑥应在污染区和半污染区出口处设洗手装置。洗手装置的供水应为非手动开关。供水管应安装防回流装置。不得在实验室内安设地漏。下水道应与建筑物的下水管线完全隔离，且有明显标识。下水应直接通往独立的液体消毒系统集中收集，经有效消毒后处置。

3. 动物实验生物安全实验室的建设　实验室基础设施除要达到市级动物实验室要求外，还要满足以下要求：

（1）在门口应有动物实验二级生物安全防护水平实验室标识。

（2）室内应配备人工或自动消毒器具（如消毒喷雾器、臭氧消毒器）并备有足够的消毒剂。

（3）当房间内有感染动物时，应戴防护面具。

表 6-2　省级动物疫病预防控制机构实验室建设标准

实验室分类	面积（m^2）	功能	功能分区			主要设备	备注
			名称	面积（m^2）	功能		
P3 实验室	200	从事高致病性病原微生物的鉴定、分离等	三区两缓			三级生物安全柜等 P3 实验室配套设备	
分子生物学诊断室	110	利用 PCR 或 RT-PCR 直接检测病料中的病原，并进行病原的分子生物学研究	PCR 室	90	制备样品核酸、反转录、扩增	PCR 仪、可调单道移液器、高速冷冻离心机、涡漩混合仪、水浴锅、冰箱、电动移液器、蛋白纯化系统、核酸提取仪、分子杂交炉、电转化仪等及紫外分光光度计	
			电泳室	20	扩增产物的电泳及分析	多用电泳仪电泳槽、微波炉、凝胶成像系统等	
细胞室	80	培养正常细胞，为病毒的分离和鉴定提供材料	无菌室	65	细胞的培养、传代、冻存与复苏等	超净工作台、二氧化碳培养箱、正压泵、过滤器等	
			开放区	15	存放相关试剂及所用设备	倒置荧光显微镜、液氮罐、冰箱等	
病毒室	120	利用细胞培养和鸡胚接种等对待检病料进行病毒分离和鉴定	无菌室	80	病料的接种和中和试验	中、小动物隔离器、小型孵化器、涡漩振荡器、12 道移液器、8 道移液器、可调单道移液器、组织匀浆机	
			开放区	40	病料的处理与保存	二级生物安全柜、孵化器、冰箱、离心机、天平等	
细菌学检验室	80	进行细菌的分离、培养和鉴定，以及药敏试验	无菌室	60	病料的接种和药敏试验	超净工作台、生物安全柜、恒温培养箱、厌氧培养箱、霉菌培养箱、生化培养箱等	
		试验	开放区	20	病料的处理与保存	显微镜、离心机、抑菌圈仪、组织匀浆机、单道可调移液器、8 道移液器等	

（续）

实验室分类	面积（m²）	功能	功能分区			主要设备	备注
			名称	面积（m²）	功能		
血清学检验室	120	进行ELISA、HA、HI、IHA、凝集试验等				酶标仪、8道移液器、电动移液器、12道移液器、可调单道移液器、微量振荡器、涡漩振荡器、全自动洗板机、离心机	
生理生化实验室	20	测定生理生化指标				血细胞分析仪、全自动生化分析仪等	
寄生虫室	20	对寄生虫的虫卵、虫体等进行常规检查以及免疫学方面的诊断				体视显微镜、切片机、生物显微镜、荧光显微镜等	
病理组织学室	100	将病理组织，制备成石蜡切片或冰冻切片，进行染色镜检后，做出相应的诊断				石蜡切片机、冰冻切片机、自动磨刀机、自动脱水机、自动包埋机、自动染色与成像分析、免疫组化系统、展片机、干片机	
洗涤室	20	污染物品的灭菌、洗涤、干燥，洁净物品的干燥灭菌等				高压灭菌锅、干烤箱、超声波清洗器等	
准备室	70	共用试剂的配制、洁净物品的存放等				冰箱、电子天平、储物柜、药品柜、pH计、超纯水仪等	
洁净物品存储间	30	储藏经高压或干烤等灭菌处理后的洁净物品					
更衣室	60	供实验室人员更衣	更衣室	30		更衣柜、紫外灯等	
			工作服消毒间	30			

（续）

实验室分类	面积（m^2）	功能	功能分区			主产要设备	备注
			名称	面积（m^2）	功能		
精密仪器室	70	存放各实验室共用的精密仪器设备				荧光显微镜及图像分析系统、水平离心机、流式细胞仪、加盖安全离心机、细菌过滤器、超声波裂解器、自动微生物鉴定系统	
天平室	40	存放各种不同类型的天平				电子天平	
标准溶液室	30	配制和储存各种实验所需的储藏浓度和使用浓度的溶液				单道可调移液器、电子秤、试剂柜	
水处理及制备室	40	为各实验室提供不同种类的试验用水				超纯水系统、无蒸汽内循环灭菌器、去离子水制备系统、单道可调移液器	
标准血清和菌（毒）种保藏室	30	用于存放标准血清、菌种、毒种				超低温冰箱、低温干燥仪、不间断电源、液氮罐、冰箱	
危险物品存储室	20	存放易燃、易爆、剧毒等危险物品				专用药品柜等	
临床和特殊诊断室	40	临床病例的剖检和初步诊断				解剖台、生物显微镜、解剖器械等	
X光室	30	对实验动物进行X光检查				X-光机、X-光胶片冲洗机	
样品接收登记室	50	对所送样品进行接收、登记，并分发至各室				计算机、档案密集架	
备份样品储存室	60	对检测和监测样品留存、备份				低温冰箱	

（续）

实验室分类	面积（m^2）	功能	功能分区			主要设备	备注
			名称	面积（m^2）	功能		
样品处理1室（血清处理）	50	对血清样品进行预处理				洁净工作台、普通离心机、天平	
样品处理2室（病料处理）	50	对组织脏器等样品进行预处理				二级生物安全柜、研磨器、普通离心机、天平	
无害化处理室	20	对实验室废弃物的无害化处理				高压灭菌器或焚尸设备等	
实验动物房	200	饲养动物				中、小动物饲养笼具等	
污水集中处理池	容积不小于实验室日排水量	实验室排放的废水必须经该池处理后方可排入城市污水网				排入、排出水设备等	
防疫网络管理室	140	专用于疫情信息传输计算机及疫情数据的保管	疫情信息资料室	40	全省疫情信息的收集	计算机、保险柜等	
			疫情信息分析室	60	全省疫情信息的分析		
			防疫网络传输室	40	全省疫情信息的传输		
档案室	50	存放档案				档案密集架等	
资料室	60	存放资料				资料架等	
培训室	60	开展技术培训				多媒体教学设备等	

（二）市级实验室

应达到生物安全防护二级实验室要求。

1. 实验室选址、设计和建造的要求

（1）实验室的选址、设计和建造应考虑对周围环境的影响。实验设施所在地点应远离公共区。

（2）总面积不低于450m²。

（3）实验室分设分子生物学诊断室、细胞室、病毒室、细菌学检验室、血清学检验室、生理生化实验室、寄生虫和病理检验室、洗涤室、准备室、临床和特殊诊断室、无害化处理室、实验动物房、动物防疫网络管理室、档案室、资料室、培训室、危险物品存储室等。同时，必须设容积不低于所有实验室日排水量的污水集中处理池。

2. 实验室设施和设备要求　实验室基础设施除要达到县级实验室要求外，还要满足以下要求：

（1）实验室的门可自动关闭，且有可视窗。

（2）在实验室的工作区域外应有存放个人衣物的条件。

（3）在实验室所在的建筑内应配备高压蒸汽灭菌器，并按期检查和验证，以保证符合要求。

（4）在实验室内应配备二级生物安全柜。

（5）应有足够的存储空间摆放物品以方便使用，在实验室工作区域外还应当有供长期使用的存储空间。

（6）应设洗眼设施，必要时应有应急喷淋装置；有可靠的电力供应和应急照明，必要时，重要设备如培养箱、生物安全柜、冰箱等应设备用电源。

（7）实验室出口应有在黑暗中可明确辨认的标识。

3. 动物实验生物安全实验室的建设　实验室基础设施除要达到县级动物实验室要求外，还要满足以下要求：

（1）出入口应设缓冲间。

（2）动物实验室的门应当具有可视窗，可以自动关闭，并有适当的火灾报警器。

（3）为保证动物实验室运转和控制污染的要求，用于处理固体废弃物的高压灭菌器应经过特殊设计，合理摆放，加强保养；焚烧炉应经过特殊设计，同时配备补燃和消烟设备；污染的废水必须经过消毒处理。

表6-3　市级动物疫病预防控制机构实验室建设标准

实验室分类	面积（m²）	功能	功能分区			主要设备	备注
			名称	面积（m²）	功能		
分子生物学诊断室	40	利用PCR或RT-PCR直接检测病料中的病原	PCR室	26	制备样品核酸、反转录、扩增	PCR仪、高速冷冻离心机、涡漩混合仪、水浴锅、冰箱、移液器等	
			电泳室	14	扩增产物的电泳及分析	电泳仪、电泳槽、微波炉、凝胶成像系统（也可用紫外透射分析仪）等	

（续）

实验室分类	面积（m^2）	功能	功能分区			主要设备	备注
			名称	面积（m^2）	功能		
细胞室	20	培养正常细胞，为病毒的分离和鉴定提供材料	无菌室	12	细胞的培养、传代、冻存与复苏等	超净工作台、二氧化碳培养箱、正压泵、过滤器等	
			开放区	8	存放相关试剂及所用设备	倒置显微镜、液氮罐、冰箱等	
病毒室	20	利用细胞培养和鸡胚接种等对待检病料进行病毒分离和鉴定	无菌室	12	病料的接种和中和试验	二级生物安全柜、恒温培养箱等	
			开放区	8	病料的处理与保存	二级生物安全柜、孵化器、冰箱、离心机、天平等	
细菌学检验室	20	进行细菌的分离、培养和鉴定，以及药敏试验	无菌室	9	病料的接种和药敏试验	超净工作台、恒温培养箱等	
			开放区	11	病料的处理与保存	显微镜、离心机、抑菌圈仪等	
血清学检验室	31	对送检血清进行ELISA、HA、HI、IHA、凝集试验等				酶标仪、离心机、冰箱、恒温培养箱、振荡器、单道和多道移液器等	
生理生化实验室	20	生理生化指标的测定				血细胞分析仪、全自动生化分析仪等	
寄生虫和病理检验室	20	寄生虫和病理组织学检验				体视显微镜、切片机、生物显微镜、荧光显微镜等	
洗涤室	20	污染物品的灭菌、洗涤、干燥，洁净物品的干燥灭菌等				高压灭菌锅、干烤箱、超声波清洗器等	
准备室	40	共用试剂的配制、洁净物品的存放等				冰箱、电子天平、储物柜、药品柜、pH计、超纯水仪等	

（续）

实验室分类	面积（m^2）	功能	功能分区			主要设备	备注
			名称	面积（m^2）	功能		
临床和特殊诊断室	40	临床病例的剖检和初步诊断				解剖台、生物显微镜、解剖器械等	
无害化处理室	20	对实验室废弃物的无害化处理				高压灭菌器或焚尸设备等	
实验动物房	20	饲养健康动物				中、小动物饲养笼具等	
污水集中处理池	容积不小于实验室日排水量	实验室排放的废水必须经该池处理后方可排入城市污水网				排入、排出水设备等	
防疫网络管理室	20	专用于疫情信息传输计算机及疫情数据的保管				计算机、保险柜等	
档案室	20	存放档案				档案密集架等	
资料室	20	存放资料				资料架等	
培训室	60	开展技术培训				多媒体教学设备等	
危险物品存储室	20	存放易燃、易爆、剧毒等危险物品				专用药品柜等	

（三）县级实验室

1. 实验室选址、设计和建造的要求

（1）实验室的选址、设计和建造应考虑对周围环境的影响。实验设施所在地应远离公共区。

（2）总面积不低于370m^2。

（3）实验室分设细菌学检验室、血清学检验室、生理生化实验室、寄生虫和病理检验室、洗涤室、准备室、临床和特殊诊断室、无害化处理室、实验动物房、动物防疫网络管理室、档案室、资料室、培训室、危险物品存储室等。同时，必须设容积不低于所有实验室日排水量的污水集中处理池。

2. 实验室设施和设备要求

（1）实验室地板采用环氧树脂自流平或PVC材料铺设，室内隔断、墙壁和吊顶采用彩钢板装饰，应平整、易清洁、不渗水、耐化学药品和消毒剂的腐蚀，地面应防滑，不得铺设地毯。

（2）实验室如有可开启的窗户应设置纱窗；实验室内应保证工作照明，避免不必要的反光和强光；应有适当的消毒设备；实验室结构要便于清洁卫生。

（3）每个实验室应设洗手池，宜设置在靠近出口处，要求设置非手动或自动开关。

（4）实验室台面应防水、耐腐蚀、耐热和有机溶剂等；实验室中的橱柜和实验台应牢固，橱柜、实验台彼此之间应保持一定距离，以便于清洁。

（5）安装电视监控系统。设施门要加锁，限制人员进入。门禁系统应采用密码式或IC卡式。

（6）净化间应安装空气净化设备，所有实验室应安装抽气设备，使室内形成负压。

（7）实验室应具有通风换气、紫外灯、双电源、防火防盗等设施设备。

（8）实验室标识牌按统一标准制作。

3. 动物实验生物安全实验室的建设

（1）建筑物内动物设施应与开放的人员活动区分开。

（2）应安装自动闭门器，当有实验动物时应保持锁闭状态。

（3）如果有地漏，应始终用水或消毒剂液封。

（4）动物笼具的洗涤应满足清洁要求。

表6-4　县级动物疫病预防控制机构实验室建设标准

实验室分类	面积（m^2）	功能	主要设备	备注
细菌学检验室	20	进行细菌的分离、培养和鉴定，以及药敏试验	超净工作台、恒温培养箱、显微镜、离心机、抑菌圈仪等	
血清学检验室	31	对送检血清进行ELISA、HA、HI、IHA、凝集试验等	酶标仪、离心机、冰箱、恒温培养箱、振荡器、单道和多道移液器等	
生理生化实验室	20	生理生化指标的测定	血细胞分析仪、全自动生化分析仪等	
寄生虫和病理检验室	20	寄生虫和病理组织学检验	体视显微镜、切片机、生物显微镜、荧光显微镜等	
洗涤室	20	污染物品的灭菌、洗涤、干燥，洁净物品的干燥等	高压灭菌锅、干烤箱、超声波清洗器等	
准备室	40	共用试剂的配制、洁净物品的存放等	冰箱、电子天平、储物柜、药品柜、pH计、超纯水仪等	
临床和特殊诊断室	40	临床病例的剖检和初步诊断	解剖台、生物显微镜、解剖器械等	
无害化处理室	20	对实验室废弃物的无害化处理	高压灭菌器或焚尸设备等	

（续）

实验室分类	面积（m^2）	功能	主要设备	备注
实验动物房	20	饲养健康动物	中小动物饲养笼具等	
污水集中处理池	容积不小于实验室日排水量	实验室排放的废水必须经该池处理后方可排入城市污水网	排入、排出水设备等	
防疫网络管理室	20	专用于疫情信息传输计算机及疫情数据的保管	计算机、保险柜等	
档案室	20	存放档案	档案密集架等	
资料室	20	存放资料	资料架等	
培训室	60	开展技术培训	多媒体教学设备等	
危险物品存储室	20	存放易燃、易爆、剧毒等危险物品	专用药品柜等	

第四节　法律法规

动物疫病监测是做好动物疫病防控工作的一项重要手段，《中华人民共和国动物防疫法》、《重大动物疫情应急条例》，以及《国家动物疫情测报体系管理规范》等有关技术规范中都对动物疫病监测工作做出了明确的规定，为做好动物疫病监测工作提供了法律依据和政策保障。

一、《中华人民共和国动物防疫法》关于动物疫病监测方面的条款及释义

第一条规定： 为了加强对动物防疫活动的管理，预防、控制和扑灭动物疫病，促进养殖业发展，保护人体健康，维护公共卫生安全，制定本法。

【释义】本条是关于立法目的的规定。

与现行《动物防疫法》相比，新修订的《动物防疫法》立法目的更加明确。根据本条规定，《动物防疫法》的立法目的主要有以下几个方面：

一是将动物防疫工作纳入法制的轨道，依法加强对动物防疫活动的管理。动物防疫工作涉及社会生产、生活的许多方面，加强动物防疫工作，可以采用行政办法和经济措施，还可以采用各种科学技术手段，这些都是必要的。但是，最具有权威、最能有效而又普遍适用的，则是法律手段。因此，只有把动物防疫活动纳入法制管理轨道，才能真正做到加强动物防疫活动的管理。

二是预防、控制和扑灭动物疫病。动物疫病是影响养殖业发展、危及人体健康和社会公共卫生安全的主要因素之一。世界卫生组织（WHO）资料显示，75％的动物疫病可以传染给人，70％人的疫病至少可以传染给一种动物。某些动物疫病的暴发不仅对养殖业造成毁灭

性打击，对人类生命安全造成危害，同时也影响社会稳定 。如近年来世界各地暴发的高致病性禽流感疫情，造成数以千万计的禽类被扑杀、销毁。因此，运用法律手段加强动物防疫活动的管理，其首要目的就是要为预防、控制和扑灭动物疫病提供法律保障，达到促进养殖业持续健康发展、切实保护人体健康、维护社会公共卫生安全之目的。

三是促进养殖业发展。改革开放以来，人民生活水平不断提高，衣、食结构发生了巨大变化，皮、毛、裘、革、肉、禽、蛋、乳的需求量日益增加，与此相适应，作为国民经济重要组成部分的养殖业得到了迅猛发展。目前，我国猪肉、羊肉和禽蛋产量居世界首位，禽肉产量居世界第二，牛肉产量居世界第三，奶类产量居世界第五位。我国的养殖业取得了很大成绩，已成为我国农村经济发展、增加农民收入的支柱产业，但随着养殖业的发展和动物产品流通贸易的增加，动物疫病发生和传播的风险加大，加之我国养殖方式总体落后，且周边国家疫情形势严峻，防控难度不断加大，直接威胁到我国养殖业的生存与发展。因此，修订动物防疫法，运用法律手段，规范动物防疫活动，依法预防、控制和扑灭动物疫病，对促进养殖业发展具有十分重要的意义。

四是保护人体健康。千百年来，人与动物之间形成了密不可分的天然联系，很多动物疫病包括病毒病、细菌病、寄生虫病，还有衣原体病、真菌病等达二百多种，可以通过动物及其产品传染给人。其中高致病性禽流感、猪链球菌病、血吸虫病、狂犬病、布鲁氏菌病、结核病、炭疽病等，在历史上，曾经给人类生命带来严重的危害和威胁。此外，由于某些病原体的自身变异以及在自然环境下微生物基因突变，新的人畜共患病在继续被发现和证实。因此，加强对动物防疫活动的管理，预防、控制和扑灭动物疫病，不仅仅是为了促进养殖业发展，更重要的是为了保障消费者食肉安全，从而达到保护人体健康的目的。

五是维护公共卫生安全。兽医工作是公共卫生安全的第一道防线，是公共卫生的重要组成部分，是保持社会经济全面、协调、可持续发展的一项基础性工作。一方面，从国际情况看，动物疫病不仅影响人体健康，造成重大经济损失，也会产生强烈的政治影响，甚至影响社会稳定，如近年来英国发生的口蹄疫、疯牛病，我国台湾省发生的口蹄疫以及多个国家和地区发生的高致病性禽流感等。另一方面，随着我国社会、经济的发展和对外开放进程的加快，特别是世界动物卫生组织（OIE）恢复中华人民共和国合法权利后，兽医工作的社会公共卫生属性更加显著。动物卫生和兽医公共卫生的职能更多地体现在公共卫生方面，如动物卫生和兽医公共卫生的全过程管理，动物疫病的防控，人畜共患病的控制，动物源性食品安全，以及动物福利、动物源性污染的环境保护等。因此，加强动物防疫活动的管理，预防、控制和扑灭动物疫病，不仅可以促进养殖业健康持续地发展，保护人体健康，而且还可以保障社会公共卫生安全。

第三条规定：本法所称动物，是指家禽和人工饲养、合法捕获的其他动物。

本法所称动物产品，是指动物的肉、生皮、卵、胚胎、骨、蹄、头、角、筋以及可能传播动物疫病的奶、蛋等。

本法所称动物疫病，是指动物传染病、寄生虫病。

本法所称动物防疫，是指动物疫病的预防、控制、扑灭和动物、动物产品的检疫。

【释义】本条是关于本法调整对象的规定。

本法所称动物防疫，是指动物疫病的预防、控制、扑灭和动物、动物产品的检疫。动物防疫是综合运用多种手段，发动全社会力量，依照动物疫病发生、发展和消亡的科学规律，对动物从引种、饲养、经营、销售、运输、屠宰到动物产品加工、经营、贮藏、运输、销售等各个环节严格实施预防、控制、扑灭和检疫措施，保障动物健康及其产品安全的一项系统性工作。

——动物疫病的预防。主要是指对动物采取免疫接种、驱虫、药浴、疫病监测和对动物饲养场所采取消毒、生物安全控制、动物疫病的区域化管理等一系列综合性措施，防止动物疫病的发生。

——动物疫病的控制。包含两方面内容：一是发生动物疫病时，采取隔离、扑杀、消毒等措施，防止其扩散蔓延，做到有疫不流行；二是对已经存在的动物疫病，采取监测、淘汰等措施，逐步净化直至达到消灭该动物疫病。

——动物疫病的扑灭。一般是指发生重大动物疫情时采取的措施，即指发生对人畜危害严重，可能造成重大经济损失的动物疫病时，需要采取紧急、严厉、综合的“封锁、隔离、销毁、消毒和无害化处理等”强制措施，迅速扑灭疫情。对动物疫病的扑灭应当采取早、快、严、小的原则。“早”，即严格执行疫情报告制度，及早发现和及时报告动物疫情，以便兽医行政主管部门能够及时地掌握动物疫情动态，采取扑灭措施；“快”，即迅速采取各项措施，防止疫情扩散；“严”，即严格执行疫区内各项严厉的处置措施，在限期内扑灭疫情；“小”，即把动物疫情控制在最小范围之内，使动物疫情造成的损失降低到最小程度。

——动物、动物产品检疫。是指为了防止动物疫病传播，保护养殖业生产和人体健康，维护公共卫生安全，由法定的动物卫生监督机构，采用法定（由国务院兽医主管部门制定）的检疫程序和方法，根据法定的检疫对象即需要检疫的动物传染病和寄生虫病，依照国务院兽医主管部门制定的动物检疫规定，采取法定的处理方式，对动物、动物产品的卫生状况进行检查、定性和处理，并出具法定的检疫证明的一种行政执法行为。实施动物及其产品检疫的目的，一是为了防止染疫的动物及其产品进入流通环节；二是防止动物疫病通过运输、屠宰、加工、贮藏和交易等环节传播蔓延；三是为了确保动物源性产品的质量卫生安全。

第五条规定：国家对动物疫病实行预防为主的方针。

【释义】本条是关于动物防疫工作方针的规定。

国家对动物疫病实行预防为主的方针。这是因为，第一，动物疫病有其固有的特性，它的发生、传播、流行必须具备传染源、传播途径和易感动物三个必要条件，有可预防性。只要做到消灭传染源、切断传播途径和保护易感动物三者之一，才能控制疫病的发生、传播和蔓延。如果三个方面都做到了，就可控制或消灭该疫病，但提前预防可收到事半功倍之效。第二，由于动物疫病具有传染扩散的特点，有的疫病至今尚无有效的防治方法，有的即使得到治疗，本身仍是带毒的传染源，具有潜在的危险性，只有通过扑杀、销毁才能彻底消除隐患。因此，如果不提前预防，一旦疫病发生、蔓延，控制扑灭起来，需要耗费相当长的时间和巨大的人力、物力和财力，会给养殖业生产造成严重打击，对人体健康、公共卫生安全及国民经济发展带来严重后果，国内外在这方面的教训不乏其例。第三，目前，我国养殖业仍然是以农村家庭式分散饲养为主，防疫基础薄弱，再加上疫病种类多，发病范围广，老的疫病尚未得到有效控制，新的疫病又不断出现，不仅严重影响养殖业健康发展，造成巨大损失，而且直接危及人体健康，妨碍我国动物产品进入国际市场。因此，防患于未然，依法采取预防为主的方针，适合我国养殖业的实际情况。实践证明，只有各级政府及有关部门大力加强动物疫病的预防工作，广大动物养殖者提高防疫意识，采取和落实各种预防措施，才能保证动物疫病得到有效预防和控制，保障我国养殖业健康发展和动物性食品卫生安全。

为体现对动物疫病实行预防为主的方针，根据动物疫病预防的客观规律，本法通过确立动物疫病风险评估、动物疫病强制免疫、疫情监测预警和动物疫病区域化管理等法律制度，就控制动物疫病传染源，切断动物疫病传播途径和保护易感动物作了一系列的规定。

第六条规定：县级以上人民政府应当加强对动物防疫工作的统一领导，加强基层动物防疫队伍建设，建立健全动物防疫体系，制定并组织实施动物疫病防治规划。

乡级人民政府、城市街道办事处应当组织群众协助做好本管辖区域内的动物疫病预防与控制工作。

【释义】本条是关于政府动物防疫职责的规定。

县级以上人民政府的主要职责之一就是建立健全动物防疫体系。

建立健全动物防疫体系，是提高动物疫病的预防和控制能力，实现我国养殖业持续稳定健康发展的前提条件，是保障食品安全和公共卫生安全的必然要求，是增加农民收入、繁荣农村经济和提高我国动物产品国际竞争力的需要。随着我国养殖业规模不断扩大，商品率不断提高，养殖密度和流通半径不断加大，境内外动物及其产品贸易活动日益频繁，某些重大动物疫病呈大范围流行态势。2004 年预防控制高致病性禽流感的实践，暴露出我国目前的动物防疫体系还存在不少突出问题和薄弱环节。建立健全动物防疫体系，就是要建立健全兽医工作体系、支持保障体系和动物卫生法律体系。加强动物防疫体系的基础设施建设，充实、完善各级兽医工作机构的设备、条件，建设各类兽医实验室，提高诊断、检测能力和生物安全水平。完善标准法规体系建设，是加强动物防疫体系建设的重要内容。按照动物防疫工作实行政府负总责、政府主要领导是第一责任人的原则，建立健全动物防疫体系是各级人民政府不可推卸的责任。

一是建立健全兽医工作体系。建立健全完善的兽医工作体系是动物防疫工作的坚实基础，也是动物疫病预防、控制和扑灭的组织保障。改革和完善兽医管理体制，最重要的内容就是建立健全兽医工作体系，这对于从根本上控制和扑灭重大动物疫病，保障人民群众的身体健康，提高动物产品的质量安全水平和国际竞争力，促进农业和农村经济发展，具有十分重要的意义。兽医工作体系的完善和健全也有利于落实深化行政管理体制改革，完善政府社会管理和公共服务职能的精神。兽医工作是公共卫生工作的重要组成部分，是保持经济社会全面、协调、可持续发展的一项基础性工作。随着我国经济、社会的发展和对外开放进程的加快，现行兽医管理体制已明显不适应新形势、新任务的要求。尤其是兽医工作体系中存在的机构不健全、职责不清晰、队伍不稳定和人员素质低，以及基层体系的“四无”，即无办公场所、无设施设备、无人员、无经费等问题，严重影响了动物疫病防治能力和动物产品质量安全水平的提高。加之目前国际上特别是我国周边国家重大动物疫病时有发生，甚至出现局部蔓延，对我国防控重大动物疫病形成较大压力。因此，建立健全兽医工作体系是改革兽医管理体制中既关键又迫切的任务。国务院要求各级政府务必按照全国动物防疫体系建设的总体规划，编制本地区动物防疫体系建设规划，并将建立健全兽医工作体系纳入年度计划，认真组织实施。各级人民政府应当按照兽医行政管理部门、动物卫生监督机构和动物疫病预防控制机构的组建模式，建立健全兽医三个工作体系。建立健全兽医工作体系是各级人民政府的重要职责，必须列入议事日程和工作计划，并按国务院的要求认真组织落实。

二是建立科学合理的经费保障机制。兽医行政、执法和技术支持工作所需经费应纳入各级财政预算，统一管理。对兽医行政执法机构实行全额预算管理，保证其人员经费和日常运转费用。动物疫病的监测、预防、控制、扑灭经费以及动物产品有毒有害物质残留检测等经费，由各级财政纳入预算，及时拨付，确保动物防疫及其监督管理工作顺利进行。各级政府在建立经费保障的同时，必须搞好动物疫病监测预警体系、预防控制体系、防疫检疫监督体系和防疫技术支撑体系的建设。

三是加快兽医工作法律法规体系建设。根据动物防疫和监督管理的需要，依据动物防疫法的授权，参照国际规则，建立完善动物卫生法律法规标准体系。研究制定官方兽医管理、执业兽医管理、检疫监督等相关配套法规和技术规范，为依法行政和监督执法提供充分的法律和技术，充分发挥法律规范和技术规范在动物防疫及其监督管理工作中的保障作用。

为此，各地要按照全国动物防疫体系建设的总体规划，编制本地区动物防疫体系建设规划，并将建设项目纳入年度计划，认真组织实施。

第九条规定：县级以上人民政府按照国务院的规定，根据统筹规划、合理布局、综合设置的原则建立动物疫病预防控制机构，承担动物疫病的监测、检测、诊断、流行病学调查、疫情报告以及其他预防、控制等技术工作。

【释义】本条是关于动物疫病预防控制机构职责的规定。

——关于动物疫病预防控制机构的设立。

根据本法第九条规定，县级以上人民政府按照国务院的规定，根据统筹规划、合理布局、综合设置的原则设立动物疫病预防控制机构。设立动物疫病预防控制机构，一是要按照国务院的规定，这时讲的“国务院的规定”，是指《国务院关于推进兽医管理体制改革的若干意见》(国发〔2005〕15号)。二是按照“统筹规划、合格布局、综合设置”的原则，建立健全各级兽医技术支持体系。目前，农业部和一些地方根据工作需要设立了动物疫病预防控制中心，承担动物疫病的监测、检测、诊断、流行病学调查、疫情报告以及其他预防、控制等技术工作，归口同级兽医行政管理部门管理。

——关于动物疫病预防控制机构的主要职责。

动物疫病预防控制机构是兽医行政管理和执法监督的重要技术保障和依托，负责实施动物疫病的监测、预警、预报、实验室诊断、流行病学调查、疫情报告；提出重大动物疫病防控技术方案；动物疫病预防的技术指导、技术培训、科普宣传；承担动物产品安全相关技术检测工作。

第十二条规定：国务院兽医主管部门对动物疫病状况进行风险评估，根据评估结果制定相应的动物疫病预防、控制措施。

国务院兽医主管部门根据国内外动物疫情和保护养殖业生产及人体健康需要，及时制定并公布动物疫病预防、控制技术规范。

【释义】本条是关于动物疫病状况风险评估和动物疫病预防、控制技术规范的规定。

本条确立了一项重要的国家动物防疫工作基本制度，即：以动物疫病状况风险评估为基础，确定国家预防和控制动物疫病的策略、措施，并根据需要制定相应的技术规范，这是落实“依靠科学”防治方针的具体体现。

预防、控制技术规范主要包括动物疫病的描述、诊断、监测、疫情报告、疫情处理、预防与控制等内容。

动物疫病预防、控制工作是运用兽医技术手段和行政调控手段，预测、监视和控制动物疫病发生风险的科学实践活动。有效预防动物疫病的发生，首先要正确认知动物疫病的属性，准确掌握其发生发展规律，然后采取科学、系统的措施预防控制。动物疫病预防控制活动，并不仅仅关系养殖业生产活动，还关系公共卫生安全和社会经济发展，因此，国家制定动物疫病预防控制技术规范是十分必要的，这是贯彻预防为主方针的基础性工作，也是我国动物防疫技术标准化体系建设的重要内容。对指导养殖生产者和兽医工作者落实国家防疫政策和措施至关重要。

动物疫病预防、控制技术规范要根据两方面需要及时进行制定：一是国内外动物疫情动态。动物疫病的发生发展情况始终处于变化过程中，有的已长期广泛存在，有的从局部地区流行向其他区域不断扩散（如亚洲Ⅰ型口蹄疫），有的从传统的野生动物宿主向家畜家禽传播（如尼帕病毒），有的因病原发生变异致病性增强（如高致病性猪蓝耳病），甚至突破种间屏障向多种动物传播（如高致病性禽流感），因而，对原有疫病、新发病、外来病均需要在及时进行风险评估后制定相应技术规范。二是保护养殖业和人体健康的需要，对于严重危害养殖生产和人类健康安全的疫病，是我们首要关注和重点防范的对象，特别是要针对新发病、外来病以及病原体变异致病力增强或在特定条件下或在时期内其传播途径、流行趋势和对人畜的危害程度发生显著变化等情况，及时制定技术规范，实施预防控制措施。如猪链球菌Ⅱ型、高致病性猪蓝耳病、高致病性禽流感等。另外，随着科学技术进步和新技术、新产品的应用，动物疫病的免疫预防和消毒技术、诊断监测技术和标准等都不断完善，也需要及时对原有预防技术规范内容进行充实和修订。

目前，我国已制定和公布的规范可分为两类，一是单项技术规范，如诊断技术、免疫技术、检疫技术、消毒技术、疫情判定等规范，如：《高致病性禽流感疫情判定及扑灭技术规范》、《高致病性禽流感无害化处理技术规范》、《高致病性禽流感消毒技术规范》、《高致病性禽流感人员防护技术规范》、《高致病性禽流感免疫技术规范》、《高致病性禽流感流行病学调查技术规范》、《口蹄疫诊断技术》、《牛海绵状脑病诊断技术》。二是综合性技术规范，如农业部于2007年7月颁布的《高致病性禽流感防治技术规范》等14个动物疫病防治技术规范，包括：《高致病性禽流感防治技术规范》、《口蹄疫防治技术规范》、《马传染性贫血防治技术规范》、《马鼻疽防治技术规范》、《布鲁氏菌病防治技术规范》、《牛结核病防治技术规范》、《猪伪狂犬病防治技术规范》、《猪瘟防治技术规范》、《新城疫防治技术规范》、《传染性法氏囊病防治技术规范》、《马立克氏病防治技术规范》、《绵羊痘防治技术规范》、《炭疽防治技术规范》、《J亚群白血病防治技术规范》以及《狂犬病防治技术规范》、《高致病性猪蓝耳病防治技术规范》等。

第十五条规定：县级以上人民政府应当建立健全动物疫情监测网络，加强动物疫情监测。

国务院兽医主管部门应当制定国家动物疫病监测计划。省、自治区、直辖市人民政府兽医主管部门应当根据国家动物疫病监测计划，制定本行政区域的动物疫病监测计划。

动物疫病预防控制机构应当按照国务院兽医主管部门的规定，对动物疫病的发生、流行等情况进行监测；从事动物饲养、屠宰、经营、隔离、运输以及动物产品生产、经营、加工、贮藏等活动的单位和个人不得拒绝或者阻碍。

【释义】本条是关于动物疫病监测的规定。

动物疫病监测是动物疫病防治工作中最重要的技术手段，是预防、控制直至根除动物疫病的基础性工作。只有通过长期、连续、可靠监测，才能及时准确地掌握动物疫病的发生状况和流行趋势，才能有效地实施国家动物疫病控制、消灭计划，才能为动物疫病区域化管理（建立无疫区）提供有力的数据支持。西方发达国家在根除主要动物疫病的过程中，除严格控制输入性动物疫病风险外，在本国动物疫病监测和净化工作方面投入了大量经费和技术、人力资源，通过执行国家监测计划，达到监视和消灭疫病的目标。在未消灭某种疫病的阶段，监测的实质意义就是净化和逐步消灭疫病；在宣布根除某种疫病后的阶段，监测的实质意义就是监视和验证疫病消灭状况，继续维持无该疫病的状况。

——县级以上地方人民政府的相关职责。

动物防疫工作是各级政府的重要职责，县级以上人民政府应当不断加强动物防疫体系建设，完善动物疫情监测网络建设，要加大各级实验室和测报点建设、设备配备、监测经费等方面的投入。动物疫情监测网络由中央、省、地（市）、县四级动物疫病预防控制机构组成。即：中国动物疫病预防控制中心、中国动物卫生与流行病学中心及其分中心和国家兽医参考实验室，省、地（市）和县级动物疫病预防控制中心和边境动物疫情监测站。

——国家和省级兽医主管部门制定动物疫病监测计划。

实施动物疫情监测的硬件基础是疫情测报网络体系，其软件基础是动物疫病监测计划。国务院兽医主管部门应当制定国家动物疫病监测计划。省、自治区、直辖市人民政府兽医主管部门疫情监测计划应当严格按照国家计划，结合本地区动物疫病的流行情况和特点，制定本地动物疫病监测计划并组织实施。

——管理相对人义务。

各级动物疫病预防控制机构负责具体实施国家动物疫情监测计划，其监测工作是一种强制性技术活动，是服务于国家和公众利益的政府行为，因此，同其他技术性监督行为一样，有关管理相对人，即从事动物饲养、屠宰、经营、隔离、运输以及动物产品生产、经营、加工、贮藏等活动的单位和个人，必须配合做好有关监测工作，不得拒绝和阻碍。

第十六条规定： 国务院兽医主管部门和省、自治区、直辖市人民政府兽医主管部门应当根据对动物疫病发生、流行趋势的预测，及时发出动物疫情预警。地方各级人民政府接到动物疫情预警后，应当采取相应预防、控制措施。

【释义】本条是关于动物疫情预警的规定。

本条规定了国务院兽医主管部门和省、自治区、直辖市人民政府兽医主管部门负责根据疫情动态和监测信息，按照动物疫情发生、发展规律和特点，对其危害程序、发展趋势进行分析预测，及时做出相应的预警，并采取相应措施。

《国家突发重大动物疫情应急预案》规定，根据突发重大动物疫情的性质、危害程度、涉及范围，将突发重大动物疫情划分为特别重大（Ⅰ级）、重大（Ⅱ级）、较大（Ⅲ级）和一般（Ⅳ）四级。相应级别的疫情预警，依次用红色、橙色、黄色和蓝色表示特别严重、严重、较重和一般 4 个预警级别。发生突发重大动物疫情时，事发地的县级、市（地）级、省级人民政府及其有关部门按照分级响应的原则作出应急响应。同时，要遵循突发重大动物疫情发生发展的客观规律，结合实际情况和预防控制工作的需要，及时调整预警和响应级别。要根据不同动物疫病的性质和特点，注重分析疫情的发展趋势，对势态和影响不断扩大的疫情，应及时升级预警和响应的级别；对范围局限、不会进一步扩散的疫情，应相应降低响应级别。突发重大动物疫情应急处理要采取边调查、边处理、边核实的方式，有效控制疫情发展。

第二十六条规定：从事动物疫情监测、检验检疫、疫病研究与诊疗以及动物饲养、屠宰、经营、隔离、运输等活动的单位和个人，发现动物染疫或者疑似染疫的，应当立即向当地兽医主管部门、动物卫生监督机构或者动物疫病预防控制机构报告并采取隔离等控制措施，防止动物疫情扩散。其他单位和个人发现动物染疫或者疑似染疫的，应当及时报告。

接到动物疫情报告的单位，应当及时采取必要的控制处理措施，并按照国家规定的程序上报。

【释义】本条是关于动物疫情报告的规定。

从事动物疫情监测的单位和个人。是指从事动物疫情监测的各级动物疫病预防控制机构及其工作人员，接受兽医主管部门及动物疫病预防控制机构委托而从事动物疫情监测的单位及其工作人员等。

从责任报告人的身份看，既包括从事动物饲养、屠宰、经营、隔离、运输、诊疗的社会从业者，又包括从事动物疫病研究的科研院校，也包括从事动物疫情监测、检验检疫的动物疫病预防控制机构、动物卫生监督机构、进出境检疫机构和林业部门野生动物资源观察机构。总之，凡是直接与动物接触的以及最易发现动物疫病的单位和个人，都是责任报告人。

第六十二条规定：县级以上人民政府应当将动物防疫纳入本级国民经济和社会发展规划及年度计划。

【释义】本条是关于动物防疫纳入国家和地方国民经济和社会发展计划的规定。

动物防疫工作不仅关系到保障畜牧业发展，也关系到公共卫生安全和经济社会发展进步，将其纳入国民经济和社会发展计划是十分必要的。党和政府一直把动物防疫工作作为农业工作的战略重点，各级政府和全社会对此承担着重要责任。把动物防疫工作纳入国家和地方的国民经济和社会发展计划，作为各级政府和全社会的共同目标，可以使动物防疫工作与社会经济发展同步增长。

县级以上人民政府运用国民经济和社会发展规划及年度计划的手段，确立动物防疫工作和长期战略目标、战略重点和战略途径，明确动物防疫工作的中期目标、政策和原则，确定动物防疫工作的年度任务、方针和有关措施。既有长远打算，又有具体行动方案，避免了大起大落，从而有利于动物防疫工作的稳步发展。

第六十四条规定：县级以上人民政府按照本级政府职责，将动物疫病预防、控制、扑灭、检疫和监督管理所需经费纳入本级财政预算。

【释义】本条是关于动物防疫经费保障的规定。

本条旨在通过对动物疫病预防、控制、扑灭、检疫和监督管理所需经费纳入本级财政管理，全力保障动物防疫工作各项措施及时到位，切实履行好法律赋予的职责。

动物疫病的种类、来源、发生发展状况十分复杂，防疫工作任务艰巨，但是随着科学进步，对于动物疫病发生流行，我们已能够通过防控技术手段和行政措施予以预防和控制。动物防疫工作事关人类健康安全和社会经济发展，是政府的一项长期性公共服务职能，其内容包含了技术性活动和社会管理活动，需要公共财政予以持续支持，以保证日常情况下和应急状态时防疫工作的正常进行。

各级政府要加强领导，落实责任，加大投入，建立科学合理的动物防疫工作财政保障机制。兽医行政、执法和技术支持工作所需经费应纳入各级财政预算，统一管理。对兽医行政执法机构实行全额预算管理，保证其人员经费和日常运转费用。动物疫病的监测、预防、控制、扑灭经费以及动物产品有毒有害物质残留检测等经费，由各级财政纳入预算、及时拨付。其依法收取的防疫、检疫等行政事业性收费一律上缴财政，实行“收支两条线”，对经费的使用情况要加强监督管理，确保专款专用。

第七十一条规定：动物疫病预防控制机构及其工作人员违反本法规定，有下列行为之一的，由本级人民政府或者兽医主管部门责令改正，通报批评；对直接负责的主管人员和其他直接责任人员依法给予处分：

（一）未履行动物疫病监测、检测职责或者伪造监测、检测结果的。

（二）发生动物疫情时未及时进行诊断、调查的。

（三）其他未依照本法规定履行职责的行为。

【释义】本条是关于动物疫病预防控制机构及其工作人员法律责任的规定。

——适用对象。

本条的适用对象是动物疫病预防控制机构及其工作人员。直接负责的主管人员是指动物疫病预防控制机构中具体分管动物防疫事宜的领导，直接责任人员是指动物防疫事宜的具体执行和落实人员。

——实施责任追究的主体。

责令改正和通报批评，为本级人民政府或者兽医主管部门；对违法人员的处分，按有关规定的权限进行。

——责任追究的内容。

责任追究的内容为行政处分。行政处分种类包括警告、记过、记大过、降级、撤职、开除。

——本条规定的应追究责任的违法行为是指下列行为之一：

1. 未依法履行动物疫病监测、检测职责或者伪造监测、检测结果的。本法第九条规定：“县级以上人民政府建立的动物疫病预防控制机构承担动物疫病的监测、检测、诊断、流行病学调查、疫情报告以及其他预防、控制等技术工作。”第十五条规定：“动物疫病预防控制机构应当按照国务院兽医主管部门的规定：对动物疫病的发生、流行等情况进行监测。”第十八条规定：“种用、乳用动物应当接受动物疫病预防控制机构的定期检测。”从上述规定可以看出，按照国务院兽医主管部门的规定，对动物疫病的发生、流行等情况进行监测，对种用和乳用动物进行定期检测，是动物疫病预防控制机构重要的法定职责。未依法履行职责，是指根本没有按规定作监测、检测，或者虽然作了，但监测、检测的范围和数量等不符合规定，这样会造成兽医主管部门不能正确掌握当地的动物疫情态势，是严重的违法失职行为。

2. 发生动物疫情时未及时进行诊断、调查的。本法第九条规定，县级以上人民政府设立的动物疫病预防控制机构承担动物疫病的诊断、流行病学调查任务。发生动物疫情时，动物疫病预防控制机构应当接受兽医主管部门的指派，及时进行动物疫病诊断，承担动物疫情调查任务，为动物疫情的防控工作提供首要的技术支持。发生动物疫情时未及时进行诊断、调查，就会贻误时机，影响动物疫情的控制和扑灭，致使疫情扩散，损失扩大。

3. 其他未依照本法规定履行职责的行为。此为兜底条款。如违反第二十六条规定，不接受动物疫情报告等。

二、《重大动物疫情应急条例》关于动物疫病监测方面的条款及释义

第四条规定：重大动物疫情应急工作按照属地管理的原则，实行政府统一领导、部门分工负责，逐级建立责任制。

县级以上人民政府兽医主管部门具体负责组织重大动物疫情的监测、调查、控制、扑灭等应急工作。

县级以上人民政府林业主管部门、兽医主管部门按照职责分工，加强对陆生野生动物疫源疫病的监测。

县级以上人民政府其他有关部门在各自的职责范围内，做好重大动物疫情的应急工作。

【释义】本条是对重大动物疫情应急工作的管理原则和县级以上人民政府、县级以上人民政府兽医及其他有关部门的职责的规定。

本条第二款明确了县级以上人民政府兽医主管部门在重大动物疫情应急工作中的职责，即县级以上人民政府兽医主管部门具体负责组织重大动物疫情的监测、调查、控制、扑灭等应急工作，明确了各级政府兽医部门在重大动物疫情防控中的基本职责。具体而言，兽医主管部门应当及时划定疫点、疫区和受威胁区，调查疫源，向本级人民政府提出启动应急指挥系统、对疫区实行封锁等方面的建议，搞好疫情监测、流行病学调查、疫源追踪工作，做好扑灭、销毁等技术指导。

本条第三款明确要加强陆生野生动物疫源疫病的监测。从 2005 年禽流感疫情看，候鸟带毒是重要原因，加强陆生野生动物的种类、数量、分布状况、迁徙路线的观测和疫源疫病的监测，对做好禽流感等重大动物疫情的防控具有非常重大的意义。按照职责分工是指，《国家突发重大动物疫情应急预案》确定的职责，即林业部门组织开展陆生野生动物的分布、活动范围和迁徙动态趋势等预警信息；协助兽医行政管理部门组织开展对陆生野生动物疫源疫病的监测工作；发生陆生野生动物疫情，会同有关部门快速采取隔离控制措施。

第六条规定：国家鼓励、支持开展重大动物疫情监测、预防、应急处理等有关技术的科学研究和国际交流与合作。

【释义】本条是国家对重大动物疫情科学研究及国际交流与合作的规定。

重大动物疫情的发生，究其原因，很大程度上在于重大动物疫情监测、预防、应急处理等有关技术手段落后。近几年来，虽然国家加大了对动物防疫工作的资金投入，加强了动物防疫体系建设，加大疫苗的研究开发力度，增强了对重大动物疫情的应急处理能力，但在许多防控技术方面还不能适应重大动物疫情监测、预防和应急处理的需要，开展科学研究，提高技术手段才能有效地发挥动物防疫体系建设的作用。重大动物疫情的发生及其对经济社会的影响，已经超越国界，成为世界公害，各国必须加强合作，共同应对，开展技术交流，共同研究解决防控中的技术难题。

第十条规定：重大动物疫情应急预案主要包括下列内容：

（一）应急指挥部的职责、组成以及成员单位的分工；

（二）重大动物疫情的监测、信息收集、报告和通报；

（三）动物疫病的确认、重大动物疫情的分级和相应的应急处理工作方案；

（四）重大动物疫情疫源的追踪和流行病学调查分析；

（五）预防、控制、扑灭重大动物疫情所需资金的来源、物资和技术的储备与调度；

（六）重大动物疫情应急处理设施和专业队伍建设。

【释义】本条是对应急预案主要内容的规定。

——规定应急指挥部职责、组成以及成员单位的分工。一是县级以上人民政府要成立重大动物疫情应急指挥部，负责本行政区域内重大动物疫情应急工作。二是重大动物疫情应急指挥部的职责应当包括以下内容：贯彻落实中央和上级政府重大动物疫情应急工作的重要决策和重大部署；组织实施本地区重大动物疫情应急工作决策和部署，并进行督导检查；协调和监督重大动物疫情控制工作；本地区发生重大动物疫情后，立即启动应急预案，指挥扑灭本地区重大动物疫情。三是重大动物疫情应急指挥部由多个部门组成。由于重大动物疫情的应急涉及许多部门和社会各个方面，所以重大动物疫情应急指挥部应当由兽医、财政、发展与改革、公安、卫生、商务、交通、工商行政管理、食品药品监督、质检、林业等有关部门组成。各组成部门应当在重大动物疫情应急指挥部指挥下，各司其职，各负其责。

——规定重大动物疫情的监测、信息收集，疫情报告和通报。重大动物疫情的监测、信息收集、疫情报告和通报的基本要求是，疫情监测要科学，信息收集要真实，疫情报告要规范，疫情通报要统一。重大动物疫情的监测由动物疫病预防控制机构实施。监测的重点是种畜禽场、规模养殖场、养殖小区、养殖集中的村镇以及根据动物疫病特点需要监测的其他区域。信息收集要体现真实性，不能道听途说。报告疫情是非常严肃的事情，任何单位和个人都有义务向兽医行政管理部门以及动物疫病预防控制机构报告疫情，有权向上级政府部门举报不履行或者不按照规定履行突发重大动物疫情应急处理职责的部门、单位及个人。

——规定动物疫病的确认、重大动物疫情的分级和相应的应急处理工作方案。

1. 动物疫病预防控制机构接到疫情报告后，立即派出两名以上具备规定资格的防疫人员到现场进行临床诊断，提出初步诊断意见。

2. 对初步认为引起重大动物疫情的动物疫病的，必须及时采集病料送省动物疫病预防控制机构进行检测，诊断结果为阳性的，可以确认。

3. 对新发现的动物疫病和国家确定的高致病性禽流感等动物疫病，由国务院兽医主管部门指定的参考实验室确认。

根据重大动物疫情危害严重程度和防控的紧急程度，对其进行分级，一般情况下，可分为特别重大（Ⅰ级）、重大（Ⅱ级）、较大（Ⅲ级）、一般（Ⅳ）四级。

应急工作方案就是发生重大动物疫情后，县级以上人民政府及相关部门所采取的各项应急措施。应急工作方案应包括启动应急指挥系统和启动应急预案；疫区封锁、疫情控制和扑灭的工作措施等项内容。

——规定重大动物疫情疫源的追踪和流行病学调查分析。重大动物疫情的发生和流行必定有其特定的传染源和流行病学特征，要彻底扑灭疫情，必须查清传染源和传染途径，掌握流行规律，对暴发流行的原因进行调查分析，为扑灭疫情以及领导部门决策提供科学依据。

——规定对预防、控制、扑灭重大动物疫情所需资金的来源、物资和技术的储备与调度等内容。重大动物疫情是一项重大的公共卫生事件，重大动物疫情的发生具有突发性，需要大量的人力，物力和技术资源，因此需要有足够物资保障、资金保障，建立应急防疫物资储备制度，储备足够的应急物资。所需资金纳入国民经济和社会发展计划，由中央和地方各级财政设立重大动物疫情应急储备金。这些储备在应急时应当能够有效调度。

——规定对重大动物疫情应急处理设施和专业队伍建设内容。重大动物疫情应急处理需要足够的处理设施和专业技术队伍，例如：消毒设施、防护设施、无害化设施和动物防疫监督队伍。因此，加强设施建设和队伍建设在应急预案中应当明确规定。

第十二条规定：县级以上人民政府应当建立和完善重大动物疫情监测网络和预防控制体系，加强动物防疫基础设施和乡镇动物防疫组织建设，并保证其正常运行，提高对重大动物疫情的应急处理能力。

【释义】本条是县级以上人民政府建立和完善重大动物疫情监测网络和预防控制体系，加强动物防疫基础设施和乡镇动物防疫组织建设的规定。

动物卫生是公共卫生的有机组成部分，重大动物疫情的防控是各级政府的重要职责之一。因此，重大动物疫情的防控必须贯彻“预防为主”的方针，树立防患于未然的意识。要提高政府对重大动物疫情的应急处理能力，首先是建立完善的重大动物疫情监测网络和预防控制体系，其次是加强动物防疫基础设施和乡镇动物防疫组织建设。近年来，重大动物疫情的发生呈现上升趋势，特别是高致病性禽流感的流行，应当引起各级人民政府的高度重视。由于历史的原因，资金和物资投入严重不足，动物防疫基础设施陈旧，乡镇动物防疫组织不健全，工作经费、防疫经费缺乏，难以开展正常的动物疫病防治工作。虽然近年来国家和各级人民政府对动物防疫基础设施建设增加了投入，但与我国社会经济发展和养殖数量迅速增长的形势不相适应。所以，各级人民政府应当建立和完善重大动物疫情监测网络和预防控制体系，加强动物防疫基础设施和乡镇动物防疫组织建设，并保证其正常运行。

第十五条规定：动物疫病预防控制机构负责重大动物疫情的监测，饲养、经营动物和生产、经营动物产品的单位和个人应当配合，不得拒绝和阻碍。

【释义】本条是关于动物疫情监测及相对人配合义务的规定。

重大动物疫情监测是动物疫病预防控制机构对重大动物疫病及其发展趋势进行的监视、分析、检查、判断评估。通过对病原及动物的整体抗体水平监测结果的分析，判断一定区域有无疫病以及疫病发生的可能性，从而采取及时有效的防控措施。因此，动物疫情监测必须覆盖一定的地域范围，监测点的选取主要是有一定规模的动物饲养场，监测点的分布应科学，每个监测点的监测数量和总的监测数量应达到一定水平。在饲养场比较密集的地区，尤其是组织程度不高的饲养小区，动物的日龄不同，免疫程序不同，抗体水平不同，一定要注意选取不同的饲养单位作监测点。从实施的时间角度，可以将重大动物疫情监测分为平时预防预警性的监测和处理疫情时的紧急监测。平时预防预警性的监测可以尽早发现动物疫情或者动物疫情隐患，从而采取科学的免疫政策和其他预防控制措施，做到有备而防。根据农业部的有关规定，平时高致病性禽流感的监测重点是边境地区、发生过疫情的地区、养殖密集区、湿地等候鸟活动密集区。各地动物疫病预防控制机构按此要求以及重大动物疫情应急预案实施方案的规定，结合当地实际，开展监测工作。由农业部依照高致病性禽流感疫情发生、发展的规律和特点，以及危害程度、可能的发展趋势，对可能发生的疫情，向全国作出相应疫情级别的预警。预警信息分红色、橙色、黄色和蓝色 4 种颜色，分别代表特别严重、严重、较重和一般 4 个预警级别。预警信息通过新华社、中国农业信息网和《兽医公报》等途径向社会发布。必要时，商请国务院新闻办组织新闻发布会，通报有关预警信息。省、自治区、直辖市兽医主管部门可根据全国的预警信息，依照本省的疫情情况，发布本省的预警信息。

动物疫情发生后，《动物防疫法》和本条例都规定，对疫区和受威胁区的易感动物进行监测。根据对疫区易感动物的监测结果，可以判断易感动物对重大动物疫病的抵抗能力，这是决定对易感动物是否扑杀的重要因素。对威胁区的易感动物实施监测，主要是通过查验免疫抗体水平来判断免疫效果，从而对易感动物的抵抗力和重大动物疫病的传播蔓延作出判断，为采取预防控制措施奠定技术基础。

从监测的项目可以分为病原监测和抗体监测。病原监测按方法可以分为对易感动物的人工感染实验、病原的分子生物学检测、病原分离等。在实施时，要严格按照国务院《病原微生物实验室生物安全管理条例》和国家兽医主管部门的有关规定执行。抗体监测简单易操作，是重大动物疫情监测采用的主要方法，要注意分清是感染抗体还是免疫抗体。

从监测网络看，国家级设有国家动物疫情测报中心，根据地理分布在各省设有国家动物疫情测报站，在边境地区设有边境动物疫情监测站；各省还设有省级疫情测报中心，以及各级兽医主管部门所属的动物防疫技术支撑机构。

动物疫病预防控制机构实施的重大动物疫情监测，是政府行为，是政府对有关相对人进行监督的一种重要技术支持。大型规模化饲养场也具有检测能力开展检测，但这种检测与动物疫病预防控制机构实施的监测性质不同，不能以自己能够检测或自己已经实施了检测、监测影响生产等为借口，对动物疫病预防控制机构的依法监测不予配合、拒绝和阻碍。按国家计划免疫的规定实施免疫、接受监测、及时报告疫情，是动物饲养者应尽的基本义务。对拒绝监测的相对人，本条例还规定了应承担的法律责任。

重大动物疫情监测工作不仅需要技术支持，还需要一定的设施设备和工作经费。各级政府一定要按本条例的要求，重视重大动物疫情监测工作，将疫情监测经费列入本级财政预算，并保证实际工作所需。

第十六条规定：从事动物隔离、疫情监测、疫病研究与诊疗、检验检疫以及动物饲养、屠宰加工、运输、经营等活动的有关单位和个人，发现动物出现群体发病或者死亡的，应当立即向所在地的县（市）动物疫病预防控制机构报告。

【释义】本条是关于重大动物疫情的责任报告人、报告时机、向谁报告的规定。

从事疫情监测的单位和个人，主要是指兽医主管部门所属的动物防疫技术支撑体系，例如动物防疫站、兽医站等。

从责任报告人的身份看，既包括从事动物隔离、饲养、屠宰加工、运输、经营、诊疗的经营者，又包括从事动物疫病研究的科研单位和院校，也包括动物疫病预防控制机构和进出境动物检疫机关及其工作人员。总之，凡是直接与动物接触的以及最易发现动物疫情的单位和个人，都是责任报告人。

第三十条规定：对疫区应当采取下列措施：

（一）在疫区周围设置警示标志，在出入疫区的交通路口设置临时动物检疫消毒站，对出入的人员和车辆进行消毒；

（二）扑杀并销毁染疫和疑似染疫动物及其同群动物，销毁染疫和疑似染疫的动物产品，对其他易感染的动物实行圈养或者在指定地点放养，役用动物限制在疫区内使役；

（三）对易感染的动物进行监测，并按照国务院兽医主管部门的规定实施紧急免疫接种，必要时对易感染的动物进行扑杀；

（四）关闭动物及动物产品交易市场，禁止动物进出疫区和动物产品运出疫区；

（五）对动物圈舍、动物排泄物、垫料、污水和其他可能受污染的物品、场地，进行消毒或者无害化处理。

【释义】本条是对疫区应急处理措施的规定。

对疫区的相关动物进行处理。对疫区内的动物视具体情况采取下列处置方式：①消灭疫源，即扑杀并销毁染疫和疑似染疫动物及其同群动物，销毁染疫和疑似染疫的动物产品。②隔离其他易感染的动物，并限制其移动，实行圈养或者在指定地点放养，役用动物限制在疫区内使役。③对易感染的动物进行监测，持续监视其是否染疫，疫情有无进一步扩散。④按照国务院兽医主管部门的规定对易感染动物实施紧急免疫接种。⑤在必要时对易感染的动物进行扑杀。

第三十一条规定：对受威胁区应当采取下列措施：

（一）对易感染的动物进行监测。

（二）对易感染的动物根据需要实施紧急免疫接种。

【释义】本条是对受威胁区应急处理的规定。

对受威胁区采取的措施包括：

一是对易感染动物实施疫病监测。在受威胁区应始终保持对疫情的监视，有利于及时掌握疫情发展动态。

二是对易感染动物实施紧急免疫，要保证易感染动物在短时间内得到免疫保护。

本条在执行中应注意下列问题：

一是对受威胁区内易感染动物的疫病监测，应按照有关技术规范要求执行，其结果将作为评估疫情扑灭和控制效果的重要依据之一，因此，此项工作不能忽视。

二是对于是否采取紧急免疫接种的问题要考虑原有的免疫状况及动物群体的免疫抗体水平，不应盲目采取全群再次免疫，以免使动物群体已具有的免疫保护水平下降而造成风险。

第三十五条规定：重大动物疫情发生后，县级以上人民政府兽医主管部门应当及时提出疫点、疫区、受威胁区的处理方案，加强疫情监测、流行病学调查、疫源追踪工作，对染疫和疑似染疫动物及其同群动物和其他易感染动物的扑杀、销毁进行技术指导，并组织实施检验检疫、消毒、无害化处理和紧急免疫接种。

【释义】本条是关于应急处理中政府兽医主管部门职责的规定。

县级以上人民政府兽医主管部门在应急处理中的主要职责：

一是及时提出疫点、疫区、受威胁区的处理方案。包括：①划定疫点、疫区、受威胁区的范围。②根据应急实施方案，提出对不同区域应采取的应急处理措施。③按照规定时限将处理方案报本级人民政府，并向本级人民政府提出启动重大动物疫情应急指挥系统、应急预案和对疫区实行封锁的建议。

二是查明疫源、疫情危害程度和扩散程度。主要内容包括：①开展疫情紧急监测。调查有无其他疫点，周围易感染动物有无携带病原或发病情况，判断疫情波及的范围，确定疫点。②开展流行病学调查。调查疫点内疫病造成的危害程度、动物流动状况和免疫状况等，查明疫病的来源及可能的传播途径。③追踪疫源，根据疫情监测和流行病学调查，对相关对象进行溯源追踪，确定病原来源和疫源的扩散范围。

三是组织实施疫情扑灭和控制措施。对染疫和疑似染疫动物及其同群动物和其他感染动物的扑杀、销毁进行技术指导，并组织实施检验检疫、消毒、无害化处理和紧急免疫接种。

第三十八条规定： 重大动物疫情发生地的人民政府和毗邻地区的人民政府应当通力合作，相互配合，做好重大动物疫情的控制、扑灭工作。

【释义】本条是关于地区间协作机制的规定。

一是疫情信息应及时通报。发生重大动物疫情和采取的扑灭控制措施，应及时向毗邻地区进行通报，使毗邻地区能够迅速作出应急反应，双方共同努力防止疫情扩散和蔓延。

二是实行联防联控，协同控制和扑灭疫情。发生疫情地区与毗邻地区面临共同的威胁，甚至可能出现划定的疫区、受威胁区范围涉及毗邻地区的情况，因此，必须统一步骤、协调一致，共同开展疫区封锁、紧急免疫、疫情监测、疫源调查等应急工作。必要时，毗邻地区可以向发生疫情地区提供人员、物力支持，协助其扑灭疫情。

第四十一条规定： 县级以上人民政府应当将重大动物疫情确认、疫区封锁、扑杀及其补偿、消毒、无害化处理、疫源追踪、疫情监测以及应急物资储备等应急经费列入本级财政预算。

【释义】本条是关于应急经费保障的规定。

一是对应急处理经费实行政府财政预算管理。扑灭和控制动物疫情是各级政府的重要职责，由政府决定采取的应急措施应予以财力保障。这些措施包括：重大动物疫情确认、疫区封锁、扑杀及其补偿、消毒、无害化处理、疫源追踪和疫情监测等。

二是对应急物资储备经费实行政府财政预算管理。应急物资储备是应急准备的主要内容，是保障快速扑灭疫情的重要条件。各级政府和有关部门应当根据重大动物疫情应急预案的要求，确保应急处理所需的疫苗、药品、设施设备和防护用品等物资的储备。

第四十六条规定： 违反本条例规定，拒绝、阻碍动物疫病预防控制机构进行重大动物疫情监测，或者发现动物出现群体发病或者死亡，不向当地动物疫病预防控制机构报告的，由动物疫病预防控制机构给予警告，并处 2 000 元以上 5 000 元以下的罚款；构成犯罪的，依法追究刑事责任。

【释义】本条是关于相对人拒绝、阻碍重大动物疫情监测和不按规定报告动物群体发病和死亡情况的法律责任的规定。

本条适用对象是本条例第十五条规定的动物疫情责任报告人。

本条行政处罚的实施主体为动物疫病预防控制机构。

行政处罚内容为警告，并处 2 000 元以上 5 000 元以下罚款；构成犯罪的，依法追究刑事责任。

本条规定的应受行政处罚的违法行为之一是拒绝、阻碍动物疫病预防控制机构进行重大动物疫情监测。本条例第十五条规定：动物疫病预防控制机构负责重大动物疫情的监测，饲养、经营动物和生产、经营动物产品的单位和个人应当配合，不得拒绝和阻碍。通过重大动物疫情的监测，可以发现动物群体的发病情况、带毒情况，更重要的是掌握动物群体的免疫状况，从而采取相应的免疫预防措施或扑杀、销毁措施。重大动物疫情监测也是做好预警工作的前提。相对人应当无条件地配合，如果有拒绝、阻碍行为，则依此条给予行政处罚。

附录部分

部分动物疫病实验室诊断方法

一、牲畜口蹄疫实验室诊断方法

（一）查毒试验

（引自 GB/T 18935—2003）

1.1 样品的采集和处理

1.1.1 O－P 液样品的采集、保存和运送方法和要求见附录 A。

1.1.2 O－P 液的处理：先将 O－P 液样品解冻。在无菌室内将 O－P 液（1 份）倒入灭菌塑料离心管（100mL 容量）内，再加入不少于该样品 1/3 量（体积）的 TTE（三氯三氟乙烷，分析纯）。用高速（10 000r/min）组织匀浆机搅拌 3min 使其乳化，然后 3 000r/min 离心 10min。将上层水相分装入灭菌小瓶中，作为 RT－PCR 检测萃取总 RNA 或分离病毒（接种细胞管）的材料。

1.2 操作程序

1.2.1 制备单层细胞： 按常规法将仔猪肾（IB－RS－2）或幼仓鼠肾（BHK_{21}）传代细胞分装在 25mL 培养瓶中，每瓶分装细胞悬液 5mL。细胞浓度 2×10^5/mL～3×10^5/mL。37℃静止培养 48h。接种样品前挑选已形成单层、细胞形态正常的细胞瓶。

1.2.2 样品接种： 每份样品接种 2～4 瓶细胞；另设细胞对照 2～4 瓶。接种样品时，先倒去细胞培养瓶中的营养液，加入 1mL 已经 TTE 处理过的 O－P 液，室温静置 30min。然后再加 4mL 细胞维持液（pH7.6～7.8）。细胞对照瓶不接种样品，倒去营养液后加 5mL 细胞维持液。37℃静止培养 48～72h。

1.2.3 观察和记录： 每天观察并记录。如对照细胞单层完好，细胞形态基本正常或稍有衰老，接种 O－P 液的细胞如出现 FMDV 典型 CPE，及时取出并置－30℃冻存。无 CPE 的细胞瓶观察至 72h，全部－30℃冻存，作为第 1 代细胞/病毒液再作盲传。

1.2.4 盲传： 将第 1 代细胞/病毒液再接种 2 日龄单层细胞培养物，即 1mL 第 1 代细胞/病毒液加 4mL 细胞维持液。37℃静止培养 48～72h。

接种后每天观察 1～2 次。对上一代出现可疑 CPE 的样品更要注意观察。记录病变细胞形态和单层脱落程度，及时收集细胞/病毒液以备进行诊断鉴定试验。未出现 CPE 的观察至 72h，置－30℃冻存，作为第 2 代细胞/病毒液，再作盲传。至少盲传 3 代。

1.3 结果判定

1.3.1 以接种 O－P 液样品的细胞出现典型 CPE 为判定依据。凡出现 CPE 的样品判定为阳性，无 CPE 的为阴性。

1.3.2 为了进一步确定分离病毒的血清型，将出现 CPE 的细胞/病毒液作间接夹心 ELISA 定型。或接种 3～4 日龄乳鼠，视乳鼠发病及死亡时间盲传 1～3 代。再以发病致死乳鼠组织为抗原材料作微量补体结合试验，鉴定病毒的血清型。

（二）微量补体结合试验

（引自 GB/T 18935—2003）

1.1 材料

1.1.1 样品采集和抗原制备：

1.1.1.1 样品的采集、保存和运送的方法和要求见附录 A。

1.1.1.2 抗原制备：在无菌室内将水泡皮或乳鼠胴体用磷酸盐缓冲液（PBS）洗净，用灭菌滤纸吸干后称重。放在灭菌研钵中先剪碎，后加灭菌石英砂研磨。加磷酸盐缓冲液（PBS）（pH7.4）制成 1∶4 悬液。水泡液也以 PBS 作 1∶4 稀释，可与组织悬液合并。室温浸毒 2h 以上，或 4℃冰箱过夜。3000r/min 离心 10min。分离出上清液；58℃水浴灭活 40min。再 3 000r/min 离心 10min。取上清液为待检抗原。

1.1.2 抗体：口蹄疫病毒 O、A 和亚洲-Ⅰ型，及猪水泡病病毒（SVDV）豚鼠高免血清。

1.1.3 补体：健康成年公豚鼠新鲜血清。加保存液（Richardson' 液）后，可 4℃保存 6 个月。使用前滴定效价。

1.1.4 溶血素：兔抗绵羊红细胞抗血清，使用前滴定效价。

1.1.5 红细胞：成年健康绵羊红细胞。试验当天制备 2.8%工作液和敏化红细胞。

1.1.6 主要仪器和器材："U" 形底 96 孔微量滴定板，微量可调移液器及配套尖头，转头经改装可插入微量板的离心机，光电比色计。

1.1.7 缓冲液配制方法（见附录 B）。

1.2 预备试验

1.2.1 2.8%红细胞悬液的制备：将脱纤的（绵羊）红细胞用 VBD 洗涤 3 次。每次加 5 倍于红细胞体积的 VBD 轻摇混匀，1 500r/min 离心 10min。吸去上清液后再加入 VBD，反复 3 次。最后吸取 2.8mL 红细胞泥加入盛有 97.2mL VBD 的三角瓶中，充分混匀。取 0.5mL 红细胞悬液，加 4.5mL 蒸馏水。对照管加 5mL 蒸馏水。用波长 625nm 滤光片的光电比色计测定该初配制的红细胞悬液的 OD 值。按标准 2.8%红细胞悬液的标准 OD 值=42，用式（1）校正该初配红细胞悬液的浓度。

$$\text{应加缓冲液的总数（mL）}=\frac{\text{初配红细胞悬液用 VBD 量（mL）}\times\text{OD 值}}{\text{标准 OD 值（42）}}\times \quad (1)$$

例如：初配红细胞悬液 100mL 测定 OD 值=45（大于标准值 42）

按公式计算［97.2×45］÷42=104，104−97.2=6.8，即应补加 6.8mL 缓冲液于红细胞悬液中，再测 OD 值将符合标准值 42。

若初配红细胞悬液的OD值小于42，可将该红细胞悬液离心，根据式（1）计算取出多余的缓冲液，再测OD值。

1.2.2　0%～100%溶血标准孔按如下方法制备：

1.2.2.1　血红素：取1mL 2.8%红细胞悬液，加7mL蒸馏水，充分摇动直到红细胞全部溶解。再加2mL VB，混匀。

1.2.2.2　0.28%红细胞：取1mL 2.8%红细胞悬液，加9mL VBD，混匀。

表1-1　标准溶血百分比

单位：μL

孔位	A1	A2	A3	A4	A5	A6	A7	A8	A9	A10	A11
血红素	0	20	40	60	80	100	120	140	160	180	200
0.28%红细胞	200	180	160	140	120	100	80	60	40	20	0
溶血百分比	0	10	20	30	40	50	60	70	80	90	100

1.2.2.3　溶血标准孔的制备：按表1-1所列剂量将血红素和红细胞悬液加入微量板A1～A11各孔。1 000r/min离心10min。A6孔为50%溶血孔，其红细胞沉淀图形的大小和溶血颜色深浅（OD值）作为微量补体结合试验判定的比对标准。

1.2.3　棋盘式滴定溶血素/补体：

1.2.3.1　稀释溶血素：

a）1∶100稀释液：0.1mL溶血素加9.9mL VBD。

b）按表1-2所示方法，制备8个溶血素稀释液。

表1-2　溶血素稀释液制备

单位：μL

管号	溶血素浓度	溶血素量	VBD量	溶血素稀释度	溶血素最终浓度
A	1∶100	1.0	1.5	1∶250	1/500
B	1∶100	0.5	2.0	1∶500	1/1 000
C	1∶100	1.0	9.0	1∶1 000	1/2 000
D	1∶1 000	2.0	1.0	1∶1 500	1/3 000
E	1∶1 000	1.5	1.5	1∶2 000	1/4 000
F	1∶1 000	1.0	1.5	1∶2 500	1/5 000
G	1∶1 000	0.5	1.0	1∶3 000	1/6 000
H	1∶1 000	0.5	1.5	1∶4 000	1/8 000

1.2.3.2　制备敏化红细胞：

a）取8支试管，写明标签A～H。将上述8个溶血素稀释液分别取1mL移入相应编号的试管中。

b）各管再加入1mL标准化的2.8%红细胞悬液。混匀。溶血素最终浓度如表1-2所列。

c）25℃温育20min。

1.2.3.3　稀释补体：

a) 1∶10 稀释补体：0.5mL 新鲜补体（豚鼠血清）加 4.5mL VBD。或 0.5mL 保存补体加 3.5mL 蒸馏水，就是 1∶10 稀释补体。

b) 按表 1－3 所示，制备 12 个补体稀释液。

表 1－3　补体稀释液制备

单位：μL

管号	稀释用补体浓度	补体加入量	VBD 量	补体最终浓度
1	1∶10	2.0	3.0	1∶25
2	1∶10	1.0	4.0	1∶50
3	1∶25	1.0	2.0	1∶75
4	1∶50	1.5	1.5	1∶100
5	1∶25	0.5	2.0	1∶125
6	1∶50	1.0	2.0	1∶150
7	1∶25	0.5	3.0	1∶175
8	1∶100	1.0	1.0	1∶200
9	1∶50	0.5	2.0	1∶250
10	1∶150	1.0	1.0	1∶300
11	1∶175	1.0	1.0	1∶350
12	1∶100	0.5	1.0	1∶400

1.2.3.4　棋盘式滴定：

1.2.3.4.1　用“U”形底微量板。首先每孔（全部 96 孔）加 50μL VBD 缓冲液。

1.2.3.4.2　将 12 个补体稀释液加入微量板 1 列～12 列。即将管 1（1∶25 稀释）补体加入第 1 列（A1～H1）8 孔，每孔 50μL；将管 2（1∶50 稀释）补体加入第 2 列（A2～H2）8 孔，每孔 50μL；依此类推，将 12 管补体分别加入 12 列各孔中。

1.2.3.4.3　将 8 管以 8 个不同浓度溶血素敏化的红细胞悬液依次加入微量板 A～H 行。即将 A 管（溶血素 1∶500 稀释）敏化红细胞加入 A 行（A1～A12）12 孔，每孔 25μL；将 B 管（溶血素 1∶1 000 稀释）敏化红细胞加入 B 行（B1～B12）12 孔，每孔 25μL；依此类推，直至 8 管敏化红细胞分别加入 8 行各孔中。

1.2.3.4.4　37℃振荡 40min。1 000r/min 离心 10min。

1.2.3.4.5　结果判定：确定补体最高稀释度时，引起 50%溶血的溶血素最高稀释度。该补体最高稀释度（如 1∶200,）即为补体效价，4 倍效价为补体工作液（1∶50）。该溶血素最高稀释度（如 1∶2 000）即为溶血素效价。2 倍效价为溶血素工作液（1∶1 000）。

1.3　定型补体结合试验

1.3.1　布局：通常牛病料鉴定“O”和“A”两个型，某些地区的病料加上“亚洲-Ⅰ”型。定型布局如表 1－4 所列。A1～A4 为“O”型，B1～B4 为“A 型”。A5、A6 为“O”、“A”型血清对照，B7 为抗原对照，A8 为补体对照，A9 为空白对照。

表 1-4　定型补体结合试验布局

	1	2	3	4	5	6	7	8	9
A	○	○	○	○	◇	◆		△	※
B	●	●	●	●			◎		

1.3.2　操作步骤：补体结合试验各试剂加入量和次序列于表 1-5。

1.3.2.1　加 VBD 稀释液：A2～A4、B2～B4 每孔各加 25μL；对照 A5、A6、B7 孔各加 25μL；A8 孔加 50μL；A9 孔加 100μL。

1.3.2.2　加高免抗血清：

a) 稀释血清：将“O”、“A”两型血清分别以 VBD 作 1∶8 稀释。

b) A1、A5 孔加 1∶8“O”型血清 25μL/孔，A2 孔加 50μL/孔。

B1 孔加 1∶8“A”型血清 25μL/孔，B2 孔加 50μL/孔。

表 1-5　FMDV 微量补体结合试验

单位：μL

血清型	O				A				对　照				
孔号	A1	A2	A3	A4	B1	B2	B3	B4	A5	A6	B7	A8	A9
血清稀释度	1∶8	1∶12	1∶18	1∶27	1∶8	1∶12	1∶18	1∶27	1∶8	1∶8	—	—	—
缓冲液	0	25	25	25	0	25	25	25	25	25	25	50	100
高免血清量	25	50	50	50	50	50	50	50	25	25	—	—	—
				弃 50				弃 50					
被检抗原	25	25	25	25	25	25	25	25	—	—	25	—	—
补体量	50	50	50	50	50	50	50	50	50	50	50	50	—
37℃振荡 60min													
敏化红细胞	25	25	25	25	25	25	25	25	25	25	25	25	25
37℃振荡 30min													
结果	+	−	−	−	++++	++++	++	+	−	−	−	−	++++

注：“−”完全溶血；“++++”完全不溶血，“++”50%溶血，“+”75%溶血。

c) 从 A2→A4 孔作 1∶1.5 连续稀释：用微量移液器先将 A2 孔中的 25μL VBD 和 50μL 血清混匀，然后吸出 50μL 移入 A3 孔；混匀后再吸出 50μL 移入 A4 孔；混匀后吸出 50μL 弃去。A1→A4 孔的血清稀释度分别为 1∶8、1∶12、1∶18、1∶27。B2→B4 孔作同样连续稀释。

1.3.2.3　加抗原：除对照 A5、A6、A8、A9 孔外，各孔加待检样品 25μL。

1.3.2.4　加补体：除空白对照 A9 孔外，各孔加补体工作液 50μL。

1.3.2.5　37℃振荡 60min。

1.3.2.6　制备敏化红细胞和加样：2.8%红细胞悬液与溶血素工作液等体积混合，25℃

敏化 20min。各反应孔加 25μL/孔。

1.3.2.7 37℃振荡 30min，1 000r/min 离心 30min。

1.4 结果判定

1.4.1 试验成立的条件：

a）当空白对照孔（A9）完全不溶血（++++）；

b）补体对照孔（A8）完全溶血（—）；

c）血清对照孔（A5 和 A6）和抗原对照孔（B7）完全溶血（—），试验才成立。

1.4.2 判定血清型：

1.4.2.1 若某血清型 4 孔完全溶血（—），或仅含最高浓度血清的第 1 孔，被阻止溶血不足 50%，如表 1－5 所示 A1～A4 孔，则判定为“阴性”，即不是“O”型。

1.4.2.2 若某血清型 4 孔中 3 孔或 4 孔 50%以上被阻止溶血（++、+++）或完全不溶血（++++），如表 5 所示 B1～B4 孔，则判定为阳性，即该病料为 FMDV “A”型。

（三）反转录-聚合酶链反应（RT－PCR）技术

（引自 GB/T 18935—2003）

1.1 材料

1.1.1 样品的采集和处理：

1.1.1.1 样品的采集，保存和运送方法见附录 A。

1.1.1.2 处理：在无菌室内将采集的动物组织，如淋巴结、脊髓、肌肉等除去被膜及其他结缔组织，尽量选取中心洁净的部分。依据检测试验的要求，将各种组织分别剪碎，用研钵加灭菌石英砂磨碎；或将组织样品分组合成大样，用组织捣碎机磨碎。然后加 0.04mol/L PBS（pH7.4）制成 1∶5 悬液。置室温（20℃左右）2h 以上，或 4℃冰箱过夜。3 000r/min 离心 10min，取上清液作为检测材料。

1.1.1.3 阳性对照：以已知病毒材料，如 FMDV 感染乳鼠或细胞为阳性对照。与待检病料同时萃取总 RNA，再反转录-PCR 扩增。其扩增产物作为电泳对照样品。

1.1.2 试剂：总 RNA 萃取试剂盒，有商品出售。也可自行配制。包括：

a）变性液：6mol/L 异硫氰酸胍。

b）2mol/L 乙酸钠（pH4.0）。

c）酚-三氯甲烷-异戊醇（25∶24∶1）混合液。

d）异丙醇。

e）AMV 反转录酶：300U/支，10U/μL。

f）5×RT 缓冲液：500μL（1 支）

g）台克（Taq）DNA 聚合酶：100U/支，5U/μL。

h）10×PCR 缓冲液：500μL（1 支）。

i) 25mmol/L 氯化镁：500μL（1 支）。

j) dNTP：包括 100mmol/L 脱氧腺苷三磷酸（dATP）、脱氧胸苷三磷酸（dTTP）、脱氧胞苷三磷酸（dCTP）、脱氧乌苷三磷酸（dGTP）各 1 支。用 DEPC - ddH_2O 配制成 2.5mmol/L dNTP。方法是 4 种脱氧核苷酸各取 10μL，加入 360μL DEPC 双蒸水中，混匀即可。

k) 无水乙醇：用（焦碳酸二乙酯）DEPC - dd H_2O 配制成 75%乙醇。

l) DEPC：一种 RNA 酶的强烈抑制剂。按 0.1%含量加入蒸馏水（DEPC - dd H_2O），作为 RT - PCR 反应用试剂。也用于浸泡移液器尖头、塑料管等接触 RNA 的试验器材，以减少试验过程中萃取 RNA 的失活和断裂。

m) 矿物油。

n) 引物：检测 FMDV 的引物对。

1.1.3 专用仪器设备： 台式高速（12 000r/min）离心机；DNA 扩增仪；稳压稳流电泳仪和水平电泳槽；电泳凝胶成像分析系统（或紫外透射仪）；可调移液器一套，包括 1～20μL 2 支，20～200μL 1 支，200～1 000μL 1 支；与移液器匹配的滴头；1.5mL 带盖塑料离心管（Eppendorf 管）；0.5mL 或 0.2mL（与扩增仪配套）带盖塑料管。

1.1.4 电泳缓冲液：

1.1.4.1 5×TBE 缓冲液：

三羟甲基氨基甲烷（Tris）	54.0g
硼酸	27.5g
0.5mol/L 乙二胺四乙酸（EDTA）（pH8.0）	20.0mL
加双蒸水（ddH_2O）至	1 000.0mL

1.1.4.2 1×TBE（电泳缓冲液）：

临用时将 5×TBE 缓冲液 1 份加蒸馏水 4 份，混匀即可。

1.1.4.3 电泳加样缓冲液：

溴酚蓝	0.25g
甘油	30.0mL
双蒸水	70.0mL

1.2 操作程序

1.2.1 总 RNA 萃取：

1.2.1.1 用 1.5mL 带盖塑料离心管。取 300μL 待检样品，再加 300μL 变性液混匀，冰水浴 5min。

1.2.1.2 加 60μL 2mol/L 乙酸钠（pH4.0），混匀。

1.2.1.3 加 800μL 酚-三氯甲烷-异戊醇混合液，混匀，冰水浴 5min。

1.2.1.4 8 000r/min 离心 10min。将上清液转入另一洁净管。

1.2.1.5 加 800μL 异丙醇。混匀后置－80℃ 1h，或－30℃ 4h 以上（或过夜）。

1.2.1.6 12 000r/min 离心 10min。尽量倒干液体，留下 RNA 沉淀。

1.2.1.7 加 800μL 75%乙醇。轻轻摇荡 2～3 次，12 000r/min 离心 8min。

1.2.1.8 倒干液体。晾干后的 RNA 即可用于反转录。

1.2.2 反转录：反应液总量20μL。向RNA沉淀管中依次加入下列反应物：

a）模板：300μL待检样品萃取的总RNA。

b）引物VP1A（5pmol/μL）：5μL。

c）加DEPC-双蒸水：9μL。

高速（10 000r/min以上，下同）离心10s。70℃水浴5min，然后再加：

d）5×RT缓冲液：4μL。

e）底物dNTP（2.5mmol/μL）：1μL。

f）AMV RT酶（10U/μL）：1μL。

高速离心10s，置42℃水浴至少1h。

1.2.3 PCR扩增：反应液总量50μL。试验开始，首先将反转录产物转入PCR专用小塑料管中。然后如下操作：

a）模板：反转录产物20μL。

b）引物：VP1A（12.5pmol/μL）2μL，VP1B（12.5pmol/μL）2μL。

c）DEPC-ddH$_2$O：18.5μL。

高速离心10s。沸水浴5min后，转入冰水中骤冷。然后再加：

d）10×PCR缓冲液：3μL。

e）底物dNTP（2.5mmol/μL）：4μL。

f）Taq DNA聚合酶（5U/μL）：0.5μL（高速离心10s，或不离心）。

g）矿物油：40μL。

高速离心10s。

将反应管插入扩增仪中，指令设定程序开始工作。30个循环。

每个循环包括：变性94℃ 1min，退火55℃ 1min，聚合72℃ 1.5min。最后一个循环的聚合延长为10min。

1.3 结果分析和判定

1.3.1 1%琼脂糖凝胶板的制备：称取1g琼脂糖，加入100mL 1×TBE缓冲液中。加热融化后加5μL（10mg/mL）溴乙锭，混匀后倒入放置在水平台面上的凝胶盘中，胶板厚5mm左右。依据样品数选用适宜的梳子。待凝胶冷却凝固后拔出梳子（胶中形成加样孔），放入电泳槽中，加1×TBE缓冲液淹没胶面。

1.3.2 加样：取6～8μL PCR扩增产物和2～3μL加样缓冲液混匀后加入一个加样孔。每次电泳至少加1孔阳性对照的扩增产物作为对照。

1.3.3 电泳：电压80～100V，或电流40～50mA，电泳30～40min。

1.3.4 结果观察和判定：电泳结束后，取出凝胶板置于紫外透射仪上打开紫外灯观察。如某一待检样品扩增产物的DNA带与阳性对照的带在一条直线上，即它们与加样孔的距离相同，则该样品判定为阳性。

(四) 病毒感染相关 (VIA) 抗原琼脂凝胶免疫扩散试验 (VIA-AGID)

(引自 GB/T 18935—2003)

1.1 材料

1.1.1 血清样品的采集和处理见附录 A。

1.1.2 VIA 抗原。

1.1.3 VIA 抗体阳性 (对照) 血清。

1.1.4 缓冲液:

0.02mol/L Tris-0.15mol/L 氯化钠	(pH7.6)
Tris	2.42g
氯化钠 (NaCl)	3.80g
蒸馏水	1 000.0mL (用浓盐酸调整 pH 为 7.6)。

1.1.5 模板: 用有机玻璃板制作。本试验设计了两种不同孔数的模板 (图 1-2 和图 1-3 所示)。Ⅰ型由 1 个中央孔和 6 个均匀分布的周边孔组成,孔径和孔间距均为 4mm。Ⅱ型为适应大批量检测需要设计的,由 4 组Ⅰ型模板组成。

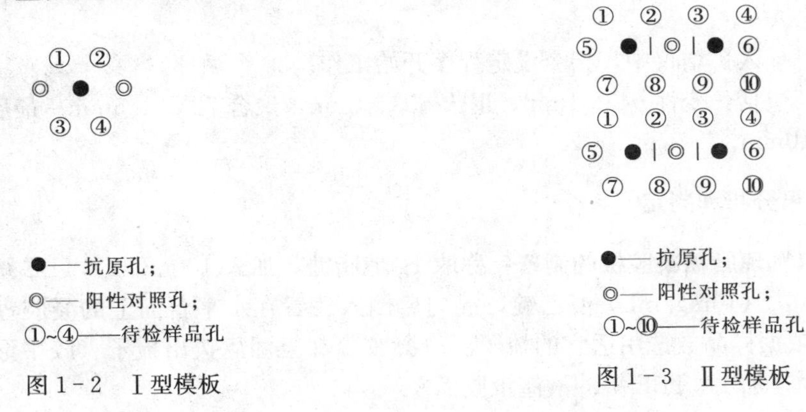

图 1-2 Ⅰ型模板

图 1-3 Ⅱ型模板

1.1.6 打孔器: 与模板配套制作的,外径为 4mm 的不锈钢管。

1.1.7 平皿: 常用直径 6cm 的平皿,要求底面平整光滑。

1.2 试验操作

1.2.1 琼脂糖凝胶板的制备: 称取 1.0g 琼脂糖 (电泳用),置于 150mL 容量的三角烧瓶中,再加入 100mL 缓冲液。将三角烧瓶置于磁力搅拌器上,边搅拌边加热至沸腾使琼脂糖完全熔化。将熔化的琼脂糖溶液注入平皿中,每个平皿加 8mL,凝胶板厚约 3mm。待自然冷却凝固后,盖好平皿后倒置放在湿盒中,4℃冰箱保存。

1.2.2 打孔: 按检测样品的数量选用模板。揭开平皿,将模板放在凝胶板上方,打孔器垂直插入模板孔中并穿透凝胶直至底面。打完孔后拿开模板，用细针头轻轻挑出孔中的凝胶块，将平皿底部在酒精灯上略烤封底。

1.2.3 加样：用微量移液器每孔加样 20μL。抗原孔（中央孔）加 VIA 抗原；对照孔（Ⅰ型中央孔左、右侧的 2 个周边孔，Ⅱ型 2 个中央孔之间的孔）加 VIA 阳性对照血清；其余各孔（Ⅰ型 4 孔/板，Ⅱ型 20 孔/板）加待检血清样品。

1.2.4 扩散：加完样后盖上平皿，放入湿盒中。置于室温 15～25℃任其扩散。

1.3 结果判定

1.3.1 加样后 24h 开始观察，每天观察并记录，至 120h 时判定结果。当阳性对照与抗原孔之间出现清晰沉淀线时，如图 1－2 和图 1－3 中所示，本试验成立。

1.3.2 待检血清与抗原孔之间出现沉淀线，并与阳性对照沉淀线末端相融，如图 1－2 中 1 孔，该血清判定为“阳性”。

1.3.3 待检血清与抗原孔之间虽然未出现沉淀线，但阳性对照沉淀线的末端弯向待检血清孔，如图 1－2 中 3 孔，该血清判定为弱阳性。

1.3.4 待检血清与抗原孔之间未出现沉淀线，如图 1－2 中 2 和 4 孔，该血清判定为阴性。

1.3.5 血清孔之间出现的沉淀线，为非特异性反应。

（五）液相阻断-酶联免疫吸附试验（LpB－ELISA）

（引自 GB/T 18935—2003）

1.1 材料

1.1.1 样品采集见附录 A，所需试剂见附录 C。

1.1.2 捕获抗体：用 FMD 病毒 7 个血清型 146S 抗原的兔抗血清，将该血清用 pH9.6 碳酸盐/重碳酸盐缓冲液稀释成最适浓度。

1.1.3 抗原：用 BHD_{-21} 细胞培养增殖 FMD 毒株制备，并进行预滴定，以达到某一稀释度，加入等体积稀释剂后，滴定曲线上线大约 1.5，稀释剂为含 0.05%吐温-20、酚红指示剂的 PBS（PBST）。

1.1.4 检测抗体：豚鼠抗 FMDV 146S 血清，预先用 NBS（正常牛血清）阻断，稀释剂为含 0.05%吐温-20、5%脱脂奶的 PBS（PBSTM）。将该检测抗体稀释成最适浓度。

1.1.5 酶结合物：兔抗豚鼠 Ig－辣根过氧化物酶（HRP）结合物，用 NBS 阻断，用 PBSTM 稀释成最适浓度。

1.2 试验程序

1.2.1 包被：ELISA 板每孔用 50μL 兔抗病毒血清包被，室温下置湿盒过夜。

1.2.2 洗涤：用 PBS 液洗板 5 次。

1.2.3 加被检血清，在另一酶标板中加入 50μL 被检血清（每份血清重复做 2 次），2

倍连续稀释起始为1∶4。

1.2.4 加抗原：向6.2.3酶标板中加抗原，每孔内加入相应的同型病毒抗原50μL，混合后置4℃过夜，或在37℃孵育1h，加入抗原后使血清的起始稀释度为1∶8。

1.2.5 将50μL的血清/抗原混合物转移到兔血清包被的ELISA板中，置37℃孵育1h。

1.2.6 洗板同6.2.3。

1.2.7 每孔滴加50μL前一步使用的同型病毒抗原的豚鼠抗血清，置37℃孵育1h。

1.2.8 洗板：每孔加50μL酶结合物，置37℃孵育1h。

1.2.9 再洗板：每孔加50μL含0.05% H_2O_2（3%质量浓度）的邻苯二胺。

1.2.10 加50μL 1.25mol/L硫酸中止反应，15min后，将板置于分光光度计上，在492nm波长条件下读取光吸收值。

1.2.11 每次试验时，设立强阳性、弱阳性和1∶32牛标准血清以及没有血清的稀释剂抗原对照孔，阴性血清对照孔。

1.3 结果判定

抗体滴度以50%终滴度表示，即该稀释度50%孔的抑制率大于抗原对照孔抑制率均数的50%。

滴度大于1∶40为阳性，滴度接近1∶40应用病毒中和试验重检。

（六）病毒中和试验（VN）

（引自GB/T 18935—2003）

1.1 材料

1.1.1 标准阳性血清。

1.1.2 血清样品的采集和处理：动物血清样品的采集，保存和运送方法和要求详见附录A。待检血清56℃水浴灭能30min。

1.1.3 病毒：口蹄疫病毒O、A、亚洲-Ⅰ型及SVDV中和试验用种毒分别适应于BHK_{21}或IB-RS-2单层细胞。收获的病毒液测定$TCID_{50}$后，分成1mL装的小管，−60℃保存备用。

1.1.4 细胞：BHK_{21}或IB-RS-2传代细胞。

1.1.5 细胞营养液和维持液：细胞维持液：Eagle's-MEM（最低限度必须氨基酸营养液）与0.5%水解乳蛋白/Earle's液等量混合配成，pH7.6～7.8。在中和试验中作稀释液用。

细胞营养液：细胞维持液加10%犊牛血清（pH7.4）。培养细胞用。

1.2 操作程序

1.2.1 稀释血清：将血清作2倍连续稀释。一般含4个稀释度（如1∶4～1∶32）。如有特殊需要，可作6个稀释度（1∶4～1∶128）。

稀释方法：

a）先向96孔微量板A2～A4、B2～B4各孔加稀释液，25μL/孔。

b）将1∶4稀释的待检血清加入A1、B1和A2、B2孔，25μL/孔。

c）稀释：将A2、B2孔中的稀释液和血清混匀后吸出25μL移至A2、B2孔。再混匀后吸出25μL移至A4、B4孔。混匀后吸出25μL弃去。

1.2.2 对照：

a）血清对照。如A5、B5为血清对照孔，先加稀释液25μL/孔，再加1/4稀释的标准阳性血清25μL/孔（血清1/8稀释）。

b）空白对照。至少2孔，如A6、B6孔，加稀释液100μL/孔。

c）细胞对照。至少2孔，如A7、B7孔，加稀释液50μL/孔。

d）病毒对照。至少2孔，如A8、B8孔，加稀释液25μL/孔。

1.2.3 稀释病毒和加样：按 $TCID_{50}$/50μL滴定结果，稀释病毒至200 $TCID_{50}$/50μL。然后加入各血清稀释度孔和病毒及阳性对照孔（A8、B8），每孔25μL。

1.2.4 中和作用：加盖，37℃振荡1h。

1.2.5 加入细胞：将2～3日龄单层丰满、形态正常的 BHK_{21} 或IB－RS－2细胞按常规消化，离心（1 000r/min 10min）收集细胞，加细胞营养液制成 1×10^6/mL～2×10^6/mL细胞悬液（pH7.4）。然后加入除空白对照（A6、B6）孔外的各试验孔，每孔50μL。

1.2.6 加盖：37℃振荡10min。置二氧化碳培养箱37℃静止培养2～3d。

1.3 结果判定

FMDV致 BHK_{21} 或IB－RS－2细胞的CPE很典型，在普通显微镜下易于识别，通常在48h后用倒置显微镜观察即可判定结果。

试验成立的条件：

a）标准阳性血清孔无CPE出现。

b）细胞对照孔中细胞生长已形成单层，形态正常。

c）病毒对照孔无细胞生长，或有少量病变细胞存留。

血清中和滴度为1∶45或更高者判为阳性。

血清中和滴度为1∶16～1∶32判为可疑，需进一步采样做试验，如第二次血清滴度1∶16或高于1∶16判为阳性。

血清中和滴度为1∶8判为阴性。

（七）间接夹心酶联免疫吸附试验（I－ELISA）

（引自农医发［2007］12号）

1 试验程序和原理

1.1 利用包被于固相（I，96孔平底ELISA专用微量板）的FMDV型特异性抗体（AB，包被抗体，又称为捕获抗体），捕获待检样品中相应型的FMDV抗原（Ag）。再加入与捕获抗体同一血清型，但用另一种动物制备的抗血清（Ab，检测抗体）。如果有相应型的病毒抗原存在，则形成“夹心”式结合，并被随后加入的酶结合物/显色系统（＊E/S）检出。

1.2 由于FMDV的多型性，以及可能并发临床上难以区分的水泡性疾病，在检测病料时必然包括几个血清型（如O、A、亚洲-Ⅰ型）；及临床症状相同的某些疾病，如猪水泡病（SVD）。

2 材料

2.1 样品的采集和处理：

2.1.1 组织样品：

2.1.1.1 样品的选择：用于病毒分离、鉴定的样品以发病动物（牛、羊或猪）未破裂的舌面或蹄部、鼻镜、乳头等部位的水疱皮和水疱液最好。对临床健康但怀疑带毒的动物可在扑杀后采集淋巴结、脊髓、肌肉等组织样品作为检测材料。

2.1.1.2 样品的采集和保存：水疱样品采集部位可用清水清洗，切忌使用酒精、碘酒等消毒剂消毒、擦拭。

2.1.1.2.1 未破裂水疱中的水疱液用灭菌注射器采集至少1mL，装入灭菌小瓶中（可加适量抗生素），加盖密封，尽快冷冻保存。

2.1.1.2.2 剪取新鲜水疱皮3～5g放入灭菌小瓶中，加适量（2倍体积）50%甘油/磷酸盐缓冲液（pH7.4），加盖密封，尽快冷冻保存。

2.1.1.2.3 在无法采集水疱皮和水疱液时，可采集淋巴结、脊髓、肌肉等组织样品3～5g装入洁净的小瓶内，加盖密封，尽快冷冻保存。

每份样品的包装瓶上均要贴上标签，写明采样地点、动物种类、编号、时间等。

2.1.2 牛、羊食道—咽部分泌物（O-P液）样品：

2.1.2.1 样品采集：被检动物在采样前禁食（可饮水）12h，以免反刍胃内容物严重污染O-P液。采样探杯在使用前经0.2%柠檬酸或2%氢氧化钠浸泡5min，再用自来水冲洗。每采完一头动物，探杯要重复进行消毒和清洗。采样时动物站立保定，将探杯随吞咽动物送入食道上部10～15cm处，轻轻来回移动2～3次，然后将探杯拉出。如采集的O-P液被反刍胃内容物严重污染，要用生理盐水或自来水冲洗口腔后重新采样。

2.1.2.2 样品保存：将探杯采集到的8～10mL O-P液倒入25mL以上的灭菌玻璃容器中，容器中应事先加有8～10mL细胞培养液或磷酸盐缓冲液（0.04mol/L、pH7.4），加盖密封后充分摇匀，贴上防水标签，并写明样品编写、采集地点、动物种类、时间等，尽快放入装有冰块的冷藏箱内，然后转往-60℃冰箱冻存。通过病原检测，作出追溯性诊断。

2.1.3 血清：怀疑曾有疫情发生的畜群，错过组织样品采集时机时，可无菌操作采集动物血液，每头不少于10mL。自然凝固后无菌分离血清装入灭菌小瓶中，可加适量抗生素，加盖密封后冷藏保存。每瓶贴标签并写明样品编号、采集地点、动物种类、时间等。通过抗体检测，作出追溯性诊断。

2.1.4 采集样品时要填写样品采集登记表。

2.2 主要试剂：

2.2.1 抗体：

2.2.1.1 包被抗体：兔抗 FMDV－“O”、“A”、“亚洲－Ⅰ”型 146S 血清；及兔抗 SVDV－160S 血清。

2.2.1.2 检测抗体：豚鼠抗 FMDV－“O”、“A”、“亚洲－Ⅰ”型 146S 血清；及豚鼠抗 SVDV－160S 血清。

2.2.2 酶结合物：兔抗豚鼠 Ig 抗体（Ig）－辣根过氧化物酶（HRP）结合物。

2.2.3 对照抗原：灭活的 FMDV－“O”、“A”、“亚洲－Ⅰ”各型及 SVDV 细胞病毒液。

2.2.4 底物溶液（底物/显色剂）：3%过氧化氢，3.3mmol/L 邻苯二胺（OPD）。

2.2.5 终止液：1.25mol/L 硫酸。

2.2.6 缓冲液：

2.2.6.1 包被缓冲液：0.05mol/L Na_2CO_3－$NaHCO_3$，pH9.6。

2.2.6.2 稀释液 A：0.01mol/L PBS－0.05%（v/v）Tween－20，pH7.2～7.4。

2.2.6.3 稀释液 B：5%脱脂奶粉（w/v）－稀释液 A 。

2.2.6.4 洗涤缓冲液：0.002mol/L PBS－0.01%（v/v）Tween－20。

2.3 主要器材设备：

2.3.1 固相：96 孔平底聚苯乙烯 ELISA 专用板。

2.3.2 移液器、尖头及贮液槽：微量可调移液器一套，可调范围 0.5～5000μL（5～6 支）；多（4、8、12）孔道微量可调移液器（25～250μL）；微量可调连续加样移液器（10～100μL）；与各移液器匹配的各种尖头，及配套使用的贮液槽。

2.3.3 振荡器：与 96 孔微量板配套的旋转振荡器。

2.3.4 酶标仪，492nm 波长滤光片。

2.3.5 洗板机或洗涤瓶，吸水纸巾。

2.3.6 37℃恒温温室或温箱。

3 操作方法

3.1 预备试验：为了确保检测结果准确可靠，必须最优化组合该 ELISA，即试验所涉及的各种试剂，包括包被抗体、检测抗体、酶结合物、阳性对照抗原都要预先测定，计算出它们的最适稀释度，既保证试验结果在设定的最佳数据范围内，又不浪费试剂。使用诊断试剂盒时，可按说明书指定用量和用法。如试验结果不理想，重新滴定各种试剂后再检测。

3.2 包被固相：

3.2.1 FMDV 各血清型及 SVDV 兔抗血清分别以包被缓冲液稀释至工作浓度，然后按图 1－1〈Ⅰ〉所示布局加入微量板各行。每孔 50μL。加盖后 37℃振荡 2h。或室温（20～25℃）振荡 30min，然后置湿盒中 4℃过夜（可以保存 1 周左右）。

3.2.2 一般情况下，牛病料鉴定“O”和“A”两个型，某些地区的病料要加上“亚洲－Ⅰ”型；猪病料要加上 SVDV。

试验开始，依据当天检测样品的数量包被，或取出包被好的板子；如用可拆卸微量板，则根据需要取出几条。在试验台上放置 20min，再洗涤 5 次，扣干。

〈Ⅰ〉	〈Ⅱ〉 1	2	3	4	5	6	7	8	9	10	11	12
A FMDV "O"	C++	C++	C+	C+	C−	C−	S1	1	S3	3	S5	5
B "A"	C++	C++	C+	C+	C−	C−	S1	1	S3	3	S5	5
C "Asia-Ⅰ"	C++	C++	C+	C+	C−	C−	S1	1	S3	3	S5	5
D SVDV	C++	C++	C+	C+	C−	C−	S1	1	S3	3	S5	5
E FMDV "O"	C++	C++	C+	C+	C−	C−	S2	2	S4	4	S6	6
F "A"	C++	C++	C+	C+	C−	C−	S2	2	S4	4	S6	6
G "Asia-Ⅰ"	C++	C++	C+	C+	C−	C−	S2	2	S4	4	S6	6
H SVDV	C++	C++	C+	C+	C−	C−	S2	2	S4	4	S6	6

图 1-1　定型 ELISA 微量板包被血清布局〈Ⅰ〉、对照和被检样品布局〈Ⅱ〉

3.3　加对照抗原和待检样品：

3.3.1　布局：空白和各阳性对照、待检样品在 ELISA 板上的分布位置如图 1-1〈Ⅱ〉所示。

3.3.2　加样：

3.3.2.1　第 5 和第 6 列为空白对照（C−），每孔加 50μL 稀释液 A。

3.3.2.2　先将各型阳性对照抗原分别以稀释液 A 适当稀释，然后加入与包被抗体同型的各行孔中，C++为强阳性，C+为阳性，可以用同一对照抗原的不同稀释度。每一对照 2 孔，每孔 50μL。

3.3.2.3　按待检样品的序号（S1、S2 ...）逐个加入，每份样品每个血清型加 2 孔，每孔 50μL。37℃ 振荡 1h，洗涤 5 次，扣干。

3.4　加检测抗体：各血清型豚鼠抗血清以稀释液 A 稀释至工作浓度，然后加入与包被抗体同型各行孔中，每孔 50μL。37℃振荡 1h。洗涤 5 次，扣干。

3.5　加酶结合物：酶结合物以稀释液 B 稀释至工作浓度，每孔 50μL。

37℃振荡 40min。洗涤 5 次，扣干。

3.6　加底物溶液：试验开始时，按当天需要量从冰箱暗盒中取出 OPD，放在温箱中融化并使之升温至 37℃。临加样前，按每 6mL OPD 加 3%双氧水 30μL（一块微量板用量），混匀后每孔加 50μL。37℃振荡 15min。

3.7　加终止液：显色反应 15min，准时加终止液 1.25mol/L H_2SO_4。50μL/孔。

3.8　观察和判读结果：终止反应后，先用肉眼观察全部反应孔。如空白对照和阳性对照孔的显色基本正常，再用酶标仪（492nm）判读 OD 值。

4　结果判定

4.1　数据计算：为了便于说明，假设表 1-6 所列数据为检测结果（OD 值）。

利用表 1-6 所列数据，计算平均 OD 值和平均修正 OD 值（表 1-7）。

4.1.1　各行 2 孔空白对照（C−）平均 OD 值；

4.1.2　各行（各血清型）抗原对照（C++、C+）平均 OD 值；

4.1.3　各待检样品各血清型（2 孔）平均 OD 值；

4.1.4　计算出各平均修正 OD 值=［每个（2）或（3）值］−［同一行的（1）值］。

表 1-6 定型 ELISA 结果（OD 值）

	C++		C+		C−		S1		S2		S3	
A FMDV "O"	1.84	1.74	0.56	0.46	0.06	0.04	1.62	1.54	0.68	0.72	0.10	0.08
B "A"	1.25	1.45	0.40	0.42	0.07	0.05	0.09	0.07	1.22	1.32	0.09	0.09
C "Asia-Ⅰ"	1.32	1.12	0.52	0.50	0.04	0.08	0.05	0.09	0.12	0.06	0.07	0.09
D SVDV	1.08	1.10	0.22	0.24	0.08	0.08	0.09	0.10	0.08	0.12	0.28	0.34
	C++		C+		C−		S4		S5		S6	
E FMDV "O"	0.94	0.84	0.24	0.22	0.06	0.06	1.22	1.12	0.09	0.10	0.13	0.17
F "A"	1.10	1.02	0.11	0.13	0.06	0.04	0.10	0.10	0.28	0.26	0.20	0.28
G "Asia-Ⅰ"	0.39	0.41	0.29	0.21	0.09	0.09	0.10	0.09	0.10	0.10	0.35	0.33
H SVDV	0.88	0.78	0.15	0.11	0.05	0.05	0.11	0.07	0.09	0.09	0.10	0.12

表 1-7 平均 OD 值/平均修正 OD 值

	C++	C+	C−	S1	S2	S3
A FMDV "O"	1.79/1.75	0.51/0.46	0.05	1.58/1.53	0.70/0.65	0.09/0.04
B "A"	1.35/1.29	0.41/0.35	0.06	0.08/0.02	1.27/1.21	0.09/0.03
C "Asia-Ⅰ"	1.22/1.16	0.51/0.45	0.06	0.07/0.03	0.09/0.03	0.08/0.02
D SVDV	1.09/1.01	0.23/0.15	0.08	0.10/0.02	0.10/0.02	0.31/0.23
	C++	C+	C−	S4	S5	S6
E FMDV "O"	0.89/0.83	0.23/0.17	0.06	1.17/1.11	0.10/0.04	0.15/0.09
F "A"	1.06/1.01	0.12/0.07	0.05	0.10/0.05	0.27/0.22	0.24/0.19
G "Asia-Ⅰ"	0.40/0.31	0.25/0.16	0.09	0.10/0.01	0.10/0.01	0.34/0.25
H SVDV	0.83/0.78	0.13/0.08	0.05	0.09/0.05	0.09/0.04	0.11/0.06

4.2 结果判定：

4.2.1 试验不成立：如果空白对照（C−）平均 OD 值>0.10，则试验不成立，本试验结果无效。

4.2.2 试验基本成立：如果空白对照（C−）平均 OD 值≤0.10，则试验基本成立。

4.2.3 试验绝对成立：如果空白对照（C−）平均 OD 值≤0.10，C+ 平均修正 OD 值>0.10，C++ 平均修正 OD 值>1.00，试验绝对成立。如表 2 中 A、B、C、D 行所列数据。

4.2.3.1 如果某一待检样品某一型的平均修正 OD 值≤0.10，则该血清型为阴性。

如 S1 的"A"、"Asia-Ⅰ"型和"SVDV"。

4.2.3.2 如果某一待检样品某一型的平均修正 OD 值>0.10，而且比其他型的平均修正 OD 值大 2 倍或 2 倍以上，则该样品为该最高平均修正 OD 值所在的血清型。如 S1 为"O"型；S3 为"Asia-Ⅰ"型。

4.2.3.3 虽然某一待检样品某一型的平均修正 OD 值>0.10，但不大于其他型的平均修正 OD 值的 2 倍，则该样品只能判定为可疑。该样品应接种乳鼠或细胞，并盲传数代增毒后再作检测。如 S2“A”型。

4.2.4 试验部分成立：如果空白对照（C－）平均 OD 值≤0.10，C＋ 平均修正 OD 值≤0.10，C＋＋ 平均修正 OD 值≤1.00，试验部分成立。如表 2 中 E、F、G、H 行所列数据。

4.2.4.1 如果某一待检样品某一型的平均修正 OD 值≥0.10，而且比其他型的平均修正 OD 值大 2 倍或 2 倍以上，则该样品为该最高平均修正 OD 值所在的血清型。例如 S4 判定为“O”型。

4.2.4.2 如果某一待检样品某一型的平均修正 OD 值介于 0.10～1.00 之间，而且比其他型的平均修正 OD 值大 2 倍或 2 倍以上，该样品可以判定为该最高 OD 值所在血清型。例如 S5 判定为“A”型。

4.2.4.3 如果某一待检样品某一型的平均修正 OD 值介于 0.10～1.00 之间，但不比其他型的平均修正 OD 值大 2 倍，该样品应增毒后重检。如 S6“亚洲-Ⅰ”型。

注意：重复试验时，首先考虑调整对照抗原的工作浓度。如调整后再次试验结果仍不合格，应更换对照抗原或其他试剂。

附　录　A

（规范性附录）

水泡性疾病诊断样品的采集、保存和运送

A.1　样品的采集和保存

A.1.1　组织样品：

A.1.1.1 样品的选择：用于病毒分离、鉴定的样品以发病动物（牛、羊或猪）未破裂的舌面或蹄部，鼻镜，乳头等部位的水泡皮和水泡液最好。对临床健康但怀疑带毒的动物可在屠宰后采集组织样品如淋巴结、脊髓、肌肉等作为检测材料。

A.1.1.2 样品的采集和保存：

A.1.1.2.1 未破裂水泡中的水泡液用灭菌注射器吸出后装入灭菌小瓶中（可加适量抗生素），加盖并用胶带封口，严防进水，4～8℃冷藏。

A.1.1.2.2 剪取新鲜水泡皮放入灭菌小瓶中，加适量 50%甘油-磷酸盐缓冲液（pH7.4），加塞塞紧并用胶带封口，－30℃以下保存。

A.1.1.2.3 在屠宰时采集组织样品 3～5g 装入洁净的食品塑料袋内，用封口机封口或结扎紧袋口后立即放入盛有冰块的保温瓶（箱）内。然后尽快送往－30℃冰箱中冷冻保存。

每份样品的包装瓶（袋）上均要贴上标签，写明采集地点、动物种类、编号、时间等。

A.1.2　牛、羊食道-咽部分泌物（O－P液）样品：

A.1.2.1 样品的采集：被检动物在采样前禁食（可饮水）12h，以免反刍胃内容物严重污染 O－P 液。采样用的特制探杯（probang cup）在使用前经 0.2%柠檬酸或 2%氢氧化

钠浸泡，再用自来水冲洗。每采完一头动物，探杯都要重复进行消毒和清洗。采样时动物站立保定，操作者左手打开牛口腔，右手握探杯，随吞咽动作将探杯送入食道上部 10～15cm 处，轻轻来回移动 2～3 次，然后将探杯拉出。如采集的 O－P 液被反刍胃内容物严重污染，要用生理盐水或自来水冲洗口腔后重新采样。

A. 1. 2. 2 样品的保存：在采样现场将采集到的 8～10mL O－P 液倒入容量 25mL 以上，事先加有 8～10mL 细胞培养维持液，或 0. 04mol/L PB（pH7. 4）的灭菌容器如广口瓶、细胞培养瓶或大试管中。加盖翻口胶塞后充分摇匀。贴上防水标签，并写明样品编号、采集地点、动物种类、时间等，尽快放入装有冰块的冷藏箱内。然后转往－60℃冰箱保存。

A. 1. 3 血清：无菌操作采集动物血，每头不少于 10mL。自然凝固后无菌分离血清装入灭菌小瓶中，可加适量抗生素，加盖密封后冷藏保存。每瓶贴标签并写明样品编号、采集地点、动物种类、时间等。

A. 2 样品的运送

将封装和贴上标签，已预冷或预冰冻的样品装入冰瓶或保温泡沫塑料盒内，同时加放－30℃预冰冻的保冷剂和适当的填充材料，再加盖密封。包装盒上注明“小心 !! 易碎易变质生物材料，途中不许打开；无商业价值。”以最快方式，派专人送到或航寄到农业部指定的单位。样品需写明送样单位名称和联系人姓名、联系地址、邮编及电话、电传号码等。

送检材料应附有详细说明，包括采样时间、地点、动物种类、样品名称、数量、保存方式及有关疫病发生流行情况和临床症状等。

附 录 B

（规范性附录）

缓冲液的配制

B. 1 巴比妥钠缓冲盐水（Veronal Buffer，VB；5 倍浓缩液）

巴比妥酸	5. 75g
巴比妥钠	3. 75g
氯化钠（NaCl）	85. 0g
氯化钙（$CaCl_2$）	0. 28g
氯化锭（$6H_2O$）（$MgCl_2 \cdot 6H_2O$）	1. 68g
蒸馏水（dH_2O）	2000mL

先将巴比妥酸溶于 500mL 加热至沸的蒸馏水中。冷却后加入其他成分，加蒸馏水至 2 000mL，充分混匀。分装入带塞的瓶中，103kPa 蒸汽灭菌 15min。塞紧瓶塞，4℃保存。

B. 2 微量补体结合试验缓冲液（VBD，Veronal Buffer 工作液）

巴比妥钠缓冲盐水（VB，5 倍浓缩液）	100mL

蒸馏水（dH_2O）　　400mL

用碳酸氢钠调整 pH 至 7.4。试验当天现配现用。

B.3　补体保存液（Richardson'液）

A 液：硼酸（H_3BO_3）　　0.93g

硼砂（$Na_2B_4O_7 \cdot H_2O$）　　2.29g

山梨醇　　11.47g

加饱和氯化钠溶液至 100mL 混匀，室温保存。

B 液：硼砂（$Na_2B_4O_7 \cdot H_2O$）　　0.75g

叠氮钠（NaN_3）　　0.81g

加饱和氯化钠溶液至 100mL 混匀。室温保存。

使用方法：8 份豚鼠血清加 1 份 A 液、1 份 B 液，混匀后置 4℃可保存 6 个月。

用补体时，取 1 份保存补体加 7 份蒸馏水，即 1∶10 稀释补体。

附　录　C

（规范性附录）

试 剂 的 配 制

C.1　PBS（磷酸盐缓冲液）**的配制**

C.1.1　0.1mol/L PBS：

氯化钠（NaCl）　　80.0g

氯化钾（KCl）　　2.0g

磷酸氢二钠（$Na_2HPO_4 \cdot 12H_2O$）　　30.0g

磷酸二氢钾（KH_2PO_4）　　2.0g

蒸馏水（dH_2O）　　1 000.0mL

C.1.2　0.04mol/L PBS（pH7.2～7.4）

0.1mol/L PBS　　400mL

蒸馏水（dH_2O）　　600mL

103kPa 高压蒸汽灭菌 30min。室温或 4℃冰箱保存。

C.1.3　50%甘油-PBS（pH7.4）：

0.04mol/L PBS 与纯甘油（A.R.）等量混合，调整 pH 至 7.4。分装成小瓶。

103kPa 高压蒸汽灭菌 30min。室温或 4℃冰箱保存。

C.2　ELISA 缓冲液、试剂

C.2.1　0.05mol/L Na_2CO_3-$NaHCO_3$，pH9.6（包被缓冲液）：

A 液：碳酸钠（Na_2CO_3）　　1.68g

蒸馏水（dH_2O）	400.0mL
B液：碳酸氢钠（$NaHCO_3$）	2.86g
蒸馏水（dH_2O）	200.0mL

400mL A液与150mL左右B液混合，调整pH至9.6。

C.2.2 稀释液A：

0.1mol/L PBS	50mL
蒸馏水（dH_2O）	450mL
吐温-20	0.25mL

C.2.3 3.3mmol/L OPD（邻苯二胺）：

OPD	0.1g
柠檬酸-PB	200mL

在暗室中操作，溶解后分装6mL/瓶，－20℃保存。

C.2.4 柠檬酸-PB（pH5.0）：

柠檬酸（H_2O）	2.6g
磷酸氢二钠（$Na_2HPO_4 \cdot 12H_2O$）	9.2g
蒸馏水（dH_2O）	500.0mL

C.3 细胞培养液

C.3.1 Eagle'-MEM（最低限度必需氨基酸营养液）：

10×Eagle'-MEM营养液	
Eagle'-MEM营养剂	9.5g
蒸馏水（dH_2O）	100.0mL

溶解后滤过除菌。将双蒸馏水103kPa高压灭菌30min，然后将滤过的营养液按1∶10，即100mL营养液加入900mL灭菌蒸馏水中。室温保存。

C.3.2 0.5%水解乳白蛋白/Earle's液：

氯化钠（NaCl）	6.8g
氯化钾（KCl）	0.4g
氯化钙（$CaCl_2$）	0.2g
硫酸镁（$MgSO_4 \cdot 7H_2O$）	0.2g
磷酸二氢钠（NaH_2PO_4）$\cdot H_2O$	0.14g
葡萄糖	1.0g
10%酚红	2.0mL
水解乳白蛋白	5.0g

加双蒸水（ddH_2O）至1 000.0mL。

按配方称取各成分并逐个溶解，最后加双蒸水至1 000mL。过滤除菌，或69kPa高压蒸汽灭菌15min。室温或4℃保存。

C.3.3 细胞维持液：

Eagle'-MEM营养液	50mL
0.5%水解乳白蛋白/Earle's液	50mL

5%碳酸氢钠（$NaHCO_3$）调整 pH 至 7.6～7.8。

C.3.4　细胞营养液：

Eagle' - MEM 营养液	45mL
0.5%水解乳白蛋白/Earle′液	45mL
犊牛血清	10mL

5%碳酸氢钠（$NaHCO_3$）调整 pH 至 7.2～7.4。

（八）正向间接血凝试验（IHA）

（引自农医发［2007］12 号）

1. 原理

用已知血凝抗原检测未知血清抗体的试验，称为正向间接血凝试验（IHA）。

抗原与其对应的抗体相遇，在一定条件下会形成抗原-抗体复合物，但这种复合物的分子团很小，肉眼看不见。若将抗原吸附（致敏）在经过特殊处理的红细胞表面，只需少量抗原就能大大提高抗原和抗体的反应灵敏性。这种经过口蹄疫纯化抗原致敏的红细胞与口蹄疫抗体相遇，红细胞便出现清晰可见的凝集现象。

2. 适用范围

主要用于检测 O 型口蹄疫免疫动物血清抗体效价。

3. 试验器材和试剂

3.1　96 孔 110°V 型医用血凝板，与血凝板大小相同的玻板。

3.2　微量移液器（50μL，25μL），取液塑嘴。

3.3　微量振荡器。

3.4　O 型口蹄疫血凝抗原。

3.5　O 型口蹄疫阴性对照血清。

3.6　O 型口蹄疫阳性对照血清。

3.7　稀释液。

3.8　待检血清（每头约 0.5mL 血清即可）56℃水浴灭活 30min。

4. 试验方法

4.1　加稀释液：在血凝板上 1～6 排的 1～9 孔；第 7 排的 1～4 孔第 6～7 孔；第 8 排的 1～12 孔各加稀释液 50μL。

4.2　稀释待检血清：取 1 号待检血清 50μL 加入第 1 排第 1 孔，并将塑嘴插入孔底，右手拇指轻压弹簧 1～2 次混匀（避免产生过多的气泡），从该孔取出 50μL 移入第 2 孔，混匀后取出 50μL 移入第 3 孔……直至第 9 孔混匀后取出 50μL 丢弃。此时第 1 排 1～9 孔待检血清的稀释度（稀释倍数）依次为：1∶2（1）、1∶4（2）、1∶8（3）、1∶16（4）、1∶32

(5)、1∶64 (6)、1∶128 (7)、1∶256 (8)、1∶512 (9)。

取2号待检血清加入第2排；取3号待检血清加入第3排……均按上法稀释，注意！每取一份血清时，必须更换塑嘴一个。

4.3 稀释阴性对照血清：在血凝板的第7排第1孔加阴性血清50μL，对倍稀释至第4孔，混匀后从该孔取出50μL丢弃。此时阴性血清的稀释倍数依次为1∶2 (1)、1∶4 (2)、1∶8 (3)、1∶16 (4)。第6～7孔为稀释液对照。

4.4 稀释阳性对照血清：在血凝板的第8排第1孔加阳性血清50μL，对倍数稀释至第12孔，混匀后从该孔取出50μL丢弃。此时阳性血清的稀释倍数依次为1∶2～1∶4 096。

4.5 加血凝抗原：被检血清各孔、阴性对照血清各孔、阳性对照血清各孔、稀释液对照孔均各加O型血凝抗原（充分摇匀，瓶底应无红细胞沉淀）25μL。

4.6 振荡混匀：将血凝板置于微量振荡器上1～2min，如无振荡器，用手轻拍混匀亦可，然后将血凝板放在白纸上观察各孔红细胞是否混匀，不出现红细胞沉淀为合格。盖上玻板，室温下或37℃下静置1.5～2h判定结果，也可延至翌日判定。

4.7 判定标准：移去玻板，将血凝板放在白纸上，先观察阴性对照血清1∶16孔，稀释液对照孔，均应无凝集（红细胞全部沉入孔底形成边缘整齐的小圆点），或仅出现"＋"凝集（红细胞大部沉于孔底，边缘稍有少量红细胞悬浮）。

阳性血清对照1∶2～1∶256各孔应出现"＋＋"～"＋＋＋"凝集为合格（少量红细胞沉入孔底，大部红细胞悬浮于孔内）。

在对照孔合格的前提下，再观察待检血清各孔，以呈现"＋＋"凝集的最大稀释倍数为该份血清的抗体效价。例如1号待检血清1～5孔呈现"＋＋"～"＋＋＋"凝集，6～7孔呈现"＋＋"凝集，第8孔呈现"＋"凝集，第9孔无凝集，那么就可判定该份血清的口蹄疫抗体效价为1∶128。

接种口蹄疫疫苗的猪群免疫抗体效价达到1∶128（即第7孔），牛群、羊群免疫抗体效价达到1∶256（第8孔）呈现"＋＋"凝集为免疫合格。

5. 检测试剂的性状、规格

5.1 性状：

5.1.1 液体血凝抗原：摇匀呈棕红色（或咖啡色），静置后，红细胞逐渐沉入瓶底。

5.1.2 阴性对照血清：淡黄色清亮稍带黏性的液体。

5.1.3 阳性对照血清：微红或淡色稍混浊带黏性的液体。

5.1.4 稀释液：淡黄或无色透明液体，低温下放置，瓶底易析出少量结晶，在水浴中加温后即可全溶，不影响使用。

5.2 包装：

5.2.1 液体血凝抗原：摇匀后即可使用，5mL/瓶。

5.2.2 阴性血清：1mL/瓶，直接稀释使用。

5.2.3 阳性血清：1mL/瓶，直接稀释使用。

5.2.4 稀释液：100mL/瓶，直接使用，4～8℃保存。

5.2.5 保存条件及保存期。

5.2.5.1 液体血凝抗原：4～8℃保存（切勿冻结），保存期3个月。

5.2.5.2 阴性对照血清：－15～－20℃保存，有效期1年。

5.2.5.3 阳性对照血清：－15～－20℃保存，有效期1年。

6. 注意事项

6.1 为使检测获得正确结果，请在检测前仔细阅读说明书。

6.2 严重溶血或严重污染的血清样品不宜检测，以免发生非特异性反应。

6.3 勿用90°和130°血凝板，严禁使用一次性血凝板，以免误判结果。

6.4 用过的血凝板应及时在水龙头冲净红细胞。再用蒸馏水或去离子水冲洗2次，甩干水分，放37℃恒温箱内干燥备用。检测用具应煮沸消毒，37℃干燥备用。血凝板应浸泡在洗液中（浓硫酸与重铬酸钾按1∶1混合），48h捞出后清水冲净。

6.5 每次检测只做一份阴性、阳性和稀释液对照。

“－”表示完全不凝集或0%～10%红细胞凝集；

“＋”表示10%～25%红细胞凝集；

“＋＋＋”表示75%红细胞凝集；

“＋＋”表示50%红细胞凝集；

“＋＋＋＋”表示90%～100%红细胞凝集。

6.6 用不同批次的血凝抗原检测同一份血清时，应事先用阳性血清准确测定各批次血凝抗原的效价，取抗原效价相同或相近的血凝抗原检测待检血清抗体水平的结果是基本一致的，如果血凝抗原效价差别很大并用来检测同一血清样品，肯定会出现检测结果不一致。

6.7 收到本试剂盒时，应立即打开包装，取出血凝抗原瓶，用力摇动，使黏附在瓶盖上的红细胞摇下，否则易出现沉渣，影响使用效果。

二、猪瘟实验室诊断方法

（一）病毒分离鉴定

（引自农医发［2007］12号）

采用细胞培养法分离病毒是诊断猪瘟的一种灵敏方法。通常使用对猪瘟病毒敏感的细胞系如PK－15细胞等，加入2%扁桃体、肾脏、脾脏或淋巴结等待检组织悬液于培养液中。37℃培养48～72h后用荧光抗体染色法检测细胞培养物中的猪瘟病毒。

步骤如下：

1. 制备抗生素浓缩液（青霉素10 000IU/mL、链霉素10 000IU/mL、卡那霉素和制霉菌素5 000IU/mL），小瓶分装，－20℃保存。用时融化。

2. 取1～2g待检病料组织放入灭菌研钵中，剪刀剪碎，加入少量无菌生理盐水，将其研磨匀浆；再加入Hank's平衡盐溶液或细胞培养液，制成20%（w/v）组织悬液；最后按1/10的比例加入抗生素浓缩液，混匀后室温作用1h；以1 000g离心15min，取上清液备用。

3. 用胰酶消化处于对数生长期的PK－15细胞单层，将所得细胞悬液以1 000g离心10min，再用一定量EMEM生长液［含5%胎牛血清（无BVDV抗体），56℃灭活30min］、0.3%谷氨酰胺、青霉素100IU/mL、链霉素100IU/mL悬浮，使细胞浓度为2×10^6/mL。

4. 9份细胞悬液与1份上清液混合，接种6～8支含细胞玻片的莱顿氏管（leighton's）（或其他适宜的细胞培养瓶），每管0.2mL；同时设3支莱顿氏管接种细胞悬液作阴性对照；另设3支莱顿氏管接种猪瘟病毒作阳性对照。

5. 经培养24、48、72h，分别取2管组织上清培养物及1管阴性对照培养物、1管阳性对照培养物，取出细胞玻片，以磷酸缓冲盐水（PBS液，pH7.2，0.01mol/L）或生理盐水洗涤2次，每次5min，用冷丙酮（分析纯）固定10min，晾干，采用猪瘟病毒荧光抗体染色法进行检测。

6. 根据细胞玻片猪瘟荧光抗体染色强度，判定病毒在细胞中的增殖情况，若荧光较弱或为阴性，应按步骤4将组织上清细胞培养物进行病毒盲传。

临床发病猪或疑似病猪的全血样是猪瘟早期诊断样品。接种细胞时操作程序如下：取－20℃冻存全血样品置37℃水浴融化；向24孔板每孔加300μL血样以覆盖对数生长期的PK－15单层细胞；37℃吸附2h。弃去接种液，用细胞培养液洗涤细胞二次，然后加入EMEM维持液，37℃培养24～48h后，采用猪瘟病毒荧光抗体染色法检测。

（二）兔体交互免疫试验

（引自农医发［2007］12号）

本方法用于检测疑似猪瘟病料中的猪瘟病毒。

1. 实验动物

家兔为1.5～2kg、体温波动不大的大耳白兔，并在试验前1d测基础体温。

2. 试验操作方法

将病猪的淋巴结和脾脏，磨碎后用生理盐水作1∶10稀释，对3只健康家兔作肌肉注射，5mL/只，另设3只不注射病料的对照兔，间隔5d对所有家兔静脉注射1∶20的猪瘟兔化病毒（淋巴脾脏毒），1mL/只，24h后，每隔6h测体温一次，连续测96h，对照组2/3出现定型热或轻型热，试验成立。

3. 兔体交互免疫试验结果判定

接种病料后体温反应	接种猪瘟兔化弱毒后体温反应	结果判定
－	－	含猪瘟病毒
－	＋	不含猪瘟病毒
＋	－	含猪瘟兔化病毒
＋	＋	含非猪瘟病毒热原性物质

注：“＋”表示多于或等于2/3的动物有反应。

（三）猪瘟病毒反转录聚合酶链式反应（RT-PCR）

（引自农医发［2007］12号）

RT-PCR方法通过检测病毒核酸而确定病毒存在，是一种特异、敏感、快速的方法。在RT-PCR扩增的特定基因片段的基础上，进行基因序列测定，将获得的基因信息与我国猪瘟分子流行病学数据库进行比较分析，可进一步鉴定流行毒株的基因型，从而追踪流行毒株的传播来源或预测预报新的流行毒株。

1. 材料与样品准备

1.1 材料准备： 本试验所用试剂需用无RNA酶污染的容器分装；各种离心管和带滤芯吸头需无RNA酶污染；剪刀、镊子和研钵器须经干烤灭菌。

1.2 样品制备： 按1∶5（W/V）比例，取待检组织和PBS液于研钵中充分研磨，

4℃，1 000g 离心 15min，取上清液转入无 RNA 酶污染的离心管中，备用；全血采用脱纤抗凝备用；细胞培养物冻融 3 次备用；其他样品酌情处理。制备的样品在 2～8℃保存不应超过 24h，长期保存应小分装后置－70℃以下，避免反复冻融。

2. RNA 提取

2.1 取 1.5mL 离心管，每管加入 800μL RNA 提取液（通用 Trizol）和被检样品 200μL，充分混匀，静置 5min。同时设阳性和阴性对照管，每份样品换一个吸头。

2.2 加入 200μL 氯仿，充分混匀，静置 5min，4℃、12 000g 离心 15min。

2.3 取上清约 500μL（注意不要吸出中间层）移至新离心管中，加等量异丙醇，颠倒混匀，室温静置 10min，4℃、12 000g 离心 10min。

2.4 小心弃上清，倒置于吸水纸上，沾干液体；加入 1 000μL 75%乙醇，颠倒洗涤，4℃、12 000g 离心 10min。

2.5 小心弃上清，倒置于吸水纸上，沾干液体；4 000g 离心 10min，将管壁上残余液体甩到管底部，小心吸干上清，吸头不要碰到有沉淀的一面，每份样品换一个吸头，室温干燥。

2.6 加入 10μL DEPC 水和 10U RNasin，轻轻混匀，溶解管壁上的 RNA，4 000g 离心 10min，尽快进行试验。长期保存应置－70℃以下。

3. cDNA 合成

取 200μL PCR 专用管，连同阳性对照管和阴性对照管，每管加 10μL RNA 和 50 pM 下游引物 P2［5'－CACAG（CT）CC（AG）AA（TC）CC（AG）AAGTCATC－3'］，按反转录试剂盒说明书进行。

4. PCR

4.1 取 200μL PCR 专用管，连同阳性对照管和阴性对照管，每管加上述 10μL cDNA 和适量水，95℃预变性 5min。

4.2 每管加入 10 倍稀释缓冲液 5μL，上游引物 P1［5'－TC（GA）（AT）CAACCAA（TC）GAGATAGGG－3'］和下游引物 P2 各 50pM，10mol/L dNTP 2μL，Taq 酶 2.5U，补水至 50μL。

4.3 置 PCR 仪，循环条件为 95℃ 50s，58℃ 60s，72℃ 35s，共 40 个循环，72℃延伸 5min。

5. 结果判定

取 RT－PCR 产物 5μL，于 1%琼脂糖凝胶中电泳，凝胶中含 0.5μL /mL 溴化乙锭，电泳缓冲液为 0.5×TBE，80V 30min，电泳完后于长波紫外灯下观察拍照。阳性对照管和样品检测管出现 251nt 的特异条带判为阳性；阴性管和样品检测管未出现特异条带判为阴性。

（四）猪瘟病毒抗体阻断 ELISA 检测方法

（引自农医发［2007］12号）

本方法是用于检测猪血清或血浆中猪瘟病毒抗体的一种阻断 ELISA 方法，通过待测抗体和单克隆抗体与猪瘟病毒抗原的竞争结合，采用辣根过氧化物酶与底物的显色程度来进行判定。

1. 操作步骤

在使用时，所有的试剂盒组分都必须恢复到室温 18～25℃。使用前应将各组分放置于室温至少 1h。

1.1 分别将 50μL 样品稀释液加入每个检测孔和对照孔中。

1.2 分别将 50μL 的阳性对照和阴性对照加入相应的对照孔中，注意不同对照的吸头要更换，以防污染。

1.3 分别将 50μL 的被检样品加入剩下的检测孔中，注意不同检样的吸头要分开，以防污染。

1.4 轻弹微量反应板或用振荡器振荡，使反应板中的溶液混匀。

1.5 将微量反应板用封条封闭置于湿箱中（18～25℃）孵育 2h，也可以将微量反应板用封条置于湿箱中孵育过夜。

1.6 吸出反应孔中的液体，并用稀释好的洗涤液洗涤 3 次，注意每次洗涤时都要将洗涤液加满反应孔。

1.7 分别将 100μL 的抗 CSFV 酶标二抗（即取即用）加入反应孔中，用封条封闭反应板并于室温下或湿箱中孵育 30min。

1.8 洗板（见 1.6）后，分别将 100μL 的底物溶液加入反应孔中，于避光、室温条件下放置 10min。加完第一孔后即可计时。

1.9 在每个反应孔中加入 100μL 终止液终止反应。注意要按加酶标二抗的顺序加终止液。

1.10 在 450nm 处测定样本以及对照的吸光值，也可用双波长（450nm 和 620nm）测定样本以及对照的吸光度值，空气调零。

1.11 计算样本和对照的平均吸光度值。计算方法如下：

计算被检样本的平均值 OD_{450}（$=OD_{TEST}$）、阳性对照的平均值（$=OD_{POS}$）、阴性对照的平均值（$=OD_{NEG}$）。

根据以下公式计算被检样本和阳性对照的阻断率：

$$阻断率=\frac{OD_{NEG}-OD_{TEST}}{OD_{NEG}}\times 100\%$$

2. 试验有效性

阴性对照的平均 OD_{450} 应大于 0.50。阳性对照的阻断率应大于 50%。

3. 结果判定

如果被检样本的阻断率大于或等于 40%，该样本被判定为阳性（有 CSFV 抗体存在）。如果被检样本的阻断率小于或等于 30%，该样本被判定为阴性（无 CSFV 抗体存在）。如果被检样本阻断率在 30%～40%之间，应在数日后再对该动物进行重测。

（五）荧光抗体病毒中和试验

（引自农医发［2007］12 号）

本方法是国际贸易指定的猪瘟抗体检测方法。该试验是采用固定病毒稀释血清的方法。测定的结果表示待检血清中抗体的中和效价。具体操作如下：

将浓度为 2×10^5 细胞/mL 的 PK－15 细胞悬液接种到带有细胞玻片的 5cm 平皿或莱顿氏管（leighton's），也可接种到平底微量培养板中；

细胞培养箱中 37℃培养至汇合率为 70%～80%的细胞单层（1～2d）；

将待检血清 56℃灭活 30min，用无血清 EMEM 培养液作 2 倍系列稀释；

将稀释的待检血清与含 $200TCID_{50}$/0.1mL 的猪瘟病毒悬液等体积混合，置 37℃孵育 1～2h；

用无血清 EMEM 培养液漂洗细胞单层。然后，加入血清病毒混合物，每个稀释度加 2 个莱顿氏管或培养板上的 2 个孔，37℃孵育 1h；

吸出反应物，加入 EMEM 维持液［含 2%胎牛血清（无 BVDV 抗体），56℃灭活 30min］、0.3%谷氨酰胺、青霉素 100IU/mL、链霉素 100IU/mL），37℃继续培养 48～72h；最终用荧光抗体染色法进行检测。

根据特异荧光的有无来计算中和效价。

（六）猪瘟中和试验方法

（引自农医发［2007］12 号）

本试验采用固定抗原稀释血清的方法，利用家兔来检测猪体的抗体。

1. 操作程序

1.1 先测定猪瘟兔化弱毒（抗原）对家兔的最小感染量。试验时，将抗原用生理盐水稀释，使每 1mL 含有 100 个兔的最小感染量，为工作抗原（如抗原对兔的最小感染量为 10^5/mL，则将抗原稀释成 1 000 倍使用）。

1.2 将被检猪血清分别用生理盐水作 2 倍稀释，与含有 100 个兔的最小感染量工作抗原等量混合，摇匀后，置 10～15℃中和 2h，其间振摇 2～3 次。同时设含有相同工作抗原量加等量生理盐水（不加血清）的对照组，与被检组在同样条件下处理。

1.3 中和完毕，被检组各注射家兔 1～2 只，对照组注射家兔 2 只，每只耳静脉注射

1mL，观察体温反应，并判定结果。

2. 结果判定

2.1 当对照组 2 只家兔均呈定型热反应（++），或 1 只兔呈定型热反应（++），另一只兔呈轻热反应时，方能判定结果。被检组如用 1 只家兔，必须呈定型热反应；如用 2 只家兔，每只家兔应呈定型热反应或轻热反应，被检血清判为阴性。

2.2 兔体体温反应标准如下：

2.2.1 热反应（+）：潜伏期 24～72h，体温上升呈明显曲线，超过常温 1℃以上，稽留 12～36h。

2.2.2 可疑反应（±）：潜伏期不到 24h 或 72h 以上，体温曲线起伏不定，稽留不到 12h 或超过 36h 而不下降。

2.2.3 无反应（—）：体温正常。

（七）猪瘟抗原双抗体夹心 ELISA 检测方法

（引自农医发［2007］12 号）

本方法通过形成的多克隆抗体-样品-单克隆抗体夹心，并采用辣根过氧化物酶标记物检测，对外周血白细胞、全血、细胞培养物以及组织样本中的猪瘟病毒抗原进行检测的一种双抗体夹心 ELISA 方法。具体如下：

1. 试剂盒组成

1.1 多克隆羊抗血清包被板条　　8 孔×12 条（96 孔）
1.2 CSFV 阳性对照，含有防腐剂　　1.5mL
1.3 CSFV 阴性对照，含有防腐剂　　1.5mL
1.4 100 倍浓缩辣根过氧化物酶标记物（100×）
辣根过氧化物酶标记抗鼠 IgG，含防腐剂　　200μL
1.5 10 倍浓缩样品稀释液（10×）　　55mL
1.6 底物液，TMB/H_2O_2 溶液　　12mL
1.7 终止液，1mol/L HCL（小心，强酸）　　12mL
1.8 10 倍浓缩洗涤液（10×）　　125mL
1.9 CSFV 单克隆抗体，含防腐剂　　4mL
1.10 酶标抗体稀释液　　15mL

2. 样品制备

注意：制备好的样品或组织可以在 2～7℃保存 7d，或－20℃冷冻保存 6 个月以上。但这些样品在应用前应该再次以 1 500g 离心 10min 或 10 000g 离心 2～5min。

2.1 外周血白细胞：

2.1.1 取 10mL 肝素或 EDTA 抗凝血样品，1 500g 离心 15～20min。

2.1.2 再用移液器小心吸出血沉棕黄层，加入 500μL 样品稀释液（1×），在旋涡振荡器上混匀，室温下放置 1h，期间不时旋涡混合。然后直接进行步骤 2.1.6 操作。

2.1.3 假如样品的棕黄层压积细胞体积非常少，那么就用整个细胞团（包括红细胞）。将细胞加进 10mL 的离心管，并加入 5mL 预冷（2～7℃，下同）的 0.17mol/L NH4Cl。混匀，静置 10min。

2.1.4 用冷（2～7℃）超纯水或双蒸水加满离心管，轻轻上下颠倒混匀，1 500g 离心 5min。

2.1.5 弃去上清，向细胞团中加入 500μL 样品稀释液（1×），用洁净的吸头悬起细胞，在旋涡振荡器上混匀，室温放置 1h。期间不时旋涡混合。

2.1.6 1 500g 离心 5min，取上清液按操作步骤进行检测。

注意：处理好的样品可以在 2～7℃保存 7d，或－20℃冷冻保存 6 个月以上。但这些样品在使用前必须再次离心。

2.2 外周血白细胞（简化方法）：

2.2.1 取 0.5～2mL 肝素或 EDTA 抗凝血与等体积冷 0.17mol/L NH_4Cl 加入离心管混合。室温放置 10min。

2.2.2 1 500g 离心 10min（或 10 000g 离心 2～3min），弃上清。

2.2.3 用冷（2～7℃）超纯水或双蒸水加满离心管，轻轻上下颠倒混匀，1 500g 离心 5min。

2.2.4 弃去上清，向细胞团加入 500μl 样本稀释液（1×）。旋涡振荡充分混匀，室温放置 1h。期间不时旋涡混匀。取 75μL 按照“操作步骤”进行检测。

2.3 全血（肝素或 EDTA 抗凝）：

2.3.1 取 25μL 10 倍浓缩样品稀释液（10×）和 475μL 全血加入微量离心管，在旋涡振荡器上混匀。

2.3.2 室温下孵育 1h，期间不时旋涡混合。此样品可以直接按照“操作步骤”进行检测。

或：直接将 75μL 全血加入酶标板孔中，再加入 10μL 5 倍浓缩样品稀释液（5×）。晃动酶标板/板条，使样品混合均匀。再按照“操作步骤”进行检测。

2.4 细胞培养物：

2.4.1 移去细胞培养液，收集培养瓶中的细胞加入离心管中。

2.4.2 2 500g 离心 5min，弃上清。

2.4.3 向细胞团中加入 500μL 样品稀释液（1×）。旋涡振荡充分混匀，室温孵育 1h。期间不时旋涡混合。取此样品 75μL 按照“操作步骤”进行检测。

2.5 组织：

最好用新鲜的组织。如果有必要，组织可以在处理前于 2～7℃冷藏保存 1 个月。每只动物检测 1～2 种组织，最好选取扁桃体、脾、肠、肠系膜淋巴结或肺。

2.5.1 取 1～2g 组织用剪刀剪成小碎块（2～5mm 大小）。

2.5.2 将组织碎块加入 10mL 离心管，加入 5mL 样品稀释液（1×），旋涡振荡混匀，室温下孵育 1～21h，期间不时旋涡混合。

2.5.3 1 500g 离心 5min，取 75μL 上清液按照“操作步骤”进行检测。

3. 操作步骤

注意：所有试剂在使用前应该恢复至室温 18～22℃；使用前试剂应在室温条件下至少放置 1h。

3.1 每孔加入 25μL CSFV 特异性单克隆抗体。此步骤可以用多道加样器操作。

3.2 在相应孔中分别加入 75μL 阳性对照、阴性对照，各加 2 孔。注意更换吸头。

3.3 在其余孔中分别加入 75μL 制备好的样品，注意更换吸头。轻轻拍打酶标板，使样品混合均匀。

3.4 置湿盒中或用胶条密封后室温（18～22℃）孵育过夜。也可以孵育 4h，但是这样会降低检测灵敏度。

3.5 甩掉孔中液体，用洗涤液（1×）洗涤 5 次，每次洗涤都要将孔中的所有液体倒空，用力拍打酶标板，以使所有液体拍出。或者，每孔加入洗涤液 250～300μL 用自动洗板机洗涤 5 次。注意：洗涤酶标板要仔细。

3.6 每孔加入 100μL 稀释好的辣根过氧化物酶标记物，在湿盒或密封后置室温孵育 1min。

3.7 重复操作步骤 3.5；每孔加入 100μL 底物液，在暗处室温孵育 10min。第 1 孔加入底物液开始计时。

3.8 每孔加入 100μL 终止液终止反应。加入终止液的顺序与上述加入底物液的顺序一致。

3.9 在酶标仪上测量样品与对照孔在 450nm 处的吸光值，或测量在 450nm 和 620nm 双波长的吸光值（空气调零）。

3.10 计算每个样品和阳性对照孔的矫正 OD 值的平均值（参见“计算方法”）。

4. 计算方法

首先计算样品和对照孔的 OD 平均值，在判定结果之前，所有样品和阳性对照孔的 OD 平均值必须进行矫正，矫正的 OD 值等于样本或阳性对照值减去阴性对照值。

矫正 OD 值＝样本 OD 值－阴性对照 OD 值

5. 试验有效性判定

阳性对照 OD 平均值应该大于 0.500，阴性对照 OD 平均值应小于阳性对照平均值的 20%，试验结果方能有效。否则，应仔细检查实验操作并进行重测。如果阴性对照的 OD 值始终很高，将阴性对照在微量离心机中 10 000g 离心 3～5min，重新检测。

6. 结果判定

被检样品的矫正 OD 值大于或等于 0.300，则为阳性；

被检样品的矫正 OD 值小于 0.200，则为阴性；

被检样品的矫正 OD 值大于 0.200，小于 0.300，则为可疑。

三、猪繁殖与呼吸综合征实验室诊断方法

（一）病毒的分离与鉴定

（引自 GB/T 18090—2000）

1. 材料准备

1.1 器材：96 孔细胞培养板、微量移液器、恒温水浴箱、二氧化碳（CO_2）恒温箱、普通冰箱及低温冰箱、离心机及离心管、组织研磨器、孔径 0.2μm 的微孔滤膜、普通光学显微镜。

1.2 试剂：RPM11640 营养液、犊牛血清、青霉素（10^4IU/mL）与链霉素（100μg/mL）溶液，7.5%碳酸氢钠溶液等。

1.3 细胞培养物：猪原代肺泡巨噬细胞培养物（PAM）或 MARC－145 或 HS_2H 细胞。PAM 由无 PRRS 猪获取，并经批次检验合格，制备和检验方法见附录 B。MARC－145 或 HS_2H 细胞由国家指定单位提供。

1.4 样品：

1.4.1 样品的采取和送检：在发病早期，无菌地采取病猪的血清或腹水，对病死猪（如流产的死胎）和扑杀猪（如弱胎猪），应立即采取肺、扁桃体和脾等组织数小块，置冰瓶内立即送检。不能立即检查者，应放－25～－30℃冰箱中，或加 50%甘油生理盐水，4℃保存送检。

1.4.2 样品的处理：血清和腹水可直接使用。肺、脾和扁桃体等组织可单独使用，也可混合后使用。各组织剪碎后研磨成糊状，加入 RPM11640 营养液，制成 10%悬液，3 000g 离心 15min，吸取上清液，加入青霉素 500IU/mL、链霉素 500μg/mL、庆大霉素 500μg/mL 和两性霉素 B 200μg /mL。怀疑有细菌污染的样品，也可用 0.2μm 微孔滤膜过滤处理。

2. 操作方法

2.1 稀释样品：取 96 孔细胞培养板每孔加入细胞培养液 RPM11640（含犊牛血清 10%，青霉素 100 IU/mL、链霉素 100μg/mL、庆大霉素 50μg/mL、两性霉素 B 10μg/mL，pH7.2）90μL，在 Al 和 C1 孔内加人同一份已处理的样品各 10μL（样品 100×稀释）。将板轻轻摇动后，从 Al 和 C1 排孔各取 10μL 分别移入 B1 和 D1 排孔内（样品 100×稀释）。除第 6 和第 12 列留作正常细胞对照外，其他各孔的样品稀释方法同上。振动稀释板后，加盖，置 4℃冰箱内保存备用。

2.2 制备细胞板：已建立的某些猴肾细胞系不能支持所有分离物特别是欧洲型病毒株的良好生长，因此病毒分离应首选 PAM 细胞，先将 PAM 细胞泥用细胞培养液 RPM11640 稀释，使细胞终浓度为 1×10^6 细/mL。或将 MARC－145 或 HS_2H 细胞用 MEM 细胞营养

液稀释，细胞终浓度为 5×10^6 细胞/mL。然后，在另一块 96 孔细胞培养板上每孔加入上述细胞悬液 100μL。

按照上述操作，每板可检测 20 份样品，每份样品重复 2 个滴度第 6 和第 12 列留作正常细胞对照（不接种样品）。

2.3 接种样品：由样品稀释板每孔内各吸取稀释的样品液 50μL，接种于已形成细胞单层的细胞板相应的孔内（第一代）。细胞板加盖后，放入 37℃ 5%二氧化碳保湿恒温箱中培养，每天观察致细胞病变作用（CPE），连续观察 2～5d，CPE 通常在接种后 1～4d 内出现，主要呈现细胞圆缩、聚集、固缩，最后溶解脱落。

2.4 培养物盲传：根据第一代培养物 CPE 出现的情况（通常在接种后的第 2～3 天）安排盲传。盲传时，不论 CPE 有无，一律各取孔内混悬液 25μL，移入新细胞板相应的孔内。再于 37℃ 5%二氧化碳保湿恒温箱中培养 2～5d，每天观察 CPE。

3. 结果的判断和解释

在第二代培养结束时，不论是否出现 CPE，对所有的孔必须采用免疫过氧化物酶单层试验（IPMA）或间接免疫荧光试验（IFA）进行终判；只要对 PRRS 病毒阳性血清呈现阳性反应，则被认定为 PRRS 病毒分离阳性。

（二）免疫过氧化物酶单层试验（IPMA）

（引自 GB/T 18090—2000）

1. 材料准备

1.1 器材：微量移液器、倒置显微镜等。

1.2 试剂：

1.2.1 IPMA 诊断板的制备：见附录 B。

1.2.2 标准阳性血清、标准阴性血清和兔抗猪过氧化物酶结合物均由国家指定单位提供。使用前按说明书规定用血清稀释液稀释至工作浓度。

1.2.3 洗涤液、血清稀释液和显色/底物溶液依照附录 A 自行配制。

1.3 样品：采集被检猪血液分离血清，血清必须新鲜透明不溶血无污染，密装于灭菌小瓶内，4℃或－30℃冰箱保存或立即送检。试验前将被检血清统一编号，并用血清稀释液作 20 倍稀释。

2. 操作方法

参照图 3－1。

2.1 取已作 20 倍稀释的被检血清加入 IPMA 诊断板同一排相邻的 2 个病毒感染细胞孔（V＋）及其后的 1 个未感染细胞孔（V－）内（参照图 3－1），每孔 50μL，同时设立标准阳性血清、标准阴性血清和空白对照，以血清稀释液代替血清设立空白对照，封板并于 4℃条件下过夜。

	1	2	3	4	5	6	7	8	9	10	11	12
A	C	C	C	S6	S6	S6						
B	P	P	P	S7	S7	S7						
C	N	N	N									
D	S1	S1	S1									
E	S2	S2	S2									
F	S3	S3	S3									
G	S4	S4	S4									
H	S5	S5	S5									
	V+	V+	V−	V+	V+	V−	V+	V+	V−	V+	V+	V−

图 3-1 IPMA 和 IFA 诊断板加样示意图

V+ ：感染 PRRS 病毒的细胞列；V—：未感染 PRRS 病毒的细胞列；C：空白对照孔；P：标准阳性血清对照孔；N：标准阴性血清对照孔；S1，S2，S3 等：被检血清编号

2.2 弃去板中液体，用洗涤液洗板 3 次，每孔 100μL，每次 1～3min，最后在吸水纸上轻轻拍干。

2.3 每孔加入工作浓度的兔抗猪过氧化物酶结合物 50μL，封板后放在保湿盒内于 37℃恒温箱中感作 60min。

2.4 弃去板中液体，洗涤 3 次，方法同 2.2。

2.5 每孔加入显色/底物溶液 50μL，封板于室温（18～24℃）下感作 30min。

2.6 弃去板中液体，洗涤 1 次，方法同 2.2，再用三馏水洗涤 2 次，最后在吸水纸上轻轻拍干，待检。

3. 结果判定与解释

将 IPMA 诊断板置于倒置显微镜下判读。在对照标本都成立的前提下，即空白对照感染细胞孔（P・V+）和未感染细胞孔（P・ V—）均应为阴性反应；标准阳性血清对照感染细胞孔（P・V+）应呈典型阳性反应，未感染细胞孔（P・V—）应为阴性反应；标准阴性血清对照感染细胞孔（N・V+）和未感染细胞孔（N・V—）均应呈阴性反应；被检血清未感染细胞孔（V—）不应出现阳性反应。被检血清标本的细胞浆（可能仅见于部分细胞）出现弥漫状或团块状棕红色着染者，判读为免疫过氧化物酶单层试验阳性，记作 IPMA（+）；无棕红色着染者，判读为免疫过氧化物酶单层试验阴性，记作 IPMA（—）。IPMA（+）者表明被检猪的血清中含有 PRRS 病毒的抗体。

（三）间接酶联免疫吸附试验（间接 ELISA）

（引自 GB/T 18090—2000）

1. 材料准备

1.1 器材：96 孔平底微量反应板、微量移液器、酶标测定仪、恒温箱、保湿盒等。

1.2 试剂：

1.2.1 PRRS 病毒抗原和正常细胞对照抗原，由国家指定单位提供。使用前，按说明书规定用抗原稀释液稀释至工作浓度。

1.2.2 兔抗猪 IgG 辣根过氧化物酶结合物（简称酶标抗体）由国家指定单位提供。使用前按说明书规定用血清稀释液稀释至工作浓度。

1.2.3 PRRS 病毒标准阳性血清和标准阴性血清，由国家指定单位提供。使用前按说明书规定用血清稀释液稀释至工作浓度。

1.2.4 抗原稀释液、血清稀释液、洗涤液、封闭液、底物溶液、终止液等，依照附录 A 自行配制。

1.3 样品：采集被检猪血液，分离血清，血清必须新鲜、透明、不溶血、无污染，密装于灭菌小瓶内，4℃或－30℃冰箱保存或立即送检。试验前将被检血清统一编号，并用血清稀释液作 20 倍稀释。

2. 操作方法

参照图 3-2。

	1	2	3	4	5	6	7	8	9	10	11	12
A	P	P	S3	S3								
B	P	P	S3	S3								
C	N	N	S4	S4								
D	N	N	S4	S4								
E	S1	S1	S5	S5								
F	S1	S1	S5	S5								
G	S2	S2	S6	S6								
H	S2	S2	S6	S6								
	V	C	V	C	V	C	V	C	V	C	V	C

图 3-2 间接 ELISA 诊断板加样示意图

V—为 PRRS 病毒抗原包被列；C—为正常细胞抗原包被列；P—为标准阳性血清对照孔；N—为标准阴性血清对照孔；S1，S2，S3 等为被检血清编号

2.1 包被抗原：取 96 孔平底微量反应板，于奇数列加工作浓度的病毒抗原，偶数列加工作浓度的对照抗原（参照图 3-2），封板，置保湿盒内放 37℃恒温箱中感作 60min，再移置 4℃冰箱内过夜。

2.2 洗板：弃去板中包被液，加洗涤液洗板，每孔 100μL，洗涤 3 次，每次 1min。在吸水纸上轻轻拍干。

2.3 封闭：每孔加入封闭液 100μL，封板后置保湿盒内于 37℃恒温箱中感作 60min。

2.4 洗涤：方法同 2.2。

2.5 加血清：反应板按图 3-2 编号后，对号加入已作稀释的被检血清、标准阳性血清和标准阴性血清。每份血清各加 2 个病毒抗原孔和 2 个对照抗原孔，孔位相邻。每孔加样量均为 100μL。封板，置保湿盒内于 37℃恒温箱中感作 30min。

2.6 洗板：方法同 2.2。

2.7 加酶标抗体：每孔加工作浓度的酶标抗体 100μL，封板，放保湿盒内置 37℃恒温

箱中感作 30min。

2.8 洗板：方法同 2.2。

2.9 加底物：每孔加入新配制的底物溶液 100μL，封板，在 37℃恒温箱中感作 15min。

2.10 加终止液：每孔添加终止液 100μL 终止反应。

3. 光密度（OD）值测定与计算

3.1 OD 值测定：在酶标测定仪上用 A＝650nm 读取反应板各孔溶液的 OD 值，记入专用表格。

3.2 OD 值计算：按下式分别计算标准阳性血清、标准阴性血清和被检血清与 2 个平行抗原孔反应的 OD 值的平均值。

标准阳性血清（P）与病毒抗原（V）反应的均值 P·V（OD_{650}）按式（1）计算：

$$P \cdot V(OD_{650}) = [A1(OD_{650}) + B1(OD_{650})]/2 \quad (1)$$

标准阳性血清（P）与对照抗原（C）反应的均值 P·C（OD_{650}）按式（2）计算：

$$P \cdot C(OD_{650}) = A2(OD_{650}) + B2(OD_{650})/2 \quad (2)$$

标准阴性血清（N）与病毒抗原（V）反应的均值 N·V（OD_{650}）按式（3）计算：

$$N \cdot V(OD_{650}) = [C1(OD_{650}) + D1(OD_{650})]/2 \quad (3)$$

被检血清（S）与病毒抗原（V）反应的均值 S·V（OD_{650}）按式（4）计算：

$$S \cdot V(OD_{650}) = [E1(OD_{650}) + F1(OD_{650})]/2 \text{（以 S1 血清为例）} \quad (4)$$

被检血清（S）与对照抗原（C）反应的均值 S·C（OD_{650}）按式（5）计算：

$$S \cdot C(OD_{650}) = [E2(OD_{650}) + F2(OD_{650})]/2 \text{（以 S1 血清为例）} \quad (5)$$

3.3 按式（6）计算被检血清 OD 值与标准阳性血清 OD 值的比值 S/P：

$$S/P = [S \cdot V(OD_{650}) - S \cdot C(OD_{650})]/[P \cdot V(OD_{650}) - P \cdot C(OD_{650})] \quad (6)$$

4. 结果的判定与解释

4.1 有效性判定：P·V（OD_{650}）与 N·V（OD_{650}）的差值必须大于或等于 0.150 时，才可进行结果判定。否则，本次试验无效。

4.2 判定标准与解释：

a）S/P 比值小于 0.3，判定为 PRRS 病毒抗体阴性，记作间接 ELISA（－）。

b）S/P 比值大于或等于 0.3，小于 0.4，判定为疑似，记作间接 ELISA（±）。

c）S/P 比值大于或等于 0.4，判定为 PRRS 病毒抗体阳性，记作间接 ELISA（＋）。

间接 ELISA（＋）者表明被检猪血清中含有 PRRS 病毒抗体。

（四）血清中和试验（SN）

（引自 GB/T 18090—2000）

1. 材料准备

1.1 器材：96 孔细胞培养板、微量移液器、二氧化碳（CO_2）恒温箱、倒置显微镜等。

1.2　病毒：美洲标准株 ATCC VR－2332 或欧洲标准株 LV，由国家指定单位提供。使用前按附录 C 方法滴定病毒效价后，用含 20%健康猪新鲜血清的 EMEM 营养液（pH7.2）将其稀释至 $200TCID_{50}/25\mu L$ 作为工作病毒液。

1.3　细胞：MARC－145 或 HS_2H 传代细胞，由国家指定单位提供。使用时，用细胞分散液消化、分散细胞，计数，再用 EMEM 营养液（含犊牛血清 10%，青霉素 100 IU/mL，链霉素 $100\mu g/mL$，pH7.2）稀释至 10^6 细胞/mL。

1.4　试剂：

1.4.1　PRRS 病毒标准阳性血清和标准阴性血清，由国家指定单位提供，使用前经 56℃灭活 30min，并按说明书规定进行稀释。

1.4.2　健康猪新鲜血清无菌采自 3～8 月龄的无 PRRS 健康猪，可于－70℃低温冰箱保存。使用时不灭活。

1.5　样品：无菌采集被检猪血清，血清必须新鲜、透明、无溶血、无污染，密装于灭菌小瓶内，4℃保存或立即送检，检测前经 56℃灭活 30min。由于中和抗体产生稍晚，故该血清以在疾病中后期或病毒感染后 2～3 周时采集为宜。

2. 操作方法

参照图 3－3。

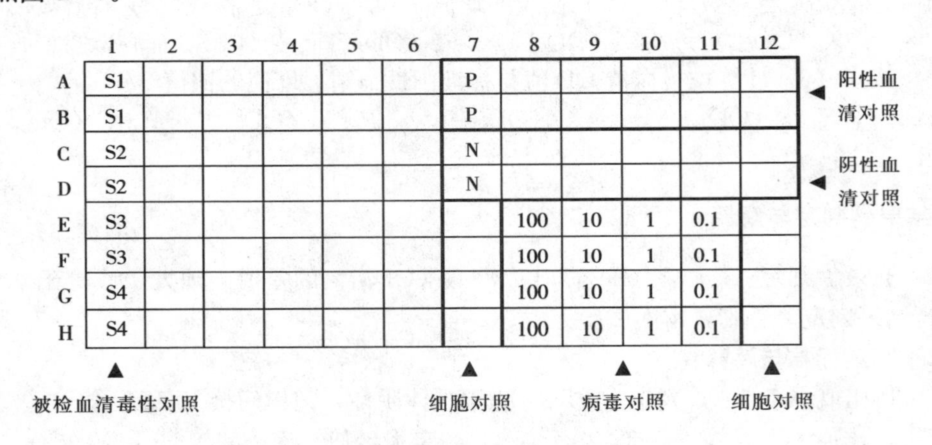

图 3－3　血清中和试验第 1 块板加样示意图

P—为标准阳性血清对照；N—为标准阴性血清对照；S1，S2，S3 等为被检血清编号；100，10，1，0.1 为病毒浓度 $TCID_{50}$

2.1　加营养液：取 96 孔细胞培养板，编号，于各血清检测孔内加入 EMEM 营养液（含 10%犊牛血清，青霉素，100 IU/mL、链霉素 $100\mu g/mL$，pH7.2）$25\mu L$，细胞对照区各孔加 $50\mu L$，病毒对照区各孔不加（参照图 3－3）。

2.2　加被检血清：以单头微量移液器精确吸取已作灭活处理的被检血清，在各排头两孔各加入 $25\mu L$。每份被检血清必须平行安排两排，即每个稀释度两孔。

2.3　稀释被检血清：从第 2 列开始依次向后将被检血清作倍比稀释，使第 2、3、4、

5、6列孔的血清稀释倍数依次为2^1、2^2、2^3、2^4、2^5。稀释时，用8头微量取样器先在第2列孔内吹吸数次，充分混匀后吸取25μL移入第3列，同前混匀后取25μL移入第4列，以下依次进行。当第6列各孔混匀后，各吸取25μL弃去。稀释过程中切勿产生气泡。

2.4 稀释对照血清：同2.3法进行标准阳性血清和标准阴性血清稀释。

2.5 加病毒液：除血清毒性对照、病毒对照和细胞对照外，各孔添加用含20%健康猪新鲜血清EMEM营养液，将病毒液稀释成200 $TCID_{50}$/25μL的工作病毒液25μL。

2.6 病毒对照：取灭菌试管4支，用20%健康猪新鲜血清EMEM营养液（pH7.2）将病毒液稀释至含毒量为200$TCID_{50}$/25μL、20$TCID_{50}$/25μL、2$TCID_{50}$/25μL和0.2 $TCID_{50}$/25μL 4个滴度，然后参照图3各取25μL加入相应的孔内（每个滴度4个孔），再于各孔内加入25μL 2倍稀释的标准阴性血清。此时，病毒浓度分别降为100$TCID_{50}$/25μL、10T CID_{50}/25μL、1 $TCID_{50}$/25μL和0.1 $TCID_{50}$/25μL。

2.7 中和感作：将培养板放入37℃的5%二氧化碳保湿恒温箱中感作60min。

2.8 添加细胞：于每孔内加入配制好的MARC-145或HS_2H细胞悬液50μL。

2.9 培养：封板后，放入37℃的5%二氧化碳保湿恒温箱内培养。

3. 观察与记录

在倒置显微镜下逐孔观察致细胞病变作用（CPE）。每天观察一次，连续观察5d，并将观察结果记入专用登记表内。PRRS病毒在MARC-145或HS_2H细胞上生长，引起的CPE主要是细胞圆缩、聚集、固缩，最后溶解脱落。

4. 中和效价计算和结果判定

在各对照组符合下述要求时，本次中和试验才成立。

a）病毒对照：病毒浓度为0.1 $TCID_{50}$的各孔不应出现任何CPE，100T CID_{50}的各孔均应出现CPE。

b）血清毒性对照：相当于试验中最低稀释度（本标准中为2倍）的被检血清对细胞应没有任何毒性作用。

c）细胞对照：在整个试验中应一直保持良好的形态和特征。

d）阳性血清对照：试验中所显示的能抑制CPE出现的血清最高稀释度不应比其已知滴度差1个滴度以上。

e）阴性血清对照：各稀释度均应出现CPE，对被检血清的中和效价进行计算。其血清中和效价为能抑制平行两孔或两孔中一孔出现CPE的血清最高稀释倍数的倒数。血清中和效价大于或等于1∶4，判定为血清中和试验阳性，记作SN（+）；小于1∶4，判为阴性，记作SN（—）。SN（+）表示被检猪血清中含有PRRS病毒抗体。

5. 综合判定

当在临床上怀疑有PRRS病毒感染时，可根据实际情况，由上述五种方法中选用一种或两种方法进行确诊。对于未接种过PRRS疫苗或已超越疫苗免疫期的猪，经任何一种方法检测呈现阳性结果时，都可最终判定为PRRS病毒感染猪。对接种过PRRS灭活疫苗并在疫苗免疫期内的猪，当病毒分离鉴定试验为阳性结果时，可终判为 PRRS 病毒感染猪；当仅血清学试验呈阳性结果时，应结合病史和疫苗接种史进行综合判定，不可一律视为 PRRS 病毒感染猪。

（五）间接免疫荧光试验（IFA）

（引自 GB/T 18090—2000）

1. 材料准备

1.1 器材： 荧光显微镜、恒温箱、保湿盒、微量移液器等。

1.2 试剂：

1.2.1 IFA 诊断板的制备：见附录 B。

1.2.2 兔抗猪异硫氰酸荧光黄（FITC）结合物、标准阳性血清和标准阴性血清，由国家指定单位提供。

1.3 样品： 采集被检猪血液，分离血清，血清必须新鲜、透明、不溶血、无污染，密装于灭菌小瓶内，4℃或－30℃冰箱保存或立即送检。试验前将被检血清统一编号，并用 PBS 液作 20 倍稀释。

2. 操作方法

2.1 取 IFA 诊断板，编号，弃去板中的乙醇溶液，置超净工作台中风干，每孔加 100μL PBS 液洗一次，弃去 PBS 液并在吸水纸上轻轻拍干。

2.2 在编号对应的孔内加入 20 倍稀释的被检血清，同一排相邻的感染细胞孔 2 个及其后无感染细胞孔 1 个，每孔 100μL，同时做标准阴、阳性血清及空白对照，空白对照是用 PBS 液代替血清。置 37℃恒温箱中感作 45min。

2.3 弃去板中血清，用 PBS 液洗板 4 次，每孔 100 μL，每次 3min，最后在吸水纸上轻轻拍干。

2.4 每孔加入工作浓度的兔抗猪 FITC 结合物 50μL，在 37℃恒温箱中感作 45min。

2.5 弃去板中结合物，同 2.3 方法洗涤 3 次后，最后在吸水纸上轻轻拍干。

3. 荧光显微镜检查及判定与解释

荧光显微镜采用蓝紫光（激发滤板通常用 BG12，吸收滤板用 OG1 或 GG9），在 5～10 倍目镜下检查。标准阳性血清对照中感染细胞孔（P·V＋）应出现典型的特异性荧光，而未感染细胞孔（P·V－）不应出现特异性荧光；标准阴性血清对照、空白对照中感染细胞孔（N·V＋）和未感染细胞孔（N·V－）均不应出现特异性荧光；被检血清对照中未感染细胞孔（C·V－）不应出现特异性荧光。被检血清样品感染细胞孔（N·V＋）出现特异性胞浆亮绿荧光的判为阳性；否则，判为阴性。

附 录 A

（标准的附录）

血清学试验中试剂的配制

A.1 PBS 液（0.01mol/L PBS，pH7.2）（用于 IFA）

氯化钠（NaCl）	8g
氯化钾（KCl）	0.2g
碳酸氢钠（$NaHCO_3$）	1.15g
磷酸二氢钾（KH_2PO_4）	0.2g
三蒸水加至	1 000mL

保存于 4℃备用。

A.2 洗涤液（0.01mol/L PBS－0.05％吐温－20，PH7.4）（用于 IPMA 和间接 ELISA）

磷酸二氢 钾（KH_2PO_4）	0.2g
磷酸氢二钠（$Na_2HPO_4 \cdot 12H_2O$）	2.9g
氯化钠（NaCl）	8.0g
氯化钾（KCl）	0.2g
吐温－20	0.5mL
三蒸水加至	1 000ml

现用现配。

A.3 抗原稀释液（0.05mol/L 碳酸盐缓冲液，pH9.6）（用于间接 ELISA）

碳酸钠（Na_2CO_3）	1.59g
碳酸氢钠（$NaHCO_3$）	2.93g
三蒸水加至	1 000mL

4℃保存，一周内用完。

A.4 血清稀释液（用于 IPMA 和 ELISA）

为含 1％犊牛血清的“Al”液。

A.5 封闭液 （用于间接 ELISA）

为含 1％犊牛血清白蛋白或 10％马血清的“A1”液。

A.6 显色/底物溶液（用于 IPMA）

A.6.1 AEC 贮存液：称取氨乙基咔唑（3－amino－9－ethyl－carbazole，AEC）4mg，溶于二甲基甲酰胺（N，N－dimethy－formamide）4mL 中，充分溶解后，置 4℃避光保存。

A.6.2 乙酸钠溶液：

乙酸钠（CH_3COONa）	4.15g
加三馏水至	1 000mL

用冰乙酸调整至 pH5.0。

A.6.3 乙酸盐缓冲液：

冰乙酸（CH_3COOH） 14.8mL
乙酸钠溶液 35.2mL
三馏水 50.0mL
充分混匀。

A.6.4 显色/底物溶液（AEC－H_2O_2）：
乙酸盐缓冲液 19mL
AEC 贮存液 1mL
30%过氧化氢（H_2O_2） 0.067mL
充分混合后装于褐色玻璃瓶内避光存放。现用现配。

A.7 底物溶液用于间接 ELISA

A.7.1 0.1mol/L 柠檬酸溶液：
柠檬酸（$C_6H_8O_7$） 1.92g
加三馏水至 100mL

A.7.2 0.1mol/ L 磷酸氢二钠溶液：
磷酸氢二钠（$Na_2HPO_4 \cdot 12H_2O$） 3.58g
加三馏水至 100mL

A.7.3 底物溶液（TMB－H_2O_2）：
0.01mol/L 柠檬酸溶液 3.0mL
0.01mol/L 磷酸氢二钠溶液 66.0mL
四甲基联苯胺（TMB） 40.0mg
30%过氧化氢（H_2O_2） 1.5mL
充分混合后装于褐色玻璃瓶避光存放。现用现配。

A.8 终止液（用于间接 ELISA）
1mol/L 氢氟酸（HF）溶液。

附 录 B

（标准的附录）

猪肺泡巨噬细胞（PAM）制备、鉴定、保存与复苏

B.1 试剂准备

B.1.1 磷酸盐缓冲盐水（PBS）：
a）原液甲：
氯化钠（NaCl） 8.00g
氯化钾（KCl） 0.20g
磷酸氢二钠（Na_2HPO_4） 1.15g
磷酸二氢钾（KH_2PO_4） 0.20g
溶于 500mL 三馏水中，再加入 5mL 0.4% 酚红液，加三馏水至 800mL，56 kPa 20min

灭菌备用。

b）原液乙：

氯化镁（$MgCl_2 \cdot 6H_2O$）　　0.1g

溶于100mL三馏水中，56 kPa 20min灭菌备用。

c）原液丙：

氯化钙（$CaCl_2$）　　0.1g

溶于100mL三馏水中，56 kPa 20min灭菌备用。

d）工作液：

原液甲　　8份

原液乙　　1份

原液丙　　1份

充分混合后备用。必要时，可适量加入抗生素（青霉素10^3IU/mL、链霉素$10^3\mu$g/mL、庆大霉素$10^3\mu$g/mL），不加制霉菌素。

B.1.2 细胞生长液：含10%犊牛血清的RPM11640营养液（含青霉素100IU/mL，链霉素100μg/mL、庆大霉素50μg/mL）。

B.1.3 细胞冻存液：取细胞生长液8.0mL，加入分析纯二甲基亚砜（DMSO）2.0mL，混合均匀。不加制霉菌素。

B.2　PAM的制备

取4～8周龄的SPF猪或被证实无PRRS病毒感染的健康猪，动脉放血致死后，立即无菌操作取出肺，切勿划破被膜。每次用约200mL PBS液从气管灌入肺，挤压灌洗3～4次，收集灌洗液，1 000g离心10min，得到的巨噬细胞泥用PBS液再悬浮和离心洗涤2～3次。最后的细胞泥用50mL细胞生长液悬浮，进行细胞计数，用细胞生长液稀释使细胞浓度达4×10^7/1.5mL。所得新鲜巨噬细胞立即应用或定量分装后冻存。

B.3　PAM的冻存

取细胞浓度为8×10^7/1.5mL的细胞悬液，加入等量细胞冻存液，缓慢滴加，边加边振摇。加毕，立即用聚苯乙烯管分装，每管1.5mL，放−70℃过夜，转入液氮中保存。

液氮保存各批巨噬细胞，不可混合。

B.4　PAM的批次试验

每批巨噬细胞应检验合格后再使用。方法是，在96孔细胞培养板上用已知滴度的标准病毒感染巨噬细胞，并用标准的阳性血清和阴性血清进行IPMA或IFA测定。只有能支持特定滴度的标准病毒良好生长的巨噬细胞，方可用于试验。

B.5　PAM的复苏

从液氮中取出冷冻细胞管，立即投入温水（38℃左右）中迅速解冻。将细胞移入10倍量的RPMI1640营养液（pH7.2）中，1 000g离心10min，弃去上清液，沉淀的细胞用细胞生长液悬浮，计数，稀释至要求的细胞浓度后，即可使用。

B.6　IPMA诊断板的制备

用细胞分散液消化Marc－145或HS_2H细胞，用细胞营养液稀释成5×10^4细胞/ml，加入PRRS美洲或欧洲标准毒使其最终浓度为100 $TCID_{50}$/25μL，混合后接种96孔细胞培养板1、2、4、5、7、8、10、11列的各孔内，每孔加100μL。在3、6、9、12列的各孔内加 100μL 未感染病毒细胞悬液（参照图 3－1），把细胞培养板放在 37℃ 5% CO_2 培养箱中培养 48～72h。当细胞出现 20% CPE 时，弃去培养液，用 PBS 液（100μL /孔）洗一次，每孔加 80%丙酮水溶液 100μL，把板置于 4℃条件下固定 30min。弃去丙酮液，在纸巾上拍干，放置室温下完全干燥后－70℃保存备用。

B.7　IFA 诊断板的制备

用细胞分散液消化 Marc－145 或 HS_2H 细胞，用细胞营养液稀释成 5×10^4 细胞/mL，加入 PRRS 标准毒，使其最终浓度为 100 $TCID_{50}$/25μL，加到 96 孔细胞培养板的 1、2、4、5、7、8、10、11 列各孔内，每孔 100μL。在 3、6、9、12 列各孔内加入未感染病毒细胞悬液 100μL（参照图 3－1）。将该细胞培养板置 37℃ 5%二氧化碳培养箱中培养 60～68h。弃去培养液，每孔加入预冷的无水乙醇 100μL，将此细胞培养板置于－20℃或－70℃冰箱中备用。

附　录　C

（标准的附录）

猪繁殖和呼吸综合征病毒 $TCID_{50}$测定

C.1　材料准备

C.1.1　器材：48 孔细胞培养板 2 块、微量移液器、恒温箱、倒置显微镜等。

C.1.2　病毒：美洲型标准株 ATCC VR－2332 或欧洲型标准株 LV，向农业部指定单位索取。

C.1.3　细胞：MARC－145 或 HS_2H 传代细胞，向农业部指定单位索取。使用时，细胞经细胞分散液消化分散后计数，用 EMEM 营养液（含犊牛血清 10%、青霉素 100IU/mL、链霉素 100μg/mL，pH7.2）稀释至 10^6 细胞/mL。

C.2　操作方法

C.2.1　稀释病毒：取洁净无菌的 48 孔细胞培养板，于第 1 孔加 EMEM 营养液 200μL，其余各孔加 225μL，换吸头，再于排头第 1 孔添加病毒液 50μL，将混合液充分混匀。换吸头，吸取 25μL 移于第 2 孔，混合。更换吸头，再吸取 25μL 加入第 3 孔。连续如此操作至第 10 列，作成 10 个连续 10 倍的稀释液，使病毒稀释度依次为 5×10^0、5×10^1、5×10^2、5×10^4、5×10^5、5×10^6、5×10^7、5×10^8、5×10^9、5×10^{10}。改用多头微量取样器吸取每一稀释度的病毒液 50μL 移入另一块 48 孔（或 96 孔）细胞培养板，每个稀释度的病毒液平行移种 4 孔。剩下的各孔加 50μL EMEM 营养液，留作细胞对照。

C.2.2　添加细胞：于细胞培养板各孔内添加 50μL 工作浓度的细胞悬液。此时，病毒稀释度依次变为 10^1、10^2、10^4、10^5、10^6、10^7、10^8、10^9、10^{10}。

C.2.3　培养：封板后，放 37℃ 5%二氧化碳保湿恒温箱内培养。

C.3 观察与 $TCID_{50}$ 计算

在倒置显微镜下逐孔观察致细胞病变作用（CPE），每天观察一次，并将观察结果记入专用登记表内。观察天数为直至出现 CPE 终点，即看到能够引起病毒增殖的病毒最高稀释度。对照细胞应始终保持良好形态和特征。

用 Reed－Muench 法、内插法或 Karber 法计算该病毒培养物 $TCID_{50}$/0.05mL。

（六）免疫酶试验方法

（引自 NY/T 679—2003）

1. 材料准备

1.1 试剂：

1.1.1 磷酸盐缓冲液（PBS）：配制见附录 A.1。

1.1.2 抗原涂片的制备：PRRSV 接种于生长至 70%～80%单层的 Marc－145 细胞。接种后 3～4d，病变达 50～75%时，用胰蛋白酶消化分散感染的细胞单层，PBS 洗涤三次后，稀释至 1×10^6 个细胞/mL。取印有 10～40 个小孔的室玻片，每孔滴加 10μL。室温自然干燥后，冷丙酮（4℃）固定 10min。密封包装．置－20℃备用。

1.1.3 标准阳性血清：PRRSV 试验感染猪制备的血清。

1.1.4 标准阴性血清：无 PRRSV 感染、未经免疫的猪血清。

1.1.5 酶结合物：辣根过氧化物酶（HRP）标记的葡萄球菌 A 蛋白（SPA）。

1.1.6 底物溶液：配制见附录 A.2。

1.2 器材：

a）普通光学显微镜；

b）印有 10～40 个小孔的室玻片；

c）微量加样器，容量 5～50μL；

d) 37℃ 恒温培养箱或水浴箱。

1.3 样品： 采集被检猪血液分离血清。血清应新鲜、透明、不溶血、无污染，密装于灭菌小瓶内，4℃或－30℃保存或立即送检。试验前将被检血清统一编号，并用 PBS 作 10 倍稀释。

2. 操作方法

2.1 取出抗原涂片，室温干燥后，滴加 10 倍稀释的待检血清和标准阴性血清、标准阳性血清。每份血清加两个病毒细胞孔和一个正常细胞孔，置湿盒内 37℃ 30min。

2.2 PBS 漂洗三次，每次 5min，室温干燥。

2.3 滴加适当稀释的酶结合物，置湿盒内，37℃ 30min。

2.4 PBS 漂洗三次，每次 5min。

2.5 将室玻片放入底物溶液中，室温下显色 5～10min。PBS 漂洗两次，再用蒸馏水漂洗一次。

2.6 吹干后，在普通光学显微镜下观察，判定结果。

3. 结果判定

3.1 在阴性血清对照、阳性血清对照成立的情况下：即阴性血清与正常细胞和病毒感染细胞反应均无色；阳性血清与正常细胞反应无色，与病毒感染细胞反应呈棕黄色至棕褐色，即可判定结果：否则应重试。

3.2 待检血清与正常细胞和病毒感染细胞反应均呈无色，即可判为 PRRSV 抗体阴性。

3.3 待检血清与正常细胞反应呈无色，而与病毒感染细胞反应呈棕黄色至棕褐色，即可判为 PRRSV 抗体阳性。

（七）免疫酶组织化学法

（引自 NY　679—2003）

1. 材料准备

1.1　试剂：

1.1.1　磷酸盐缓冲液（PBS）：配制见附录 A.1。

1.1.2　标准阳性血清：PRRSV 实验感染猪制备的血清。

1.1.3　标准阴性血清：无 PRRSV 感染、未经免疫的猪血清。

1.1.4　酶结合物：HRP 标记的 SPA。

1.1.5　底物溶液：配制见附录 A.2。

1.1.6　过氧化氢甲醇溶液：配制见附录 A.3。

1.1.7　盐酸酒精溶液：配制见附录 A.4。

1.1.8　胰蛋白酶溶液：配制见附录 A.5。

1.2　器材：

a）普通光学显微镜；

b）微量加样器，容量 50～200μL；

c）石蜡切片机或冷冻切片机；

d）载玻片及盖玻片；

e）37℃恒温培养箱或水浴箱。

1.3　样品： 对疑似 PRRS 的病死猪或扑杀猪，立即采集肺、扁桃体和脾等组织数小块，置冰瓶内立即送检。不能立即送检者，将组织块切成 1cm×1cm 左右大小，置体积分数为 10%的福尔马林溶液中固定，保存，送检。

2. 操作方法

2.1　新鲜组织按常规方法制备冰冻切片： 冰冻切片风干后用丙酮固定 10～15min；新鲜组织或固定组织按常规方法制备石蜡切片，常规脱蜡至 PBS（切片应用白胶或铬矾明胶做黏合剂，以防脱片）。

2.2 去内源酶：用过氧化氢甲醇溶液或盐酸酒精 37℃作用 20min。

2.3 胰蛋白酶消化：室温下，用胰蛋白酶溶液消化处理 2min ，以便充分暴露抗原。

2.4 漂洗：PBS 漂洗三次每次 5min。

2.5 封闭：滴加体积分数为 5%的新生牛血清或 1∶10 稀释的正常马血清。37℃ 湿盒中作用 30min。

2.6 加适当稀释的标准阳性血清或标准阴性血清，37℃湿盒中作用 1h 或 37℃ 湿盒中作用 30min 后 4℃ 过夜。

2.7 漂洗同 2.4。

2.8 加适当稀释的酶结合物，37℃ 湿盒作用 1h。

2.9 漂洗同 2.4。

2.10 底物显色：新鲜配制的底物溶液显色 5～10min 后漂洗。

2.11 衬染：苏木素或甲基绿衬染细胞核或细胞质。

2.12 用 90%乙醇脱水，透明、封片、普通光学显微镜观察。

2.13 试验同时设阳性对照和阴性对照。

3. 结果判定

阳性和阴性对照片本底清晰，背景无非特异着染，阳性对照组织细胞胞浆呈黄色至棕褐色着染，试验成立；被检组织细胞胞浆、偶见胞核呈黄色至棕褐色着染，即可判为 PRRSV 抗原阳性。

附 录 A

（规范性附录）

试 剂 的 配 制

A.1 磷酸盐缓冲液（PBS，0.01mol/L pH7.4）

氯化钠	8g
氯化钾	0.2g
磷酸二氢钾	0.2g
十二水磷酸氢二钠	2.83g
蒸馏水	加至 1 000mL

A.2 底物溶液

3，3-二胺基联苯胺盐酸盐（DAB）	40mg
PBS	100mL
丙酮	5mL

30%过氧化氢　　0.1mL

滤纸过滤后使用，现用现配。

A.3　过氧化氢甲醇溶液（0.3%）

30%过氧化氢　　1mL

甲醇　　99mL

现用现配。

A.4　盐酸酒精溶液（1%）

盐酸　　1mL

70%乙醇　　99mL

A.5　胰蛋白酶溶液（0.5%）

胰蛋白酶　　0.5g

PBS　　100mL

低温保存。使用时，用 PBS 稀释为 0.05%。

四、高致病性禽流感实验室诊断方法

(一)病毒分离和鉴定技术

(引自 GB/T 18936—2003)

1. 材料准备

1.1 病料的采集: 死禽采集气管、脾、肺、肝、肾和脑等组织样品，进行分别处理或者同时处理；活禽病料应包括气管或泄殖腔拭子，尤其是以采集气管拭子更好；小珍禽用拭子取样易造成损伤，可采集新鲜粪便。

1.2 病料的保存: 病料应放在含有抗生素的 pH 7.0～7.4 的等渗磷酸盐缓冲液（PBS）内（无 PBS 可用 25%～50%的甘油盐水）。抗生素的选择视当地情况而定，组织和气管拭子悬液中应含有青霉素（2 000IU/mL）、链霉素（2mg/mL）、庆大霉素（50μg/mL）和制霉菌素（1 000IU/mL），但粪便和泄殖腔拭子所有的抗生素浓度应提高 5 倍，加入抗生素后 pH 应调至 7.0～7.4。在室温放置 1～2h 后样品应尽快处理，没有条件的可在 4℃存放几天，也可于低温条件下保存（−70℃贮存最好）。

1.3 病料的处理: 将棉拭子充分捻动、拧干后弃去拭子；粪便、研碎的组织用含抗生素的 pH 7.0～7.4 的等渗 PBS 溶液配成 10%～20%（g/mL）的悬液。样品液经 1 000r/min 离心 10min，取上清液作为接种材料。

2. 病毒分离

2.1 样品接种: 取处理好的样品，以 0.2mL/胚的量经尿囊腔途径接种 9～11 日龄 SPF 鸡胚，每个样品接种 5 个胚，于 35～37℃孵化箱内孵育，18h 后每 8h 观察鸡胚死亡情况。

2.2 病毒收获: 无菌收取 18h 以后的死胚及 96h 仍存活鸡胚的鸡胚尿囊液，测血凝活性，阳性反应说明可能有正黏病毒科的流感病毒；若无血凝活性或血凝价很低，则用尿囊液继续传 2 代，若仍阴性，则认为病毒分离阴性。

3. 病毒鉴定

3.1 A 型流感病毒的型特异性鉴定: 样品接种鸡胚后，若鸡胚尿囊液具有血凝活性，可用具有血凝活性鸡胚的绒毛尿囊膜（CAM）制成抗原，与 A 型禽流感病毒标准阳性血清进行 AGID 试验，检测样品中是否含有 A 型流感病毒。

3.1.1 抗原制备：从具有血凝活性的鸡胚中取出绒毛尿囊膜，用 pH7.2 的 PBS 冲洗后，将 CAM 用研磨器磨碎。磨碎的抗原反复冻融 3～4 次，以 1 000r/min 离心 10min 后取上清，按终浓度为0.1%的量加入甲醛溶液。置37℃温箱灭活36h，做灭活检验后即可作为AGID试验用抗原，用禽流感标准阳性血清进行型特异性鉴定，若被检样品与标准阳性血清之间出现清晰的沉淀线即可判定样品中含有A型禽流感病毒。

3.1.2 AGID试验方法：可参考GB/T 18936—2003琼脂凝胶免疫扩散（AGID）试验。

3.2 血凝素亚型鉴定：当鸡胚尿囊液具有血凝活性时，首先应排除血凝活性是否由新城疫、减蛋综合征等病毒引起，同时要注意是否有禽流感病毒与其他病毒混合感染。鸡胚尿囊液具有血凝活性或证明含有A型流感病毒存在后，采用HA-HI试验方法［参考GB/T 18936—2003血凝（HA）和血凝抑制（HI）试验技术］，用禽流感病毒15种血凝素（H1～H15）亚型分型血清对样品进行病毒亚型鉴定。血凝素亚型鉴定要求有全套的禽流感病毒血凝素分型血清，一般在国家指定的实验室进行。

4. 致病性测定

禽流感病毒致病性测定应在具有高度生物安全性的实验室中进行。有以下两种方法，任选其一。

4.1 静脉接种致病指数（IVPI）测定法：

4.1.1 试验鸡：6周龄SPF鸡，10只。

4.1.2 接种材料：感染鸡胚的尿囊液，血凝价在$4\log_2$以上，未混有任何细菌和其他病毒。

4.1.3 接种方法：将感染鸡胚尿囊液用生理盐水1∶10稀释，以0.1mL/羽的剂量翅静脉接种。

4.1.4 每日观察每只鸡的发病及死亡情况，连续观察10d，计算IVPI值。计算方法见附录A。

4.1.5 判定标准：当IVPI值大于1.2时，判定此分离株为高致病性禽流感（HPAI）病毒株。

4.2 致死比例测定法：

4.2.1 试验鸡：4～8周龄SPF鸡，8只。

4.2.2 接种材料：感染鸡胚的尿囊液，血凝价在$4\log_2$以上，未混有任何细菌和其他病毒。

4.2.3 接种方法：将感染鸡胚尿囊液用生理盐水1∶10稀释，以0.2mL/羽的剂量翅静脉接种。每日观察鸡的死亡情况，连续观察10d。

4.2.4 判定方法：

4.2.4.1 接种10d内，能导致6～7只或8只鸡死亡，判定该毒株为高致病性禽流感病毒株。

4.2.4.2 分离物能使1～5只鸡致死，但病毒不是H5或H7亚型，则应进行下列试验：将病毒接种于细胞培养物上，观察其在胰蛋白酶缺乏时是否引起细胞病变或形成蚀斑。如果病毒不能在细胞上生长，则分离物应被考虑为非高致病性禽流感病毒。

4.2.4.3 对低致病性的所有H5或H7毒株和其他病毒，在缺乏胰蛋白酶的细胞上能够生长时，则应进行与血凝素有关的肽链的氨基酸序列分析，如果分析结果同其他高致病性流感病毒相似，这种被检验的分离物应被考虑为高致病性禽流感病毒。

（二）血凝（HA）和血凝抑制（HI）试验技术

（引自 GB/T 18936—2003）

1. 材料准备

1.1 96 孔 V 型微量反应板，微量移液器（配有滴头）。

1.2 阿氏（Alsever's）液、鸡红细胞悬液，配制方法见附录 B。

1.3 pH7.2、0.01 mol/L PBS。

1.4 高致病性禽流感病毒血凝素分型抗原和标准分型血清以及阴性血清。

2. 操作方法

2.1 血凝（HA）试验（微量法）：

2.1.1 在微量反应板的 1～12 孔均加入 0.025mL PBS，换滴头。

2.1.2 吸取 0.025mL 病毒悬液（如感染性鸡胚尿囊液）加入第 1 孔，混匀。

2.1.3 从第 1 孔吸取 0.025mL 病毒液加入第 2 孔，混匀后吸取 0.025mL 加入第 3 孔，如此进行对倍稀释至第 11 孔，从第 11 孔吸取 0.025mL 弃之，换滴头。

2.1.4 每孔再加入 0.025mL PBS。

2.1.5 每孔均加入 0.025mL 体积分数为 1%鸡红细胞悬液（将鸡红细胞悬液充分摇匀后加入），见附录 B。

2.1.6 振荡混匀，在室温（20～25℃）下静置 40min 后观察结果（如果环境温度太高，可置 4℃环境下）。对照孔红细胞将成明显的纽扣状沉到孔底。

2.1.7 结果判定：将板倾斜，观察红细胞有无呈泪滴状流淌。完全血凝（不流淌）的抗原或病毒最高稀释倍数代表一个血凝单位（HAU）。

2.2 血凝抑制（HI）试验（微量法）：

2.2.1 根据 2.1 试验结果配制 4HAU 的病毒抗原。以完全血凝的病毒最高稀释倍数作为终点，终点稀释倍数除以 4 即为含 4HAU 的抗原的稀释倍数。例如，如果血凝的终点滴度为 1∶256，则 4HAU 抗原的稀释倍数应是 1∶64（256 除以 4）。

2.2.2 在微量反应板的 1～11 孔加入 0.025mL PBS，第 12 孔加入 0.05mL PBS。

2.2.3 吸取 0.025mL 血清加入第 1 孔内，充分混匀后，吸 0.025mL 于第 2 孔，依次对倍稀释至第 10 孔，从第 10 孔吸取 0.025mL 弃去。

2.2.4 第 1～11 孔均加入含 4HAU 混匀的病毒抗原液 0.025mL，室温（约 20℃）静置至少 30min。

2.2.5 每孔加入 0.025mL 体积分数为 1%的鸡红细胞悬液混匀，轻轻混匀，静置约 40min（室温约 20℃，若环境温度太高，可置 4℃条件下进行），对照红细胞将呈纽扣状沉于孔底。

3. 结果判定

以完全抑制 4 个 HAU 抗原的血清最高稀释倍数作为 HI 滴度。

只有阴性对照孔血清滴度不大于 $2\log_2$，阳性对照孔血清误差不超过 1 个滴度，试验结果才有效。HI 价小于或等于 $3\log_2$ 判定 HI 试验阴性；HI 价等于 $4\log_2$ 为可疑，需重复试验；HI 价大于或等于 $5\log_2$ 为阳性。

（三）琼脂凝胶免疫扩散（AGID）试验

（引自 GB/T 18936—2003）

1. 材料准备

1.1 硫柳汞溶液、pH7.2、0.01 mol/L PBS 溶液，配制方法见附录 C。

1.2 琼脂板：制备方法见附录 D。

1.3 禽流感琼脂凝胶免疫扩散抗原、标准阴性和阳性血清。

2. 操作方法

2.1 打孔：在制备的琼脂板上按 7 孔一组的梅花形打孔（中间 1 孔，周围 6 孔），孔径约 5mm，孔距 2～5mm，将孔中的琼脂用 8 号针头斜面向上从右侧边缘插入，轻轻向左侧方向将琼脂挑出，勿伤边缘或使琼脂层脱离皿底。

2.2 封底：用酒精灯轻烤平皿底部至琼脂刚刚要溶化为止，封闭孔的底部，以防侧漏。

2.3 加样：用微量移液器或带有 6～7 号针头的 0.25mL 注射器，吸取抗原悬液滴入中间孔（图 4－1 的⑦号），标准阳性血清分别加入外周的①和④孔中，被检血清按编号顺序分别加入另外 4 个外周孔（图 1 的②，③，⑤，⑥号孔）。每孔均以加满不溢出为度，每加一个样品应换一个滴头。

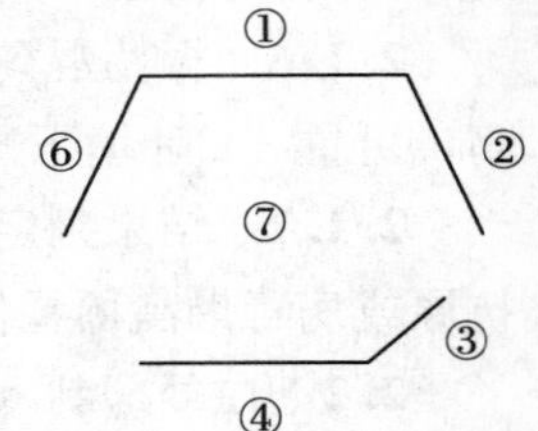

图 4－1　AGP 试验结果

2.4 作用：加样完毕后，静止 5～10min，然后将平皿轻轻倒置放人湿盒内，37℃温箱中作用，分别在 24h、48h 和 72h 观察并记录结果。

3. 结果判定

3.1 判定方法：将琼脂板置日光灯或侧强光下观察，若标准阳性血清（图 4－1 的①和④号孔）与抗原孔之间出现一条清晰的白色沉淀线，则试验成立。

3.2 判定标准：

3.2.1 若被检血清（如图 4－1 中的②号）孔与中心抗原孔之间出现清晰致密的沉淀线，且该线与抗原与标准阳性血清之间沉淀线的末端相吻合，则被检血清判为阳性。

3.2.2 被检血清（如图 4－1 中的③号）孔与中心孔之间虽不出现沉淀线，但标准阳性血清（如图 1 中④）的沉淀线一端向被检血清孔内侧弯曲，则此孔的被检样品判为弱阳性

（凡弱阳性者应重复试验，仍为弱阳性者，判为阳性）。

3.2.3 若被检血清（如图 4-1 中的⑤号孔）孔与中心孔之间不出现沉淀线，且标准阳性血清沉淀线直向被检血清孔，则被检血清判为阴性。

3.2.4 被检血清孔（图 4-1 中的⑥号孔）与中心抗原孔之间沉淀线粗而混浊或标准阳性血清与抗原孔之间的沉淀线交叉并直伸，被检血清孔为非特异反应，应重做，若仍出现非特异反应则判为阴性。

（四）间接酶联免疫吸附试验（间接 ELISA）

（引自 GB/T 18936—2003）

1. 材料准备

1.1 酶标板、加样品（带滴头），酶标测定仪。

1.2 使用溶液的配制：方法见附录 E。

1.3 间接 ELISA 抗原，间接 ELISA 酶标抗体。

1.4 抗原包被板制备：方法见附录 F。

2. 操作步骤

2.1 样品准备： 将被检血清用稀释液（见附录 E.5）做 1∶400 稀释。

2.2 加样： 取出抗原包被板，倒掉孔内包被液，用洗液洗 3 次。除 A1、B1、C1 和 D1 孔不加样品，留做空白调零，阴性血清和阳性血清做对照各占 1 孔外，其余孔加 1∶400 稀释的被检血清，每孔 100μL，将加样位置做好记录，将反应板盖好盖子后置 37℃环境下作用 30min。

2.3 洗涤： 倒掉孔内液体，在吸水纸上空干，每孔加满洗液，静置 1～2min 后倒掉，空干，再重复洗 2 次。

2.4 加酶标抗体： 除 A1、B1、C1 和 D1 孔外，其他每孔加酶标抗体液 100μL，盖好盖子后置 37℃环境下作用 30min。

2.5 洗涤： 洗涤方法同 2.3。

2.6 加底物： 加底物使用液（见附录 E.6），每孔 90μL，置室温避光显色 2～3min。

2.7 终止： 加终止液（见附录 E.8），每孔 90μL，使其终止反应。

3. 结果判定

用酶标仪测定每个孔在 490 nm 波长的光密度值（即 OD 值），OD ≥0.2 者判为阳性，0.18≤OD<0.2 需重复测试 1 次，若仍在此范围则判为阳性，OD<0.18 者判定为阴性。

附　录　A

（资料性附录）

高致病性禽流感病毒 IVPI 测定计算方法

A.1　记录方法

根据每只鸡的症状用数字方法每天进行记录：正常鸡记为 0，病鸡记为 1，重病鸡记为 2，死鸡记为 3（病鸡和重病鸡的判断主要依据临床症状表现。一般而言，“病鸡”表现有下述一种症状，而“重病鸡”则表现下述多个症状，如呼吸症状、沉郁、腹泻、鸡冠和/或肉髯发绀、脸和/或头部肿胀、神经症状。死亡鸡在其死后的每次观察都记为 3）。

A.2　IVPI 值计算

IVPI 值计算见式（A.1）。

$$\text{IVPI 值}=\frac{\text{每只鸡在 10d 内所有数字之和}}{\text{10 只鸡}\times\text{10d}} \tag{A.1}$$

如指数为 3.00，说明所有鸡 24h 内死亡；指数为 0.00，说明 10d 观察期内没有鸡表现临床症状。列举 1 个假设试验来说明 IVPI 的计算方法见表 A.1。

表 A.1　假设高致病性禽流感病毒致病性试验记录结果

鸡　号	天　数									
	1	2	3	4	5	6	7	8	9	10	合计
1	0	0	0	0	0	0	2	3	3	3	11
2	0	0	0	0	0	2	3	3	3	3	14
3	0	0	0	0	2	3	3	3	3	3	17
4	0	0	2	3	3	3	3	3	3	3	23
5	0	0	2	3	3	3	3	3	3	3	23
6	0	2	3	3	3	3	3	3	3	3	26
7	0	2	3	3	3	3	3	3	3	3	26
8	0	2	3	3	3	3	3	3	3	3	26
9	0	2	3	3	3	3	3	3	3	3	26
10	0	2	3	3	3	3	3	3	3	3	26
合计	0	10	19	21	23	26	29	30	30	30	218

注：标准中规定当 IVPI 值大于 1.2 时，判定分离株为高致病性禽流感病毒（HPAIV）。

本试验中 IVPI=218/（10×10）=2.18>1.2，因此，本试验中的分离株为 HPAIV。

附　录　B

（规范性附录）

HA 和 HI 试验用溶液的配制

B.1　阿氏（Alsever's）液配制

葡萄糖　　　2.05g
柠檬酸钠　　0.8g
柠檬酸　　　0.055g
氯化钠　　　0.42g

加蒸馏水至 100mL，散热溶解后调 pH 至 6.1，69 kPa 15min 高压灭菌，4℃保存备用。

B.2　1%鸡红细胞悬液制备

采集至少 3 只 SPF 公鸡或无禽流感和新城疫等抗体的健康公鸡的血液，与等体积阿氏液混合，用 pH7.2 0.01 mol/L PBS 液洗涤 3 次，每次均以 1 000r/min 离心 10min，洗涤后用 PBS 配成体积分数为 1%红细胞悬液，4℃保存备用。

附　录　C

（规范性附录）

AGP 试验用溶液的配制

C.1　1%硫柳汞溶液的配制

硫柳汞　　　1.0g
加蒸馏水至　100mL

溶解后，置 100mL 瓶中盖塞存放备用。

C.2　pH 7.2、0.01mol/L PBS 的配制

C.2.1　配制 25×PB：称量 2.74g 磷酸氢二钠和 0.79g 磷酸二氢钠加蒸馏水至 100mL。

C.2.2　配制 1×PBS：量取 40mL 25×PB，加入 8.5g 氯化钠，加蒸馏水至 1 000mL。

C.2.3　用氢氧化钠或盐酸调 pH 至 7.2。

C.2.4　灭菌或过滤。

C.2.5　PBS 一经使用，于 4℃保存不超过 3 周。

附 录 D

（规范性附录）

琼脂板的制备

称量琼脂糖 1.0g，加入 100mL 的 pH 7.2、0.01 mol/L PBS 液中在水浴中煮沸充分融化，加入 8g 氯化钠，充分溶解后加入 1%硫柳汞溶液 1mL。冷至 45～50℃时，将洁净干热灭菌直径为 90mm 的平皿置于平台上，每个平皿加入 18～20mL，加盖待凝固后，把平皿倒置以防水分蒸发，放普通冰箱中保存备用（时间不超过 2 周）。

附 录 E

（规范性附录）

高致病性禽流感间接 ELISA 使用溶液的配制

E.1 碳酸盐缓冲液（0.05 mol/L、pH9.6，CBS）

碳酸钠 1.59g
碳酸氢钠 2.93g
用双蒸水溶解至 1 000mL，于 4℃保存，不超过 1 个月。

E.2 磷酸盐缓冲液（0.01 mol/L、pH 7.4，PBS）

氯化钠 8g
磷酸二氢钠 0.2g
磷酸氢二钠（$Na_2HPO_4 \cdot 12H_2O$） 2.9g
氯化钾 0.2g
加蒸馏水至 1 000mL

E.3 洗液（含 0.05% Tween-20 的 0.01 mol/L，pH7.4 的 PBS，即 PEST）

Tween-20 0.5mL
加 0.01 mol/L，pH7.4 的 PBS 至 1 000mL

E.4 封闭液（含 0.5%BSA 的 PBST）

牛血清白蛋白（BSA） 0.5g
加洗液至 100mL
4℃存放，避光。

E.5 稀释液（含0.1 %BSA的PBST）

牛血清白蛋白（BSA）	0.1g
加洗液至	100mL

4℃存放，避光。

E.6 间接ELISA底物缓冲液（磷酸氢二钠—柠檬酸，pH5.4）

0.2mol/L磷酸氢二钠（$Na_2HPO_4 \cdot 12H_2O$）	26.7mL
0.1mol/L柠檬酸	24.3mL
双蒸水	49mL

准确称量40mg邻苯二胺（OPD），溶解后置暗处保存，临用前加入30%过氧化氢150μL。

用时现配，避光。

E.7 三羟甲基氨基甲烷—盐酸（Tris－HCl）**缓冲液**（0.05mol/L pH7.6）

0.1mol/L Tris	250mL
0.1mol/L盐酸	192.5mL
双蒸水	57.5mL

E.8 间接ELISA终止液

浓硫酸	11.1mL
蒸馏水	88.9mL

附 录 F

（规范性附录）

高致病性禽流感间接ELISA抗原包被板制备

抗原包被板也称诊断板，将高致病性禽流感抗原用0.05 mol/L，pH9.6碳酸盐缓冲液（见附录E.1）稀释成3μg/mL（全病毒抗原）或6μg/mL（重组核蛋白抗原），包被40孔聚苯乙烯微量板，每孔100μL，置4℃冰箱过夜，用洗液（见附录E.3）洗涤3次，用封闭液（见附录E.4）于37℃湿盒内封闭60min，用洗涤液洗涤3次，干燥后即为诊断板，置4℃冰箱备用。

（五）RT－PCR 试验

（引自 NY/T 772－2004）

禽流感病毒 RT－PCR 试验（一）

1. 试剂的准备

1.1 试剂：

1.1.1 变性液：见附录 A.1。

1.1.2 2mol/L 醋酸钠溶液（pH4.0）：见附录 A.2。

1.1.3 水饱和酚（pH 4.0）。

1.1.4 氯仿/异戊醇混合液：见附录 A.3。

1.1.5 M－MLV 反转录酶（200U/μL）。

1.1.6 RNA 酶抑制剂（40U/μL）。

1.1.7 Taq DNA 聚合酶（5U/μL）。

1.1.8 1.0% 琼脂糖凝胶：见附录 A.4。

1.1.9 50×TAE 缓冲液：见附录 A.5。

1.1.10 溴化乙锭（10 μg/μL）：见附录 A.6。

1.1.11 加样缓冲液：见附录 A.7。

1.1.12 焦碳酸二乙酯（DEPC）处理的灭菌双蒸水：见附录 A.8。

1.1.13 5×反转录反应缓冲液：见附录 A.9。

1.1.14 2.5mmol/L dNTPs：见附录 A.10。

1.1.15 10×PCR Buffer：见附录 A.11。

1.1.16 DNA 分子量标准。

1.2 引物：见附录 B。

2. 操作程序

2.1 样品的采集和处理：按照 GB/T 18936 提供的方法进行。

2.2 RNA 的提取：

2.2.1 设立阳性样品对照、阴性样品对照。

2.2.2 异硫氰酸胍一步法：

2.2.2.1 向组织或细胞中加入适量的变性液，匀浆。

2.2.2.2 将混合物移至一管中，按每毫升变性液立即加入 0.1mL 乙酸钠、1mL 酚、0.2mL 氯仿/异戊醇。加入每种组分后，盖上管盖，倒置混匀。

2.2.2.3 将匀浆剧烈振荡 10s，冰浴 15min，使核蛋白质复合体彻底裂解。

2.2.2.4 12 000r/min，4℃离心 20min，将上层含 RNA 的水相移入一新管中。为了降低被处于水相和有机相分界处的 DNA 污染的可能性，不要吸取水相的最下层。

2.2.2.5 加入等体积的异丙醇，充分混匀液体，并在－20℃沉淀 RNA 1h 或更长时间。

2.2.2.6 4℃ 12 000r/min 离心 10min，弃上清，再用 75%的乙醇洗涤沉淀；然后离心，再用吸头彻底吸弃上清，在自然条件下干燥沉淀，溶于适量 DEPC 处理的水中。−20℃贮存，备用。

2.2.3 选择市售商品化 RNA 提取试剂盒，完成 RNA 的提取。

2.3 反转录：

2.3.1 取 5μL RNA，加 1μL 反转录引物，70℃ 5min。

2.3.2 冰浴 2min。

2.3.3 继续加入：

5×反转录反应缓冲液	4μL
0.1mol/L DTT	2μL
2.5mmol dNTPs	2μL
M-MLV 反转录酶	0.5μL
RNA 酶抑制剂	0.5μL
DEPC 水	11μL

37℃水浴 1h，合成 cDNA 链。取出后，可以直接进行 PCR，或者放于−20℃保存备用。试验中同时设立阳性和阴性对照。

2.4 PCR：根据扩增目的的不同，选择不同的上、下游引物。M-229U/M-229L 是型特异性引物，用于扩增禽流感病毒的 M 基因片段；H5-380U/H5-380L、H7-501U/H7-501L、H9-732U/H9-732L 分别特异性扩增 H5、H7、H9 亚型血凝素基因片段；N1-358U/N1-358L、N2-377U/N2-377L 分别特异性扩增 N1、N2 亚型神经氨酸酶基因片段。

PCR 为 50μL 体系，包括：

灭菌双蒸水	37.5μL
反转录产物	4μL
上游引物	0.5μL
下游引物	0.5μL
10×PCR Buffer	5μL
2.5mmol dNTPs	2μL
Taq 酶	0.5μL

首先加入灭菌双蒸水，然后再按照顺序逐一加入上述成分，每一次要加入到液面以下。全部加完后，混悬，瞬时离心，使液体都沉降到 PCR 管底。在每个 PCR 管中加入 1 滴液体石蜡（约 20μL）。循环参数为 95℃5min，94℃ 45s，52℃ 45s，72℃ 45s，循环 30 次，72℃延伸 6min 结束。设立阳性对照和阴性对照。

2.5 电泳：

2.5.1 制备 1.0%琼脂糖凝胶板，见附录 A.4。

2.5.2 取 5μL PCR 产物，与 0.5μL 加样缓冲液混合，加入琼脂糖凝胶板的加样孔中。

2.5.3 加入分子量标准。

2.5.4 盖好电泳仪，插好电极，5V/cm 电压电泳，30～40min。

2.5.5 在手提紫外线灯下观察；或者用紫外凝胶成像仪扫描图片存档，打印。

2.5.6 用分子量标准比较判断 PCR 片段大小。

3. 结果判定

3.1 在阳性对照出现相应扩增带、阴性对照无此扩增带时判定结果。

3.2 用 M－229U/M－229L 检测，出现大小为 229bp 扩增片段时，判定为禽流感病毒阳性，否则判定为阴性。

3.3 用 H5－380U/H5－380L 检测，出现大小为 380bp 扩增片段时，判定为 H5 血凝素亚型禽流感病毒阳性，否则判定为阴性。

3.4 用 H7－501U/H7－501L 检测，出现大小为 501bp 扩增片段时，判定为 H7 血凝素亚型禽流感病毒阳性，否则判定为阴性。

3.5 用 H9－732U/H9－732L 检测，出现大小为 732bp 扩增片段时，判定为 H9 血凝素亚型禽流感病毒阳性，否则判定为阴性。

3.6 用 N1－358U/N1－358L 检测，出现大小为 358bp 扩增片段时，判定为 N1 神经氨酸酶亚型禽流感病毒阳性，否则判定为阴性。

3.7 用 N2－377U/N2－377L 检测，出现大小为 377bp 扩增片段时，判定为 N2 神经氨酸酶亚型禽流感病毒阳性，否则判定为阴性。

禽流感病毒 RT－PCR 试验方法（二）

1. 试剂

1.1 变性液：见附录 C.1。

1.2 2mol/L 醋酸钠溶液（pH4.0）**：**见附录 C.2。

1.3 酚/氯仿/异戊醇混合液：见附录 C.3。

1.4 2.5mmol/L dNTP：见附录 C.4。

1.5 10×PCR 缓冲液：见附录 C.5。

1.6 溴化乙锭（EB）**溶液：**见附录 C.6。

1.7 TAE 电泳缓冲液：见附录 C.7。

1.8 2%琼脂糖凝胶：见附录 C.8。

1.9 上样缓冲液：见附录 C.9。

1.10 10pmol/μL RT－PCR 引物：见附录 D。

1.11 其他试剂：5U Taq DNA 聚合酶，10U/μL AMV 反转录酶，40U/μL RNA 酶抑制剂，异丙醇，70%乙醇。

2. 实验室条件

2.1 实验室应配备的仪器：分析天平、台式冷冻高速离心机、真空干燥器、制冰机、PCR 扩增仪、电泳仪、电泳槽、紫外凝胶成像仪（或紫外分析仪）、液氮罐或－70℃冰箱、微波炉、组织研磨器、－20℃冰箱、可调移液器（2μL 、20μL、200μL、1 000μL）。

2.2 实验室分区：PCR整个试验分PCR反应液配制区、模板提取区、扩增区、电泳区。流程顺序为配液区→模板提取区→扩增区→电泳区。严禁器材和试剂倒流。

3. 操作程序

3.1 样品的采集及处理：

3.1.1 样品的采集：病死或扑杀禽，取脑、肺等组织；待检活禽，用棉拭子蘸取气管分泌物或泄殖腔排泄物，放于50%甘油生理盐水中（要求送检病料新鲜，严禁反复冻融病料）。

3.1.2 样品的处理：

3.1.2.1 组织样品处理：称取待检病料0.05g，置于研磨器中剪碎并研磨，加入600μL变性液继续研磨。取已研磨好的待检病料上清300μL，置于1.5mL灭菌离心管中，加入100μL变性液，混匀。

3.1.2.2 分泌物和排泄物样品处理：将棉拭子充分捻动、拧干后弃去拭子。4℃ 8 000r/min离心5min，取上清100μL，置于1.5mL灭菌离心管中，加入300μL变性液，混匀。

3.1.2.3 阳性对照处理：取禽流感病毒液100μL，置于1.5mL灭菌离心管中，加入300μL变性液，混匀。

3.1.2.4 阴性对照处理：取灭菌双蒸水100μL，置1.5mL灭菌离心管中，加入300μL变性液，混匀。

3.2 病毒RNA的提取：

3.2.1 取已处理的待检样品以及阴性对照、阳性对照，每管依次加入醋酸钠溶液30μL、酚/氯仿/异戊醇混合液300μL，颠倒10次混匀，冰浴15min，4℃ 10 000r/min离心15min。

3.2.2 取上清300μL置于新的经DEPC水处理过的1.5mL灭菌离心管中，加入等体积异丙醇，混匀，置于液氮中3min或−70℃冰箱20min。取出样品管，室温融化，4℃ 15 000r/min离心20min。

3.2.3 弃上清，沿管壁缓缓滴入1mL 70%乙醇，轻轻旋转洗一次后倒掉，将离心管倒扣于吸水纸上1min，真空干燥15min。

3.2.4 用10μL无RNA酶的灭菌双蒸水和1μL RNA酶抑制剂溶解沉淀。−20℃储存备用。

3.3 RT-PCR：

3.3.1 引物选用：

3.3.1.1 型特异性引物用于检测禽流感病毒核蛋白基因（NP）片段。

3.3.1.2 H5亚型引物用于检测禽流感病毒H5亚型血凝素基因（HA）片段。

3.3.1.3 H7亚型引物用于检测禽流感病毒H7亚型血凝素基因（HA）片段。

3.3.1.4 H9亚型引物用于检测禽流感病毒H9亚型血凝素基因（HA）片段。

3.3.2 反应体系：本试验为反转录和PCR扩增同时进行，反应液总体积为25μL。

DEPC处理的灭菌双蒸水	13μL
2.5mmol/L dNTP	2.5μL

10pmol/μL RT－PCR 引物	1.5μL
15mmol/L 氯化镁	2μL
10×PCR 缓冲液	2.5μL
AMV 反转录酶	0.2μL
RNA 酶抑制剂	0.3μL
5U Taq DNA 聚合酶	1μL
提取的样品 RNA	2μL

混匀并做好标记，加入 20μL 矿物油覆盖，在 PCR 扩增仪上进行以下循环：42℃ 45min，95℃ 3min；扩增条件为 95℃ 30s，50℃ 40s（用型特异性引物时为 55℃ 40s），72℃ 40s，35 个循环后，72℃延伸 10min。

3.4 电泳： 取 PCR 扩增产物 15μL 与 3μL 上样缓冲液混合，点样于 2%琼脂糖凝胶孔中，以 5 V/ cm 电压进行电泳，40min，紫外凝胶成像仪或紫外分析仪上观察结果。

4. 结果判定

4.1 在阳性对照出现相应大小扩增带、阴性对照无此带出现的情况下判定结果。

4.2 用型特异引物检测被检样品出现 330bp 条带时，判定为禽流感病毒阳性，否则为阴性。

4.3 用 H5 亚型引物检测被检样品出现 545bp 条带时，判定为 H5 亚型禽流感病毒阳性，否则为阴性。

4.4 用 H7 亚型引物检测被检样品出现 634bp 条带时，判定为 H7 亚型禽流感病毒阳性，否则为阴性。

4.5 用 H9 亚型引物检测被检样品出现 488bp 条带时，判定为 H9 亚型禽流感病毒阳性，否则为阴性。

附　录　A

（规范性附录）

相关试剂的配制

A.1 变性液

4mol/L 异硫氰酸胍

25mmol/L 柠檬酸钠·$2H_2O$

0.5%（m/V）十二烷基肌酸钠

0.1mol/L β-巯基乙醇

具体配制：将 250g 异硫氰酸胍、0.75mol/L（pH7.0）柠檬酸钠 17.6mL 和 26.4mL 10%（m/V）十二烷基肌酸钠溶于 293mL 水中。65℃条件下搅拌、混匀，直至完全溶解。室温条件下保存，每次临用前按每 50mL 变性液加入 14.4 mol/L 的 β-巯基乙醇 0.36mL 的剂量加入。变性液可在室温下避光保存数月。

A. 2　2mol/L 醋酸钠溶液（pH4. 0）

乙酸钠	16. 4g
冰乙酸	调 pH 至 4. 0
灭菌双蒸水	加至 100mL

A. 3　氯仿/异戊醇混合液

氯仿	49mL
异戊醇	1mL

A. 4　1. 0%琼脂糖凝胶的配制

琼脂糖	1. 0g
0. 5×TAE 电泳缓冲液	加至 100mL

微波炉中完全融化，待冷至 50～60℃时，加溴化乙锭（EB）溶液 5μL，摇匀，倒入电泳板上，凝固后取下梳子，备用。

A. 5　50×TAE 电泳缓冲液

A. 5. 1　0. 5mol/L 乙二铵四乙酸二钠（EDTA）溶液（pH8. 0）：

二水乙二铵四乙酸二钠	18. 61g
灭菌双蒸水	80mL
氢氧化钠	调 pH 至 8. 0
灭菌双蒸水	加至 100mL

A. 5. 2　TAE 电泳缓冲液（50×）配制：

羟基甲基氨基甲烷（Tris）	242g
冰乙酸	57. 1mL
0. 5mol/L 乙二铵四乙酸二钠溶液（pH8. 0）	100mL
灭菌双蒸水	加至 1 000mL

用时用灭菌双蒸水稀释使用。

A. 6　溴化乙锭（EB）溶液

溴化乙锭	20mg
灭菌双蒸水	加至 20mL

A. 7　10×加样缓冲液

聚蔗糖	25g
灭菌双蒸水	100mL
溴酚蓝	0. 1g
二甲苯腈	0. 1g

A. 8　DEPC 水

超纯水	100mL
焦碳酸二乙酯（DEPC）	50μL

室温过夜，121℃高压 15min，分装到 1. 5mL DEPC 处理过的微量管中。

A. 9　M－MLV 反转录酶 5×反应缓冲液

1mol/L Tris-HCl（pH 8. 3）	5mL
KCl	0. 559g
$MgCl_2$	0. 029g
DTT	0. 154g
灭菌双蒸水	加至 100mL

A. 10　2. 5mmol/L dNTP

DATP（10mmol/L）	20μL
DTTP（10mmol/L）	20μL
DGTP（10mmol/L）	20μL
DCTP（10mmol/L）	20μL

A. 11　10×PCR 缓冲液

1mol/L Tris－HCl（pH8. 8）	10mL
1mol/L KCl	50mL
Nonidet P40	0. 8mL
1. 5mol/L $MgCl_2$	1mL
灭菌双蒸水	加至 100mL

附　录　B

（资料性附录）

禽流感病毒 RT-PCR 试验用引物

B. 1　反转录引物

Uni 12：5′-AGCAAAAGCAGG－3′，引物浓度为 20pmol。

B. 2　PCR 引物

见表 B. 1，引物浓度均为 20pmol。

表 B.1 PCR过程中选择的引物

引物名称	引物序列	长度（bp）	扩增目的
M-229U	5′-TTCTAACCGAGGTCGAAAC-3′	229	通用引物
M-229L	5′-AAGCGTCTACGCTGCAGTCC-3′		
H5-380U	5′-AGTGAATTGGAATATGGTAACTG-3′	380	H5
H5-380L	5′-AACTGAGTGTTCATTTTGTCAAT-3′		
H7-501U	5′-AATGCACARGGAGGAGGAACT-3′	501	H7
H7-501L	5′-TGAYGCCCCGAAGCTAAACCA-3′		
H9-732U	5′-TCAACAAACTCCACCGAAACTGT-3′	732	H9
H9-732L	5′-TCCCGTAAGAACATGTCCATACCA-3′		
N1-358U	5′-ATTRAAATACAAYGGYATAATAAC-3′	358	N1
N1-358L	5′-GTCWCCGAAAACYCCACTGCA-3′		
N2-377U	5′-GTGTGYATAGCATGGTCCAGCTCAAG-3′	377	N2
N2-377L	5′-GAGCCYTTCCARTTGTCTCTGCA-3′		

注：W=（AT）；Y=（CT）；R=（AG）。

附 录 C

（规范性附录）

试 剂 的 配 制

C.1 变性液

柠檬酸钠 0.764g
十二烷基肌氨酸钠 0.5g
β-巯基乙醇 0.868mL
硫氰酸胍 47.28g
灭菌双蒸水 加至100mL

C.2 2mol/L 醋酸钠溶液（pH4.0）

乙酸钠 16.4g
冰乙酸 调 pH 至 4.0
灭菌双蒸水 加至100mL

C.3 酚/氯仿/异戊醇混合液

酸性酚 50mL
氯仿 49mL

异戊醇　1mL

C.4　2.5mmol/L dNTP

dATP（100mmol/L）　20μL
dTTP（100mmol/L）　20μL
dGTP（100mmol/L）　20μL
dCTP（100mmol/L）　20μL
灭菌双蒸水　加至 800μL

C.5　10×PCR 缓冲液

灭菌双蒸水　70mL
三羟甲基氨基甲烷（Tris）　0.158g
氯化钾　0.373g
曲拉通 X-100　0.1mL
盐酸　调 pH 至 9.0
灭菌双蒸水　加至 100mL

C.6　溴化乙锭（EB）溶液

溴化乙锭　0.2g
灭菌双蒸水　加至 20mL

C.7　TAE 电泳缓冲液（50×）

C.7.1　0.5mol/L 乙二铵四乙酸二钠（EDTA）溶液（pH8.0）：
二水乙二铵四乙酸二钠　18.61g
灭菌双蒸水　80mL
氢氧化钠　调 pH 至 8.0
灭菌双蒸水　加至 100mL

C.7.2　TAE 电泳缓冲液（50×）配制：
三羟甲基氨基甲烷（Tris）　242g
冰乙酸　57.1mL
0.5mol/L 乙二铵四乙酸二钠溶液（pH8.0）　100mL
灭菌双蒸水　加至 1 000mL
用时用灭菌双蒸水稀释使用。

C.8　2%琼脂糖凝胶的配制

琼脂糖　4g
TAE 电泳缓冲液（50×）　4mL
灭菌双蒸水　196mL
微波炉中完全融化，加溴化乙锭（EB）溶液 50μL。

C.9 上样缓冲液

溴酚蓝 0.2g，加双蒸水 10mL 过夜溶解。50g 蔗糖加入 50mL 水溶解后，移入已溶解的溴酚蓝溶液中，摇匀定容至 100mL。

附 录 D

（资料性附录）

禽流感病毒 RT-PCR 试验用引物

D.1 10 pmol/μL 型特异性引物配制

2 OD 的上游型特异性引物加灭菌双蒸水至 462μL，2 OD 的下游型特异性引物加灭菌双蒸水至 445μL。使用时，2 种引物等体积混匀即可。

D.2 10 pmol/μL H5 亚型引物配制

2 OD 的上游 H5 亚型引物加灭菌双蒸水至 494μL，2 OD 的下游 H5 亚型引物加灭菌双蒸水至 484μL。使用时，2 种引物等体积混匀即可。

D.3 10 pmol/μL H7 亚型引物配制

2 OD 的上游 H7 亚型引物加灭菌双蒸水至 487μL，2 OD 的下游 H7 亚型引物加灭菌双蒸水至 488μL。使用时，2 种引物等体积混匀即可。

D.4 10 pmol/μL H9 亚型引物配制

2 OD 的上游 H9 亚型引物加灭菌双蒸水至 492μL，2 OD 的下游 H9 亚型引物加灭菌双蒸水至 516μL。使用时，2 种引物等体积混匀即可。

表 D.1

引物名称	序 列	扩增片段大小	扩增片段位置	用途
上游型特异性引物 下游型特异性引物	5′-CAGRTACTGGGCHATAAGRAC-3′ 5′-GCATTGTCTCCGAAGAAATAAG-3′	330bp	核蛋白基因 1200～1529	禽流感病毒型鉴定
上游 H5 亚型引物 下游 H5 亚型引物	5′-ACACATGCYCARGACATACT-3′ 5′-CTYTGRTTYAGTGTTGATGT-3′	545bp	血凝素基因 155～699	禽流感病毒 H5 亚型鉴定
上游 H7 亚型引物 下游 H7 亚型引物	5′-GGGATACAAAATGAAYACTC-3′ 5′-CCATABARYYTRGTCTGYTC-3′	634bp	血凝素基因 12～645	禽流感病毒 H7 亚型鉴定
上游 H9 亚型引物 下游 H9 亚型引物	5′-CTCCACACAGAGCAYAATGG-3′ 5′-GYACACTTGTTGTTGTRTC-3′	488bp	血凝素基因 151～638	禽流感病毒 H9 亚型鉴定

注：Y=C/T；R =A/G；H=A/C/T；B=G/C/T。

（六）荧光 RT－PCR 检测方法

H5 亚型禽流感病毒荧光 RT－PCR 检测方法

（引自 GB/T 19438.2—2004）

1. 试剂和材料

1.1 试剂：除另有说明，所用试剂均为分析纯；所有试剂均用无 RNA 酶的容器分装。

氯仿。

异丙醇：－20℃预冷。

75 %乙醇：用新开启的无水乙醇和 DEPC 水（符合 GB 6682 要求）配制，－20℃预冷

0.01 mol/L（pH 7.2）的 PBS：配方见 GB/T 19438.4—2004 附录 A。121±2℃，15min 高压灭菌冷却后，无菌条件下加入青霉素、链霉素各 10 000IU/mL。

H5 亚型禽流感病毒荧光 RT－PCR 检测试剂盒[①]：试剂盒的组成、说明及使用注意事项见本标准附录 A。

1.2 仪器设备：

1.2.1 高速台式冷冻离心机：最大离心力 12 000g 以上。

1.2.2 荧光 PCR 检测仪、计算机。

1.2.3 2～4℃冰箱和－20℃冰箱

1.2.4 微量加样器：0.5～10μL，5～20μL，20～200μL，200～1 000μL。

1.2.5 组织匀浆器。

1.2.6 混匀器。

1.2.7 可移动紫外灯。

2. 样品的采集与前处理

采样过程中样本不得交叉污染，采样及样品前处理过程中须戴一次性手套。

2.1 取样工具：下列取样工具必须经 121±2℃，15min 高压灭菌或经 160℃干烤 2h。

拭子；

剪、镊；

研钵；

Eppendorf 管（1.5mL）。

2.2 采样方法：

2.2.1 活禽样品：取咽喉拭子和泄殖腔拭子，具体采集方法如下：

咽喉拭子，采取时要将拭子深入喉头及上腭裂来回刮 3～5 次，取咽喉分泌液；

---

① 由指定单位提供，给出这一信息是为了方便本标准的使用者，并不表示对该产品的认可。如果其他等效产品具有相同的效果，则可使用这些等效产品。

取泄殖腔拭子时，将拭子深入泄殖腔转一圈蘸取粪便；

将咽喉拭子和泄殖腔拭子一起放入盛有 1.0mL PBS 的 Eppendorf 管中，编号备用。

2.2.2 内脏或肌肉样品：用无菌镊剪夹取待检样品 2.0g 于研钵中充分研磨，再加 10mL PBS 混匀，或置于组织匀浆器中，加入 10mL PBS 匀浆，然后将组织悬液转入无菌 Eppendorf 管中 3 000r/min 离心 10min，取上清液转入 Eppendorf 管中，编号备用。

2.2.3 血清或血浆：用无菌注射器直接吸取至无菌 Eppendorf 管中，编号备用。

2.3 存放与运送：采集或处理的样本在 2～8℃条件下保存应不超过 24h；若需长期保存，须放置－70℃冰箱，但应避免反复冻融（最多冻融 3 次）。采集的样品密封后，采用保温壶或保温桶加冰密封，尽快运送到实验室。

3. 操作方法

3.1 实验室的设置与管理：实验室的设置与管理见 GB/T 19438.1－2004 附录 C。

3.2 样本的处理：在样本处理区进行。

3.2.1 取 n 个 1.5mL 灭菌 Eppendorf 管，其中 n 为待检样品数、一管阳性对照及一管阴性对照之和，对每个管进行编号。

3.2.2 每管加入 600μL 裂解液，然后分别加入待测样本、阴性对照、阳性对照各 200μL，吸头反复吸打混匀（一份样本换用一个吸头）；再加入 200μL 氯仿，混匀器上震荡混匀 5s（不宜过于强烈，以免产生乳化层，也可用手颠倒混匀）。于 4℃条件下，12 000r/min 离心 15min。

3.2.3 取与本标准 3.2.1 中相同数量的 1.5mL 灭菌 Eppendorf 管，加入 400μL 异丙醇（－20℃ 预冷），对每个管进行编号。吸取本标准 3.2.2 离心后各管中的上清液转移至相应的管中，上清液至少吸取 500μL，注意不要吸出中间层，颠倒混匀。

3.2.4 12 000r/min 离心 15min（Eppendorf 管开口保持朝离心机转轴方向放置）。轻轻倒去上清，倒置于吸水纸上，沾干液体，不同样品应在吸水纸不同地方沾干。加入 600μL 75%乙醇，颠倒洗涤。

3.2.5 于 4℃条件下，12 000r/min 离心 10min（Eppendorf 管开口保持朝离心机转轴方向放置）。轻轻倒去上清液，倒置于吸水纸上，沾干液体，不同样品应在吸水纸不同地方沾干。

3.2.6 4 000r/min 离心 10s（Eppendorf 管开口保持朝离心机转轴方向放置），将管壁上的残余液体甩到管底部，用微量加样器尽量将其吸干，一份样本换用一个吸头，吸头不要碰到有沉淀一面，室温干燥 3min。不宜过于干燥，以免 RNA 不溶。

3.2.7 加入 11μL DEPC 水，轻轻混匀，溶解管壁上的 RNA，2 000r/min 离心 5s，冰上保存备用。提取的 RNA 须在 2h 内进行 RT－PCR 扩增或放置于－70℃冰箱。

3.3 扩增试剂准备与配置：在反应混合物配制区进行。

从试剂盒中取出 AIV H5 亚型 RT－PCR 反应液、Taq 酶，在室温下融化后，2 000r/min 离心 5s。设所需 PCR 数为 n，其中 n 为待检样品数、一管阳性对照及一管阴性对照之和，每个样本测试反应体系配制见下表。

测试反应体系配制表

试剂	RT－PCR 反应液	Taq 酶
用量	15μL	0.25μL

计算好各试剂的使用量，加入一适当体积试管中，向其中加入 0.25× n 颗 RT－PCR 酶颗粒，充分混合均匀，向每个 PCR 管中各分装 15μL，转移至样本处理区。

3.4　加样：在样本处理区进行。在各设定的 PCR 管中分别加入本标准 3.2.7 中制备的 RNA 溶液各 10μL，盖紧管盖后，500r/min 离心 30s。

3.5　荧光 RT－PCR 反应：在检测区进行。将本标准 3.4 中加样后的 PCR 管放入荧光 PCR 检测仪内，记录样本摆放顺序。

循环条件设置

荧光 RT－PCR 检测 H5 亚型禽流感病毒的反应参数为：

——第一阶段，反转录 42℃/30min；

——第二阶段，预变性 92℃/3min；

——第三阶段，92℃/10s，45℃/30s，72℃/1min，5 个循环；

——第四阶段，92℃/10s，60℃/30s，40 个循环，荧光收集设置在第四阶段每次循环的退火延伸时进行。

4. 结果判定

4.1　结果分析条件设定：读取检测结果。阈值设定原则以阈值线刚好超过正常阴性对照品扩增曲线的最高点，结果显示阴性为准。或可根据仪器噪音情况进行调整。

4.2　质控标准：

4.2.1　阴性对照无 Ct 值并且无扩增曲线。

4.2.2　阳性对照的 Ct 值应＜28.0，并出现典型的扩增曲线。否则，此次实验视为无效。

4.3　结果描述及判定：

4.3.1　阴性：无 Ct 值并且无扩增曲线，表示样品中无禽流感病毒。

4.3.2　阳性：Ct 值≤30.0，且出现典型的扩增曲线，表示样本中存在禽流感病毒。

4.3.3　有效原则：Ct 值＞30.0 的样本须重做。重做结果无 Ct 值者为阴性，否则为阳性。

附　录　A

（资料性附录）

H5 亚型禽流感病毒荧光 RT－PCR 试剂盒组成、说明及使用时的注意事项

A.1　试剂盒的组成

组成成分（48 tests/盒）	体 积
样本处理试剂	
裂解液	30mL×1 盒
核酸扩增试剂	
H5 亚型禽流感病毒 RT－PCR 反应液	750μL×1 管
RT－PCR 酶（带盖 PCR 反应管装）	1 颗/管×12 管
Taq 酶（5U/μL）	12μL×1 管
DEPC 水	1mL×1 管
对照品	
阴性对照	1mL×1 管
阳性对照（非感染体外转录 RNA）	1mL×1 管

A.2 说明

A.2.1 裂解液的主要成分为异硫氰酸胍和酚，为 RNA 提取试剂，外观为红色，于4℃保存。

A.2.2 DEPC 水，是用 1 %DEPC 处理后的去离子水，用于溶解 RNA。

A.2.3 RT－PCR 反应液中含有特异性引物、探针及各种离子。

A.3 使用时的注意事项

A.3.1 由于阳性样品中模板浓度相对较高，检测过程中不得交叉污染。

A.3.2 反应液分装时应尽量避免产生气泡，上机前注意检查各反应管是否盖紧，以免荧光物质泄露污染仪器。

A.3.3 RT－PCR 酶颗粒极易吸潮失活，RT－PCR 酶在室温条件下必须置于干燥器内保存，使用时取出所需数量，剩余部分立即放回干燥器中。

A.3.4 除裂解液外，其他试剂－20℃保存。有效期为 6 个月。

附　录　B

（资料性附录）

试剂盒的组成

（引自 GB/T　19438.1—2004）

B.1　试剂盒组成

每个试剂盒可做 48 个检测，包括以下成分：

成分	规格
裂解液	30mL×1 盒
DEPC 水	1mL×1 管
RT－PCR 反应液（内含禽流感病毒的引物、探针）	750μL×1 管
RT－PCR 酶	1 颗/管×12 管
Taq 酶	12μL×1 管
阴性对照	1mL×1 管
阳性对照（非感染性体外转录 RNA）	1mL×1 管

B.2　说明

B.2.1　裂解液的主要成分为异硫氰酸胍和酚，为 RNA 提取试剂，外观为红色液体，于 4℃保存。

B.2.2　DEPC 水，是用 1%DEPC 处理后的去离子水，用于溶解 RNA。

B.2.3　RT－PCR 反应液中含有特异性引物、探针及各种离子。

B.3　功能

试剂盒可用于禽类相关样品（包括肌肉组织、脏器、咽喉拭子、泄殖腔拭子、血清或血浆等）中禽流感病毒的检测。

B.4　使用时的注意事项

B.4.1　在检测过程中，必须严防不同样品间的交叉污染。

B.4.2　反应液分装时应避免产生气泡，上机前检查各反应管是否盖紧，以免荧光物质泄露污染仪器。

RT－PCR 酶颗粒极易吸潮失活，必须在室温条件下置于干燥器内保存，使用时取出所需数量，剩余部分立即放回干燥器中。

附 录 C

（规范性附录）

禽流感病毒通用荧光 RT-PCR 检测方法的实验室规范

（引自 GB/T 19438.1—2004）

C.1 实验室设置要求

实验室设置要求如下：

——实验室分为三个相对独立的工作区域：样本制备区、反应混合物配制区和检测区；

——工作区域须有明确标记，避免不同工作区域内的设备、物品混用；

——每一区域须有专用的仪器设备；

——整个实验过程中均须使用无 RNA 酶的一次性耗材，用到的玻璃器皿使用前须250℃干烤 4h 以上，以彻底去除 RNA 酶；

——各区域的仪器设备须有明确标记，以避免设备物品从各自的区域内移出，造成不同的工作区域间设备物品发生混淆；

——进入各个工作区域严格遵循单一方向顺序，即只能从样本制备区、扩增反应混合物配制区至检测区；

——在不同的工作区域应使用不同颜色或有明显区别标志的工作服，以便于鉴别；离开工作区时不得将各区特定的工作服带出；

——实验室清洁时应按样本制备区、扩增反应混合物配制区至检测区的顺序进行；

——不同的实验区域应有其各自的清洁用具以防止交叉污染。

C.2 工作区域仪器设备配置

C.2.1 样本制备区：该区需配置如下仪器设备：

——2～8℃冰箱；

——－20℃冰箱；

——高速台式冷冻离心机（4℃，12 000r/min）；

——混匀器；

——微量加样器（0.5～10μL，5～20μL，20～200μL，200～1 000μL）；

——可移动紫外灯（近工作台面）。

C.2.2 反应混合物配制区：该区需配置如下仪器设备：

——2～8℃冰箱；

——－20℃冰箱；

——台式离心机（3 000r/min）；

——混匀器；

——微量加样器（0.5～10μL，5～20μL，20～200μL，200～1 000μL）；
——可移动紫外灯（近工作台面）。

C.2.3 检测区：检测区需配置如下仪器设备：
——荧光 PCR 仪（配计算机）；
——移动紫外灯；
——打印机。

C.3 各工作区域功能及注意事项

C.3.1 样本制备区：
——标本的保存，核酸提取、贮存及其加入至扩增反应管在样本制备区进行；
——避免在本区内不必要的走动。可在本区内设立正压条件以避免邻近区的气溶胶进入本区造成污染。为避免样本间的交叉污染，加入待测核酸后，必须立即盖严含反应混合液的反应管；
——用过的加样器吸头必须放入专门的消毒（例如含次氯酸钠溶液）容器内。实验室桌椅表面每次工作后都要清洁，实验材料（原始样本、提取过程中样本与试剂的混合液等）如出现外溅，必须作清洁处理并作记录；
——对实验台适当的紫外照射（254 nm 波长，与工作台面近距离）适合于灭活去污染。工作后通过移动紫外线灯管来确保对实验台面的充分照射。

C.3.2 反应混合物配制区：
——试剂的分装和反应混合液的制备在本区进行；
——用于标本制备的试剂应直接运送至反应混合物配制区，不能经过检测区，在打开含有反应混合液的离心管或试管前，应将其快速离心数秒；
——在整个本区的实验操作过程中，操作者必须戴手套，并经常更换。工作结束后必须立即对工作区进行清洁。本工作区的实验台表面应可耐受诸如次氯酸钠等的化学物质的消毒清洁作用。实验台表面用可移动紫外灯（254 nm 波长）进行照射。

C.3.3 检测区：
——RT－PCR 扩增及扩增片段的分析在本区内进行；
——本区注意避免通过本区的物品及工作服将扩增产物带出。为避免气溶胶所致的污染，应尽量减少在本区内的走动；
——完成操作及每天工作后都必须对实验室台面进行清洁和消毒，紫外照射方法与前面区域相同。

如有溶液溅出，必须处理并作出记录。本区的清洁消毒和紫外照射方法同前面区域。

H7 亚型禽流感病毒荧光 RT－PCR 检测方法

（引自 GB/T 19438.3—2004）

1. 试剂和材料

1.1 试剂：除特别说明外，本标准所用试剂均为分析纯，所用液体试剂均须使用无

RNA 酶的容器进行分装。

H7 亚型禽流感病毒荧光 RT－PCR 检测试剂盒：试剂盒的组成、说明及使用注意事项见本标准附录 A。

氯仿。

异丙醇。

75%乙醇，用新开启的无水乙醇和无 RNA 酶的水（符合 GB 6682—92 要求）配制。

0.01mol/L（pH7.2）的 PBS：配方见 GB/T 19438.4—2004 附录 A。121±2℃，15min 高压灭菌后，无菌条件下按 10 000IU/mL 加入青霉素和链霉素。

1.2 仪器设备：

高速台式冷冻离心机：要求最大离心力在 12 000g 以上。

荧光 PCR 仪。

计算机。

2～8℃冰箱。

－20℃冰箱。

微量加样器（0.5～10μL；5～20μL；20～200μL；200～1 000μL）。

混匀器。

可移动紫外灯：要求近工作台面。

2. 样品的采集与前处理

采样过程中样本间不得交叉污染，采样及样品前处理过程中须戴一次性手套。

2.1 取样工具：需要下列取样工具：

——棉拭子；

——剪刀、镊子；

——Eppendorf 管；

——研钵。

以上取样工具必须经 121±2℃，15min 高压灭菌并烘干。

2.2 采样方法：

2.2.1 活禽样品：取咽喉拭子和泄殖腔拭子，采集方法为：

——对于咽喉拭子，采取时要深入喉头及上颚裂来回刮 3～5 次取咽喉分泌液；

——取泄殖腔拭子时，将拭子深入泄殖腔转一圈蘸取粪便；

——将咽喉拭子和泄殖腔拭子一并放入盛有 1.0mL PBS 的 Eppendorf 管中备用。

2.2.2 肌肉或脏器样品：用无菌的剪刀、镊子取待检样品 2.0g 于研钵中充分研磨，加 10mL PBS 混匀，1 000g 离心 10min 后，取上清液转入 Eppendorf 管中备用。

2.2.3 血清或血浆：用无菌注射器直接吸取至 Eppendorf 管内备用。

2.2.4 保存与运送：采集或处理的样本在 2～8℃条件下保存应不超过 24h，长期保存须在－70℃以下，但应避免反复冻融（冻融不超过 3 次）。

样品采集后，将采集的样品密封并编号，采用保温壶或泡沫箱加冰密封尽快运送到实验室。

3. 操作方法

3.1　实验室的设置与管理：实验室的设置与管理见 GB/T　19438.1—2004 附录 C。

3.2　样本的制备：

3.2.1　在样本制备区进行。

3.2.2　样本的制备程序：

3.2.2.1　取 n 个 1.5mL 灭菌 Eppendorf 管，其中 n 为待检样品数、一管阳性对照及一管阴性对照之和，对每个管编号标记；

3.2.2.2　每管加入 600μL 裂解液，然后分别加入待测样本、阴性对照、阳性对照各 200μL，一份样本换用一个吸头；再加入 200μL 氯仿，混匀器上剧烈震荡混匀 5s。于 4℃条件下，12 000g 离心 15min；

3.2.2.3　取与本标准 3.2.2.1 中相同数量的 1.5mL 灭菌 Eppendorf 管，加入 500μL 异丙醇（—20℃预冷），对每个管编号标记；

3.2.2.4　吸取本标准 3.2.2.2 离心后各管中的上清液转移至已加入异丙醇的相应管中，上清液至少吸取 500μL，不要吸出中间层，颠倒混匀；

3.2.2.5　于 4℃条件下，12 000*g* 离心 15min，注意固定离心管方向，即将离心管开口朝离心机转轴方向放置。轻轻倾去上清液，倒置于吸水纸上，沾干液体，不同样品须在吸水纸不同地方沾干；

3.2.2.6　加入 600μL 75%乙醇，颠倒洗涤。于 4℃条件下，12 000*g* 离心 15min。轻轻倾去上清液，倒置于吸水纸上，沾干液体；

3.2.2.7　4 000*g* 离心 10s，将管壁上的残余液体甩到管底部，用微量加样器将其吸干，一份样本换用一个吸头，吸头不要碰到有沉淀一面，室温干燥 3min。不宜过于干燥，以免 RNA 不溶；

3.2.2.8　加入 11μL DEPC 水，轻轻混匀，溶解管壁上的 RNA，2 000*g* 离心 5s，冰上保存备用。提取的 RNA 须在 2h 内进行 RT-PCR 扩增，长时间保存，须置于—70℃条件下。

3.3　靶核酸的反转录和扩增：

3.3.1　扩增试剂准备与配制：

3.3.1.1　在反应混合物配制区进行。

3.3.1.2　从试剂盒中取出相应的 RT-PCR 反应液、Taq 酶，待反应液室温下融化后，2 000*g* 离心 5s。设所需 PCR 反应数为 n，其中 n 为待检样品数、一管阳性对照及一管阴性对照之和。每个测试反应体系需使用 15 μL RT-PCR 反应液及 0.25 μL Taq 酶。计算各试剂的使用量，加入一试管中，向其中加入 0.25×n 颗 RT-PCR 酶颗粒，充分混合均匀，向每个 PCR 管中各分装 15μL，转移至样本处理区。

3.3.2　加样：

3.3.2.1　在样本处理区进行。

3.3.2.2　在各设定的 PCR 管中分别加入本标准 3.2.2.8 制备的 RNA 溶液各 10μL，盖紧管盖后，500*g* 离心 30s。

3.3.3　荧光 RT-PCR 反应：

3.3.3.1　在检测区进行。

3.3.3.2 将本标准 3.3.2.2 中加样后的 PCR 管放入荧光 PCR 检测仪内并记录样本摆放顺序。

3.3.4 反应参数设置：荧光 RT－PCR 检测 H7 亚型禽流感病毒的反应参数为：

——第一阶段，反转录 42℃/30min；

——第二阶段，预变性 92℃/3min；

——第三阶段，92℃/10s，45℃/30s，72℃/1min，5 个循环；

——第四阶段，92℃/10s，60℃/30s，40 个循环，荧光收集设置在第四阶段每次循环的退火延伸时进行。

4. 结果判定

4.1 结果分析条件设定：

4.1.1 读取检测结果，阈值设定原则以阈值线刚好超过正常阴性对照扩增曲线的最高点。

4.1.2 不同仪器可根据仪器噪音情况进行调整。

4.2 质控标准： 阴性对照的检测结果应没有特异性扩增，阳性对照的 Ct 值应＜28.0。

4.3 结果描述及判定：

4.3.1 阳性：Ct 值≤30，而且出现明显的扩增线，表明样品中存在 H7 亚型禽流感病毒。

4.3.2 阴性：无 Ct 值并且无扩增曲线，表明样品中无 H7 亚型禽流感病毒。

4.4 有效原则： Ct 值＞30.0 的样本须重做，重做结果无 Ct 值者为阴性，否则为阳性。

附 录 A

（资料性附录）

H7 亚型禽流感病毒荧光 RT－PCR 试剂盒组成、说明、功能及使用时的注意事项

A.1 试剂盒组成

每个试剂盒（规格为 48 反应/盒）包括以下成分：

裂解液	30mL×1 盒
DEPC 水	1mL×1 管
H7 亚型禽流感病毒 RT－PCR 反应液	750μL×1 管
RT－PCR 酶	1 颗/管×12 管
Taq 酶	12μL×1 管
阴性对照	1mL×1 管
阳性对照（非感染性体外转录 RNA）	1mL×1 管

A.2 说明

A.2.1 裂解液的主要成分为异硫氰酸胍和酚，为 RNA 提取试剂，外观为红色液体，

于4℃保存，其他试剂保存于−20℃。

A.2.2 DEPC水，是用1%DEPC处理后的去离子水，用于溶解RNA。

A.2.3 RT－PCR反应液中含有特异性引物、探针及各种离子。

A.3 使用时的注意事项

——由于阳性样品中模板浓度相对较高，检测过程中不得交叉污染。

——反应液分装时应避免产生气泡，上机前检查各反应管是否盖紧，以免荧光物质泄漏污染仪器。

——RT－PCR酶颗粒极易吸潮失活，必须在室温条件下置于干燥器内保存，使用时取出所需数量，剩余部分立即放回干燥器中。

附　录　B

（资料性附录）

试剂盒的组成

（GB/T　19438.1—2004）

B.1 试剂盒组成

每个试剂盒可做48个检测，包括以下成分：

裂解液	30mL×1盒
DEPC水	1mL×1管
RT－PCR反应液（内含禽流感病毒的引物、探针）	750μL×1管
RT－PCR酶	1颗/管×12管
Taq酶	12μL×1管
阴性对照	1mL×1管
阳性对照（非感染性体外转录RNA）	1mL×1管

B.2 说明

B.2.1 裂解液的主要成分为异硫氰酸胍和酚，为RNA提取试剂，外观为红色液体，于4℃保存。

B.2.2 DEPC水，是用1%DEPC处理后的去离子水，用于溶解RNA。

B.2.3 RT－PCR反应液中含有特异性引物、探针及各种离子。

B.3 功能

试剂盒可用于禽类相关样品（包括肌肉组织、脏器、咽喉拭子、泄殖腔拭子、血清或血浆等）中禽流感病毒的检测。

B.4 使用时的注意事项

B.4.1 在检测过程中，必须严防不同样品间的交叉污染。

B.4.2 反应液分装时应避免产生气泡，上机前检查各反应管是否盖紧，以免荧光物质泄漏污染仪器。

RT-PCR 酶颗粒极易吸潮失活，必须在室温条件下置于干燥器内保存，使用时取出所需数量，剩余部分立即放回干燥器中。

附 录 C

（规范性附录）

禽流感病毒通用荧光 RT-PCR 检测方法的实验室规范

（引自 GB/T 19438.1—2004）

C.1 实验室设置要求

——实验室分为三个相对独立的工作区域：样本制备区、反应混合物配制区和检测区；

——工作区域须有明确标记，避免不同工作区域内的设备、物品混用；

——每一区域须有专用的仪器设备；

——整个实验过程中均须使用无 RNA 酶的一次性耗材，用到的玻璃器皿使用前须250℃干烤 4h 以上，以彻底去除 RNA 酶；

——各区域的仪器设备须有明确标记，以避免设备物品从各自的区域内移出，造成不同的工作区域间设备物品发生混淆；

——进入各个工作区域严格遵循单一方向顺序，即只能从样本制备区、扩增反应混合物配制区至检测区；

——在不同的工作区域应使用不同颜色或有明显区别标志的工作服，以便于鉴别；离开工作区时不得将各区特定的工作服带出；

——实验室清洁时应按样本制备区、扩增反应混合物配制区至检测区的顺序进行；

——不同的实验区域应有其各自的清洁用具以防止交叉污染。

C.2 工作区域仪器设备配置

C.2.1 样本制备区：

——2～8℃冰箱；

——－20℃冰箱；

——高速台式冷冻离心机（4℃，12 000r/min）；

——混匀器；

——微量加样器（0.5～10μL，5～20μL，20～200μL，200～1 000μL）；

——可移动紫外灯（近工作台面）。

C.2.2 反应混合物配制区：

——2～8℃冰箱；

——－20℃冰箱；

——台式离心机（3 000r/min）；

——混匀器；

——微量加样器（0.5～10μL，5～20μL，20～200μL，200～1 000μL）；

——可移动紫外灯（近工作台面）。

C.2.3 检测区：

——荧光 PCR 仪（配计算机）；

——移动紫外灯；

——打印机。

C.3 各工作区域功能及注意事项

C.3.1 样本制备区：

——标本的保存，核酸提取、贮存及其加入至扩增反应管在样本制备区进行；

——避免在本区内不必要的走动。可在本区内设立正压条件以避免邻近区的气溶胶进入本区造成污染。为避免样本间的交叉污染，加入待测核酸后，必须立即盖严含反应混合液的反应管；

——用过的加样器吸头必须放入专门的消毒（例如含次氯酸钠溶液）容器内。实验室桌椅表面每次工作后都要清洁，实验材料（原始样本、提取过程中样本与试剂的混合液等）如出现外溅，必须作清洁处理并作记录；

——对实验台适当的紫外照射（254nm 波长，与工作台面近距离）适合于灭活去污染。工作后通过移动紫外线灯管来确保对实验台面的充分照射。

C.3.2 反应混合物配制区：

——试剂的分装和反应混合液的制备在本区进行；

——用于标本制备的试剂应直接运送至反应混合物配制区，不能经过检测区，在打开含有反应混合液的离心管或试管前，应将其快速离心数秒；

——在整个本区的实验操作过程中，操作者必须戴手套，并经常更换。工作结束后必须立即对工作区进行清洁。本工作区的实验台表面应可耐受诸如次氯酸钠等化学物质的消毒清洁作用。实验台表面用可移动紫外灯（254 nm 波长）进行照射。

C.3.3 检测区：

——RT-PCR 扩增及扩增片段的分析在本区内进行；

——本区注意避免通过本区的物品及工作服将扩增产物带出。为避免气溶胶所致的污染，应尽量减少在本区内的走动；

——完成操作及每天工作后都必须对实验室台面进行清洁和消毒，紫外照射方法与前面区域相同。

如有溶液溅出，必须处理并作出记录。本区的清洁消毒和紫外照射方法同前面区域。

H9 亚型禽流感病毒荧光 RT－PCR 检测方法

（引自 GB/T 19438.4—2004）

1. 材料与试剂

1.1 试剂：除特别说明以外，本标准所用试剂均为分析纯，所有试剂均用无 RNA 酶污染的容器（用 DEPC 水处理后高压灭菌）分装。

氯仿。

异丙醇（－20℃预冷）。

PBS：121±2℃，15min 高压灭菌冷却后，无菌条件下加入青霉素、链霉素各10 000IU/mL。

75%乙醇：用新开启的无水乙醇和无 RNA 酶的水配制（符合 GB 6682—92 要求），－20℃

C 预冷。

H9 亚型禽流感病毒荧光 RT－PCR 检测试剂盒：组成、说明及使用注意事项见附录 A。

1.2 仪器与器材：

荧光 RT－PCR 检测仪

高速台式冷冻离心机（最高转速 12 000r/min 以上）

台式离心机（最高转速 2 000r/min）

混匀器

冰箱（2～8℃和－20℃两种）

可移动紫外灯

微量可调移液器及配套带滤芯吸头（10μL、100μL、1 000μL）

专用毛细玻璃管或 PCR 管 Eppendorf 管（1.5mL）

2. 抽样

2.1 采样工具：下列采样工具必须经 121±2℃，15min 高压灭菌并烘干：棉拭子、剪刀、镊子、注射器、1.5mL Eppendorf 管、研钵。

2.2 样品采集：

2.2.1 活禽：取咽喉拭子和泄殖腔拭子，采集方法如下：

——取咽喉拭子时将拭子深入喉头口及上颚裂来回刮 3～5 次取咽喉分泌液；

——取泄殖腔拭子时将拭子深入泄殖腔转一圈并蘸取少量粪便；

——将同一样品的咽喉拭子和泄殖腔拭子一并放入盛有 1.0mL PBS 的 1.5mL Eppendorf 管中，加盖、编号。

2.2.2 肌肉或组织脏器：待检样品装入一次性塑料袋或其他灭菌容器，编号，送实验室。

2.2.3 血清、血浆：用无菌注射器直接吸取至无菌 Eppendorf 管中，编号备用。

2.3 样品储运：样品采集后，将采集的样品放入密闭的塑料袋内（一个采样点的样品，放一个塑料袋），于保温箱中加冰、密封，送实验室。

2.4 样品制备：

2.4.1 咽喉、泄殖腔拭子：样品在混合器上充分混合后，用高压灭菌镊子将拭子中的液体挤出，室温放置 30min，取上清液转入无菌的 1.5mL Eppendorf 管中，编号备用。

2.4.2 肌肉或组织脏器：取待检样品 2.0g 于已洗净、灭菌并烘干的研钵中充分研磨，加 10mL PBS 混匀，4℃，3 000r/min 离心 15min，取上清液转入无菌的 1.5mL Eppendorf 管中，编号备用。

2.5 样本存放：样本在 2～8℃条件下保存应不超过 24h，若需长期保存应放在－70℃以下冰箱，但应避免反复冻融（冻融不超过 3 次）。

3. 操作方法

3.1 实验室的设置与管理：实验室的设置与管理见 GB/T 19438.1—2004 附录 C。

3.2 样本的处理：在样本制备区进行。

3.2.1 取 n 个灭菌的 1.5mL Eppendorf 管，其中 n 为被检样品、阳性样品与阴性样品之和（阳性样品、阴性样品在试剂盒中已标出），做标记。

3.2.2 每管加入 600μL 裂解液，分别加入被检样本、阴性对照、阳性对照各 200μL，一份样本换用一个吸头，再加入 200μL 氯仿，混匀器上振荡混匀 5s（不能过于强烈，以免产生乳化层，也可以用手颠倒混匀）。于 4℃、12 000r/min 离心 15min。

3.2.3 取与 2.2.1 相同数量灭菌的 1.5mL Eppendorf 管，加入 500μL 异丙醇（－20℃预冷），做标记。

吸取本标准 2.2.2 各管中的上清液转移至相应的管中，上清液应至少吸取 500μL，不能吸出中间层，颠倒混匀。

3.2.4 于 4℃、12 000r/min 离心 15min（Eppendorf 管开口保持朝离心机转轴方向放置），小心倒去上清，倒置于吸水纸上，沾干液体（不同样品须在吸水纸不同地方沾干）；加入 600μL 75%乙醇，颠倒洗涤。

3.2.5 于 4℃、12 000r/min 离心 10min（Eppendorf 管开口保持朝离心机转轴方向放置），小心倒去上清，倒置于吸水纸上，尽量沾干液体（不同样品须在吸水纸不同地方沾干）。

3.2.6 4 000*g* 离心 10s（Eppendorf 管开口保持朝离心机转轴方向放置），将管壁上的残余液体甩到管底部，小心倒去上清，用微量加样器将其吸干，一份样本换用一个吸头，吸头不要碰到有沉淀一面，室温干燥 3min，不能过于干燥，以免 RNA 不溶。

3.2.7 加入 11μL DEPC 水，轻轻混匀，溶解管壁上的 RNA，2 000r/min 离心 5s，冰上保存备用。提取的 RNA 须在 2h 内进行 PCR 扩增；若需长期保存须放置于－70℃冰箱。

3.3 检测：

3.3.1 扩增试剂准备：在反应混合物配制区进行。

从试剂盒中取出相应的荧光 RT－PCR 反应液、Taq 酶，在室温下融化后，2 000r/min

离心 5s。设所需荧光 RT－PCR 检测总数为 n，其中 n 为被检样品、阳性样品与阴性样品之和，每个样品测试反应体系配制见下表。

每个样品测试反应体系配制表

试剂	RT－PCR 反应液	Taq 酶
用量	15μL	0.25μL

根据测试样品的数量计算好各试剂的使用量，加入到适当体积试管中，按每 4 份样品加入 1 颗 RT－PCR 反转录酶颗粒，计算应加入的酶颗粒数，充分混合均匀，向每个荧光 RT－PCR管中各分装 15μL 反应混合物液体，转移至样本处理区。

3.3.2 加样：在样本处理区进行。

在各设定的荧光 RT－PCR 管中分别加入上述样本处理步骤 3.2 中制备的 RNA 溶液各 10μL，盖紧管盖，500r/min 离心 30s。

3.3.3 荧光 RT－PCR 检测：在检测区进行。

将本标准 3.2.2 中离心后的 PCR 管放入荧光 RT－PCR 检测仪内，记录样本摆放顺序。

循环条件设置：

第一阶段，反转录 42℃ /30min；

第二阶段，预变性 92℃/3min；

第三阶段，92℃/10s，45℃/30s，72℃/1min，5 个循环；

第四阶段，92℃/10s，60℃/30s，40 个循环，在第四阶段每次循环的退火延伸时收集荧光。

试验检测结束后，根据收集的荧光曲线和 Ct 值判定结果。

4. 结果判定

4.1 结果分析条件设定：直接读取检测结果。阈值设定原则根据仪器噪声情况进行调整，以阈值线刚好超过正常阴性样品扩增曲线的最高点为准。

4.2 质控标准：

4.2.1 阴性样品无 Ct 值或无扩增曲线。

4.2.2 阳性对照的 Ct 值应＜28.0，并出现典型的扩增曲线。否则，此次实验视为无效。

4.3 结果描述及判定：

4.3.1 阴性：无 Ct 值或无扩增曲线，表示样品中无 H9 亚型禽流感病毒。

4.3.2 阳性：Ct 值≤30，且出现典型的扩增曲线，表示样品中存在 H9 亚型禽流感病毒。

4.3.3 有效原则：Ct＞30 的样本建议重做。重做结果无数值者为阴性，否则为阳性。

附　录　A

（资料性附录）

H9 亚型禽流感病毒荧光 RT－PCR 检测试剂盒的组成

A.1　试剂盒组成

每个试剂盒可做 48 个检测，包括以下成分：

裂解液	30mL×1 盒
DEPC 水	1mL×1 管
H9 亚型禽流感病毒 RT－PCR 反应液	750μL×1 管
RT－PCR 酶	1 颗/管×12 管
Taq 酶	12μL×1 管
阴性对照	1mL×1 管
阳性对照（非感染性体外转录 RNA）	1mL×1 管

A.2　说明

A.2.1　裂解液的主要成分为异硫氰酸胍和酚，为 RNA 提取试剂，外观为红色液体，于 4℃保存。

A.2.2　DEPC 水，是用 1%DEPC 处理后的去离子水，用于溶解 RNA。

A.2.3　H9 亚型禽流感病毒 RT－PCR 反应液中含有检测 H9 亚型禽流感病毒的特异性引物、探针及各种离子。

A.3　使用时的注意事项

A.3.1　由于阳性样品中模板浓度相对较高，检测过程中不得交叉污染。

A.3.2　反应液分装时应避免产生气泡，上机前检查各反应管是否盖紧，以免荧光物质泄露污染仪器。

A.3.3　RT－PCR 酶颗粒极易吸潮失活，必须在室温条件下置于干燥器内保存，使用时取出所需数量，剩余部分立即放回干燥器中。

附 录 B

（资料性附录）

试剂盒的组成

（引自 GB/T 19438.1—2004）

B.1 试剂盒组成

每个试剂盒可做 48 个检测，包括以下成分：

裂解液	30mL×1 盒
DEPC 水	1mL×1 管
RT－PCR 反应液（内含禽流感病毒的引物、探针）	750μL×1 管
RT－PCR 酶	1 颗/管×12 管
Taq 酶	12μL×1 管
阴性对照	1mL×1 管
阳性对照（非感染性体外转录 RNA）	1mL×1 管

B.2 说明

B.2.1 裂解液的主要成分为异硫氰酸胍和酚，为 RNA 提取试剂，外观为红色液体，于 4℃保存。

B.2.2 DEPC 水，是用 1%DEPC 处理后的去离子水，用于溶解 RNA。

B.2.3 RT－PCR 反应液中含有特异性引物、探针及各种离子。

B.3 功能

试剂盒可用于禽类相关样品（包括肌肉组织、脏器、咽喉拭子、泄殖腔拭子、血清或血浆等）中禽流感病毒的检测。

B.4 使用时的注意事项

B.4.1 在检测过程中，必须严防不同样品间的交叉污染。

B.4.2 反应液分装时应避免产生气泡，上机前检查各反应管是否盖紧，以免荧光物质泄露污染仪器。

RT－PCR 酶颗粒极易吸潮失活，必须在室温条件下置于干燥器内保存，使用时取出所需数量，剩余部分立即放回干燥器中。

附 录 C

（规范性附录）

禽流感病毒通用荧光 RT-PCR 检测方法的实验室规范

（引自 GB/T 19438.1—2004）

C.1 实验室设置要求

——实验室分为三个相对独立的工作区域：样本制备区、反应混合物配制区和检测区；

——工作区域须有明确标记，避免不同工作区域内的设备、物品混用；

——每一区域须有专用的仪器设备；

——整个实验过程中均须使用无 RNA 酶的一次性耗材，用到的玻璃器皿使用前须250℃干烤 4h 以上，以彻底去除 RNA 酶；

——各区域的仪器设备须有明确标记，以避免设备物品从各自的区域内移出，造成不同的工作区域间设备物品发生混淆；

——进入各个工作区域严格遵循单一方向顺序，即只能从样本制备区、扩增反应混合物配制区至检测区；

——在不同的工作区域应使用不同颜色或有明显区别标志的工作服，以便于鉴别；离开工作区时不得将各区特定的工作服带出；

——实验室清洁时应按样本制备区、扩增反应混合物配制区至检测区的顺序进行；

——不同的实验区域应有其各自的清洁用具以防止交叉污染。

C.2 工作区域仪器设备配置

C.2.1 样本制备区：

——2～8℃冰箱；

——－20℃冰箱；

——高速台式冷冻离心机（4℃，12 000r/min）；

——混匀器；

——微量加样器（0.5～10μL，5～20μL，20～200μL，200～1 000μL）；

——可移动紫外灯（近工作台面）。

C.2.2 反应混合物配制区：

——2～8℃冰箱；

——－20℃冰箱；

——台式离心机（3 000r/min）；

——混匀器；

——微量加样器（0.5～10μL，5～20μL，20～200μL，200～1 000μL）；

——可移动紫外灯（近工作台面）。

C.2.3 检测区：

——荧光 PCR 仪（配计算机）；

——移动紫外灯；

——打印机。

C.3 各工作区域功能及注意事项

C.3.1 样本制备区：

——标本的保存，核酸提取、贮存及其加入至扩增反应管在样本制备区进行；

——避免在本区内不必要的走动。可在本区内设立正压条件以避免邻近区的气溶胶进入本区造成污染。为避免样本间的交叉污染，加入待测核酸后，必须立即盖严含反应混合液的反应管；

——用过的加样器吸头必须放入专门的消毒（例如含次氯酸钠溶液）容器内。实验室桌椅表面每次工作后都要清洁，实验材料（原始样本、提取过程中样本与试剂的混合液等）如出现外溅，必须作清洁处理并作记录；

——对实验台适当的紫外照射（254 nm 波长，与工作台面近距离）适合于灭活去污染。工作后通过移动紫外线灯管来确保对实验台面的充分照射。

C.3.2 反应混合物配制区：

——试剂的分装和反应混合液的制备在本区进行；

——用于标本制备的试剂应直接运送至反应混合物配制区，不能经过检测区，在打开含有反应混合液的离心管或试管前，应将其快速离心数秒；

——在整个本区的实验操作过程中，操作者必须戴手套，并经常更换。工作结束后必须立即对工作区进行清洁。本工作区的实验台表面应可耐受诸如次氯酸钠等的化学物质的消毒清洁作用。实验台表面用可移动紫外灯（254 nm 波长）进行照射。

C.3.3 检测区：

——RT－PCR 扩增及扩增片段的分析在本区内进行；

——本区注意避免通过本区的物品及工作服将扩增产物带出。为避免气溶胶所致的污染，应尽量减少在本区内的走动；

——完成操作及每天工作后都必须对实验室台面进行清洁和消毒，紫外照射方法与前面区域相同。

如有溶液溅出，必须处理并作出记录。本区的清洁消毒和紫外照射方法同前面区域。

（七）NASBA 检测方法

（引自 GB/T 19439—2004）

1. 材料准备

1.1 试验环境：干净的环境，最好分区。分为核酸提取、核酸扩增和核酸检测三个区。

1.2 器材： 采用一般分子生物学的器材，包括：一次性手套、移液器（量程 5μL 到 200μL）、枪头、无 RNA 酶的 1.5mL 塑料离心管、1.5mL 离心管架、5mL 试管架、旋涡振荡器、计时器、高速台式离心机、温度计（精度±2℃）、加热器、水浴锅、5mL 聚丙烯试管（VWR）、封口膜等。

如果采用 ECL 方法，需要 NucliSens 阅读器或者等同的仪器。

如果采用 ELISA 方法，需要酶标仪。

1.3 引物：

上游引物 AAT TCT AAT ACG ACT CAC TAT AGGGAG AAGG CCA IAA AGA (C/T) AG ACC AGC TA

下游引物 GATGCA AGG TCG CAT ATG AGGAGAGAAGAAGAA AAA AGAGAG GAC

1.4 检测试剂： 所有检测试剂在使用前，应使其达到室温。

1.4.1 裂解缓冲液（lysis buffer）（5mol/L 异硫氰酸胍，10%Triton X－100，10mmol/L Tris/HCl）；

1.4.2 冲洗缓冲液（wash buffer）（5mol/L 异硫氰酸胍，10mmol/L Tris/HCl）；

1.4.3 500mg/mL 硅土（Silica）（500mg/mL 盐酸活化的二氧化硅）；

1.4.4 洗脱缓冲液（elution buffer）（10mmol/L Tris/HCl）；

1.4.5 酶溶液（见附录 A）；

1.4.6 H5 捕捉探针（H5 capture probe）（10mmol/L 生物素化寡聚核苷酸）；

探针序列为 Biotin-GC (A/G) AGT TC (C/T) CTAGCA CTGGCA AT

1.4.7 1×0.9mL 电化学发光法属别检测探针（10mmol/Lgeneric ECL detection probe）（钌标记的 DNA 寡聚核苷酸）；

ECL 序列为 GATGCA AGG TCG CAT ATG AGGTGA (C/T) AATGAA TG (C/T) ATGGAA

1.4.8 2×1.7mL 仪器调试参照液（instrument reference solution）；

1.4.9 1×15mL 检测稀释液（detection diluent）（15mmol/L Tris-/HCl）；

1.4.10 分析缓冲液（assay buffer）；（50mmol/L Tris-HCl）；

1.4.11 清洗液（cleaner solution）；（100mmol/L KOH，10%SDS，10% Triton X－100）；

1.4.12 无水乙醇（alcohol）。

1.5 样品采集、保存、处理： 按 GB/T 18936—2003 中 2.1 款进行。

2. 操作方法

2.1 核酸释放和提取按以下顺序：

2.1.1 将 0.1mL 样品加入盛有 0.9mL 裂解缓冲液的管中并振荡混合；

2.1.2 振荡混合硅土悬浮液并向每个管中加入 50μL；

2.1.3 振荡混合均匀；

2.1.4 室温下温育 10min（每 2min 振荡混合一次，防止硅土沉淀）；

2.1.5 在 12 000r/min 下离心裂解缓冲液管 30s；

2.1.6 小心移除上清液（不要搅动沉淀）后，向每个管中加入 1mL 冲洗缓冲液；

2.1.7 振荡混合直至管中沉淀重新完全悬浮为止；

2.1.8 在 12 000r/min 下离心 30s，然后移除上清液；

2.1.9 重复 2.1.6～2.1.8 的步骤。依次为一次使用冲洗缓冲液；两次使用 70%乙醇；最后一次使用 100%乙醇；

2.1.10 最后一次洗涤步骤后，用移液器小心移除残余乙醇；

2.1.11 使用加热器在 56℃敞口干燥硅土 10min（用薄纸覆盖每个管避免污染）；

2.1.12 干燥后向每个管加入 50μL 洗脱缓冲液；

2.1.13 振荡试管直至沉淀物再次重新完全悬浮；

2.1.14 56℃温育硅土悬浮液 10min 以洗脱核酸（5min 后开始振荡试管）；

2.1.15 在 12 000r/min 下离心 2min；

2.1.16 将 5μL 核酸上清液转移至新试管，在 1h 内开始扩增反应。

以上步骤也可采用 Qiangen 或者等同的其他试剂盒进行。

2.2 核酸扩增：

2.2.1 在向上述 5μL 核酸（5.1 p）中加入 10μL 扩增试剂；

2.2.2 65℃温育 5min；

2.2.3 41℃温育 5min；

2.2.4 加入 5μL 酶溶液，并用手指轻轻扣击试管促使混合均匀；

2.2.5 放回试管并继续在 41℃温育 5min；

2.2.6 将试管稍作离心后在 41℃温育 90min；

2.2.7 检测扩增产物；

2.2.8 在－20℃下保存扩增产物不超过 30d。

2.3 核酸检测：采用以下顺序或用 ELISA 进行检测。

2.3.1 将（N*＋2）个 5mL 聚丙烯试管进行编号。试管 1 作为空白对照；

2.3.2 振荡混合，除了试管 1 外，其余试管各加入 20μL 杂交溶液（见附录 B）；

2.3.3 试管 2 中加入 5μL 检测稀释液作为空白对照；

2.3.4 其余试管各加 5μL RNA 扩增产物；

2.3.5 封口膜封住所有试管，振荡混合；

2.3.6 所有试管 41℃温育 30min。每 10min 混合一次；

2.3.7 除了试管 1 外，其余试管各加入 0.3mL 分析缓冲液；

2.3.8 振荡仪器调试参照液直至不透明，然后加 0.25mL IRS 到试管 1。

2.3.9 把试管放在转盘式传送盘的适当位置上。

2.3.10 运行 NucliSens 阅读器，对数据进行分析和解释（见附录 C）。

3. 结果判定

通过大量分析已知阴性对照样品后，确定 NASBA/ECL 的临界值为 0.15 X 仪器参照溶液的数值。样品的读数超过临界值时，判为 H5 亚型禽流感病毒阳性，低于临界值时，判为 H5 亚型禽流感病毒阴性。

---

* 注：N 为样品数。

附　录　A

（规范性附录）

酶溶液的配制

A.1　配制材料

A.1.1　酶球（enzymes spheres）[单个酶球（6.5mg）含 1.3U/μL AMV－RT，0.51.3U/μL RNase H，151.3U/μL T7 RNA 聚合酶，100mmol/L Tris/HCl，10%BSA]；

A.1.2　酶球稀释剂（enzyme sphere diluent）（0.42μg/μL BSA）；

A.1.3　球状骨针（reagent sphere）　（单个球状骨针 10mg，4mmol/LNTP，15mmol/LDTT，40mmol/L $MgCl_2$）。

A.1.4　球状骨针稀释剂（reagent sphere diluent）（100mmol/L Tris/HCl pH8.3，2mmol/L dNTP）；

A.1.5　氯化钾溶液（100mmol/L KCl solution）；

A.1.6　引物混合物（10mmol/L Primer Mixture）；

A.1.7　阳性对照 RNA（positive control RNA）；

A.1.8　DEPC 水。

A.2　配制过程

A.2.1　酶稀释液的制备：

A.2.1.1　单个球状骨针中加入 80μL 球状骨针稀释剂，并迅速振荡均匀；

A.2.1.2　稀释的球状骨针中加入 16μL KCl 溶液和 14μL DEPC 水，振荡均匀；

A.2.1.3　加入 10μL H5 引物混合物，振荡混合；

A.2.1.4　不能离心；

A.2.1.5　在 30min 内使用。

A.2.2　酶溶液的制备：

A.2.2.1　单个酶球中加入 55μL 酶稀释液，将此溶液放置室温至少 20min；

A.2.2.2　用手指轻轻扣击试管让酶球充分溶解；

A.2.2.3　不能剧烈振荡任何含酶的溶液；

A.2.2.4　使用前，稍作离心；

A.2.2.5　在 60min 内使用。

附　录　B

（规范性附录）

杂交溶液的配制

B.1　杂交溶液制备

B.1.1　振荡H5捕捉探针和ECL探针直到形成不透明溶液。

B.1.2　对于N次H5特异性检测反应，在新试管中混合（N+2）×10μL H5捕捉探针和（N+2）×10μL ECL探针。

B.1.3　使用前稍作振荡。

B.1.4　在60min内使用。

附　录　C

（资料性附录）

NucliSens阅读器的操作运行

C.1　建立一个新的运行程序。

C.1.1　打开NucliSens阅读器的个人电脑。

C.1.2　在开始界面点击“Prime”来执行系统校准。

C.1.3　机器准备好后，点击“Start”。校准步骤大约持续3min。

C.1.4　在登入（log-in）界面的用户名（user name）上选择“service engineer”并且点击“login”。不需要输入密码。

C.1.5　在屏幕左上方选择“Routine”菜单然后点击“New Run”。

C.1.6　在弹出的工作表界面点击“yes”。

C.1.7　输入文件名（不超过8个字符）并且点击“ok”。

C.1.8　一个工作表单会打开，在分析选择栏（selected assay）选择“Free tube”。

C.1.9　输入样品号并且点击“Add to list”。

C.1.10　重复上述步骤直到输入所有样品ID。

C.1.11　输入所有样品号后，点击“close”键。

C.1.12　屏幕出现了一张列有所有样品号的工作表。检查工作表，检查无误后点击“OK”。

C.2　确定样品放在转盘式传送盘（instrument carousel）上，并且按照计算机中输入的样品ID顺序摆放。

C.3　在屏幕上方选择“Routine”菜单然后点击“Run Worklist”。

C.4　出现一个检查弹出窗口，点击“Proceed”。

C.5 检测开始（每个试管用时大约 1.5min）。

C.6 检测停止后，在屏幕左上方选择“Routine”菜单然后点击“Sample results”或者“Assay result”显示结果。

五、新城疫实验室诊断方法

（一）病原分离与鉴定

（引自农医发［2007］12号文）

1. 样品的采集、保存及运输

1.1 样品采集：

1.1.1 采集原则：采集样品时，必须严格按照无菌程序操作。采自于不同发病禽或死亡禽的病料应分别保存和标记。每群至少采集5只发病禽或死亡禽的样品。

1.1.2 样品内容：

发病禽：采集气管拭子和泄殖腔拭子（或粪便）；

死亡禽：以脑为主；也可采集脾、肺、气囊等组织。

1.2 样品保存：

1.2.1 样品置于样品保存液（0.01mol/L PBS溶液，含抗生素且pH为7.0～7.4）中，抗生素视样品种类和情况而定。对组织和气管拭子保存液应含青霉素（1 000IU/mL）、链霉素（1mg/mL），或卡那霉素（50μg/mL）、制霉菌素（1 000IU/mL）；对泄殖腔拭子（或粪便）保存液的抗生素浓度应提高5倍。

1.2.2 采集的样品应尽快处理，如果没有处理条件，样品可在4℃保存4d；若超过4d，需置－20℃保存。

1.3 样品运输：所有样品必须置于密闭容器，并贴有详细标签，以最快捷的方式送检（如：航空快递等）。如果在24h内无法送达，则应用干冰制冷送检。

1.4 样品采集、保存及运输按照《高致病性动物病原微生物菌（毒）种或者样本运输包装规范》（农业部公告第503号）执行。

2. 病毒分离与鉴定

2.1 病毒分离与鉴定：按照GB 16550附录A3.3、A4.1、A4.2进行。

2.2 病原毒力测定：

2.2.1 最小病毒致死量引起鸡胚死亡平均时间（MDT）测定试验：

按照GB 16550附录A4.3进行；

依据MDT可将NDV分离株分为强毒力型（死亡时间≤60h）；中等毒力型（60h＜死亡时间≤90h）；温和型（死亡时间＞90h）。

2.2.2 脑内致病指数（ICPI）测定试验：收获接种过病毒的SPF鸡胚的尿囊液，测定其血凝价＞2^4，将含毒尿囊液用等渗灭菌生理盐水作10倍稀释（切忌使用抗生素），将此稀释病毒液以 0.05mL/羽脑内接种出壳 24～40h 的 SPF 雏鸡 10 只，2 只同样雏鸡 0.05mL/羽接种稀释液作对照（对照鸡不应发病，也不计入试验鸡）。每 24h 观察一次，共观察 8d。每次观察应给鸡打分，正常鸡记作 0，病鸡记作 1，死鸡记为 2（死亡鸡在其死后的每日观察结果都记为 2）。

ICPI 值＝每只鸡在 8d 内所有分值之和/（10 只鸡×8d），如指数为 2.0，说明所有鸡 24h 内死亡；指数为 0.0，说明 8d 观察期内没有鸡表现临床症状。

当 ICPI 达到 0.7 或 0.7 以上者可判为新城疫中强毒感染。

2.2.3 F 蛋白裂解位点序列测定试验：NDV 糖蛋白的裂解活性是决定 NDV 病原性的基本条件，F 基因裂解位点的核苷酸序列分析，发现在 112～117 位点处，强毒株为 112Arg-Arg-Gln-Lys（或 Arg）-Arg-PHe117，弱毒株为 112Gly-Arg（或 Lys）-Gln-gly-Arg-Leu117，这是 NDV 致病的分子基础。个别鸽源变异株为（PPMV－1）112Gly-Arg-Gln-Lys-Arg-PHe117，但 ICPI 值却较高。因此，在 115、116 位为一对碱性氨基酸和 117 位为苯丙氨酸（PHe）和 113 位为碱性氨基酸是强毒株特有结构。根据对 NDV F 基因 112～117 位的核苷酸序列即可判定其是否为强毒株（Arg－精氨酸；Gly－甘氨酸；Gln－谷氨酰胺；Leu－亮氨酸；Lys－赖氨酸）。

分离毒株 F1 蛋白 N 末端 117 位为苯丙氨酸（F），F2 蛋白 C 末端有多个碱性氨基酸的可判为新城疫感染。“多个碱性氨基酸”是指 113～116 位至少有 3 个精氨酸或赖氨酸（氨基酸残基是从后 F0 蛋白基因的 N 末端开始计数的，113～116 对应于裂解位点的－4～－1 位）。

2.2.4 静脉致病指数（IVPI）测定试验：

收获接种病毒的 SPF 鸡胚的感染性尿囊液，测定其血凝价＞2^4，将含毒尿囊液用等渗灭菌生理盐水作 10 倍稀释（切忌使用抗生素），将此稀释病毒液以 0.1mL/羽静脉接种 10 只 6 周龄的 SPF 鸡，2 只同样鸡只接种 0.1mL/羽稀释液作对照（对照鸡不应发病，也不计入试验鸡）。每 24h 观察一次，共观察 10d。每次观察后给试验鸡打分，正常鸡记作 0，病鸡记作 1，瘫痪鸡或出现其他神经症状记作 2，死亡鸡记 3（每只死亡鸡在其死后的每日观察中仍记 3）。

IVPI 值＝每只鸡在 10d 内所有数字之和/（10 只鸡×10d），如指数为 3.00，说明所有鸡 24h 内死亡；指数为 0.00，说明 10d 观察期内没有鸡表现临床症状。

IVPI 达到 2.0 或 2.0 以上者可判为新城疫中强毒感染。

新城疫病原分离与鉴定

（引自 GB 16550—1996）

1. 病原分离

1.1 病料采取：无菌采取疑似 ND 病死鸡的脑、肺脏、脾脏，或采取活禽的气管和泄殖腔拭子，装入含抗生素的等渗磷酸盐缓冲溶液（PBS，pH7.0～7.4）的灭菌小瓶中，盖好瓶盖并记录清楚（编号、采样时间、鸡群编号及发病的情况），样品立即送实验室处理或于－70℃冷冻保存。

1.2 样品处理：取采集样品约 1g 放入研磨器中磨碎，加入 5mL 含抗生素 PBS，制成 1∶5（W/V）悬液，并在室温下静置 1～2h，然后移入小离心管中，在不超过 25℃的室温下，以

2 000r/min 离心 15min。上清液用于接种鸡胚。或以灭菌硬塑指形管盛装磨碎稀释的检样，置台式离心机中 5 000r/min 离心 10min，将上清液移入另一只灭菌硬塑指形管中 8 000r/min 离心 10min，取上清液进行下一项试验。

1.3 鸡胚接种： 用 1mL 注射器吸取无菌样品上清液接种 9～10 日龄 SPF 鸡胚的尿囊腔或绒毛尿囊膜，每份样至少接种 5 枚鸡胚，每胚 0.2mL。接种后在 35～37℃继续孵化 4～7d，弃去 24h 内死亡的鸡胚。24h 以后死亡的和濒死的以及结束孵化时存活的鸡胚，置 4℃冰箱 4～24h，收集其尿囊液。以澄清无菌尿囊液作 HA 试验，测定 HA 效价，方法与 NDV 的 HA 试验相同。HA 阴性者，至少用 SPF 鸡胚再传代一次。

1.4 HA 试验：

1.4.1 在 96 孔 V 型微量血凝反应板上，自第 1 孔至第 10 孔每孔加入 25μL 等渗 PBS。

1.4.2 在第 1 孔中加入受检病毒液（感染尿囊液）25μL，充分混合后移出 25μL 至第 2 孔，依次类推作等量倍比稀释至第 10 孔，第 10 孔弃去 25μL 。

1.4.3 设 11 孔为红细胞对照（阴性对照），不加病毒液，只加入 25μL PBS，第 12 孔加入标准 NDV 50μL（阳性对照）。

1.4.4 上述每孔各加入 25μL 1%鸡红细胞悬液，立即放在微型振荡器上摇匀，置 20℃左右室温 40min，如环境温度太高，则置 4℃ 60min，待阴性对照孔红细胞全部沉淀后，判定结果。血凝效价高于 2^{10}时可继续增加稀释孔数。方法示意见表 5－1。

表 5－1 NDV 的 HA 试验程式

单位：μL

孔号	1	2	3	4	5	6	7	8	9	10	11	12
稀释倍数	2^1	2^2	2^3	2^4	2^5	2^6	2^7	2^8	2^9	2^{10}		
等渗 PBS	25	25	25	25	25	25	25	25	25	25	50	25
病毒液	25	25	25	25	25	25	25	25	25	25	25—	25
1%鸡红细胞	25	25	25	25	25	25	25	25	25	25	25	25
感 作	20℃左右 40min，或 4℃60min											

注：1）11 孔为红细胞对照；12 孔为标准 NDV 对照。

能使鸡红细胞完全凝集的病毒最高稀释倍数为该病毒的血凝效价。

1.4.5 判定：将血凝板倾斜，从背侧观察，看红细胞是否呈泪珠状流下。滴度是指产生完全凝集（无红细胞流下）的最高稀释度。第一代或第二代尿囊液 HA 效价≥2^4，可继续进行 HI 试验；否则视为新城疫病毒阴性。

1.5 HI 试验（判定尿囊液中是否有 NDV）：

1.5.1 在 96 孔 V 型血凝反应板上，1～11 孔各加入 25μL 等渗 PBS。第 12 孔为红细胞对照孔，加入 50μL 等渗 PBS。

1.5.2 第 1 孔加入 25μL 被检血清，充分混匀后移出 25μL 至第 2 孔，依次类推，倍比稀释至第 11 孔，第 11 孔稀释混匀后弃去 25μL。

1.5.3 1～11 孔每孔加入 25μL 4 个血凝单位（HAU）的标准 NDV 抗原，立即在微型振荡器上摇匀，置 20℃左右的室温中至少 30min，或 4℃ 60min。

1.5.4 每孔各加入 25μL 1%鸡红细胞悬液，置微型振荡器上摇匀后放入 20℃左右室温中放置 40min，如环境温度太高，则在 4℃放置约 60min，这时红细胞对照孔应呈明显的纽扣状，方法示意见表 5－2。

表 5－2　HI 试验程式

单位：μL

孔号	1	2	3	4	5	6	7	8	9	10	11	12
稀释倍数	2^1	2^2	2^3	2^4	2^5	2^6	2^7	2^8	2^9	2^{10}	2^{11}	
等渗 PBS	25	25	25	25	25	25	25	25	25	25	25	50
被检血清	25	→25	→25	→25	→25	→25	→25	→25	→25	→25	→25	→25
4 个血凝单位病毒	25	25	25	25	25	25	25	25	25	25	25	—
感作	20℃左右 40min，或 4℃60min											
1%鸡红细胞	25	25	25	25	25	25	25	25	25	25	25	25
感作	20℃左右 40min，或 4℃60min											

注：1）11 孔为标准抗 NDV 血清对照；12 孔为红细胞对照。

1.5.5　试验同时设阴性血清和阳性血清对照及待检血清自凝对照，方法同 1.5.1～1.5.4，但在待检血清自凝对照中，将 1.5.3 中的 4HAU 病毒抗原改为 PBS。

1.5.6　结果判定：将血凝板倾斜，从背侧观察，看红细胞是否呈泪珠状流下。滴度是指产生完全不凝集（红细胞完全流下）的最高稀释度。只有当阴性血清与标准抗原对照的 HI 滴度不大于 2^2，阳性血清与标准抗原对照的 HI 滴度与已知滴度相差在 1 个稀释度范围内，并且所用阴阳性血清都不发生自凝的情况下，HI 试验结果方判定有效。

尿囊液 HA 效价≥2^4，且标准新城疫阳性血清对其 HI 效价≥2^4，判为新城疫病毒。对分离毒应进一步测定其毒力，方法见 2～5。

2. 1 日龄雏鸡 ICPI 测定

取血凝滴度为 2^4 以上的新鲜感染尿囊液，用灭菌生理盐水（不含抗生素）稀释 10 倍，脑内注射出壳后 24～40h 之内的 SPF 雏鸡，每份样品接种 10 只，每只接种 0.05mL，并设生理盐水和标准毒株阳性对照。接种鸡隔离饲养，每 24h 观察一次，共观察 8d，每天观察即应给鸡打分，正常鸡记作 0，病鸡记作 1，死亡鸡记作 2（死亡鸡在死后每天观察都记作 2）。ICPI 是指每只鸡 8d 内所有观察计分总数的平均数。

$$\text{ICPI}=\frac{8\text{ 天累计发病数}\times 1+8\text{ 天累计死亡数}\times 2}{8\text{ 天累计观察鸡的总数}}$$

结果举例见表 5－3：

表 5－3　ICPI 测定结果判定

临床症状	1	2	3	4	5	6	7	8	8d 累计鸡只数	分　值
正常	10	4	0	0	0	0	0	0	14	14×0=0
发病	0	6	10	4	0	0	0	0	20	20×1=20
死亡	0	0	0	6	10	10	10	10	46	46×2=92
总值									80	112

ICPI=112/80=1.4

3. 6周龄鸡IVPI测定

将血凝滴度为2^4以上的新鲜感染尿囊液，用灭菌生理盐水稀释10倍，翅静脉接种6周龄SPF小鸡，每只0.1mL。每份样品接种10只，并设生理盐水和标准毒株阳性对照，隔离饲养。每24h观察一次，每天观察应给鸡打分，正常鸡记作0，病鸡记作1，瘫痪鸡或有其他神经症状的记作2，死亡鸡记作3（死亡鸡在死后的每天观察都记作3）。IVPI是10d内每次观察每只鸡的记录总数的平均数。

$$\mathrm{IVPI}=\frac{10\text{天累计发病数}\times 1+10\text{天累计瘫痪数}\times 2+10\text{天累计死亡数}\times 3}{10\text{天累计观察鸡只总数}}$$

结果判定举例见表5-4。

表5-4 IVPI测定结果判定

临床症状	1	2	3	4	5	6	7	8	9	10	10天累计鸡只数	分值
正常	10	2	0	0	0	0	0	0	0	0	12	12×0=0
发病	0	4	2	0	0	0	0	0	0	0	6	6×1=6
瘫痪	0	2	2	2	0	0	0	0	0	0	6	6×2=12
死亡	0	2	6	8	10	10	10	10	10	10	76	76×3=228
总值											100	246

IVPI=246/100=2.46

4. 鸡胚平均死亡时间（MDT）测定

将新鲜感染尿囊液，用灭菌生理盐水稀释成10^{-6}～10^{-9}5个不同稀释度，每个稀释度分别接种9～10日龄SPF鸡胚5只，每只尿囊腔接种0.1mL。已接种的鸡胚置于37℃孵育，剩余的稀释病毒液置于4℃，8h后，每个稀释度分别接种另外5只鸡胚，每只0.1mL，于37℃继续孵化，每天早晚观察2次，间隔12h，共观察7d，每次观察都应记录鸡胚死亡的时间，最小致死量（MLD）是指能引起所有鸡胚死亡的病毒的最高稀释度。MDT是指最小致死量引起鸡胚死亡的平均时间。

$$\mathrm{MDT}=\frac{(X\text{小时死亡胚数}\times X\text{小时}+Y\text{小时死亡胚数}\times Y\text{小时}+\cdots\cdots)}{\text{死亡胚总数}}$$

5. 结果判定

5.1 ICPI值越大，NDV致病性越强，最强毒力病毒的ICPI接近2.0，而弱毒株毒力的ICPI值为0。

5.2 IVPI值越大，NDV致病性越强，最强毒力的病毒的IVPI值可达3.0，弱毒株的IVPI值为0。

5.3 MDT低于60h为强毒型NDV；MDT值在60～90h为中等毒力型NDV；MDT大于90h为低毒力NDV。

附　　录

病毒分离鉴定试验

A.1　仪器设备

注射器：1 m L；

注射针头：5—5 $\frac{1}{2}$号；

血凝试验板：V 型、96 孔；
微量移液器：50pL；
恒温箱；
超净工作台或无菌室。

A.2　试剂

无菌生理盐水；
青霉素；
链霉素；
标准阳性血清。

A.3　样品采集及处理

A.3.1　活禽用气管拭子和泄殖腔拭子（或粪）。

A.3.2　死禽以脑为主；也可采心、肝、脾、肺、肾、气囊等组织。

A.3.3　样品用生理盐水研成 1∶5 乳液；拭子浸入 2～3mL 生理盐水中，反复吸、挤压至无水滴出，弃之。溶液中加入青霉素（使终浓度为 1 000IU/mL），链霉素（使终浓度为 1mg/mL）。泄殖腔拭子（或粪）样品，青霉素、链霉素量提高 5 倍。然后调 p H7.0～7.4，3 7℃作用 1h，再 1 000r/min 离心 10min，取上清 0.1mL 经尿囊腔接种 9～10 日龄 SPF 鸡胚。

A.4　培养物的收集及检测

A.4.1　培养 4～7d 的尿囊液经无菌采集后－20℃保存。

A.4.2　取尿囊液作血凝试验，并与标准阳性血清作血凝抑制试验，确定有无新城疫病毒繁殖。

A.4.3　MDT（最小病毒致死量引起鸡胚死亡的平均时间）的测定：将新鲜尿囊液用生理盐水连续 10 倍稀释，10^{-6}～10^{-9}的每个稀释度接种 5 个 9～10 日龄 SPF 鸡胚，每胚 0.1mL，37℃孵化。余下的病毒保存于 4℃，8h 后以同样方法接种第二批鸡胚，连续 7d 内观察鸡胚死亡时间并记录，测定出最小致死量，即引起被接种鸡胚死亡的最大稀释倍数。计算 MDT。

A.4.4　以 MDT 确定病毒的致病力强弱，40～70h 死亡为强毒，140h 以上为弱毒。

（二）荧光RT-PCR试验

（引自SN/T 1686—2005）

1. 试剂和仪器

1.1 试剂：除另有说明，所有试剂均为分析纯；所有试剂均用无RNA酶的容器分装。

1.1.1 三氯甲烷。

1.1.2 异丙醇：－20℃预冷。

1.1.3 75％乙醇：用新开启的无水乙醇和DEPC水（符合GB 6682要求）配制，－20℃预冷。

1.1.4 0.01mol/L（pH7.2）的PBS：配方见附录A。121±2℃，15min高压灭菌冷却后，无菌条件下加入青霉素、链霉素各10 000IU/mL。

1.1.5 中强毒株新城疫病毒荧光RT-PCR检测试剂盒：试剂盒的组成、说明及使用注意事项参见附录B。

1.2 仪器设备：

1.2.1 高速台式离心机：最大离心力12 000r/min以上。

1.2.2 荧光PCR检测仪、计算机。

1.2.3 2～8℃冰箱和－20℃冰箱。

1.2.4 微量移液器：0.5～10μL，5～20μL，20～200μL，200～1 000μL。

1.2.5 组织匀浆器。

1.2.6 混匀器。

2. 样品的采集与前处理

采样过程中样本不得交叉污染，采样及样品前处理过程中须戴一次性手套。

2.1 取样工具：

2.1.1 棉拭子、剪刀、镊子、研钵、Eppendorf管。

2.1.2 所有上述取样工具必须经121±2 ℃，15min高压灭菌并烘干或经160℃干烤2h。

2.2 采样方法：

2.2.1 活禽样品：

2.2.1.1 咽喉拭子采样，采样时要将拭子深入喉头上腭及上腭裂来回刮3～5次，取咽喉分泌液。

2.2.1.2 泄殖腔棉拭子采样，将拭子深入泄殖腔转一圈蘸取粪便。

2.2.1.3 将采样后的咽喉拭子和泄殖腔拭子一起放入盛有1.0mL PBS的Eppendorf管中，编号备用。

2.2.2 内脏或肌肉样品：用无菌剪刀和镊子剪取待检样品2.0g于研钵中充分研磨，再加10mL PBS混匀，或置于组织匀浆器中，加入10mL PBS匀浆，然后将组织悬液转入无菌Eppendorf管中3 000r/min离心10min，取上清液转入另一无菌Eppendorf管中，编号备用。

2.2.3 血清或血浆：用无菌注射器直接吸取至无菌 Eppendorf 管中，编号备用。

2.3 存放与运用：采集或处理的样本在 2～8℃条件下保存应不超过 24h，若需长期保存，须放置－70℃冰箱，但应避免反复冻融（最多冻融 3 次）。采集的样品密封后，采用保温壶或保温桶加冰密封，尽快运送到实验室。

3. 操作方法

3.1 样本核酸的提取：在样本处理区进行。

3.1.1 取 n 个 1.5mL 灭菌 Eppendorf 管，其中 n 为待检样品数、一管阳性对照及一管阴性对照之和，对每个管进行编号标记。

3.1.2 每管加入 600μL 裂解液，然后分别加入待测样本、阴性对照和阳性对照各 200μL，一份样本换用一个吸头，再加入 200μL 三氯甲烷，混匀器上震荡混匀 5s。于 4℃条件下，12 000r/min 离心 15min。

3.1.3 取与 3.1.1 中相同数量的 1.5mL 灭菌 Eppendorf 管，加入 500μL 异丙醇（－20℃预冷），对每个管进行编号。吸取 3.1.2 离心后各管中的上清液转移至相应的管中，上清液至少吸取 500μL，注意不要吸出中间层，颠倒混匀。

3.1.4 于 4℃条件下，12 000r/min 离心 15min（Eppendorf 管开口保持朝离心机转轴方向放置）。轻轻倒去上清，倒置于吸水纸上，吸干液体，不同样品应在吸水纸不同地方吸干。加入 600μL 75％乙醇，颠倒洗涤。

3.1.5 于 4℃条件下，12 000r/min 离心 10min（Eppendorf 管开口保持朝离心机转轴方向放置）。轻轻倒去上清液，倒置于吸水纸上，吸干液体，不同样品应在吸水纸不同地方吸干。

3.1.6 4 000r/min 离心 10s，将管壁上的残余液体甩到管底部，用微量加样器尽量将其吸干，一份样本换用一个吸头，吸头不要碰到有沉淀一面，室温干燥 3min。不宜过于干燥，以免 RNA 不溶。

3.1.7 加入 11μL DEPC 水，轻轻混匀，溶解管壁上的 RNA，2 000r/min 离心 5s，冰上保存备用。提取的 RNA 须在 2h 内进行 RT－PCR 扩增或保存于－70℃冰箱，将核酸转移至反应混合物配制区。

3.2 扩增试剂准备与配制：在反应混合物配制区进行。

从试剂盒中取出中强毒株 NDV RT－PCR 反应液、Taq 酶，在室温下融化后，2 000r/min 离心 5s。设所需 PCR 数为 n，其中 n 为待检样品数、一管阳性对照及一管阴性对照之和。每个测试反应体系需使用 15μL RT－PCR 反应液及 0.25μL Taq 酶。计算各试剂的使用量，加入一适当体系试管中，向其中加入 0.25×n 颗 RT－PCR 酶颗粒，充分混合均匀，向每个 PCR 管中各分装 15μL，转移至样本处理区。

3.3 加样：在样本处理区进行。在各设定的 PCR 管中分别加入 3.1.7 中制备的 RNA 溶液 10μL，使总体积达 25μL。盖紧管盖后，500r/min 离心 30s。

3.4 荧光 RT－PCR 反应：在检测区进行。将 3.3 中加样后的 PCR 管放入荧光 PCR 检测仪内，记录样本摆放顺序。

反应参数设置：

——第一阶段，反转录 42℃/30min；

——第二阶段，反转录 92℃/3min；

——第三阶段，92℃/10s，45℃/30s，72℃/1min，5个循环；

——第四阶段，92℃/10s，60℃/30s，40个循环，荧光收集设置在第四阶段每次循环的退火延伸时进行。

4. 结果判定

4.1 结果分析条件设定：读取检测结果。阈值设定原则以阈值线刚好超过正常阴性对照品扩增曲线的最高点，不同仪器可根据仪器噪声情况进行调整。

4.2 质控标准：

4.2.1 阴性对照无Ct值并且无扩增曲线。

4.2.2 阳性对照的Ct值应≤30.0，并出现特定的扩增曲线。

4.2.3 如阴性对照和阳性条件不满足以上条件，此次实验视为无效。

4.3 结果描述及判定：

4.3.1 阴性：无Ct值并且无扩增曲线，表明样品中无中强毒株新城疫病毒。

4.3.2 阳性：Ct值≤30.0，且出现特定的扩增曲线，表示样本中存在中强毒株新城疫病毒。

附 录 A

（规范性附录）

磷酸盐缓冲生理盐水配方

所用试剂均为分析纯以上。

1.1 A液：0.2mol/L磷酸二氢钠水溶液。

$NaH_2PO_4 \cdot H_2O$ 27.6g，溶于蒸馏水中，最后稀释至1 000mL。

1.2 B液：0.2mol/L磷酸氢二钠水溶液。

$NaH_2PO_4 \cdot 7H_2O$ 53.6g（或 $Na_2HPO_4 \cdot 12H_2O$ 71.6g或 $Na_2HPO_4 \cdot 2H_2O$ 35.6g）加蒸馏水溶解，最后稀释至1 000mL。

1.3 0.01mol/L、pH7.2磷酸盐缓冲生理盐水的配制：

0.2mol/L A液14mL

0.2mol/L B液36mL

加氯化钠18.5g

用蒸馏水稀释至1 000mL。

附 录 B

（资料性附录）

中强毒株新城疫病毒荧光RT－PCR试剂盒组成、说明及使用时的注意事项

1.1 试剂盒的组成：试剂盒的组成见下表。

试剂盒组

组成（48 tests/盒）	数 量
裂解液	30mL×1 盒
中强毒株新城疫病毒荧光 RT-PCR 反应液	750μL×1 管
RT-PCR 酶颗粒（带盖 PCR 反应管装）	1 颗/管×12 管
Taq 酶（5U/μL）	12μL×1 管
DEPC 水	1mL×1 管
阴性对照	1mL×1 管
阳性对照（非感染体外转录 RNA）	1mL×1 管

1.2 说明：

1.2.1 裂解液的主要成分为异硫氰酸胍和酚，为 RNA 提取试剂，外观为红色，于 4℃保存。

1.2.2 DEPC 水，是用 1%DEPC 处理后的去离子水，用于溶解 RNA。

1.2.3 RT-PCR 反应液中含有特异性引物、探针及各种离子。

1.3 使用时的注意事项：

1.3.1 由于阳性样品中模板浓度相对较高，检测过程中不得交叉污染。

1.3.2 反应液分装时应尽量避免产生气泡，上机前注意检查各反应管是否盖紧，以免荧光物质泄漏污染仪器。

1.3.3 RT-PCR 酶颗粒极易吸潮失活，RT-PCR 酶在室温条件下必须置于干燥器内保存，使用时取出所需数量，剩余部分立即放回干燥器中。

1.3.4 除裂解液外，其他试剂－20℃保存。有效期为 6 个月。

（三）HI/HA 试验

（引自 SN/T 0764—1999）

1. 器材与试剂

1.1 器材：

1.1.1 仪器：分析天平、普通离心机、微型振荡器、煮沸消毒器、冰箱、高压消毒器、微量移液器、滴头、血凝反应板、孵化箱、出雏箱、培养皿、牙签、医用脱脂棉、有盖玻瓶、注射器（1mL）、注射针头（V 号）、干烤箱。

1.1.2 试剂：磷酸二氢钠（AR）、磷酸氢二钠（AR）、氯化钠（AR）、青霉素、链霉素、卡那霉素、制霉菌素、营养琼脂（AR）、葡萄糖（AR）、柠檬酸钠（$2H_2O$）（AR）、蒸馏水。

1.1.3 SPF 鸡胚（9～11 日龄），1 日龄 SPF 鸡，6 周龄 SPF 鸡（购自国家认可的 SPF 鸡场）。

1.2 试剂配制：

1.2.1 棉拭子准备：将脱脂棉缠于牙签的钝端，使其形成直径 0.4cm 的脱脂棉球。然后用牛皮纸包扎，每捆 10 只，121℃高压 15min，备用。

1.2.2 pH7.2 磷酸缓冲液（PB）：由 0.15mol/L 的 A、B 两液组成。

A 液：磷酸氢二钠（$Na_2HPO_4 \cdot 12H_2O$）3.93g 加蒸馏水至 73mL。

B 液；磷酸二氢钠（$NaH_2PO_4 \cdot 2H_2O$）0.63g 加燕馏水至 27mL。

将 A、B 液混合即成 100mL pH7.2PB。121℃15min 高压灭菌。

1.2.3 生理盐水：氯化钠 8.5g 加蒸馏水至 1 000mL，121℃15min 高压灭菌。

1.2.4 阿氏液（RBC 保存液）：

葡萄糖	2.05g
柠檬酸钠（$2H_2O$）	0.80g
氯化钠	0.42g
蒸馏水	100mL

溶解后，以 10%柠檬酸调节 pH 至 6.1，过滤，分装，在 69kPa 15min，在 4℃条件下保存。作抗凝和保存 RBC 用。

1.2.5 1%鸡 RBC 悬液：采集健康公鸡的抗凝血液加入 3～4 倍量生理盐水，轻柔洗涤三次，2 000r/min 分别离心 15min，去掉血清、白细胞、血小板和淋巴细胞，吸取压积 RBC 加生理盐水配成 1%（v/v）RBC 悬液。

1.2.6 标准新城疫病毒：购入的标准新城疫病毒应检测其 HA 效价并进行无菌检验，以检查与所标 HA 效价是否相符。若不符，应重复检测并到相关实验室验证。

1.2.6.1 HA 操作（按 β 微量法）：

在 96 孔 V 型微量血凝反应板上，自第 1 孔至第 11 孔每孔加入 50μL 生理盐水。然后再在第 1 孔中加入待检病毒 50μL。第 11 孔为 RBC 对照（阴性对照）。第 12 孔加入标准新城疫病毒（阳性对照）。从第 1 孔开始用移液器作等量倍比稀释至第 10 孔，第 10 孔弃去 50μL。

每孔各加入 1%鸡 RBC 悬液 50μL，立即在微型振荡器上摇匀，置 20℃温室 45min，即阴性对照孔 RBC 完全沉淀后判定结果。HA 效价高于 2^{10} 时可继续增加稀释的孔数（见表 5-5）。

表 5-5 HA 试验

孔号	1	2	3	4	5	6	7	8	9	10	11[1)	12[2)
稀释倍数	2^1	2^2	2^3	2^4	2^5	2^6	2^7	2^8	2^9	2^{10}		
0.85%生理盐水，μL	50	50	50	50	50	50	50	50	50	50	50	—
检样，μL	50	50	50	50	50	50	50	50	50	50 → 50	—	50
1%鸡 RBC，μL	50	50	50	50	50	50	50	50	50	50	50	50
感作	20℃ 45min											
结果举例	#	#	#	#	#	#	#	++	+	—	—	—

1）为 RBC 对照；

2）为标准新城疫病毒对照；

3）#为完全凝集，++和+为不完全凝集，—为不凝集；

4）凡能使鸡 RBC 完全凝集的病毒最高稀释倍数为该病毒的血凝效价，如此表血凝效价为 2^7，即 1∶128。

1.2.6.2 结果判定：血凝结果以#、+++、++、+、—表示。#RBC均匀铺于孔底；+++基本同上，但边境不整齐，有下垂趋向；++RBC在孔底，形成一个环状，四周有小凝结块；+RBC于管底形成一个小团，但边缘不光滑；—RBC于孔底形成小团，边缘整齐、光滑。结果以#为凝结终点，即能完全凝集鸡RBC的最高稀释度为该待检病毒样品的血凝价。

1.2.7 4个血凝单位的病毒制备：根据1.2.6测定的病毒的血凝效价，判定4个血凝单位病毒的稀释倍数。方法举例为：如病毒HA效价为2^9，其4单位病毒HA效价为2^7，则将病毒稀释128倍即可。

1.2.8 标准的抗新城疫病毒血凝抑制抗体（血清）：购入的标准抗新城疫病毒血凝抑制抗体（血清）应检测其HI效价，以检查与所标HI效价是否相符。

1.2.8.1 HI试验（按β微量法）：在96孔V型血凝反应板上，每孔各加入50μL生理盐水；第1孔加入50μL血清，倍比稀释至第10孔，第10孔弃去50μL，第12孔加入标准血清50μL；然后每孔加入50μL 4个血凝单位的标准新城疫病毒到第11孔，立即在微型振荡器上摇匀，置20℃室温30min；然后每孔各加入50μL1%鸡RBC悬液，摇匀置20℃室温45min。HI效价高于2^{10}时可继续增加稀释的孔数。即阴性对照孔RBC完全沉淀后判定血凝抑制效价（见表5-6）。

表5-6 HI试验

孔号	1	2	3	4	5	6	7	8	9	10	11[1]	12[2]
稀释倍数	2^1	2^2	2^3	2^4	2^5	2^6	2^7	2^8	2^9	2^{10}		
0.85%生理盐水，μL	50	50	50	50	50	50	50	50	50	50	50	—
血清，μL	50	50	50	50	50	50	50	50	50	50 ↘ 50	—	50
4单位病毒，μL	50	50	50	50	50	50	50	50	50	50	50	—
感作	20℃ 30min											
1%鸡RBC，μL	50	50	50	50	50	50	50	50	50	50	50	50
感作	20℃ 45min											
结果举例	—	—	—	—	—	—	—	#	#	#	#	—

1）为标准新城疫病毒对照；

2）为标准血清对照；

3）#为完全凝集，++和+为不完全凝集，—为不凝集；

4）凡能使4单位病毒凝集鸡RBC的作用完全抑制的血清最高稀释倍数为该血清的血凝抑制效价，如此表血凝抑制效价为2^7，即1∶128。

1.2.8.2 结果判定：血凝结果以#、+++、++、+、—表示，判定方法同1.2.6.2。结果以—为血凝抑制终点，即能完全抑制鸡RBC凝集的血清最高稀释度为该血清的血凝抑制效价。一般取血凝抑制效价2^6～2^9的血清做本试验。

2. 取样

2.1 样品采集：在屠宰前对每群鸡随机采集泄殖腔棉拭样品（去粪便，刮取泄殖腔黏膜）不少于60只，装入盛有1mL PBS（pH7.2）的玻瓶中，盖好瓶塞，并标记清楚（编号，采样时间，鸡群编号），立即于−30℃冻结保存。

2.2 样品处理：将冻结样品冻融两次，用力振荡青霉素瓶，迫使棉拭子释放其所吸附内容物，去掉棉拭子1 000g离心15min。用于接种鸡胚分离病毒的上清液中应按5 000IU/mL青霉素、10mg/mL链霉素、250μg/mL卡那霉素和5000IU/mL制霉菌素的浓度加入青霉素、链霉素、卡那霉素、制霉菌素，调节pH为7.0～7.4，4℃作用4h，以确保无菌。−30℃冻存。

3. 操作步骤

3.1 病原分离：

3.1.1 细菌污染检查：将处理好的泄殖腔棉拭样品上清液接种于灭菌的普通营养琼脂平板上，37℃温箱孵育24h，检查有无细菌生长。当有细菌生长时，应按2.2法，进一步作无菌处理。

3.1.2 操作步骤：将每份无菌的泄殖腔棉拭样品上清液用注射器（1mL）尿囊腔接种至少5枚9～11日龄的SPF鸡胚，每胚0.2mL，37℃继续孵化4～7d，弃去24h内死亡的鸡胚。24h以后死亡的和濒死的以及结束培养时活下来的鸡胚置4℃冰箱4～24h后收其尿囊液。取澄清无菌尿囊液作HA试验，测尿囊液的HA活性（方法同1.2.6）。阴性者，将尿囊液冻结保存。用SPF鸡胚再传代一次，然后再测尿囊液的HA活性；通常盲传2～3代。HA效价低于24视为未分离出新城疫病毒。

3.1.3 4个血凝单位的尿囊液病毒制备：根据3.1.2测定的尿囊液的血凝效价，判定4个血凝单位病毒的尿囊液的稀释倍数（方法同1.2.7）。

3.1.4 HI试验：方法同1.2.8。判定尿囊液中的病毒是否为新城疫病毒。

3.2 脑内接种致病指数（ICPI）测定：

血凝滴度为2^4以上的新鲜感染尿囊液，用生理盐水稀释10倍，脑内注射出壳后24～36h的SPF雏鸡，每份样品接种10只，每只接种0.05mL，并设生理盐水和标准阳性毒株对照，每24h观察一次小鸡，共观察8d。每一天观察即应给鸡打分，正常鸡记作0，病鸡记作1，死鸡记作2，ICPI是每只鸡8d内所有每次观察数值的平均数。

ICPI＝（8d累计发病数×1＋8d累计死亡数×2）/8d累计鸡只总数

举例见表5-7：

表5-7

临床症状	接种后天数（鸡的数量）								总值	分
	1	2	3	4	5	6	7	8		
正常	10	4	0	0	0	0	0	0	14×0	＝0
发病	0	6	10	4	0	0	0	0	20×1	＝20
死亡	0	0	0	6	10	10	10	10	46×2	＝92
总值										＝112

ICPI＝112/80＝1.4。

3.3　静脉内接种致病指数（IVPI）测定：

将血凝滴度为24以上的新鲜感染尿囊液，用生理盐水稀释10倍，翅静脉接种6周龄SPF雏鸡，每份样品接种10只，每只接种0.1mL，并设生理盐水和标准阳性毒株对照，每24h观察一次，共观察10d，每天观察即应给鸡打分，正常鸡记作0，病鸡记作1，瘫痪鸡记作2，死鸡记作3，IVPI是10d内每次观察每只鸡的记录的平均数。

IVPI＝（10d累计发病数×1＋10d累计瘫痪数×2＋10d累计死亡数×3）/10d累计鸡只总数

举例见表5-8：

表5-8

临床症状	接种后天数（鸡的数量）										总值	分
	1	2	3	4	5	6	7	8	9	10		
正常	10	2	0	0	0	0	0	0	0	0	12×0	＝0
发病	0	4	2	0	0	0	0	0	0	0	6×1	＝6
瘫痪	0	2	2	2	0	0	0	0	0	0	6×2	＝12
死亡	0	2	6	8	10	10	10	10	10	10	76×3	＝228
总值												＝246

IVPI＝246/100＝2.46。

3.4　鸡胚平均死亡时间（MDT）测定：

将血凝滴度为2^4以上的新鲜感染尿囊液，用生理盐水稀释成10^{-7}～10^{-9}3个不同稀释度，每个稀释度分别接种9日龄SPF鸡胚，共接种5只，每只鸡胚接种0.1mL，随后置于37℃。剩余下的病毒稀释液保存于4℃，于8h后，每个稀释度分别接种另外5只鸡胚，每只鸡胚接种0.1mL，于37℃培养。每天观察二次，共观察7d。每次观察都应记录每只鸡胚死亡的时间。最小致死量是指能引起所有用此稀释度接种的鸡胚死亡的最大稀释度。MDT是指最小致死量引起鸡胚死亡的平均时间。

MDT＝（X小时死亡胚数×X小时＋Y小时死亡胚数×Y小时…）/死亡胚总数

4. 结果判定

一般ICPI值越大，新城疫病毒致病性越强，最强毒力病毒的ICPI将接近最大值2.0，而温和型毒株的值近于0。

温和型株和一些中等毒力型株IVPI值为0，而强毒力型株可达到3.0。

利用MDT可将NDV株分为强毒力型，死亡时间低于或等于60h；中等毒力型死亡时间为60～90h；温和型死亡时间长于90h。

六、小反刍兽疫实验室诊断方法

（引自2007年版OIE诊断试验和疫苗标准手册）

（一）病毒中和试验

中和试验敏感性和特异性高，但耗时。标准的中和试验应用羔羊原代肾细胞或VERO细胞（没有原代细胞时）在转管内进行。

1. 将1mL灭活血清作2倍系列稀释，与含10^3 $TCID_{50}$/mL的病毒悬液相混合。

2. 将病毒/血清混合物在37℃下作用1h，或在4℃下作用过夜。

3. 每个转管接种0.2mL混合物，共5管，立即加1mL VERO细胞悬液（2×10^5细胞/mL）。

4. 在37℃下斜置培养3d。

5. 弃去出现病毒特异性CPE的培养管，其他培养管更换维持液，旋转培养7d，病毒攻击剂量在$10^{1.8}$～$10^{2.8}$ $TCID_{50}$/管，若检出1/8稀释血清的抗体，即为阳性。

通常情况下，与牛瘟病毒进行交叉中和试验。当血清的PPR中和滴度高于牛瘟的2倍时，即判定为PPR阳性。

（二）竞争酶联免疫吸附试验（c-ELISA）

1. 用预稀释的PPR N蛋白（重组棒状病毒产物）包被反应板（高吸附力的Nunc Maxisorb），每孔50μL，在37℃下恒定振荡作用1h。

2. 洗板3次，吸干。

3. 全板每孔加45μL封闭缓冲液（0.5%吐温-20、0.5%胎牛血清的PBS），试验孔每孔加5μL待检血清（最终稀释度为1/20），对照孔每孔加5μL不同的对照血清（强阳性、弱阳性和阴性血清）。

4. 每孔加50μL用封闭液作100倍稀释的MAb工作液，在37℃下作用1h。

5. 洗板3次，吸干。

6. 每孔加50μL 1 000倍稀释的抗鼠结合物工作液，在37℃下作用1h。

7. 洗板3次。

8. 制备OPD-过氧化氢溶液，每孔加50μL底物/结合物溶液，在室温下避光作用10min，每孔加50μL1mol/L硫酸溶液中止反应。

9. 在ELISA读数仪上用492nm波长读取吸收值。

应用下列公式将吸收值转化为抑制百分率（PI）：

PI＝100－（试验孔吸收值/Mab对照孔吸收值）×100

PI 大于 50%的血清判定为 PPR 阳性。

（三）琼脂凝胶免疫扩散（AGID）

制备标准 PPRV 抗原，是由肠系膜或支气管淋巴结、脾或肺组织材料加缓冲盐水研磨制成 1/3 悬浮液，经 500g 离心 10～20min，收集上清液、分装，在－20℃下贮存。将收集病料的棉拭子移到 1mL 的注射器内，加 0.2mL 磷酸盐缓冲液（PBS），经反复推吸，提取到 Eppendorf 管内，提取物在－20℃ 下可贮存 1～3 年。阴性对照抗原用正常组织以同样方法制备。标准抗血清制备：用 1mL 滴度为 10^4 $TCID_{50}$/mL（50%组织感染量）的 PPRV 免疫绵羊，每周免疫一次，连续免疫 4 周，于最后一次免疫后 5～7d 放血。标准牛瘟高免抗血清检测 PPR 抗原同样有效。

1. 制备 1%琼脂凝胶，含硫柳汞（0.4g/L）或叠氮化钠（1.25g/L）作为抑菌剂，将琼脂凝胶倒入平皿中，每个直径 5cm 的平皿需 6mL。

2. 琼脂凝胶按六角形状打孔，中间 1 孔，孔径 5mm，孔距 5mm。

3. 中间孔加阳性抗血清，周边 3 个孔加阳性抗原、1 个孔加阴性抗原、另 2 个孔加待检抗原，待检抗原、阴性抗原与阳性抗原呈交替排列。

4. 通常在 18～24h，血清和抗原之间形成 1～3 条沉淀线。用 5%冰醋酸将琼脂凝胶洗 5min，沉淀线更明显，在试验结果为阴性时进行此操作。如果沉淀线与阳性对照抗原相同，即为阳性反应。

试验结果可在一天内获得，但对于温和型 PPR，因所分泌的病毒含量低，试验敏感性不足以检测到病毒。

（四）捕获酶联免疫吸附试验（ELISA）

1. 应用捕获 MAb 溶液（按厂商说明稀释）包被 ELISA 板（高吸附力的 Nunc Maxisorb），每孔 100μL，该 MAb 与 PPRV 和牛瘟病毒都能起反应。

2. 洗涤后，加样品悬液到 4 个孔中，每孔 50μL，对照孔加缓冲液。

3. 立即在 2 个孔中加入 25μL/孔生物素标记抗 PPR 单克隆抗体和 25μL/孔链球菌亲和素-过氧化物酶，另外 2 个孔中加入 25μL/孔生物素标记抗牛瘟单克隆抗体和 25μL/孔链球菌亲和素-过氧化物酶。

4. 反应板在 37℃摇床作用 1h。

5. 三次洗涤后，加 100μL/孔邻苯二胺（OPD）-过氧化氢溶液，将反应板置室温下作用 10min。

6. 加 100μL/孔 0.5mol/L 硫酸溶液中止反应，应用分光光度计/ELISA 读数仪在 492nm 波长测定光吸收值。

用三次空白对照（PPR 空白和牛瘟空白）的平均吸收值计算临界值，判定样品是否为阳性。

也可应用夹心 ELISA：样品首先与检测 Mab 反应，再应用吸附在 ELISA 板上的第二 MAb 捕获免疫复合物。

本试验特异性和敏感性高，可检测 $10^{0.6}$ $TCID_{50}$/孔 PPRV 和 $10^{2.2}$ $TCID_{50}$/孔牛瘟病毒。试验结果可在 2h 内获得。

（五）对流免疫电泳（CIEP）

对流免疫电泳（CIEP）是检测病毒抗原的最快速方法。水平电泳槽的两个部分由一个桥连接，电泳仪连接到一个高压电源。1%～2%琼脂或琼脂糖（w/v）溶解在 0.025mol/L 醋酸巴比妥缓冲液中，将凝胶分散在载玻片上（3mL/片），在凝胶上打 6～9 对孔，试剂与 AGID 相同。电泳槽充满 0.1mol/L 醋酸巴比妥缓冲液；每对孔加反应物，血清在正极，抗原在负极；将载玻片置于连接桥上，两端由湿滤纸与缓冲液相连接；盖上电泳仪，电流 10～12mA/载玻片，电泳 30～60min；电泳结束，关闭电源，在强光下观察，在每对孔间出现1～3条沉淀线的为阳性反应，阴性对照应无反应。

（六）组织培养和病毒分离方法

PPRV 可用羔羊原代肾细胞或者 VERO 细胞进行分离。将可疑病料（棉拭子、血沉棕黄层或 10%组织悬液）接种单层细胞培养物，逐日观察细胞病变作用（CPE），PPRV 诱导的 CPE 可在 5d 内形成。CPE 表现为细胞圆化、聚集、在羔羊细胞内最终形成合胞体；在 VERO 细胞，有时很难见到合胞体，或者合胞体极小，如果对感染的 VERO 细胞进行染色，就可见到小的合胞体；合胞体的核以环状排列，呈“钟盘状”外观；覆盖培养形成 CPE 的时间早于 5d；有胞浆内包涵体和核内包涵体，有的细胞变空；组织病理检查也可以见到相似的细胞变化。因 CPE 的形成需要时间，一般在 5～6d 后进行盲传。

七、狂犬病实验室诊断方法

（一）内基氏小体检查

（引自 GB/T　18639—2002）

1. 准备

1.1　器材： 胶皮手套、口罩、防护眼镜等个人防护器具；骨锯、骨凿、骨剪、脑刀等动物解剖器具；切片机、染色缸等组织制片与染色器具；光学显微镜等。

1.2　标本保存液： 10%（体积分数）福尔马林溶液，50%（体积分数）甘油生理盐水。

1.3　染色液： 赛勒（Seller）氏染色液，曼（Mann）氏染色液，其配制方法见附录 A（标准的附录）。

1.4　人身防护： 见附录 B（提示的附录）。

2. 样品的采集和运送

2.1　对可疑为狂犬病而扑杀或死亡的动物（含实验感染小鼠），应在死亡后 3h 内（越早越好）由大脑海马回（Ammon 氏角）、小脑皮质和延髓各切取 $1cm^3$ 组织数块，放入灭菌玻璃瓶，再置于冰瓶内于 24h 内送达实验室。

2.2　不能立即送检者，应加 10%福尔马林溶液固定，或加 50%甘油生理盐水，4℃保存送检。

2.3　不能就地取脑时，小动物可送检完整的新鲜尸体，大动物可送检未剖开的头颅。

3. 标本片的制备

3.1　对新鲜脑组织，可用外科刀切开，以通过火焰去脂的载玻片在其切面上触压一下制成压印片。每张载玻片可接触 2～3 个部位，每份材料做 3～4 张。

3.2　在甘油盐水中保存的新鲜病料，应先用生理盐水彻底洗去甘油，方可制片，制片方法同 3.1。

3.3　所有压印片于室温下干燥后，浸入甲醇溶液固定 2min。

3.4　经 10%福尔马林溶液充分固定过的脑组织可按常规方法制备组织学切片。

4. 染色

4.1　赛勒氏染色法： 在经过甲醇固定并风干的压印片上，滴加赛勒氏染色液（以盖满压印面而不溢为度）着染 5～10s，然后用蒸馏水冲洗，干燥后镜检。

4.2 曼氏染色法：

4.2.1 将经过甲醇固定并风干的压印片，或者经过脱蜡、浸水、风干的切片浸入曼氏染色液中浸染。压印片浸染 5min，切片浸染时间因温度而异（室温下 24h，或 38℃温箱中 12h，或 60℃温箱中 2h）。

4.2.2 以蒸馏水快速洗去染色液，至无浮色出现为止，用吸水纸吸干。

4.2.3 以无水乙醇稍洗，至标本区刚出现蓝色为度。

4.2.4 浸入碱性乙醇分化 15～20s，至标本区出现红色。

4.2.5 依次通过无水乙醇和蒸馏水各数秒钟，分别洗去氢氧化钠和乙醇，再浸入微酸性水中 1～2min。酸化期间，经常于显微镜下观察，至细胞核出现蓝色为宜；如果核蓝色过深，说明酸化过度，可退回至碱性乙醇，再作短时分化。

4.2.6 以蒸馏水水洗后，依次通过 95%乙醇和无水乙醇脱水，并经二甲苯透明，最后加橡胶封固。

5. 显微镜检查及判定

内基氏小体嗜酸性，位于神经细胞胞浆中，呈圆形、椭圆形或棱形，直径 3～20μm，一个细胞内通常含有一个内基氏小体，但也可含有几个。用赛勒氏染色时，内基氏小体呈桃红色，神经细胞为蓝紫色，组织细胞为深蓝色。用曼氏染色时，内基氏小体为鲜红色，神经细胞的胞核为蓝色、胞浆为淡蓝色，红细胞为粉红色。有时，在鲜红色的内基氏小体中还可以见到嗜碱性的蓝色小颗粒。

内基氏小体即狂犬病包含体，为狂犬病所特有。因此，一旦检出内基氏小体，即可确诊。但在检查犬脑时，应注意与犬瘟热病毒引起的包含体相区别。犬瘟热包含体主要出现于呼吸道、膀胱、肾盂、胆囊、胆管等器官黏膜上皮细胞的胞浆和胞核内。在脑组织内，见于原浆细胞和一些小胶质细胞的核内，在神经元内很少见到。

（二）免疫荧光试验

（引自 GB/T 18639—2002）

1. 材料准备

1.1 器材： 荧光显微镜，恒温箱，载玻片（片厚 2mm 以下），盖玻片，冰冻切片机。

1.2 试剂：

1.2.1 异硫氰酸荧光黄（FITC）标记抗狂犬病病毒丙种球蛋白（以下简称狂犬病荧光抗体）和未标记抗狂犬病病毒丙种球蛋白（以下简称狂犬病未标记抗体），由制标单位提供。使用时，用 0.02%伊文思蓝（Evans blue）染色液稀释成 2～4 个染色单位。例如，荧光抗体染色效价为 1∶64，则作 1∶32～1∶8 稀释后使用。

1.2.2 丙酮（分析纯）使用前置普通冰箱内预冷至 4℃左右。

1.2.3 0.01mol/L pH7.4 磷酸盐缓冲盐水（PBSS）。

1.2.4 0.02%伊文思蓝染色液。

2. 样品的采取和运送同（一）内基氏小体检查。

3. 标本片的制备

3.1　病料标本片制备：

3.1.1　按照（一）内基氏小体检查 3 的方法和要求制得压印片，也可由切面刮取脑细胞泥均匀涂成直径约 1cm 的圆形涂抹面，或者参照常规方法将被检脑组织制成厚度在 5～8μm 的冰冻切片。

3.1.2　标本片于空气中自然干燥，在冷丙酮中固定 4h 或过夜，然后在冷磷酸盐缓冲盐水中轻轻漂洗，取出后干燥，在标本区周围用记号笔画圈，立即染色检查，或密封于塑料袋中，置－20℃暂时保存。

3.2　细胞培养物标本片制备：接种了被检病料的细胞培养物（如神经母细胞瘤细胞），继续在二氧化碳恒温箱中培养 48h，随后用橡皮刮子刮取细胞泥在载玻片上制成薄而均匀涂片。当以盖破片为载体生长的细胞培养物时，则可直接取此长满细胞单层的盖玻片作为标本片。然后按 3.1.2 风干、固定和保存。

4. 染色

4.1　用吸管吸取稀释的狂犬病荧光抗体，滴加 1～2 滴于经丙酮固定的标本片上，使其布满整个标本区。

4.2　将标本片置于搪瓷盘内（盘底垫以浸湿的纱布，纱布上放玻片架），放 37℃恒温箱内着染 30min。

4.3　取出玻片，用磷酸盐缓冲盐水轻轻冲去玻片上多余的染色液，再将玻片连续通过 3 缸（或杯）磷酸盐缓冲盐水，每缸浸泡 3min，并不时轻轻振荡。最后在蒸馏水中浸泡 3min。

4.4　在吸水纸上轻轻磕尽玻片上的蒸馏水，自然干燥后，于标本区上滴加 1 滴甘油缓冲液（分析纯中性甘油 9 份，pH7.4 磷酸盐缓冲盐水 11 份），覆盖玻片扣于载玻片上，然后镜检。

5. 对照设置

5.1　已知狂犬病病毒标本片加狂犬病荧光抗体染色应有特异荧光出现。

5.2　已知狂犬病病毒标本加狂犬病未标记抗体阻抑后，再加狂犬病荧光抗体染色，应无特异荧光出现。

5.3　已知狂犬病病毒阴性标本片加狂犬病荧光抗体染色，应无特异荧光出现。

6. 荧光显微镜检查及判定

一般用蓝紫光，激发滤光片用 BG_{12}，吸收滤光片用 OG_1 或 GG_9，以满足异硫氰酸荧光黄的荧光谱要求为准。暗视野聚光器比明视野聚光器易于观察特异性荧光。物镜浸油须用无荧光镜油，也可以封片用的甘油缓冲液代替。先检查对照标本。只有在对照标本的染色结果符合 5.1～5.3 要求时才能去检查被检标本。特异性荧光呈亮绿至黄绿色，背景细胞染成淡黄或橙红色，细胞核成暗红色。狂犬病特异性荧光颗粒较大，数量不等，位于细胞浆内。凡在神经细胞胞浆内发现特异性荧光，均应判为狂犬病病毒感染者。

（三）小鼠和细胞培养物感染试验

（引自 GB/T 18639—2002）

1. 材料准备

1.1 器材：细胞培养瓶（或管），二氧化碳恒温箱，微量超滤器（滤膜孔径 0.45μm），微量组织研磨器，普通离心机及离心管，0.25mL 注射器及针头等。

1.2 试剂：0.5%水解乳蛋白汉克氏（Hank's）液，伊格尔氏（Eagle's）液，最低要素培养液（EMEM），犊牛血清，20 000IU/mL 青霉素溶液，20 000μg/mL 链霉素溶液等。

1.3 小鼠：无特定病原（SPF）易感小鼠，5～7 日龄（也可用 3～4 周龄者，但发病时间可能稍推迟）。

1.4 仓鼠肾传代细胞（BHK_{21}）或小鼠神经母细胞瘤（NAC1300）细胞。

2. 样品的采取和运送

除可按照（一）内基氏小体检查 2 的方法和要求送检新鲜脑组织外，还应采集唾液送检。方法是：用灭菌吸管吸取或用灭菌棉拭棒蘸取腮腺口附近的唾液，置入 1～2mL 内含 2%灭活豚鼠血清和抗生素的 Hank's 液中，低温保存备用。

3. 样品的处理

脑组织用组织研磨器磨碎，加 0.5%水解乳蛋白 Hank's 液制成 20%（m/V）混悬液，以 3 000r/min 离心 30min，吸取上清液，加入青霉素 500IU/mL 和链霉素 500μg/mL，在 4℃处理 3～4h，即可用于感染小鼠和细胞培养物的接种样品。唾液样品亦需经上述离心和杀菌处理。怀疑有污染的样品，可用 0.45μm 微孔滤膜过滤法处理。

4. 感染方法

4.1 小鼠感染法：每份样品用小鼠 4～6 只。左手固定小鼠，在耳与眼之间用碘酒消毒。右手持吸取接种样品的 0.25mL 注射器在消毒部位刺入硬脑膜下，每只小鼠注射 0.03mL。对照小鼠 2 只，按同法同剂量注射稀释液（即 0.3%水解乳蛋白 Hank's 液）。每天早晚各观察 1 次，记录是否有发病小鼠。至少观察 28d。

4.2 细胞培养物感染法：每份样品接种 4～6 管细胞培养物。取接近长成单层的细胞培养物用 Hank's 液轻洗 3 次，每管接种样品 0.1～0.2mL，在 37℃恒温箱内吸附 1h，用 Hank's 液洗 1 次（亦可不洗），加入含有 1%～2%犊牛血清的 EMEM 液（添加量随细胞瓶大小而定），放二氧化碳恒温箱（37℃）内继续培养。同时设细胞对照 2 管，以 0.5%水解乳蛋白 Hank's 液替代样品上清液。每天观察 1 次，记录是否有致细胞病变作用（CPE）出现。至少观察 15d。

5. 感染性鉴定

5.1 小鼠感染性鉴定：若对照小鼠健活，而样品接种小鼠在接种后4～7d开始发病，呈现痉挛、麻痹等神经症状并死亡，可确诊为狂犬病感染者。如果症状不典型，可扑杀取脑，采用内基氏小体检查或免疫荧光试验鉴定之。如果7d后不发病，可将其中2只小鼠放血致死，取脑作成10%（m/V）混悬液，接种健鼠盲目传代；第2代在7d左右还不发病时，再盲传1代；至第3代经4周观察仍不发病时，可报告狂犬病小鼠感染试验阴性。对观察期间死亡的小鼠，应进行内基氏小体检查或免疫荧光检查以鉴别之。

5.2 细胞培养物感染性鉴定：若对照细胞培养物正常，而样品接种的细胞培养物不论是否出现细胞病变，但经免疫荧光试验证实有特异性荧光时，可确诊为狂犬病感染者。为缩短检验时间，可在接种后48h抽取1～2管细胞培养物进行免疫荧光试验。对既无细胞病变又无特异性荧光反应者，应再盲传2次。第3代经15d观察仍无细胞病变和特异性荧光时，可报告狂犬病细胞培养物感染试验阴性。

附　录　A

（标准的附录）

染色液的配制

A.1 赛勒（Seller）氏染色液

母液Ⅰ：美蓝饱和溶液		
	碱性美蓝	2.0g
	无水甲醇（分析纯）	100.0mL
母液Ⅱ：复红饱和溶液		
	碱性复红	40.0g
	无水甲醇（分析纯）	100.0mL
母液Ⅲ：无水甲醇（分析纯）		

使用液：取母液Ⅰ 15mL与母液Ⅲ 25mL混合，再加入母液Ⅱ 2～4mL，充分混合，装入褐色瓶中，塞紧瓶塞保存备用。此染色液配制时间越久，染色效果越好。

A.2 曼（Mann）氏染色液

1.0g/100mL甲基蓝水溶液　　35mL
1.0g/100mL伊红水溶液　　35mL
加蒸馏水至　　100mL

配制时，在甲基蓝水溶液和伊红水溶液分别过滤后，各取 35mL，再加蒸馏水补足 100mL。

A.3 碱性乙醇溶液

取无水乙醇 30mL，加 1.0 g/100mL 氢氧化钠溶液 5 滴（约 0.3～0.4mL）即成。

A.4 微酸性水溶液

取蒸馏水 30mL，加纯冰乙酸溶液 4～5 滴（约 0.3mL）即成。

附 录 B

（提示的附录）

人 身 防 护

B.1 从事狂犬病可疑动物解剖和检疫检验的人员，应穿戴工作服、手套、口罩和防护眼镜，防止感染性病料或气溶胶进入黏膜和伤口。工作期间不准吸烟、喝水、吃东西。工作结束时，要洗手洗脸和消毒。

B.2 被狂犬病可疑动物咬伤者，应立即用大量 20%肥皂水、0.1%新洁尔灭溶液或清水充分冲洗，再用 75%酒精或 2%～3%碘酒消毒，彻底清理伤口，注射狂犬病疫苗。必要时，应同时注射狂犬病免疫血清（或精制免疫球蛋白）。

B.3 尸体剖检工作应在病理解剖室内或其他安全地点进行。采完病料之后，应将尸体连同污物一起焚毁或深埋，不得留作它用。污染的场地、器械和工作服等应彻底消毒。

B.4 作活检的狂犬病可疑动物，在确诊为非狂犬病感染动物之前，应将之严格隔离，防止侵袭其他人畜。

八、牛海绵状脑病实验室诊断方法

（一）组织病理学诊断

（引自 GB/T 19180—2003）

1. 采样

将牛头固定，用电锯从前额两牛角根部向枕骨大孔背侧缘方向锯开，使脑部暴露。用剪刀剪开脑膜并切断所有与脑部相连的神经和血管，取出整脑。大规模监测时，可用专用工具从枕骨大孔处，取出延脑部分即可。

2. 固定

将完整的脑组织浸入 10 倍体积的固定液（配方见附录 A）中固定。1 周后更换固定液，再维持 1 周。

3. 组织病理学诊断

3.1 病料处理：

3.1.1 把固定好的脑组织取出，将大脑和小脑去除，横切脑干选取厚度为 3～5mm 的脑闩部延髓、小脑后脚部延髓和前丘部中脑组织块。

3.1.2 将选取好的组织块放入新配的固定液中再固定 1 周，其间更换固定液三次，并在水平摇床上不断摇荡，以提高固定液的渗透力。

3.1.3 将固定好的组织块放入流水中漂洗 24h。

3.1.4 将漂洗后的组织块按下列顺序在不同浓度的酒精中脱水：

75％酒精中 2h；

85％酒精中 2h；

95％酒精Ⅰ中 2h；

95％酒精Ⅱ中 2h；

100％酒精Ⅰ中 2h；

100％酒精Ⅱ中 2h。

3.1.5 将脱水后的组织块放入下列香柏油和二甲苯中透明：

香柏油中 12h；

二甲苯Ⅰ中 1h；

二甲苯Ⅱ中 1h。

3.1.6 按下述方法浸蜡：

软蜡中 40min；

硬蜡中 2h。

3.1.7 将浸好蜡的组织块放入包埋框中用硬蜡包埋，冷却过夜。

3.1.8 将石蜡块切成 5μm 厚的切片，用干净的载玻片贴片。

3.1.9 烤片 24h 以上。

3.2 H-E 染色：

3.2.1 试剂配制：见附录 B。

3.2.2 操作步骤如下：

二甲苯Ⅰ中 10min；

二甲苯Ⅱ中 10min；

100%酒精Ⅰ中 2min；

100%酒精Ⅱ中 2min；

95%酒精Ⅰ中 2min；

95%酒精Ⅱ中 2min；

85%酒精中 2min；

75%酒精中 2min；

自来水洗 2min；

哈里斯酸性苏木精 12min；

自来水漂洗 2min；

酸性酒精 10min；

自来水漂洗 5min；

饱和碳酸锂蓝染 30s；

自来水漂洗 10min；

75%酒精中 2min；

85%酒精中 2min ；

95%酒精伊红液中复染 1min；

95%酒精中 2min；

100%酒精中 2min；

100%酒精中 2min；

二甲苯Ⅰ中 2min；

二甲苯Ⅱ中 2min。

3.3 用中性树胶封片。

3.4 结果观察： 在光学显微镜下（10×10，10×40）观察切片，若被检样品脑干灰质区特别是脑闩部位的孤束核、迷走神经背核、三叉神经脊束核等处的神经元核周质或神经纤维网胞浆中出现双侧对称性海绵状空泡病变，且空泡呈规则的圆形或椭圆形，周边整齐，则可判定为 BSE 感染。在正常情况下，动眼神经核和红核处的核周质也可能有少量空泡出现，但不呈双侧对称，应注意区别。

若在脑干灰质区未发现双侧对称性海绵状空泡病变，则用免疫组织化学方法做进一步诊断。

(二) 免疫组织化学诊断

(引自 GB/T 19180—2003)

1. 固定病料的处理

同组织病理学诊断 3.1.1(把固定好的脑组织取出,将大脑和小脑去除,横切脑干选取厚度为 3~5mm 的脑闩部延髓、小脑后脚部延髓和前丘部中脑组织块)。

2. 试剂配制

见附录 C。

3. 操作方法

3.1 同组织病理学诊断 3.2.2 前面 9 个步骤(哈里斯酸性苏木精染色之前)。

3.2 PBS 洗 3 次,每次 5min。

3.3 将蛋白酶 K 缓冲液水浴至 37℃,加入蛋白酶 K,并立即将切片放入,确保切片全部浸入,消化 15min。

3.4 在一个不锈钢饭盒中倒入刚煮沸的蒸馏水,并立即将切片放入盒中,确保切片完全浸入水中,盖好盒盖,在 121℃ (约 103kPa) 条件下高压蒸汽处理 20 min,而后自然冷却。

3.5 PBS 洗 3 次,每次 5min。

3.6 甲醇-双氧水中室温处理 5min。

3.7 PBS 洗 3 次,每次 5min。

3.8 洗完后用吸水纸吸干组织块四周的液体,然后在组织切片上滴加 5%的正常猪血清,确保组织全部覆盖,放入湿盒中室温作用 20min。

3.9 将切片放入 1∶800 稀释的兔抗牛 PrP 抗体溶液中,确保切片完全浸入,37℃作用 4h。也可用 1∶1 000 的兔抗牛 PrP 抗体溶液 37℃过夜处理。

3.10 PBS 洗 3 次,每次 5min。

3.11 洗完后用吸水纸吸干组织块四周的液体,然后在组织切片上滴加 DAKO 试剂盒(见附录 C.6)中的 Battle A 溶液,确保组织全部覆盖,放入湿盒中室温作用 10min。

3.12 PBS 洗三次,每次 5min。

3.13 洗完后用吸水纸吸干组织块四周的液体,然后在组织切片上滴加 DAKO 试剂盒中的 Battle B 溶液,确保组织全部覆盖,放入湿盒中室温作用 10min。

3.14 PBS 洗 3 次,每次 5min。

3.15 将切片在蒸馏水中放 1~2min。

3.16 洗完后用吸水纸吸干组织块四周的液体,然后在组织切片上滴加 DAKO 试剂盒中的 Battle C 溶液,确保组织全部覆盖,放入湿盒中室温作用 5~10min。

3.17 将切片在蒸馏水中放 1~2min。

3.18 以专用封片剂封片。

4. 结果判定

在光学显微镜下（10×10，10×40）观察切片，结果判定如下：

4.1 阳性结果：在阳性对照切片染色结果正确的条件下，若被检样品脑干灰质区特别是脑闩部位的迷走神经背核、孤束核和三叉神经脊束核等处出现双侧对称性紫红色染色颗粒，则该样品判为BSE阳性。

4.2 阴性结果：若被检样品脑干灰质区未出现紫红色染色颗粒，则判为BSE阴性。

附 录 A

（规范性附录）

固定液
10%福尔马林生理盐水固定液的配制

氯化钠	8.5g
蒸馏水	900ml
40%福尔马林	100mL

混匀即可。

附 录 B

（规范性附录）

组织病理学诊断（H－E染色）的试剂配制

B.1 哈里斯酸性苏木精染液

B.1.1 配方：

苏木精	1.0g
无水乙醇	10mL
蒸馏水	200mL
氧化汞	0.5g
冰乙酸	8mL
钾明矾	20.0g

B.1.2 配法：先将苏木精溶于无水乙醇，然后将钾明矾和蒸馏水煮沸溶化，去火速加入苏木精无水乙醇溶液中，再去火，立即加入氧化汞煮沸，迅速冷却后加入冰乙酸，过滤使用。

B.2　酸性酒精

在100mL的70%或80%酒精中加入0.5mL或1mL的浓盐酸。

B.3　碳酸锂饱和水溶液

碳酸锂2g加100mL蒸馏水，充分溶解。

B.4　95%酒精伊红液

伊红0.5g加入100mL95%酒精中配制。

附　　录　C

（规范性附录）

免疫组织化学诊断的试剂配制

C.1　蛋白酶K缓冲溶液

C.1.1　配方：

1 mol/L Tris－HCl（pH8.0）	2.5mL
0.1mol/L $CaCl_2$	0.75mL
蒸馏水	47mL

C.1.2　配法： 先将Tris/HCl、$CaCl_2$和蒸馏水混匀。用前在37℃水浴中加入蛋白酶K（17μL）。

C.2　甲醇-双氧水（使用前5min配）

甲醇	50mL
H_2O_2（30%）	1.5mL

C.3　0.1mol/L PBS（pH7.4）

NaCl	8g
KCl	0.2g
Na_2HPO_4	1.44g
KH_2PO_4	0.24g

加水800mL溶解，调pH至7.4，加水至1 000mL。

C.4　5%正常猪血清（NSS）

0.1PBES（pH7.4）	4mL
NSS	200μL

C.5 兔抗牛 PrP 抗体（或 PrP 单克隆抗体）

1∶800 的稀释溶液（或 PrP 单克隆抗体）：

PBS（pH7.4）	50mL
兔抗牛 PrP 抗体	62.5μL

1∶1 000 的稀释溶液（或 PrP 单克隆抗体）：

PBS（pH7.4）	50mL
兔抗牛 PrP 抗体	50μL

C.6 DAKO ChemMate™ Detection Kit/AEC

Battle A：生物素标记的抗鼠和抗兔免疫球蛋白

Battle B：亲和素辣根过氧化物酶结合物

Battle C：AEC/H_2O_2 底物溶液

九、日本血吸虫病实验室诊断方法

（一）粪便毛蚴孵化法

（引自 GB/T 18640—2002）

1. 材料准备

1.1 水：pH6.8～7.2，无水虫和化学物质污染（包括氯气）的澄清水，否则需先分别作如下处理。

1.1.1 有氯气的自来水应在盛具中存放 8h 以上。

1.1.2 河水、池水、井水、雨水等混有水虫的水加温至 60℃，冷后再用。或在每 50L 水中加含 30%有效氯漂白粉 0.35g，搅匀，存放 20h，待氯气逸尽；也可在放漂白粉后加入硫代硫酸钠 0.2～0.4g 脱氯，0.5h 后用。

1.1.3 对浑浊的水，于每 50L 水中加明矾 3～5g，充分搅拌待水澄清后用。

1.2 器材、试剂：竹筷、40～80 孔的铜筛滤杯、260 孔的尼龙筛兜、500mL 量杯、粪桶、放大镜、显微镜、吸管、载玻片、盖玻片、炉、水温计、盆、水缸、水桶、剪刀、闹钟、天平、200～250mL 三角烧瓶、500～1 000mL 长颈平底烧瓶、脱脂棉、食盐。

1.3 送粪卡：包括村名、组名、饲养员或畜主姓名、畜别、畜名或畜号、性别、年龄、有无孕、采粪日期。

1.4 孵育室（箱）：室温低于 20℃时需有保持 20～25℃的环境条件，如温箱或有取暖设备的房间。

2. 操作方法

2.1 采粪和送检：采粪季节宜于春、秋两季，其次是夏季，不宜于冬季。采粪时间最好于清晨从家畜直肠中采取，或新排出的粪便。采粪量：牛、马粪 200g，猪粪 100g，羊和狗粪（农家）40g。每份粪样需附上填好的送粪卡，于采粪当天送到检验室。

2.2 洗粪和孵化：将每头家畜的粪便分 3 份，每份粪量牛、马 50g，猪 20g，羊、犬 10g。然后根据实际情况选用下列一种方法进一步操作。

2.2.1 尼龙筛淘洗孵化（25℃）后，放入铜筛中淘洗，弃去滤杯，滤液倒入尼龙筛兜中用水淘洗干净，最后将洗粪渣倒入三角烧瓶或平底长颈烧瓶中加满 25℃左右清水。为便于观察毛蚴，在瓶颈下 1/2 处加一块 2～3cm 厚的脱脂棉，再加满水。

2.2.2 塑料杯顶管孵化：置粪于铜筛滤杯中，在盛满水的特别塑料杯内充分淘洗后，弃去滤杯，沉淀 30min，倒去 2/3，加 25℃水，盖上中间有孔的塑料杯盖，再加满水，再将盛满水的试管口塞一块 2～3cm 厚的脱脂棉，倒插入塑料杯的孔中。

2.2.3 直孵：将粪置于量杯中加少量水搅匀，再加满水，沉淀 30min 左右，倒去 1/3～1/2，余下的粪水倒入平底长颈烧瓶中，加水至瓶颈下 1/3 处，加入 2～3cm 脱脂棉球，再加满孵化用水。

2.3 孵育：将装好的三角烧瓶（平底长颈烧瓶或塑料杯）放于 20～26℃箱（室）中，在有一定光线的条件下进行孵育。

2.4 判定：从孵育开始的第 1、3、5 小时后各观察一次，每个样品每次观察应在 2min 以上。发现血吸虫毛蚴即判为阳性。血吸虫毛蚴眼观为针尖大小，灰白色，梭形，折光强，和水中其他小虫不同处是近水面作水平或斜向直线运动。当用肉眼观察难与水中的其他小虫相区别时，可用滴管将虫吸出置显微镜下观察，显微镜下可见毛蚴前部宽，中间有个顶突，两侧对称，后渐窄，周身有纤毛。在一个样品中有 1～5 个毛蚴为＋，6～10 个毛蚴为＋＋，11～20 个毛蚴为＋＋＋，21 个毛蚴以上为＋＋＋＋。

（二）间接血凝试验

（引自 GB/T 18640—2002）

1. 材料准备

1.1 器材：V 形微孔有机玻璃血凝板（孔底角 90°），25μL 定量移液器，滴管、可插针头的滴管或 1～2mL 注射器，12 号针头。

1.2 生理盐水、蒸馏水。

1.3 诊断液和阴、阳性血清：按说明书处理和保藏。

2. 操作方法

2.1 用滴管滴 4 滴生理盐水于血凝板左边第 1 孔内，用同一滴管加入被检血清 1 滴，使血清成 5 倍稀释。

2.2 用带 12 号针头滴管在板左边第 2、3 孔中各加生理盐水 1 滴（μL）。

2.3 用移液器将第 1 孔中血清混匀，混匀方法是反复吸吹三次，然后吸 25μL 已混匀液加入右边邻孔中，此孔血清成 1∶10 稀释。

2.4 用移液器同上混匀第 2 孔血清，吸取 25μL 加入第 3 孔中，此时该孔血清成 1∶20 稀释。

2.5 用移液器同上混匀第 3 孔血清，吸取 25μL 丢弃。

2.6 每份被检血清和阳、阴性血清按同样方法用 3 个孔，也可不用阴性血清而设生理盐水对照孔，此时另取 2 个孔各加 25μL 生理盐水作空白对照。

2.7 用带 12 号针头的滴管加入 1∶10 及 1∶20 血清稀释孔及空白对照孔各一滴诊断液，振荡血凝板，使诊断液和血清混匀，置 20～37℃条件下 1～2h，等空白或阴性血清对照孔中红细胞全部沉于孔底中央，呈一圆形红点，且阳性血清两孔中红细胞没有全部沉入孔底中央即无圆形红点或仅有很小的圆形红点即可判定结果。

3. 判定

3.1 判定标准：

3.1.1 红细胞全部下沉到孔底中央，形成紧密红色圆点，周缘整齐为阴性（一）；

3.1.2 红细胞少量沉于孔底中央，形成一较小的红色圆点，周围有少量凝集红细胞为弱阳性（＋）；

3.1.3 红细胞约半数沉于孔底中央，形成一更小红色圆点，周围有一层淡红色凝集红细胞为阳性（＋＋）；

3.1.4 红细胞均匀地分散于孔底，形成一淡红色薄层为强阳性（＋＋＋）。

3.2 结果判定：以血清 10 倍和 20 倍稀释孔出现 3.1.2～3.1.4 的凝集现象时，被检血清判为阳性。

3.3 如阴性或生理盐水对照孔 2h 后红细胞沉淀图像不标准，说明生理盐水质量不合标准或血凝板孔未洗净，需检查原因，重新操作。

十、鸡白痢实验室诊断方法

（引自 NY/T 536—2002）

（一）病原分离鉴定

1. 材料准备

1.1 培养基：

鉴别培养基：SS琼脂、麦康凯琼脂。

增菌培养基：亚硒酸盐煌绿增菌培养基、四硫磺酸钠煌绿增菌培养基、三糖铁琼脂和赖氨酸铁培养基。

以上各培养基配制方法见附录A。

1.2 沙门氏菌属诊断血清：

A～F多价O血清、O9因子血清、O12因子血清、H－a因子血清、H－d因子血清、H－g.m因子血清和H－g.p因子血清。

2. 采集病料

可采集被检鸡的肝、脾、卵巢、输卵管等脏器，无菌取每种组织适量，研碎后进行培养。

3. 分离培养

将研碎的病料分别接种亚硒酸盐煌绿增菌培养基或四硫磺酸钠煌绿增菌培养基和SS琼脂平皿或麦康凯琼脂（见附录A）平皿，37℃培养24～48h，在麦康凯或SS琼脂平皿上若出现细小无色透明、圆形的光滑菌落，判为可疑菌落。若在鉴别培养基上无可疑菌落出现时，应从增菌培养基中取菌液在鉴别培养基上划线分离，37℃培养24～48h，若有可疑菌落出现，则进一步做鉴定。

4. 病原鉴定

4.1 生化试验和运动性检查：将可疑菌落穿刺接种三糖铁琼脂斜面和赖氨酸铁琼脂（见附录A）斜面，并在斜面上划线，同时接种半固体培养基，37℃培养24h后观察，若无运动性，并且在三糖铁琼脂培养基或在赖氨酸铁琼脂培养基上出现阳性反应时，则进一步作血清学鉴定。

4.2 血清学鉴定：对初步判为沙门氏菌的培养物作血清型鉴定，取可疑培养物接种三糖铁琼脂斜面，37℃培养18～24h，先用A～F多价O血清与培养物作平板凝集反应，若呈阳性反应，再分别用O9、O12、H－a、H－d、H－g.m和H－g.p单价因子血清作平板凝集反应，如果培养物与O9、O12因子血清呈阳性反应，而与H－a、H－d、H－g.m和H－g.p因子血清呈阴性反应时，则鉴定为鸡白痢沙门氏菌或鸡沙门氏菌。

4.3 用接种环取两环因子血清于洁净玻璃板上，然后用接种环取少量被检菌苔与血清混匀，轻轻摇动玻板，于1min内呈明显凝集反应者为阳性，不出现凝集反应者为阴性，试验时设生理盐水作对照应无凝集反应出现。

（二）全血平板凝集试验

1. 材料准备

1.1 鸡伤寒和鸡白痢多价染色平板抗原、强阳性血清（500 IU/mL）、弱阳性血清（10 IU/mL）、阴性血清。

1.2 玻璃板、吸管、金属丝环（内径7.5～8.0mm）、反应盒、酒精灯、针头、消毒盘和酒精棉等。

2. 操作

在20～25℃环境条件下，用定量滴管或吸管吸取抗原，垂直滴于玻璃板上1滴（相当于0.05mL），然后用针头刺破鸡的翅静脉或冠尖取血0.05mL（相当于内径7.5～8.0mm金属丝环的两满环血液），与抗原充分混合均匀，并使其散开至直径为2cm，不断摇动玻璃板，计时判定结果，同时设强阳性血清、弱阳性血清、阴性血清对照。

3. 结果判定

3.1 凝集反应判定标准如下：

100％凝集（#）：紫色凝集块大而明显，混合液稍浑浊；
75％凝集（＋＋＋）：紫色凝集块较明显，但混合液有轻度浑浊；
50％凝集（＋＋）：出现明显的紫色凝集颗粒，但混合液较为浑浊；
25％凝集（＋）：仅出现少量的细小颗粒，而混合液浑浊；
0％凝集（－）：无凝集颗粒出现，混合液浑浊。

3.2 在2min内，抗原与强阳性血清应呈100％凝集（#），弱阳性血清应呈50％凝集（＋＋），阴性血清不凝集（－），判试验有效。

3.3 在2min内，被检全血与抗原出现50％（＋＋）以上凝集者为阳性，不发生凝集则为阴性，介于两者之间为可疑反应，将可疑鸡隔离饲养1个月后，再作检疫，若仍为可疑反应，按阳性反应判定。

附 录 A

（规范性附录）

培养基的制备

A.1 S.S琼脂

A.1.1 成分：

牛肉浸粉	5g
脲蛋白胨	5g
胆盐	2.5g
蛋白胨	10g
乳糖	10g
硫代硫酸钠	8.5g
柠檬酸钠	8.5g
柠檬酸铁	1.0g
中性红（1%）	2.0mL
煌绿（0.01%）	3.3mL
琼脂粉	13g
蒸馏水	1 000mL

A.1.2 制法：

A.1.2.1 将上述材料（除中性红和煌绿溶液外）混合，加热溶解。

A.1.2.2 待琼脂完全溶化后，以氢氧化钠溶液调整 pH 至 7.1～7.2。

A.1.2.3 将中性红和煌绿溶液加入，混合均匀后，分装于容器中。

A.1.2.4 以 103.7kPa 灭菌 20～30min。

A.1.3 用途：供鉴定沙门氏菌用。

A.2 麦康凯琼脂

A.2.1 成分：

蛋白胨	20g
乳糖	10g
氯化钠	5g
胆盐	5g
中性红水溶液（1%）	0.5mL
琼脂粉	13g
蒸馏水	1 000mL

A.2.2 制法：

A.2.2.1 除中性红溶液外，其他成分混合，加热溶解。

A.2.2.2 待琼脂完全溶化后，以氢氧化钠（NaOH）溶液调整 pH 至 7.4。

A.2.2.3 加入中性红水溶液，混合均匀后，分装于容器中。

A.2.2.4 以 103.7kPa 灭菌 20～30min。

A.2.3 用途：供分离培养沙门氏菌、大肠杆菌等肠道菌用。

A.3 亚硒酸盐煌绿增菌培养基（SB 培养基）

A.3.1 成分：

酵母浸出粉	5g
蛋白胨	10g
甘露醇	5g
牛磺胆酸钠	1.0g
磷酸氢二钾（$K_2H \cdot PO_4$）	2.65g
磷酸二氢钾（$KH_2 \cdot PO_4$）	1.02g
亚硒酸氢钠	4g
新鲜 0.1%煌绿水溶液	5mL
蒸馏水	1 000mL

A.3.2 制法：

A.3.2.1 除亚硒酸氢钠和煌绿溶液外，其他成分混合于 800mL 蒸馏水中，加热煮沸溶解，冷至 60℃以下，待用。

A.3.2.2 将亚硒酸氢钠加入，再加 200mL 蒸馏水加热煮沸溶解，冷至 60℃以下，待用。

A.3.2.3 将煌绿溶液加入，调整 pH 至 6.9～7.1。

A.3.3 用途：为沙门氏菌选择性增菌培养基。

A.4 四硫磺酸钠煌绿增菌培养基（TTB 培养基）

A.4.1 成分：

脲蛋白胨或多价蛋白胨	5g
胆盐	1.0g
碳酸钙	10g
硫代硫酸钠	30g
0.1%煌绿溶液	10mL
碘溶液	20mL
蒸馏水	1 000mL

A.4.2 制法：

A.4.2.1 除碘溶液和煌绿溶液外，其他成分混合于水中，加热溶解，分装于中号试管或玻瓶，试管每支 10mL，玻瓶每瓶 100mL。在分装时不断振摇，使碳酸钙均匀地分装于试管或玻瓶。经 112kPa 15min 高压灭菌，备用。

A.4.2.2 临用时，每 10mL 或 100mL 上述混合溶液中，加入碘溶液 0.2mL 或 2mL 和 0.1%煌绿溶液 0.1mL 或 1mL（碘溶液由碘片 6g、碘化钾 5g，加 20mL 灭菌的蒸馏水配制而成）。

A.4.3 用途：供沙门氏菌增菌培养用。

A.5 三糖铁培养基

A.5.1 成分：

牛肉浸粉	5g
酵母浸粉	3g
酵母浸出粉	2.5g
氯化钠	5g
朊蛋白胨	7.5g
蛋白胨	7.5g
琼脂粉	15g
乳糖	10g
蔗糖	10g
葡萄糖	1.0g
硫酸亚铁	0.2g
硫代硫酸钠	1.8g
1%酚红	0.2mL
蒸馏水	1 000mL

A.5.2 制法：

A.5.2.1 除糖类和酚红外，其他成分混合于水中，加热溶解。

A.5.2.2 调整 pH 至 7.4～7.6，再加糖类及指示剂，混匀。

A.5.2.3 分装于试管中。

A.5.2.4 以 103.7kPa 灭菌 20～30min，趁热取出，制成斜面，斜面及底层应各占 1/2 为宜。

A.5.3 用途： 供鉴别肠道菌用。

A.6 赖氨酸铁琼脂

A.6.1 成分：

蛋白胨	5g
酵母浸粉	3g
枸橼酸铵铁	0.5g
硫代硫酸钠	0.04g
L-赖氨酸	10g
葡萄糖	1.0g
溴甲酚紫	0.02g
琼脂	13g
水	1 000mL
pH	6.5～6.9

A.6.2 制法： 除琼脂、指示剂外称取各成分，加于水中，加热溶解。调整 pH 至 6.5～6.9，加入指示剂及琼脂溶解后分装试管。103.7kPa 20min 高压灭菌。制成高层斜面。

A.6.3 用途： 肠道细菌生化鉴定用。

十一、马鼻疽诊断方法

（引自 NY/T 557—2002）

（一）变态反应诊断

1. 鼻疽菌素点眼试验

1.1 点眼准备： 马每次检疫时，点眼 2～3 次。骡、驴及驴骡每次检疫应点眼 3 次。点眼试验应于早晨进行，点眼后，于第 3、6、9、24 小时各检查一次反应强度，而且在第 6 小时和第 24 小时应翻眼检查。

1.2 鼻疽菌素点眼试验操作：

1.2.1 器材及药品：

1.2.1.1 器材：点眼管、煮沸消毒器、脸盆、消毒盘、镊子、工作服、口罩、线手套、记录表格、耳夹子等。

1.2.1.2 药品：鼻疽菌素（如用提纯鼻疽菌素须用生理盐水稀释，使每毫升含 0.5mg）、2%～4%硼酸棉球、75%酒精棉球、3%来苏儿、0.1%新洁尔灭、0.1%洗必泰、脱脂棉、纱布等。

1.2.2 鼻疽菌素点眼试验操作方法：

1.2.2.1 点眼前，须详细检查两眼结膜，以及是否单、双眼瞎，眼结膜正常者，方可点眼，以另一只眼作对照，并做记录。

1.2.2.2 点眼时，助手保定马，检查者用左手食指插入上眼睑窝内，使瞬膜露出，以拇指拨开下眼睑，使瞬膜与下眼睑构成凹兜。右手持吸了鼻疽菌素的点眼管，保持水平，手掌下缘支撑额骨之眶部，点眼管尖端距凹兜约 1cm，拇指按压点眼管的胶皮乳头，滴入凹兜鼻疽菌素 3～4 滴（0.2～0.3mL）。注意避免点眼管与眼结膜接触。

1.2.2.3 每回点眼应点于同一眼中，一般应点于左眼，如左眼有疾患，亦可点于右眼，但须在记录上注明。

1.2.2.4 点眼后，注意拴系，并防止风沙侵入和阳光直射，以及摩擦已被点眼的眼睛。

1.3 反应强度判定标准：

强阳性反应（＋＋＋）：眼睑炎症反应特别明显，上下眼睑互相胶着一起，出现大量脓汁。

阳性反应（＋＋）：眼睑浮肿，眼睛呈半开状态，出现中等量的脓性眼眵。

弱阳性反应（＋）：眼结膜发炎，浮肿明显，并含有少量的脓性眼眵，或在灰白色黏液眼眵中混有脓性眼眵。

疑似反应（±）：眼结膜潮红，有弥漫性浮肿和灰白色黏液性（非脓性）眼眵。

阴性反应（－）：眼结膜没有反应，或眼结膜轻微充血和流泪。

1.4　点眼试验结果判定：呈现“＋＋＋”、“＋＋”、“＋”均判定为阳性反应。“±”和“－”者，经过5～6d后要进行第二次点眼，如仍呈“±、＋”或以上反应者，均判为阳性反应。“－”者虽判为阴性反应，但间隔5～6d后，对“－”者要进行第三次点眼，如仍呈“－”者判定为阴性反应，呈“±、＋”或以上反应者则判定为阳性反应。最后结果的判定，应以连续两次或三次点眼中任何一次的最高反应为准。

2. 鼻疽菌素皮内注射试验

无鼻疽症状马，鼻疽菌素点眼试验阴性反应，补体结合反应阳性反应者，须做鼻疽菌素皮内或皮下注射试验。

皮内注射试验，即以生理盐水稀释的提纯鼻疽菌素于马颈部皮内注射0.1mL，经72h，用卡尺检查皮肤的增厚度及炎症反应，如局部皮肤炎症反应明显，皮肤增厚4mm以上者，判定为阳性反应（＋）；如局部炎症反应明显，皮肤增厚2.1～3.9mm者，判为疑似反应（±）；如局部皮肤无炎症反应，皮肤增厚2mm以下者，判定为阴性反应（－）。对于疑似反应的马可在对侧部位，用同一批鼻疽菌素再做第二回皮内注射试验，注射后经72h，仍呈疑似反应或以上者，判定为阳性反应。

3. 鼻疽菌素皮下注射试验

由于这种试验干扰以后的血清学诊断，所以一般选用上述两种鼻疽菌素试验，有些国家也不接受此试验。试验的前一天和注射时，以及注射后9h、12h和15h，马体温必须不高于38.8℃。将颈中部10cm^{2}的面积剪毛消毒后，于其中心皮下注射2.5mL稀释的马来因。如为阳性马，则在注射后头15h内出现40℃或高于40℃的高热，注射部位在24h内出现边缘隆起、坚实、有痛感的肿胀。没有感染鼻疽的马，不出现反应，或者出现轻微的暂时性局部肿胀。可疑马在14d后用双倍剂量的马来因重检。

（二）补体结合反应试验

1. 材料准备

1.1　被检血清的采取及处理：被检血清的采取及处理见附录A（规范性附录）。

1.2　各种要素的配制及效价测定：

1.2.1　各种要素的配制：

1.2.1.1　生理盐水：100mL蒸馏水中加入0.85g氯化钠（化学纯），充分搅匀后，用滤纸过滤。经107kPa 15min灭菌后使用。

1.2.1.2　绵羊红细胞悬液：

绵羊脱纤血的制备：采健康绵羊颈静脉血至装有玻璃珠的灭菌脱纤瓶内，振荡15～20min，脱去纤维蛋白，使其失去凝固性，即为脱纤血。

绵羊红细胞泥的制备：将脱纤血用两层纱布滤过后，移入离心管内，加2～3倍量的生理盐水，混匀，以2 000r/min离心沉淀10min后，吸去上清液，再加生理盐水，用玻璃棒搅匀，再离心沉淀，如此反复三次（第一次除外），直到上清液透明为止，然后吸去上清，所剩沉淀，即为红细胞泥（压积红细胞）。

绵羊红细胞悬液的配制及检定：用生理盐水将红细胞泥配成2.5%的浓度，即为试验用的红细胞悬液。应用前须进行检定，看其浓度是否适当。其方法是，取2mL生理盐水放入反应管中，然后加入2.5%红细胞悬液0.5mL，混匀后，如呈现微红色即为合格，倘若色淡，需酌量补加红细胞泥予以校正（必要时应计算红细胞数，以每立方毫米中含50万个左右为度）。

1.2.1.3 溶血素。

1.2.1.4 补体：可用冻干补体。也可应用豚鼠的新鲜血清作补体，新鲜补体须在实施反应的前一天，自3只以上健康豚鼠心脏采血，根据体重不同，每头采血5～8mL左右。将采集的血液置培养皿中凝固（每个约盛15mL为宜），随后，用玻璃棒划破血凝块，放37℃水浴箱中15min后再放于冰箱中过夜，次日吸取血清，离心沉淀后，其上清即为补体，新采集的补体只能当天使用，置于4～8℃冰箱，可使用2d；如置－20～－25℃冰箱冷冻保存，可供一个月使用。

1.2.1.5 标准血清：鼻疽阴、阳性血清。

1.2.1.6 鼻疽抗原。

1.2.2 各种要素的效价的测定：

1.2.2.1 溶血素效价测定（通常一个月左右测定一次）：

1.2.2.1.1 稀释溶血素：先将溶血素稀释成1∶100的基础液（如溶血素以石炭酸防腐时，则取0.1mL加9.9mL生理盐水，如为甘油防腐，则取0.2mL加9.8mL生理盐水，混合即成），再按表11-1进一步稀释。

表11-1 溶血素稀释法

要素	稀释倍数								
	1∶500	1∶1 000	1∶1 500	1∶2 000	1∶2 500	1∶3 000	1∶3 500	1∶4 000	1∶5 000
1∶100溶血素（mL）	0.2	0.1	0.1	0.1	0.1	0.1	0.1	0.1	0.1
生理盐水（mL）	0.8	0.9	1.4	1.9	2.4	2.9	3.4	3.9	4.9
全量（mL）	1.0	1.0	1.5	2.0	2.5	3.0	3.5	4.0	5.0

1.2.2.1.2 补体：1∶20稀释的补体，每管0.5mL。

1.2.2.1.3 溶血素效价测定的方法：按表11-2实施。

表11-2 溶血素效价测定法

要素	稀释倍数（1∶X）									对照		
	500	100	1 500	2 000	2 500	3 000	3 500	4 000	5 000	1∶500溶血素	补体	红细胞
稀释的溶血素（mL）	0.5	0.5	0.5	0.5	0.5	0.5	0.5	0.5	0.5	0.5	—	—
生理盐水（mL）	1.0	1.0	1.0	1.0	1.0	1.0	1.0	1.0	1.0	1.5	1.5	2.0
1∶20补体（mL）	0.5	0.5	0.5	0.5	0.5	0.5	0.5	0.5	0.5	—	0.5	—
2.5%红细胞悬液（mL）	0.5	0.5	0.5	0.5	0.5	0.5	0.5	0.5	0.5	0.5	0.5	0.5
感作	37℃水溶15min											
结果	++++	++++	++++	++++	++++	+++	++	+	−	−	−	−

注：++++为100%溶血；+++为75%溶血；++为50%溶血；+为25%溶血；−为不溶血。

1.2.2.1.4 溶血素效价确定：能使0.5mL的2.5%红细胞悬液在37～38℃水浴箱内10min完全溶血的最小量溶血素，称为一个溶血素单位，或溶血素效价。测定补体、抗原和做正式试验时，溶血素的用量须提高一倍，即两个单位。

例如表2的测定结果，0.5mL 1∶2 500为一个溶血素单位，则1∶1 250的稀释液0.5mL，即为两个单位。

1.2.2.2 补体效价测定：每次进行补体结合反应时，应于当天按表11-3的程序在阳性血清和阴性血清的参与下，测定补体效价。

表11-3 补体效价测定法

要素（mL）			试管号 1	2	3	4	5	6	7	8	9	10	对照 11
1∶20补体			0.19	0.22	0.25	0.28	0.31	0.34	0.37	0.40	0.43	0.46	—
生理盐水			0.31	0.28	0.25	0.22	0.19	0.16	0.13	0.10	0.07	0.04	0.5
1∶10阴性血清组	抗原	一列	0.5	0.5	0.5	0.5	0.5	0.5	0.5	0.5	0.5	0.5	0.5
	血清		0.5	0.5	0.5	0.5	0.5	0.5	0.5	0.5	0.5	0.5	0.5
	抗原	二列	—	—	—	—	—	—	—	—	—	—	—
	血清		1.0	1.0	1.0	1.0	1.0	1.0	1.0	1.0	1.0	1.0	1.0
1∶10阳性血清组	抗原	三列	0.5	0.5	0.5	0.5	0.5	0.5	0.5	0.5	0.5	0.5	0.5
	血清		0.5	0.5	0.5	0.5	0.5	0.5	0.5	0.5	0.5	0.5	0.5
	抗原	四列	—	—	—	—	—	—	—	—	—	—	—
	血清		1.0	1.0	1.0	1.0	1.0	1.0	1.0	1.0	1.0	1.0	1.0
感作			置37～38℃水浴箱中20min										
溶血素（2单位）			0.5	0.5	0.5	0.5	0.5	0.5	0.5	0.5	0.5	0.5	0.5
2.5%红细胞悬液			0.5	0.5	0.5	0.5	0.5	0.5	0.5	0.5	0.5	0.5	0.5
感作			置37～38℃水浴箱中20min										
结果（例）	1∶10阴性血清组	一列	−	+	++	+++	+++	++++	++++	++++	++++	++++	−
		二列	−	+	++	+++	+++	++++	++++	++++	++++	++++	−
	1∶10阳性血清组	三列	−	−	−	−	−	−	−	−	−	++	−
		四列	−	+	++	+++	+++	++++	++++	++++	++++	++++	−

注：−完全不溶血；+为25%溶血；++为50%溶血；+++为75%溶血；++++为100溶血。

从表11-3看出，第二、四列分别为第一、三列的对照，其结果应该是除前几管因为补体量不足，不发生或轻微发生溶血外，其余各管应完全溶血，在此前提下，确定补体效价，即第三列完全不溶血与第一列完全溶血的最小量补体对应管所用的补体量，即为补体效价，如表11-3之例，补体效价为1∶20稀释的补体0.34mL（第六管）。

正式试验使用的工作补体用量可按比例换算成使用0.5mL的稀释倍数。如上例：

$$20:X=0.34:0.5$$

$$0.34X=20\times0.5$$

$$X=\frac{10}{0.34}=29.4\text{（倍）}$$

即补体作 1∶29.4 稀释，每管 0.5mL。

为了方便，现将不同效价的补体，做正式试验使用 0.5mL 时，原补体应稀释的倍数列于表 11－4。

表 11－4　补体使用换算表

补体效价（1∶20 倍的毫升数）	使用 0.5mL 时原补体应稀释的倍数
0.19	1∶52.6
0.22	1∶45.5
0.25	1∶40.0
0.28	1∶35.7
0.31	1∶32.2
0.34	1∶29.4
0.37	1∶27.0
0.40	1∶25.0
0.43	1∶23.2
0.46	1∶21.7

1.2.2.3　抗原效价测定：按表 11－5 进行抗原效价测定。

表 11－5　抗原效价测定

要素（mL）	抗原稀释倍数									对照
	1∶10	1∶50	1∶75	1∶100	1∶150	1∶200	1∶300	1∶400	1∶500	1∶10
被测抗原	0.5	0.5	0.5	0.5	0.5	0.5	0.5	0.5	0.5	0.5
稀释的阳性血清（10，25，50，75，100 倍）	0.5	0.5	0.5	0.5	0.5	0.5	0.5	0.5	0.5	—
工作补体	0.5	0.5	0.5	0.5	0.5	0.5	0.5	0.5	0.5	0.5
生理盐水										0.5
感　作	置 37～38℃水浴箱中 20min									
2 单位溶血素	0.5	0.5	0.5	0.5	0.5	0.5	0.5	0.5	0.5	0.5
2.5%红细胞悬液	0.5	0.5	0.5	0.5	0.5	0.5	0.5	0.5	0.5	0.5
感　作	置 37～38℃水浴箱中 20min									

注：每一血清稀释度（1∶10，1∶25，1∶50，1∶75，1∶100）各做一列，共计 5 列。

按表 11－5 操作结束后，自水浴箱中取出反应管，在室温下静置一夜，次日观察记录结果。现举例说明如表 11－6。

表 11－6　抗原效价测定结果

血清稀释倍数	被测抗原稀释倍数									对照
	1∶10	1∶50	1∶75	1∶100	1∶150	1∶200	1∶300	1∶400	1∶500	
1∶10（一列管）	0	0	0	0	0	0	10	20	30	100
1∶25（二列管）	10	0	0	0	0	0	10	30	60	100
1∶50（三列管）	10	10	0	0	0	10	20	40	60	100
1∶75（四列管）	20	10	10	10	0	10	40	60	100	100
1∶100（五列管）	30	20	20	20	10	40	100	100	100	100

注：表中的数字为溶血百分数（%），0 为完全阻止溶血。

工作抗原效价确定：应以最高稀释度的鼻疽阳性血清与最高稀释度的抗原发生最强反应域的顶点为准，确定该抗原的工作效价，如上述为 1∶150。

2. 正式试验

2.1 要素准备：按 1.2 项的测定结果对各种要素作稀释。

2.1.1 被检血清（见附录 A），每管滴加 0.5mL。

2.1.2 工作抗原：按测定的效价稀释后，用 0.5mL。

2.1.3 工作补体：按测定的效价稀释后，用 0.5mL。

2.1.4 溶血素：2 单位，每管加 0.5mL。

2.1.5 红细胞悬液：2.5%悬液，每管加 0.5mL。

2.1.6 鼻疽阳性血清：灭活后，1∶10 稀释，用 0.5mL。

2.1.7 鼻疽阴性血清：灭活后，1∶10 稀释，用 0.5mL。

2.2 实施反应：按表 11－7、表 11－8 的程序实施。

表 11－7 马血清检查法

要素（mL）	对照管	检查管	对　照　组			
	1	2	1∶10 阴性血清	1∶10 阳性血清	抗原	溶血素
生理盐水	1.35	—	—	—	—	1.0
被检血清	0.15	→0.5	0.5	0.5	—	—
工作抗原	—	0.5	0.5	0.5	1.0	—
工作补体	0.5	0.5	0.5	0.5	0.5	0.5
感　作	置 37～38℃水浴箱中放置 20min					
溶血素（2 单位）	0.5	0.5	0.5	0.5	0.5	0.5
2.5%红细胞悬液	0.5	0.5	0.5	0.5	0.5	0.5
感　作	置 37～38℃水浴箱中放置 20min					
结　果	完全溶血	待定	完全溶血	不溶血	完全溶血	完全溶血

因为骡、驴、驴骡血清在灭活时，已作了 1∶10 稀释，所以在进行正式试验时，可按照表 11－8 直接添加被检血清即可。

表 11－8 骡、驴及驴骡血清检查法

要素（mL）	对照管	检查管
1∶10 被检血清	1.0	0.5
工作抗原	—	0.5
工作补体	0.5	0.5
感　作	37～38℃水浴箱中放置 20min	
溶血素（2 单位）	0.5	0.5
2.5%红细胞悬液	0.5	0.5
感　作	37～38℃水浴箱中放置 20min	
结　果	完全溶血	待定

3. 结果判定

3.1　标准比色管配制：为能正确判定反应的最终结果，应按以下方法配制标准比色管，供第二天终判反应时与反应管比色用。

配制标准比色管时，应于正式试验的同时实施，所用反应管的管径大小和管壁厚薄，以及各种要素都应与正式试验时使用的相同。

3.1.1　0.5%溶解红细胞液的配制：取红细胞泥 2.5mL 加于 47.5mL 蒸馏水内，使红细胞完全溶解后，再加 1.7%盐水 50mL，制成 2.5%溶解红细胞液，然后再用生理盐水稀释 5 倍，即 0.5%溶解红细胞液。为了方便，也可将当天测定补体等的完全溶血的各管液体（就是 0.5%溶解红细胞液）收集起来，供配制标准比色管用。

3.1.2　0.5%红细胞悬液的配制：于 2.5mL 的 2.5%红细胞悬液内加 10mL 生理盐水即成，然后按表 11－9 加 0.5%溶解红细胞液和 0.5%红细胞悬液，摇匀后，静置室温下，次日待用。

表 11－9　标准比色管的配制

要素	反应管溶血百分比（%）								
	10	20	30	40	50	60	70	80	90
0.5%溶解红细胞液（mL）	0.25	0.5	0.75	1.0	1.25	1.5	1.75	2.0	2.25
0.5%红细胞悬液（mL）	2.25	2.0	1.75	1.5	1.25	1.0	0.75	0.5	0.25

3.2　第一次判定（初判）：自水浴箱中取出反应管后，即可进行。先观察总对照 1、2、3、4 管，应呈现下述结果，方说明所用要素完全合格，才可判定被检血清的反应结果。

对照管 1：阴性血清对照，完全溶血。

对照管 2：阳性血清对照，完全不溶血。

对照管 3：抗原对照，完全溶血。

对照管 4：溶血素对照，完全溶血。

然后观察被检血清的第一管（即被检血清对照管）完全溶血时，说明反应正确，再检查第二管，完全溶血，即判定为阴性，并登记结果，若第二管不完全溶血或不溶血，则应将反应管留置室温内（置冷暗处并盖以红黑布）12h 后，再作第二次判定。

3.3　第二次判定（终判）：取被检血清的第二管与制备的上述标准比色管进行比色。按其上液色调和沉淀红细胞的量，决定溶血程度，再按下述标准对被检血清作终判：

阳性反应：0～10%溶血者为＋＋＋＋；

11%～40%溶血者为＋＋＋；

41%～50%溶血者为＋＋。

可疑反应：51%～70%溶血者为＋；

71%～90%溶血者为±。

阴性反应：91%～100%溶血者为－。

附　录　A

（规范性附录）

被检血清的采取和处理

A.1　马匹采血局部的消毒处理及采血

在被检马匹颈部前 1/3 处，静脉沟部剪毛后，用碘酒及酒精消毒，将灭菌的采血针沿静脉沟刺入颈静脉内，使血液沿试管壁流入管内，应防止血液直接滴入，引起溶血。

A.2　被检血液的运送

采集的血液，冬天应防止冻结，夏天应防腐败，并迅速送往化验室。如在 72h 内不能送到，应先用铂金耳将凝固血液与试管壁间划离，待血清自血液中分离出，倒入另一支灭菌试管内，并按 1mL 血清加入 5%石炭酸生理盐水 1～2 滴，进行防腐，然后送检。

A.3　被检血清的处理

马血清可先不作稀释，直接在 58～60℃水浴箱中加温 30min，使其灭活。骡、驴及驴骡血清则需先用生理盐水作 1∶10 稀释后，再置 63～64℃水浴箱中，灭活 30min。

十二、马传染性贫血实验室诊断方法

（一）病原分离鉴定

（引自农医发［2007］12号文）

1. 马匹接种试验

1.1　试验驹：选自非马传染性贫血（以下简称马传染性贫血）疫区，1～2岁，经3周以上系统检查，确认健康者。

1.2　接种材料：无菌采取可疑马传染性贫血马（最好是可疑性较大或高热期病马）的血液。如怀疑混合感染时，须用细菌滤器过滤血清，接种材料应尽可能低温保存，保存期不宜过长。接种前进行无菌和安全检查。

1.3　接种方法：常用2～3匹马的材料等量混合，接种2匹以上的试验驹，皮下接种0.2～0.3mL左右。

1.4　观察期3个月。每日早、晚定期测温两次，定期进行临床、血液学及抗体检查。当马驹发生典型马传染性贫血的症状和病理变化，或血清中出现马传染性贫血特异性抗体时，即证明被检材料中含有马传染性贫血病毒。

2. 用白细胞培养物分离病毒

培养驴白细胞1～2d后，细胞已贴壁并伸出突起，换入新鲜营养液，并在营养液中加入被检材料，接入被检材料的量应不大于培养液量的10%，否则可能使培养物发生非特异性病变。

也可在倾弃旧营养液后，直接接种被检材料，37℃吸附1～2h后吸弃接种物，换入新鲜营养液。初代分离培养通常难以出现细胞病变，一般需盲传2～3代，甚至更多的代次（每代7～8d）。如果被检材料中有马传染性贫血病毒存在，培养物将最终出现以细胞变圆、破碎、脱落为特征的细胞病变。为了证明细胞病变是由马传染性贫血病毒而不是由其他原因引起的，应该以马传染性贫血酶联免疫吸附试验（间接法）等检查培养物的抗原性。如果引起白细胞出现细胞病变并具有明显的马传染性贫血抗原性，则说明被检材料中含有马传染性贫血病毒。

（二）酶联免疫吸附试验（ELISA）

（引自GB/T　17494—1998）

1. 溶液的配置

1.1　磷酸盐缓冲液（0.02mol/L pH7.2 PBS）：

1.1.1 0.2mol/L磷酸氢二钠溶液：称取磷酸氢二钠（$Na_2HPO_4 \cdot 12H_2O$）71.64 g，先加适量的去离子水加热溶解，最后定容至1 000mL，混匀。

1.1.2 0.2mol/L磷酸二氢钠溶液：称取磷酸二氢钠（$Na_2HPO_4 \cdot 2H_2O$）31.21g，先加适量的去离子水加热溶解，最后定容至1 000mL，混匀。

1.1.3 量取0.2mol/L磷酸氢二钠溶液360mL，0.2mol/L磷酸二氢钠溶液140mL，称取氯化钠38g，混在一起，用去离子水溶解稀释至5 000ml。

1.2 洗液（0.02mol/L pH7.2 PBS－0.05%吐温－20）：量取0.02mol/L pH7.2 PBS 1 000mL，加入0.5mL吐温－20，混匀。

1.3 血清及酶标记抗体稀释液（0.02 mol/L pH7.2 PBS－0.05%吐温－20－0.1%白明胶－10%健康牛血清）：量取洗液（1.2）100mL，加入100mg白明胶加热溶解，冷却后量取90mL，加入健康牛血清10mL，混匀。

1.4 底物溶液（pH5.0磷酸盐-柠檬酸缓冲液，内含0.04%邻苯二胺及0.045%过氧化氢）：

1.4.1 pH5.0磷酸盐-柠檬酸缓冲液：称取柠檬酸（$C_6H_8O_7 \cdot H_2O$）21.01g，用去离子水溶解，定容至1 000mL。量243mL与0.2mol/L磷酸氢二钠溶液257mL混合，于4℃冰箱中保存不超过一周。

1.4.2 称取40mg邻苯二胺，溶于100mL pH5.0磷酸盐-柠檬酸缓冲液中（用前从4℃冰箱中取出，在室温下放置20～30min平衡温度），待溶解后，加入150μL过氧化氢混匀。根据试验所需量按此比例增减。现用现配，剩余液废弃。

1.5 终止剂：2mol/L硫酸。量取浓硫酸4mL加入32mL去离子水中，混匀。

2. 操作步骤

2.1 洗板：去掉抗原包被板的密封条及板孔保护膜，向各孔注入洗液，浸泡约3min，甩干，再重新注入洗液重复洗下次，甩净孔内残液，再在滤纸上拍打吸干。

2.2 加被检血清及对照血清：将被检血清登记编号后，用50μL微量吸液器依次各取50μL加入到血清稀释板的各孔内（每份血清各用1个加样嘴）。用定量加液器，将0.95mL的稀释液（配置方法见1）依次加入装有血清的各孔内，使血清做1∶20倍稀释。混匀后用100μL微量吸液器将被检血清依次加入抗原包被板孔内（每份血清各用1个加样嘴），每份血清加两个孔。

每块反应板均需设阳性对照及阴性对照血清。冻干的阴、阳性对照血清，按瓶上标注量加入稀释液（配置方法见1），溶解后加入上述包被板孔内。阴、阳性对照血清各两孔，每孔100μL。盖好板盖，置37℃水浴中，保温1h。

2.3 洗板：甩掉板孔内的血清，向各孔注入洗液，按（2.1）方法洗三次，甩净孔内残液，再在滤纸上拍打吸干。

2.4 加酶标记抗体：按瓶签标注量，用稀释液（配置方法见1）将冻干酶标记抗体溶解混匀后，每孔加100μL，盖好板盖，置37℃水浴中，保温1h。

2.5 洗板：甩掉板孔内的酶标记抗体，向各孔注入洗液，按（2.1）方法洗三次，甩净孔内残液，再在滤纸上拍打吸干。

2.6 加底物溶液：用100μL微量吸液器，每孔加新配制的底物溶液100μL，在室温下避光反应约 5～10min（见附录 C）。

2.7 终止反应：用玻璃滴管每孔滴加终止剂 1 滴。

3. 结果判定

3.1 目测法：阳性对照血清孔呈鲜明的橘黄色，阴性对照血清孔无色或基本无色，被检血清孔凡显色者即判为马传染性贫血病毒抗体阳性。如遇颜色反应较弱，但与阴性对照血清孔还有差异者，用目测法难以判定时，则以比色法测定结果为最终结果。

3.2 比色法：用酶标测试仪，在波长 492nm 下，测定各孔 OD 值，阳性对照血清的两孔平均 OD 值大于 1.0，阴性对照血清的两孔平均 OD 值小于或等于 0.2 为正常反应。按以下两个条件判定结果：被检血清的两孔平均 OD 值与阴性对照血清的两孔平均 OD 值之比，大于或等于 2，且被检血清的两孔平均 OD 值在 0.2 以上者，判为马传染性贫血病毒抗体阳性，否则为阴性。

附　录　A

（标准的附录）

马传染性贫血酶标记抗体质量的说明

马传染性贫血酶标记抗体（冻干品），系山羊抗马 IgG 与辣根过氧化物酶的结合物。对标准阳性血清的平切终点（PEP）应≤0.25μg/mL，平切滴度（PT）应≥1∶10 240 倍。酶标记抗体用二倍平切终点的浓度，对标准阳性血清与标准阴性血清的 1∶20 倍稀释液进行测定，阳性吸收值应＞1.0，阴性吸收值应＜0.2。在－20℃下可保存 2 年。

附　录　B

（标准的附录）

马传染性贫血病毒抗原包被板质量的说明

马传染性贫血病毒抗原包被板，系马传染性贫血病毒抗原包被 40 孔或 96 孔聚苯乙烯板制备而成，对标准阳性血清的终点滴度≥1∶20 480 倍。在－20℃下可保存 2 年。

附　录　C

（标准的附录）

底物溶液作用时间的说明

底物溶液的作用时间与环境温度有关，如温度较高，酶催化作用就快，颜色反应则快。

如温度低，酶的催化作用就慢，颜色反应则慢。因此底物的作用时间多依阳性和阴性对照血清颜色变化为准。当阳性对照血清孔呈鲜明的黄色，而阴性对照血清孔无色或基本无色时即要终止反应。标准中规定的底物作用时间5～10min，是在不同温度条件下的大致范围。

（三）琼脂扩散试验（AGID）

（引自NY/T 569—2002）

1. 材料准备

1.1 抗原：检测用抗原按说明书使用。

1.2 血清：

1.2.1 检验用标准阳性血清：能与合格抗原在12h内产生明显致密沉淀线的传贫马血清，做8倍以上的稀释仍保持阳性反应者为宜。小量分装，冻结保存。

1.2.2 被检血清：不含防腐剂和抗凝剂的被检马血清。

1.3 pH7.2 0.01mol/L的磷酸盐缓冲液（PBS），配制方法见附录A（规范性附录）。

2. 操作方法

2.1 制备琼脂板：

2.1.1 取优质琼脂1.0g，直接放入含有0.01%硫柳汞的100mL的PBS中，用热水浴溶化混匀。

2.1.2 将直径90mm的平皿放在水平台上，每平皿倒入热融化琼脂液15～18mL，厚度约2.5mm左右，注意不要产生气泡，冷凝后加盖，把平皿倒置，防止水分蒸发，放在普通冰箱中可保存两周左右。

根据受检血清样品多少亦可采用大、中、小三种不同规格的玻璃板。10cm×16cm的玻璃板加注热琼脂液40mL；6cm×7cm的加注11mL；3.2cm×7.6cm的加注6mL。

配成的琼脂液，可装瓶中用胶塞盖好，以防水分蒸发，待使用时，现融化现制板。

2.2 打孔：反应孔现用现打。在坐标纸上画好七孔型图案。把坐标纸放在带有琼脂板的平皿或玻璃板下面，照图案在固定位置上用金属管打孔，将切下的琼脂片取出勿使琼脂膜与玻璃面离动。抗原孔及外周孔孔径均为5mm，孔间距3mm（见图12-1）。

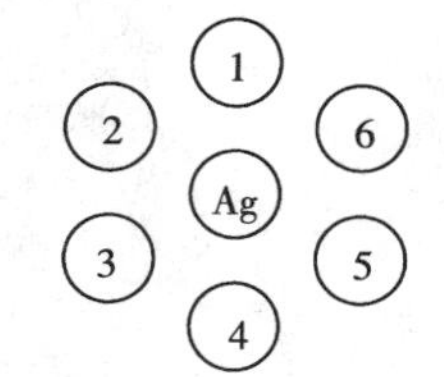

图12-1 七孔型

2.3 滴加抗原和血清：在琼脂板上端写上日期及编号。在图12-1七孔型的中央孔加抗原，外周2、4、6孔加检验用标准阳性血清，其余1、3、5孔分别加入被检血清。加至孔满为止，平皿加盖。待孔中液体吸干后，将平皿倒置，以防水分蒸发；琼脂板则放入湿盒中。置15～30℃条件下进行反应，逐日观察3d并记录结果。

3. 结果判定

3.1 阳性：当检验用标准阳性血清孔与抗原孔之间只有一条明显致密的沉淀线时，受检血清孔与抗原孔之间形成一条沉淀线；或者阳性血清的沉淀线末端向在毗邻的被检血清孔处向抗原孔侧偏弯者，此种受检血清判定为阳性。

3.2 阴性： 被检血清与抗原孔之间不形成沉淀线，或者标准阳性血清孔与抗原孔之间的沉淀线向毗邻的受检血清孔直伸或向受检血清孔侧偏弯者，此种受检血清为阴性。

3.3 疑似： 标准阳性血清孔与抗原孔之间的沉淀线末端，似乎向毗邻受检血清孔内侧偏弯，但不易判断时应重检，仍为可疑，判为阳性。

在观察结果时，最好从不同折光角度仔细观察平皿上抗原孔与受检血清孔之间有无沉淀线。为了观察方便，可在与平皿有适当距离的下方，置一黑色纸等，有助于观察。

附　　录 A

（规范性附录）

pH7.4 的 0.01mol/L PBS 溶液的配制

磷酸氢二钠（$Na_2HPO_4 \cdot 12H_2O$）	2.9g
磷酸二氢钾	0.3g
氯化钠	8.0g
无离子水和蒸馏水加至	1 000mL

十三、布鲁氏菌病实验室诊断方法

（一）病原学检测方法（显微镜检查）

（引自农医发［2007］12号文）

采集流产胎衣、绒毛膜水肿液、肝、脾、淋巴结、胎儿胃内容物等组织，制成抹片，用柯兹罗夫斯基染色法染色，镜检，布鲁氏菌为红色球杆状小杆菌，而其他菌为蓝色。

（二）病原分离鉴定

（引自农医发［2007］12号文）

新鲜病料可用胰蛋白胨琼脂斜面或血液琼脂斜面、肝汤琼脂斜面、3%甘油-0.5%葡萄糖肝汤琼脂斜面等培养基培养；若为陈旧病料或污染病料，可用选择性培养基培养。培养时，一份在普通条件下，另一份放于含有5%～10%二氧化碳的环境中，37℃培养7～10d。然后进行菌落特征检查和单价特异性抗血清凝集试验。为使防治措施有更好的针对性，还需做种型鉴定。

如病料被污染或含菌极少时，可将病料用生理盐水稀释5～10倍，健康豚鼠腹腔内注射0.1～0.3mL/只。如果病料腐败时，可接种于豚鼠的股内侧皮下。接种后4～8周，将豚鼠扑杀，从肝、脾分离培养布鲁氏菌。

（三）虎红平板凝集试验（RBPT）

（引自GB/T 18646—2002）

1. 材料准备

1.1 抗原、标准阳性血清、阴性血清由制标单位提供，按说明书使用。
1.2 受检血清应新鲜，无明显蛋白凝块，无溶血和无腐败气味。
1.3 洁净的玻璃板，其上划分成$4cm^2$的方格。
1.4 吸管或分装器，适于滴加0.03mL。
1.5 牙签或火柴杆，供搅拌用。

2. 操作方法

2.1 将玻璃板上各格标记受检血清号，然后加相应血清0.03mL。

2.2 在受检血清旁滴加抗原0.03mL。

2.3 用牙签类小棒搅动血清和抗原使之混合。

2.4 每次试验应设阴、阳性血清对照。

3. 判定

3.1 在阴、阳性血清对照成立的条件下，方可对被检血清进行判定。

3.2 受检血清在4min内出现肉眼可见凝集现象者判为阳性（+），无凝集现象，呈均匀粉红色者判为阴性（一）。

（四）全乳环状试验（MRT）

（引自GB/T 18646—2002）

1. 材料准备

1.1 布鲁氏菌病全乳环状抗原：由制标单位提供，按说明书使用。

1.2 乳样：

1.2.1 受检乳样须为新鲜的全乳。

1.2.2 采乳样时应将母畜的乳房用温水洗净、擦干，然后将乳液挤入洁净的器皿中。

1.2.3 采集的乳样夏季时应于当日内检查；保存于2℃时，7d内仍可使用。

2. 操作方法

2.1 取乳样1mL，加于灭菌凝集试验管内。

2.2 取充分振荡混合均匀的全乳环状抗原1滴（约50μL）加入乳样中充分混匀。

2.3 置37～38℃水浴中60min。

2.4 加温后取出试管勿使振荡，立即进行判定。

3. 判定

强阳性反应（+++）：乳柱上层乳脂形成明显红色的环带，乳柱白色，临界分明；

阳性反应（++）：乳脂层的环带呈红色，但不显著，乳柱略带颜色；

弱阳性反应（+）：乳脂层的环带颜色较浅，但比乳柱颜色略深；

疑似反应（±）：乳脂层的环带颜色不明显，与乳柱分界不清，乳柱不褪色；

阴性反应（一）：乳柱上层无任何变化，乳柱颜色均匀。

（五）试管凝集试验（SAT)

（引自 GB/T 18646—2002）

1. 材料准备

1.1 稀释液：0.5%石炭酸生理盐水。检验羊血清时用含0.5%石炭酸的10%盐溶液，如果血清稀释用含0.5%石炭酸的10%盐溶液，抗原的稀释亦用含0.5%石炭酸的10%盐溶液。

1.2 抗原、阳性血清和阴性血清由制标单位提供，按说明书使用。

1.3 凝集试验管（三分管）、试管架、吸管及温箱。

2. 操作方法

2.1 按常规方法采血分离血清。

2.2 运送和保存血清样品时防止冻结和受热，以免影响凝集价。若3d内不能送到实验室，按每9mL血清加1mL 5%石炭酸生理盐水（徐徐加入）防腐，也可用冷藏方法运送血清。

2.3 受检血清的稀释：以羊和猪为例，每份血清用4支凝集试管。

2.3.1 第1管标记检验编码后加1.15mL稀释液。

2.3.2 第2～4管各加入0.5mL稀释液。

2.3.3 然后用1mL吸管取被检血清0.1mL；加入第1管内，并混合均匀。混合方法是将该试管中的混合液吸入吸管内，再沿试管壁吹入试管中，如此吸入、吹出3～4次，充分混匀后以该吸管吸混合液0.25mL弃去。

2.3.4 取0.5mL混合液加入第2管，用该吸管如前述方法混合。

2.3.5 再吸第2管混合液0.5mL至第3管，如此倍比稀释至第4管，从第4管弃去混匀液0.5mL。

2.3.6 稀释完毕，从第1至第4管的血清稀释度分别为1∶12.5、1∶25、1∶50和1∶100。

2.3.7 牛、马、鹿、骆驼血清稀释法与上述基本一致，差异是第1管加1.2mL稀释液和0.05mL被检血清。

2.3.8 将0.5mL 20倍稀释的抗原加入已稀释好的各血清管中，并振摇均匀。羊和猪的血清稀释则依次变为1∶25、1∶50、1∶100和1∶200，牛、马和骆驼的血清稀释度则依次变为1∶50、1∶100、1∶200和1∶400。

大规模检疫时也可只用2个稀释度，即牛、马、鹿、骆驼用1∶50和1∶100，猪、山羊、绵羊和狗用1∶25和1∶50。

2.3.9 置37～40℃温箱24h，取出检查并记录结果。

2.3.10 每次试验均应设阳性血清、阴性血清和抗原对照。

阴性血清对照：阴性血清的稀释和加抗原的方法与受检血清同。

阳性血清对照：阳性血清须稀释到原有滴度，加抗原的方法与受检血清同。

抗原对照：1∶20稀释抗原液0.5mL，再加0.5mL稀释液，观察抗原是否有自凝现象。

3. 判定

3.1 供判定参照比浊管制备方法见附录E（提示的附录）。

3.2 结果判定：

3.2.1 凝集反应的结果应参照比浊管，按各试管上层液体清亮度判读：

a）＋＋＋＋ 菌体完全凝集，100%下沉，上层液体100%清亮；

b）＋＋＋ 菌体几乎完全凝集，上层液体75%清亮；

c）＋＋ 菌体凝集显著，液体50%清亮；

d）＋ 凝集物有沉淀，液体25%清亮；

e）－ 凝集物无沉淀，液体均匀混浊。

3.2.2 牛、马、鹿和骆驼1∶100血清稀释，猪、山羊、绵羊和狗1∶50血清稀释，出现“＋＋”以上凝集现象时，受检血清判定为阳性。

3.2.3 牛、马、鹿、骆驼1∶50血清稀释，猪、山羊、绵羊、狗1∶25血清稀释，出现“＋＋”以上凝集现象时，受检血清判定为可疑反应。

可疑反应家畜经3～4周后重检，如果仍为可疑，该牛、羊判为阳性。猪和马经重检仍保持可疑水平，而农场的牲畜没有临床症状和大批阳性患畜出现，该畜被判为阴性。

猪血清偶有非特异性反应，须结合流行病学调查判定，必要时应配合补体结合试验和鉴别诊断，排除耶森氏菌交叉凝集反应。

（六）补体结合试验（CFT）

（引自GB/T 18646—2002）

1. 材料准备

1.1 稀释液： 0.85%生理盐水按常规方法配制。

1.2 绵羊红细胞悬液： 采取成年公绵羊血，按常规方法脱纤、洗涤、离心，用稀释液洗涤3～4次，最后一次以2 000r/min离心沉淀10min，取下沉的红细胞泥，以稀释液配制成2.5%红细胞悬液。

1.3 抗原、标准阳性血清、阴性血清、溶血素： 由制标单位提供，按说明书使用。

1.4 受检血清： 收集和处理见附录A（标准的附录）。

1.5 溶血素： 效价测定见附录B（标准的附录）。

1.6 补体： 采集及其效价测定方法见附录C（标准的附录）。

1.7 抗原： 效价测定见附录D（标准的附录）。

2. 操作方法

2.1 将1∶10稀释经灭能（见附录A）的受检血清加入2支三分管内，每管0.5mL。

2.2 其中一管加工作量抗原0.5mL，另一管加稀释液0.5mL。

2.3 上述 2 管均加工作量补体，每管 0.5mL，振荡混匀。

2.4 置 37～38℃水浴 20min，取出放室温（22～25℃）。

2.5 每管各加 2 单位的溶血素 0.5mL 和 2.5%红细胞悬液 0.5mL。充分振荡混匀。

2.6 再置 37～38℃水浴 20min，之后取出立即进行第一次判定。

2.7 每次试验需设阳性血清、阴性血清、抗原、溶血素和补体对照。主试验各要素添加量和顺序如表 13－1。

表 13－1 布鲁氏菌病补体结合试验的主试验

单位：mL

血 清	被检血清		对照管						
			阳性血清		阴性血清		抗原	溶血素	补体
血清加入量	0.5	0.5	0.5	0.5	0.5	0.5	0	0	0
稀释液	0	0.5	0	0.5	0	0.5	0	1.5	1.5
抗原	0.5	0	0.5	0	0.5	0	1.0	0	0
工作量补体	0.5	0.5	0.5	0.5	0.5	0.5	0.5	0	0.5
37～38℃水浴 20min									
二单位溶血素	0.5	0.5	0.5	0.5	0.5	0.5	0.5	0.5	0
2.5%红细胞	0.5	0.5	0.5	0.5	0.5	0.5	0.5	0.5	0.5
37～38℃水浴 20min									
判定结果举例	＋＋＋＋	－	＋＋＋＋	－	－	－	－	＋＋＋＋	＋＋＋＋

3. 判定

3.1 第一次判定，要求不加抗原的阳性血清对照管，不加或加抗原的阴性血清对照管，抗原对照管呈完全溶血反应。

3.2 初判后静置 12h 作第二次判定，第二次判定时要求溶血素对照管，补体对照管呈完全抑制溶血。

3.3 对照正确无误即可对受检血清进行判定，受检血清加抗原管的判定参照标准比色管记录结果。标准比色管的制备方法见附录 F（提示的附录）。

3.4 判定标准：

0～40% 溶血判为阳性反应；

50%～90% 溶血判为可疑反应；

100% 溶血判为阴性反应。

牛、羊和猪补体结合反应判定标准均相同。

附 录 A

（标准的附录）

受检血清的采集和处理

以常规方法采血和分离血清。用稀释液将血清作 1∶10 稀释，按表 A.1 规定的水浴灭能。

表 A.1 各种被检动物血清的灭能温度和时间

血清类别	灭能温度（℃）	灭能时间（min）
羊	58～59	30
马	58～59	30
驴、骡	63～64	30
黄牛、水牛、猪	56～57	30
鹿、骆驼	54	30

附　录　B

（标准的附录）

溶血素效价测定

B.1　稀释溶血素

取 0.2mL 含等量甘油防腐的溶血素，加 9.8mL 稀释液配成 1：100 的基础稀释液，按表 B.1 方法作进一步稀释。

表 B.1　溶血素稀释法

单位：mL

管　号	1	2	3	4	5	6	7	8	9	10	11
1：100 稀释溶血素	0.2	0.1	0.1	0.1	0.1	0.1	0.1	0.1	0.1	0.1	0.1
稀释液	0.8	0.9	1.4	1.9	2.4	2.9	3.4	3.9	4.4	4.9	5.4
溶血素稀释倍数	500	1 000	1 500	2 000	2 500	3 000	3 500	4 000	4 500	5 000	5 500

B.2　按表 B2 加入各成分，而后 37～38℃水浴 20min。

B.3　溶血素效价

从水浴中取出，立即判定结果，用 1：20 补体 0.5mL，在 37～38℃水浴 20min，能使 2.5%红细胞液 0.5mL 完全溶血的最小量溶血素为溶血素效价或称一单位溶血素。以表 B.2 为例，对照管均不溶血，1～6 管完全溶血，测定溶血素效价为 3 000 倍。

在主试验时溶血素的工作效价为滴定效价的倍量或称二单位溶血素，则工作效价为 1 500倍稀释。

效价测定后，2～3 个月内可按此效价使用，不必重测。

表 B.2　溶血素效价测定表

单位：mL

管号		1	2	3	4	5	6	7	8	9	10	11	对照管		
													溶血素	补体	稀释液
溶血素	稀释倍数	500	1 000	1 500	2 000	2 500	3 000	3 500	4 000	4 500	5 000	5 500	100		
	加入量	0.5	0.5	0.5	0.5	0.5	0.5	0.5	0.5	0.5	0.5	0.5	0.5	0	0
稀释液		1.0	1.0	1.0	1.0	1.0	1.0	1.0	1.0	1.0	1.0	1.0	1.5	1.5	2.0
1∶20补体		0.5	0.5	0.5	0.5	0.5	0.5	0.5	0.5	0.5	0.5	0.5	0	0.5	0
2.5%红细胞		0.5	0.5	0.5	0.5	0.5	0.5	0.5	0.5	0.5	0.5	0.5	0.5	0.5	0.5
37～38℃水浴20min															
结果（例）		−	−	−	−	−	−	+	+	++	+++	++++	++++	++++	++++
		全部溶血						部分溶血				全部不溶血			

附　录　C

（标准的附录）

补体采集及其效价测定

C.1　补体采集

选择健康豚鼠3～5只，于使用前一天早晨喂饲前或停食后6h从心脏采血，分离血清后混合保存于普通冰箱中，也可从兽医生物药品厂购买冻干补体，使用前加稀释液恢复原量后使用。

C.2　补体效价测定

每次补体结合试验，应于当日测定补体效价。

C.2.1　稀释补体并加各种成分：用稀释液配制1∶20稀释补体，按表C1加入各种成分后，前后经37～38℃ 20min水浴2次。

C.2.2　补体效价：经过2次水浴，在2单位溶血素存在情况下，阳性血清加抗原的试管完全不溶血，而在阳性血清未加抗原及阴性血清无论有无抗原的试管发生完全溶血所需要最小补体量，就是所测得的补体效价。以表C.1为例，第6管1∶20稀释的补体0.25mL即为一个补体单位。

表 C.1　补体效价测定

单位：mL

管号	1	2	3	4	5	6	7	8	9	10	对照		
											11	12	13
1∶20补体加入量	0.10	0.13	0.16	0.19	0.22	0.25	0.28	0.31	0.34	0.37	0.5	0	0
稀释液加入量	0.40	0.37	0.34	0.31	0.28	0.25	0.22	0.19	0.16	0.13	1.5	1.5	2.0

（续）

管号	1	2	3	4	5	6	7	8	9	10	对照 11	对照 12	对照 13
工作量抗原加入量（不加抗原量加稀释液）	0.5	0.5	0.5	0.5	0.5	0.5	0.5	0.5	0.5	0.5	0	0	0
10倍稀释阳（阴）性血清	0.5	0.5	0.5	0.5	0.5	0.5	0.5	0.5	0.5	0.5	0	0	0
振荡均匀后置37～38℃水浴20min													
二单位溶血素	0.5	0.5	0.5	0.5	0.5	0.5	0.5	0.5	0.5	0.5	0	0.5	0
2.5%红细胞悬液	0.5	0.5	0.5	0.5	0.5	0.5	0.5	0.5	0.5	0.5	0.5	0.5	0.5
振荡均匀后置37～38℃水浴20min													
结果 阳性血清加抗原	++++	++++	++++	++++	++++	++++	++++	++++	++++	++++	++++	++++	++++
结果 阳性血清不加抗原	++++	++++	+++	++	+	−	−	−	−	−			
结果 阴性血清加抗原	++++	++++	+++	++	+	−	−	−	−	−			
结果 阴性血清不加抗原	++++	++++	+++	++	+	−	−	−	−	−			

C.3　原补体使用时应稀释倍数的计算

原补体使用时应稀释倍数按式（C.1）计算：

$$原补体应稀释倍数=\frac{补体稀释倍数}{测得效价}\times 使用时每管加入量 \quad (C.1)$$

以表C.1为例，按公式计算：

$$\frac{20}{0.25}\times 0.5=40倍$$

即此例补体应作40倍稀释，每管加0.5mL，即为一个补体单位。考虑补体性质不稳定，操作过程中效价会降低，正式试验时使用浓度比补体效价要大10%左右，本例补体工作单位应作1∶36稀释，每管使用0.5mL。

附　录　D

（标准的附录）

抗原效价测定

一般按照兽药厂产品说明书的效价使用。在初次使用或过久等其他原因需要测定时按下述步骤进行。

D.1 必须取用两份阳性血清（分别为强阳性和弱阳性血清）和一份阴性血清来测定抗原效价。

D.2 阴性血清和阳性血清稀释

用稀释液对阴性对照血清仅作 1∶10 稀释，阳性血清稀释成 1∶10、1∶25、1∶50、1∶75 和 1∶100，5 个稀释度。

D.3 稀释抗原

用稀释液将抗原稀释成 1∶10、1∶50、1∶75、1∶100、1∶150、1∶200、1∶300、1∶400 和 1∶500 等稀释度。

D.4 按表 D.1 加入各种成分，并经 37～38℃，20min 水浴 2 次。

表 D.1 布鲁氏菌补体结合抗原效价测定

单位：mL

管号	1	2	3	4	5	6	7	8	9	对照	
										10	11
抗原 稀释倍数	10	50	75	100	150	200	300	400	500	补体对照	溶血素对照
抗原 加入量	0.5	0.5	0.5	0.5	0.5	0.5	0.5	0.5	0.5	0.5	0
各种血清稀释度加入量	0.5	0.5	0.5	0.5	0.5	0.5	0.5	0.5	0.5	0	0
工作量补体	0.5	0.5	0.5	0.5	0.5	0.5	0.5	0.5	0.5	0.5	0
37～38℃水浴 20min											
二单位溶血素	0.5	0.5	0.5	0.5	0.5	0.5	0.5	0.5	0.5	0.5	0.5
2.5%红细胞	0.5	0.5	0.5	0.5	0.5	0.5	0.5	0.5	0.5	0.5	0.5
37～38℃水浴 20min											

D.5 记录抗原测定结果

从水浴中取出反应管，观察溶血百分数，记录结果。

举例如表 D.2。

表 D.2 布鲁氏菌补体结合抗原效价滴定结果（举例）

抗原稀释倍数		10	50	75	100	150	200	300	400	500
血清稀释倍数	10	100	0	0	0	0	0	0	0	0
	25	100	0	0	0	0	0	0	0	0
	50	100	10	0	0	0	0	0	10	20
	75	100	50	20	0	0	0	20	30	80
	100	100	80	50	20	10	20	80	80	100

D.6 抗原效价

抗原对阴性血清应完全溶血。对两份阳性血清各稀释度发生抑制溶血最强的抗原最高稀释度为抗原效价。

在正式试验时，抗原的稀释度应比测定的效价浓25%。以表D.2为例，其效价为1∶150，正式试验时按1∶112.5稀释使用。

附　录　E

（提示的附录）

试管凝集试验参照比浊管的制备

每次试验须配比浊管，作为判定凝集反应程度的依据，先将20倍稀释抗原用等量稀释液作对倍稀释，然后按表E.1配制比浊管。

表E.1　参照比浊管的配制

管号	1∶40稀释抗原液（mL）	稀释液（mL）	清亮度（%）	记录标记
1	0.00	1.00	100	++++
2	0.25	0.75	75	+++
3	0.50	0.50	50	++
4	0.75	0.25	25	+
5	1.00	0.00	0	−

附　录　F

（提示的附录）

溶血程度的标准比色管的配制

配制方法如表F.1，牛、羊和猪补体结合反应判定标准均相同。

表F.1　标准比色管的配制方法及反应判定标准

单位：mL

溶血程度（%）	0	10	20	30	40	50	60	70	80	90	100
溶血溶液[1)]	0	0.25	0.50	0.75	1.00	1.25	1.50	1.75	2.00	2.25	2.50
2.5%红细胞液	0.50	0.45	0.40	0.35	0.30	0.25	0.20	0.15	0.10	0.05	0
稀释液	2.00	1.80	1.60	1.40	1.20	1.00	0.80	0.60	0.40	0.20	0
判定符号	++++	++++	+++	+++	+++	++	++	++	+	+	−
判定标准	阳性							可疑			阴性

1）试验中全溶血的试管内液体即为溶血溶液。

十四、结核病实验室诊断方法

（引自 GB/T 18645—2002）

（一）病原分离鉴定

1. 病料的采集和处理

用于细菌学检查的材料采自淋巴结及其他组织。当活畜有可疑的呼吸道结核、乳房结核、泌尿生殖道结核、肠结核时，其痰、乳、精液、子宫分泌物、尿和粪便可作为细菌学检查的材料。

对那些结核分支杆菌 PPD 皮内变态反应试验阳性，但尸检时无病理学病变的动物，可从下颌、咽后、支气管、肺（特别是肺门及肺门淋巴结）、纵隔及一些肠系膜的淋巴结采集样品送检。

样品应封装在无菌的容器内冷藏运送。

为了提高检出结果，样品可采取消化浓缩法处理，处理方法见附录 A（标准的附录）。

1.1　痰：对牛常可用痰进行细菌学检验。牛咯痰极少，宜在清晨采集。用硬橡胶管自口腔伸入至气管内，外端连接注射器吸取痰液。亦可取牛咳出的痰块进行检验。

痰样品稀薄时，可加入等量的 4%～6%硫酸（见附录 A 中 A.1）处理，如痰样品黏稠时，则加入 5 倍量的 4%硫酸处理。充分摇匀后置 37℃作用 20min，以 3 000～4 000r/min 离心，沉淀物作染色镜检、培养和动物试验。

也可用 2 倍量 15%～20%安替福民（antiformin）溶液（见附录 A 中 A.3）处理痰液，将混合物置 37℃作用 1～2h 后离心。以灭菌生理盐水冲洗沉淀物几次后，取沉淀物染色镜检、培养和动物试验。

1.2　乳：怀疑有乳房结核时，可无菌采集乳汁进行检验（一般以挤出之最后乳汁含菌量较多，早晨挤出的乳中含菌量最高）。

将乳汁分置 4～6 支离心管中，每管 10mL，以 3 000～4 000r/min 离心 20～30min，吸取上层乳脂和管底的沉淀物作染色镜检、培养和动物试验。

乳汁 10mL 加酒精和乙醚各 10mL 及 15%～20%安替福民溶液 30mL，摇匀置 37℃恒温箱内 1～2h，取出加等量灭菌蒸馏水混匀，离心沉淀后弃去上清，取沉淀物作染色镜检、培养和动物试验。

1.3　精液和子宫分泌物：有生殖道结核可疑时，可采集公畜精液，母畜子宫分泌物进行细菌学检查。

处理子宫分泌物，可用 15%～20%安替福民溶液，混匀后静置 2～3h，3 000～4 000r/min 离心 20min，弃上清，加 10mL 蒸馏水于沉淀物中。即可作动物试验，经 1.5～2 个月剖检。

1.4 尿： 有肾结核可疑时，可采集尿液，一般采集中段尿液，以早晨第一次尿为宜。

如仅作染色镜检，可将尿液以 3 000～4 000r/min 离心 20min 后，取沉淀物涂片。

如作培养或动物试验，则必须将尿液进行消化浓缩处理，再进行检验以免杂菌生长而影响检验结果。

1.5 粪便： 有肠结核可疑时，可采集粪便进行细菌学检查，患肺结核的牛只，有时在粪便中亦可检出结核分支杆菌。因牛常将痰液吞咽至消化道内，随粪便排出。尽量采集混有黏液或脓血的粪便。

取粪便 30g，加 15%～20%安替福民溶液 15mL 和蒸馏水 55mL，混合，经 2～3h 后，3 000～4 000r/min 离心 30min，倾去上清液，加 10mL 蒸馏水于沉淀物中，将此液用纱布过滤后接种于豚鼠皮下，经 1.5～2 个月后剖检。

或将粪便加 2 倍量灭菌蒸馏水磨碎，然后加氯化钠至饱和。当液体中残渣沉淀后（液体完全澄清），浮起的薄膜含有大量的结核分支杆菌。取出薄膜，用等量的 4%氢氧化钠（见附录 A 中 A.2）充分混合，置 37℃中 3h，然后离心，取沉淀物用 8%盐酸中和后，即可作染色镜检、培养和动物试验。

粪便中如有黏液或脓血，可用任何一种消化液处理后检验。

如系纯粪便，取 5～10g，加生理盐水约 3～4 倍混合后，用细铜纱网过滤，取滤液置室温中自然沉淀，然后取上层悬液置于另一大离心管或烧杯内，加消化液约 3～4 倍量，置 37℃温箱 1～2h，同上法处理后检验。

1.6 组织器官： 尽量采集有结节病灶的部位。猪易患颈部淋巴结结核，亦易患肠系膜淋巴结核，且常呈钙化或干酪样病变。家禽常在肠、脾、肝发生结核病灶，有时亦可见于肺或卵巢。

病变组织需先研磨，制成乳剂，通常取组织乳剂或其他液状病料 2～4mL，加入等量的 5%氢氧化钠溶液，充分振摇 5～10min，或摇至发生液化为止，液化后经 3 000～4 000r/min 离心 15～30min，沉淀物加 1 滴酚红作指示剂，以 2mol/L 盐酸中和至淡红色后，作染色镜检、培养和动物试验。

如病料为脓状或干酪状或钙化的结节病灶组织，可直接作染色镜检，往往可以检出众多的结核分支杆菌。但得到阴性结果时，必须浓缩处理后检验。

2. 检验方法

2.1 染色镜检：

2.1.1 涂片： 先在玻片上涂布一层薄甘油蛋白（鸡蛋白 20mL，甘油 20mL，水杨酸钠 0.4g，混匀），然后吸取标本滴加其上，涂布均匀。

如检验标本为乳汁等含脂肪较多的材料，在涂片制成后，可先用二甲苯或乙醚滴加覆盖于涂片之上，经摇动 1～2min 脱脂后倾去，再滴加 95%酒精以除去二甲苯，待酒精挥发后即可染色。

2.1.2 染色： 染色液配制方法见附录 B（标准的附录）。

萋-尼氏抗酸染色：处理过的被检材料涂片后，经火焰固定，加苯酚复红染色液（见附录 B 中 B.1）覆盖，将玻片在火焰上加热至出现蒸汽（不能产生气泡），如此热染 5min（如染色液干涸，须加适量补充）。水洗后滴加3%盐酸酒精（见附录B中B.2）脱色30～60s（至无色素脱下为止）。水洗后，以骆氏美蓝染色液（见附录B中B.3）复染1min。水洗，吸干，镜检。抗酸菌应不被盐酸酒精脱色而染成红色，其他细菌与动物细胞可被盐酸酒精脱色而均被染成蓝色。

2.1.3 镜检：结核分支杆菌在显微镜下呈细长平直或微弯曲的杆菌，长1.5～5μm，宽0.2～0.5μm，在陈旧培养基上或干酪性淋巴结内的菌体，偶尔可见长达10μm或更长。

2.2 培养：

2.2.1 培养基配制方法见附录C（标准的附录）。

2.2.2 被检标本经消化浓缩后吸取其沉淀物作为培养材料。初次分离，可用配氏培养基（见附录C中C.1）、L-J培养基（见附录C中C.2）或青霉素血液琼脂培养基（见附录C中C.3）。

2.2.3 将经过处理的标本接种到培养基上（同时作2～4份），培养1d后，以熔化的石蜡封口，继续培养。

2.2.4 牛型结核分支杆菌比人型结核分支杆菌生长要缓慢得多。初次培养牛型结核分支杆菌时，需36～37℃培养5～8周方可出现菌落。在固体培养基上不产生任何颜色，菌落湿润、略显粗糙并发脆。加1%的丙酮酸钠能促进生长，但在噻吩-2酸肼（T_2H）培养基（见附录C中C.4）上不生长。

2.2.5 禽型结核分支杆菌生长需要2～3周。形成湿润、弥漫状、光滑及星光状菌落。最适生长温度为40～42℃。在T_2H培养基上生长。

2.2.6 人型结核分支杆菌生长需要36～37℃培养3～4周。该菌落干燥、粗糙，呈白色、黄色或橙色，牢牢附着于培养基。在T_2H培养基上生长。

2.2.7 非典型分支杆菌生长快速，大部分（但不是全部）产生白色或具有橙色或黄色色素，常形成黄色或橙色菌落。某些种类的色素只有在亮处才显出。大多数非典型种类的生长速度比牛或人型结核分支杆菌快。

2.3 动物试验：本试验是确诊结核病的重要依据，如能与涂片镜检和培养同时进行，则结果更为可靠。

2.3.1 实验动物在试验前，应进行牛型结核分支杆菌PPD和禽型结核分支杆菌PPD皮内变态反应试验。

2.3.2 豚鼠对牛型和人型结核分支杆菌敏感，对禽型结核分支杆菌有抵抗力，常只能形成局部病灶。

2.3.3 家兔对禽型结核分支杆菌高度敏感。对牛型结核分支杆菌敏感。人型结核分支杆菌虽可使其肺部形成少量病灶，但可趋于痊愈而不致死。

2.3.4 处理过的病料约1～3mL，皮下或肌肉或腹腔内注射，每份病料至少接种2只同种动物。接种后30d左右，进行禽型结核分支杆菌PPD和牛型结核分支杆菌PPD皮内变态反应试验，如有阳性反应，可剖检其中的半数动物进行病理学观察、细菌培养和涂片镜检。另一半继续观察至3个月再剖检观察。如果为阴性反应，可于40d左右剖检其中的半数，观察病理学变化、细菌培养和涂片镜检，另一半继续观察至3个月再剖检观察。

2.4 牛型、禽型和人型结核分支杆菌鉴定方法见附录D（提示的附录）。

（二）牛型结核分支杆菌 PPD 皮内变态反应试验

1. 牛的牛型结核分支杆菌 PPD 皮内变态反应试验

1.1 操作方法：

1.1.1 注射部位及术前处理：将牛只编号后在颈侧中部上 1/3 处剪毛（或提前一天剃毛），3 个月以内的犊牛，也可在肩胛部进行，直径约 10cm。用卡尺测量术部中央皮皱厚度，做好记录。注意，术部应无明显的病变。

1.1.2 注射剂量：不论大小牛只，一律皮内注射 0.1mL（含 2 000IU）。即将牛型结核分支杆菌 PPD 稀释成每毫升含 2 万 IU 后，皮内注射 0.1mL。冻干 PPD 稀释后当天用完。

1.1.3 注射方法：先以 75%酒精消毒术部，然后皮内注射定量的牛型结核分支杆菌 PPD，注射后局部应出现小疱，如对注射有疑问时，应另选 15cm 以外的部位或对侧重作。

1.1.4 注射次数和观察反应：皮内注射后经 72h 判定，仔细观察局部有无热痛、肿胀等炎性反应，并以卡尺测量皮皱厚度，作好详细记录。对疑似反应牛应立即在另一侧以同一批 PPD 同一剂量进行第二回皮内注射，再经 72h 观察反应结果。

对阴性牛和疑似反应牛，于注射后 96h 和 120h 再分别观察一次，以防个别牛出现较晚的迟发型变态反应。

1.2 结果判定：

1.2.1 阳性反应：局部有明显的炎性反应，皮厚差大于或等于 4.0 mm。

1.2.2 疑似反应：局部炎性反应不明显，皮厚差大于或等于 2.0mm、小于 4.0mm。

1.2.3 阴性反应：无炎性反应。皮厚差在 2.0mm 以下。

凡判定为疑似反应的牛只，于第一次检疫 60d 后进行复检，其结果仍为疑似反应时，经 60d 再复检，如仍为疑似反应，应判为阳性。

2. 其他动物牛型结核分支杆菌 PPD 皮内变态反应试验

参照牛的牛型结核分支杆菌 PPD 皮内变态反应试验进行。

（三）禽型结核分支杆菌 PPD 皮内变态反应试验

1. 禽的禽型结核分支杆菌 PPD 皮内变态反应试验

1.1 操作方法：用 10mm×0.5mm 针头肉垂皮内注射 0.1mL（0.25 万 IU）禽型结核分支杆菌 PPD，48h 后观察结果。

1.2 结果判定：阳性反应为接种部位肿胀，从 5.0 mm 直径的小硬结到扩展至其他肉垂与颈部的广泛性水肿。火鸡肉垂的结核分支杆菌 PPD 皮内变态反应试验，没有家禽的试验那样可靠。其他禽类也可用翼蹼作试验，但结果一般不理想。水禽可接种脚蹼，但试验不敏感并经常与接种部位的感染相混淆。

2. 牛的禽型结核分支杆菌 PPD 皮内变态反应试验

2.1 操作方法：与牛型结核分支杆菌 PPD 皮内变态反应试验相同，只是禽型结核分支杆菌 PPD 的剂量为每头 0.1mL，含 0.25 万 IU。即将禽型结核分支杆菌 PPD 稀释成每毫升含 2.5 万 IU 后，皮内注射 0.1mL。

2.2 结果判定：

2.2.1 对牛型结核分支杆菌 PPD 的反应为阳性（局部有明显的炎性反应，皮厚差大于或等于 4.0 mm），并且对牛型结核分支杆菌 PPD 的反应大于对禽型结核分支杆菌 PPD 的反应，二者皮差在 2.0 mm 以上，判为牛型结核分支杆菌 PPD 皮内变态反应试验阳性。

对已经定性为牛型结核分支杆菌感染的牛群，其中即使少数牛的皮差在 2.0mm 以下，甚至对牛型结核分支杆菌 PPD 的反应略小于对禽型结核分支杆菌 PPD 的反应（反应差小于或等于 2.0mm），只要对牛型结核分支杆菌 PPD 的反应在 2.0mm 以上，也应判定为牛型结核分支杆菌 PPD 皮内变态反应试验阳性牛。

2.2.2 对禽型结核分支杆菌 PPD 的反应大于对牛型结核分支杆菌 PPD 的反应，两者的皮差在 2.0mm 以上，判为禽型结核分支杆菌 PPD 皮内变态反应试验阳性。

对已经定性为副结核分支杆菌或禽型结核分支杆菌感染的牛群，其中即使少数牛的皮差在 2.0mm 以下，甚至对禽型结核分支杆菌 PPD 的反应略小于对牛型结核分支杆菌 PPD 的反应（不超过 2.0mm），只要对禽型结核分支杆菌 PPD 的反应在 2.0mm 以上，也应判为禽型结核分支杆菌 PPD 皮内变态反应试验阳性牛。

附 录 A

（标准的附录）

标本消化浓缩法

痰液或乳汁等样品，由于含菌量较少，如直接涂片镜检往往是阴性结果。此外，在培养或作动物试验时，常因污染杂菌生长较快，使病原结核分支杆菌被抑制。下列几种消化浓缩方法可使检验标本中蛋白质溶解、杀灭污染杂菌，而结核分支杆菌因有蜡质外膜而不死亡，并得到浓缩。

A.1 硫酸消化法

用 4%～6%硫酸溶液将痰、尿、粪或病灶组织等按 1∶5 之比例加入混合，然后置 37℃作用 1～2h，经 3 000～4 000r/mim 离心 30min，弃上清，取沉淀物涂片镜检、培养和接种动物。也可用硫酸消化浓缩后，在沉淀物中加入 3%氢氧化钠中和，然后抹片镜检、培养和接种动物。

A.2 氢氧化钠消化法

取氢氧化钠 35～40g，钾明矾 2g，溴麝香草酚蓝 20mg（预先用 60%酒精配制成 0.4%浓度，应用时按比例加入），蒸馏水 1 000mL 混合，即为氢氧化钠消化液。

将被检的痰、尿、粪便或病灶组织按 1∶5 的比例加入氢氧化钠消化液中，混匀后，37℃作用 2～3h，然后无菌滴加 5%～10%盐酸溶液进行中和，使标本的 pH 调到 6.8 左右

(此时显淡黄绿色)，以 3 000～4 000r/mim 离心 15～20min，弃上清，取沉淀物涂片镜检、培养和接种动物。

在病料中加入等量的 4%氢氧化钠溶液，充分振摇 5～10min，然后用 3 000r/min 离心 15～20min，弃上清，加 1 滴酚红指示剂于沉淀物中，用 2mol/L 盐酸中和至淡红色，然后取沉淀物涂片镜检、培养和接种动物。

在痰液或小脓块中加入等量的 1%氢氧化钠溶液，充分振摇 15min，然后用 3 000r/min 离心 30min，取沉淀物涂片镜检、培养和接种动物。

对痰液的消化浓缩也可采用以下较温和的处理方法：取 1mol/L（或 4%）氢氧化钠水溶液 50mL，0.1mol/L 柠檬酸钠 50mL，N-乙酰-L-半胱氨酸 0.5g，混合。取痰一份，加上述溶液 2 份，作用 24～48h，以 3 000r/min 离心 15min，取沉淀物涂片镜检、培养和接种动物。

A.3 安替福民（Antiformin）沉淀浓缩法

溶液 A：碳酸钠 12g、漂白粉 8g、蒸馏水 80mL。

溶液 B：氢氧化钠 15g、蒸馏水 85mL。

应用时 A、B 两液等量混合，再用蒸馏水稀释成 15%～20%后使用，该溶液须存放于棕色瓶内。

将被检样品置于试管中，加入 3～4 倍量的 15%～20%安替福民溶液，充分摇匀后 37℃作用 1h，加 1～2 倍量的灭菌蒸馏水，摇匀，3 000～4 000r/min 离心 20～30min，弃上清，沉淀物加蒸馏水恢复原量后再离心一次，取沉淀物涂片镜检、培养和接种动物。

附　录　B

（标准的附录）

萋-尼氏抗酸染色液配制方法

B.1 苯酚复红染色液

碱性复红饱和酒精溶液（每 100mL 95%酒精加 3g 碱性复红）10mL，5%苯酚溶液 90mL，二者混合后用滤纸滤过。

B.2 3%盐酸酒精脱色液

浓盐酸 3mL，95%酒精 97mL，混匀。

B.3 骆氏美蓝染色液

甲液：美蓝 0.3g，95%酒精 30mL。

乙液：0.01%氢氧化钾溶液 100mL。

将甲乙两液相混合。

附　录　C

（标准的附录）

培养基配制方法

C.1　配氏（Petragnane）培养基

C.1.1　成分： 新鲜脱脂牛奶 450mL，马铃薯淀粉 18g，天门冬素（或蛋白胨）2.6g，去皮马铃薯 225g，鸡蛋 15 个（除去 3 个蛋清），甘油 40g，2%孔雀绿水溶液 30mL。

C.1.2　制法： 将马铃薯去皮擦成丝，加入马铃薯淀粉、天门冬素（或蛋白胨）、脱脂牛奶置烧杯中水浴煮沸 40～60min，并不时搅拌均匀，使成糊状。待冷却至 50℃时加入打碎的鸡蛋（蛋壳先用 75%酒精消毒洗净），混匀后用 4 层纱布过滤除渣。最后加入甘油和孔雀绿水溶液搅拌均匀，分装于灭菌的试管中。

将分装培养基的试管置血清凝固器（或流通蒸汽锅）内，间歇灭菌 3 次，每天一次，第 1 天 65℃灭菌 30min，第 2、3 天 75～80℃灭菌 30min。

C.1.3　用途： 分离培养结核分支杆菌用。

C.2　L－J（Lowenstein-Jensen）培养基

C.2.1　成分： 无水磷酸二氢钾（KH_2PO_4）2.4g；硫酸镁（$MgSO_4 \cdot H_2O$）0.24g，枸橼酸镁 0.6g，DL－天门冬素（DL－Asparagin）3.6g，甘油 12g，蒸馏水 600mL，马铃薯粉 30g，鸡蛋（约 30 个）1 000mL，2%孔雀绿水溶液 20mL。

C.2.2　制法： 将磷酸二氢钾、硫酸镁、枸橼酸镁、甘油和蒸馏水混合，加热使溶解。取马铃薯粉加入上述溶液内，随加随搅拌，水浴煮沸 1h。鸡蛋用 75%酒精消毒外壳后，打开，将蛋清和蛋黄充分搅匀，4 层纱布过滤。待上述加马铃薯粉的盐溶液冷却至 50℃时，加入鸡蛋液和孔雀绿，并充分搅匀。

分装、80℃灭菌 30min 后，37℃培养 48h，若无杂菌污染即可使用。

C.2.3　用途： 供培养结核分支杆菌用。

C.3　青霉素血液琼脂培养基

C.3.1　成分： 琼脂 1.5g，中性甘油 1mL，蒸馏水 74mL，兔全血（或牛全血）25mL，青霉素（2 000IU/mL）1.85mL。

C.3.2　制法： 将琼脂、中性甘油及蒸馏水混合，经 103.4kPa 15min 灭菌。待冷却到 50℃时加入兔全血（或牛全血）与青霉素，混合后分装，经 37℃培养 48h，无杂菌污染即可使用。

C.3.3　用途： 供培养结核分支杆菌用。

C.4　噻吩－2 酸肼（T_2H）培养基

C.4.1　成分：L－J 培养基，T_2H（噻吩－2 酸肼）。

C.4.2 制法：取 L-J 培养基（见 C2）100mL，水浴煮沸，加 T_2H 1mg，充分搅匀。分装，80℃灭菌 30min 后，37℃培养 48h，若无杂菌污染即可使用。

C.4.3 用途：供结核分支杆菌生化鉴定用。

附 录 D

（提示的附录）

牛型、禽型和人型结核分支杆菌鉴定

牛型、禽型和人型结核分支杆菌的鉴定，主要依据生化试验和动物试验。

D.1 生化试验

牛型、禽型和人型结核分支杆菌的生化试验特性见表 D.1。

表 D.1

生化试验类型	烟酸试验	Tween-80 水解试验	耐热接触酶试验	硝酸盐还原试验	尿素酶试验	T_2H 抗性试验
牛型结核分支杆菌	−	−	−	−	+	−
禽型结核分支杆菌	−	−	+	−	−	+
人型结核分支杆菌	+	±	−	+	+	+

D.1.1 烟酸试验：

D.1.1.1 试验方法：以热蒸馏水浸泡固体培养基上的培养物 15～30min，洗下。每个培养物分装入 2 支试管中，每管 0.4mL，再加入 3%联苯胺乙醇溶液 0.2mL。然后向其中一管加入 10%溴化氰溶液（此液剧毒，应在通风橱内操作）0.2mL。

D.1.1.2 结果判定：凡含 10%溴化氰溶液的试管出现桃红色沉淀，另一管只产生无色沉淀者判为阳性；2 支试管都为产生无色沉淀者判为阴性。

D.1.2 吐温-80（Tween-80）**水解试验：**

D.1.2.1 试验方法：向 100mL 磷酸缓冲液（1/15mol/L，pH7.0）中加入 0.5mL Tween-80、2mL 0.2%中性红溶液。经 112kPa 灭菌 20min，分装于试管中，每管 2mL。在 4～10℃可保存 2 周。

取上述试管，加入 10mg/mL 的菌液 0.5mL，37℃培养，3～5d 观察结果。

D.1.2.2 结果判定：试管内由原来的琥珀色变为桃红色或红色者判为阳性。无颜色变化为阴性。

D.1.3 耐热接触酶试验：

D.1.3.1 试验方法：用生理盐水配制出 5～10mg/mL 的菌液，分装试管，每管 0.5mL，以 68℃水浴 20min，冷却后加入 0.5mL 过氧化氢（H_2O_2）和 Tween-80 混合液（10%Tween-80 加等量 30%H_2O_2）。观察结果。

D.1.3.2 结果判断：肉眼观察，如有多量小气泡自管底升起，即为阳性。否则为阴性。

D.1.4 硝酸盐还原试验：

D.1.4.1 试验方法：在100mL pH7.0的磷酸盐缓冲液中，加入硝酸钠（$NaNO_3 \cdot H_2O$）85mg，经112kPa灭菌20min后分装，每管2mL。

向上述溶液中加入10mg/mL的菌液，经37℃水浴2h后，加入1滴2倍稀释的盐酸，2滴0.2%氨苯磺胺，2滴0.1%N-甲基盐酸二氨基乙烯。在4～10℃存放2周后判断结果。

D.1.4.2 结果判定：呈粉红色至紫红色者为阳性。无色或淡粉色为阴性。

D.1.5 尿素酶试验：

D.1.5.1 试验方法：将被检材料接种尿素培养基。37℃培养。

D.1.5.2 结果判定：在尿素培养基上长出结核分支杆菌菌苔（或菌落），并且使培养基变成红色，即为阳性。培养基不变色为阴性。

D.1.6 T_2H 抗性试验：

D.1.6.1 试验方法：将被检材料接种 T_2H 培养基和L-J培养基。37℃培养。

D.1.6.2 结果判定：在上述两种培养基上长出结核分支杆菌菌苔（或菌落）即为阳性。若在L-J培养基上生长，而在 T_2H 培养基上不生长，则为阴性。

D.2 动物试验

牛型、禽型和人型结核分支杆菌的动物试验特性见表D.2。

表 D.2

实验动物	豚鼠	兔	鸡
牛型结核分支杆菌	易感	易感	不易感
禽型结核分支杆菌	不易感	易感	易感
人型结核分支杆菌	易感	不易感	不易感

D.2.1 试验方法：实验动物在试验前，应进行结核分支杆菌PPD皮内变态反应试验。豚鼠用牛型结核分支杆菌PPD检测，鸡用禽型结核分支杆菌PPD检测，兔用牛型和禽型结核分支杆菌PPD检测。

将处理过的病料约1～3mL，选用皮下、肌肉或腹腔内途径注射实验动物，每份病料至少接种2只同种实验动物。

接种后30d左右，对豚鼠用牛型结核分支杆菌PPD检测，对鸡用禽型结核分支杆菌PPD检测，对兔用牛型结核和禽型结核分支杆菌PPD检测。如有阳性反应，可剖检其中的半数动物进行病理学观察、细菌培养和涂片镜检。另一半继续观察至3个月再剖检观察。如果为阴性反应，可于40d左右剖检其中的半数，观察病理学变化、细菌培养和涂片镜检，另一半继续观察至3个月再剖检观察。

D.2.2 结果判定：

D.2.2.1 牛型结核分支杆菌感染：鸡用禽型结核分支杆菌PPD检测阴性，无任何病变，细菌培养和涂片镜检都未见到结核分支杆菌。同时从豚鼠和兔检测到结核分支杆菌。或豚鼠和兔的牛型结核分支杆菌PPD皮内变态反应试验阳性并观察到典型病理变化。

D. 2. 2. 2 禽型结核分支杆菌感染：豚鼠用牛型结核分支杆菌 PPD 检测阴性，无任何病变，细菌培养和涂片镜检都未见到结核分支杆菌。同时，从兔和鸡检测到结核分支杆菌。或兔和鸡的禽型结核分支杆菌 PPD 皮内变态反应试验阳性并观察到典型病理变化。

D. 2. 2. 3 人型结核分支杆菌感染：仅从豚鼠检测到结核分支杆菌。或仅豚鼠的牛结核分支杆菌 PPD 皮内变态反应试验阳性并观察到典型病理变化。

十五、猪水泡病实验室诊断方法

（引自 GB/T 19200—2003）

（一）病原分离鉴定

1. 材料准备

1.1 灭菌注射器，研钵。

1.2 pH 7.6 0.05 mol/L 的磷酸缓冲液（PB），pH 7.6 50%的丙三醇磷酸缓冲液（GPB），pH7.2 0.11 mol/L 的磷酸缓冲液（PB），配制方法见附录 A。

1.3 仔猪肾传代细胞（IB－RS－2），乳鼠。

1.4 细胞培养液，见附录 B。

2. 样品的采集及处理

2.1 水泡液： 将水泡表面用75%酒精棉球消毒，用注射器抽取水泡液，直接放入灭菌小瓶中，加盖封口，避光送至实验室，不做处理直接用于检测。

2.2 水泡皮： 采集鼻镜、蹄部新鲜水泡皮，采集量为 0.5g 以上，放入预先加有 pH7.6 50%的 GPB 的灭菌瓶中，加盖封口，送至实验室。

3. 细胞分离

3.1 新鲜水泡液不做任何处理，可直接使用。 当 IB－RS－2 长满单层细胞后，弃去培养液，加入水泡液，以能淹没细胞单层为宜，于 37℃感作 30 min，然后补加 4 倍于水泡液的细胞培养液，置 37℃培养。每天在倒置显微镜下观察 2 次，48 h 终判，若细胞培养液对照孔成立，分离病毒的细胞孔细胞出现变圆乃至脱落，则视为细胞病变（CPE）判为阳性；若 48h 不出现 CPE，则应冻融 2 次，再育传 3 代，不出现 CPE，判为阴性，出现 CPE，则需做进一步鉴定。

3.2 水泡皮的分离： 将水泡皮用 pH7.2 0.11mol/L PB 洗 2～3 次，用灭菌滤纸吸去水分，称其质量后置于加少量石英砂或玻璃砂的研钵中，按质量体积比 1∶2～1∶5 加入 pH7.2 0.11mol/LPB 研磨，制成悬液，室温浸毒 1h 或 4℃12h，以 3 000r/min 离心 20～30min，取上清液用于病毒分离。

4. 乳鼠分离

4.1 乳鼠为 2～3 日龄小鼠，每份材料接种 4 只小鼠，每只颈背部皮下接种 0.1～0.2mL，在母鼠哺乳下观察 5d。

4.2 若5d内出现神经症状乃至死亡，剥皮去头及内脏，将肌肉及骨骼一起称量，按质量体积比加9倍的细胞培养液，加玻璃砂研磨制成悬液，置4℃浸毒过夜．以1 000r/min离心10min，取上清液用于进一步鉴定。

5. 反向间接血凝试验（RIHA）鉴定分离物

5.1 材料准备：

5.1.1 96孔V型聚乙烯血凝滴定板（110度），微量振荡器或微型混合器，0.025mL、0.05mL稀释用滴管、乳胶吸头或25μL，50μL移液加样器。

5.1.2 稀释液I、稀释液1，配制方法见附录C。

5.1.3 标准抗原、标准阳性血清。

5.1.4 敏化红细胞诊断液，效价滴定见附录D。

5.2 操作方法：

5.2.1 使用标准抗原进行猪水泡病与口蹄疫A、O、C、Asia－Ⅰ型鉴别诊断。

5.2.1.1 被检样品的稀释：把8支试管排列于试管架上，自第1管开始，每管加0.5 mL稀释液Ⅰ，第1管加0.5 mL被检样品，由左至右做二倍连续稀释（即1：6、1：12、1：24……1：768），每管容积0.5mL。

5.2.1.2 按下述滴加被检样品和对照：

a）在血凝滴定板上的第一排至第五排，每排的第8孔滴加第8管稀释被检样品0.05mL，每排的第7孔滴加第7管稀释被检样品0.05mL，以此类推至第1孔；

b）每排的第9孔滴加稀释液Ⅰ 0.05mL，作为稀释液对照；

c）第一至第五排的第10孔按顺序分别滴加猪水泡病和口蹄疫A、O、C、Asia－Ⅰ型标准抗原（1：30稀释）各0.05mL，作为阳性对照。

5.2.1.3 滴加敏化红细胞诊断液：先将敏化红细胞诊断液摇匀，于滴定板第一排至第五排的第1～10孔分别滴加猪水泡病和口蹄疫A、O、C、Asia－Ⅰ型敏化红细胞诊断液，每孔0.025mL，置微量振荡器上振荡1～2min，20～35℃放置1.5～2h后判定结果。

5.2.2 使用标准阳性血清进行猪水泡病与口蹄疫O型鉴别诊断。

5.2.2.1 在血凝滴定板上的第一排至第四排，每孔先各加入25μL稀释液Ⅱ。

5.2.2.2 每排第1孔各加被检样品25μL，然后分别由左至右做二倍连续稀释至第7孔（竖板）或第11孔（横板）。每排最后孔留作稀释液对照。

5.2.2.3 滴加标准阳性血清：在第一排、第二排每孔加入25μL稀释液Ⅰ；第二排每孔加入25μL稀释至1：100的猪水泡病标准阳性血清；第四排每孔加入25μL稀释至1：20的口蹄疫O型标准阳性血清；置微型振荡器上振荡1～2min，加盖置37℃作用30min。

5.2.2.4 滴加敏化红细胞诊断液：在第一排和第二排每孔加入猪水泡病敏化红细胞诊断液25μL；第三和第四排每孔加入口蹄疫O型敏化红细胞诊断液25μL；置微型混合器上振荡1～2min，加盖于20～35℃放置2h后判定结果。

5.3 结果判定：

5.3.1 按以下标准判定红细胞凝集程度："＋＋＋＋"为100％完全凝集，红细胞均匀地分布于孔底周围；"＋＋＋"为75％凝集，红细胞均匀地分布于孔底周围，但孔底中心有红细胞形成的针尖大的小点；"＋＋"为50％凝集，孔底周围有不均匀的红细胞分布，孔底有一红细胞沉下的小点；“+”为25%凝集，孔底周围有不均匀的红细胞分布，但大部分红细胞已沉积于孔底；“-”为不凝集，红细胞完全沉积于孔底成一圆点。

5.3.2 操作方法5.2.1的结果判定：稀释液Ⅰ对照孔不凝集、标准抗原阳性孔凝集时试验方成立。

5.3.3 若只第一排孔凝集，其余四排孔不凝集，则被检样品为猪水泡病；若只第二排孔凝集，其余四排孔不凝集，则被检样品为口蹄疫A型；以此类推。

5.3.4 致红细胞50%凝集的被检样品最高稀释度为其凝集效价。

5.3.5 如出现2排以上孔的凝集，以某排孔的凝集效价高于其余排孔的凝集效价2个对数（以2为底）浓度以上者即可判为阳性，其余判为阴性。

5.3.6 操作方法5.2.2的结果判定：稀释液Ⅰ对照孔不凝集试验方可成立。

5.3.6.1 若第一排出现2孔以上的凝集（“++”以上），且第二排相对应孔出现2个孔以上的凝集抑制，第三排、第四排不出现凝集，判为猪水泡病阳性。若第三排出现2孔以上的凝集（“+”以上），且第四排相对应孔出现2个孔以上的凝集抑制，第一排、第二排不出现凝集则判为口蹄疫O型阳性。如水泡病与口蹄疫均出现阳性反应，则判为同时感染水泡病与口蹄疫。

5.3.6.2 致红细胞50%凝集的被检样品最高稀释度为其凝集效价。

（二）琼脂凝胶免疫扩散试验（AGID试验）

1. 材料准备

1.1 平皿（直径6.0cm）、打孔器、微量注射器或加样移液器、印相暗盒或台灯。

1.2 琼扩精制抗原、标准阳性血清。

1.3 琼脂糖凝胶缓冲液（AGB），饱和硫酸铵溶液，pH7.2 0.01mol/L的磷酸盐缓冲液（pH7.2 0.01mol/L的PBS），配制方法见附录E。

1.4 琼脂糖。

2. 操作方法

2.1 琼脂糖平板制备：取琼脂糖1.0g加入99mL AGB，103kPa 10min融化灭菌。吸取8mL琼脂液加到直径6cm的平皿内，制成3mm厚的琼脂板。待琼脂冷却凝固后加盖置于湿盒中，放4℃冰箱备用。

2.2 打孔：孔径、孔距均为3mm，按图15-1所示式样打孔。用针头将孔内的凝块挑出，并用烧热的大头针沿孔底部周围划圈封底。

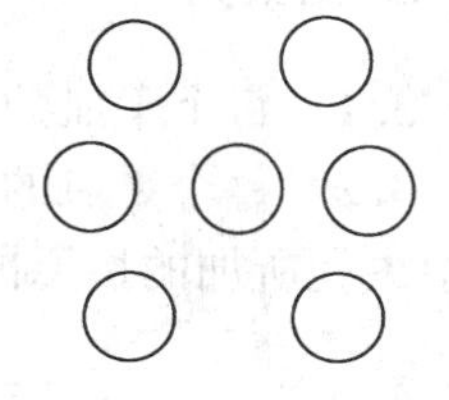

图15-1 打孔式样

2.3 被检血清样品的处理：

2.3.1 检疫用样品的处理：56℃水浴灭活30 min。

2.3.2 与口蹄疫鉴别及其分型诊断用样品的处理：吸取56℃水浴灭活30 min的被检血清0.4mL，加pH7.2 0.01mol/L的PBS 0.4mL，混匀，逐滴加入饱和硫酸铵溶液0.2mL，摇匀，室温静置20min，8 000r/min离心15min；取上清液逐滴加入饱和硫酸铵0.2mL摇匀，室温静置20min，8 000r/min离心 15min，沉淀物用 0.2～0.4mL pH7.2 0.01 mol/L 的 PBS 重新悬浮。此悬浮液供正式试验用。

2.4 加样： 每 4 份被检样品取 5 块平皿，按图 15-2 所示方式加样。

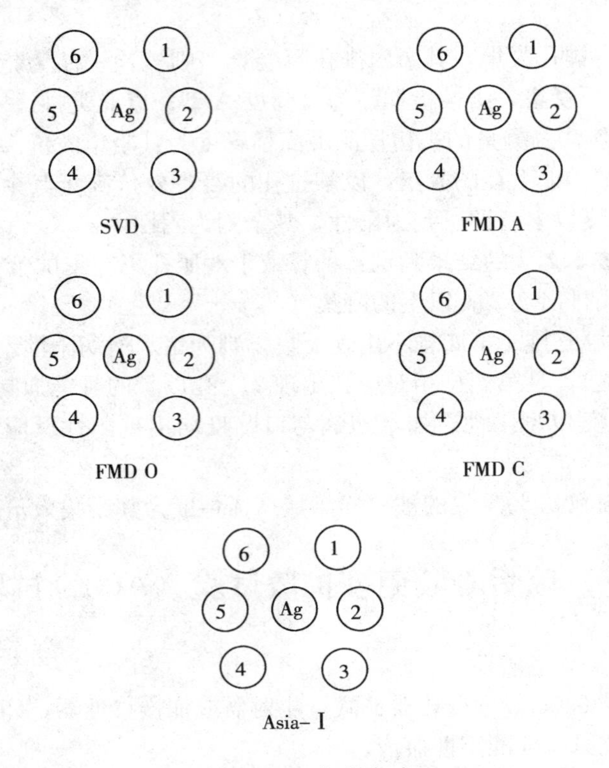

图 15-2 加样方式

即中央孔分别加 SVD，FMD A、O、C、Asia-Ⅰ型精制抗原 30μL，每个平皿的 1、4 孔相应地加入 SVD，FMD A、O、C、Asia-Ⅰ型阳性血清（用 PBS 做 1∶10 稀释）30μL，作为阳性对照；每个平皿的 2、3、5、6 孔分别加入被检 1、2、3、4 号血清样品 30μL，室温放置 2～3h，待样品扩散入琼脂层后，置于潮湿小室中 37℃下扩散。

2.5 观察： 扩散 24h 后开始观察。观察时可借助灯光或自然光源，也可用暗背景或用产生暗视野的观察箱，一般观察 5～7d 后做最终判定。

3. 结果判定

3.1 每个平皿的 1、4 孔与中央孔之间均出现沉淀线试验方可成立。

3.2 每个平皿的 2、3、5、6 四个样品孔与中央孔之间若出现沉淀线，则判为阳性，并与中央孔所加的抗原同病（型）；若未出现沉淀线，则判为阴性。

（三）病毒中和试验（VN）

1. 材料准备

1.1 50μL 移液加样器，微量细胞培养板，100mL 细胞培养瓶，温箱，二氧化碳培养箱，倒置显微镜。

1.2 细胞：仔猪肾传代细胞（IB-RS-2）。

1.3 细胞培养液（细胞生长液、细胞维持液），配制方法见附录B。

1.4 标准病毒、标准阴性血清、标准阳性血清。

2. 操作方法

本试验是50μL量的等体积试验。

2.1 被检血清和阴性、阳性血清处理：56℃水浴灭活30min.

2.2 稀释病毒：用细胞维持液（见附录B）将已测病毒滴度的病毒液稀释至含$100TCID_{50}$。并按式

（1）计算病毒稀释倍数（X）。

$$X=(A-B)\text{的反对数} \quad (1)$$

式中：X——稀释倍数；

A——已测得50μL病毒稀释液中所含病毒$TCID_{50}$数量的常用对数；

B——中和试验要求每孔病毒量（$100TCID_{50}$）的常用对数，本试验为2。

2.3 稀释血清：从1∶4稀释开始，将血清在板上横向做二倍连续稀释，每份血清做两排孔。

2.3.1 被检血清的稀释：用细胞维持液从1∶4开始做二倍连续稀释，一般至1∶64，若进行中和抗体效价评估可进一步做二倍连续稀释。

2.3.2 阴性血清的稀释：用细胞维持液做1∶4，1∶8稀释。

2.3.3 阳性血清的稀释：用细胞维持液将已知效价的阳性血清从1∶4开始做二倍连续稀释，直至血清效价后两个稀释度。若血清效价为1∶256，稀释至1∶1 024。

2.4 病毒—血清中和：向被检血清和阴性、阳性血清各稀释度的微量板孔中，逐孔加入等量（50μL）的稀释病毒液（每50μL悬液中病毒含量为$100TCID_{50}$），加盖后于37℃孵育1h。

2.5 接种细胞：向每个血清-病毒混合物及对照孔中加入50μL浓度为每毫升10^6个细胞的IB-RS-2细胞悬液。细胞对照孔加维持液100μL，阴性、阳性血清对照孔各加血清50μL和维持液50μL，病毒滴度复测对照孔加各稀释度病毒100μL。

2.6 培养与观察：微量板加盖，用透明胶带密封，于37℃温箱中孵育48～72h；也可选用合适的盖子将板盖紧，置于含5%二氧化碳的培养箱中，在37℃孵育48～72h。每天用倒置显微镜观察致细胞病变（CPE），并记录结果。

猪水泡病病毒（SVDV）的CPE：在光学显微镜下SVDV致病变的细胞变圆，固缩而成颗粒状，聚集成堆或散在，大小均匀，折光率强，细胞质内有空泡，部分细胞脱落或崩解成碎片。在观察时应注意区分病变与衰老或理化等因素造成的细胞变性死亡。

3. 结果判定

37℃孵育72h后，可将板最后固定并进行常规染色。用10%福尔马林盐水固定30min，再将微量板浸入用10%甲醛配制的0.05%亚甲蓝中染30min，并将板在水龙头下冲洗干净，做最终判定。

3.1 判定条件：细胞层蓝染是阳性，不着色为阴性。

正常细胞对照：生长良好，无CPE，细胞层蓝染。

阴性血清对照：效价1∶4及以下，细胞层不着色。

阳性血清对照：再现原血清效价或允许误差在原效价的2倍以内（$2^{\pm 1}$）。原血清效价为1∶256，允许误差范围为1∶125～1∶512。

病毒滴度复测对照：再现原病毒滴度或允许误差在原滴度的±0.5以内（±0.5lgTCID$_{50}$）。如病毒原滴度为$10^{-7.0}$，病毒复测滴度应在$10^{-6.5}$～$10^{-7.0}$之间。

当上述对照正常时，该中和试验成立并按下列方法和标准判定。

3.2 判定：

3.2.1 两孔的细胞都病变，细胞层不着色，判定为中和抗体阴性。

3.2.2 两孔的细胞都不病变，细胞层蓝染，判定为中和抗体阳性。

3.2.3 其中一孔细胞病变、不着色，另一孔细胞不病变、蓝染，判定为可疑。

3.2.4 中和抗体效价评估：病毒—血清混合物能使细胞孔50%不发生CPE的血清最高稀释度，即为该血清的中和抗体效价。

3.3 判定标准：根据OIE《哺乳动物、禽、蜜蜂A和B类疾病诊断试验和疫苗标准手册》(2000版）推荐的水泡病诊断方法．被检血清中和滴度达1∶45或更高判为阳性。按凯波尔（Karber）氏计算方法计算血清中和滴度，计算方法参见附录F，1∶16～1∶32判为可疑，1∶11及以下判为阴性。如果必要，可疑及个别阳性样品应重检。

附　录　A

（规范性附录）

缓冲液配制方法

A.1　pH7.6 0.05mol/L的磷酸缓冲液（PB）的配制

甲液：磷酸氢二钠（$Na_2HPO_4 \cdot 12H_2O$）　　17.9g

　　加蒸馏水至1 000mL。

乙液：磷酸二氢钠（$NaH_2PO_4 \cdot 2H_2O$）　　7.8g

　　加蒸馏水至1 000mL。

取甲液870mL，乙液130mL混合，即为pH7.6　0.05mol/L的PB。

A.2　pH7.6 50%的丙三醉磷酸缓冲液（GPB）的配制

1容积的丙三醇（分析纯或化学纯）与等量的pH7.6、0.05 mol/L PB混合，103kPa高压10min灭菌即成。

A.3　pH7 2　0.11mol/L磷酸缓冲液（PB）的配制

甲液：磷酸氢二钠（$Na_2HPO_4 \cdot 12H_2O$）　　39.4g

加蒸馏水至1 000mL。

乙液：磷酸二氢钠（$NaH_2PO_4 \cdot 2H_2O$）　17.2g

加蒸馏水至1 000mL。

取甲液720mL，乙液280mL混合，即为pH7.2 0.11mol/L的PB。

附　录　B

（规范性附录）

细胞培养液配制方法

细胞生长液的配制：

犊牛血清		10%
Eagle－MEM（Eagle是最低限度必要成分培养液）		45%
0.5%LH（水解乳蛋白，Lactalbumin H ydrolysate）－Hank's（或Earle's）		45%
青、链霉素	各100IU/mL、100μg/ mL	
7.5%碳酸氢钠	调pH至7.2	

细胞维持液的配制：不含犊牛血清的细胞生长液。

附　录　C

（规范性附录）

稀释液配制方法

C.1　稀释液Ⅰ的配制

聚乙二醇－12 000	0.5g
兔血清（62℃水浴灭活30min）	10.0mL
叠氮钠（NaN_3）	1.0g

加pH7.2 0.11mol/L的PBS至1 000mL，置4～8℃存贮。

C.2　稀释液Ⅱ的配制

0.1mol/L磷酸二氢钠（$NaH_2PO_4 \cdot 2H_2O$）	115.0mL
0.1mol/L磷酸氢二钠（$Na_2HPO_4 \cdot 12H_2O$）	385.0mL
氯化钠（NaCl）	8.5g
聚乙烯吡咯烷酮（PVP）	25.0mg
吐温－80（Tween－80）	0.05mL
叠氮钠（NaN_3）	1.0g

用蒸馏水稀释至 1 000mL，加犊牛血清 5mL，置 4～8℃存贮。

附　录　D

（规范性附录）

敏化红细胞诊断液活力滴定方法

标准抗原做 1∶10 稀释（实际浓度为 1∶30），然后在微量板孔内进行连续稀释，即 1∶60，1∶120……1∶3 840，并滴加敏化红细胞诊断液测定其活力。当活力低于 1∶60 时不能使用。

附　录　E

（规范性附录）

缓冲液及饱和硫酸铵配制方法

E.1　琼脂糖凝胶缓冲液（AGB）的配制

甘氨酸	15.0g
巴比妥钠	0.52g
叠氮钠	1.0g

加蒸馏水至 200ml，用 0.2 mol/L 盐酸调 pH 至 7.9。

E.2　pH7.2　0.01mol/L 的磷酸盐缓冲液（PBS）的配制

甲液：磷酸氢二钠（$Na_2HPO_4 \cdot 12H_2O$）　39.4g

加蒸馏水至 1 000mL 。

乙液：磷酸二氢钠（$NaH_2PO_4 \cdot 2H_2O$）　17.2g

加蒸馏水至 1 000ml。

取甲液 720ml，乙液 280ml 混合，即为 pH7.2　0.01 mol/L 的 PBS。

E.3　饱和硫酸铵的配制

将 760g 硫酸铵加入 1 000mL 工蒸馏水，加温完全溶解（温度不超过 80℃）；室温放置冷却后，用浓氨水调 pH 至 7.2～ 7.4 。在室温下有少量硫酸铵析出，其上清液即为饱和硫酸铵。

附 录 F

（资料性附录）

凯玻尔（Kärber）计算方法

F.1 固定病毒—稀释血清法（β法）

这种方法是将不同稀释度的血清与固定量病毒液（一般为100个$TCID_{50}$）混合，置适当的条件下感作一定时间以后，再将血清-病毒混合物接种于敏感细胞中，测定被检血清阻止组织培养细胞发生病毒感染的能力及其效价。以能够保护50%组织培养细胞不发生病变、感染或死亡的血清最高稀释倍数，作为该血清的50%中和效价（PD_{50}）。按式（F.1）计算。

$$PD_{50}\text{（以对数表示）}=L+d(S-0.5) \quad \text{(F.1)}$$

式中：

L——最低稀释度（用对数表示）；

d——组距，即稀释系数（用对数表示）；

S——各组死亡（或感染）或保护的比值［死亡（或感染）数/接种数］的和（用对数表示）。

举例说明如下（见表F.1）：

表F.1 Kärber法计算中和滴度示例

血清稀释度	保护比率	血清稀释度	保护比率
$1/4=10^{-0.6}$	4/4=1	$1/256=10^{-2.4}$	0/4=0
$1/16=10^{-1.2}$	3/4=0.75	$1/1\,024=10^{-3.0}$	0/4=0
$1/64=10^{-1.8}$	2/4=0.5		

注：接种剂量为0.1mL。

$L=-0.6 \qquad d=-0.6 \qquad S=2.25$

$$PD_{50}\text{（以对数表示）}=-0.6-0.6\times(2.25-0.5)$$
$$=-1.65$$

即待检血清的50%中和效价$=10^{-1.65}=1/45$，也就是1∶45稀释的待检血清可保护50%的组织培养细胞免于感染、死亡或出现CPE。

F.2 固定血清—稀释病毒法（α法）

这种测定方法是在固定量的血清中，加入等量不同稀释度的病毒。用对照非免疫血清（对照组）和待检血清同时进行测定，计算每一组的$TCID_{50}$，然后计算中和指数（表F.2）。按式（F.2）计算：

$$\text{中和指数}=\frac{\text{试验组 }TCID_{50}}{\text{对照组 }TCID_{50}} \quad \text{(F.2)}$$

表 F.2 固定血清稀释病毒法计算中和指数示例

病毒稀释度	10^{-1}	10^{-2}	10^{-3}	10^{-4}	10^{-5}	10^{-6}	10^{-7}	$TCID_{50}$
对照血清组保护率				4/4	3/4	1/4	0/4	$10^{-5.5}$
待检血清组保护率	4/4	2/4	1/4	0/4	0/4	0/4	0/4	$10^{-2.2}$

根据表 F.2 计算：

$$\text{中和指数}=\frac{\text{试验组 } TCID_{50}}{\text{对照组 } TCID_{50}}=\frac{10^{-2.2}}{10^{-5.5}}=1995$$

说明待检血清中和病毒的能力为对照血清的 1 995 倍。通常，待检血清的中和指数大于 50 者，即可判为阳性；10～49 为可疑；小于 10 为阴性。

十六、伪狂犬病实验室诊断方法

（一）病原学检测方法（病原鉴定分离）

（引自 GB/T 18641—2002）

1. 试验材料

改良最低要素营养液（DMEM）培养基配方见附录 A（标准的附录），仓鼠肾细胞（BHK_{21}）或猪肾细胞系（PK－15）细胞，新生犊牛血清，青霉素，链霉素，0.22μm 微孔滤膜，细胞培养瓶。

2. 操作步骤

2.1 病料的采集：对死亡病畜或活体送检并处死的动物，以无菌手术采集大脑、三叉神经节、扁桃体、肺等组织，冷藏送实验室检测。

2.2 样品处理：待检组织在灭菌乳钵内剪碎，加入灭菌玻璃砂研磨，用灭菌生理盐水或 DMEM 培养液（见附录 A）制成 1∶5 乳剂，反复冻融三次，经 3 000r/min 离心 30min 后，取上清液经 0.22μm 微孔滤膜过滤，加入青霉素溶液至最终浓度为 300IU/mL、链霉素为 100μg/mL，－70℃保存作为接种材料。

2.3 病料接种：将病料滤液接种已长成单层的 BHK_{21} 细胞（或 PK－15 细胞），接种量为培养液量的 10%，37℃恒温箱中吸附 1h，加入含 10%新生犊牛血清（已经过 56℃水浴灭活 30min，过滤除菌，无支原体）的 DMEM 培养液，置 37℃温箱中培养。

2.4 观察结果：接种后 36～72h，细胞应出现典型的细胞病变效应（CPE），表现为细胞变圆、拉网、脱落。如第一次接种不出现细胞病变，应将细胞培养物冻融后盲传三代，如仍无细胞病变，则判为伪狂犬病病毒检测阴性。

2.5 病毒的鉴定：将出现细胞病变的细胞培养物，用聚合酶链反应或家兔接种试验，或作进一步鉴定。

（二）PCR 试验

（引自 GB/T 18641—2002）

1. 试验材料

蛋白酶 K，十二烷基硫酸钠（SDS），苯酚，三氯甲烷，异戊醇（分析纯），溴化乙锭

(EB)，TEN 缓冲液［见附录 B（标准的附录）］。

引物：扩增伪狂犬病毒基因中 434～651 碱基对（bp）之间 217bp 基因片段，序列为：上游引物 P1：5’－CAGGAGGACGAGCTGGGGCT－3’，下游引物 P2：5’－GTC-CACGCCC－CGCTTGAAGCT－3’。

2. 操作步骤

2.1 样品的采集：对于病死或扑杀动物，取大脑和三叉神经节、扁桃体、肺等组织；对于待检活猪，用已灭菌的棉签，伸入猪鼻腔中，采取鼻黏液，即为鼻拭子，冷藏条件下送实验室检测。

2.2 样品处理：每份样品分别处理。采病料经组织研磨器充分研磨，按 1∶5 用 TEN 缓冲液（见附录 B 中 B.1）悬浮收集于离心管内，反复冻融 3 次，7 000r/min 离心 5min，如样品为鼻拭子，则加入 2mL TEN 缓冲液，充分挤压，取出棉拭子，7 000r/min 离心 5min，取上清液 472.5μL，加入 25μL 10% 十二烷基硫酸钠（见附录 B 中 B.4）和 2.5μL 的 20mg/mL 蛋白酶 K（见附录 B 中 B.3），50℃水浴摇床上放置 2h 后加入等量的饱和酚溶液 500μL，涡旋 20s。离心取上清液，加等量的酚∶三氯甲烷∶异戊醇（25∶24∶1）抽提一次，再用等量的三氯甲烷∶异戊醇（24∶1）抽提一次，最后用两倍的无水乙醇沉淀，真空抽干后加入 20μL 双蒸水溶解（此即为“模板”），－20℃贮存备用。

2.3 聚合酶链反应（PCR）的操作程序：先将制备的模板 DNA 置 100℃水浴 10min 作变性处理，然后立即放于冰浴中。PCR 反应体系（按摩尔浓度计算）为：总体积 25μL，含有 50mmol/L 氯化钾（KCl），10mmol/L 三羟甲基氨基甲烷-盐酸（Tris－HCl）（pH 9.0），0.1%三羟甲基氨基甲烷溶液（0.1%Triton X－100），100μmol/L dNTPs，0.35μmol/L 引物，2mol/L 氯化镁（$MgCl_2$），及 0.5U 台克（Taq）DNA 聚合酶，2μL 模板 DNA。

最后加入矿物油约 20μL 覆盖。

扩增条件为：94℃变性 3min，进入循环，94℃60s，65℃60s，72℃60s，40 个循环后 72℃延伸 5min。

2.4 PCR 产物的检测：将样品分别加于 1%琼脂凝胶板的各样品孔中，有一孔加标准阳性样品，每孔 10～15μL PCR 扩增产物，进行电泳，溴化乙锭（见附录 B 中 B.2）染色，在紫外光下观察结果。电泳区带迁移率与标准阳性样品区带迁移率相同的待检样品应判为阳性。为进一步进行 PCR 扩增产物的特异性鉴定，可取 PCR 产物用 Sal Ⅰ酶切，酶切产物在 2%琼脂糖凝胶上电泳，溴化乙锭染色，在紫外光下观察并与标准分子质量相对照，阳性样品可出现 140bp 和 77bp 两个片段。

（三）家兔接种试验

（引自 GB/T 18641—2002）

1. 家兔的选择

选择健康成年家兔，用血清中和试验、胶乳凝集试验、琼脂扩散试验或酶联免疫吸附试验检测，证实为伪狂犬病抗体阴性。

2. 病料的采集及处理

无菌采集疑为该病死亡或扑杀动物的脑组织、扁桃体、淋巴结，混合后剪碎，用组织匀浆器研磨，用灭菌生理盐水配成 1∶5 乳悬液，反复冻融 2～3 次后，以 3 000r/min 离心 10min，取上清液加入青霉素和链霉素溶液，最终浓度分别为 100IU/mL 和 100μg/mL，置 4℃冰箱中作用 12h，作为待检样品。

3. 病料接种

将待检样品经颈部皮下注射接种，每只家兔接种 1～2mL。

4. 结果观察和判定

4.1 伪狂犬病毒感染阳性：被接种动物在接种后 24～48h 注射部位出现奇痒，家兔啃咬注射局部，导致皮肤溃烂，家兔尖叫、口吐白沫，最终死亡。

4.2 伪狂犬病毒感染阴性：接种家兔仍健活，判为阴性。

（四）血清中和试验

（引自 GB/T 18641—2002）

1. 试验材料

0.25%胰酶 [胰蛋白酶 250mg 加入 100mL 汉克氏（Hank's）液中，充分溶解后，过滤除菌，－20℃保存]，PK－15 细胞；伪狂犬病阳性血清、阴性血清、伪狂犬病标准弱毒株；96 孔细胞培养板。

2. 操作步骤

2.1 病毒半数组织培养感染量（$TCID_{50}$）的测定：

2.1.1 病毒培养和收获：将伪狂犬病毒标准毒株接种于长成单层的 PK－15 细胞，接种量为培养液的 1/10，37℃培养，待出现病变后，冻融，收获病毒。

2.1.2 病毒的滴定：用 DMEM 培养液将伪狂犬病病毒作连续 10 倍稀释，即 10^{-1}、10^{-2}……每个稀释度取 100μL 加入 96 孔细胞培养板中，随后加入经 0.25%胰蛋白酶消化的 PK－15 细胞悬液 100μL（细胞含量以 10^5 个/mL 左右为宜），每个稀释度作 8 个重复，并设正常细胞培养对照。置 37℃ 5%二氧化碳培养箱中。

2.1.3 $TCID_{50}$计算：逐日观察细胞病变和对照，共观察 3～4d，并记录细胞病变孔数。按照 Reed－Muench 法计算病毒的 $TCID_{50}$ [见附录 C（提示的附录）]。

2.2 中和试验：

2.2.1 血清的处理：将无菌采集的待检血清置 56℃水浴灭活 30min。

2.2.2 血清的稀释：在细胞培养板各孔中加入 50μL DMEM 培养液，随后在第 1 孔中加入待检血清 50μL 混合后，用微量移液器取出 50μL，加到第 2 孔中，混匀后取出 50μL 再加入第 3 孔中，依此类推，直至第 10 孔（将混合液弃去 50μL），血清稀释度即为 1∶2、1∶4、1∶8……1∶1 024，每份待检血清稀释度作 3 个重复。

2.2.3 加入病毒：将 50μL 含 200 个 $TCID_{50}$ 的病毒液加到不同稀释度的血清孔中，37℃作用 1h。

2.2.4 每血清孔中加入 100μL 经胰蛋白酶消化分散的 PK－15 细胞悬液（细胞含量以 105 个/mL 左右为宜）。

2.2.5 设立对照组：

2.2.5.1 病毒回归试验：每次试验每一块板上都设立病毒对照，先将 200 $TCID_{50}$/50mL 病毒液作 1、10、100、1 000 倍稀释，每个稀释度作 4 孔，每孔加 100μL 病毒液，然后每孔 100μL PK－15 细胞悬液。

2.2.5.2 阳性血清、阴性血清、待检血清和正常细胞对照。

2.2.6 结果观察：逐日观察，记录病变和非病变孔数，共观察 7d。病毒回归试验中 0.1$TCID_{50}$应不引起细胞病变，而 100$TCID_{50}$应引起细胞病变，阳性血清、阴性血清、待检血清和正常细胞对照成立，测定结果方有效，否则该试验不能成立。

2.3 计算抗体中和效价：

观察后确定能对细胞培养 50％保护的血清最大稀释度，计算抗体中和效价。如抗体效价为 1∶2 及 1∶2 以上，则判为伪狂犬病抗体阳性。

（五）胶乳凝集试验

（引自 GB/T 18641—2002）

1. 试验材料

伪狂犬病胶乳凝集抗原、伪狂犬病阳性血清、阴性血清，稀释液配制方法见附录 D（标准的附录）。

2. 操作步骤

2.1 对照试验：取等量的胶乳凝集试验抗原（约 20μL）分别与阴性血清、阳性血清在洁净的玻片上混合，如分别出现如下判定标准中的不凝集和等于或高于 50％凝集，则对照组成立，可进行待检血清的检测。

2.2 待检血清处理：待检血清不需热灭活或其他方式的灭活处理。

待检血清的检测：将待检血清用稀释液（见附录 D）作倍比稀释后，各取 15μL 与等量胶乳凝集抗原在洁净干燥的玻片上用竹签搅拌充分混合，在 3～5min 内观察结果。

2.3 判定标准：可能出现以下几种凝集结果，即：

100％凝集：混合液透亮，凝集颗粒聚集在液滴的边缘；

75％凝集：混合液几乎透明，出现大的凝集颗粒；

50％凝集：凝集颗粒较细，液滴略浑浊；

25%凝集：有少量凝集颗粒，混合液浑浊；

0 凝集：无凝集颗粒出现，混合液呈乳白色均匀一致的浑浊。

2.4 结果判定：以出现 50%凝集程度的血清最高稀释倍数为该血清的抗体效价，其值≥1：2 判为伪狂犬病抗体阳性，否则判为抗体阴性。如为阴性，可用血清中和试验或酶联免疫吸附试验进一步检测，可能出现以下三种结果：

如为阴性，则判为伪狂犬病抗体阴性；

如为可疑，建议在间隔 2 周后再检测，如这三种方法均为阴性或可疑，判为阴性；如这三种方法中任何一种方法为阳性，则判为阳性；

如中和试验和酶联免疫吸附试验均为阳性或某一种方法为阳性，均可判为伪狂犬病抗体阳性。

附 录 A

（标准的附录）

DMEM（高糖）培养液的配制

A.1 量取去离子水 950mL，置于一定的容器中。

A.2 将 DMEM 粉剂 10g 加于 15～30℃的去离子水中，边加边搅拌。

A.3 每 1 000mL 培养液加 3.7g 碳酸氢钠（$NaHCO_3$）。

A.4 加水至 1 000mL，用 1mol/L 氢氧化钠（NaOH）或盐酸（HCl）将培养液 pH 调至低于 6.9～7.0，在过滤之前应盖紧容器瓶塞。

A.5 立即用孔径为 0.22μm 的微孔滤膜正压过滤除菌，4℃冰箱保存备用。

附 录 B

（标准的附录）

聚合酶链反应溶液的配制

B.1 TEN 缓冲液

氯化钙（$CaCl_2$）	11.00mg（1mmol/L）
三羟甲基氨基甲烷-盐酸（Tris－HCl（pH8.0）	1 210.00m（10mmol/L）
乙二胺四乙酸（EDTA）（pH8.0）	372.00mg（1.0mmol/L）
三蒸水	1 000m/L

B.2 溴化乙锭溶液

溴化乙锭	1.0g

三蒸水　　100mL

磁力搅拌数小时以确保其溶解，然后用铝箔包裹容器或转移至棕色瓶中，保存于室温。

注：溴化乙锭是强诱变剂，并有中度毒性，使用含有这种染料的溶液时务必戴上手套，称量染料时要戴面罩。

B.3　蛋白酶 K（20mg/mL）（贮存液）

三羟甲基氨基甲烷（Tris）（pH7.8）　　1.2mg（0.01mmol/L）

乙二胺四乙酸（EDTA）　　1.86mg（0.005mmol/L）

SDS　　5.0g

三蒸水　　1 000mL

加入蛋白酶 K，使成为 20mg/mL，即为贮存液。使用浓度为 50μg/mL。

B.4　10%十二烷基硫酸钠（SDS）**溶液的配制**

在 90mL 水中溶解 10g 电泳级十二烷基硫酸钠，加热至 68℃助溶，加入浓盐酸调节溶液的 pH 至 7.2，加水定容至 100mL，分装备用。

附　录　C

（提示的附录）

病毒半数组织培养感染量 $TCID_{50}$ 的计算
（按 Reed－Muench 法）

举例说明：

表 C1

病毒稀释度	细胞病变		累计孔数		细胞孔数	出现细胞病变百分比（%）
	出现细胞病变孔数	不出现细胞病变孔数	出现细胞病变	不出现细胞病变		
10^{-1}	8	0	51	0	51	(51/51) 100
10^{-2}	8	0	43	0	43	(43/43) 100
10^{-3}	8	0	35	0	35	(35/35) 100
10^{-4}	8	0	27	0	27	(27/27) 100
10^{-5}	8	0	19	0	19	(19/19) 100
10^{-6}	6	2	11	2	13	(11/13) 84.6
10^{-7}	4	4	5	6	11	(5/11) 45.4
10^{-8}	1	7	1	13	14	(1/14) 7.1
10^{-9}	0	8	0	21	21	0.0

从表 C1 可见该病毒的 $TCID_{50}$ 在 10^{-6}（84.6%）和 10^{-7}（45.4%）之间，首先按列（C1）计算距离比：

$$距离比=\frac{高于50\%病变百分数-50}{高于50\%病变百分数-低于50\%病变百分数} \quad (C1)$$

$$-\lg TCID_{50}=高于50\%稀释度对数+距离比\times稀释度对数$$

代入公式：

$$距离比=\frac{84.6-50}{84.6-45.4}=-0.88$$

$$-\lg TCID_{50}=-6+0.88\times(-1)=-6.88$$

所以：

$$TCID_{50}=10^{-6.88}/0.1mL$$

由于病毒的稀释倍数是 10^{-1} 倍，其稀释倍数的对数是（－1），因此可将上式获得的距离比（0.88）加引起细胞病变孔数高于细胞培养孔数50%的病毒稀释度的对数（6）上，因此该病毒的 $TCID_{50}$ 应是 $10^{-6.88}$/0.1mL。

附 录 D

（标准的附录）

血清稀释度
（0.1mol/L pH7.4 磷酸盐缓冲液）

将下列试剂按次序加入 1 000mL 体积的容器中：

氯化钠（NaCl）	8.02g
磷酸氢二钠（$Na_2HPO_4 \cdot 12H_2O$）	3.87g
磷酸二氢钾（KH_2PO_4）	0.163g
氯化钾（KCl）	0.201g
加双蒸馏水至	1 000mL

混匀后，充分溶解，最后加入叠氮钠（NaN_3）防腐，其终浓度为万分之一。

（六）猪伪狂犬病病毒 gE（gpl）抗体 ELISA 检测法

（引自 NY/T 678—2003）

1. 材料准备

1.1 试剂：

ELISA 抗原包被板；

标准阳性血清：伪狂犬病病毒 gE 单克隆抗体；

标准阴性血清：无伪狂犬病病毒 gE 抗体的猪血清；

酶结合物：辣根过氧化物酶（HAP）标记的抗伪狂犬病病毒 gE 单克隆抗体；

磷酸盐缓冲液（PBS）（配制见附录 A.1）；

洗涤液：配制见附录 A.2；

样品稀释液：配制见附录 A.3；

底物溶液：配制见附录 A.5；

终止液：配制见附录 A.6。

1.2 器材：酶联检测仪；微量加样器（容量 50～200μL）；37℃恒温培养箱。

1.3 样品：采集被检猪血液，分离血清，血清应新鲜、透明、不溶血、无污染．密装于灭菌小瓶内，4℃或－30℃保存或立即送检。试验前将被检血清统一编号，并用样品稀释液作 2 倍稀释。

2. 操作方法

2.1 取出包被板，并将样品位置准确记录在记录单上。

2.2 向 A_1、A_2、A_3 孔中分别加入 100μL 未经稀释的阴性对照血清，A_1、A_2、A_3 孔中分别加入 100μL 未经稀释的阳性对照血清，其他各孔加入 100μL 稀释好的待检样品。

2.3 置室温 1h。

2.4 弃去孔内液体，再在纱布或吸水纸上拍干。

2.5 用洗涤液将反应板洗涤 3～5 次，每次洗涤后均弃去孔内液体。最后一次洗涤后，除净孔内液体，拍干。

2.6 每孔加入 100μL 酶结合物溶液，室温下作用 20min。

2.7 重复 2.4 和 2.5 步骤。

2.8 各孔加入 100μL 底物液。

2.9 室温放置 15min。

2.10 各孔加入 50μL 终止液，立即用酶标仪于 650nm 测定各孔吸光度（OD）值。

3. 结果判定

3.1 只有在阴性对照 OD 值的均值减去阳性对照 OD 值的均值大于等于 0.3 时，试验成立。

3.2 待检样品是否含有针对 gE 抗原的抗体取决于每个样品的 S/N 值，S/N 等于样品 OD 值除以阴性对照 OD 均值。

3.2.1 如果样品的 S/ N 值小于等于 0.6，表明血清中含伪狂犬病病毒 gE 抗体。

3.2.2 如果 S/N 位大于 0.6、小于等于 0.77，应重新检测样品。如仍得到相同的结果，3 周后应重新采样检测。

3.2.3 如果 S/ N 位大于 0.7，表明血清中无 gE 抗体。

（七）免疫酶组织化学法

（引自 NY/T 678—2003）

1. 材料准备

1.1 试剂：

磷酸盐缓冲液（PBS）：配制见附录 A.1；

标准阳性血清：伪狂犬病病毒实验感染猪制备的血清；

标准阴性血清：无伪狂犬病病毒感染、未经免疫的猪血清；

酶结合物：HRP 标记的 SPA；

底物溶液 配制见附录 A.7；

过氧化氢甲醇溶液：配制见附录 A.8；

盐酸酒精溶液：配制见附录 A.9；

胰蛋白酶溶液：配制见附录 A.10。

1.2. 器材：普通光学显微镜；微量加样器（容量 50～200μL）；石蜡切片机或冷冻切片机；载玻片及盖玻片；37℃恒温培养箱或水浴箱。

1.3 样品：对疑似伪狂犬病的病死猪或扑杀猪，立即采集肺、扁桃体和脑等组织数小块，置冰瓶内立即送检。不能立即送检者，将组织块切成 1cm×1cm 左右大小，置体积分数为 10%的福尔马林溶液中固定，保存，送检。

2. 操作方法

2.1 新鲜组织按常规方法制备冰冻切片。冰冻切片风干后用丙酮固定 10～15min；新鲜组织或固定组织按常规方法制备石蜡切片，常规脱蜡至 PBS（切片应用白胶或铬矾明胶做黏合剂，以防脱片）。

2.2 去内源酶：用过氧化氢甲醇溶液或盐酸酒精溶液 37℃作用 20min。

2.3 胰蛋白酶消化：室温下，用胰蛋白酶溶液消化处理 2min，以便充分暴露抗原。

2.4 漂洗：PBS 漂洗三次，每次 5min。

2.5 封闭：滴加体积分数为 5%的新生牛血清或 1：10 稀释的正常马血清，37℃湿盒中作用 30min。

2.6 加适当稀释的标准阳性血清或标准阴性血清，37℃湿盒中作用 1h 或 37℃湿盒中作用 30min 后 4℃过夜。

2.7 漂洗同 2.4 步骤。

2.8 加适当稀释的酶结合物，37℃湿盒作用 1h。

2.9 漂洗同 2.4 步骤。

2.10 底物显色：新鲜配制的底物溶液显色 5～10min 后漂洗。

2.11 衬染：苏木素或甲基绿衬染细胞核或细胞质。

2.12 从 90%乙醇开始脱水、透明、封片，普通光学显微镜观察。

2.13 试验同时设阳性对照和阴性对照。

3. 结果判定

阳性和阴性对照片本底清晰，背景无非特异着染，阳性对照组织细胞胞核呈黄色至棕褐色着染，试验成立；被检组织细胞胞核、偶见胞浆呈黄色至棕褐色着染，即可判为伪狂犬病病毒抗原阳性。

附　录　A

（规范性附录）

试剂的配制

A.1　磷酸盐缓冲液（PBS，0.01 mol/L pH7.4）

氯化钠	8g
氯化钾	0.2g
磷酸二氢钾	0.2g
十二水磷酸氢二钠	2.83g
蒸馏水	加至1 000mL

A.2　洗涤液

PBS	1 000mL
吐温-20	0.5mL

A.3　样品稀释液

含体积分数为10%新生牛血清的洗涤液。

A.4　磷酸盐-柠檬酸缓冲液（pH5.0）

柠檬酸	3.26g
十二水磷酸氢二钠	12.9g
蒸馏水	700mL

A.5　gE-ELISA底物溶液

用二甲基亚砜将3’3’5’5’-四甲基联苯胺（TMB）配成1%质量浓度，4℃保存。使用时按下列配方配制底物溶液。

磷酸盐-柠檬酸缓冲液	9.9mL
0.1% 3’3’5’5’-四甲基联苯胺	0.1mL
30%双氧水	1μL

A.6　终止液

氢氟酸	0.31mL
蒸馏水	100mL

A.7　免疫酶组织化学底物溶液

3，3-二胺基联苯胺盐酸盐（DAB）	40mg
PBS	100mL
丙酮	5mL
30%过氧化氢	0.1mL

滤纸过滤后使用，现用现配。

A.8　过氧化氢甲醇溶液（0.3%）

30%过氧化氢	1mL

甲醇	99mL

现用现配。

A. 9 盐酸酒精溶液（1%）

盐酸	1mL
70%乙醇	99mL

A. 10 胰蛋白酶溶液（0.5%）

胰蛋白酶	0.5g
PBS	100mL

低温保存。使用时，用 PBS 稀释为 0.05%。

十七、马立克氏病实验室诊断方法

（一）病原学检测方法（病原鉴定分离）

（引自农医发［2007］12号文）

1. 用细胞作为MDV分离和诊断的材料

1.1 细胞来源： 应来自病鸡全血（抗凝血）的白细胞层或刚死亡鸡脾脏细胞。

1.2 方法：

1.2.1 将白细胞或脾脏细胞制成含有106～107个活细胞/mL的细胞悬液。

1.2.2 将0.5mL样品，分别接种2瓶（大小$25cm^2$）用SPF鸡胚制备的成纤维细胞。另取1瓶做空白对照。

1.2.3 将接种病料的和未接种病料的对照细胞培养瓶均置于含有5%CO_2的37.5℃的二氧化碳培养箱内。

1.2.4 每隔3d，换一次培养液。

1.2.5 观察有无细胞病变（CPE），即蚀斑，一般可在3～4d内出现。若没有，可按上述方法盲传1～2代。

2. 用羽髓作为MDV分离和诊断的材料

这种方法所分离的病毒为非细胞性的，但不常用。

2.1 取长约5mm的羽髓或含有皮肤组织的羽髓，放入SPGA-EDTA缓冲液［0.218 0mol/L蔗糖（7.462g）；0.003 8mol/L磷酸二氢钾（0.052g）；0.007 2mol/L磷酸二氢钠（0.125g）；0.004 9mol/L-谷氨酰胺（0.083g）、1.0%血清白蛋白（1g）和0.2%乙二胺四乙酸钠（0.2g），蒸馏水100mL，过滤除菌，调节pH到6.3］。

2.2 病毒的分离与滴定方法：

上述悬浮液经超声波处理，通过0.45μm微孔滤膜过滤后，接种于培养24h的鸡肾细胞上，吸附40min后加入培养液，并按上述方法培养7d。

3. 上述方法可以用于1型和2型MDV的分离

所分离的病毒如果是免疫禽群，也可以分离到疫苗毒。

有经验的工作人员可根据蚀斑出现的时间、发展速度和形态，即可对各型病毒引起的蚀斑作出准确鉴别。HVT蚀斑出现较早，而且比1型的要大，而2型的蚀斑出现晚，比1型的小。

（二）MD 琼脂扩散试验检测技术（AGP）

（引自 GB/T 18643—2002）

鸡马立克氏病琼脂扩散试验既可用于马立克氏病病毒抗原的检出，也可用于马立克氏病病毒抗体的检出。该方法一般在马立克氏病病毒感染 14～24d 后检出病毒抗原；抗体的检出一般在病毒感染 3 周后。

1. 材料准备

1.1 抗原和标准阳性血清。

1.2 溶液配制：

a）pH 7.4 0.01 mol/L 磷酸盐缓冲液；

b）1%硫柳汞溶液；

c）生理盐水。

以上各种溶液配制方法见附录 A（标准的附录）。

1.3 琼脂板的制备：见附录 B（标准的附录）。

2. 操作方法

2.1 马立克氏病病毒抗原检测：

2.1.1 打孔：

2.1.1.1 在已制备的琼脂板上，用直径 4mm 或 3mm 的打孔器按六角形图案打孔，或用梅花形打孔器打孔。中心孔与外周孔距离为 3mm。

2.1.1.2 将孔中的琼脂用 8 号针头斜面向上从右侧边缘插入，轻轻向左侧方向挑出，勿损坏孔的边缘，避免琼脂层脱离平皿底部。

2.1.2 封底：用酒精灯火焰轻烤平皿底部至琼脂轻微溶化为止，封闭孔的底部，以防样品溶液侧漏。

2.1.3 加样：用微量移液器吸取用灭菌生理盐水稀释的标准阳性血清（按产品使用说明书的要求稀释）滴入中央孔，标准阳性抗原悬液分别加入外周的第 1、第 4 孔中，在外周的第 2、3、5、6 孔处（不打孔）按顺序分别插入被检鸡的羽毛髓质端（长度约 0.5cm）；或在第 2、3、5、6 孔中加入被检的羽髓浸出液，每孔均以加满不溢出为度，每加一个样品应换一个吸头。

2.1.4 感作：加样完毕后，静止 5～10min，将平皿轻轻倒置，放人湿盒内，置 37℃温箱中反应，分别在 24h 和 48h 观察结果。

2.2 马立克氏病抗体检测：操作方法同 2.1。加样如下：用微量移液器吸取用灭菌生理盐水（见附录 A 中 A3）稀释的标准抗原液（按产品使用说明书的要求稀释）滴入中央孔，标准阳性血清分别加入外周的第 1、第 4 孔中，待检血清按顺序分别加入外周的第 2、3、5、6 孔中。每孔均以加满不溢出为度，每加一个样品应换一个吸头。

2.3 结果判定及判定标准：结果判定如图 17－1 所示。

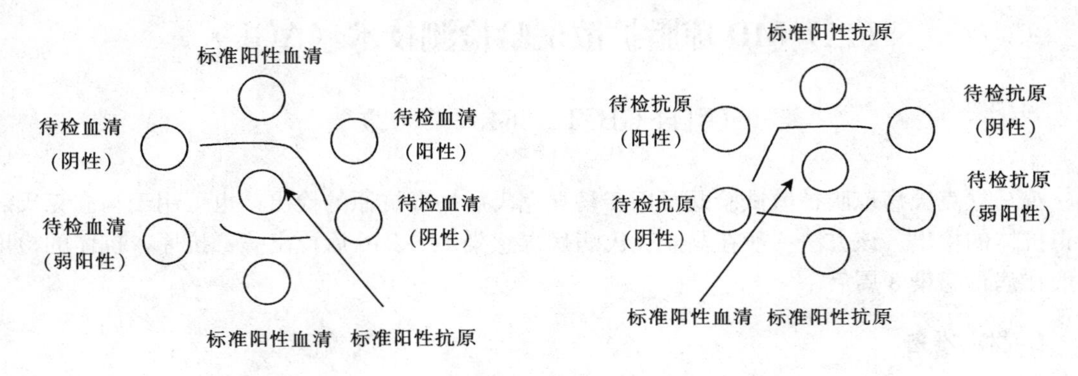

图 17－1　MD 琼脂扩散试验结果判定示意图

2.3.1　将琼脂板置日光灯或侧强光下进行观察，当标准阳性血清与标准抗原孔间有明显沉淀线，而待检血清与标准抗原孔间或待检抗原与标准阳性血清孔之间有明显沉淀线，且此沉淀线与标准抗原和标准血清孔间的沉淀线末端相融合，则待检样品为阳性。

2.3.2　当标准阳性血清与标准抗原孔的沉淀线的末端在毗邻的待检血清孔或待检抗原孔处的末端向中央孔方向弯曲时，待检样品为弱阳性。

2.3.3　当标准阳性血清与标准抗原孔间有明显沉淀线，而待检血清与标准抗原孔或待检抗原与标准阳性血清孔之间无沉淀线，或标准阳性血清与抗原孔间的沉淀线末端向毗邻的待检血清孔或待检抗原孔直伸或向外侧偏弯曲时，该待检血清为阴性。

2.3.4　介于阴、阳性之间为可疑。可疑应重检，仍为可疑判为阳性。

（三）MD 的临床诊断方法

（引自 GB/T 18643—2002）

1. MD 的特征性临床症状

在鸡群中，病鸡临床症状表现为瘫痪，并且两腿前后伸展呈“劈叉”姿势时，一般可以作为 MD 的示病症状，可初步判定为 MD。

2. MD 的特征性病理变化

2.1　MD 的神经特征性病理变化： 神经型 MD 的病理变化为外周神经肿胀，呈半透明水肿样，色泽变淡，横纹消失，其肿胀程度一般为正常神经的 2～3 倍。这些变化多发生在腰荐神经丛、坐骨神经丛、臂神经丛、颈部迷走神经丛等部位，由于多为不对称性，通过比较对侧神经将有助于判定。

2.2　MD 的皮肤特征性病理变化： 皮肤型 MD 病理变化比较少见。其病理变化特征为：以皮肤的羽毛囊为中心，形成半球形隆起的肿瘤，其表面有时可见鳞片状棕色痂皮。

2.3　MD 的眼睛特征性病理变化： 眼型 MD 是由于淋巴细胞浸润虹膜而导致的病理变

化，虹膜呈环状或斑点状褪色，出现淡灰色；瞳孔不规则，有时偏向虹膜一侧。

3. MD的病理组织学变化

采集病鸡肿胀的外周神经和内脏的肿瘤组织样品，按常规方法制备石蜡切片、苏木素伊红（HE）染色，通过普通光学显微镜进行病理组织学观察判定。

根据病变组织中浸润细胞的种类及形态学，外周神经病理组织学变化可分为A，B，C三个型。在同只鸡的不同神经可能会出现不同的病变型。A型病变以淋巴母细胞，大、中、小淋巴细胞及巨噬细胞的增生浸润为主。B型病变表现神经水肿，神经纤维被水肿液分离，水肿液中以小淋巴细胞、浆细胞和许旺氏细胞增生为主。C型病变为轻微的水肿和轻度小淋巴细胞增生。内脏和其他组织的肿瘤与A型神经病变相似。通常为大小各异的淋巴细胞增生为主。

4. 鉴别诊断

禽白血病（LL）和网状内皮增生病（RE）是两种主要的在病理剖检中容易与缺乏外周神经病变的内脏型MD相混淆的传染病。一般需要通过流行病学和病理组织学进行鉴别诊断。

4.1 与LL鉴别诊断：在流行病学方面，LL一般发生于16周龄以上的鸡，并多发生于24～40周龄之间。而MD的死亡高峰一般发生在10～20周龄之间。另外，LL的发病率较低，一般不超过5%，而MD的发病率较高。

LL肿瘤病理组织学变化主要表现为大小均一的淋巴母细胞增生浸润。另外，在LL与MD引起的法氏囊肿瘤中，其肿瘤细胞的浸润部位存在着差异。MD肿瘤细胞主要在滤泡间增殖，而LL肿瘤细胞则主要在滤泡内增殖。

4.2 与RE鉴别诊断：尽管RE在不同的鸡群中感染率差异较大，但一般发病率较低。本病的病理组织学特点为：未分化的大型肿瘤细胞增殖，肿瘤细胞具有丰富的嗜碱性细胞质、核大而淡染，核内有较大的嗜碱性核仁，肿瘤细胞多见有44分裂象。

附 录 A

（标准的附录）

溶 液 的 配 制

A.1 pH7.4 0.01 mol/L磷酸盐缓冲液的配制

磷酸氢二钠（$Na_2HPO_4 \cdot 12H_2O$）	2.9g
磷酸二氢钾（KH_2PO_4）	0.3g
氯化钠（NaCl）	8.0g

将上述试剂依次加入容器中，用无离子水或蒸馏水溶至1 000mL

A.2 1%硫柳汞溶液的配制

硫柳汞	1g

蒸馏水　100mL

溶解后，置 100mL 瓶中盖塞存放备用。

A.3　生理盐水的配制

氯化钠（NaCl）　8.5g

蒸馏水　1 000mL

溶解后置玻璃瓶中灭菌后存放备用。

附　录　B

（标准的附录）

琼脂平板的制备

在 250mL 容量的三角瓶中分别加入 pH7.4 的 0.01 mol/L 磷酸盐缓冲液溶液 100mL、琼脂糖 1.0g、氯化钠 8g，将三角瓶在水浴中煮沸使琼脂糖充分融化，再加入 1%硫柳汞 1mL，混合均匀，冷却至 45～50℃，将洁净干热灭菌的直径为 90mm 的平皿置于平台上。每个平皿加入 18～20mL 加盖待凝固后，把平皿倒置以防水分蒸发．放普通冰箱 4℃中冷藏保存备用（时间不超过 2 周）。

十八、传染性法氏囊病实验室诊断技术

（引自 GB/T 19167—2003）

（一）病原分离鉴定

1. 材料准备

灭菌组织研磨器、离心机、37℃温箱、孵化器、灭菌吸管、橡胶吸头、灭菌小瓶、灭菌6＃针头、灭菌注射器、石蜡。

2. 病料的采集和处理

采集具有病变的新鲜法氏囊，用加有抗生素（3 000IU/mL 青霉素和 3 000μg/mL 链霉素）的胰蛋白酶磷酸缓冲液或生理盐水制成 20％的组织匀浆液，在 37℃作用 30～60min，1 500r/min 离心 20min，收集上清液。经菌检培养为阴性后作为接种材料。

3. 鸡胚接种

3.1 接种：将收集的上清液以每只 0.2mL 经绒毛尿囊膜接种 9～11 日龄无传染性囊病母源抗体鸡胚或 SPF 鸡胚，接种后用石蜡封住接种孔。37℃孵育，每天照蛋检查，弃去 24h 内死亡的鸡胚。

3.2 鸡胚剖检结果判定：

3.2.1 标准 IBDV 分离物接种后判定：标准 IBDV 分离物接种鸡胚后 3～5d 可致鸡胚死亡。死亡鸡胚充血，在羽毛囊、趾关节和大脑有血斑性出血。肝脏多可见坏死，也可见色淡似熟肉样。

3.2.2 IBDV 变异株分离物接种后判定：IBDV 变异株经绒毛尿囊膜接种鸡胚，一般不致死鸡胚，接种后 5～6d 剖检，可见鸡胚大脑和腹部皮下水肿、发育迟缓、呈灰白色或奶油色，肝脏常有胆汁着色或坏死，脾脏通常肿大 2～3 倍，但颜色无明显变化。

4. 易感雏鸡接种试验

4.1 接种：取 2 述及的病料上清液 0.5mL，经点眼、口服感染 5 只 14～21 日龄无 IBDV 母源抗体鸡或 SPF 鸡。同时设健康对照组。接种 3d 后将鸡剖杀，检查法氏囊及脾脏。

4.2 剖检接种结果：

4.2.1 标准 IBDV 接种结果：接种后偶见鸡死亡，剖检可见接种鸡法氏囊水肿、色黄，有时可见出血。脾脏有时可见轻度肿大，表面有灰色点状病变。健康鸡则正常。

4.2.2 IBDV 变异株接种结果：接种后不出现死亡，3d 剖检可见法氏囊萎缩、质度硬，脾脏可见肿大1～2倍。健康鸡则正常。

5. IBD病毒的鉴定

5.1　琼脂凝胶免疫扩散（AGID）试验： 用已知的特异性鸡传染性囊病标准阳性血清，用分离株的法氏囊匀浆制备待检抗原，同时制备正常法氏囊匀浆作对照抗原，按AGID常规法滴加抗原和血清进行扩散，如在抗原孔和血清孔之间出现白色沉淀线者判分离物为阳性。

5.2　直接免疫荧光法：

5.2.1　材料及方法：

5.2.1.1　高免血清：采用CJ801株毒制备的高免血清，经AGID测定效价为1∶128以上，经中和试验测定在2^{12}（1∶2 084）以上。

5.2.1.2　直接荧光抗体的制备：采用33%饱和硫酸铵盐析，沉淀免疫球蛋白，经透析并通过Sephadex G50柱去铵离子，用紫外分光光度计测定球蛋白浓度在20～25mg/mL左右，以异硫氢酸荧光素（FITC）按1%量采用热标记方法标记，再经透析和Sephadex G50柱层析，收集荧光抗体，保存于－20℃冰箱备用。

5.2.1.3　标本的制备及染色：取分离株法氏囊制成冰冻切片或用其组织制成压片。待自然干燥，以4℃保存的冷丙酮溶液固定10min，0.1mol/L pH7.2磷酸盐缓冲液冲洗两次，蒸馏水冲洗一次，风干后用1∶8～1∶16荧光稀释液为工作液，滴加在切片上置湿盒中，在37℃温箱中静置30min，再经磷酸盐缓冲液、蒸馏水冲洗，风干，滴加甘油缓冲液封固、镜检。

5.2.2　镜检及判定标准：用荧光显微镜检查。采用法氏囊冰冻切片为荧光诊断标本，法氏囊病毒侵害法氏囊后主要表现在淋巴小叶的髓质部。首先在淋巴滤胞胞浆中发出黄绿色荧光颗粒，胞核位于中间为暗色不发光。感染初期常见到"光轮"样结构的淋巴滤胞，感染最严重时由于大量病毒在胞浆中复制发出强荧光的亮斑。皮质不发光。具有上述淋巴图像称为特异性荧光，判为阳性。根据荧光强弱，荧光细胞的数量及荧光结构的清晰度可判为"＋＋＋＋、＋＋＋、＋＋、＋"。淋巴小叶结构完整而清晰，又不发荧光者判为阴性。

（二）琼脂扩散试验（AGID）

1. 材料准备

1.1　鸡传染性囊病诊断抗原和标准阳性血清。

1.2　琼脂板制备方法见附录A。

1.3　被检血清样品：被检鸡血清应新鲜，分离后56℃灭活30min，采血后分离的血清可以当天使用，也可置－20℃保存备用。

2. 操作程序

2.1　打孔： 反应孔按画好的七孔图案打孔，将画好的七孔图案放在有琼脂板的平皿下，按照图案在固定位置用不锈钢小管打孔，中心孔径3mm，外周孔径3mm，外周孔与中间孔间距3mm，打孔时切下的琼脂可以吸出也可以用针头挑出。打好后，在酒精灯上适当加热平皿底部，使琼脂与玻璃平皿贴紧，避免由于打孔时导致的琼脂与平皿脱离。

2.2　加样：

2.2.1　抗体的定性与定量测定：若是做定性试验，不需要稀释血清，只将血清样品直接加入琼脂板孔中；但若要定量测定血清沉淀抗体的滴度，可以在 24 孔或 96 孔 V 形培养板上稀释血清，各孔预先加入 50μL 的 PBS，然后倍比稀释血清，最后更换吸头由高稀释度开始加样。

2.2.2　抗原及血清在孔内的添加：如图 18－1 所示，中央孔 7 加抗原，1、4 孔加阳性血清，2、3、5、6 孔加被检血清，各孔加到孔满为止。如果定量检测血清的沉淀抗体，采用中央孔 7 加抗原，周围 1～6 孔依次加入各不同稀释度的血清样品。

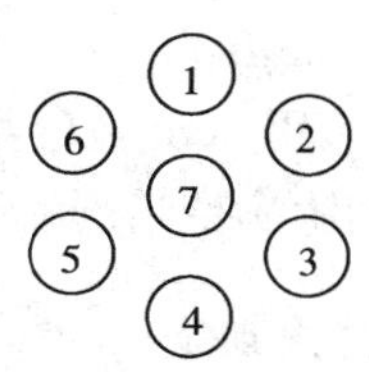

图 18－1　琼脂扩散反应孔的布局

在琼脂板上另做两孔，打法及间距同前，分别加入阳性血清和抗原，设立阳性对照。加盖将平皿置于湿盒或容器中，在 37℃条件下反应，逐日观察，72h 终判。

3. 结果判定

3.1　定性检测：被检血清孔与抗原孔之间形成致密沉淀线者，或者阳性血清的沉淀线向毗邻的被检血清孔内侧弯者，此被检孔血清判为阳性。

被检血清孔与抗原孔之间不形成沉淀线，此被检血清判为阴性。

3.2　定量检测：当标准阳性血清孔与抗原孔产生致密沉淀线后，被检血清能与抗原产生沉淀线的最高稀释度即为该被检血清的沉淀抗体效价。

（三）病毒血清微量中和试验

1. 材料

1.1　器材：40 孔或 96 孔有盖的聚苯乙烯微量细胞培养板洗净后烘干，采用紫外线距离 30cm 照射盖内侧、培养板孔 1h 或 γ 射线辐射消毒。多道、单道固定或可调式微量取样器，规格为 5～50μL、50～200μL，并配以相应规格经高压消毒的塑料吸头，2cm 宽的涤纶透明胶带。

1.2　细胞：鸡胚成纤维细胞。

1.3　血清：IBDV 阳性血清和阴性血清均由 SPF 鸡制备。被检血清为采自受检鸡的不腐败、不溶血、不加抗凝剂和防腐剂的血清，在试验前 56℃水浴灭活 30min。

2. 操作程序

本试验采用两板法，即“板 1”作血清-病毒感作，“板 2”用作正式试验。

2.1　取 75μL Earle's 液加到“板 1”各孔，第 10 列加 75μL Earle's 液作细胞对照。

2.2　取 25μL 被检血清分别加到 A、B、C 行的第 1 孔，分别作 1、4 倍系列稀释至第 8 孔。

2.3 取25μL阳性血清加到D行的第1孔，取25μL阴性血清加到D行的第5孔，分别按上法稀释（即1～4孔为阳性对照，5～8孔为阴性对照）。

2.4 除第10列外，取25μL含200$TCID_{50}$/25μL的CJ801病毒，然后置微量振荡器上振荡混匀，37℃感作45～60min。

2.5 用取样器以200μL含100万/mL鸡胚成纤维细胞加到“板2”各孔内。

2.6 用取样器分别吸取病毒血清混合物转移到“板2”相应各孔内，每份血清接种4孔，每孔25μL。

2.7 用2cm宽的涤纶透明胶带封盖，振荡混匀，置37℃温箱培养72～96h后，显微镜下观察细胞病变情况。

3. 结果判定

1∶8以下为阴性；

1∶32以上判为阳性；

1∶16判为可疑，隔周后采血测定抗体价仍为1∶16或更低则为阴性。

（四）酶联免疫吸附试验

1. 材料准备

1.1 被检样品： 送检的病、死鸡法氏囊。

1.2 标准阴性样品： 标准阴性样品为健康鸡法氏囊组织浸液。

1.3 MR5000酶标仪。

2. 操作环境

10～30℃。

3. 操作程序

3.1 被检样品的处理： 将送检的病、死鸡法氏囊剪碎研磨，按1∶5量加自来水，制成组织浸液，静置5min，取上清液进行检测。

3.2 加样： 用小塑料管（中5mm，长500mm）吸取上述被检法氏囊的组织浸液，加到聚苯乙烯酶标板的小孔内1滴（50μL，以下同），每1个样品用1个孔，同时设1个孔作对照，用小塑料管吸取标准阴性样品，向对照孔内滴入1滴，静置2min。

3.3 洗涤： 再向加样的小孔内滴入洗液1滴之后，接着用自来水滴满小孔，洗2次，每次均充分甩干。

3.4 加酶结合物： 向加样的小孔内滴入酶标记结合物1滴，静置2min。

3.5 洗涤： 同3.3的方法，用自来水洗5次。

3.6 显色： 向加样的小孔内滴入底物1滴，紧接着滴入显色液1滴，在5min内判定结果。

4. 结果判定

4.1 观察颜色的判定：
孔内的液体显蓝色者，判为阳性。
孔内的液体呈无色者，判为阴性。

4.2 酶标仪检测的判定：

4.2.1 加终止液，加显色液后5min，用小塑料管吸取终止液，向加样的小孔内滴入1滴。用酶标仪测定 $OD4_{50}$ 的数值。

4.2.2 判定：
OD_{450} ＝0.105定为临界值。
OD_{450} ＞0.105判为阳性。
OD_{450} ＜0.105判为阴性。

附 录 A

（规范性附录）

琼脂凝胶的制备

试验中琼脂制备方法为琼脂糖1g，氯化钠8g，苯酚0.1mL，蒸馏水100mL。先将琼脂糖加到蒸馏水中，加热熔化后再加入氯化钠、苯酚，最后用5.6％碳酸氢钠调pH为6.8～7.2，将溶化并混匀的琼脂缓慢倒入平放的洁净的玻璃平皿中，平皿中琼脂厚度要求3mm，冷却凝固后备用。

十九、产蛋下降综合征实验室诊断方法

（一）病原分离鉴定

（引自 NY/T 551—2002）

1. 试剂

1.1 pH 7.2 0.01mol/L 磷酸盐缓冲生理盐水（PBS），配制方法见附录 A（规范性附录）。

1.2 产蛋下降综合征抗原（EDS_{-76}）。

1.3 EDS_{-76}阳性血清。

2. 样品的采集和处理

酌情选择下列一种或数种：

2.1 采扑杀鸡的输卵管和子宫的黏膜、卵巢，加灭菌石英砂研磨，加 PBS 制成 1∶5 混悬液后冻融 3 次，3 000r/min 离心 20min，取上清液，加入青霉素（使最终浓度为1 000 IU/mL）、链霉素（使最终浓度为 1 000μg/mL），37℃作用 1h。

2.2 采减产鸡的咽喉部、泄殖腔拭子，浸入 5mL PBS 中充分涮挤后弃去拭子。将浸出液冻融 2 次，3 000r/min 离心 20min，取上清液加入青霉素（使最终浓度为 3 000IU/mL）、链霉素（使最终浓度为 3 000μg/mL），37℃作用 1h。

2.3 采劣质蛋清，加等量 PBS 和青霉素（使最终浓度为 1 000IU/mL）、链霉素（使最终浓度为 1 000μg/mL），37℃作用 1h。

2.4 采减产鸡抗凝血 20mL，2 000r/min 离心 10min，弃上清液，吸取上层灰白色的白细胞层，加 PBS 洗涤、离心 2 次，弃上清液，再用 5mL PBS 悬浮白细胞，冻融 3 次，加青霉素（使最终浓度为 1 000IU/mL）、链霉素（使最终浓度为 1 000μg/mL），37℃作用 1h，离心，取上清液。

3. 接种分离

取孵育 10～12d 来自产蛋下降综合征红细胞凝集抑制抗体阴性鸭场鸭胚 50 枚，绒毛尿囊腔接种样品 25 枚，另 25 枚接种 PBS，接种量均为 0.2mL/枚。37℃孵育。弃 48h 内死亡的鸭胚，收获 48～120h 死亡和存活的鸭胚尿囊液。用 1%鸡红细胞悬液测其血凝性，若接种样品的鸭胚尿囊液能凝集红细胞，而接种 PBS 的鸭胚尿囊液不凝集红细胞，则进行分离物鉴定；若样品接种鸭胚尿囊液不凝集红细胞，则用尿囊液接种鸭胚盲传，样品连续盲传三代仍不凝集红细胞者可判为病毒分离阴性。

4. 分离物的鉴定

用阳性血清和被鉴定抗原按表 19-1 进行红细胞凝集抑制试验（阳性血清被鉴定抗原抑制滴度应与 EDS_{-76} 对照抗原滴度相一致）。表中示例结果表示 EDS_{-76} 病毒分离试验阳性。

表 19-1 应用红细胞凝集抑制试验鉴定分离物

抗 原	血 清	
	分离毒株阳性血清	EDS_{-76}抗原阳性血清
分离毒株	+	+
EDS_{-76}抗原	+	+

注：必要时进行新城疫、传染性囊病、高致性禽流感的鉴别诊断。

（二）HI 试验

（引自 NY/T 551—2002）

1. 器材

1.1 微量反应板： 96 孔，V 形底，同一次试验使用的反应板孔底角度应相同。

1.2 塑料采血管： 内径 2mm，长 10cm。

2. 试剂

2.1 抗原。

2.2 标准阳性血清。

2.3 阿氏液（Alsever），配制方法见附录 A（规范性附录）。

2.4 1%鸡红细胞悬液：采不少于 3 只健康成年鸡血液，以 1：2 的比例与 Alsever 氏液混匀，用 20 倍量生理盐水洗涤 3 次，每次以 2 000r/min 离心 5min，最后一次 10min，用生理盐水配成 1%悬液。

3. 被检血清

刺破鸡翼下静脉，用塑料管引进血流 6～8cm 长，烧融一端，镊夹封口。血液凝固析出血清后以 2 000r/min 离心 5min，剪取血清段，封口备用。

普查或疾病流行时，每群采血鸡不少于 30 只。

4. 抗原凝集效价测定及配制抗原工作液

4.1 微量反应板的每孔加生理盐水 50μL，共加两排。

4.2 吸取抗原加入第 1 列孔，每孔 50μL，混匀后依次倍比稀释至第 11 列孔，弃去 50μL。第 12 列孔为红细胞对照。

4.3 每孔加 1%红细胞悬液 50μL。

4.4 置微量板振荡器上振荡 1min。

4.5 静置 22~25℃ 30min 后，将微量反应板作 45°竖立，待第 12 列孔内红细胞流成塔状时即判定结果。以凝集 100%红细胞的抗原最高稀释倍数为该抗原的凝集效价，亦即 1 个红细胞凝集单位。若两排结果不一，取其均值。

5. 血凝抑制试验操作步骤

配制抗原工作液：

按下列方法计算将上述测定效价的抗原用生理盐水配制为工作液：

8 个红细胞凝集单位抗原稀释倍数＝抗原效价÷8

4 个红细胞凝集单位抗原稀释倍数＝抗原效价÷4

5.1 微量反应板的一排孔测一份血清样品。第 1 孔加被检血清和生理盐水各 50μL，第 2 孔加 8 个红细胞凝集单位抗原 50μL，第 3 孔至第 12 孔各加入 4 个红细胞凝集单位抗原 50μL。将第 1 孔中液体混匀后吸出 50μL 加入第 2 孔，如此依次倍比稀释至第 12 孔，弃去 50μL。

5.2 阳性血清对照。

5.3 **抗原对照**：在微量反应板的第 8 排第 2 至第 6 孔，每孔加入 50μL 生理盐水。第 1 孔和第 1 孔各加 4 个红细胞凝集单位抗原 50μL，从第 2 孔起依次作倍比稀释至第 6 孔，弃去 50μL。这样，抗原对照孔的抗原含量依次为 4、2、1、1/2、1/4、1/8 个红细胞凝集单位。

5.4 **红细胞对照**：在微量反应板的第 8 排第 7 至第 12 孔，每孔加入生理盐水各 50μL。

5.5 **被检血清对照**：血清样品每排第 1 孔为被检血清对照。

5.6 37℃，感作 10min。

5.7 在微量反应板的每孔各加 1%红细胞悬液 50μL，振荡 1min，22~25℃静置 30min 后，判定结果。

6. 结果判定

6.1 当对照出现下列结果时试验成立：

6.1.1 阳性血清滴度与已知滴度相符，若有差异，不应超过 1 个滴度；

6.1.2 抗原对照，第 1、2 孔红细胞完全凝集，第 3 孔完全凝集至 50%凝集，第 4、5、6 孔不完全凝集或渐至不凝集；

6.1.3 红细胞对照，完全不凝集；

6.1.4 被检血清对照，完全不凝集。

6.2 判定时将微量反应板作 45°竖立，当红细胞对照孔和被检血清对照孔中红细胞流成塔形时立即判定被检血清滴度。以完全抑制红细胞凝集的最大稀释度为被检血清的红细胞凝集抑制抗体滴度。

6.3 被检血清滴度≥1∶16 为阳性，被检血清滴度＝1∶8 为可疑，一周后重复采血检测≥1∶8 时判为阳性；被检血清滴度≤1∶4 为阴性。

附　录　A

（规范性附录）

试　剂　配　制

A.1　pH 7.2 0.01 mol/L 磷酸盐缓冲生理盐水的配制

A.1.1　成分：

磷酸氢二钠（$Na_2HPO_4 \cdot 12H_2O$）　2.62g

磷酸二氢钾（KH_2PO_4）　0.37g

氯化钠（NaCl）　8.5g

A.1.2　配制：将 A.1.1 所述成分加入定量容器，加蒸馏水至 1 000mL，溶解，分装，112kPa 灭菌 20min，4℃保存备用。

A.2　Alsever 氏液的配制

A.2.1　成分：

葡萄糖（$C_6H_{12}O_6 \cdot H_2O$）　2.25g

柠檬酸三钠（$Na_3C_6H_5O_7 \cdot 2H_2O$）　0.91g

柠檬酸（$C_6H_8O_7 \cdot H_2O$）　0.06g

氯化钠（NaCl）　0.42g

A.2.2　配制：将 A.2.1 所述成分加入 定量容器，加蒸馏水至 100mL，溶解，分装，70kPa 灭菌 20min，4℃保存备用。

二十、禽白血病实验室诊断方法

（一）病原学检测方法

（引自农医发［2007］12号文）

1. 鸡胚成纤维细胞（CEF）的制备

取10～12日龄SPF鸡胚按常规方法制备CEF，置于35～60mm平皿或小方瓶中。待细胞单层形成后，减少维持用培养液中的血清至1％左右。

2. 病料的处理和接种

2.1 血清或血浆样品：从疑似病鸡无菌采血分离血清或血浆，于35～60mm带CEF的平皿或小方瓶中加入0.2～0.5mL血清或血浆样品。

肝、脾、肾组织样品：取一定量（1～2g）组织研磨成匀浆后，按1∶1加入无菌的PBS，置于1.5mL离心管中10 000*g*离心20min，用无菌吸头取出上清液，移入另一无菌离心管中，再于10 000*g*离心20min，按10 000IU/mL量加入青霉素后，在带有CEF的平皿或小方瓶中接种0.2～0.5mL。

2.2 接种后将平皿或小方瓶置于37℃中培养3h后，重新更换培养液，继续培养7d，其间应更换1次培养液。

2.3 以常规方法，用胰酶溶液将感染的CEF单层消化后，再作为第2代细胞接种于另一块带有3～4片载玻片的35～60mm平皿中，继续培养7d。

3. 病毒的检测

用以下方法之一检测病毒。

3.1 IFA：将带有感染的CEF的载玻片取出，用丙酮-乙醇（7∶3）混合液固定后，用ALV-J单克隆抗体或单因子血清及FITC标记的抗小鼠或抗鸡Ig标记抗体按通常的方法做间接荧光试验。在荧光显微镜下观察有无呈病毒特异性荧光的细胞。

3.2 PCR：从CEF悬液提取基因组DNA作为模板，以已发表的ALV-J特异性引物为引物，直接测序；或克隆后提取原核测序，将测序结果与已发表的ALV-J原型株比较，基因序列同源性应在85％以上。

注意：由于内源性ALV的干扰作用，按严格要求，病毒应接种在对内源性ALV有抵抗作用的CEF/E品系鸡来源的细胞或细胞系（如DF1）。但我国多数实验室无法做到这点，在结果判定时会有一点风险。如果3.1、3.2都做了，相互验证，可以大大减少风险。

（二）ELISA 试验

（引自农医发［2007］12 号文）

1. 样品准备

检测之前要用样品稀释液将被检样品进行 500 倍稀释（如：1μL 的样品可以用样品稀释液稀释到 500μL）。注意不要稀释对照。不同的样品要注意换吸头。在将样品加入检测板前要将样品充分混匀。

2. 洗涤液制备

（10×）浓缩的洗涤液在使用前必须用蒸馏水或去离子水进行 10 倍稀释。如果浓缩液中含有结晶，在使用前必须将它融化（如：30mL 的浓缩洗涤液和 270mL 的蒸馏水或去离子水充分混合配成）。

3. 操作步骤

将试剂恢复至室温，并将其振摇混匀后进行使用。

3.1 抗原包被板并在记录表上标记好被检样品的位置。

3.2 取 100μL 不需稀释的阴性对照液加入 A1 孔和 A2 孔中。

3.3 取 100μL 不需稀释的阳性对照液加入 A3 孔和 A4 孔中。

3.4 取 100μL 稀释的被检样品液加入相应的孔中。所有被检样品都应进行双孔测定。

3.5 室温下孵育 30min。

3.6 每孔加约 350μL 的蒸馏水或去离子水进行洗板，洗 3～5 次。

3.7 每孔加 100μL 的酶标羊抗鸡抗体（HRPO）。

3.8 室温下孵育 30min。

3.9 重复第 6 步。

3.10 每孔加 100μL 的 TMB 底物液。

3.11 室温下孵育 15min。

3.12 每孔加 100μL 的终止液。

3.13 酶标仪空气调零。

3.14 测定并记录各孔于 650nm 波长的吸光值（A650）。

4. 结果判定

4.1 阳性对照平均值和阴性对照平均值的差值大于 0.10，阴性对照平均值小于或等于 0.150，该检测结果才能有效。

4.2 被检样品的抗体水平由其测定值与阳性对照测定值的比值（S/P）确定。抗体滴度按下列方程式进行计算。

阴性对照平均值 NC=［A1（A650）+A2（A650）］/2

$$阳性对照平均值PC=[A3(A650)+A4(A650)]/2$$

$$S/P比值=(样品平均值-NC)/(PC-NC)$$

4.3 S/P 比值小于或等于 0.6，判为阴性。

4.4 S/P 值大于 0.6，判为阳性，表明被检血清中存在 J-亚群禽白血病病毒抗体。

(三) 琼脂免疫扩散试验

(引自 SN/T 1172—2003)

1. 试剂

1.1 标准阳性血清：鸽抗劳氏肉瘤病毒血清，由指定单位提供。

1.2 标准抗原：禽白血病抗原，由指定单位提供。

1.3 琼脂糖。

1.4 硼酸缓冲液（pH8.6）

四硼酸钠	8.8g
硼酸	4.65g
蒸馏水加至	1 000mL

1.5 1%硫柳汞溶液。

1.6 生理盐水。

2. 器材

2.1 天平。

2.2 外径 5mm、孔距 3mm 的 7 孔梅花样金属打孔器，外径 5mm 打孔器。

2.3 玻璃棒（直径 0.4cm、长 15cm）。

2.4 直径 90mm 平皿。

2.5 直径 15mm、长 110mm 试管。

2.6 微量移液器（20～200μL）。

3. 琼脂平板的制备

3.1 称取琼脂糖，用含 0.01%硫柳汞的 pH8.6 的硼酸缓冲液制成 1%琼脂糖溶液，隔水煮沸溶化。

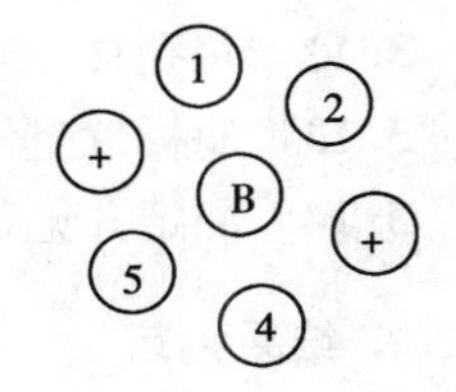

图 20-1 样品少时使用

3.2 将直径 90mm 的平皿置水平台上，倒入 3.1 中配好的琼脂糖溶液约 18mL，注意不要产生气泡，冷凝后将平皿倒置放 4 ℃保存，2 周内使用。

3.3 打孔：按图 20-1 或图 20-2 的图形打孔，孔径 5.0mm，孔距 3.0mm。孔内琼脂用针头小心挑出，勿破坏周围琼脂，打孔结束后，将平板底部经过酒精灯火焰上方来回 5～7 次封底，以防渗漏。

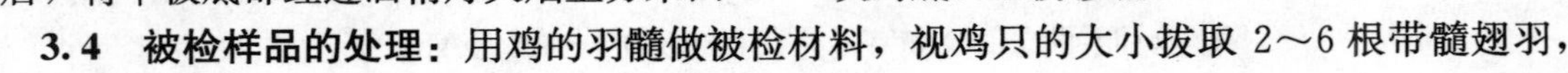

3.4 被检样品的处理：用鸡的羽髓做被检材料，视鸡只的大小拔取 2～6 根带髓翅羽，

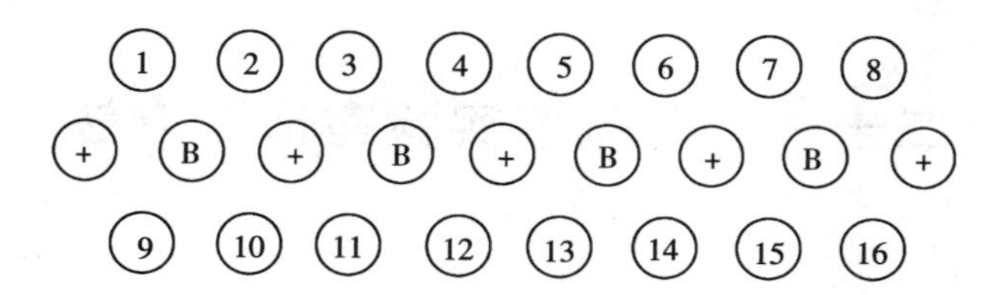

图 20－2　样品多时使用

剪下带髓的羽轴基部，置于试管内，加生理盐水 0.1～0.2mL，用玻璃棒将羽髓压出，再置低温冰箱冻融三次，即为被检样品。

4. 操作方法

将打好孔的琼脂板标上日期、编号，用微量移液器加样，每加一个样品换一个吸头，按上图标明 B 的孔加标准阳性血清，标明（＋）的孔加标准抗原，其余孔按编号加被检样品，每孔以加满不溢为度，勿有气泡。待孔中液体渗入琼脂后，将平皿倒置，放入带盖湿盒中、于室温（20℃以上）或 37℃温箱中反应，分别在 24h、48h 观察并记录结果。

5. 结果判定

5.1　判定方法：将琼脂板置暗背景光照下观察，标准抗原孔与标准阳性血清孔间应有清晰沉淀线，否则试验不成立，应重做。

5.2　判定标准：

5.2.1　阳性：被检样品与标准阳性血清孔间形成沉淀线，此沉淀线又与标准阳性血清、标准抗原孔间沉淀线相融合；或被检样品与标准阳性血清孔间虽未形成沉淀线，但相邻的标准抗原孔与标准阳性血清孔间的沉淀线末端在被检样品孔侧向标准阳性血清孔偏弯，且超过标准阳性血清孔与被检样品孔间的中心连线。

5.2.2　阴性：被检样品孔与标准阳性血清孔间不形成沉淀线且相邻的标准抗原孔与标准阳性血清孔间的沉淀线直伸向该被检样品孔。

5.2.3　疑似：被检样品孔与标准阳性血清孔间不形成沉淀线，相邻的标准抗原孔与标准阳性血清孔间形成的沉淀线向标准阳性血清孔侧偏弯不超过标准阳性血清孔与被检样品孔间的中心连线，则为疑似反应，对该份样品应复检，仍为疑似则判为阳性。

二十一、马流感实验室诊断方法

（引自 OIE 陆生动物诊断试验和疫苗手册）

（一）病原分离鉴定

1. 鸡胚

将鸡胚放在温度为 37～38℃的加湿孵化器内孵化，每天翻蛋两次。10～11d 后，照蛋检查，选用活胚。气室部用酒精消毒后，在壳上打一个孔。每份样品接种 3 个鸡胚，每胚经羊膜腔接种 0.1mL 后，将注射器退回约 1cm，再向尿囊腔接种 0.1mL。或者只进行尿囊腔内注射。将针孔用石蜡或胶带封严，鸡胚置 34～35℃孵化器内继续孵化 2～3d。

将鸡胚转到 4℃冰箱中 4h 或过夜，使鸡胚死亡，以在收获时减少出血。先将蛋壳表面消毒，然后用吸管分别收获尿囊液和羊水，每胚收获的液体要分开。在 U 型或 V 型血凝板孔中将收获的液体与等体积的 1%鸡红细胞 PBS 悬液或 0.4%豚鼠红细胞 PBS 悬液混合，检测收获液的血凝活性。如果用鸡的红细胞，红细胞未被凝集时，将试管或反应板倾斜 70°后，可见沉淀的红细胞在管底形成"流线"。非凝集的豚鼠红细胞在管底形成纽扣状，需要较长的时间形成"流线"。若无 HA 时，将各样品收获液收集在一起，再经鸡胚盲传。将所有 HA 阳性的样品作小量等份分装在小玻瓶内，－70℃冰箱内保存，并立即取其一份测定 HA 滴度。如果滴度为 1∶16 或更高，则分离物用亚型抗血清作进一步定型。如果滴度低，则要继续传代。要注意的是，为避免缺陷型病毒粒子产生干扰，要将接种物先作 10 倍、100 倍、1000 倍稀释再行接种。选择最高稀释度呈 HA 阳性的样品作为种毒贮存。有时分离病毒需要经过多至 5 次的盲传，特别是从免疫过的病马分离病毒时更是这样。如果第 5 代还未发现病毒，则无必要再盲传。

2. 细胞培养

可使用 Madin－Darby 犬肾细胞系（MDCK，ATCC CCL34）分离马流感病毒。细胞在试管内长成单层后接种样品，每份接种 3 管，每管 0.25～0.5mL。细胞培养物用含 0.5～2μg/mL 胰蛋白酶（用 TPCK［L－1－tosylamine－2－2phenylethyl chloromethyl ketone］处理以去除胰凝乳蛋白酶，预处理的可从 Sigma 公司买到）的无血清培养基维持，每天检查细胞病变（CPE）。如果 CPE 阳性，或 7d 后不管情况如何，都应测定上清液的 HA 活性。HA 滴度在 1∶16 以上时，应立即进行定型。HA 阴性或滴度低于 1∶16 时要再进行细胞传代。

另一种方法是检查细胞有无红细胞吸附现象。这种方法检测在细胞表面表达的病毒抗原。从培养管内移去培养液，用 PBS 轻洗培养管，往培养管内加 1 或 2 滴 50%鸡或豚鼠红细胞悬液，轻轻转动管子，在22℃（±2℃）放置30min，用PBS洗去未结合的红细胞后，在显微镜下观察培养的细胞周围有无红细胞吸附（HAD）现象。

3. 血凝素

马流感病毒新分离株的定型以特异性抗血清采用HI试验进行。分离物先用吐温-80/乙醚处理，以破坏病毒的感染性和减少交叉污染的危险性，特别对H3N8亚型病毒，如此处理还能提高其HA活性。但是，用吐温-80/乙醚处理可增加结果的变异度。标准抗原必须作平行滴定，标准抗原应包括H7N7毒株（如A，马，布拉格/56和A马/纽马克特/77）和H3N8毒株（如A/马/迈阿密/63、A/马/枫丹白露/79、A/马/纽马克特/93、A/马/肯特基/94）。病毒株可从OIE参考实验室获得［纽马克特（Newrmarket），见本手册每三部分的表］。另外，如有可能的话，HI试验还应使用同一地区的近期分离株。标准抗原也要用吐温-80/乙醚处理，以避免交叉污染。对被检抗原和标准抗原都要作回归滴定，以确定抗原含量。

新的分离型可以用株特异性抗血清通过HI试验进一步鉴定。制备抗体所用的动物会影响抗血清的交叉反应性，以用雪貂制备的抗体，毒株特异性最强。所有分离株均应立即送到OIE或世界卫生组织的国际参考实验室，以进行株的监测，看是否发生了抗原漂移或是否有新的毒株产生。

4. 神经氨酸酶

神经氨酸酶定型需要特异性抗血清，而且目前尚无常规技术可供使用。因此，这样的定型试验最好在参考实验室进行。

（二）HI试验

1. 为提高反应的敏感性，这些抗原（特别是H3N8病毒）应先用吐温-80/乙醚处理。试验最好用适宜的稀释装置在微量滴定板上进行。也可进行常量血凝抑制试验，抗原稀释到每孔最终血凝滴度1：8，PBS、血清和抗原的体积每孔0.5ml，血清应预处理，以消除非特异性血凝素，并在56℃加热灭活30min。血清预处理可用下列方法中的一种：①高岭土和红细胞吸附；②过碘酸钾；③霍乱弧菌受体破坏酶（RDE）。三种处理方法效果相同。处理过的血清用PBS稀释（微量滴定试验每孔HA滴度用1：4），轻轻混匀，在22℃（±2℃）放置30min，轻轻混匀后加入红细胞，30min后读取结果。完全抑制凝集的最高血清稀释倍数为HI滴度。即在v型底的微量滴定板用鸡的红细胞［1%（V/V）压积］也可在v型或u型底的微量滴定板用豚鼠红细胞［0.5%（V/V）］。如果用鸡的红细胞，可将板倾斜至70°，非凝集的红细胞“流向”管底。非凝集的豚鼠红细胞在管底形成纽扣状，“流向”管底的时间较长。双份血清的HI滴度增加4倍或4倍以上时，表明有近期感染。

吐温-80/乙醚处理病毒：

1.1 往40mL病毒尿囊液中加0.5mL 10%（V/V）的吐温-80PBS，使吐温-80终浓度为0.125%（V/V）。

1.2 室温下轻轻混合5min后，加20mL乙醚使终浓度为33.3%（V/V），充分混匀后置4℃15min。

1.3 静置分层，将液相层（含裂解的病毒粒子）移入玻瓶中，松开盖子，过夜，挥发残留乙醚。

1.4 处理的病毒分成小份，贮存于－70℃。

2. 血凝滴定

2.1 在一排各孔中加25μL PBS。

2.2 第一孔中加25μL病毒抗原。按1∶2逐级稀释，最后一孔不加抗原作对照。

2.3 每孔中再加25μL PBS。

2.4 每孔中加50μL红细胞液，22℃（±2℃）作用30min。HA滴度为50%红细胞出现凝集的最高稀释倍数。

3. 血清预处理

3.1 在1体积（150μL）血清中加2体积（300μL）新配制的0.016mol/L过碘酸钾（0.38g/100mL PBS），置22℃（±2℃）反应15min。

3.2 再加一体积的3%甘油PBS中和过剩的高碘酸液，混合后置22℃（±2℃）15min。

3.3 在56℃水浴中灭活30min。

4. 试验程序

4.1 加25μL PBS于微量滴定板各孔中。

4.2 加25μL血清于第一排12个孔中，倍比稀释，最后一孔不加血清做对照。

4.3 稀释抗原，含量为4个HA单位（4×最小凝集量，即滴度÷4）。

4.4 每孔中加25μL抗原，置22℃（±2℃）30min。

4.5 每孔加50μL 1%红细胞液，置22℃30min。

4.6 将滴定板倾斜70°判读结果，无凝集反应应记录为阳性。

（三）核蛋白单克隆抗体抗原捕获ELISA试验

试验程序如下：

1.1 将100μL鼻咽拭子的浸出物加到用多克隆兔抗H3N8血清包被的微量反应板各孔内，在22℃（±2℃）孵育90min，微量板用含0.05%吐温-20的PBS液（PBST）洗涤3次。

1.2 加100μL已用缓冲稀释液作1∶150稀释的辣根过氧化物酶-MAb结合物，37℃温箱孵育1h，用PBST洗涤微量板6次。

1.3 加100μL四甲基联苯胺溶液于微量板各孔中，22℃（±2℃）孵育10min，然后加100μL 0.18mol/L硫酸中止反应。在150nm波长处测定吸收值。

二十二、绵羊痘和山羊痘实验室诊断方法

（引自 NY/T　576—2002）

（一）病原学检查

1. 电子显微镜检查

1.1　材料准备：

1.1.1　待检组织悬液：以无菌手术剪取疑似痘肿皮肤或痂皮，用汉克氏（Hank's）液（见附录 A）浸泡（含抗生素）30min、冲洗等处理后称重，用 Hank's 液制成 1∶10 悬液，以 1 500r/min 离心 10min，吸上清备用。

1.1.2　载玻片，应洁净。

1.1.3　取 400 目电镜甲碳网膜，以戊铵蒸气通过辉光放电激活。

1.2　操作方法：取一滴组织悬液置于载玻片上，将碳网膜漂浮于液滴上 1min，再置于一滴三羟甲基氨基甲烷-乙二胺四乙酸（Tris－EDTA）缓冲液中浸泡 20s，然后用一滴 1% 的磷钨酸（pH7.2）染色 10s。取出碳网膜，用滤纸吸干膜上液体，待自然干燥后镜检。

1.3　判定：羊痘病毒颗粒应呈砖形，其表面有短管状物覆盖，大小约 290nm×270nm。有些病毒粒子周围有寄主细胞膜包裹。

2. 包含体检查

2.1　材料准备：

2.1.1　病料：取活体或剖检羊的痘肿皮肤，或肺和淋巴结等其他组织材料（该材料应带有病变组织周围的正常组织），置福尔马林溶液中或 4℃保存备用。

2.1.2　载玻片：应洁净。

2.1.3　苏木精伊红（H－E）染色液：按常规配制。

2.2　操作：取病料组织，用切片机切成薄片置载玻片上，或直接将病料在载玻片上制成压片（触片）。用 H－E 染色和福尔马林固定后，置光学显微镜检查。

2.3　判定：羊痘病料寄主细胞质内应有不定形的嗜酸性包含体和有空泡的细胞核。

（二）细胞中和试验

1. 材料准备

1.1　细胞培养用营养液及溶液，配制方法见附录 A。

1.2 绵羊羔睾丸细胞（ST）制备方法见附录B。

1.3 绵羊痘和山羊痘抗原及相应标准血清。

1.4 待检羊血清：以无菌手术自羊的颈静脉采血，并按常规方法分离血清。经56℃ 30min灭能后使用。

1.5 待检羊组织抗原：以无菌手术剪取疑似痘肿皮肤或痂皮，用汉克氏（Hank's）液浸泡（含抗生素）30min、冲洗等处理后称重，用Hank's液制成1∶10悬液，以1 500r/min离心10min，吸上清备用。

2. 操作方法一（检血清抗体）

2.1 抗原稀释：按瓶签注明装量，用Hank's液作1∶100稀释。

2.2 加样：每份被检血清取试管二支，各加血清0.5mL。然后，一管加入等量抗原稀释液（中和试验用）；另一管则加入等量汉克氏（Hank's）液（血清毒性试验用）。另取试管一支加汉克氏（Hank's）液0.5mL，然后加入等量抗原稀释液（抗原对照用）。

2.3 中和：将各试管混合物摇匀后置37℃水浴中和1h，期间每15min振摇一次。

2.4 接种：取每管混合物接种绵羊睾丸（ST）细胞单层两瓶。接种量为该细胞生长液的10%。接种时，倾去细胞生长液。接种后先置37℃温箱吸附30min（期间轻轻摇动两次），然后补足细胞维持液乳汉液（见附录A.6），乳汉液内含3%～5%犊（胎）牛血清，1%抗生素溶液，调pH7.4，放37℃温箱培养。同时，设正常对照细胞两瓶。

2.5 观察：培养4～6d，每天用显微镜观察致细胞病变作用（CPE），其特征是细胞出现间隙，形成圆细胞和聚积成簇，胞浆内颗粒增多，显示出退行性变化，失去正常形态，最终呈网状并脱落。

2.6 结果判定：当正常对照细胞和接种血清毒性试验细胞无CPE，而接种抗原对照细胞有明显CPE，试验方可成立，否则应重做。

血清中和后，接种细胞有CPE，判该羊未感染羊痘。

血清中和后，接种细胞无CPE，判该羊已感染羊痘。

3. 操作方法二（检抗原）

3.1 稀释：抗原稀释按2.1。

阳性血清稀释：按瓶签注明装量，用汉克氏（Hank's）液做1∶2稀释。

3.2 加样：每份待检抗原取试管两支，分别加入抗原悬液0.5mL。然后，向其中一管加入等量阳性稀释血清，向另一管加入等量汉克氏（Hank's）液（待检抗原对照）。另取试管两支，一支加羊痘稀释抗原0.5mL，另一支加阳性稀释血清0.5mL，然后分别加入等量汉克氏（Hank's）液（羊痘抗原对照，阳性血清对照）。

3.3 中和：见2.3。

3.4 接种：见2.4。

3.5 观察：见2.5。

3.6 结果判定：当正常对照细胞和阳性血清对照细胞无CPE，而接种羊痘抗原的细胞有CPE，试验方成立，否则应重做。

待检抗原中和后，接种细胞无CPE，而未中和待检抗原的接种细胞有与接种羊痘抗原细胞相同的CPE，判该待检抗原为羊痘抗原。

待检抗原中和，接种细胞均有CPE，待检抗原未中和的，接种细胞均无CPE，均判该待检抗原为非羊痘抗原。

附 录 A

（规范性附录）

营养液及溶液的配制

A.1 汉克氏（Hank's）**液**（10倍浓缩液）

A.1.1 成分：

A.1.1.1 成分甲：

氯化钠	80.0g
氯化钾	4.0g
氯化钙	1.4g
硫酸镁（$MgSO_4 \cdot 7H_2O$）	2.0g

A.1.1.2 成分乙：

磷酸氢二钠（$Na_2HPO_4 \cdot 12H_2O$）	1.52g
磷酸二氢钾	0.6g
葡萄糖	10.0g
1%酚红	16mL

A.1.2 配制方法：按顺序将上述成分分别溶于双蒸水450mL中，即配成甲液和乙液，然后将乙液缓缓加入甲液，边加边搅拌。补足双蒸水至1 000mL，用滤纸过滤后，加入三氯甲烷2mL，置2～8℃保存。

A.1.3 使用：使用时，用双蒸水稀释10倍，107.6kPa灭菌15min，置普通冰箱备用。用前以7.5%碳酸氢钠溶液调pH为7.2～7.4。

A.2 7.5%碳酸氢钠溶液

碳酸氢钠	7.5g
双蒸水	100.0mL

用微孔或蔡氏滤器滤过除菌，分装于小瓶中，结冻保存。

A.3 1%酚红溶液

A.3.1 氢氧化钠（1mol/L）**的制备：**取澄清的氢氧化钠饱和液56mL，加新沸过的冷双蒸水使成1 000mL即得。

A.3.2 称酚红10g加氢氧化钠溶液20mL搅拌，溶解并静置片刻，将已溶解的酚红液倒入1 000mL刻度容器内。

A.3.3 未溶解的酚红再加氢氧化钠溶液20mL搅拌，使其溶解。如仍未完全溶解，可再加少量氢氧化钠溶液搅拌。如此反复，直至酚红完全溶解为止，但所有氢氧化钠溶液总量不得超过60mL。

A.3.4 补足双蒸水至1 000mL，分装小瓶，107.6kPa灭菌15min后，置2～8℃保存备用。

A.4 0.25%胰蛋白酶溶液

氯化钠	8.0g
氯化钾	0.2g
柠檬酸钠（$Na_2C_6H_5O_7 \cdot 5H_2O$）	1.12g
磷酸二氢钠（$NaH_2PO_4 \cdot 2H_2O$）	0.056g
碳酸氢钠	1.0g
葡萄糖	1.0g
胰蛋白酶（1∶250）	2.5g
双蒸水	加至1 000mL

放2～8℃冰箱过夜，待胰酶充分溶解后，用0.2μm的微孔膜或G6型玻璃滤器滤过除菌。分装于小瓶中，－20℃保存。

使用时，用碳酸氢钠溶液调pH为7.4～7.6。

A.5 EDTA-胰蛋白酶分散液（10倍浓缩液）

A.5.1 成分：

氯化钠	80.0g
氯化钾	4.0g
葡萄糖	10.0g
碳酸氢钠	5.8g
胰蛋白酶（1∶250）	5.0g
乙二胺四乙酸二钠（EDTA A·R）	2.0g

按顺序溶于双蒸水900mL中，然后加入下列各液：

1%酚红溶液	2.0mL
青霉素（10万IU/mL）	10.0mL
链霉素（10万μg/mL）	10.0mL
补足双蒸水至	1 000mL

A.5.2 用0.2μm微孔滤膜或G6型玻璃滤器滤过除菌，分装小瓶，－20℃保存。

A.5.3 临用前，用双蒸水稀释10倍，适量分装于试管中，－20℃冻存备用。

A.5.4 分散细胞时，将细胞分散液取出融化后，再置35～37℃热水中预热，并用7.5%碳酸氢钠调pH为7.6～8.0。

A.6 5%乳汉液

水解乳蛋白	5.0g
汉克氏（Hank's）液	1 000mL

完全溶解后适量分装，经107.6kPa灭菌15min，放2～8℃保存备用。

用时，以7.5%碳酸氢钠溶液调pH至7.2～7.4。

A.7 抗生素溶液（1万IU/mL）

A.7.1 10倍浓缩液

青霉素	400万IU（80万IU/瓶×5瓶）

链霉素　　　　400 万 μg（100 万 μg/瓶×4 瓶）
双蒸水　　　　40mL

充分溶解混合后，分装小瓶，放−20℃保存。

A.7.2　工作溶液

取上述浓缩液适量，用双蒸水稀释 10 倍，分装后放−20℃保存备用。

附　录　B

（规范性附录）

绵羊羔睾丸细胞的制备

B.1　原代细胞制备

选用 4 月龄以内的健康雄性绵羊，以无菌手术摘取睾丸，剥弃鞘膜及白膜，剪成 1～2mm 小块，用汉克氏液（见附录 A.1）洗 3～4 次，按睾丸组织量的 6～8 倍加入 0.25%胰酶溶液（见附录 A.4），置 37℃水浴中消化，至睾丸组织呈膨松状，弃胰酶液，用玻璃珠振摇法或吸管吹打法分散细胞并用细胞生长液［乳汉液（见附录 A.6）加 5%～10%胎（犊）牛血清+1%抗生素溶液］稀释成每毫升含 100 万左右细胞数，分装，放 37℃静置培养，2～4d 即可长成单层。

B.2　次代细胞制备

将生长良好的原代细胞，倒去生长液加入原生长液量 1/10 的 EDTA-胰蛋白酶分散液（见附录 A.5 章），消化 2～3min，待细胞层呈雪花状时，倒去 EDTA 液。先用少许生长液摇下细胞，然后按 1∶2 的分种率，补足生长液。混匀、分装，置 37℃静置培养。细胞传代，应不超过 5 代。

二十三、蓝舌病实验室诊断方法

（一）病原分离鉴定

1. 试剂和材料

本标准所用水应符合 GB/T　6682 中三级水（三蒸水）的规格。

本标准所用试剂配方见附录 A（标准的附录）。

下列试剂除特殊规定外，均指分析纯试剂。

1.1　病毒：蓝舌病病毒 1－24 血清型国际标准毒株，由国际兽疫局蓝舌病参考实验室提供。

1.2　对照血清：蓝舌病标准阳性血清、阴性血清，由国际兽疫局蓝舌病参考实验室提供或者按国际兽疫局规定的方法制备及认定。

1.3　被检血清。

1.4　细胞：C6/36°，BHK_{21}，或 Vero。

1.5　培养液：199 培养基中加 10%无蓝舌病病毒抗体的胎牛血清（经 56℃，30min 灭能），含青霉素 200IU/mL、链霉素 200μg/mL。

1.6　维持液和稀释液：199 培养基中加 2%无蓝舌病病毒抗体的胎牛血清，含青霉素 200IU/mL、链霉素 200μg/mL。

1.7　细胞分散液、液体石蜡、乳糖蛋白胨缓冲肉汤（BLP）、碳酸缓冲甘油、0.01mol/L PBS（pH7.2）。

1.8　荧光标记的蓝舌病病毒抗体。

1.9　10～11 日龄 SPF 鸡胚。

2. 器械和设备

2.1　鸡胚开孔器、照蛋箱或照蛋灯、乳钵或组织捣碎器、擦镜纸。

2.2　超声波裂解器、倒置显微镜、荧光显微镜、微型振荡器、二氧化碳培养箱、孵化器、冰箱（－20℃保存血清，－70℃保存种毒）。

2.3　96 孔组织培养板，单头和多头微量移液器（20～200μL）及滴头。

（二）AGID 试验

1. 材料和器械

1.1　抗原和阴、阳性血清：按说明书要求使用。

1.2 器械：

直径 6cm 平皿；

外径 4mm 打孔器；

眼科手术镊子。

1.3 待检血清：血清应无污染，3 个月内在 4℃保存，常温保存 15d 内，可用于检测。

2. 试验方法

2.1 琼脂平皿的制作：

2.1.1 琼脂糖基配制：

琼脂糖	0.8～0.9g
生理盐水	100mL

按 1∶10 000 比例加入叠氮钠或硫柳汞，调整 pH7.4～7.6，高压消毒 10min。

2.1.2 琼脂平皿制备；融化的琼脂待冷至 45～50℃时，以无菌手术倒入直径 6cm 平皿中，每平皿约 7mL，厚度约为 4mm，待凝固后置 4℃保存备用。

2.1.3 打孔：用直径 4mm 金属打孔器在已凝固的琼脂糖凝胶平皿上打孔（各孔排例如图 23－1 所示）。孔距为 3mm，打孔后用针挑出切下的孔内琼脂。

图 23－1 布局

2.2 加样：用微量加样器或毛细管，吸取抗原或血清滴于孔内；中央孔滴加抗原，周围的 1、3、5 孔滴加待检血清，2、4、6 孔滴标准阳性血清，样品以加满不溢出为度。加样后静置 10min，放入 37℃温箱中进行反应。分别在 24h、48h、72h 观察并记录结果。

3. 结果判定

判定时将琼脂平皿置暗背景或侧强光照射下观察。标准阳性血清与抗原孔之间出现一条清晰的白色沉淀线，则认为试验可以成立；如果沉淀线没有或不明显则本试验不能成立，应重做。结果判定标准如下：

3.1 阳性：待检血清孔与抗原孔之间出现明显清晰白色沉淀线，并与标准阳性血清孔的沉淀线相融合（见图 23－2）。

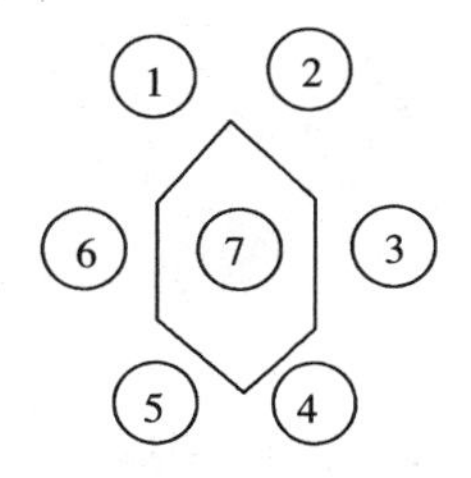

图 23－2 阳性（1.3.5）

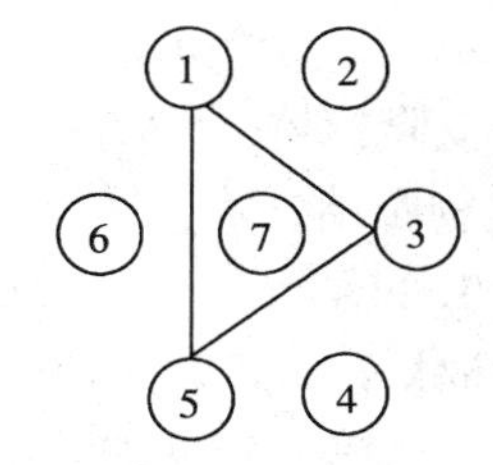

图 23－3 阴性（1.3.5）

3.2 阴性：待检血清孔与抗原孔之间无沉淀线，标准阳性血清孔的沉淀线直伸孔边，判为阴性（见图 23－3）。

3.3 弱阳性：标准阳性血清孔沉淀线在被检孔处向抗原孔侧弯曲，但不形成完整的线，则待检血清判为弱阳性，应重复试验，若重复仍为弱阳性反应时判阳性（见图 23－4）；

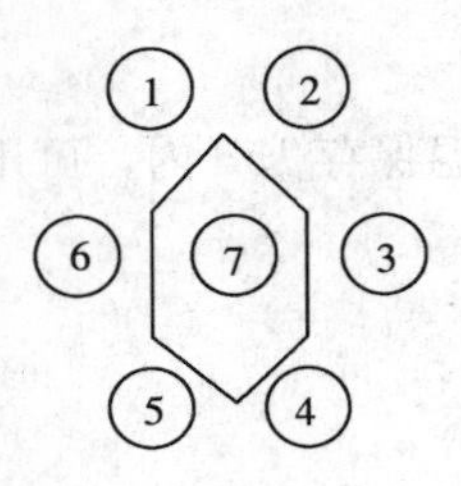

图 23－4　弱阳性（5）

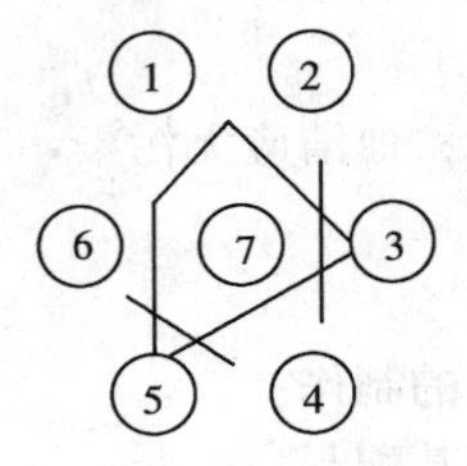

图 23－5　非特异性（3.5）

3.4 非特异性反应：在抗原孔与待检血清之间的沉淀线粗而混浊，或与标准阳性血清孔沉淀线交叉并直伸孔边时则认为非特异性反应，应重试（见图 23－5）；

3.5 试验后 24h、48h、72h 判定中凡出现沉淀线均应记录，并判为阳性；凡 72h 仍未见沉淀反应者判为阴性。

（三）免疫酶染色

1. 器械和设备

1.1 96 孔组织培养板（平底），单道加样器（0.5～10μL；5～10μL；4～200μL；200～1 000μL）及滴头，八道加样器（50μL、100μL、150μL、200μL）及滴头稀释试剂用小瓶。

1.2 普通恒温箱（37℃），4～20℃冰箱及倒置显微镜。

2. 试验与材料

2.1 病毒分离获得的未知毒株。

2.2 仓鼠肾细胞（BHK_{21}），使用浓度 2.5×10^5 个～3.3×10^5 个/mL。

2.3 培养液：基础培养液/汉克氏液（BHF/Hank's）液，10%犊牛血清，1%链霉素液（最低浓度为 100IU 或 μg/mL，4℃保存）。

2.4 蓝舌病单克隆抗体（8A3B6，7D3A2）（4℃保存），羊（或兔）抗鼠免疫球蛋白 G（IgG），辣根过氧化物酶结合物。

2.5 IgG 浓度 1.3mg/mL，在－20℃以下保存。

2.6 8%福尔马林（即 37%～40%甲醛水溶液）。

2.7 溶液配制：磷酸盐缓冲液（pH7.4）＋0.05%吐温－20（PBST），1%明胶 PBST，底物 3－氨基－9 乙基咔唑（AEC）液配制方法见附录 A（标准的附录）。

3. 操作程序

3.1 96 孔组织培养板中加待检病毒，每个样品 1 孔，20μL/孔。

3.2 设细胞对照 4 孔（加细胞生长液 20μL/孔），阳性对照 4 孔（加已知蓝舌病病毒悬液 20μL/孔），阴性对照 4 孔（加其他环状病毒群成员如鹿流行性出血病病毒 20μL/孔）。

3.3 每孔加入 BHK_{21} 细胞悬液 180μL（2.0×10^7 个/mL），置 37℃ 5%二氧化碳中培养，逐日观察。

3.4 当样品孔出现细胞病变时，每孔加入 8%福尔马林 200μL，室温静置 10min，移弃福尔马林和细胞培养液。

3.5 用 PBST（见附录 B、洗涤 5 次）。

3.6 加单克隆抗体（8A3B6+7D3A2；用含 1%明胶的 PBST 作 1∶5 稀释）50μL/孔，放于湿盒中，37℃孵育 90min。

3.7 用 PBST 洗涤 5 次。

3.8 加酶结合物（抗鼠 IgG 辣根过氧化物酶结合物，用含 1%明胶的 PBST 作 1∶1 000稀释）50μL/孔，放于湿盒中，37℃反应 90min。

3.9 加底物（AEC），每孔 100μL 室温静置 30min，用倒置显微镜观察。

4. 判定

阴性对照、细胞对照不着色，而阳性对照中的感染细胞被染成红棕色时，试验成立，样品中有红棕色细胞，则判别为阳性（表明此样品为蓝舌病病毒），否则，判为阴性。

（四）抗原捕获酶联免疫吸附试验

1. 器械和设备

1.1 96 孔高吸附性酶标实验板单道加样器（0.5～10μL，5～40μL，40～200μL，200～1 000μL）及滴头、八道加样器（50μL，100μL，150μL，200μL）及滴头，稀释试剂用小瓶。

1.2 普通恒温箱（37℃）、水浴箱（37℃）、－20～4℃冰箱，微量振荡器，混合仪，酶标洗板仪及酶标读板仪。

2. 试剂与材料

2.1 捕捉抗体：牛抗蓝舌病病毒 23（BTV－23）型抗体，－20℃保存。

2.2 检测抗体：兔抗蓝舌病病毒 20（BTV－20）型核芯抗体，－20℃保存。

2.3 结合物：抗兔 IgG 辣根过氧化物酶结合物，4℃保存。

2.4 溶液配制：碳酸盐缓冲液（pH9.6），乙酸—柠檬酸盐缓冲液（pH6.0），磷酸盐缓冲液（pH7.4），四甲基联苯胺（TMB）储存液（室温避光保存），30%过氧化氢（H_2O_2），含脱脂奶的 PBST（PBST－SM）。配制方法见附录 B（标准的附录）。

2.5 9～11 日龄鸡胚。

3. 样品处理

3.1 对细胞培养物样品不需特殊处理，使用前用 PEST 对倍稀释。

3.2 对临床样品的处理方法见 GB/T 18089—2000 中 8.1。

4. 实验设计和样品编号

4.1 每个样品 2 孔，同时设蓝舌病病毒-1（BTV-I）、蓝舌病病毒 23（BTV-23）阳性对照各 2 孔，阴性对照 2 孔（对照已知蓝舌病阳性和阴性细胞培养物或鸡胚肝脏悬液）。

4.2 包被：用碳酸盐缓冲液（见附录 B1）对捕捉抗体作 1 000 倍稀释，加入酶标实验板 50μL/孔，置密闭湿盒中，4℃过夜。

4.3 用 PBST（见附录 B1）洗涤 5 次并晾干。

4.4 加待检样品：按实验设计每孔加样 50μL 后，室温静置 60min，再在 37℃振荡 30min。

4.5 用 PBST 洗涤 5 次。

4.6 加检测抗体：用 BPST-SM 对检测抗体作 1∶2 000 稀释，每孔 50μL 加入实验板，37℃振荡 30min。

4.7 用 PBST 洗涤 5 次。

4.8 加酶结合物：用 BPST-SM 对酶结合物作 1∶3 000 稀释，每孔 50μL 加入实验板，37℃振荡 30min。

4.9 用 PBST 洗涤 5 次。

4.10 加底物：按以下比例对底物进行稀释，9.7mL 乙酸—柠檬酸缓冲液＋50μL30％过氧化氢＋300μL 四甲基联苯胺储存液，每孔 50μL 加入实验板，37℃避光反应 10～15min，用 2mol/L 硫酸 50μL /孔终止反应。

4.11 在酶标读板仪读取 280nm 波长的吸光度值。

5. 结果判定

在阳性和阴性对照成立的前提下，当样品孔光吸收值为阴性对照孔两倍或两倍以上时判为阳性（表明样品中存在蓝舌病抗原），否则判为阴性。

（五）病毒中和试验

1. 病毒繁殖

将蓝舌病病毒 1～24（BLUV1～24）血清型分别接种 BHK_{21}，或 Vero 细胞单层，37℃吸附 1h 后加入维持液，置 5％二氧化碳培养箱于 37℃培养，接种 24 h 后逐日观察。待 CPE 达 75％以上，收获病毒培养物，冻融 1 次或置冰浴中用超声波处理（40μA，1min），2 000 r/min 离心 20min，分装小瓶，每瓶 1mL，置－70℃保存备用。

2. 毒价测定

将各型病毒在 96 孔板上作 10^{0}～10^{-10} 稀释，每个稀释度作 8 孔，每孔病毒悬液为 50μL，加入细胞悬液 100μL（3×10^{5} 个细胞/mL），每块板设 8 孔细胞对照。置 5％二氧化碳培养箱于37℃培养，从72～168h逐日观察记录CPE，按Kärber方法（见附录C）计算出各型病毒的$TCID_{50}$/50μL。

3. 试验程序

3.1 蓝舌病标准阳性血清、阴性血清、被检血清经56℃ 30min灭能。

3.2 对照设立：

细胞对照：设4孔正常细胞对照，每孔加细胞悬液100μL（3×10^5个细胞/mL），稀释液100μL。

阴性对照：设4孔阴性对照，每孔加阴性血清和100$TCID_{50}$/50μL病毒悬液各50μL，再加入细胞悬液100μL（3×10^5个细胞/mL）。

病毒回归对照：将各型病毒稀释成1 000、100、10、1$TCID_{50}$/50μL，每个稀释度作4孔，每孔加入病毒悬液50μL，再加入细胞悬液100μL（3×10^5个细胞/mL），每孔补充稀释液50μL。

阳性对照：将阳性血清分别作1∶4、1∶8、1∶16稀释，每个稀释度作4孔，每孔加各稀释度阳性血清和100 $TCID_{50}$/50μL病毒悬液各50μL，再加入细胞悬液100μL（3×10^5个细胞/mL）。

血清毒性对照：每份被检血清须按稀释度各设一孔毒性对照。每孔加各稀释度血清50μL，稀释液50μL和细胞悬液100μL（3×10^5个细胞/mL）。

4. 中和试验

4.1 将每份被检血清作1∶4、1∶8、1∶16稀释，每个稀释度作5个孔，每孔加各稀释度血清50μL。

4.2 第1孔作为血清毒性对照，加入稀释液50μL和细胞悬液100μL（3×10^5个细胞/mL）。

4.3 第2～4孔为正式试验孔，每孔加入病毒悬液50μL（100$TCID_{50}$/50μL），振荡3～5min；置37℃中和1h，加细胞悬液100μL（3×10^5个细胞/mL）。

4.4 置5%二氧化碳培养箱于37℃培养7d，24h后逐日观察CPE并进行记录。

5. 结果判定

当病毒对照在100～300 $TCID_{50}$/50μL出现CPE，阳性、阴性、正常细胞、血清毒性对照全部成立时，才能进行判定。判定时间为72～168h被检血清孔50%出现保护判为阳性，低于50%判为阴性。当某份血清的某一稀释度出现50%或50%以上保护时，该血清稀释度即为该份血清的中和抗体滴度。当中和抗体滴度≥1∶8时判为阳性。

试验结果记录：

出现CPE记为：+

无CPE记为：－。

（六）竞争 ELISA 试验

1. 材料

1.1　化学制剂溶液：
碳酸盐缓冲液（见附录 B.1）；
底物（四甲基联苯胺溶液，TMB）储备液（见附录 B.3）；
样品稀释液［含脱脂奶的 PBST（PBST－SM）］（见附录 B.4）。

1.2　生物制剂：

1.2.1　阳性对照血清：此血清以 1∶10、1∶80 被稀释作为强、弱阳性对照血清。

1.2.2　阴性对照血清：蓝舌病抗体阴性的牛血情，试验中以 1∶10 倍比稀释。

1.2.3　单克隆抗体（单抗）：蓝舌病毒 VP7 的单克隆抗体（群特异性单抗）。

1.2.4　酶结合物辣根过氧化物酶交联的山羊抗小鼠血清。

1.2.5　设备和器械：
96 孔酶联免疫吸附试验（ELISA）反应板；
带嘴塑料瓶（500mL）（用手洗板）；
加样器（10μL、50μL、100～200μL 多道加样器）；
酶标仪（使用波长为 450nm）。

2. 试验程序

2.1　包被抗原： 按照说明书将抗原稀释到工作浓度，每孔加 50μL，在室温保湿条件下过夜。用 PBST 洗板 5 次，铝箔纸密封 4℃保存。

2.2　加样： 将待检血清用 PEST－SM 作 1∶10 稀释，每孔加 50μL，每份样品使用两孔。空白对照两孔，各加 PBSI－SM50μL。
强阳性血清对照两孔，各孔加 50μL；
弱阳性血清对照两孔，各加入 50μL；
阴性血清对照两孔，各加入 50μL。

2.3　反应： 置 37℃温箱振荡 1h。

2.4　加单克隆抗体： 按照说明书要求用 PBST－SM 将单抗稀释到工作浓度，每孔加 50μL。37℃温箱振荡 30min。

2.5　加酶结合物： 按说明书将酶结合物用 PBST－SM 稀释到工作浓度，每孔加 50μL。37℃振荡 30min。

2.6　用 PBST 洗板 5 次。

2.7　加底物和终止： 将新配制的底物液迅速向每孔加入 100μL，反应 10～20min。

3. 读数和判定

3.1　读数用酶标仪设置对照孔，以波长 450nm 读取每孔吸光度值。

3.2　计算抑制率： 以式（1）计算抑制率（I）；

$$I(\%)=\left(1-\frac{A_s}{A_n}\right)\times 100$$

式中：A_s——样品吸光度；

A_n——标准阴性吸光度。

3.3 判定前提：阴性对照吸光度（An）应在范围 0.8～1.4 内；强阳性抑制率应大于 85%；弱阳性抑制率应在 35%～50%。如果实际值与此值偏离较大，则不具备判定条件。

3.4 判定：样品的抑制率（I）大于 60%判为蓝舌病病毒抗体阳性；小于 40%判为阴性；40%～60%判为弱阳性，应重复，如仍为此值可定为弱阳性。

（七）空斑及空斑抑制定型试验

1. 材料准备

1.1 传代细胞：生长良好的 SVP（非洲绿猴肾细胞系中一种特殊细胞株）或 Vero 传代细胞，在直径为 6cm 或直径 9cm 的培养皿中 48～72h 长成致密单层。

1.2 参考阳性血清：以 1～24 型蓝舌病毒制备的无菌高效价、型特异性血清，琼扩效价在 1∶2 以上，－20℃保存。

1.3 病毒：将保存病毒在敏感细胞上繁殖数代，反复冻融三次，离心取上清液，－70℃保存。

1.4 滤纸圆片：直径为 0.2cm 定量分析滤纸片，置小容器内 103.4kPa，121℃ 30min 高压灭菌，烘箱内烘干备用。

1.5 0.1%中性红：双蒸的无离子水配制。0.1%中性红，2 143Pa 高压灭菌 30min，4℃冰箱保存备用。

1.6 低熔点琼脂糖：以磷酸盐缓冲液将低熔点琼脂糖配制成 1%浓度，103.4kPa 高压灭菌 30min，溶解后放 43℃水浴锅备用。

2. 空斑试验

2.1 将长满单层的培养皿营养液倒出，用灭菌磷酸盐缓冲液冲洗两遍。

2.2 将病毒用磷酸盐缓冲液从 10^{-1}～10^{-8} 递次稀释，每皿加 0.3mL（6cm 皿）或 0.75mL（9cm 皿）。37℃感作 40min 吸出病毒液。

2.3 用磷酸盐缓冲液轻洗 3 次。将 0.1%中性红按 1∶100 的比例加入低熔点琼脂糖中，在超净台冷却 1min 后，轻轻倒入 5mL（6cm 皿）或 15mL（9cm 皿），30min 后，倒置 37℃二氧化碳培养箱中。

2.4 24h 后，逐日检查空斑情况，至 120h 止，判读结果。蓝舌病病毒空斑，在 SVP 或 Vero 细胞上出现直径约 1mm，近圆形白色空斑，健康细胞层颜色为深红色，计数各稀释度空斑数并作记录，计算每毫升空斑形成单位（PEU/mL）。

3. 空斑抑制试验

3.1 将培养好的单层细胞用磷酸盐缓冲液轻洗 2 遍，将待检病毒稀释至 10^6PFU/mL，每盘放入 0.3mL（6cm 皿）或 0.75mL（9cm 皿），37℃感作 40min，吸出病毒液。

3.2 将培养皿用磷酸盐缓冲液冲洗 3 遍，将 0.1% 中性红按 1：100 比例加入已溶化 43℃的 1%琼脂中，摇匀，轻轻倒入皿中，6cm 皿加 5mL，9cm 皿加 15mL，静置 30min。

3.3 将 24 个型参考阳性血清按一定顺序，用滤纸片浸入血清后，轻轻置于琼脂上静置 15min 后，记录型号，倒置，二氧化碳培养箱 37℃培养。

3.4 48h 后逐日观察结果，测量抑制圈直径，并做好记录，拍照，判定。

3.5 结果判定

相应型血清的抑制圈为围绕血清滤纸片的边缘较整齐的深红色的环形带，直径一般在 1.2～2.0cm，可判定某病毒为该血清型；个别情况下，另一型也同时出现一定的抑制圈，但抑制圈的直径一般不超过 0.6cm，边缘较不整齐，颜色亦较淡，此为交叉反应所致，应加以鉴别，必要时可重复试验。

附 录 A

（标准的附录）

免疫酶染色所需试剂

A.1 PBST

氯化钾（KCl）	0.20g
磷酸氢二钠（Na_2HPO_4）	2.29g
磷酸二氢钾（KH_2PO_4）	0.20g
加水至	1 000mL
吐温-20	0.5mL

A.2 1%明胶 PBST

称取明胶，加 PBST100mL，水溶解，4℃保存备用。

A.3 3-氨基-9-乙基咔唑（AEC）液

3-氨基-9-乙基咔唑（AEC）	20mg
二甲基亚砜（DMSO）	3mL

将 AEC 于 DMSO 中溶解后，加至 50mL 乙酸盐缓冲液（pH6.0）中，再加 30%过氧化氢 30μL 充分混匀备用（该溶液不适宜保存，现用现配）。

附 录 B

（标准的附录）

抗原捕捉酶联免疫试验用试剂溶液

B.1 0.05mol/L 碳酸盐缓冲液（pH9.6，包被用）

碳酸钠（Na_2CO_3） 1.59g
碳酸氢钠（$NaHCO_2$） 2.93g
硫柳汞 0.10g
加蒸馏水至1 000mL，4℃保存备用。

B.2 乙酸—柠檬酸缓冲液

甲液：
乙酸钠 8.2g
双蒸馏水 1 000mL
乙液：
柠檬酸 2.10g
双蒸馏水 100mL
用乙液调整甲液至pH9.6，高压灭菌4℃保存。

B.3 四甲基联苯胺（TMB）储存液

称取3’—3’，5，—5’四甲基联苯胺30mg于100mL甲醇中，室温搅拌数小时至完全溶解，用棕色瓶避光保存。

B.4 PBST - SM

PBST 100mL
脱脂奶粉 1g

B.5 2mol/L硫酸

双蒸馏水 160mL
浓硫酸 20mL

附 录 C

（提示的附录）

Kärber方法

Kärber法的公式见式（C.1）用常用对数（lg）计算：

$$\lg TCID_{50}\text{（或}LD_{50}\text{、}EID_{50}\text{）}=L+d(s-0.5) \quad \text{(C.1)}$$

式中：L——病毒的最低稀释倍数；
d——稀释系数，即组距；
s——细胞病变比值的和（不包最低稀释度细胞病变的比值）。

以下例（见表C.1）说明：

表C.1 病毒$TCID_{50}$滴定

病毒稀释度	10^{-2}	10^{-3}	10^{-4}	10^{-5}	10^{-6}	10^{-7}
病毒稀释度（lg）	−2	−3	−4	−5	−6	−7
细胞病变比值	4/4	4/4	4/4	3/4	2/4	0/4

本例 $L=-2$，$d=-1$，$s=4/4+4/4+3/4+2/4+0/4=4.25$

代人公式：$\lg TCID_{50}=-2+(-1)\times(4.25-0.5)$

$=-5.75$

$TCID_{50}=10^{-5.75}$

查反对数表可得 $TCID_{50}=1/560\ 000$

如各稀释度均为 0.1mL，那么 1mL 中含 5 600 000 $TCID_{50}$ 或 $10^{6.75}$ 个 $TCID_{50}$。病毒毒价通常以每毫升含多少 $TCID_{50}$ 或 LD_{50}、ELD_{50} 表示，本例病毒毒价为每毫升含 5 600 000 个 $TCID_{50}$。

二十四、兔出血病实验室诊断方法

血凝和血凝抑制试验方法

（引自 NY/T 572—2002）

1. 材料和试剂

1.1 可疑兔及正常兔肝悬液的制备：分别将肝脏剪碎，按 1∶10 加入生理盐水后匀浆，再以 4 000r/min 离心 30min，取上清液做血凝试验。

1.2 生理盐水。

1.3 阿氏液（Alsever's）：

成分：

葡萄糖（化学纯）	2.05g
氯化钠	0.42g
柠檬酸钠（$Na_3C_6H_5O_7 \cdot 2H_2O$）（化学纯）	0.8g
柠檬酸（$H_3C_6H_5O_7 \cdot H_2O$）（化学纯）	0.055g
蒸馏水	100mL

制法：将以上药品混合加热溶解、过滤，68.94kPa 15min 灭菌，4℃保存备用。

1.4 1%人“O”型红细胞悬液的制备：取新鲜人“O”型红细胞于阿氏液中保存（置 4℃可保存一周）。用时取人“O”型红细胞以 20 倍量生理盐水混匀洗涤红细胞，2 000r/min 离心 15min，弃上清，重复洗涤 4 次，最后一次离心前，计算红细胞悬液体积（在离心后扣减弃去上清液的体积，即为红细胞的体积）。洗涤后的红细胞用生理盐水配成 1%悬液，置 4℃备用。

1.5 阳性血清。

2. 微量血凝试验

2.1 在 96 孔 V 型微量滴定板上，从第 2 孔至第 11 孔，每孔加入生理盐水 0.025mL。

2.2 然后在第 1、2 孔加入 1∶10 的可疑兔肝悬液 0.025mL。

2.3 从第 2 孔开始，充分混合后用 0.025mL 移液管作等量倍比稀释至第 10 孔，最后 1 孔弃去 0.025mL。

2.4 第 11 孔是生理盐水对照，第 12 孔加 1∶10 的正常兔肝悬液对照。

2.5 每孔各加 1%人“O”型红细胞 0.025mL，立即在微型振荡器上摇匀，置 4℃冰箱 45min，待对照孔的红细胞完全沉积后观察结果。

2.6 结果判定和红细胞凝集效价表示方法：

“＋＋＋＋”符号为100%凝集，无红细胞沉积；

“＋＋＋”符号为75%以上凝集，有少于25%的红细胞沉积；

“＋＋”符号为50%～75%凝集，有少于50%的红细胞沉积；

“＋”符号为凝集的红细胞少于50%，沉积的红细胞多于50%；

“－”符号为100%的红细胞沉积。

出现＋＋的最高稀释度作为其凝集价，凝集价≥1：160（即第4孔）的判为阳性，如在1：20～1：80之间，定为可疑，应重做，重做后仍为可疑的判为阳性。

3. 微量血凝抑制试验

3.1 从第1排开始到第11孔每孔加生理盐水0.025mL。

3.2 第2孔加可疑兔肝组织悬液0.025mL。

3.3 稀释方法同2.3。其他各排与此相同。

3.4 第12孔为正常兔肝悬液对照。

3.5 第2排起每孔加阳性血清0.025mL，于微型振落器上摇匀，37℃温箱放置10min。

3.6 每孔加入1%人“O”型红细胞0.025mL，立即在微型振荡器上摇匀，置4℃冰箱作用45min，待对照孔红细胞完全沉积后观察结果。

3.7 结果判定：第1排微量血凝试验和其他微量血凝抑制试验相应两排孔的血凝效价相差2个滴度以上（含2个滴度）为阳性。

4. 现场快速诊断（玻片血凝法）

用直径5mm滤纸片插入可疑兔肝片刻，取出滤纸片放入预先已经滴有1%人“O”型红细胞的玻片上，若有兔出血病病毒，肉眼可直接观察到血凝现象。

二十五、禽霍乱（禽巴氏杆菌病）实验室诊断方法

（引自 NY/T 563—2002）

（一）病原分离鉴定

1. 病原分离

1.1　病料的采集：

1.1.1　最急性和急性病例可采集死亡禽只的肝、脾、心血；慢性病例一般采集局部病灶组织；对不新鲜或已被污染的样品，可自骨髓中采取病料。采病料时用烧红的刀片烧烙组织，而后用灭菌棉拭子或接种环通过烧烙表面插入组织或心血内取样。

1.1.2　如果为活禽，可通过鼻孔挤出黏液，或将棉拭子插入鼻裂中取样。

1.2　培养基制备：5％鸡血清葡萄糖淀粉琼脂、鲜血琼脂培养基，配制方法见附录 A。

1.3　动物接种：如果病料污染严重，则可将 0.2mL 碾碎的病料，经皮下或腹腔内接种家兔、小鼠或易感鸡，接种动物在 24～48h 内死亡，可以从肝脏、心血中分离到多杀性巴氏杆菌。

1.4　培养：将病料接种于 5％鸡血清的葡萄糖淀粉琼脂、鲜血琼脂培养基，在 35～37℃下培养，经 18～24h 培养后菌落直径为 1～3mm，菌落呈散在、圆形、表面凸起呈奶滴状。

2. 病原鉴定

2.1　培养特性：为兼性厌气菌，生长最适温度为 35～37℃，经 18～24h 培养后，菌落直径为 1～3mm，呈散在的圆形凸起和奶油状，有荚膜菌落稍大。

2.2　镜检：

2.2.1　抹片的制备：从菌落上挑取少量涂片，在载玻片上涂抹成薄层。

2.2.2　干燥：自然干燥。

2.2.3　固定：将干燥好的抹片，涂抹面向上，以其背面在酒精火焰上来回通过数次，略作加热进行固定。

2.2.4　革兰氏染色法：固定好的抹片上滴加草酸铵结晶紫染色液染色 2min→水洗→加革兰氏碘溶液于抹片上媒染 2min→水洗→加 95％酒精于抹片上脱色 1min→水洗→加稀释碳酸复红复染 30s→水洗→吸干→镜检。本病原体为革兰氏阴性球杆菌或短杆菌，菌体大小为（0.2～0.4μm）×（0.6～2.5μm），单个或成对存在，常有荚膜。

2.2.5　其他染色法：甲醇固定，按 GB 4789.28—1994 中 2.6 或 2.1 规定进行，瑞特氏或美蓝染色呈两极浓染的菌体。

3. 生化鉴定

鉴定方法如下：

3.1 发酵葡萄糖、蔗糖、果糖、半乳糖和甘露醇而不产气，不发酵鼠李糖、戊醛糖、纤维二糖、绵子糖、菊糖、赤藓糖、戊五醇、M-肌醇、水杨苷。糖发酵管按 GB 4789.28—1994 中 3.2 规定配制。

3.2 接种于蛋白胨水培养基中，可产生吲哚。试验按 GB 4789.28—1994 中 3.13 规定的方法操作。

3.3 鲜血液琼脂上不产生溶血。操作方法按 GB 4789.28—1994 中 4.6 规定进行。

3.4 麦康凯琼脂上不生长。麦康凯琼脂按 GB 4789.28—1994 中 4.24 规定配制。

3.5 能产生过氧化氢酶（方法按 GB 4789.28—1994 中 3.20 规定进行）、氧化酶（方法按 GB 4789.28—1994 中 3.18 规定进行），但不能产生尿素酶（方法按 GB 4789.28—1994 中 3.15 规定进行）、β-半乳糖苷酶（方法按 GB 4789.28—1994 中 3.3 规定进行）。

3.6 维培（VP）试验为阴性。试验按 GB 4789.28—1994 中 3.4 规定方法进行。

4. 动物接种试验

细菌纯培养物稀释后，以 100 个细菌经皮下或腹腔内接种家兔、小鼠或易感鸡，接种动物在 24～48h 内死亡，并可以从肝脏、心血中分离到多杀性巴氏杆菌。

5. 结果判定

依据病原分离培养特性、生化鉴定、动物接种试验可作出确切诊断。

（二）琼脂扩散试验

1. 材料准备

1.1 禽霍乱琼脂扩散抗原、标准阳性血清和标准阴性血清，按说明书使用。

1.2 溶液配制：1%硫柳汞溶液、pH6.4 的 0.01mol/L 磷酸盐缓冲（PBS）溶液和生理盐水，配制方法见附录 B。

1.3 琼脂板的制备：取 pH6.4 的 0.01mol/L PBS 溶液 100mL 放于三角瓶中，加入 0.8～1.0g 琼脂糖，8g 氯化钠。三角瓶在水浴中煮沸使琼脂糖等融化，再加 1%硫柳汞 1mL，冷至 45～50℃时，将洁净干热灭菌直径为 90mm 的平皿置于平台上，每个平皿加入 18～20mL。加盖待凝固后，把平皿倒置以防水分蒸发，放普通冰箱中保存备用（时间不超过 2 周）。

2. 操作方法

2.1 **打孔**：在制备的琼脂板上，用直径 4mm 的打孔器按六角形图案打孔，或用梅花形打孔器打孔。中心孔与外周孔距离为 3mm。将孔中的琼脂用 8 号针头斜面向上从右侧边缘插入，轻轻向左侧方向将琼脂挑出，勿伤边缘，避免琼脂层脱离平皿底部。

2.2　封底：用酒精灯轻烤平皿底部到琼脂微溶化为止，封闭孔的底部，以防侧漏。

2.3　加样：用微量移液器吸取用灭菌生理盐水（见附录B）稀释的抗原悬液滴入中间孔，标准阳性血清分别加入外周的1、4孔中，标准阴性血清（每批样品仅做一次）和受检血清按顺序分别加入外周的2、3、5、6孔中。每孔均以加满不溢出为度，每加一个样品应换一个吸头。

2.4　感作：加样完毕后，静止5～10min，将平皿轻轻倒置，放入湿盒内置37℃温箱中反应，分别在24h和48h观察结果。

3. 结果判定

3.1　判定方法：将琼脂板置日光灯或侧强光下观察，标准阳性血清与抗原孔之间出现一条清晰的白色沉淀线，标准阴性血清与抗原孔之间不出现沉淀线，则试验可成立。

3.2　判定标准：

3.2.1　若被检血清孔与中心孔之间出现清晰沉淀线，并与阳性血清孔与中心孔之间沉淀线的末端相吻合，则被检血清判为阳性。

3.2.2　若被检血清孔与中心孔之间不出现沉淀线，但阳性血清孔与中心孔之间的沉淀线一端在被检血清孔处向抗原孔方向弯曲，则此孔的被检样品判为弱阳性，应重复试验，如仍为可疑，则判为阳性。

3.2.3　若被检血清孔与中心孔之间不出现沉淀线，阳性血清孔与中心孔之间的沉淀线直向被检血清孔，则被检血清判为阴性。

3.2.4　若被检血清孔与中心抗原孔之间沉淀线粗而混浊，并与标准阳性血清孔与中心孔之间的沉淀线交叉并直伸，待检血清孔为非特异性反应，应重复试验，若仍出现非特异性反应则判为阴性。判阳性者视为禽体内存在禽霍乱抗体。

附　录　A

（规范性附录）

培养基的配制

A.1　5%鸡血清葡萄糖淀粉琼脂培养基制备

营养琼脂（按GB 4789.28—1994中4.7规定配制）　85mL
3%淀粉溶液　10mL
葡萄糖　10g
鸡血清　5mL

将灭菌的营养琼脂加热融化，使冷却到50℃，加入灭菌的淀粉溶液、葡萄糖及鸡血清，混匀后，倾注平板。

A.2　鲜血琼脂培养基制备

肉浸液肉汤（按GB 4789.28—1994中4.1规定配制）　1 000mL

蛋白胨	10g
磷酸氢二钾（K_2HPO_4）	1.0g
氯化钠（NaCl）	5g
琼脂	25g

灭菌加热融化，使冷却到50℃，加入无菌鸡鲜血达10%，混匀后，倾注平板。

附　录　B

（规范性附录）

溶　液　配　制

B.1　1%硫柳汞溶液的配制

硫柳汞	0.1g
蒸馏水	100mL

溶解后，存放备用。

B.2　pH6.4的0.01mol/L PBS溶液的配制

甲液：

磷酸氢二钠（$Na_2HPO_4 \cdot 12H_2O$）	3.58g
加蒸馏水至	1 000mL

乙液：

磷酸二氢钾（KH_2PO_4）	1.36g
加蒸馏水至	1 000mL

待溶解后分别保存。

用时取甲液24mL、乙液76mL混合即为100mL pH6.4的0.01mol/L PBS溶液。

B.3　生理盐水的配制

氯化钠（NaCl）	8.5g
蒸馏水	1 000mL

溶解后，置中性瓶中灭菌后存放备用。

二十六、牛传染性胸膜肺炎（牛肺疫）实验室诊断方法

（引自 GB/T 18649—2002）

（一）病原分离鉴定

1. 材料准备

培养基：10%马血清马丁肉汤，10%马血清马丁琼脂［见附录 A（标准的附录）］。

2. 病料采集

2.1 用灭菌器械（剪刀、镊子、吸管、青霉素瓶等）无菌采集肺脏、胸腔渗出液、肺门淋巴结，并将肺病料剪成 3～5cm 方块。胸部淋巴结，以整个淋巴结为好，胸腔渗出液用吸管吸入青霉素瓶内。

2.2 受检病料的保存：肺和淋巴结保存在用茶色广口瓶盛装的灭菌的 40%～50%甘油生理盐水中，胸腔渗出液不加任何保存液。病料均放入冰箱内保存，并应尽快送往实验室检验。

3. 培养方法

在无菌条件下剪肺病料或淋巴结小块，用铂金耳钓入 10%马血清马丁肉汤内；胸腔渗出液用灭菌吸管吸取 0.1～0.3mL 接种于马丁肉汤中即可。同时取剪碎病料小块或直接取胸腔渗出液，用铂金耳在 10%马血清马丁琼脂培养皿上划线接种，培养皿用胶布封口，置 37～38℃培养，每天观察一次，5～7d 后判定。

4. 结果判定

4.1 培养特征：

4.1.1 培养性状和菌落形态：牛肺疫病原微生物在 10%马血清马丁肉汤内生长初期呈轻微混浊或呈白色点状、丝状生长，以后逐渐均匀混浊，半透明稍带乳光，不产生菌膜或沉淀，也无颗粒悬浮。在 10%马血清马丁琼脂培养皿上生长迟缓，为极小的水滴状圆形略带灰色的微细菌落，中央有乳头状突起。菌落直径约 0.2～0.5mm，小的不易看见，需用放大镜或低倍显微镜观察。

4.1.2 染色镜检取马丁肉汤培养物涂片放温箱中干燥，后在酒精灯上轻微火焰固定，再用 3%～5%铬酸蒸馏水溶液固定 1～2min，水洗，浸入用蒸馏水稀释的 1∶30 的姬姆萨氏染液中染色，染片时染色缸放入普通冰箱内过夜，染色后取出用蒸馏水轻洗，自然干燥后用 800～1 000 倍显微镜观察。菌形为多形态，以球点形最常见，大小为 125～250nm。

4.2 生化特性:

4.2.1 糖发酵试验:

4.2.1.1 取蛋白胨水（pH7.8～8.0）100mL，氯化钠0.5g，所需各种糖类0.5～1.0g。溶解各成分，加入1.6%溴甲酚紫酒精溶液指示剂0.1mL混匀，分装三分管内装2mL，管内装有倒置的小玻璃管（杜汉氏发酵管）。经106.4kPa 20min灭菌。

4.2.1.2 在进行糖发酵试验时，首先将各种糖培养基小管加无菌的马血清0.2mL，再加受检的菌液0.1mL置37～38℃下培养5～7d。

4.2.1.3 结果判定：牛肺疫菌可轻度分解葡萄糖、麦芽糖、糊精、淀粉产酸使培养基变黄，而不产气；不能分解果糖、蔗糖、蕈糖、单奶糖和杨苷。

4.2.2 硫化氢（H_2S）试验:

4.2.2.1 乙酸铅纸条的制备：取滤纸剪成6.5cm×0.6cm大小的纸条，置平皿中，经112kPa 20min灭菌，烘干，再将滤纸条浸泡在灭菌的饱和乙酸铅溶液（10g乙酸铅溶于50mL沸蒸馏水中，即为饱和乙酸铅溶液），浸透后取出，置无菌平皿内，37℃烘干，保存于灭菌的试管中。

4.2.2.2 试验方法：受试菌接种于10%马血清马丁肉汤或琼脂斜面上，取一片乙酸铅滤纸条，夹在试管的棉塞下悬挂，置37℃培养5～7d，滤纸条变黑或棕褐色者为阳性反应。

4.2.3 硝酸盐还原试验:

4.2.3.1 培养基的准备：取营养肉汤或马丁肉汤100mL，硝酸钾（KNO_3）0.1g，调pH至7.8～8.0，分装试管，112kPa 20min灭菌。

4.2.3.2 试剂的准备:

试剂1：甲液：对氨基苯磺酸0.5g，5mol/L乙酸100mL；乙液：α-萘胺0.5g，5mol/L乙酸100mL。

试剂2：二苯胺试剂。二苯胺0.5g溶于100mL浓硫酸中，用20mL蒸馏水稀释。

4.2.3.3 试验方法：首先向硝酸盐培养液中加10%无菌马血清，然后将试验菌接种于硝酸盐培养基中，同时设不接种的对照管，于37℃培养5～7d。于5d和7d时取培养液少许放入干净的小试管中，再各滴一滴试剂甲液和乙液，对照管同样加试剂。若试管菌液呈现红色、橙色者为阳性反应；如无红色出现，则可加一两滴二苯胺试剂，若呈现蓝色反应，则表示培养基中有硝酸盐存在；如不呈蓝色反应，表示硝酸盐和形成的亚硝酸盐已被还原成其他物质，则仍按硝酸盐还原试验阳性反应。

4.2.4 靛基质试验:

4.2.4.1 培养基准备：蛋白胨1g，氯化钠0.5g，色氨酸0.1g，蒸馏水100mL。溶解各成分，调pH至7.8～8.0，分装试管，经106.4kPa 20min灭菌。

4.2.4.2 试剂：对二甲基氨基苯甲醛5g，95%乙醇75mL，浓盐酸25mL。对二甲基氨基苯甲醛溶于乙醇中，再缓缓加入浓盐酸即成。

4.2.4.3 试验方法：先向培养基中加入10%无菌马血清，再将试验菌接种于培养基中，37℃培养5～7d后，滴加试剂数滴于培养物液面，轻轻摇动，红色为阳性反应。黄色为阴性反应。

4.2.5 甲基红（MR）试验:

4.2.5.1 培养基：蛋白胨0.7g，葡萄糖0.5g，磷酸氢二钾0.5g，蒸馏水100mL。各成分溶解后，调 pH7.8～8.0，分装试管。经 106.4kPa 20min 灭菌备用。

4.2.5.2 试剂：甲基红 0.02g，95%酒精 60mL，蒸馏水 40mL。先将甲基红研磨溶解于酒精中，再加蒸馏水即成。

4.2.5.3 试验方法：按 10%量向培养基中加无菌马血清，再接种试验菌，37℃培养 5～7d。于第 5 天时取少许培养液于另一支试管中，并加几滴试剂，如培养液呈现红色为 MR 试验阳性；黄色者为阴性，继续培养至第 7 天，再进行试验。

4.2.6 维培二氏（VP）试验：

4.2.6.1 培养基与 MR 试验相同。

4.2.6.2 试剂与方法：可用下列三种试剂进行 VP 试验：

Barritt's 试剂法：甲液：6%α-萘酚酒精溶液。乙液：40%氢氧化钾溶液。取 MR 试验的同一培养物约 2mL，加甲液 1mL，乙液 0.4mL，充分混合，在 5min 内呈粉红色反应为阳性。

O' Meara's 试剂法：氢氧化钾（或氢氧化钠）40g，肌酐（Creatine）0.3g，蒸馏水 100mL。取上述同一培养物约 2mL 加等量试剂相混合，充分振荡试管，在 5min 内呈粉红色者为阳性反应。

硫酸铜试剂法：硫酸铜 1g，浓氨水 40mL，10%氢氧化钾 960mL。硫酸铜溶化于 40mL 浓氨水中，加 10%氢氧化钾 960mL 即成。试验时加等量的试剂于培养物中混合，在 5min 内呈粉红色反应为阳性。上述三种方法的结果为阴性时，继续培养，再行观察。

（二）补体结合（CF）试验

1. 材料准备

1.1 稀释液：系用常规方法配制 0.85%生理盐水。

1.2 2.5%绵羊红细胞悬液：无菌采集绵羊血，脱纤经两层纱布过滤后，用生理盐水洗涤 3 次，每次 2 000r/min 离心 10min，最后用生理盐水将红细胞泥配成 2.5%悬液。

1.3 抗原、标准阳性血清、阴性血清、溶血素，按说明书使用。抗原效价滴定方法见附录 B（标准的附录）。溶血素效价滴定见附录 C（标准的附录）。

1.4 补体：效价滴定方法见附录 D（标准的附录）。

1.5 标准溶血管的制备：见附录 E（标准的附录）。

2. 操作方法

2.1 被检血清、标准阴、阳性血清均用灭菌生理盐水作 1∶5 稀释，于 60℃水浴锅中灭活 30min。

2.2 每份被检血清用两支康氏管或三分管（10mm×100mm），每管加入 1∶5 稀释的灭活血清 0.25mL。

2.3 其中一管加工作量抗原 0.25mL，另一管加生理盐水 0.25mL。

2.4 每管加入工作量补体 0.25mL。

2.5 摇匀，放 37～38℃水浴 20min。

2.6 每管加入二单位溶血素 0.25mL。

2.7 每管加入 2.5%红细胞悬液 0.25mL。

2.8 摇匀，37～38℃水浴 20min。

2.9 设标准阳性血清、阴性血清、补体对照（包括抗原、盐水）以及红细胞对照。

主试验操作程序、各要素加入量见表 26-1。

表 26-1 主试验操作程序

单位：mL

管 号	样 品		对 照						红细胞对照
	1	2	3	4	5	6	7	8	
	被检血清		阳性血清		阴性血清		补体对照		
血清	0.25	0.25	0.25	0.25	0.25	0.25			
工作量抗原	0.25		0.25		0.25		0.25		
工作量补体	0.25	0.25	0.25	0.25	0.25	0.25	0.25	0.25	
生理盐水		0.25		0.25		0.25	0.25	0.5	0.75
振荡后 37～38℃水浴 20min									
二单位溶血素	0.25	0.25	0.25	0.25	0.25	0.25	0.25	0.25	0.25
2.5%红细胞	0.25	0.25	0.25	0.25	0.25	0.25	0.25	0.25	0.25
振荡后 37～38℃水浴 15min									
结果（比色判定）	—	—	++++	—	—	—	—	—	—

注：对照 3～8 管及红细胞管每次试验只作一组。

3. 判定标准

3.1 初判和终判：

3.1.1 初判：试验完毕后取出立即进行第一次判定。

对照管中阳性血清加抗原应完全抑制溶血"++++"，其他对照管完全溶血，证明试验操作中无误。

被检血清对照管发生不完全溶血或完全抑制溶血时，此份血清应复试。若本试验管完全溶血则判为阴性。如不完全溶血或完全抑制溶血时放室温冷暗处静置 12h 进行第二次判定。

3.1.2 终判：将被检血清管与溶血度标准比色管比较上清液色调和红细胞沉积量，以决定溶血程度而作最终判定。

3.2 溶血程度的判定标准：

血清 1∶5 稀释溶血程度的 0～50%溶血判为阳性；

血清 1∶5 稀释溶血程度的 60%～80%溶血判为可疑；

血清 1∶5 稀释溶血程度的 90%～100%溶血判为阴性；

可疑者重检，若仍为可疑可判为阳性。

（三）微量凝集试验

1. 材料准备

1.1 稀释液，系用常规方法配制的0.85%生理盐水。

1.2 抗原、标准阳性血清、阴性血清按说明书使用。

1.3 DY－Ⅱ型25μL加样器，酶标反应板或微量滴定板（微量板）。

2. 操作方法

2.1 被检血清、标准阳性血清、阴性血清用灭菌生理盐水作1∶4或1∶5稀释，经56～58℃灭能30min。

2.2 抗原用灭菌生理盐水稀释成工作量（1∶8）。

2.3 用微量加样器吸取被检血清25μL，加入微量板的一个孔中。

2.4 加工作量抗原25μL于同一孔内，即每头份被检血清用一个孔。

2.5 每板设阴、阳性血清和生理盐水对照。

2.6 轻轻摇动反应板混匀，放室温暗处或4～8℃冰箱内5～20h左右。

3. 判定

3.1 判定标准：

3.1.1 凝集程度：“＋＋＋＋”为100%凝集；“＋＋＋”为75%凝集；“＋＋”为50%凝集；“＋”为25%凝集；“－”为不凝集。

3.1.2 判定方法：判定前轻轻振动反应板，静置3～5min即行判定。

判定时用8W日光灯照明，手持反应板，借助侧光在黑色背景上判定或用凝集反应箱观察。

受检血清出现阳性反应的需重复试验一次，如两次结果不一致时，应再复试一次，以两次以上试验结果一致时为准。

3.2 在阴、阳性血清和生理盐水对照正确的情况下，被检血清出现“＋＋”以上凝集的判为阳性；“＋”和“－”为阴性反应。

附 录 A

（标准的附录）

培 养 基

A.1 10%马血清马丁肉汤（pH7.8～8.0）：将制备的马丁肉汤分装于灭菌试管内，每管4.5mL，添加无菌马血清0.5mL。

A.2 10%马血清马丁琼脂：马丁肉汤中加入琼脂，使含量达1.3%～1.5%，经

121kPa℃高压灭菌 30min 即成马丁琼脂。在灭菌的 6～8cm 直径培养皿内加无菌马血清 1mL，再添加煮沸融化降温至 55～60℃的马丁琼脂 9mL，轻轻摇动混合均匀，静置凝固后即成马丁琼脂培养基。

附　录　B

（标准的附录）

抗 原 效 价 测 定

按兽医生物药品厂判定的效价，在每批初次使用时重新测定，以后可每 3 个月测定一次。

牛肺疫标准阳性血清按表 B.1 稀释，阴性血清作 1∶5 稀释后，置 56～58℃灭活 30min。

表 B.1　阳性血清稀释

管　号	1	2	3	4	5
稀释倍数	5	10	20	40	60
血清量（mL）	1	2	2	2	2
生理盐水（mL）	4	2	2	2	1

抗原先根据原测定的效价稀释为工作抗原，再按表 B.2 稀释。

表 B.2　抗原稀释

管　号	1	2	3	4	5
稀释	100%	80%	60%	40%	20%
工作抗原（mL）	5	4	3	2	1
稀释液（mL）	0	1	2	3	4

然后按表 B.3 程序加入试验成分进行抗原效价的测定。

表 B.3　抗原效价测定

单位：mL

成　分	抗原稀释						抗原对照
	100%	80%	60%	40%	20%	10%	100%
1∶5 阳性血清	0.25	0.25	0.25	0.25	0.25	0.25	0.25
1∶10 阳性血清	0.25	0.25	0.25	0.25	0.25	0.25	
1∶20 阳性血清	0.25	0.25	0.25	0.25	0.25	0.25	
1∶40 阳性血清	0.25	0.25	0.25	0.25	0.25	0.25	

（续）

成　分	抗原稀释						抗原对照
	100%	80%	60%	40%	20%	10%	100%
1∶60 阳性血清	0.25	0.25	0.25	0.25	0.25	0.25	
1∶5 阴性血清	0.25	0.25	0.25	0.25	0.25	0.25	
工作量补体	0.25	0.25	0.25	0.25	0.25	0.25	0.25
生理盐水							0.25
振荡后 37～38℃水浴 20min							
二单位溶血素	0.25	0.25	0.25	0.25	0.25	0.25	0.25
2.5%红细胞	0.25	0.25	0.25	0.25	0.25	0.25	0.25
振荡后 37～38℃水浴 20min							
结果　1∶5 阳性血清	++++	++++	+++	++	—	—	—
结果　1∶10 阳性血清	++++	++++	++	+	—	—	—
结果　1∶20 阳性血清	+++	+++	++	—	—	—	—
结果　1∶40 阳性血清	+++	++	+	—	—	—	—
结果　1∶60 阳性血清	++	+	+	—	—	—	—
结果　1∶5 阴性血清	—	—	—	—	—	—	—

抗原效价判定：如表 B.3 所示，抗原效价系指抗原 80%稀释液在标准阳性血清 1∶10 的稀释液中，能产生完全抑制溶血现象（++++），并在 1∶40 的稀释液中产生 50%以上抑制溶血现象（++）者，此效价抗原即为工作量抗原。

在阴性血清和不加血清的抗原对照管中均应完全溶血，如抗原对照管发现有抑制溶血现象时，则认为该批抗原有抗补体作用，不能使用。

如试验结果发现抗原效价不足时，可继续试验其他浓度较高的抗原稀释液，如原判定效价为 1∶13 稀释，经测定效价不足，可以提高浓度为 1∶12、1∶11、1∶10……，再按上述方法测定。

附　录　C

（标准的附录）

溶血素效价的滴定

取 0.2mL 溶血素（含等量甘油）加 9.8mL 生理盐水混合成 100 倍基础液，其稀释方法见表 C.1。

表 C.1 溶血素稀释法

单位：mL

试管号	1	2	3	4	5	6	7	8	9	10
稀释度	1∶500	1∶1 000	1∶1 500	1∶2 000	1∶2 500	1∶3 000	1∶3 500	1∶4 000	1∶4 500	1∶5 000
1∶100 溶血素	0.1	0.1	0.1	0.1	0.1	0.1	0.1	0.1	0.1	0.1
生理盐水	0.4	0.9	1.4	1.9	2.4	2.9	3.4	3.7	4.4	4.9
总量	0.5	1.0	1.5	2.0	2.5	3.0	3.5	4.0	4.5	5.0

按照表 C.2 顺序加入各种试验成分，在 37～38℃水浴 15min。能使 0.25mL 的红细胞液完全溶血的溶血素最小量（最大稀释度）称为一单位。

如表 C.2 举例栏中第 6 管完全溶血，而对照管都没有溶血现象，则该批溶血素的效价即为 1∶3 000，使用两单位溶血素则为 1∶1 500。

表 C.2 溶血素效价测定

单位：mL

试管号	1	2	3	4	5	6	7	8	9	10	11	12	13
溶血素稀释度	1∶500	1∶1 000	1∶1 500	1∶2 000	1∶2 500	1∶3 000	1∶3 500	1∶4 000	1∶4 500	1∶5 000	1∶100	—	—
溶血素用量	0.25	0.25	0.25	0.25	0.25	0.25	0.25	0.25	0.25	0.25	0.25	—	—
1∶20 补体	0.25	0.25	0.25	0.25	0.25	0.25	0.25	0.25	0.25	0.25	—	0.25	—
2.5%红细胞	0.25	0.25	0.25	0.25	0.25	0.25	0.25	0.25	0.25	0.25	0.25	0.25	0.25
生理盐水	0.50	0.50	0.50	0.50	0.50	0.50	0.50	0.50	0.50	0.50	0.75	0.75	1.0
振荡后 37～38℃水浴 15min													
结果判定	—	—	—	—	—	—	+	+	+	+	+	+	+

注：“+”抑制溶血，“±”部分溶血，“—”全部溶血。

附　录　D

（标准的附录）

补体效价测定

补体用生理盐水作 10 倍稀释。

阴性血清、阳性血清，作 1∶5 稀释，56～58℃灭活 30min。

测定时放四列试管，两列阴性血清（一列加抗原、一列不加抗原，以生理盐水补足其量）、两列阳性血清（一列加抗原、一列不加抗原，以生理盐水补足其量），以阳性血清加抗原为例，按表 D.1 操作。

表 D.1 补体效价测定

单位：mL

成分		管号											
		1	2	3	4	5	6	7	8	9	10	11	12
10×补体		0.05	0.06	0.07	0.08	0.09	0.10	0.11	0.12	0.13	0.25		
生理盐水		0.20	0.19	0.18	0.17	0.16	0.15	0.14	0.13	0.12	0.75	0.75	1.00
抗原（工作量）		0.25	0.25	0.25	0.25	0.25	0.25	0.25	0.25	0.25			
5×阳性血清		0.25	0.25	0.25	0.25	0.25	0.25	0.25	0.25	0.25			
5×阴性血清													
振荡均匀后置 37～38℃水浴中 20min													
二单位溶血素		0.25	0.25	0.25	0.25	0.25	0.25	0.25	0.25	0.25	—	0.25	—
2.5%红细胞悬液		0.25	0.25	0.25	0.25	0.25	0.25	0.25	0.25	0.25	0.25	0.25	0.25
振荡均匀后置 37～38℃水浴中 20min													
结果	阳性血清加抗原	+	+	+	+	+	+	+	+	±	+	+	+
	阳性血清未加抗原	+	±	±	±	±	—	—	—	—	—	—	—
	阴性血清加抗原	+	±	±	±	±	—	—	—	—	—	—	—
	阴性血清未加抗原	+	±	±	±	±	—	—	—	—	—	—	—

在二单位溶血素存在的情况下，可使阳性血清加抗原的试管中完全不溶血，而在阳性血清未加抗原的试管及阴性血清无论有无抗原的试管中发生完全溶血，所需最小补体量，就是补体工作量。如表 D.1 中的第 6 管，10 倍稀释的补体 0.10mL 即为工作量，按式（D.1）计算原补体，在使用时应稀释的倍数：

$$原补体应稀释倍数=\frac{补体稀释倍数}{测得效价}\times使用时每管加入量 \quad (D.1)$$

上列公式计算：$\frac{10}{0.10}\times0.25=25$

即此批补体应作 25 倍稀释每管加 0.25mL 即为工作量补体或一个补体单位，因补体性质极不稳定在操作过程中效价会降低。故使用时稀释的浓度比原效价高 10%左右，因此本批补体应作 1∶22 倍稀释，每管加 0.25mL。

附 录 E

（标准的附录）

标准溶血管的制备

为了正确判定溶血程度，可以利用试验中完全溶血的溶液混合，作为溶血溶液。按表 E.1 配制。

表 E.1　溶血度标准比色管配制法及比较判定结果标准

单位：mL

试管号	1	2	3	4	5	6	7	8	9	10	11
溶血溶液		0.125	0.25	0.375	0.5	0.625	0.75	0.875	1.0	1.125	1.25
2.5%红细胞	0.25	0.225	0.20	0.175	0.15	0.125	0.10	0.075	0.05	0.025	
生理盐水	1.0	0.90	0.80	0.70	0.60	0.50	0.40	0.30	0.20	0.10	
溶血（%）	0	10	20	30	40	50	60	70	80	90	100
判定符号	++++	++++	+++	+++	+++	+++	++	++	+	—	—
判定标准	阳性						疑似		阴性		

二十七、猪囊尾蚴病实验室诊断方法

（引自 GB/T 18644—2002）

（一）病原分离鉴定

1. 病原分离

1.1　样品采集：采集猪的咬肌、舌肌、内腰肌、膈肌、肋间肌、肩胛肌等，亦可采集脑、心脏、肝脏、肺脏等。

1.2　样品分离：成熟的猪囊尾蚴为长椭圆形［（6～10mm）×5mm］，半透明的囊壁内充满液体，上有一个黍粒大小的白色小结节即为头节（scolex）和颈节（neck）。脑内寄生的则为圆球形，直径 8～10mm。

将上述任何部位的囊尾蚴，以手术刀和镊子剥离后，以生理盐水洗净，并用滤纸吸干。

2. 病原鉴定

2.1　分离样品的压片制备：以剪刀剪开囊壁，取出完整的头节，再以滤纸吸干囊液后，将其置于两张载玻片之间并压片，于两张载玻片间加入 1～2 滴生理盐水后置于显微镜下镜检。

2.2　镜检：以低倍（物镜 8 倍、目镜 5 倍）观察囊尾蚴头节的完整性。

2.3　结果判定：低倍镜检，可见到头节的顶部有顶突，顶突上有内外两圈排列整齐的小钩，顶突的稍下方有 4 个均等的圆盘状吸盘，即判为猪囊尾蚴。

（二）酶联免疫吸附试验（ELISA）

1. 材料准备

1.1　器材：ELISA 反应板、酶联免疫检测仪、加样器、洗瓶、10cm×1cm 普通滤纸条等。

1.2　试剂：猪囊尾蚴层析抗原、葡萄球菌 A 蛋白（SPA）辣根过氧化物酶（HRP）标记物（HRP-SPA）、猪囊尾蚴标准阴性和阳性全血滤纸片等。

1.3　被检猪全血血片：将 10cm×1cm 普通滤纸条的一端标记被检猪号码，另一端吸取被检猪任何部位血液 1～2 滴，于室内阴干后，置于 4℃冰箱内（可保存 6 个月）。

1.4　溶液配制：溶液配制的方法见附录 A（标准的附录）。

2. 操作方法

2.1 抗原包被：

2.1.1 首先以抗原包被液（见附录 A）洗涤 ELISA 反应板各孔三次。

2.1.2 以抗原包被液将抗原按使用说明书稀释至工作浓度。

2.1.3 用加样器加工作浓度抗原至 ELISA 反应板各孔内，每孔 0.1mL，加盖后置于室温（11～29℃）过夜。

注：包被过夜的 ELISA 反应板加盖后置于冰箱冷冻室内（可保存 6 个月）。或将包被过夜的 ELISA 反应板按 2.2 方法洗涤后，晾干，装入塑料袋内密封，置于 4℃冰箱内（可保存 4 个月）。

2.2 洗涤：用力甩净包被过夜的 ELISA 反应板孔内的抗原包被液，每孔加入洗涤液（见附录 A 中 A.2），浸泡 3min 后，用力甩去洗涤液，并用滤纸吸去残留的洗涤液和驱除孔内气泡，重新加入洗涤液，按同样方法共洗涤 3 次，即 3×3min 冲洗。

2.3 血片的处理：将被检血片、标准阴性血片及标准阳性血片均剪成 1cm×1cm 大小，分别置于青霉素瓶内，每 1cm×1cm 血片加入稀释液（见附录 A 中 A.2）0.3mL，浸泡 20min，即血片变白后即可。

2.4 加样：

2.4.1 每份被检血片浸液加两孔，每孔 0.1mL。

2.4.2 标准阴性、标准阳性对照孔加相应血片浸液两孔，每孔 0.1mL。

2.4.3 空白对照孔加稀释液两孔，每孔 0.1mL。

2.4.4 加样后加盖，于室温（11～29℃）放置 30min。

2.5 洗涤方法同 2.2。

2.6 加酶标记 SPA：

2.6.1 HRP－SPA 标准物按使用说明书以稀释液稀释至工作浓度。

2.6.2 被检孔、标准阴性孔和标准阳性孔每孔加 HRP－SPA 标记物 0.1mL。

2.6.3 空白对照孔亦加 0.1mL。

2.6.4 加完后加盖，于室温（11～29℃）放置 30min。

2.7 洗涤方法同 2.2。

2.8 加底物：每孔加现配制的底物溶液（见附录 A 中 A.3）0.1mL，于室温（11～29℃）放置 10min。

2.9 终止反应：每孔加终止液（见附录 A 中 A.4）2 滴，以终止反应。

3. 判定

在对照孔成立的前提下，即在标准阳性孔呈深黄色，标准阴性孔呈无色或浅黄色，空白孔呈无色，判定检测结果。

3.1 目测判定：与标准阴性孔相比，颜色深于标准阴性孔者，即判定为 ELISA 法阳性病猪（＋）。

3.2 酶联免疫检测仪判定（490nm）：以空白对照孔调零，测定被检孔透光（OD）值。当 OD≤0.22，判定为 ELISA 法阴性（—）；当 OD≥0.26，判定为 ELISA 法阳性（＋）；

当0.23≤OD≤0.25，判定为ELISA法疑似（±），疑似者复检一次，仍为疑似则判为阳性。

附 录 A

（标准的附录）

溶 液 配 制

A.1 抗原包被液（碳酸盐缓冲液，pH9.6）

B：碳酸钠（Na_2CO_3）	3.18g
蒸馏水	300mL
C：碳酸氢钠（$NaHCO_3$）	5.86g
蒸馏水	700mL

B、C两液混合即为抗原包被液，测pH（现用现配）。

A.2 稀释液（吐温-磷酸盐缓冲液，pH7.4）

B：磷酸氢二钠（$Na_2HPO_4 \cdot 12H_2O$）	14.5g
蒸馏水	202.5mL
C：磷酸二氢钠（$NaH_2PO_4 \cdot 2H_2O$）	0.14g
蒸馏水	47.5mL

B、C两液混合后，加氯化钠（NaCl）19g和少许蒸馏水，溶解后加蒸馏水至2 500mL，然后再加入吐温-20（Tween-20）1.25mL，即为稀释液，测pH（现用现配）。

该试剂既是被检猪抗体的稀释液，又是洗涤液。

A.3 底物溶液（磷酸盐-柠檬酸缓冲液，pH5.0）

B：柠檬酸（无水）	0.96g
蒸馏水	50mL
C：磷酸氢二钠（$Na_2HPO_4 \cdot 12H_2O$）	3.50g
蒸馏水	50mL

取B液24.3mL、C液25.7mL和蒸馏水50mL，混合后加邻苯二胺0.04g，避光溶解后，加30%过氧化氢（H_2O_2）0.45mL，混匀后立即使用。

A.4 终止液［2mol/L硫酸（H_2SO_4）］

蒸馏水	177.8mL
浓硫酸（96%～98%）	22.2mL

混匀即可。

二十八、旋毛虫病实验室诊断方法

（引自 GB/T 18642—2002）

病原分离鉴定

1. 压片镜检法

1.1 实验材料：

1.1.1 甘油透明液、盐酸溶液、美蓝溶液［见附录 A（标准的附录）］。

1.1.2 仪器：显微镜。

1.2 操作方法：

1.2.1 新鲜肉检验：

1.2.1.1 采样：自胴体两侧的横膈膜肌脚部各采样一块，记为一份肉样，其质量不少于 50～100g，与胴体编成相同号码。如果是部分胴体，可从肋间肌、腰肌、咬肌、舌肌等处采样。

1.2.1.2 目检：撕去膈肌的肌膜，将膈肌肉缠在检验者左手食指第二指节上，使肌纤维垂直于手指伸展方向，再将左手握成半握拳式，借助于拇指的第一节和中指的第二节将肉块固定在食指上面，随即使左手掌心转向检验者，右手拇指拨动肌纤维。在充足的光线下，仔细视检肉样的表面有无针尖大半透明乳白色或灰白色隆起的小点。检完一面后再将膈肌翻转，用同样方法检验膈肌的另一面。凡发现上述小点可怀疑为虫体。

1.2.1.3 压片：可按下述方法制备压片：

放置夹压玻片：将旋毛虫夹压玻片放在检验台的边沿，靠近检验者；

剪取小肉样：用剪刀顺肌纤维方向，按随机采样的要求，自肉上剪取燕麦粒大小的肉样 24 粒，使肉粒均匀地在玻片上排成一排（或用载玻片，每片 12 粒）；

压片：将另一夹压片重叠在放有肉粒的夹压片上并旋动螺丝，使肉粒压成薄片。

1.2.1.4 镜检：将制好的压片放在低倍显微镜下，从压片一端的边沿开始观察，直到另一端为止。

1.2.1.5 判定标准：镜检判定标准如下：

a）没有形成包囊期的旋毛虫：在肌纤维之间呈直杆状或逐渐蜷曲状态，或虫体被挤干压出的肌浆。

b）包囊形成期的旋毛虫：在淡蔷薇色背景上，可看到发光透明的圆形或椭圆形物，囊中央是蜷曲的虫体。成熟的包囊位于相邻肌细胞所形成的梭形肌腔内。

c）钙化的旋毛虫：在包囊内可见数量不等、浓淡不均的黑色钙化物，或可见到模糊不清的虫体，此时启开压玻片，向肉片稍加 10％的盐酸溶液，待 1～2min 后，再行观察。

d）机化的旋毛虫：此时压玻片启开平放桌上，滴加数滴甘油透明剂于肉片上，待肉片变得透明时，再覆盖夹压玻片，置低倍镜下观察，虫体被肉芽组织包围、变大，形成纺锤形、椭圆形或圆形的肉芽肿。被包围的虫体结构完整或破碎，乃至完全消失。

1.2.2 冻肉的检验：

1.2.2.1 冻肉的检验同1.2.1。

1.2.2.2 冻肉的染色方法如下：

压片：同1.2.1.3

染色：在肉片上滴加1～2滴美蓝或盐酸水溶液、浸渍1min，盖上夹压玻片。

镜检：美蓝染色法：肌纤维呈淡青色，脂肪组织不着染或周围具淡蔷薇色。旋毛虫包囊呈淡紫色、蔷薇色或蓝色。虫体完全不着染。盐酸透明法：肌纤维呈淡灰色且透明，包囊膨大具有明显轮廓，虫体清楚。

2. 集样消化法

2.1 试验材料：

2.1.1 消化液：配制方法见附录B（标准的附录）。

2.1.2 器械：孔径为±0.18mm的铜质滤网、漏斗、分液漏斗、凹面皿、组织捣碎机、溢度计、加热磁力搅拌器、显微镜（或倒置显微镜）。

2.2 操作方法：

2.2.1 采样：

2.2.1.1 部位：采集胴体横膈肌脚和舌肌。

2.2.1.2 方法：去除脂肪肌膜或腱膜。

2.2.1.3 数量：每头猪取1个肉样（100g），再从每个肉样上剪取1g小样，集中100个小样（个别旋毛虫病高发地区以15～20个小样为一组）进行检验。

2.2.2 绞碎肉样：将100个肉样（重100g）放入组织捣碎机内以2 000r/min捣碎30～60s，以无肉眼可见细碎肉块为度。

2.2.3 加温搅拌：将已绞碎的肉样放入置有消化液的烧杯中，肉样与消化液（见附录B）的比例为1∶20，置烧杯于加热磁力搅拌器上，启动开关，消化液逐渐被搅成一漩涡，液温控制在40～43℃之间，加温搅拌30～60min，以无肉眼可见沉淀物为度。

2.2.4 过滤：将铜质滤网置于漏斗上。漏斗下再接一分液漏斗，将加温后的消化液徐徐倒入滤网。滤液滤入分液漏斗中，待滤干后，弃去滤网上的残渣。

2.2.5 沉淀：滤液在分液漏斗内沉淀10～20min，旋毛虫逐渐沉到底层，此时轻轻分几次放出底层沉淀物于凹面皿中。

2.2.6 漂洗：沿凹面皿边缘，用带乳头的10mL吸管徐徐注入37℃温自来水，然后沉淀1～2min. 并轻轻沿凹面皿边缘再轻轻多次吸出其中的液体如此反复多次，加入或吸出凹面皿中的液体均以不冲起其沉淀物为度，直至沉淀于凹面皿中心的沉淀物上清透明（或用量筒自然沉淀、反复吸取上清的方法进行漂洗）。

2.2.7 镜检：将带有沉淀物的凹面皿放入倒置显微镜或在80～100倍的普通显微镜下调节好光源，将凹面皿左右或来回移动，镜下捕捉虫体、包囊等，发现虫体时再对同批样品采用分组消化法进一步复检（或压片镜检），直到确定病猪为止。

附　录　A

（标准的附录）

旋毛虫压片法用溶液配制

A.1　甘油透明液

甘油	20mL
加双蒸水至	100mL

A.2　盐酸水溶液

盐酸（HCl）	20mL
加双蒸水至	100mL

A.3　美蓝溶液

饱和美蓝酒精溶液	5mL
加双蒸水至	100mL

附　录　B

（标准的附录）

消 化 液 的 配 制

胃蛋白酶（3 000IU）	10g
盐酸（密度 1.19）	10mL
加蒸馏水至	1 000mL

加温 40℃搅拌溶解，现用现配。